普通高等教育“十四五”规划教材

食品生物化学

赵国华　白卫东　于国萍　潘永贵　主编

中国农业大学出版社
·北京·

内 容 简 介

本书涵盖基础生物化学的核心内容以及食品生物相关过程的化学本质认识。前者主要是对生命基本物质和重要过程（碳水化合物、蛋白质、脂类、核酸、酶、生物氧化等）的阐述，后者主要是对食品采后储藏、加工处理、腐败变质、检验检测等过程所涉及生物化学过程的描述，做到了理论与实践的统一。本书还采用二维码形式对有关知识进行了扩展，使读者对相关知识的了解更为便捷，增加了本书的可读性。

本书可作为食品科学与工程、食品质量与安全等食品学科相关专业本科学生的教材，亦可作为食品领域相关专业研究生、科研人员、企业生产人员的参考资料或培训教材。

图书在版编目（CIP）数据

食品生物化学 / 赵国华等主编．—北京：中国农业大学出版社，2019.1（2023.11 重印）
ISBN 978-7-5655-2038-9

Ⅰ.①食…　Ⅱ.①赵…　Ⅲ.①食品化学-生物化学-高等学校-教材
Ⅳ.①TS201.2

中国版本图书馆 CIP 数据核字（2018）第 113447 号

书　　名　食品生物化学
作　　者　赵国华　白卫东　于国萍　潘永贵　主编

策划编辑　宋俊果　刘　军　　　**责任编辑**　冯雪梅
封面设计　郑　川　李尘工作室
出版发行　中国农业大学出版社
社　　址　北京市海淀区圆明园西路 2 号　　　**邮政编码**　100193
电　　话　发行部 010-62818525，8625　　　读者服务部 010-62732336
　　　　　编辑部 010-62732617，2618　　　出　版　部 010-62733440
网　　址　http：//www.cau.edu.cn/caup　　　**E-mail** cbsszs @ cau.edu.cn
经　　销　新华书店
印　　刷　北京虎彩文化传播有限公司
版　　次　2019 年 1 月第 1 版　　2023 年 11 月第 2 次印刷
规　　格　889×1 194　　16 开本　　19.5 印张　　590 千字
定　　价　56.00 元

普通高等学校食品类专业系列教材

编审指导委员会委员

（按姓氏拼音排序）

编写人员

主　　编　赵国华（西南大学）

白卫东（仲恺农业工程学院）

于国萍（东北农业大学）

潘永贵（海南大学）

副 主 编　叶发银（西南大学）

项锦欣（重庆理工大学）

郑亚凤（福建农林大学）

邵　颖（信阳农林学院）

黄慧福（曲靖师范学院）

编写人员　（按姓氏音序排序）

白卫东（仲恺农业工程学院）

褚盼盼（吕梁学院）

黄慧福（曲靖师范学院）

黄业伟（云南农业大学）

李　玲（天津农学院）

潘永贵（海南大学）

任　静（东北农业大学）

邵　颖（信阳农林学院）

汪　薇（仲恺农业工程学院）

项锦欣（重庆理工大学）

叶发银（西南大学）

于国萍（东北农业大学）

张国寿（武夷学院）

赵国华（西南大学）

郑亚凤（福建农林大学）

周　韵（西南大学）

出版说明
（代总序）

岁月如梭，食品科学与工程类专业系列教材自启动建设工作至现在的第4版或第5版出版发行，已经近20年了。160余万册的发行量，表明了这套教材是受到广泛欢迎的，质量是过硬的，是与我国食品专业类高等教育相适宜的，可以说这套教材是在全国食品类专业高等教育中使用最广泛的系列教材。

这套教材成为经典，作为总策划，我感触颇多，翻阅这套教材的每一科目、每一章节，浮现眼前的是众多著作者们汇集一堂倾心交流、悉心研讨、伏案编写的景象。正是大家的高度共识和对食品科学类专业高等教育的高度责任感，铸就了系列教材今天的成就。借再一次撰写出版说明（代总序）的机会，站在新的视角，我又一次对系列教材的编写过程、编写理念以及教材特点做梳理和总结，希望有助于广大读者对教材有更深入的了解，有助于全体编者共勉，在今后的修订中进一步提高。

一、优秀教材的形成除著作者广泛的参与、充分的研讨、高度的共识外，更需要思想的碰撞、智慧的凝聚以及科研与教学的厚积薄发。

20年前，全国40余所大专院校、科研院所，300多位一线专家教授，覆盖生物、工程、医学、农学等领域，齐心协力组建出一支代表国内食品科学最高水平的教材编写队伍。著作者们呕心沥血，在教材中倾注平生所学，那字里行间，既有学术思想的精粹凝结，也不乏治学精神的光华闪现，诚所谓学问人生，经年积成，食品世界，大家风范。这精心的创作，与敷衍的粘贴，其间距离，何止云泥！

二、优秀教材以学生为中心，擅于与学生互动，注重对学生能力的培养，绝不自说自话，更不任凭主观想象。

注重以学生为中心，就是彻底摒弃传统填鸭式的教学方法。著作者们谨记“授人以鱼不如授人以渔”，在传授食品科学知识的同时，更启发食品科学人才获取知识和创造知识的思维与灵感，于润物细无声中，尽显思想驰骋，彰耀科学精神。在写作风格上，也注重学生的参与性和互动性，接地气，说实话，“有里有面”，深入浅出，有料有趣。

三、优秀教材与时俱进，既推陈出新，又勇于创新，绝不墨守成规，也不亦步亦趋，更不原地不动。

首版再版以至四版五版，均是在充分收集和尊重一线任课教师和学生意见的基础上，对新增教材进行科学论证和整体规划。每一次工作量都不小，几乎覆盖食品学科专业的所有骨干课程和主要选修课程，但每一次修订都不敢有丝毫懈怠，内容的新颖性，教学的有效性，齐头并进，一样都不能少。具体而言，此次修订，不仅增添了食品科学与工程最新发展，又以相当篇幅强调食品工艺的具体实践。每本教材，既相对独立又相互衔接互为补充，构建起系统、完整、实用的课程体系，为食品科学与工程类专业教学更好服务。

四、优秀教材是著作者和编辑密切合作的结果，著作者的智慧与辛劳需要编辑专业知识和奉献精神的融入得以再升华。

同为他人作嫁衣裳，教材的著作者和编辑，都一样的忙忙碌碌，飞针走线，编织美好与绚丽。这套教材的编辑们站在出版前沿，以其炉火纯青的编辑技能，辅以最新最好的出版传播方式，保证了这套教材的出版质量和形式上的生动活泼。编辑们的高超水准和辛勤努力，赋予了此套教材蓬勃旺盛的生命力。而这生命力之源就是广大院校师生的认可和欢迎。

第1版食品科学与工程类专业系列教材出版于2002年，涵盖食品学科15个科目，全部入选“面向21世纪课程教材”。

第2版出版于2009年，涵盖食品学科29个科目。

第3版（其中《食品工程原理》为第4版）500多人次80多所院校参加编写，2016年出版。此次增加了《食品生物化学》《食品工厂设计》等品种，涵盖食品学科30多个科目。

需要特别指出的是，这其中，除2002年出版的第1版15部教材全部被审批为“面向21世纪课程教材”外，《食品生物技术导论》《食品营养学》《食品工程原理》《粮油加工学》《食品试验设计与统计分析》等为“十五”或“十一五”国家级规划教材。第2版或第3版教材中，《食品生物技术导论》《食品安全导论》《食品营养学》《食品工程原理》4部为“十二五”普通高等教育本科国家级规划教材，《食品化学》《食品化学综合实验》《食品安全导论》等多个科目为原农业部“十二五”或农业农村部“十三五”规划教材。

本次第4版（或第5版）修订，参与编写的院校和人员有了新的增加，在比较完善的科目基础上与时俱进做了调整，有的教材根据读者对象层次以及不同的特色做了不同版本，舍去了个别不再适合新形势下课程设置的教材品种，对有些教材的题目做了更新，使其与课程设置更加契合。

在此基础上，为了更好满足新形势下教学需求，此次修订对教材的新形态建设提出了更高的要求，出版社教学服务平台“中农De学堂”将为食品科学与工程类专业系列教材的新形态建设提供全方位服务和支持。此次修订按照教育部新近印发的《普通高等学校教材管理办法》的有关要求，对教材的政治方向和价值导向以及教材内容的科学性、先进性和适用性等提出了明确且具针对性的编写修订要求，以进一步提高教材质量。同时为贯彻《高等学校课程思政建设指导纲要》文件精神，落实立德树人根本任务，明确提出每一种教材在坚持食品科学学科专业背景的基础上结合本教材内容特点努力强化思政教育功能，将思政教育理念、思政教育元素有机融入教材，在课程思政教育润物细无声的较高层次要求中努力做出各自的探索，为全面高水平课程思政建设积累经验。

教材之于教学，既是教学的基本材料，为教学服务，同时教材对教学又具有巨大的推动作用，发挥着其他材料和方式难以替代的作用。教改成果的物化、教学经验的集成体现、先进教学理念的传播等都是教材得天独厚的优势。教材建设既成就了教材，也推动着教育教学改革和发展。教材建设使命光荣，任重道远。让我们一起努力吧！

罗云波

2021 年 1 月

前　言

生物学、化学和工程学是食品学科的三大支柱，前两者为本学科的理论基础，而后者为本学科的落脚点。生物化学横跨生物学与化学，因此对食品学科具有非常重要的现实意义。纵观全国各类食品院校食品相关专业的本科生培养方案，都将生物化学的内容作为学科基础课程，但形式各不一样。有些院校只开设了基础生物化学，有些院校只开设了食品生物化学，也有些院校将基础生物化学作为必修课，同时开设了食品生物化学的选修课程。甚至有些院校只开设了食品生物化学，而没有开设食品化学。鉴于以上情况，本教材编写的出发点确定为既要涵盖基础生物化学的原理性核心内容，也要包括食品生物化学的应用性实践认知，使该教材能很好地体现食品学科从理论到实践的演绎过程，体现应用性学科教学的特点。因此，本书的内容大致可以分为两个部分：1）基础生物化学的精要（第 1 章至第 6 章）；2）生物化学在食品学科的具体体现和应用（第 7 章至第 15 章）。同时，本教材在编写过程中尽可能减少与传统食品化学课程的重复，所有与生物化学无关的变化或过程，也就是纯粹的化学过程（如油脂的自动氧化、物料的化学改性等）均不在此阐述。

本教材绪论由西南大学赵国华编写，第 1 章由武夷学院张国寿编写，第 2 章由海南大学潘永贵编写，第 3 章由西南大学叶发银编写，第 4 章由东北农业大学于国萍编写，第 5 章由天津农学院李玲编写，第 6 章由福建农林大学郑亚凤编写，第 7 章由吕梁学院褚盼盼编写，第 8 章由云南农业大学黄业伟与西南大学周韵编写，第 9 章由仲恺农业工程学院白卫东编写，第 10 章由东北农业大学任静编写，第 11 章由信阳农林学院邵颖编写，第 12 章由仲恺农业工程学院汪薇编写，第 13 章由重庆理工大学项锦欣编写，第 14 章由西南大学叶发银编写，第 15 章由西南大学赵国华和曲靖师范学院黄慧福编写。编写过程中四位主编分工先对各章节初稿进行了审阅，潘永贵和赵国华又进行了复审，最后的全书统稿由赵国华完成。

本书的编写成员都是长期从事生物化学教学和科研工作、富有经验的一线教师。在教材编写过程中，虽然水平各有差异，但他们认真工作，付出了辛苦的劳动，令人敬佩。本书在编写过程中得到了海南大学教育教学改革项目（hdjy1644；hdwlkc201706）的支持以及中国农业大学出版社的支持与帮助，在此表示由衷的感谢。

为贯彻立德树人根本任务，结合党的二十大精神，本次重印根据教学实际，融入了相关思政内容，便于读者学习掌握，提高教学效果，更好地培养德智体美劳全面发展的新时代人才。

由于编者水平、经验和知识有限，书中难免会有不当之处，敬请广大读者批评指正。请联系 zhaoguohua1971@163.com。

赵国华

2023 年 11 月于北碚

目　　录

绪　论

0.1　食品生物化学的概念

要对食品生物化学定义，必须先弄清楚生物化学和食品的概念。生物化学是生命的化学，是研究生物体的化学组成和生命过程中的化学变化规律的科学，它是运用化学的原理和方法研究生命活动化学本质的学科，是从分子水平上来研究生物体（包括人类、动物、植物和微生物）内基本物质的化学组成、结构、生理功能以及在生命活动中这些物质所进行的化学变化（合成反应与代谢反应）的规律的一门学科，是一门生物学与化学相结合的基础学科。

从广泛意义上讲，食品指自然界存在的可供人食用的各类物质的统称，也可以理解为人经口摄入至人体内含有特定营养素的物质。绝大多数食品需要经过特定加工后才能食用或适宜食用。从来源讲，人类的食物主要来自其他生物体，主要包括动物、植物和微生物。从食品加工讲，许多食品加工过程都需要生物体或其关键物质参与，尤其是微生物和酶，如食品发酵和酿造。而从食品安全来看，大多数食品败坏是由于污染了微生物而引起的，这也是引起食物中毒的主要原因。食品生物化学不仅涉及食品原料生产相关的基础生物化学的知识，还应涵盖与食品原料保藏、加工以及安全控制相关的生物化学知识。为了更好满足人民群众日益多元化的食物消费需求，我们应把握人民群众食物结构变化趋势，树立大食物观，发展设施农业，构建多元化食物供给体系，学习并掌握食品生物化学相关知识。

习近平总书记在党的二十大报告中指出："没有坚实的物质技术基础，就不可能全面建成社会主义现代化强国。"现代食品产业是一个与"三农"问题密切关联，且与公众膳食营养及饮食安全息息相关的"民生产业"。目前，全球食品产业正在向多领域、多梯度、深层次、高技术、智能化、低能耗、全利用、高效益、可持续的方向发展。随着我国新型工业化、信息化、城镇化和农业现代化同步推进，"方便、美味、可口、实惠、营养、安全、健康、个性化、多样性"的产品新需求，以及"智能、节能、低碳、环保、绿色、可持续"的产业新要求已成为食品产业发展的"新常态"，也对食品产业科技发展提出了新的挑战。食品生物化学是利用化学的手段与原理从分子水平上对食品原料生产、采后保鲜、加工利用及安全保障中涉及的生化过程（生长、成熟、衰老、败坏、转化等）本质进行认识的科学。它能为食品原料的品质形成、安全储藏、合理加工以及产品安全保障提供坚实的理论基础，是食品工程操作基本原理的主要支持之一，其根本目的是高效、合理利用生物体及生物过程，促进人类健康。食品学科是一门以生物学、化学和工程学为主要基础的综合学科。而食品生物化学是前两个基础的有机结合。由此可见，食品生物化学是食品学科基础领域的重要分支。

0.2　食品生物化学的主要内容

从主要研究内容上来看，首先，食品生物化学不同于以研究生物体化学组成、生命物质的结构与功能、生命过程中物质变化和能量变化的规律、一切生命现象的化学本质为基本内容的普通生物化学。以动植物来说，普通生物化学研究的是其发育、生长和衰老等生命过程，而食品生物化学的对象一般是达到成熟状态、已经收获并即将走向衰老和死亡的动植物体。另外，普通生物化学只注重原理的阐释，而食品生物化学作为应用基础科学，介于基础与工程的交界处，在阐释原理的同时要实现主动的调控。其次，食品生物化学也不同于以研究食品物质组成、特性及其在食品加工、储藏等条件下产生的化学变化为基本内容的食品化学。食品生物化学更强调食品原料的生物属性以及变化过程的生物相关性。从某种程度上讲，其广泛性和重要性远高于食品化学。再者，食品生物化学也不同于以关注物质在人体内消化、吸收、转运、代谢和利用为主要内容的食品营养学。它关注的对象始终为食品，而营养学关注的是食品与人体的交互作用。总结起来食品生物化学的主要内容如下：

（1）普通生物化学中与食品相关的部分内容，如生物体的物质（糖、脂类、蛋白质、核酸）及其合成代谢与分解代谢。

（2）各类食品在储藏、加工过程中所涉及的生物化学内容，如水果与蔬菜在贮运过程中的呼吸作用及其调控、鲜肉和水产的成熟及腐败、粮食的陈化与霉变、蛋和奶的劣变等。

（3）典型食品生物相关过程的本质阐释，如食品酶法加工、食品发酵以及食品生物性腐败等的本质、规律及调控。

（4）食品安全的生物调控技术与方法相关内容，主要包括食品安全的生物控制以及食品生物化学分析技术的开发与应用。

0.3 学习食品生物化学的目的

食品生物化学是普通生物化学的应用分支，也是食品学科的应用基础。因此，学习食品生物化学的目的主要包括两个方面：

（1）认识食品工业相关过程发生的生物化学本质，掌握其规律，为食品技术的开发提供理论支撑。

（2）了解食品中各类生物化学过程发生的影响因素，进一步对这些过程进行调控，为高品质、富营养、安全可靠的食品生产提供技术供给，从而造就人类健康。

第 1 章

酶与酶促反应

本章学习目的与要求

1．掌握酶的概念、特性、酶的化学组成和结构特点、酶催化高效性机制和影响酶促反应的因素；
2．熟悉酶活性的测定和米氏方程式的运用和计算；
3．了解酶的分类和命名、固定化酶在食品工业中的应用。

新陈代谢是生命活动的基本特征之一，是由种类繁多的物质代谢、能量代谢、信息代谢所涉及的各式各样化学反应所组成。新陈代谢是由一系列的化学反应完成的。同样的化学反应，在体外进行则速度非常之慢，甚至需要高温、高压、强酸或强碱等剧烈条件才能得以进行。而在生物体内却能在常温常压下以极高的速度进行，就在于体内存在生物催化剂——酶。酶是生物细胞产生的生物催化剂，酶分子的结构是其催化功能的物质基础。现已知的绝大多数酶主要组成都为蛋白质，但也发现少数具有催化作用的核酸，其主要作用于 RNA 的剪接，被称为核酶，本章讨论的主要为蛋白酶，不包括核酶。

1.1 酶的特性

作为生物催化剂，酶既有与一般催化剂相同的性质，同样都是通过降低反应活化能而加快反应速度，只能催化热力学上允许进行的化学反应，缩短达到反应平衡的时间而不改变反应的平衡点，酶在反应的前后没有质和量的变化。然而，与一般催化剂相比，酶又具有生物催化剂本身的特性，包括催化效率的高效性、催化作用的专一性、催化活性的可调控性和易失活性等。

（1）催化效率的高效性　酶的催化效率极高，是非催化反应的 10^8～10^{20} 倍，是一般催化剂的 10^6～10^{13} 倍。蔗糖酶催化蔗糖水解的速度是 H^+ 催化速度的 2.5×10^{12} 倍，在过氧化氢分解反应中，1 mol 的化学催化剂 Fe^{2+}，1 min 内能催化 6×10^{-4} mol 的 H_2O_2 分解，同样条件下，1 mol 的过氧化氢酶在 1 min 内可催化 5×10^6 mol 的 H_2O_2 分解。二者相比，过氧化氢酶的催化效率大约是 Fe^{2+} 的 10^{10} 倍。

（2）催化作用的专一性　酶的催化作用具有高度专一性，一种酶只作用于一种或一类化合物，催化特定的化学反应，生成特定的产物，这种催化作用的特点称为酶的专一性。由于酶催化反应的专一性，所以生物体内的代谢过程才能表现出一定的方向和严格的顺序。根据酶对底物选择的严格程度，酶的专一性可分为三种类型。

①绝对专一性　有些酶对底物的要求非常严格，只能作用于某一特定的底物，而不能作用于其他任何物质，这种专一性称为酶的“绝对专一性”，如麦芽糖酶只作用于麦芽糖；淀粉酶只催化淀粉水解反应；脲酶只催化尿素发生水解反应，而对尿素的各种衍生物均不起作用。

②相对专一性　有些酶对底物的要求不如绝对专一性高，可以作用于一类结构相近的化合物，这种专一性称为“相对专一性”，其包括基团专一性和键专一性两种。前者对所催化的化学键两端的基团要求的严格程度不同，对其中一个要求严格，而对另一个基团没有什么要求。例如 *α*-*D*-葡萄糖苷酶，不仅要求水解 *α*-糖苷键，且要求 *α*-糖苷键一端必须是葡萄糖残基，而对另一端基团要求不严；后者只要求作用于底物一定的化学键，而对化学键两端的基团没有要求。例如蔗糖酶，其要求是 *α*-1，2-糖苷键就可水解，而对于两端基团没有要求。

③立体专一性　立体专一性是酶对具有立体异构体的底物只作用于其中的一种，而对另一种无效的性质。立体专一性可以进一步分为旋光异构专一性和几何异构专一性两种。前者是底物有旋光异构体时，酶只作用于其中的一种，如 *L*-乳酸脱氢酶的底物只能是 *L*-乳酸，而不能是 *D*-乳酸；后者是当底物具有几何异构体时，酶只能作用于其中的一种。例如琥珀酸脱氢酶只能催化延胡索酸（反丁烯二酸）加水生成苹果酸，而不能催化顺丁烯二酸的加水反应。

（3）催化活性的可调控性　生物细胞内的代谢途径错综复杂，为了使体内代谢作用有条不紊地进行，生物体内酶催化活性受到严格的调节和控制。细胞内的酶的调控有多种方式，具体主要是通过改变酶的结构和浓度来进行的，如酶的别构调节、酶的化学修饰、酶原的激活、代谢产物对酶的反馈调节、酶的生物合成的诱导和阻遏等。

（4）易失活性　酶的化学本质是蛋白质，因此，凡是使蛋白质变性的因素都可能使酶的结构遭到破坏而失去催化活性，如强酸、强碱、有机溶剂、重金属盐、高温、紫外线、剧烈震荡等。所以，酶所催化的反应多在比较温和的常温、常压和接近中性的酸碱条件下进行。

1.2 酶的分类

1.2.1 根据酶催化反应类型分类

根据各种酶催化反应的类型，国际酶学委员会将蛋白酶分为六类（二维码 1-1）。

1.2.1.1　氧化还原酶类

凡能催化底物发生氧化还原反应的酶，均属氧化还原酶类。生物体内的氧化还原反应以脱氢为主，还有脱电子及直接与氧化合的反应，其中数量最多的是脱氢酶。脱氢酶催化的反应可用通式表示为：

二维码 1-1　酶的分类与命名

$$AH_2 + B \rightarrow A + BH_2$$

例如，乳酸脱氢酶催化乳酸与丙酮酸之间的可逆反应。

$$HO-C(COO^-)(CH_3)-H + NAD^+ \xrightleftharpoons{L\text{-乳酸脱氢酶}} (COO^-)(CH_3)C{=}O + NADH + H^+$$

L-乳酸　　　丙酮酸

1.2.1.2　转移酶类

凡能催化底物发生基团转移或交换的酶，均属转移酶类。常见的转移酶有氨基转移酶、甲基转移酶、酰基转移酶、激酶及磷酸化酶。转移酶所催化的反应可用通式表示为：

$$A-R + C \rightarrow A + C-R$$

例如，谷丙转氨酶催化 *L*-丙氨酸与 *L*-谷氨酸之间转换的可逆反应。

$$^+H_3N-C(COO^-)(CH_3)-H + (COO^-)C(=O)(CH_2)_2COO^- \xrightleftharpoons{\text{谷丙转氨酶}} (COO^-)C(=O)CH_3 + {}^+H_3N-C(COO^-)((CH_2)_2COO^-)-H$$

L-丙氨酸　*α*-酮戊二酸　　丙酮酸　*L*-谷氨酸

1.2.1.3　水解酶类

凡能催化底物发生水解反应的酶，均属水解酶类。常见的水解酶主要包括淀粉酶、麦芽糖酶、蛋白酶、肽酶、脂肪酶、核酸酶及磷酸酯酶等。水解酶所催化的反应通式表示为：

$$A-B + H_2O \rightarrow A-H + B-OH$$

例如，焦磷酸酶催化无机焦磷酸水解形成两分子无机磷酸。

$$^-O-P(=O)(O^-)-O-P(=O)(O^-)-O^- + H_2O \xrightarrow{\text{焦磷酸酶}} 2\ HO-P(=O)(O^-)-O^-$$

焦磷酸　　磷酸

1.2.1.4　裂合酶类

凡能催化底物移去一个基团并形成双键的反应或逆反应的酶，均属裂合酶类。移去基团的反应不包括水解反应、氧化反应和消去反应。常见的裂合酶有醛缩酶、水化酶、脱水酶、脱羧酶、裂解酶等，裂合酶所催化的反应通式表示为：

$$A-B \rightarrow A + B$$

例如，丙酮酸脱羧酶催化丙酮酸分解成乙醛和二氧化碳。

$$(COO^-)C(=O)CH_3 + H^+ \xrightarrow{\text{丙酮酸脱羧酶}} H-C(=O)-CH_3 + CO_2$$

丙酮酸　　乙醛

1.2.1.5　异构酶类

凡能催化底物分子发生几何学或结构学的同分异构体之间的相互转变的酶，均为异构酶类。几何学上的变化有顺反异构、差向异构（表异构）和分子构型的改变；结构学上的变化有分子内部的基团转移（变位）和分子内的氧化还原。常见的异构酶有顺反异构酶、表异构酶、变位酶和消旋酶，异构酶所催化的反应通式表示为：

$$A \rightleftharpoons B$$

例如，6-磷酸葡萄糖异构酶催化葡萄糖 6-磷酸和果糖 6-磷酸间的可逆反应。

$CH_2OPO_3^{2-}$

葡萄糖-6-磷酸 $\underset{}{\overset{\text{葡萄糖-6-磷酸异构酶}}{\rightleftharpoons}}$ 果糖-6-磷酸

葡萄糖-6-磷酸

果糖-6-磷酸

1.2.1.6 连接酶类

凡是催化两分子底物合成为一分子化合物，同时偶联有 ATP 的磷酸键断裂释放能量的酶，均属连接酶类。常见的连接酶有丙酮酸羧化酶、谷氨酰胺合成酶、谷胱甘肽合成酶等。连接酶所催化的反应通式表示为

$$A+B+ATP \rightarrow A-B+ADP+Pi$$

例如，谷氨酰胺合成酶利用 ATP 水解产生的能量把谷氨酸和氨基连接起来产生谷氨酰胺。

L-谷氨酸 $+ATP+NH_4^+ \xrightarrow{\text{谷氨酰胺合成酶}}$ L-谷氨酰胺 $+ADP+Pi$

L-谷氨酸

L-谷氨酰胺

1.2.2 根据酶蛋白结构特点分类

根据酶蛋白分子的结构特点，将蛋白酶分为三类：

（1）单体酶　由单一肽链组成，相对分子质量为 13 000～35 000，属于这一类的酶较少，一般是催化水解反应的酶，如溶菌酶、木瓜蛋白酶、胰蛋白酶、胃蛋白酶（二维码 1-2）。

二维码 1-2　蛋白酶三维结构示意图

（2）寡聚酶　由两个或两个以上亚基组成，相对分子质量从 35 000 到几百万之间，寡聚酶的亚基可以是相同的，也可以不相同，亚基之间以非共价键结合，每个单独的亚基一般无活性，亚基之间通过有序结合才有活性，因此，寡聚酶中有很多属于调节酶，在代谢调控时起重要作用，如磷酸化酶 α 和 3-磷酸甘油脱氢酶等（二维码 1-2）。

（3）多酶复合体　又称多酶体系，由两种或两种以上的功能相关的酶嵌合而形成的复合体，不同的酶通常依靠非共价键聚集在一起，其分子量大多都达到几百万以上。复合体中每一种酶分别催化一个反应，所有反应依次进行，构成一个代谢途径或代谢途径的一部分，多酶复合体有利于细胞中一系列反应的连续进行，以提高酶的催化效率，同时便于机体对代谢的调控，如大肠杆菌的丙酮酸脱氢酶复合体由丙酮酸脱氢酶、二氢硫辛酰胺转乙酰基酶、二氢硫辛酰胺脱氢酶组成（二维码 1-2）。

1.2.3 根据酶的分子组成分类

（1）单纯蛋白酶　单纯蛋白酶是指仅由氨基酸残基构成的酶，如催化水解反应的蛋白酶、淀粉酶和脂肪酶等。

（2）结合蛋白酶　结合蛋白酶是指由蛋白质部分和非蛋白质部分构成的酶。蛋白质部分称为酶蛋白，非蛋白质部分称为辅因子，酶蛋白与辅因子结合形成全酶，只有全酶才有催化活性，酶蛋白与辅因子单独存在时，均无催化活性。辅因子按化学本质主要包括小分子有机化合物和无机金属离子两类。

根据有机小分子与酶蛋白结合的紧密程度，将其分为辅酶和辅基两种。辅酶与酶蛋白结合疏松，可以用透析或超滤方法将其分离；辅基与酶蛋白结合紧密，用透析或超滤方法无法将其分离。

除了有机小分子外，金属离子包括 Fe^{2+}、Fe^{3+}、Zn^{2+}、Mg^{2+}、K^+、Na^+ 等也可以作为辅因子，金属离子能与酶、底物形成络合物，有助于酶与底物的正确定向结合，对酶分子构象起稳定作用，金属离子还可作为电子、氢原子或某些基团的

载体，参与反应。

1.3　辅酶（或辅基）

凡是能与酶蛋白结合在一起并协同实施催化作用，这类分子被称为辅酶（或辅基）。辅酶（或辅基）是一类具有特殊化学结构和功能的化合物，参与的酶促反应主要为氧化-还原反应或基团转移反应。大多数辅酶（或辅基）的前体主要是水溶性 B 族维生素。因此，许多 B 族维生素的生理功能与辅酶（或辅基）的作用密切相关。

1.3.1　烟酰胺腺嘌呤二核苷酸和烟酰胺腺嘌呤磷酸二核苷酸

维生素 B_5，也称维生素 PP，包括烟酸（也称为尼克酸）和烟酰胺（也称尼克酰胺）（图 1-1），烟酸为烟酰胺的前体。肉类、谷物、酵母和花生中都含有丰富的维生素 B_5。人体也能将色氨酸转化为烟酰胺，但转化率较低。

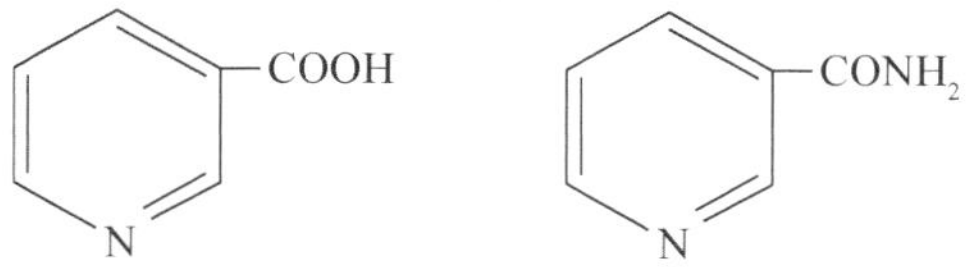

COOH　CONH$_2$

图 1-1　烟酸和烟酰胺

烟酰胺腺嘌呤二核苷酸（NAD^+，又称为辅酶 I）和烟酰胺腺嘌呤磷酸二核苷酸（$NADP^+$，又称为辅酶 II）（图 1-2）是烟酰胺的衍生物。NAD^+ 和 $NADP^+$ 的区别在于后者腺苷酸核糖 C_2' 上结合了一个磷酸基团。NAD^+ 和 $NADP^+$ 与酶蛋白结合非常松弛，易于脱离酶蛋白而单独存在，是多种重要脱氢酶的辅酶。

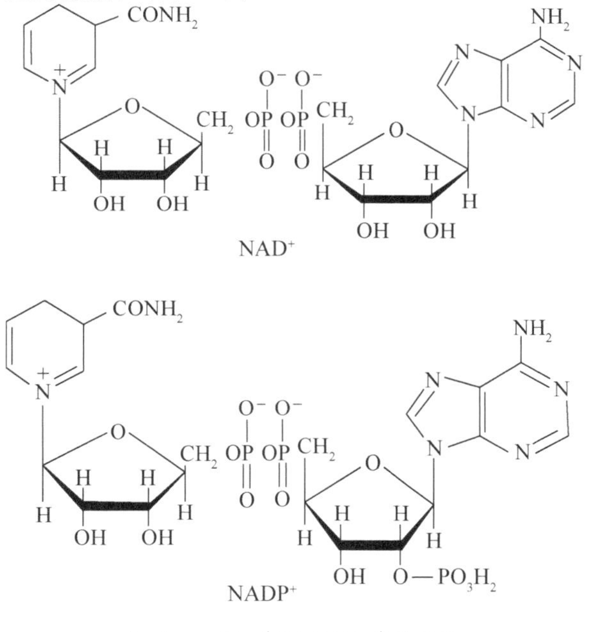

NAD^+

$NADP^+$

图 1-2　NAD^+ 和 $NADP^+$ 的结构

在氧化还原反应中，当底物被氧化时，从底物上脱下的两个氢原子，其中一个 H^+ 与 2 个电子与转移到 NAD^+（或 $NADP^+$）的嘧啶环上，使氮原子由 5 价变成 3 价，同时，环上氮原子的对位第 4 位碳原子上增加一个质子，从而使 NAD^+ 和 $NADP^+$ 分别还原为 $NADH+H^+$ 和 $NADPH+H^+$，而另一个 H^+ 进入溶液中（图 1-3）。

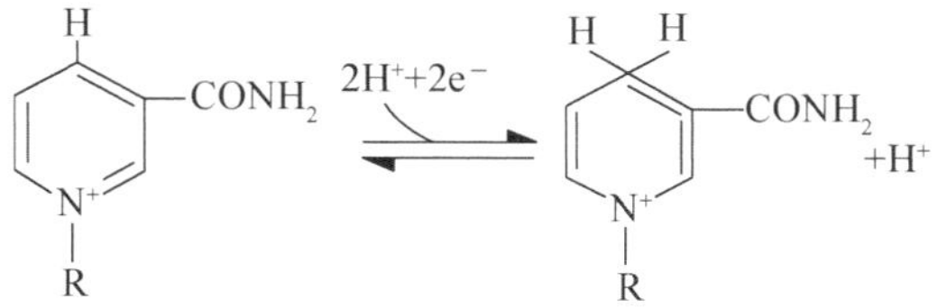

$2H^++2e^-$

图 1-3　NAD^+ 和 $NADP^+$ 的氧化还原形式

1.3.2　黄素单核苷酸和黄素腺嘌呤二核苷酸

黄素单核苷酸（FMN）和黄素腺嘌呤二核苷酸（FAD）是核黄素（维生素 B_2）的衍生物。其结构如图 1-4 所示。核黄素由核糖醇和 6，7-二甲基异咯嗪缩合而成。与 NAD^+ 和 $NADP^+$ 不同，FMN 和 FAD 与酶蛋白结合非常紧密，不易分开，是多种氧化还原酶的辅基。在核黄素的异咯嗪环的第1位和第10位氮原子与活泼的双键相连，容易接受质子而被还原成无色产物，并且还原物很容易再脱氢而被重新氧化。

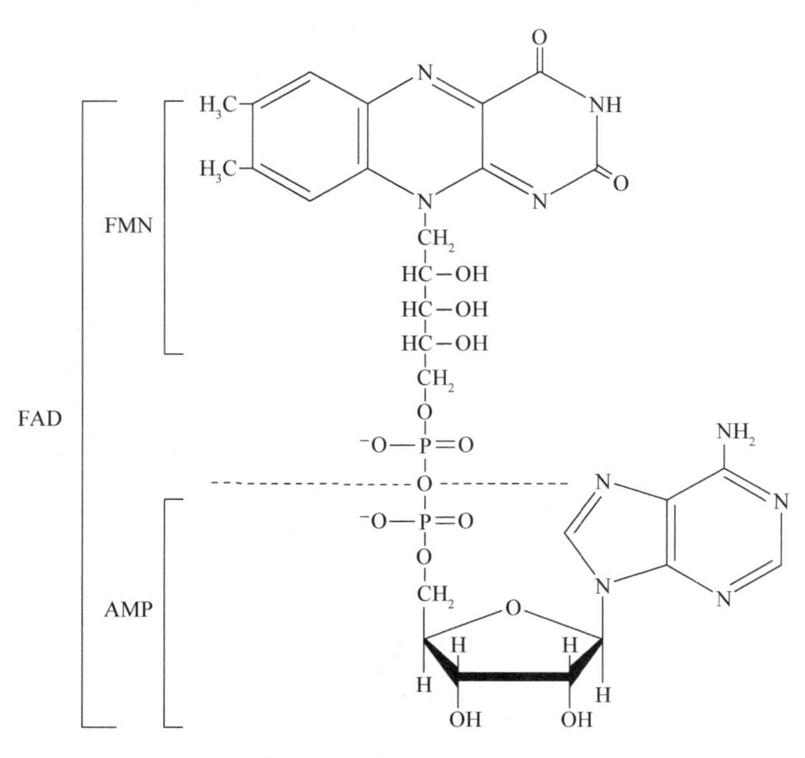

图 1-4 FMN 和 FAD 的结构

1.3.3 辅酶 A

辅酶 A（CoA）是生物体内代谢反应中乙酰化酶的辅酶，其前体是维生素 B_3，维生素 B_3 也称为泛酸或遍多酸。泛酸进入体内后，经磷酸化并获得巯基乙胺生成 4-磷酸泛酰巯基乙胺，然后，进一步转化成 CoA 或者酰基载体蛋白（ACP）。因此，CoA 的结构包含 3 个主要部分：含一个游离巯基的巯基乙胺、泛酸单位和 β-羟基被磷酸基团酯化的 ADP（图 1-5）。在 CoA 中，其作用主要是通过巯基完成的，即巯基通过与酰基形成硫酯键而起着酰基载体的作用。

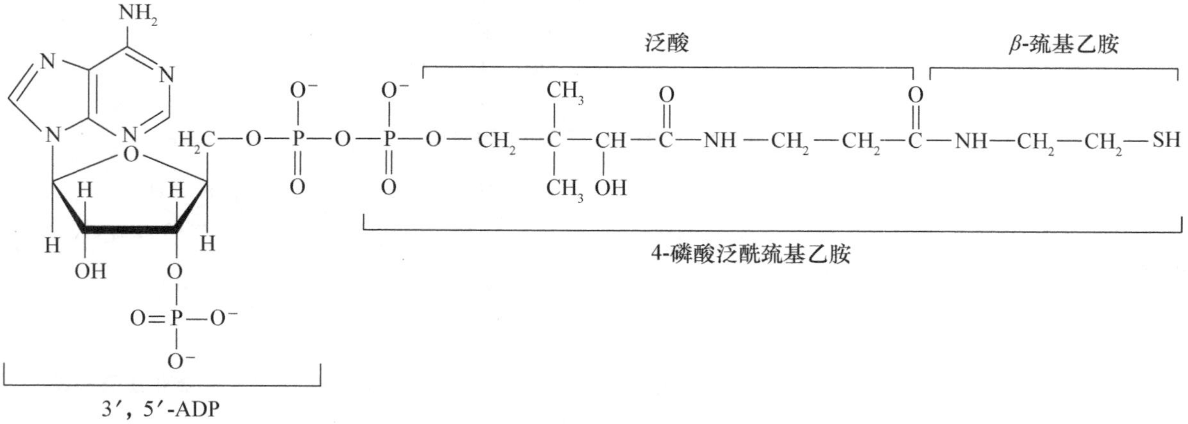

图 1-5 泛酸和辅酶 A 的化学结构

1.3.4 四氢叶酸

四氢叶酸（tetrahydrofolate，FH4 或 THF）全称为 5，6，7，8-四氢叶酸，称为辅酶 F（简称 CoF），其为叶酸（VB_{11}）在生物体内的辅酶形式。叶酸由 2-氨基-4-羟基-6-甲基蝶呤、对氨基苯甲酸和

L-谷氨酸三部分组成。在其 2-氨基-4-羟基-6-甲基蝶呤中的第 5，6，7 和 8 为碳原子上分别添加氢原子就构成了四氢叶酸（图 1-6）。

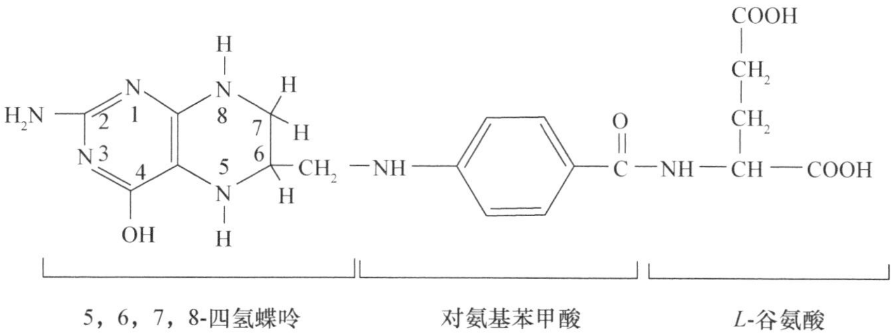

5，6，7，8-四氢蝶呤　　对氨基苯甲酸　　*L*-谷氨酸

图 1-6　四氢叶酸的化学结构

四氢叶酸的作用是参与生物体内的“一碳单位”的转移，即充当甲基（methyl）、亚甲基（methylene）、甲酰基（formyl）、甲川基（methenyl）和亚胺甲基（formimino）等基团的载体，在体内许多主要物质的合成中起作用，例如嘌呤、胸腺嘧啶等物质的合成中都需要四氢叶酸的参与，另外，一些氨基酸的合成也离不开的四氢叶酸。因此，叶酸与核苷酸以及某些氨基酸的合成密切相关。

1.3.5　焦磷酸硫胺素

焦磷酸硫胺素，也称为硫胺素焦磷酸酯（thiamine pyrophosphate，TPP）是生物体内脱羧酶的辅酶，其前体是维生素 B_1，即硫胺素，其结构如图 1-7 所示。TPP 作为辅酶参与糖代谢过程中丙酮酸、异柠檬酸和 α-酮戊二酸氧化脱羧反应。因此，当维生素 B_1 缺乏时，糖类代谢的中间产物 α-酮酸不能氧化脱羧而堆积，积累的 α-酮酸类酸性物质刺激机体神经组织，从而易患神经炎，出现烦躁易怒、健忘、心力衰竭等症状，故维生素 B_1 又称为抗神经炎维生素。

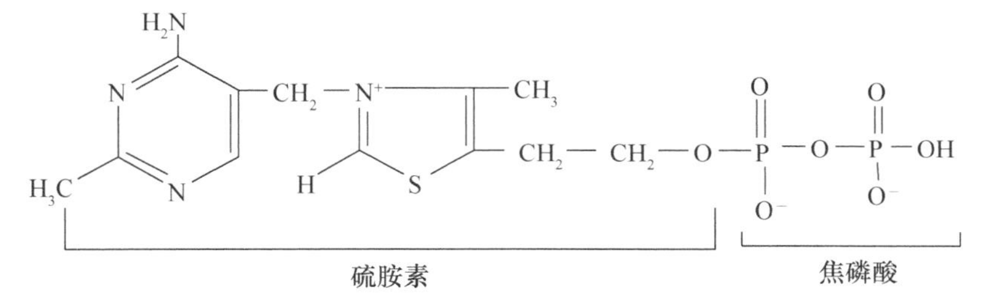

图 1-7　焦磷酸硫胺素的化学结构

1.3.6　磷酸吡哆醛和磷酸吡哆胺

磷酸吡哆醛（PLP）和磷酸吡哆胺（PMP）在氨基酸代谢过程中起着重要作用，在氨基酸的转氨、脱羧和消旋化作用中起辅酶作用，其结构如图 1-8。PLP 和 PMP 是维生素 B_6 为前体形成的。维生素 B_6 又称吡哆素，包括吡哆醛、吡哆醇和吡哆胺三种形式，在体内可以相互转化。细胞内的维生素 B_6 在激酶的催化下经磷酸化转变为 PLP 和 PMP。

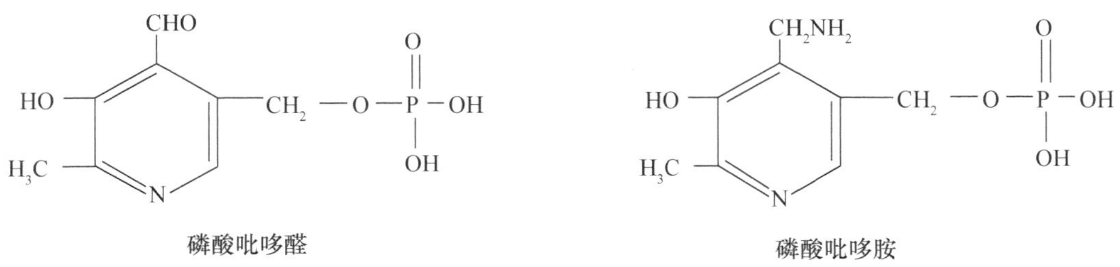

磷酸吡哆醛　　磷酸吡哆胺

图 1-8　磷酸吡哆醛和磷酸吡哆胺的化学结构

1.3.7 生物素

生物素，为维生素 B_7，又名维生素 H，由带有戊酸侧链的噻吩和尿素骈合而成（图 1-9）。在生物体内，生物素本身作为多种羧化酶的辅基参与传递和固定 CO_2 的作用。细胞内，在生物素蛋白质连接酶（biotin protein ligase）催化下，生物素通过戊酸侧链与羧化酶的赖氨酸残基上的氨基形成酰胺键。于是，生物素通过细长的碳氢链系在酶分子上，这种结构对羧化反应非常重要，通常将这种形式存在的生物素和赖氨酸残基的复合物称为生物胞素（biocytin）。

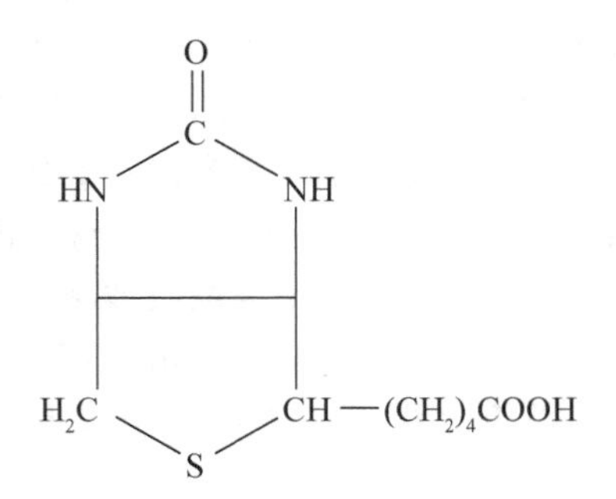

图 1-9 生物素的化学结构

1.3.8 维生素 B_{12} 辅酶

维生素 B_{12} 含有复杂的咕啉环结构（类似于卟啉环结构），因其分子中含有金属元素钴元素和若干个酰胺基，故又称为钴胺素。在钴原子上结合不同的基团，形成不同的维生素 B_{12}。如当在钴原子上结合—CN、—OH、—CH_3 或 5′-脱氧腺苷，分别得到氰钴胺素、羟钴胺素、甲基钴胺素和 5′-脱氧腺苷钴胺素。其中，甲基钴胺素和 5′-脱氧腺苷钴胺素是维生素 B_{12} 的两种主要辅酶形式，但两者在代谢中的作用不同。甲基钴胺素参与体内的转甲基反应和叶酸代谢，是 N^5-甲基四氢叶酸甲基转移酶的辅酶，该酶催化 N^5-甲基四氢叶酸和高半胱氨酸之间泛酸不可逆的甲基转移反应，生成四氢叶酸和甲硫氨酸；5′-脱氧腺苷钴胺素在体内为几种变位酶的辅酶。

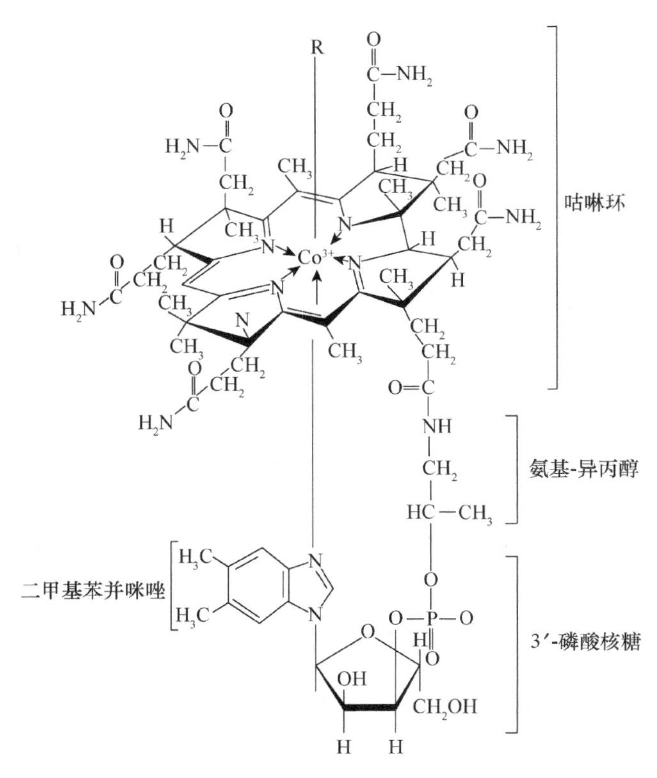

图 1-10 维生素 B_{12} 及其衍生物的化学结构

1.3.9 硫辛酸

硫辛酸是少数不属于维生素的辅酶，其为一种含硫的脂肪酸。硫辛酸全称为 6，8-二硫辛酸，其包括氧化型（硫辛酸）和还原型（二氢硫辛酸）两种形式（图 1-11）。在糖代谢中，硫辛酸作为丙酮酸脱氢酶系和 α-酮戊二酸脱氢酶复合体中的一种辅助因子，起着转酰基作用。

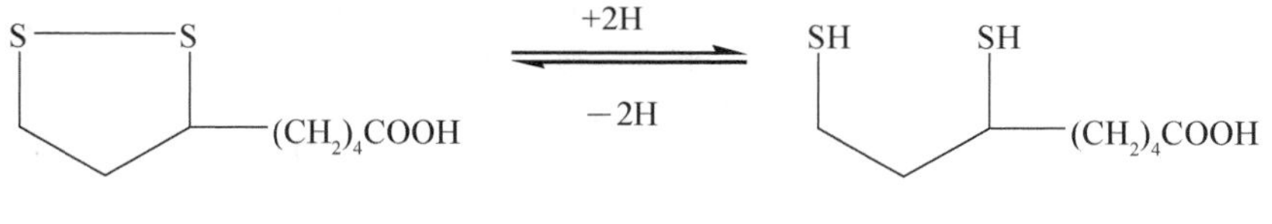

+2H / −2H

硫辛酸（氧化型） 硫辛酸（还原型）

图 1-11 硫辛酸的化学结构和可逆的氧化还原反应

为了方便了解各种主要的辅酶（或辅基），将主要辅酶（或辅基）的有关维生素、存在形式及生理作用汇总如表 1-1 所示。

表 1-1　含维生素的辅酶或辅基及其参与反应中的作用

维生素	辅酶、辅基的形式	催化反应中的作用
维生素 B_1（硫胺素）	焦磷酸硫胺素（TPP）	α-酮酸脱羧酶辅酶 氧化脱羧
维生素 B_2（核黄素）	黄素单核苷酸（FMN）	氧化还原酶辅基 递氢作用
	黄素腺嘌呤二核苷酸（FAD）	氧化还原酶辅基 递氢作用
维生素 B_6（吡哆醛、醇、胺）	磷酸吡哆醛（PLP）	氨基酸转氨 脱羧
生物素	生物素	羧化酶辅酶 CO_2 载体
叶酸	四氢叶酸（FH4）	转一碳单位酶辅酶 一碳单位载体
维生素 B_{12}（钴胺素）	甲基钴胺素	甲基化酶辅酶 甲基转移
泛酸	辅酶 A（CoA）	酰基酶辅酶 酰基转移作用
	烟酰胺腺嘌呤二核苷酸（NAD^+）	脱氢酶辅酶 递氢作用
维生素 PP（尼克酰胺）	烟酰胺腺嘌呤二核苷酸磷酸（$NADP^+$）	脱氢酶辅酶 递氢作用
	硫辛酸	酰基转移 递氢作用

1.4　酶的结构

酶蛋白的分子结构是其生物学功能的基础，其催化功能是由酶蛋白分子上的活性部位实现的，所以研究酶的结构与功能之间的关系，尤其是酶的活性部位是酶学领域的一个重要内容。

1.4.1　酶的活性中心

在一个酶中，结合部位和催化部位是必不可少的。结合部位是酶分子与底物结合的部位，其在空间形状和氨基酸残基组成上，都有利于与底物形成复合物起到固定底物的作用。它与底物的匹配程度很大程度上决定了酶的专一性；催化部位是使底物发生化学变化的部位。因此，一般来说，结合部位决定了酶的专一性，催化部位决定了酶所催化反应的性质。酶的结合部位和催化部位合称为酶的活性部位或活性中心（二维码 1-3）。

二维码 1-3　木瓜蛋白酶活性中性构象示意图

1.4.1.1　酶活性中心的组成

酶的活性中心从化学组成上实为一些氨基酸残基的侧链基团组成。酶分子中的各种化学基团并不一定都与酶的活性密切相关，那些与酶活性密切相关的化学基团称为酶的必需基团。常见的必需基团有亲核性基团和酸碱性基团。前者包括丝氨酸的羟基、半胱氨酸的巯基和组氨酸的咪唑基；后者包括天门冬氨酸和谷氨酸的羧基，赖氨酸的氨基、酪氨酸的酚羟基、组氨酸的咪唑基和半胱氨酸的巯基等。必需基团在一级结构上可能相距甚远，甚至位于不同的肽链上，但在形成空间结构时通过肽键的盘绕、折叠会相互靠拢，构成了酶的活性中心。对于结合蛋白酶来说，辅因子或其部分结构往往就是活性中心的组成成分。

此外，某些化学基团存在于活性中心以外，虽然不参与酶的活性中心组成，但却在维持活性中心的特定空间构象起重要作用，关系到酶活性中心各个必需基团的相对位置，这些基团如果被修饰，则会引起酶活性中心的特定构象发生改变，最终影响酶的活力，这些活性中心以外的基团称为活性中心外的必需基团。

1.4.1.2　酶活性中心的结构特点

（1）活性中心在酶分子总体积中只占相当小的部分，通常只占整个酶分子体积的 1%～2%，酶分子中大部分氨基酸残基并不与底物接触。其中，酶分子的催化部位一般只由 2～3 个氨基酸残基组成，而结合部分的氨基酸残基数目因不同酶而异，可能是一个，也可能是数个。

（2）酶的活性中心是位于酶分子表面的一个凹穴或裂缝，有一定的大小和形状，但不是刚性的，而具有一定柔性。底物分子（或一部分）结合到凹穴或裂缝内才能发生催化作用。

（3）活性中心为相当疏水的微环境，含有较多的非极性基团，但是也含有某些极性的氨基酸残基，以便与底物结合并发生催化作用。非极性的微环境可以提高酶与底物结合，从而有利于催化作用。

（4）底物与酶通过形成较弱键力的次级键（包

括氢键、盐键、范德华力和疏水相互作用）的相互作用并结合到酶的活性中心。

（5）酶的活性部位并不是和底物的形状正好吻合，而是在酶与底物结合的过程中，底物分子或酶分子或它们两者的构象同时发生一定变化后才相互契合，这时催化基团的位置也正好处于所催化底物的敏感化学键部位，这个动态的辨认过程称为诱导契合。

1.4.2 调控部位

在一些酶分子中存在着一些可以与其他分子发生某种程度的结合部位，随着它们的结合引起酶分子空间构象的改变，对酶产生激活或抑制作用，这些部位称为调控部位。

1.5 酶的催化反应机制

1.5.1 酶催化反应的专一性机制

如前所述，酶催化反应具有专一性，目前对此有几种不同的假说。

1.5.1.1 “三点附着”假说

该学说是 Ogster 在研究甘油激酶催化甘油转变为磷酸甘油时提出来的。其要点是：底物在活性中心的结合有 3 个结合点，只有当这 3 个结合点都匹配的时候，酶才会催化相应的反应。该假说可以解释酶为什么能够区分一对对映异构体以及一个假手性 C 上两个相同的基团。对于立体对映体中的一对底物虽然基团相同，但空间排布不同，那么这些基团与酶活性中心的有关基团能否互相匹配不好确定。只有三点都相互匹配时，相应的酶才能作用于这个底物。

1.5.1.2 锁钥学说

1894 年，德国化学家 Fisher 发现水解糖苷的酶能够区分糖苷的立体异构体，从而提出该学说。其认为整个酶分子的天然构象是具有刚性结构的，酶表面具有特定的形状，就像一把锁，底物分子或其一部分就像钥匙一样，能专一性地插入到酶的活性中心部位，导致反应发生。此学说很好地解释了酶的立体异构专一性，但却不能解释酶催化可逆反应的过程中，酶的空间结构能同时适应可逆反应的底物和产物的现象（二维码 1-4）。

二维码 1-4 酶催化锁钥学说示意图

1.5.1.3 诱导契合学说

1958 年，Koshland 提出诱导契合学说，该学说认为酶与底物结合过程不是锁与钥匙之间的那种简单互补关系，酶的活性中心是柔性的而非刚性的。在酶与底物相互靠近结合的过程中，酶或底物分子，或两者的构象均会发生改变，其结构相互诱导、相互适应，形成酶-底物复合物，这个动态的结合过程称为酶-底物结合的诱导契合（图 1-12）。近年来，采用 X 线晶体衍射法对羧肽酶研究的实验结果支持了这个学说，证明了酶与底物结合时，确有显著的构象变化。

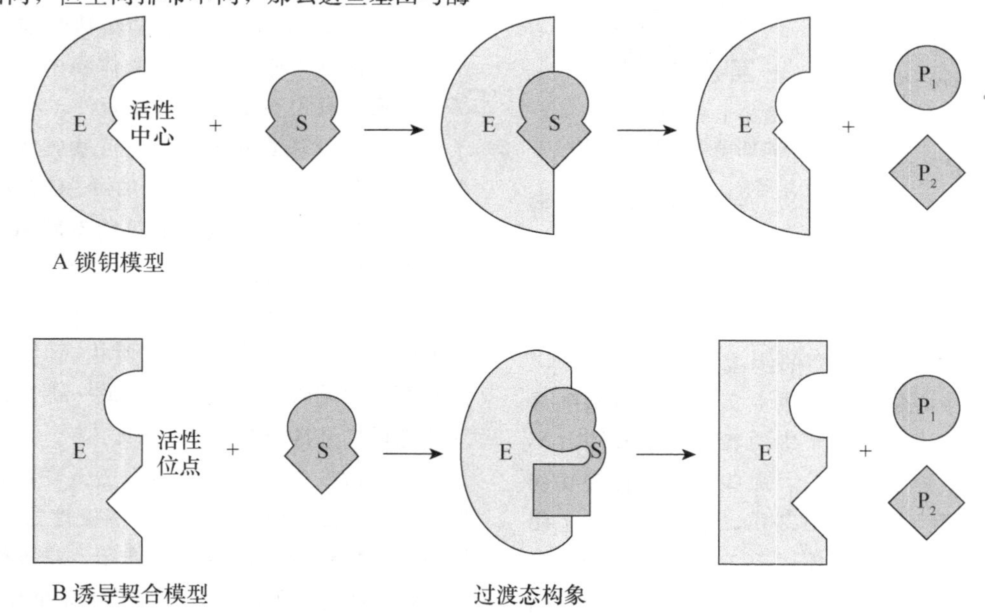

图 1-12 锁-钥模型和诱导契合模型（刘国琴等，2011）

1.5.2　酶催化反应的高效性机制

酶具有极高的催化效率，在酶催化反应中，酶分子一般首先与底物形成过渡态的酶–底物中间产物，再裂解释放出酶和产物。当处于过渡态时，酶的活性部位与底物形状完全匹配，相互作用力达到最强，酶–底物中间产物稳定，反应活化能大大降低，这是酶催化作用具有高效性的最根本原因。酶在进行催化时，会充分利用各种化学机制来实现过渡态的稳定并由此加速反应。具体，酶主要通过以下几种机制来实现的。

1.5.2.1　酶与底物的邻近效应和定向效应

邻近效应是指酶将底物分子富集且固定在活性中心附近，且反应基团相互邻近的一种效应。酶与底物结合形成中间产物时，由于酶具有对底物较高的亲和力，使游离的底物集中于酶分子活性中心区域，使活性中心区域的底物浓度得以极大提高，并同时使反应基团之间相互靠近，增加自由碰撞概率，在这种局部的高浓度下，反应速度显著提高。

定向效应是指底物分子在酶活性中心定向结合以及底物分子的反应基团与酶活性中心的催化基团之间的正确取位和严格定向的效应。在酶活性中心内，催化基团与底物分子反应基团之间，形成了正确的定向排列，分子轨道以正确方位相互交叠，按正确的方向相互作用形成中间产物，反应方式由分子间反应转变成分子内反应，从而降低了底物分子的活化能，提高了反应速率。

1.5.2.2　底物形变

当酶与底物相遇时，酶分子诱导底物分子中敏感键产生“电子张力”发生形变，从而更接近它的过渡态，由此降低了反应活化能并有利于催化反应的进行。底物形变是诱导契合产生的主要效应。酶对底物的诱导导致酶的活性中心与过渡态的亲和力高于它对底物的亲和力。

1.5.2.3　酸碱催化

酸碱催化作用是有机反应中常见的催化机制之一，可分为狭义的酸碱催化和广义的酸碱催化。狭义的酸碱催化，即 H^+ 与 OH^- 作为催化剂对化学反应的直接催化作用，在生物体内生理条件下，细胞内的环境接近中性，H^+ 和 OH^- 的浓度都很低，两者作为催化剂的直接催化作用都相当微弱。另一种是广义的酸碱催化，广义的酸碱催化理论认为，凡是作为质子供体的定义为酸催化剂，作为质子受体的定义为碱催化剂，它们在酶催化反应中发挥重要作用。酶活性中心的某些极性基团就是良好的质子供体或受体，在反应过程中瞬时地向底物提供质子或从底物接受质子以稳定过渡态，降低反应活化能，从而提高反应速度。发生在细胞内的许多种类型的有机反应都是广义的酸碱催化，例如将水加到羰基上、羧酸酯及磷酸酯的水解、从双键上脱水、各种分子重排以及许多取代反应等。构成酶蛋白的氨基酸中含有多种可以进行广义酸碱催化作用的功能基团，如氨基、羧基、巯基、羟基及咪唑基等（表 1-2）。

表 1-2　酶活性中心常见酸碱基团（刘国琴等，2011）

氨基酸残基	广义酸基团（质子供体）	广义碱基团（质子受体）
Glu，Asp	$-COOH$	$-COO^-$
Lys，Arg	$-NH_3^+$	$-NH_2$
Cys	$-SH$	$-S^-$
Tyr	$-C_6H_4-OH$	$-C_6H_4-O^-$
His	HN　NH^+（咪唑环）	HN　N（咪唑环）

酸碱催化作用机制中，组氨酸咪唑基是酶催化作用中一个非常重要的功能基团。组氨酸咪唑基的解离常数约为 6.0，在生物体内接近中性条件下，有一半以酸形式存在，另一半以碱形式存在，即咪唑基既可以作为质子供体，又可以作为质子受体在酶催化反应中发挥作用，同时咪唑基供出或接受质子的速度十分迅速。因此，组氨酸的咪唑基存在于许多酶的活性中心。

1.5.2.4　共价催化

共价催化是指酶催化底物发生反应的过程中，酶活性中心的极性基团与底物结合，形成活性很高的过渡态共价中间产物，使反应所需的活化能大大降低，从而有效地加速酶催化的化学反应。根据酶活性中心的极性基团对底物作用的方式不同，共价催化可分为亲核催化和亲电子催化两种。在生物体中，亲核催化更为常见。在进行亲核催化时，酶活性中心含有可提供非共用电子对的亲核基团，其中常见的有丝氨酸的羟基、半胱氨酸的巯基、组氨酸的咪唑基。底物分子中典型的亲电中心包括磷酰基、酰基和羰基。酶活性中心的亲核基团和底物分子带部分正电荷的碳原子通过共价键形成过渡态的中间产物。

在进行亲电子催化作用时，酶活性中心的亲电子催化基团，如 Mg^{2+}、Mn^{2+}、Fe^{2+} 等，这些亲电催化基团从底物分子的原子上夺取一对电子，形成活性很高的共价中间产物。

1.5.2.5 金属催化

近三分之一酶的活性需要金属离子的存在，这些酶分为两类，一类为金属酶；另一类为金属激活酶。前者含有紧密结合的金属离子，多数为过渡金属，如 Fe^{2+}、Fe^{3+}、Cu^{2+}、Zn^{2+}、Mn^{2+} 或 Co^{3+}，后者与溶液中的金属离子松散地结合，通常是碱金属或碱土金属，例如 Na^{+}、K^{+}、Mg^{2+} 或 Ca^{2+}。

金属离子参与的催化称为金属催化：①作为路易斯酸（Lewis）接受电子，使亲核集团或亲核分子的亲核性更强；②与带负电荷的底物结合，屏蔽负电荷，促进底物在反应中正确定向；③作为亲电催化剂，稳定过渡态中间物上的电荷；④通过价态的可逆变化，作为电子受体或电子供体参与氧化还原反应；⑤本身就是酶结构的一部分。

1.5.2.6 活性中心微环境的影响

酶的活性中心凹穴内是疏水的非极性区，形成一个疏水微环境，其介电常数非常低。疏水微环境可排除水分子与酶、辅酶及底物中功能基团之间吸引和排斥的干扰，防止酶与底物之间形成水化膜，使酶与底物密切接触，有利于酶的催化作用。

以上介绍了几种影响酶高效催化的主要因素。实际上，它们不是同时在一个酶中起作用，也不是一种因素在所有酶中都起作用，更可能的情况是对不同的酶起作用的因素不同，各有其特点，可能分别受一种或几种因素影响。

1.6 酶促反应动力学

酶促反应是以酶作为催化剂进行的化学反应。酶促反应动力学主要研究酶促反应速率及影响酶促反应速率的各种因素。

1.6.1 酶促反应速率

酶促反应速率一般用单位时间内底物的消耗量或产物的生成量来表示。酶促反应在开始时期内因为产物几乎没有，所以反应速率最大，然后随着产物的增加，底物的减少，反应速率逐渐下降，最后完全停止。如果底物浓度相当大，而 pH 和温度又保持恒定，则在反应初期的一段时间内，酶的反应速率几乎不受产物的影响，可保持不变。所以，测定酶促反应速率一般指反应开始的初始速率。

1.6.2 影响酶促反应速率的因素

1.6.2.1 酶浓度

酶作为一种高效的生物催化剂，一般情况下在生物体内含量很少。当酶促反应体系处于最适反应条件下，温度、pH 不变，底物浓度大到足以使酶饱和的情况下，酶促反应速率与酶浓度成正比关系（图 1-13），即酶浓度越大，酶促反应速率越快。因为在酶促反应中，酶分子活性中心首先与底物分子发生诱导契合，生成活化的中间产物，而后再转变为最终产物。在底物浓度大到足以使酶饱和的情况下，可以设想，酶的浓度越大，则生成的中间产物越多，反应速度也就越快。相反，如果反应体系中底物浓度不足以使酶饱和的情况下，酶分子过量，现有的酶分子尚未发挥作用，在此情况下，即使再增加酶浓度，也不能增大酶促反应的速率。

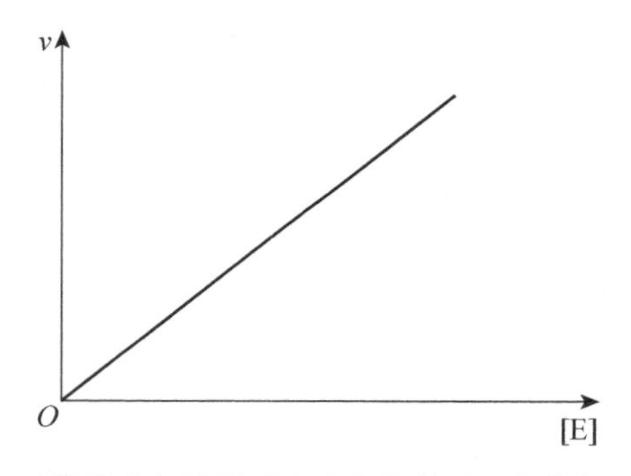

图 1-13 酶浓度与酶促反应速率的关系（李京杰，2007）

1.6.2.2 底物浓度

研究底物浓度和酶促反应速度之间的关系，是酶促反应动力学的核心内容。在酶浓度、温度、pH 不变的情况下，底物浓度与酶促反应速率的相互关系呈矩形双曲线，如图 1-14 中的曲线所示，从该曲线图可以看出，当底物浓度较低时，反应速度按一定比率加快，反应速率与底物浓度之间呈正相关，反应表现为一级反应。随着底物浓度不断增加，反应速率不再按正比升高，呈逐渐减弱的趋势，此时反应表现为混合级反应。当底物浓度达到相当高时，底物浓度对反应速率影响逐渐变小，最后反应速率几乎与增加底物浓度无关，这时反应达到最大反应速率，反应表现为零级反应。

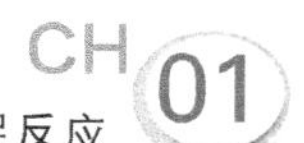

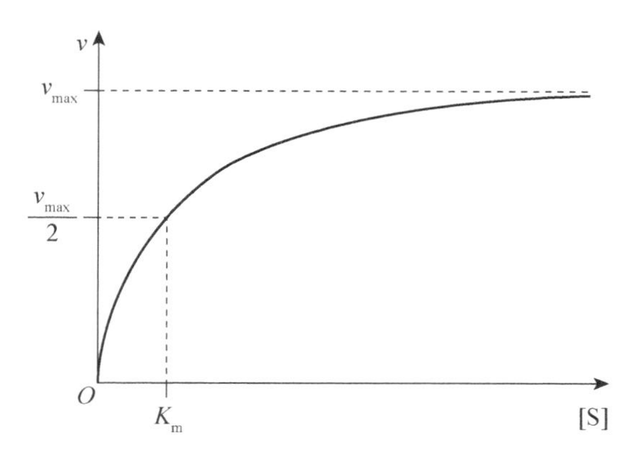

图 1-14　底物浓度与酶促反应速率之间的关系（赵武玲，2008）

中间产物学说最合理地解释了底物浓度对酶促反应速度的影响情况。在底物浓度较低时，只有少数的酶与底物作用生成中间产物，在这种情况下，增加底物的浓度，就会增加中间产物，从而增加酶促反应的速率，随着底物浓度增加，反应体系中游离态的酶越少，酶促反应的速度的增加亦趋缓，但是当底物浓度进一步增加到一定程度时，所有的酶都与底物结合生成中间产物，反应体系中已无游离态的酶，继续增加底物浓度也不能增加中间产物，酶促反应速率亦不再加大，这时反应达到最大反应速率。我们把酶的活性中心全都被底物分子结合时的底物浓度称为饱和浓度。各种酶都表现出这种饱和效应，但不同的酶产生饱和效应时所需要底物浓度是不同的。

（1）米-曼氏方程式　1913 年，Michaelis 和 Menten 两位科学家在前人工作的基础上，根据酶促反应的中间产物学说，推导出著名的米氏方程，用来表示底物浓度与酶促反应速率之间的量化关系。

$$v=\frac{v_{max}[S]}{K_m+[S]}$$

v_{max} 指该酶促反应的最大速度，[S] 为底物浓度，K_m 是米氏常数，v 是在某一底物浓度时的反应速率。从式中可见，当底物浓度很低时（$[S]\ll K_m$），$v=v_{max}[S]/K_m$，反应速度与底物浓度的关系呈正比关系。当底物浓度很高时（$[S]\gg K_m$），$v=v_{max}$，这时反应达到最大反应速率，继续增加底物的浓度也不再增加反应速率。其中，米氏常数的意义：

1）K_m 值代表反应速度达到最大反应速度一半时的底物浓度。

$$v=\frac{v_{max}}{2}\quad \frac{v_{max}}{2}=\frac{v_{max}[S]}{K_m+[S]}\quad \frac{1}{2}=\frac{[S]}{K_m+[S]}\quad [S]=K_m$$

2）K_m 值是酶的一个特征性常数，也就是说 K_m 的大小只与酶本身的性质有关，而与酶浓度无关。

3）K_m 值还可以用于判断酶的专一性和天然底物，K_m 值最小的底物往往被称为该酶的最适底物或天然底物。

4）K_m 可以作为酶和底物结合紧密程度的一个度量指标，用来表示酶与底物结合的亲和力大小。$1/K_m$ 可近似表示酶与底物的亲和力，$1/K_m$ 越大，酶与底物结合的亲和力越大。

5）K_m 值还可以用来推断具体条件下某一代谢反应的方向和途径，只有 K_m 值小的酶促反应才会在竞争中占优势。

（2）K_m 和 v_{max} 的测定　从理论上讲，只要测出不同底物浓度及其相对应的酶促反应速度，绘制成矩形双曲线图，即可求得 K_m 和 v_{max}，但实际上即使应用极高的底物浓度，也只能得到近似于 v_{max} 的反应速度，而达不到真正的 v_{max}，因此测不到准确的 K_m。为了得到准确的 K_m，可以把米氏方程的形式加以改变，使之成为直线方程，易于用作图法得到 K_m。目前最常用的是 Lineweaver-Burk 双倒数作图法，即米氏方程等号两边取倒数，此倒数方程称为林-贝氏方程。

$$\frac{1}{v}=\frac{K_m}{v_{max}}\cdot\frac{1}{[S]}+\frac{1}{v}$$

以 $1/v$ 对 $1/[S]$ 作图（图 1-15），得出一直线，外推至与横轴相交，横轴截距即为 $-1/K_m$，纵轴截距即为 $1/v_{max}$，由此作图法可精确求得 K_m 和 v_{max}。

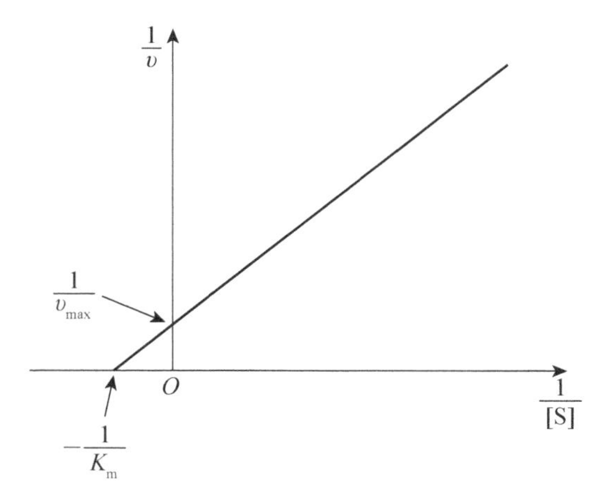

图 1-15　米氏方程的双倒数作图法

上述讨论的关于酶促反应的米-曼氏方程是对单底物而言，而对于比较复杂的酶促反应过程，如多底物、多酶体系、多产物的反应体系中，不仅要考虑不同种底物浓度之间的影响，而且还要考虑多种产物之间的相互影响，因此不能简单地用米-曼氏方程来表示，必须借助于复杂的计算过程来加以分析。

1.6.2.3 温度

酶的化学本质是蛋白质，所以温度对酶促反应速度的影响具有双重效应。一方面，当温度升高时，反应速度加快。反应温度升高10℃，其反应速率与原来的反应速率之比称为反应的温度系数，用Q_{10}表示。对大多数酶来说，Q_{10}多为2～3，即温度每升高10℃，酶促反应速率相对原反应速率升高的倍数。因此，在较低的温度范围内，酶促反应速率随温度的升高而加快，但是超过一定温度后，反应速率反而下降，只有在某一温度下，反应速率达到最大值，这个温度通常称为酶促反应的最适温度（图1-16）。每种酶在一定的条件下都有其最适温度，来自不同生物体内的酶，最适温度也不同，一般温血动物体内的酶最适温度为35～40℃，植物体内的酶最适温度稍高，通常在40～50℃，微生物中的酶最适温度差别则较大，如用于进行聚合酶链式反应的Tap DNA聚合酶的最适温度可高达72℃。

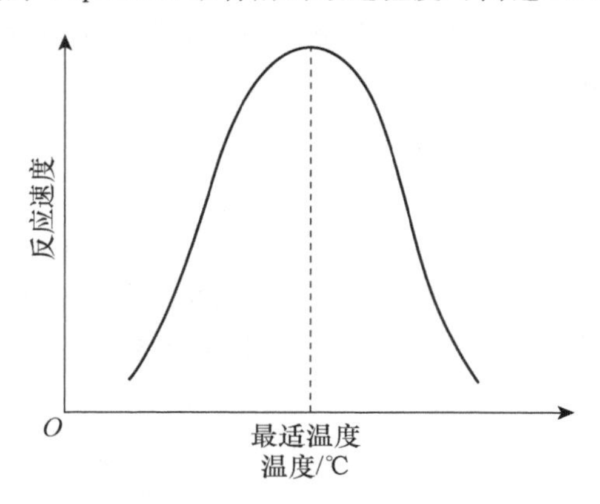

图1-16 温度对酶促反应速度的影响

但应注意的是，酶的最适温度并不是酶的特征性物理常数，一种酶在不同反应条件下具有不同的最适温度，它主要受酶的纯度、底物、激活剂以及抑制剂等因素的影响。此外，酶的最适温度也与酶促反应的持续时间有关，若酶促反应的持续时间长，温度使酶蛋白变性随时间累加，此时测得的最适温度就高；若酶促反应的持续时间短，引起酶蛋白变性少，此时测得的最适温度则偏低。

酶对温度的稳定性与其存在形式有关，酶的固体状态比在酶溶液中对温度的耐受力更高。大多数酶在干燥的固体状态下比较稳定，酶的冰冻干粉置冰箱可保存数月，甚至更长时间；而酶溶液则必须保存于冰箱内，一般不宜超过两周。

1.6.2.4 pH

大多数酶的活性受其环境pH的影响，在一定的pH范围内酶才具有催化反应能力。在某一环境pH时，酶表现其最高活性，酶促反应具有最大速率，高于或低于此值，酶促反应速率均下降，此环境pH称为该酶的最适pH。酶的最适pH同样也不是酶的特征性常数，其受多种因素影响，如底物的种类和浓度、缓冲液成分和浓度以及酶的纯度等因素。因此，酶的最适pH只是在一定的条件下才有意义。一般来说，大多数酶的最适pH在5.0～8.0，动物体内的酶最适pH多在6.5～8.0，植物和微生物体内的酶最适pH多在4.5～6.5，但是也有例外，如胃蛋白酶的最适pH为1.5，肝精氨酸酶的最适pH则为9.8（图1-17）。

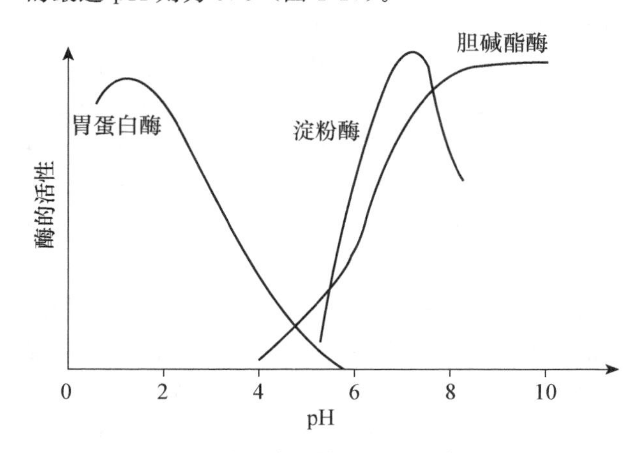

图1-17 pH对某些酶活性的影响（李京杰，2007）

pH对酶促反应速率的影响主要表现在两个方面，一方面影响酶蛋白的空间构象，过高或过低的pH会改变酶活性部位的构象，使酶的活力下降。当环境pH发生剧烈改变时，甚至会改变整个酶蛋白的结构，从而使酶活性丧失；另一方面pH会影响底物分子的解离状态，也会影响酶分子的解离状态，从而影响酶活性中心结合底物的基团及参与催化的基团的解离，往往只有一种解离状态最有利于与底物结合，在此pH时酶活力最高。

1.6.2.5 激活剂

凡是能够提高酶活性的物质都称为酶的激活剂，常见的激活剂有以下几种：

（1）无机离子 作为激活剂的金属离子有K^+、Na^{2+}、Ca^{2+}、Mg^{2+}、Zn^{2+}、Fe^{2+}等，其中Mg^{2+}是许多激酶和合成酶的激活剂。常见激活剂阴离子有Cl^-、Br^-、NO_3^-等，Cl^-是动物唾液淀粉酶的激活剂，Br^- 对此酶也有激活作用，但作用较弱。这些激活剂离子可能作为辅基或辅酶的一部分参加反应，也可能与酶的活性基团结合，稳定酶发挥催化作用所需的空间构象，同时还可作为底物和酶之间联系的桥梁作用。

（2）小分子有机化合物　某些还原剂，如半胱氨酸、还原型谷胱甘肽、抗坏血酸等，这些还原剂对一些以巯基为活性基团的酶有激活作用，因为其能使这类巯基酶分子中被氧化生成的二硫键再还原为巯基。在分离提纯巯基酶过程中，其分子中的巯基常被氧化而降低活力，因此需要加入上述还原剂，以保护巯基不被氧化。此外，EDTA（乙二胺四乙酸）等金属螯合剂，能除去酶中重金属杂质，从而解除重金属离子对酶的抑制作用，通常也被认为是一种酶的激活剂。

（3）具有蛋白质属性的生物大分子　生物体内存在许多蛋白质激酶，它们可以选择性激活一些酶。如磷酸化酶 b 激酶，可使磷酸化酶 b 磷酸化而被激活，可视作磷酸化酶 b 的激活剂。

1.6.2.6　抑制剂

凡能使酶活性降低或丧失，但并不引起酶蛋白变性的作用称为抑制作用，这类能抑制酶作用的物质统称为酶的抑制剂，如有机磷及有机汞化合物、重金属离子、氰化物、磺胺类药物等。抑制作用一般分为不可逆抑制作用和可逆抑制作用两种。

（1）不可逆抑制作用　抑制剂以共价键与酶活性中心的功能基团结合，使酶的活性丧失，而且不能用透析、超滤等物理的方法再使酶恢复活性，这种抑制作用称为不可逆抑制。有机磷农药是常见的不可逆抑制剂，如对硫磷（1605）、敌百虫，神经毒气如二异丙基磷酸氟化物（DIFP）都属于这类。

$(C_2H_5O)_2P(=S)-O-C_6H_4-NO_2$

1605

$[(CH_3)_2CHO]_2P(=O)F$

DIFP

$(CH_3O)_2P(=O)CHOHCCl_3$

敌百虫

它们能与酶活性部位的丝氨酸羟基共价结合，使酶的活性丧失。

$$(R-O)(R'-O)P(=O)X + HO-E \longrightarrow (R-O)(R'-O)P(=O)OE + HX$$

有机磷化合物　羟基酶　失活的酶　酸

某些重金属离子（Hg^{2+}、Ag^+、Pb^{2+}）及 As^{3+} 可与酶分子的巯基结合，使酶失去活性。化学毒剂路易士气是一种含砷的化合物，它能抑制生物体内的巯基酶而造成中毒现象。

$$Cl_2As-CH=CHCl + E(SH)_2 \longrightarrow E(S)_2As-CH=CHCl + 2HCl$$

路易士气　巯基酶　失活的酶　酸

（2）可逆抑制作用　抑制剂以非共价键可逆地与酶结合，使酶活性降低或丧失。在可逆抑制作用中，可逆抑制剂与酶结合比较松弛，可用透析或超滤等方法将抑制剂除去，恢复酶的活性。根据抑制剂与底物的关系，可逆抑制作用可分为以下三种类型：

①竞争性抑制作用　竞争性抑制作用是最常见的一种抑制作用。竞争性抑制剂和底物结构极为相似，从而能与底物分子竞争性地结合到酶的活性中心，阻碍酶与底物结合形成中间产物，从而抑制酶催化作用（图 1-18）。竞争性抑制作用过程中，酶既可以结合底物分子也可以结合抑制剂，但不能与两者同时结合。竞争性抑制作用的强弱，取决于抑制剂与底物之间的相对浓度，当抑制剂浓度不变时，通过增加底物浓度可以减弱甚至解除竞争性抑制作用。

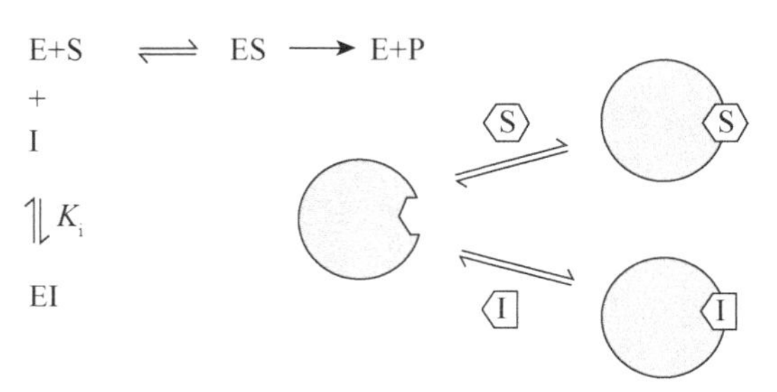

图 1-18　酶的竞争性抑制作用（刘国琴等，2011）

EI 表示酶–抑制剂复合物　K_i 表示解离常数

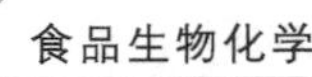

丙二酸对琥珀酸脱氢酶的抑制是典型的竞争性抑制，在琥珀酸脱氢酶催化琥珀酸脱氢形成延胡索酸的反应过程中，由于丙二酸与琥珀酸的化学结构非常相似，两者能竞争地结合到琥珀酸脱氢酶的活性中心，酶的催化作用受到抑制。

根据米氏方程式可以推导出竞争性抑制剂对酶促反应的速率方程式为：

$$v=\frac{v_{max}[S]}{K_m(1+[I]/K_i)+[S]}$$

式中：$K_i=\frac{[E][I]}{[EI]}$，将该式作图得到图 1-19（A），从中可以看出，加入竞争性抑制剂后，v_{max} 没有变化，但达到 v_{max} 时所需底物浓度明显增大，即米氏常数变大。将上式做双倒数处理得到下式：

$$\frac{1}{v}=\frac{K_m}{v_{max}}(1+\frac{[I]}{K_i})\frac{1}{[S]}+\frac{1}{v_{max}}$$

用 $1/v$ 对 $1/[S]$ 作图，得到相应的 Lineweaver-Burk 图 1-19（B），从中可以看出，在不同浓度的竞争性抑制剂存在下，$1/v_{max}$ 不变，v_{max} 不变；$1/K_m$ 的绝对值降低，K_m 增加。

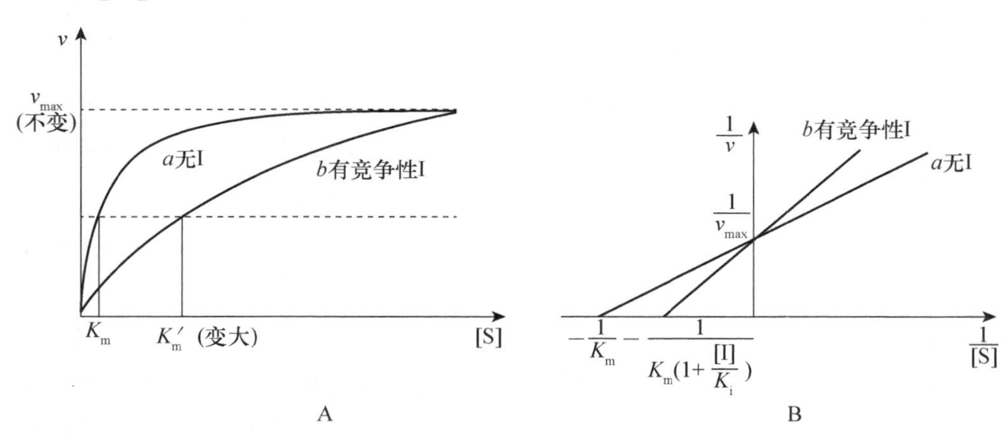

图 1-19　酶的竞争性抑制曲线

②非竞争性抑制作用　非竞争性抑制中，酶可以同时与底物和抑制剂结合，这是因为此类抑制剂与底物的结构不同，不会与底物共同竞争酶的活性中心，即底物与抑制剂之间无竞争关系。抑制剂既可与酶结合，也可与酶-底物结合，导致酶分子构象改变，使酶催化活性受到抑制（图 1-20）。非竞争性抑制不能以增加底物浓度的方法来恢复酶的活性。

E+S ⇌ ES ⟶ E+P
\+ \+
I I
⇅ K_i ⇅ K'_i
EI+S ⇌ ESI

图 1-20　酶的非竞争性抑制作用（刘国琴等，2011）

根据米氏方程式可以推导出非竞争性抑制剂对酶促反应的速率方程式为

$$v=\frac{v_{max}[S]}{(1+[I]/K_i)(K_m+[S])}$$

对非竞争性抑制作用作图，得图 1-21（A）。由图可看出，加入非竞争性抑制剂后，K_m 不变，表示酶与底物结合不受抑制剂的影响。而 v_{max} 降低，因为加入非竞争性抑制剂后，它与酶分子生成了不受［S］影响的 EI 和 ESI，降低了正常中间产物 ES 的浓度。将上式做双倒数处理得到下式：

$$\frac{1}{v}=\frac{K_m}{v_{max}}(1+\frac{[I]}{K_i})\frac{1}{[S]}+\frac{1}{v_{max}}(1+\frac{[I]}{K_i})$$

用 $1/v$ 对 $1/[S]$ 作图，得到相应的 Lineweaver-Burk 图 1-21（B），从中可以看出，在不同浓度的非竞争性抑制剂存在下，$1/v_{max}$ 增大，v_{max} 降低；$1/K_m$ 不变，K_m 不变。

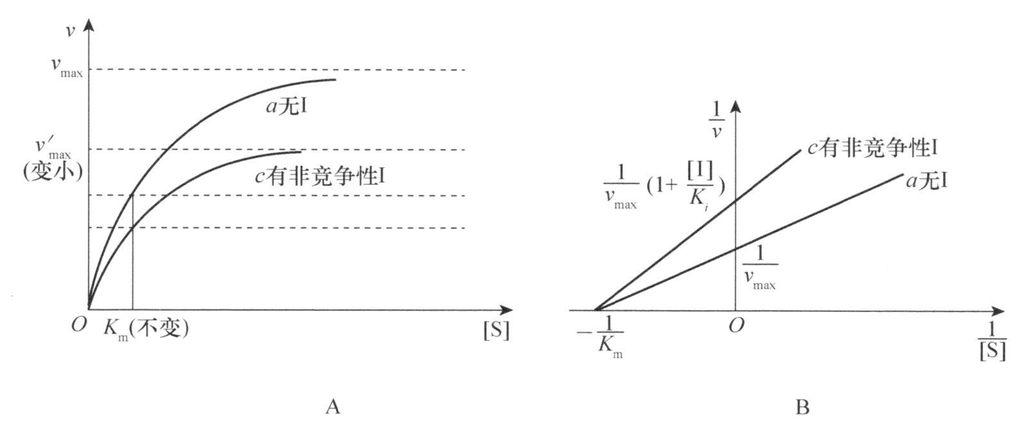

A B

图 1-21 酶的非竞争性抑制曲线

③反竞争性抑制作用 反竞争性抑制中，抑制剂不与游离酶结合，仅与酶和底物分子形成的中间产物结合，产生这种现象的原因可能是底物和酶的结合改变了酶的构象，使其更易结合抑制剂。当 ES 与 I 结合后，ESI 不能转化分解成产物，酶的催化活性被抑制（图 1-22）。在反应体系中存在反竞争性抑制剂时，不仅不排斥 E 和 S 的结合，反而可增加二者的亲和力，这与竞争性抑制作用相反，故称为反竞争性作用，例如，芳香基硫酸基的肼解反应过程中，氰化物对芳香硫酸酯酶的抑制。

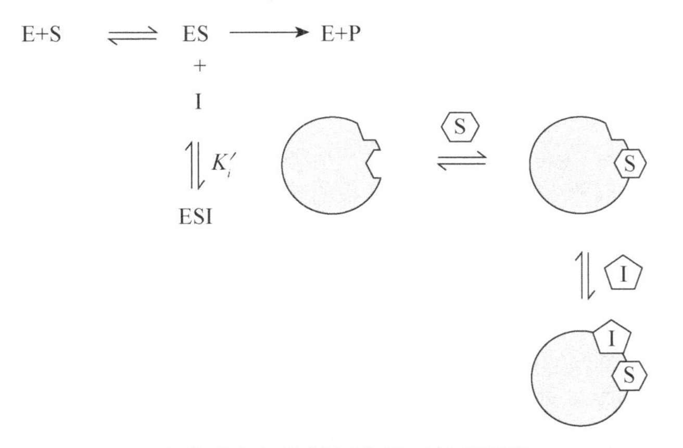

图 1-22 酶的反竞争性抑制作用（刘国琴等，2011）

根据米氏方程式可以推导出反竞争性抑制剂对酶促反应的速率方程式为

$$v=\frac{v_{max}[S]}{K_m+(1+[I]/K_i)[S]}$$

对反竞争性抑制作用作图，得图 1-23（A）。从图中可以看出，加入反竞争性抑制剂后，K_m 和 v_{max} 都变小，而且降低同样的倍数。将上式做双倒数处理得到下式：

$$\frac{1}{v}=\frac{K_m}{v_{max}}\frac{1}{[S]}+\frac{1}{v_{max}}(1+\frac{[I]}{K_i})$$

用 $1/v$ 对 1/［S］作图，得到相应的 Linerweaver-Burk 图（图 1-23B），从中可以看出，在不同浓度的反竞争性抑制剂存在下，v_{max} 降低，K_m 降低。

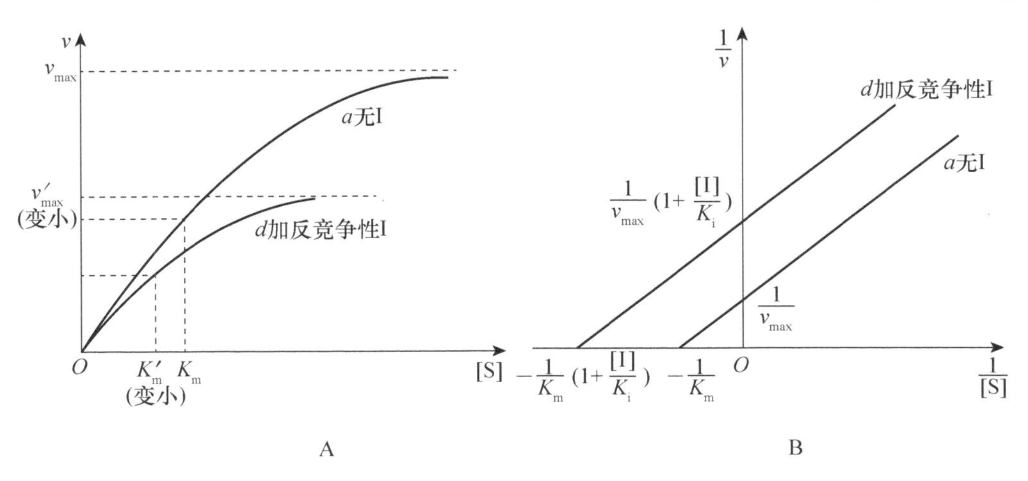

A B

图 1-23 反竞争性抑制作用曲线（杨志敏，2010）

现将无抑制剂和各种抑制剂存在时对酶促反应的影响归纳于表 1-3。

表 1-3　抑制剂对酶促反应的影响

类型	公式	v_{max}	K_m	斜率
无抑制剂	$v=\frac{v_{max}[s]}{K_m+[s]}$	v_{max}	K_m	$\frac{K_m}{v_{max}}$
竞争性抑制	$v=\frac{v_{max}[S]}{K_m(1+[I]/K_i)+[S]}$	不变	增加	$\frac{K_m}{v_{max}}\left(1+\frac{[I]}{K_i}\right)$
非竞争性抑制	$v=\frac{v_{max}[S]}{(1+[I]/K_i)(K_m+[S])}$	减小	不变	$\frac{K_m}{v_{max}}\left(1+\frac{[I]}{K_i}\right)$
反竞争性抑制	$v=\frac{v_{max}[S]}{K_m+(1+[I]/K_i)[S]}$	减小	减小	不变

1.7　固定化酶

随着工业生物技术和酶工程的不断发展，酶的生产水平不断提高，种类不断丰富，酶在食品工业方面的应用也越来越广泛。但是在使用酶的过程中，酶也存在一些不足之处，例如在生产过程中，很多酶的催化效率不够高，酶的稳定性较差且容易变性失活，因酶催化反应后与产物混在一起而难以纯化和回收利用。目前对酶的不足之处采用的重要改进方法之一就是固定化酶技术。固定化酶技术是将酶固定在一定载体上并在一定的空间范围内进行催化反应。固定化酶的研究始于 20 世纪 50 年代，1953 年德国的格鲁布霍费和施莱思采用聚氨基苯乙烯树脂为载体，经重氮化法活化后，分别与羧肽酶、淀粉酶、胃蛋白酶、核糖核酸酶等结合，而制成固定化酶。固定化酶保持了酶的催化特性，又克服了游离酶的不足之处，具有提高酶的催化效率、增加稳定性、可反复或连续使用以及易于和反应产物分开等显著优点。

1.7.1　酶的固定化技术

酶的固定化技术是用化学或物理方法将游离酶束缚或限制在一定的空间内，但仍能进行其特有的催化反应，并可回收即重复使用的一类技术。制备固定化酶必须遵循一定的原则，包括：①尽可能保持固定化酶的催化活性及专一性；②酶与载体必须结合牢固，确保固定化酶能够回收储藏，利于反复使用；③固定化酶应有最大的稳定性，所选载体不与反应液、产物或废物发生化学反应；④固定化酶尽可能保持最小的空间位阻，以免妨碍酶与底物的接近，利于提高催化效率；⑤固定化酶成本要低，适合自动化生产，以利于进行产业化推广应用。酶固定化的基本方法大致可分为吸附法、包埋法、共价结合法、离子结合法和交联法五种，其中以吸附法最为常用。吸附法主要是利用离子键、氢键和范德华力、疏水相互作用等，将酶固定在载体上的一种方法。吸附法所用的载体选择范围较广，价格低廉，固定化操作过程简单，操作条件温和，酶分子的高级结构以及活性中心的构象不易被破坏，载体还可以回收重复利用。因此，吸附法在经济上是最具吸引力的固定化方法。吸附法固定化酶的性能很大程度上取决于所使用的载体材料，其对固定化酶的催化性能和使用性能有直接影响。理想的载体材料应具备良好的机械强度、化学稳定性、热稳定性、耐生物降解性及对酶的高度亲和性，并能保持较高的酶活性等。因此，研制性能良好的理想载体材料也是酶吸附法固定化技术的重要内容（二维码 1-5）。

二维码 1-5　偶联固定化酶示意图

1.7.2　酶固定化后的性质变化

由于酶固定化也是一种化学修饰，酶本身的结构必然发生变化，同时由此带来的扩散限制效应、空间障碍、载体性质造成的分配效应等因素必然对酶的性质产生影响。

多数情况下固定化酶的活力比游离酶小，其主要原因有：酶分子在固定化过程中，空间构象会有所改变，甚至影响活化中心的氨基酸；固定化后，酶分子的空间自由度受到限制，会直接影响到活性中心对底物的定位作用。但是，固定化酶的稳定性大多明显优于游离酶，可以耐受较高的温度，在同样的条件下，保存的时间较游离酶更长。固定化酶的最适作用温度一般与游离酶相差不大，活化能也变化不大。酶经过固定化后，其催化作用的最适 pH 往往会发生一定的变化，主要的影响因素是载体的带电性质和酶催化反应产物的性质。

固定化酶的底物专一性与游离酶相比较有些不同，其变化与底物分子质量的大小有一定关系。对于那些作用于小分子底物的酶，固定化前后的底物专一性没有明显变化，例如，氨基酰化酶、葡萄糖氧化酶、葡萄糖异构酶等。对于那些可同时作用于大分子底物和小分子底物的酶而言，固定化酶的底物专一性往往会发生变化。例如，胰蛋白酶既可作用于高分子的蛋白质，又可作用于小分子的二肽或多肽，固定在羧甲基纤维素上的胰蛋白酶，对二肽或多肽的作用保持不变，而对与酪蛋白的专一性结合能力大幅下降，其催化效率仅为游离酶的 3%左右。

1.7.3　固定化酶的评价指标

酶固定化后，酶的催化性质往往发生变化，通过测定固定化酶的各种参数，可以判断酶固定化方法的优劣和固定化酶的品质。常用的评估指标有固定化酶的活力、固定化酶的结合效率和酶活力回收率、固定化酶的半衰期等。

1.7.3.1　固定化酶的活力

固定化酶的活力指固定化酶催化某一特定反应的能力，其催化能力可采用在一定条件下它催化的某一反应的反应初速率来表示。固定化酶活力量化指标可以定义为每毫克干重固定化酶每分钟转化底物（或生成产物）的量。如果固定化酶为酶膜、酶管、酶板，固定化酶活力量化指标则以单位面积的反应初速度来表示。表示固定化酶的活力必须注明测定时的条件，例如温度、搅拌速度、固定化酶的干燥条件、固定化酶的原酶的比活力、固定化的原酶含量或蛋白质含量等。

1.7.3.2　固定化酶结合效率

进行酶的固定化时，并不能全部将酶都结合到载体上成为固定化酶。酶的结合效率由加入总酶的活力减去未结合酶的活力的差值与加入总活力之比的百分数来表示，它反映了固定化方法的固定效率。酶活力回收率是由固定化酶的总活力与用于固定化的酶的总活力之比的百分数来表示，它反映了固定化方法及载体等因素对酶活力的影响。通过酶结合率和酶活力回收率的测定，可以评价固定化效果的优劣，当固定化载体和固定化方法对酶活力影响较大时，两者的数字相差较大。

1.7.3.3　固定化酶半衰期

固定化酶的半衰期是指在连续测定的条件下，固定化酶的活力下降为最初活力一半时所经历的连续工作时间，它是衡量固定化酶稳定性的重要指标，并直接影响其产业化推广应用。

1.7.4　固定化酶在食品工业中的应用

1.7.4.1　固定化葡萄糖异构酶制备高果糖浆

固定化葡萄糖异构酶是固定化酶应用很成功的工业实例，迄今为止，固定化葡萄糖异构酶在世界上生产规模最大的一种固定化酶，葡萄糖异构酶固定化后具有易分离、稳定性好、易控制等优点，适合工业上连续化生产高果糖浆。葡萄糖异构酶是生产高果糖浆的关键酶之一，它主要用来催化玉米糖浆和淀粉，能生产出含果糖 55%的高果糖糖浆。高果糖浆作为一种天然甜味剂，被广泛应用于食品和饮料中，当与蔗糖同等甜度时，其价格相对低 10%～20%，因而具有明显的经济效益。

1.7.4.2　固定化木瓜蛋白酶澄清啤酒

啤酒以其清晰度高、泡沫适中、营养丰富和口感好成为人们的理想选择。但是，由于啤酒中含有一定量的蛋白质，它易与啤酒中游离的多酚、单宁等结合产生不溶性胶体或沉淀，造成啤酒混浊，从而严重影响了啤酒的品质。为防止出现混浊，往往通过向啤酒中添加蛋白酶，水解啤酒中的蛋白质和多肽，但水解过度会影响啤酒保持泡沫的性能。目前啤酒生产企业多选择固定化的木瓜蛋白酶用于啤酒的大罐冷藏，或过滤后装瓶进行处理，通过调节流速和反应时间，可以精确控制蛋白质的分解程度。处理后的啤酒和固定化酶易分开，固定化酶可以多次反复使用，经处理后的啤酒在风味上与传统的啤酒无明显差异。

1.7.4.3　固定化酶在乳制品中的应用

牛奶是人们熟悉的营养佳品，其中含有 4.5%～5%的乳糖。随着年龄的增加，相当部分人体内乳糖分解酶活性降低甚至缺失，导致饮用牛奶后会出现腹胀、腹泻等症状，这种现象称为乳糖不耐受症。因此，低乳糖牛奶更能适应市场，可满足广大消费者的需求。20 世纪 70 年代，一些发达国家将固定化乳糖酶用于低乳糖乳品的生产。乳糖酶被固定在载体上，可反复回收使用，不会泄露出来污染牛乳，既有效解决了食品安全问题，又大幅降低了生产成本，有利于产业化推广。固定化乳糖酶作用条件温和，不会破坏乳中其他营养成分，仅水解乳糖为葡萄糖和半乳糖。低乳糖牛乳可满足广大消费者需求，更能适应市场。目前国内仅有个别企业具备低乳糖牛乳生产技术能力。由于体质原因，我国大多数人在饮用牛奶时都会有不同程度的消化道反应。随着乳业的不断重构，消费需求的逐渐升级，我国乳业应按照党的二十大“加快实施创新驱动发展战略”精神，坚持面向世界科技前沿、面向经济主战场、面向国家重大需求、面向人民生命健康，以科技创新解决消费者乳糖不耐受的饮奶痛点。

在采用牛奶为原料生产冰激凌类产品时，牛奶中的乳糖在温度低时易结晶，用固定化乳糖酶处理后，可以有效减少冰激凌类产品的结晶，增加甜度，改善口感。固定化乳糖酶还可以用来分解乳糖，生产具有葡萄糖和半乳糖甜味的糖浆。

思考题

1. 酶与一般催化剂相比有何异同点？

2. 酶是如何实现高效催化作用机制的？

3. 通过举例说明酶催化活性主要受哪些因素的调节。

4. 为什么酶的最适温度、最适 pH 不是酶的特征常数？

5. 简述酶的抑制剂有哪些类型及其主要特点。

6. 当一酶促反应的速度达到最大反应速度的 80％时，底物与 K_m 之间的关系如何？

第 2 章

生物氧化

本章学习目的与要求

1. 掌握生物氧化和呼吸链的概念、生物氧化的特点和两类主要呼吸链的电子传递体组成及顺序、生物体产生能量的方式和机理、线粒体外 NADH 的氧化；

2. 熟悉氧化磷酸化偶联部位；

3. 了解体内 CO_2 生成的方式、呼吸链抑制剂、氧化磷酸化解偶联剂和抑制剂。

生物体的生长发育和一切生命活动都离不开能量。一些生物体如高等植物和某些藻类，以太阳能或光能作为能源；而另一些生物体如动物和大多数微生物，则以糖类、脂类、蛋白质等有机物分子（主要是各种光合作用的产物）中存储的化学能作为能源。但无论是太阳能还是化学能都不能被生物体直接利用，生物体需要先将这两种能量转化成生物能，尤其是腺苷三磷酸（ATP），才能被生物体直接利用。这个过程的转化，前者主要是通过光合作用，后者主要是通过氧化作用，也就是生物氧化来完成的。生物氧化就是糖、脂、蛋白质等有机物在生物体内氧化分解，产生二氧化碳和水，并释放出能量的过程。生物氧化本质是需氧细胞呼吸中的一系列氧化还原反应，所以又称为细胞氧化、细胞呼吸或组织呼吸。

2.1 生物氧化的方式和特点

2.1.1 生物氧化的方式

生物氧化是在一系列氧化-还原酶催化下分步进行的。每一步反应，都由特定的酶催化。在生物氧化过程中，主要包括以下几种氧化方式。

（1）脱氢氧化

①单独脱氢　在生物氧化中，脱氢反应占有重要地位，它是许多有机物生物氧化的主要步骤，催化脱氢反应的是各种类型的脱氢酶。例如，在三羧酸循环中琥珀酸的脱氢反应以及醇脱氢反应等：

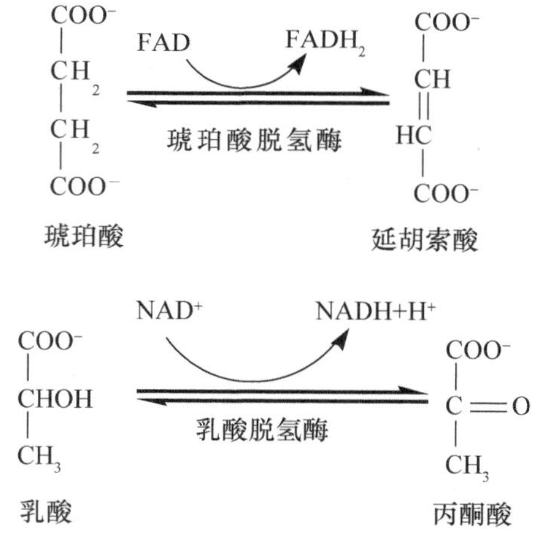

②加水脱氢　与单独脱氢不同，这类氧化反应在脱氢的同时，还伴有加水反应。

（2）氧气参与的氧化　这类反应主要包括加氧酶催化的加氧反应和氧化酶催化的生成水的反应。加氧酶催化的是将氧分子直接加入到有机分子中。例如：

$$CH_4+NADH+O_2 \xrightarrow{\text{甲烷单加氧酶}} CH_3OH+NAD^++H_2O$$

氧化酶主要催化以氧分子为电子受体的氧化反应，反应产物为水。在各种脱氢反应中产生的氢质子和电子，最后都是以这种形式进行氧化的。例如：

$$2Cyt(Fe^{2+})+2H^++1/2O_2 \xrightarrow{\text{细胞色素氧化酶}} Cyt(Fe^{3+})+H_2O$$

（3）生成二氧化碳的氧化　呼吸过程中生成的二氧化碳并非有机物质中的碳原子直接与氧结合生成的，而是来源于氧化代谢的中间产物——羧酸的脱羧作用。羧酸的脱羧作用分为直接脱羧和氧化脱羧作用两种。

①直接脱羧　氧化代谢的中间产物羧酸在脱羧酶的作用下，直接从分子中脱去羧基，并没有氧化（脱氢）作用。例如丙酮酸的脱羧反应：

$$CH_3COCOOH \xrightarrow{\alpha\text{-酮酸脱羧酶},Mg^{2+},TPP} CH_3CHO+CO_2$$

②氧化脱羧　氧化代谢过程中产生的有机羧酸（主要是酮酸）在氧化脱羧酶的催化下，在脱羧的同时伴随着氧化（脱氢）作用。例如苹果酸氧化脱羧生成丙酮酸：

$$HO—\underset{}{\overset{CH_2COOH}{\overset{|}{C}}}H—COOH+NADP^+ \xrightleftharpoons{\text{苹果酸酶}} CH_3—\overset{O}{\overset{\|}{C}}—COOH+CO_2+NADPH+H^+$$

2.1.2 生物氧化特点

从化学本质讲，生物氧化和普通的体外化学氧化并无区别，都是反应过程中物质失去电子被氧化，得到电子被还原，能量转换也遵循能量守恒定律。但从反应过程看，二者有着明显不同。生物氧化具有以下一些特点：

（1）生物氧化在细胞内进行，条件温和。生物氧化是在生物细胞内进行的酶促氧化过程，反应是在常温、常压、接近中性及有水的环境中进行。

(2) 生物氧化是一个分步进行的过程。生物氧化是在一系列酶、辅酶(基)和中间传递体的作用下逐步进行的，每一步反应的产物都可以分离出来。这种逐步进行的反应模式有利于在温和的条件下释放能量。

(3) 生物氧化产生的能量是逐步、分次释放的。生物氧化产生的能量是伴随着分步进行的反应逐步、分次释放的，从而避免了因能量的骤然释放导致的体温的突然升高而伤害机体，并且可使放出的能量得到最有效的利用。

(4) 生物氧化释放的能量伴随着 ATP 的生成。生物氧化过程中产生的能量一般储存在高能化合物中，其中，主要通过与 ATP 合成相偶联，转换成生物体能够直接利用的生物能 ATP，然后，再由这些高能中间化合物将能量转移给需要能量的反应和部位。

(5) 生物氧化有着严格的细胞定位。在真核生物细胞内，生物氧化全部在线粒体内进行；在不含线粒体的原核生物中，生物氧化则在细胞膜上进行。

(6) 生物氧化受到严格的调控。生物氧化过程受到生物体的精确控制，这种调控决定了生物体中生物氧化速率正好能够满足生物体对 ATP 的需求。

2.2 生物氧化和生物能

2.2.1 生物化学反应的自由能变化

根据热力学第二定律，一个反应能否自发进行将取决于反应自由能的变化($\Delta G^{\ominus}$)。如果 $\Delta G^{\ominus}<0$(放热反应)，反应可以自发进行；如果 $\Delta G^{\ominus}>0$，反应不能进行。事实上，生物体内的许多反应，是热力学不利的反应($\Delta G^{\ominus}>0$)。但这类反应可以通过与一个热力学有利的放能反应相偶联，使两个反应自由能变化之和为负值，即 $\Delta G^{\ominus}<0$，则此偶联反应就可以顺利进行。生物体内存在两种偶联机制，一种机制是通过一个共同的代谢中间物来实现。另一种机制是通过特殊的高能生物分子，即高能化合物来进行的。

2.2.2 高能化合物

一般将水解时能够释放 20.92 kJ/mol(5 kcal/mol)以上自由能的化合物称为高能化合物。在高能化合物水解的时候，能够释放 20.92 kJ/mol(5 kcal/mol)以上自由能的化学键称为高能键，经常用符号“～”表示。

生物体内高能化合物种类很多。其中，最重要的是许多磷酸化合物，当其磷酰基水解时，释放出大量的自由能，这类化合物称为高能磷酸化合物。根据高能量存贮所在化学键的不同，生物体中的高能化合物(二维码 2-1)归纳为以下几种类型：

(1) 磷氧键型高能化合物　属于这种类型的化合物最多，又分为酰基磷酸化合物(例如 1，3-二磷酸甘油酸、氨甲酰磷酸、酰基腺苷酸等)、焦磷酸化合物(如焦磷酸、ATP 等)、烯醇式磷酸化合物(如磷酸烯醇式丙酮酸)。

(2) 氮磷键型高能化合物　即高能量存贮在 N～P 键之间。这一类高能化合物中最典型的就是磷酸肌酸和磷酸精氨酸。例如，运动需要消耗大量的 ATP，导致 ATP 水解的速率远远超过了重新合成 ATP 的速率。在生物进化过程中，磷酸肌酸的出现解决了 ATP 的供需矛盾。在静息状态下，ATP 浓度较高，磷酸肌酸作为“黄金储备”得以大量合成，以备不时之需。除了磷酸肌酸外，某些生物体(例如龙虾和蟹类)还可以利用磷酸精氨酸代替磷酸肌酸。

(3) 硫酯键型高能化合物　典型的如 3′-磷酸腺苷-5′-磷酸硫酸。

(4) 甲硫键型高能化合物　例如 S-腺苷甲硫氨酸。

二维码 2-1　主要高能化合物的化学结构

需要注意的是，在高能化合物中，尽管含有磷酸基团的化合物占大多数，但并不能认为所有含磷酸基团的化合物都属于高能化合物。例如，6-磷酸葡萄糖虽然含有磷酸基团，但并不属于高能化合物，因为其每摩尔水解时仅释放出约 12.54 kJ 的自由能。

2.2.3 ATP 在能量代谢中的作用

生物能是一种能够直接被生物细胞直接利用的特殊能量形式。高能磷酸化合物 ATP 是生物能存在的主要形式，是生物界普遍使用的供能物质，有“通用货币”之称。ATP 作为通用的“能量货币”几乎参与细胞内所有的生理过程，但 ATP 高的周转率使得它并不适合充当能量的贮存者。除了 ATP

以外，其他 NTP 也可以作为能量货币，这些能量货币在细胞内是可以自由“兑换”的，但需要核苷二磷酸激酶的催化。

ATP 作为高能化合物，其化学本质是存储在 ATP 分子的焦磷酸键中的化学能。同时，ATP 是一种瞬时自由能供体。其一经生成，即可通过水解或磷酰化反应向一切需能反应提供能量，而本身变成 ADP 或进一步变成 AMP；在细胞中，ATP、ADP 和 AMP 始终处于动态平衡中。ATP 作为“通用货币”在能量代谢中的作用可以概括为以下几点：

（1）ATP 是细胞内磷酸基团转移反应的中间载体。ATP 的磷酸基团转移势能处于常见磷酸基团化合物的中间位置，所以，其可以在磷酸基团转移势能高的供体与转移势能低的受体之间充当中间载体。例如，1，3-二磷酸甘油酸是高能磷酸化合物，它们在细胞内并不直接水解，而是经专一性激酶作用，通过转移磷酸基团的方式将捕获的自由能传递给 ADP 形成 ATP。这是生物体中 ATP 生成的方式之一，即底物水平磷酸化；同时，ATP 又倾向于将其磷酸基团转移给磷酸基团转移势能较低的化合物，例如 *D*-葡萄糖可以从 ATP 获得磷酸基团而生成 6-磷酸-*D*-葡萄糖。

（2）ATP 是产能反应和需能反应的重要能量介质。ATP 水解时释放出的能量直接参与细胞的需能过程，而细胞中的氧化过程产生的能量则可以使 ADP 磷酸化生成 ATP。所以，ATP 将氧化分解代谢的产能反应和合成代谢的需能反应偶联在一起。当生物体 ATP 生成速率超过消耗速率时，ATP 便与肌酸作用生成磷酸肌酸。因此，在生物体内，磷酸肌酸是其能量的存储形式之一，但其并不能直接利用；当生物体内 ATP 生成速率低于消耗速率时，细胞内的 ATP 浓度降低而 ADP 浓度升高时，磷酸肌酸高能磷酸键中存储的能量和磷酸基团转移给 ADP 生成 ATP，以补充细胞内能量的不足。因此，ATP 只是能量的携带者或传递者，而非储存者。

（3）ATP 参与其他能量货币的形成。生物体中，除了 ATP 外，CTP、GTP 和 UTP 也可以作为某些合成反应所需能量的来源。如 GTP 用于蛋白质的合成，CTP 用于磷脂的合成，UTP 用于多糖的合成。但是，这三种核苷三磷酸的合成与补充均依赖于 ATP。

$$\text{GDP}+\text{ATP}\xrightarrow{\text{GDP 激酶}}\text{GTP}+\text{ADP}$$

$$\text{CDP}+\text{ATP}\xrightarrow{\text{CDP 激酶}}\text{CTP}+\text{ADP}$$

$$\text{UDP}+\text{ATP}\xrightarrow{\text{UDP 激酶}}\text{UTP}+\text{ADP}$$

（4）ATP 参与某些酶活性和代谢途径的调节。细胞中某些别构酶的调节就是 ATP/ADP，通过对相关酶活性的调节，相应代谢途径也得到调控。例如，磷酸果糖激酶和果糖-1，6-二磷酸酶，前者受高浓度 ATP 抑制，而后者受高浓度 ATP 激活。因此，当细胞内 ATP 浓度过高时，由于磷酸果糖激酶活性受到抑制，葡萄糖分解速率下降；而此时果糖-1，6-二磷酸酶受到激活，导致糖异生作用增强。

2.3　呼吸链

生物氧化中的产物水和能量均离不开呼吸链。呼吸链（respiration chain）又称电子传递链（electron transfer chain，ETC），指糖类、脂肪、氨基酸等有机物在代谢过程中脱下的氢和电子，经一系列递氢体或电子传递体按对电子亲和力逐渐升高的顺序依次传递，最后传递给分子氧并生成水的全部体系。

2.3.1　呼吸链的场所——线粒体

线粒体广泛存在于各类真核细胞中，线粒体内膜是真核细胞能量转换的重要部位，呼吸链和氧化磷酸化有关的组分均存在于此。原核细胞没有线粒体，主要通过质膜来执行相应的供能。

二维码 2-2　线粒体结构示意图

线粒体由两层膜构成。外膜包被整个线粒体，平均厚度比内膜稍厚，内膜则向内折叠成片状或管状内褶，形成许多嵴，从而增加了内膜酶分子附着表面。同时，内膜和嵴膜内侧表面有许多带柄小颗粒向内突出，其为可溶性的腺苷三磷酸酶（ATPase）；双层膜之间形成膜间腔，其中含有一些酶；双层膜内部充满透明衬质，称为基质，其中含有脂类、蛋白质、核苷酸、核糖体、tRNA 和 DNA，特别是含有上百种不同的酶（图 2-1）。三羧酸循环中的酶系统就集中存在于线粒体的可溶性衬质中，而电子传递和氧化磷酸化的酶系统则分布于内膜上，并且，彼此非常严格有序地排列着。

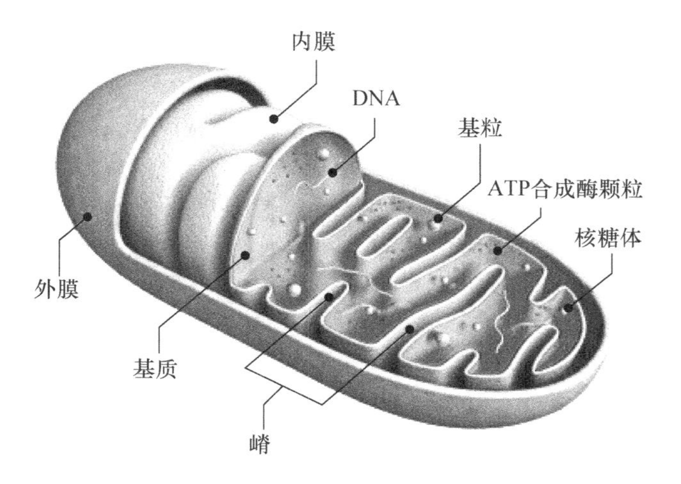

图 2-1 线粒体结构示意图（彩图见二维码 2-2）

2.3.2 呼吸链

2.3.2.1 呼吸链的组分

（1）通用的电子受体 NAD^+（$NADP^+$）和黄素蛋白　在呼吸链的起始处，从底物上脱下的氢和电子并不是直接进入的，而是来自脱氢酶，他们将底物上的氢和电子传递给通用的电子受体烟酰胺核苷酸（NAD^+ 和 $NADP^+$）和黄素核苷酸（FAD 和 FMN）生成相应的还原型，其中直接进入呼吸链的包括 NADH 和 $FADH_2$。根据代谢底物脱下的氢的初始受体不同，呼吸链分为 NADH 呼吸链和 $FADH_2$ 呼吸链。糖类、脂类和蛋白质三大类物质分解代谢过程中的脱氢反应，主要以 NAD^+ 为氢受体，通过 NADH 呼吸链完成氢的氧化；少数脱氢酶以 FAD 为氢受体，通过 $FADH_2$ 呼吸链来完成。

①烟酰胺核苷酸偶联的脱氢酶（nicotinamide nucleotide-linked dehydrogenases）　这类脱氢酶是一类以 NAD^+ 或 $NADP^+$ 为辅酶，且不需氧的脱氢酶。参与呼吸链的主要是以 NAD^+ 为辅酶的脱氢酶；而以 $NADP^+$ 为辅酶的脱氢酶主要是将代谢物上脱下的质子和电子，传递给需要质子和电子的物质，参与生物合成，如脂肪酸的生物合成。以 NAD^+ 为辅酶的脱氢酶从底物上脱下两个氢原子（$2H^+ + 2e^-$），其中一个以氢阴离子（$:H^-$）的形式传递给 NAD^+ 生成 NADH，另一个以 H^+ 的形式释放到介质中。NADH 和 NADPH 均为水溶性电子载体与脱氢酶可逆地联系在一起。随后 NADH 携带电子扩散到呼吸链的入口。

②黄素蛋白　黄素蛋白（也称黄素脱氢酶）是指含有黄素核苷酸 FMN 或 FAD 的蛋白质。这类蛋白质中，二者结合非常紧密，甚至共价结合。因此，氧化与还原（即电子的得与失）均在同一个酶蛋白上进行。在电子转移反应中，黄素核苷酸往往被认为是黄素蛋白的活性中心的一部分。这与 NAD^+ 不同，NAD^+ 与酶蛋白结合疏松，当与某一酶蛋白结合时可以从代谢物接受氢，而被还原成 $NADH + H^+$，后者可以游离，再与另一种酶蛋白结合，释放氢后又变成氧化型 NAD^+。氧化性的 FMN 或 FAD 能够接受一个电子和一个质子或者二个电子和二个质子（形成 $FADH_2$ 或 $FMNH_2$）。

很多黄素蛋白参与呼吸链的组成，参与电子转移。其中，最典型的、直接参与呼吸链的主要包括 NADH 脱氢酶和琥珀酸脱氢酶两种。前者以 FMN 为辅基，能从 NADH 上接受一个质子和两个电子被还原，然后再将质子和电子传递给另外的中间载体重新转变成氧化性。琥珀酸脱氢酶以 FAD 为辅基，接受琥珀酸上脱下的两个质子和两个电子。此外，如线粒体内甘油磷酸脱氢酶、酯酰 CoA 脱氢酶也都属于以 FAD 为辅基的黄素蛋白，他们同样将底物脱下的氢和电子传递给 FAD 生成 $FADH_2$，然后进入呼吸链。

$$NADH + H^+ + FMN \xrightleftharpoons{\text{NADH 脱氢酶}} NAD^+ + FMNH_2$$

$$\text{琥珀酸} + FAD \xrightleftharpoons{\text{琥珀酸脱氢酶}} \text{延胡索酸} + FADH_2$$

（2）线粒体内膜结合的传递体　线粒体呼吸链是由一系列顺序排列的传递体组成的，这些传递体中，许多是膜内在蛋白，通过含有的辅基（或辅酶）具有接受和给出质子和电子的能力。在呼吸链中有三种传递体：直接传递电子，例如 Fe^{3+} 还原成 Fe^{2+}；传递一个氢原子（$H^+ + e^-$）；传递带有一堆电子的氢阴离子（$:H^-$）。在呼吸链中，除了上面提到的 NAD^+ 和黄素蛋白外，在线粒体呼吸链上还有另外三个传递体。

①泛醌（ubiquinone，UQ 或 Q）　泛醌（图 2-2）也称辅酶 Q（coenzyme Q，CoQ），它是呼吸链中唯一的非蛋白电子载体，是一种脂溶性的醌类化合物，含有一条由多个异戊二烯结构单元构成的侧链。不同来源的泛醌，其侧链所含异戊二烯单位数目不同，哺乳动物的线粒体，其侧链通常含有 10 个异戊二烯结构单元，故通常称为 Q_{10}。

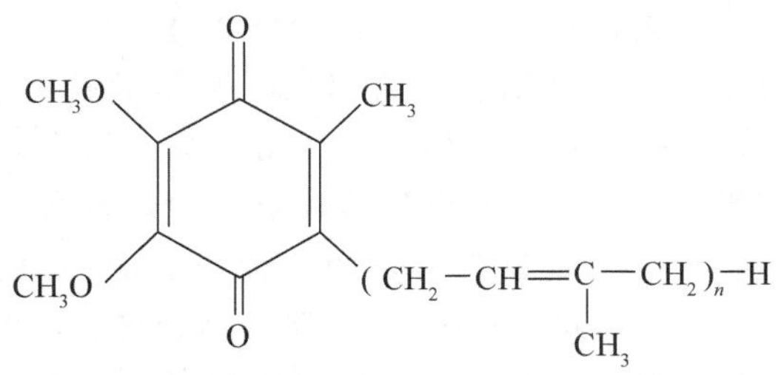

图 2-2 泛醌的化学结构图

泛醌之所以能够充当电子传递体是因为它有氧化型和还原型两种形式，并且二者之间可以相互转变。氧化型的 UQ 接受一个电子和一个质子还原成半醌中间体（·QH），再接受一个电子和质子则还原成二氢泛醌 QH_2。QH_2 也很容易给出电子和质子，重新氧化成 Q。从 UQ 到 OH_2 可以分两步进行，也可以一步到位（图 2-3）。

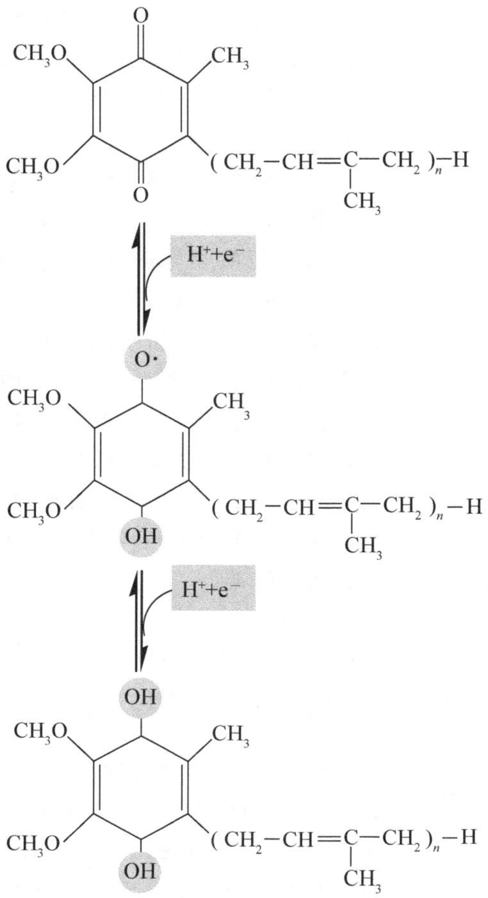

泛醌（Q）（完全氧化型）

半醌自由基（·QH）

泛醌(QH_2)（完全还原型）

图 2-3 泛醌的化学结构及其电子的传递功能

辅酶 Q 在线粒体内膜上的含量远远超过呼吸链中其他成员，其脂溶性的性质使得其在线粒体内膜上具有高度流动性。因此，它特别适合作为一种流动的电子传递体在两个电子传递体之间传递电子。

②铁硫蛋白　铁硫蛋白（iron-sulfur proteins），又称铁硫中心（iron-sulfur center）或铁硫簇（iron-sulfur cluster）。其分子中的铁不是以血红素铁的形式存在，而是与无机硫原子或与蛋白质中半胱氨酸（Cys）巯基中的硫原子相连，所以该蛋白也称为非血红素铁蛋白。在呼吸链中，铁硫蛋白通过 Fe^{3+} 与 Fe^{2+} 之间价位的改变传递一个电子。

目前已知的铁硫蛋白主要有三类（图 2-4）。第一类，含有 1 个 Fe，与 4 个 Cys 残基上的巯基 S 相连；第二类，含有 2 个 Fe 和 2 个无机硫（2Fe-2S），其中每个 Fe 各与 2 个无机硫和 2 个 Cys 残基上的巯基 S 相连；第三类，含有 4 个 Fe 和 4 个无机硫（4Fe-4S），其中的 Fe 与无机 S 相间排列在一个正六面体的 8 个顶点，此外，4 个 Fe 还各与一个 Cys 残基上的巯基 S 相连。

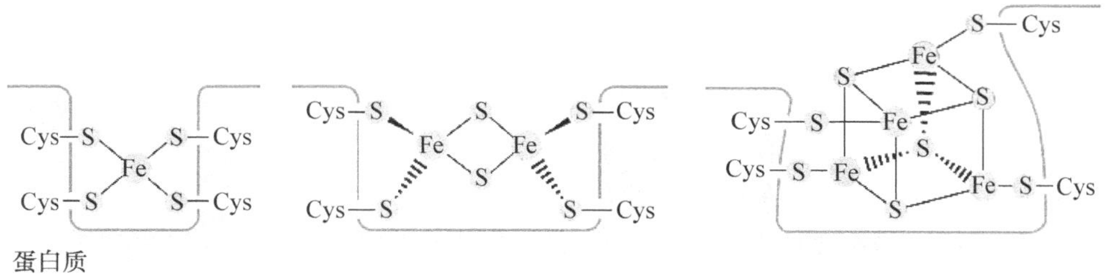

图 2-4　三类铁硫蛋白的结构（彩图见二维码 2-3）（引自 Nelson 和 Cox，2013）

③细胞色素　细胞色素（cytochrome）是一类以铁卟啉为辅基的色素蛋白，铁原子位于卟啉环的中心，构成血红素。由于这类蛋白质中含有血红素，而使其呈现红色。细胞色素主要通过辅基中铁离子价态的可逆变化进行电子传递。

二维码 2-3　三类铁硫蛋白的结构图

细胞色素广泛地存在于动植物和微生物细胞中，目前已发现的细胞色素有 30 多种，每一种细胞色素都有特殊的光吸收。它们的还原形式通常具有 α、β 和 γ 3 个吸收峰。其中 α 吸收峰差别最大。因此，一般根据此吸收峰的波长，将细胞色素分为 a、b 和 c 三大类。每一大类可以继续细分，例如细胞色素 a 又分为细胞色素 a 和 a_3；细胞色素 c 可以继续分为细胞色素 c 和 c_1。在线粒体呼吸链中包括的细胞色素为细胞色素 b、c、c_1、a 和 a_3。

在细胞色素中，目前了解最透彻的是细胞色素 c，它是呼吸链中一个独立的蛋白质电子载体，与其他细胞色素与线粒体内膜紧密结合不同，它位于线粒体内膜外表，属于膜周蛋白，易溶于水，因此其比较容易分离提纯。在呼吸链中，其通过血红素铁离子价位的改变传递电子。细胞色素 c 与细胞色素 c_1 含有相同的辅基，但是蛋白组成有所不同。此外，Cyt c 的辅基血红素（亚铁原卟啉）通过共价键（硫醚键）与酶蛋白相连（图 2-5），而其余各细胞色素中的血红素辅基均通过非共价键与蛋白质结合；细胞色素 a 和 a_3 以复合物的形式存在，一般写为 Cyt aa_3。该复合物除了含有铁卟啉外，还含有铜原子，在电子传递过程中，通过 Cu^{+} 和 Cu^{2+} 价位的变化传递电子，并直接将电子传递给氧，使氧激活，与质子结合生成水。呼吸链中，电子在 5 种细胞色素中传递顺序为：Cyt b → Cyt c_1 → Cyt c → Cyt aa_3。

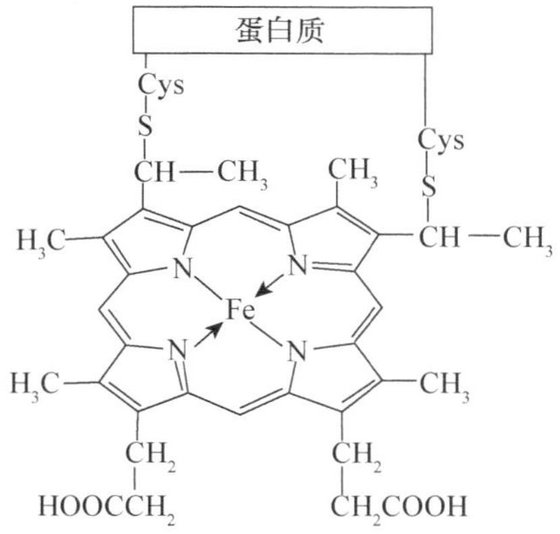

图 2-5　细胞色素 c 辅基与酶蛋白连接方式

2.3.2.2　电子传递复合物

在真核细胞的线粒体中，呼吸链是由如上所述的若干传递体按一定顺序排列组成的，但大多这些传递体并不是以独立的形式存在的，而往往是以复合物的形式存在的。在呼吸链的传递体中，除了泛醌和 Cyt c 外，其余的组成四个电子传递复合物在呼吸链中进行质子和电子的传递。

（1）复合物 Ⅰ　该复合物是电子通过 NADH 进入 NADH 呼吸链的入口，由其催化 NADH 的氧化和 CoQ 的还原，因此也被称为 NADH-CoQ 还原酶或简称为 NADH 脱氢酶（NADH dehydrogenase）复合体。复合物 Ⅰ 由 40 多条多肽链组成（具体数量因组织而异），同时含有一个以 FMN 为辅基的以黄素蛋白以及至少还含有 6 个铁硫中心。它是电子传递链中相对分子质量最大、最复杂的酶复合物。采用高分辨率电子显微镜发现该复合物呈 L 形，其中，一个臂延伸到基质中，该臂包含一个以 FMN 为辅基的黄素蛋白和至少 3 个铁硫中心，同时在该臂上存在 NADH 结合位点；另一个臂镶嵌在线粒体内膜中，包含了另外一个铁硫中心，以及 CoQ 结合位点。该复合物催化 2 个同步发生的偶联反应。首先，NADH 和复合物 Ⅰ 结合，催化

NADH上的2个电子给FMN，形成还原形$FMNH_2$，接着，电子又从$FMNH_2$上经过一系列铁硫中心流入到CoQ。在该过程中，同时偶联着将4个质子（氢离子）从线粒体基质泵入线粒体膜间隙（图2-6）（彩图见二维码2-4）。前者电子传递的过程是一个放能反应，而后者质子传递的过程是一个吸能反应。因此，NADH-CoQ还原酶既是电子传递体，又是质子移位体。最终，还原型的CoQ得到了2个电子，并伴随着变成QH_2从线粒体基质中得到了2个质子。

二维码2-4 电子在复合物Ⅰ上传递

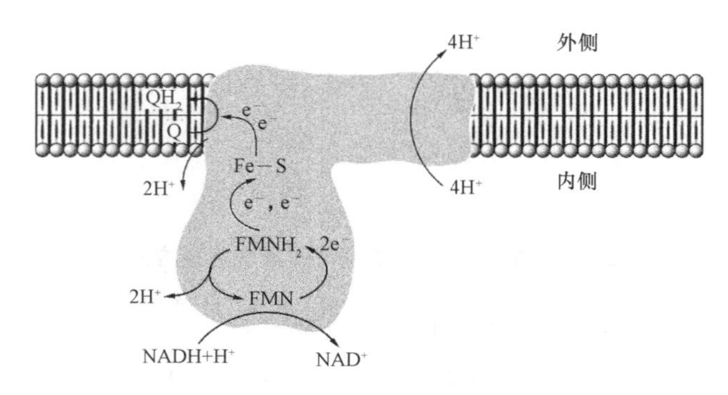

图2-6 电子在复合物Ⅰ上传递

总反应方程式如下：

$$NADH+Q+5H^{+}_{基质} \longrightarrow NAD^{+}+QH_2+4H^{+}_{膜间隙}$$

（2）复合物Ⅱ 该复合物介于代谢物琥珀酸到泛醌之间，是电子通过$FADH_2$进入FADH呼吸链的入口，因此，复合物Ⅱ被称为琥珀酸-CoQ还原酶。三羧酸循环中以FAD为辅基的琥珀酸脱氢酶就是该复合物的一部分，所以琥珀酸脱氢酶也是三羧酸循环中唯一的膜结合蛋白质。另外含有2个铁硫蛋白和1个细胞色素b（二维码2-5）。复合物Ⅱ的作用是催化电子从琥珀酸通过FAD和铁硫蛋白传递到CoQ。与复合物Ⅰ不同，其只能传递电子，而不能使质子跨膜转运，因此，该复合物只是电子传递体（图2-7）。另外，值得注意的是在复合物中血红素b并非直接用来传递电子，其更重要的作用在于减少从琥珀酸到分子氧过程中的电子泄漏，从而减少过氧化氢（H_2O_2）和超氧阴离子自由基的产生。

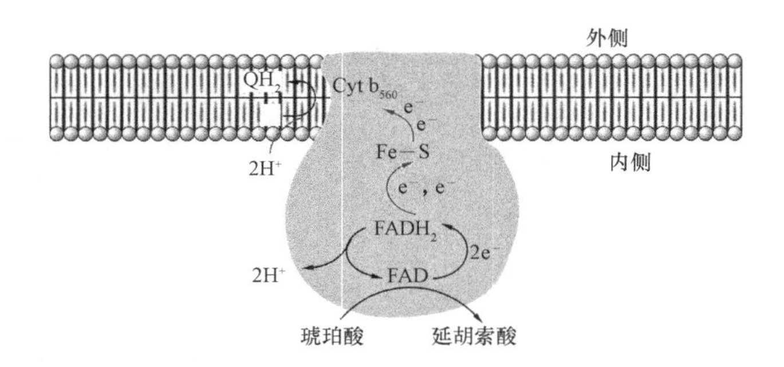

图2-7 电子在复合物Ⅱ上传递

并非所有的$FADH_2$都是由复合物Ⅱ进入呼吸链的。除了琥珀酸外，其他线粒体脱氢酶生成的$FADH_2$是直接通过CoQ传递电子进入呼吸链。典型的如酯酰CoA的β氧化过程中，第一步经黄素蛋白酰基CoA脱氢酶（acyl-CoA dehydrogenase）将电子从底物转移给脱氢酶的辅基FAD，然后传递给电子转运黄素蛋白（electron-transferring flavoprotein，ETF），接着将电子转移给ETF：CoQ氧化还原酶（ETF：ubiquinone oxidoreductase），该酶将电子经还原型CoQ进入到呼吸链。此外，经三酰甘油分解生成的甘油或者经糖酵解途径中生成的磷酸二羟丙酮还原产生的3-磷酸甘油，在3-磷酸甘油脱氢酶的催化下被氧化。3-磷酸甘油脱氢酶是位于线粒体内膜外表面的一种黄素蛋白，它同样将电子通过还原型CoQ传递到呼吸链中。

二维码2-5 大肠杆菌复合物Ⅱ的结构

（3）复合物Ⅲ 复合物Ⅲ是从CoQ到细胞色素c之间的呼吸链部分，也称为CoQ-细胞色素c还原酶或简称为细胞色素还原酶。复合物Ⅲ以二聚体形式存在，每一个单体有11个亚基组成。CoQ-细胞色素c还原酶含有2个细胞色素b（Cyt b_{562}、Cyt b_{566}）、1个细胞色素c_1以及1个以2Fe-2S为中心的铁硫蛋白（二维码2-6）。该复合物的作用是催化电子从还原型CoQ到氧化型的Cyt c，同时伴有质子的跨膜转运。具体是通过一个所谓的Q循环来完成的。Q循环由两个阶段组成。在第一个阶段，1个还原型的CoQ，

二维码2-6 复合物Ⅲ的结构

即 QH_2 将其中的一个电子经铁硫蛋白和细胞色素 c_1 交给细胞色素 c，同时，将 2 个质子释放到膜间隙。同时，第 2 个电子经细胞色素 b_L（b_{566}）和 b_H（b_{562}）交回到基质一侧的氧化型 Q 而生成 Q^-·；接着在第二个阶段，另外一个 QH_2 以同样的方式将 1 个电子经铁硫蛋白和细胞色素 c_1 交给细胞色素 c，同时将 2 个质子释放到膜间隙，同时，第 2 个电子经细胞色素 b_L（b_{566}）和 b_H（b_{562}）交给第一阶段中生成的 Q^-·中，并结合基质中的 2 个质子，重新生成还原型的 QH_2，并进入下一轮循环。因此，1 对电子在复合物Ⅲ中经过 Q 循环将 4 个质子泵入膜间隙（二维码 2-7）。

二维码 2-7　Q 循环

（4）复合物Ⅳ　又称细胞色素氧化酶，位于呼吸链的最后一步，从 Cyt c 传递电子到分子氧，将其还原成水。存在于线粒体中的该复合物一般由 13 个不同的亚基组成，相对分子质量为 204 000。在细菌中，该复合物则简单得多，只有 3 或 4 个亚基组成。但是，二者具有相同的功能。并且通过将二者比较研究表明，其中有 3 个亚基是该复合物执行功能所必需的。其中，亚基Ⅱ中含有 2 个铜离子（Cu_A），其和亚基中两个 Cys 残基的巯基相连组成一个双核中心；亚基Ⅰ含有细胞色素 a 和细胞色素 a_3，以及另一个铜离子（Cu_B），其中细胞色素 a_3 和 Cu_B 组成第二个双核中心（二维码 2-8）。当电子从 Cyt c 进入该复合物时，首先传递给 Cu_A 中心，到血红素 a，经血红素 a_3-Cu_B 中心，最后传递给分子氧。每 4 个电子经过该复合物，会消耗线粒体基质中的 4 个质子与分子氧结合形成 2 分子水。同时，复合物每传递一个电子，就有一个质子从线粒体基质泵入膜间隙（图 2-8，彩图见二维码 2-9）。因此，复合物Ⅳ同样既是电子传递体，又是质子移位体。

二维码 2-8　细胞色素氧化酶关键亚基

二维码 2-9　电子在复合物Ⅳ上的传递

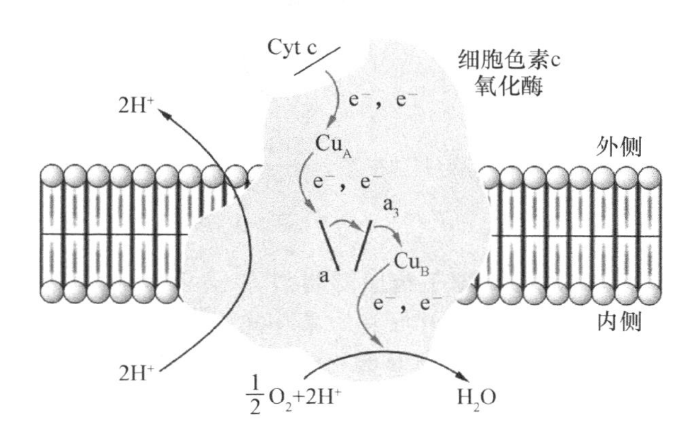

图 2-8　电子在复合物Ⅳ上传递

该复合物总反应方程式为：

$$4(\text{Cyt c})(\text{还原型})+8H^+_{\text{基质}}+O_2 \longrightarrow$$
$$4(\text{Cyt c})(\text{氧化型})+4H^+_{\text{膜间隙}}+2H_2O$$

2.3.2.3　呼吸链的排列顺序

呼吸链中氢和电子的传递有着严格的顺序和方向。呼吸链本身就是一个氧化还原体系，其组成和顺序也遵循电化学原理，即电子是从还原剂一端转移到氧化剂一端。标准氧化还原电位（$\Delta E^{0'}$）值越大，越容易构成氧化剂处于呼吸链末端，$\Delta E^{0'}$ 越小，越容易构成还原剂而处于呼吸链的起始端。因此，在常温常压下，电子总是从低氧化还原电位向高氧化还原电位移动。从而根据呼吸链中各组分的标准氧化还原电位及其他实验分析得到呼吸链的排列顺序如图 2-9 所示（彩图见二维码 2-10）。

二维码 2-10　NADH 和 $FADH_2$ 呼吸链传递体及其排列顺序

从图 2-9 中可以看出，NADH 氧化呼吸链和 $FADH_2$ 氧化呼吸链只是从代谢物上脱氢的酶及氢的初始受体不同。NADH 氧化呼吸链中，代谢物在相应脱氢酶的催化下，脱下的氢经 NADH 脱氢酶复合体（复合物Ⅰ）传递给 CoQ；而 $FADH_2$ 氧化呼吸链则是从 TCA 中的代谢物琥珀酸脱下氢，经过琥珀酸脱氢酶复合体（复合物Ⅱ）传递给 CoQ。而从 CoQ 一直到分子氧的电子传递体的组成完全相同。

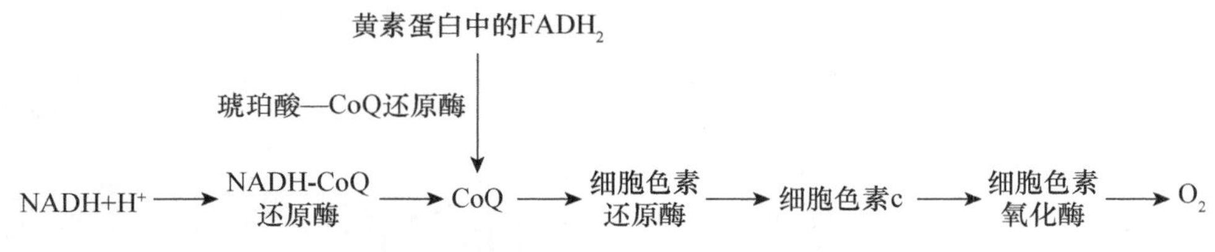

图 2-9　NADH 和 $FADH_2$ 呼吸链传递体及其排列顺序

2.3.2.4　电子传递抑制剂

凡是能够阻断呼吸链中某一部位电子传递的物质，称为电子传递抑制剂。利用专一性电子传递抑制剂选择性地阻断呼吸链中某个传递步骤，再测定链中各组分的氧化-还原状态情况，是研究电子传递中电子传递体顺序的一种重要方法。常见的呼吸链抑制剂及其抑制位点如图 2-10 所示。

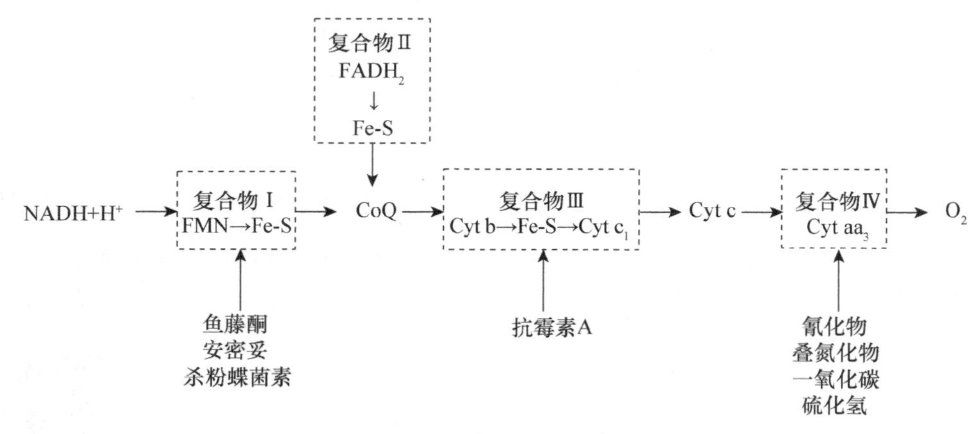

图 2-10　电子传递链抑制剂及其作用部位示意图

（1）复合物Ⅰ抑制剂　鱼藤酮（rotenone）、安密妥（amytal）和杀粉蝶菌素（piericidin）阻断电子在复合物Ⅰ中的传递，从而使电子无法由 NADH 向 CoQ 传递。鱼藤酮是一种极毒的植物毒素，常用作杀虫剂。

（2）复合物Ⅲ抑制剂　抗霉素 A（antimycin A）是从灰色链球菌中分离出的一种抗生素，抑制电子在复合物Ⅲ中的传递，从而抑制了电子从还原型 CoQ 向细胞色素 c_1 的传递。

（3）复合物Ⅳ抑制剂　氰化物（cyanide）、叠氮化物（azide）、一氧化碳和硫化氢等都有阻断电子在复合物Ⅳ中的传递作用，从而抑制了电子从细胞色素 aa_3 向分子氧的电子传递。其中，氰化物与叠氮化物能与血红素 a_3 的高铁形式（ferric form）作用形成复合物，而一氧化碳则是抑制血红素 a_3 的亚铁形式（ferrous form）。

2.3.2.5　交替途径（alternative pathway）

除了上述 NADH 呼吸氧化途径和 $FADH_2$ 呼吸氧化途径外，事实上，许多植物组织，一些真菌和绿藻、少数细菌和动物中还存在着另外一条电子传递链途径，即交替途径。在该途径中，它在呼吸链上从 CoQ 部位分叉，电子不经过细胞色素系统，即不经过复合物Ⅲ及Ⅳ，直接通过另一种末端氧化酶——交替氧化酶（alternative oxidase，AOX）传递到分子氧生成水，所以称为交替途径。同时，如上所述，氰化物、叠氮化物等由于抑制电子在细胞色素中的传递，而当组织中存在交替氧化酶途径时，电子传递就不会受到这些物质的抑制，因此，交替氧化酶途径也叫抗氰呼吸（cyanide-resistant respiration）途径。在采后果蔬中，抗氰呼吸与果蔬成熟与抗病性密切相关。

2.3.2.6　呼吸链与活性氧

大量的研究表明，在缺氧或供氧不足时，体内有氧代谢转变为无氧代谢，呼吸链的底物端（特别是泛醌区）电子漏出引起氧分子进行单电子还原生成超氧阴离子自由基（$O_2^- \cdot$）、羟基自由基（$OH \cdot$）和过氧化氢（H_2O_2）等活性氧自由基。主要反应如下：

$$O_2 + e \longrightarrow O_2^- \cdot$$

$$O_2 + e \xrightarrow{+2H^+} O_2^{2-} \longrightarrow H_2O_2$$

$$O_2 + 3e + 3H^+ \xrightarrow{+2H^+} H_2O + OH \cdot$$

活性氧自由基与生物组织衰老密切相关。而超氧化物歧化酶（superoxide dismutase，SOD）、过氧化氢酶（CAT）和过氧化物酶（POD）等则起着清除活性氧的作用，所以将他们称为保护酶系统。

SOD（EC.1.15.11）是一类金属酶，是植物氧化代谢中一种极为重要的酶，SOD的主要功能是清除O_2^-·，其作用机理是发生歧化反应，生成无毒的O_2和毒性较低的H_2O_2，后者再被CAT或POD分解为H_2O和O_2，从而最大限度地限制了O_2^-·与H_2O_2反应生成·OH的能力。其反应如下：

$$\underset{\text{(氧化型)}}{SOD}+O_2^-\cdot \longrightarrow \underset{\text{(还原型)}}{SOD^-}+O_2$$

$$\underset{\text{(还原型)}}{SOD}+O_2^-\cdot \xrightarrow{+2H^+} \underset{\text{(氧化型)}}{SOD}+H_2O_2$$

$$2O_2^-\cdot+2H^+ \xrightarrow{SOD} O_2+H_2O_2$$

$$2H_2O_2 \xrightarrow{POD/CAT} 2H_2O+O_2$$

2.3.3 其他末端氧化酶系统

在高等动植物细胞内，除了上述呼吸链外，还存在一些线粒体外的氧化体系。这些氧化体系一般只产生H_2O和H_2O_2，与氧化磷酸化不相偶联，它们与氧的亲和力都较低，不产生ATP。从底物上脱下的质子和电子直接传递到分子氧形成H_2O。在呼吸作用中不是主要的氧化酶，仅起一些辅助作用，但同样具有重要的生理功能，也称为非线粒体氧化体系。

（1）酚氧化酶　酚氧化酶可分为单酚氧化酶（monophenol oxidase）和多酚氧化酶（polyphenol oxidase）前者如酪氨酸酶（tyrosinase），后者如儿茶酚氧化酶（catechol oxidase）。酚氧化酶可与其他底物氧化相偶联，起到末端氧化酶的作用。

酚氧化酶存在于质体、微体中，它可催化分子氧对多种酚的氧化，酚氧化后变成醌，并进一步聚合成棕褐色物质。这些酶与植物的"愈伤反应"有密切关系。植物组织受伤后呼吸作用增强，这部分呼吸作用称为"伤呼吸"（wound respiration）。伤呼吸把伤口处释放的酚类氧化为醌类，而醌类往往对微生物是有毒的，这样就可避免感染。但是，由于酚氧化酶的存在，也是导致许多果蔬采后酶促褐变的主要原因。

（2）抗坏血酸氧化酶　抗坏血酸氧化酶是一种含铜的氧化酶，广泛存在于果蔬组织中，将抗坏血酸氧化为脱氢抗坏血酸，它存在于细胞质中或与细胞壁相结合。它可以通过谷胱甘肽而与某些脱氢酶相偶联。抗坏血酸氧化酶还与磷酸戊糖途径中所产生的NADPH起作用，可能与细胞内某些合成反应有关。

（3）乙醇酸氧化酶　乙醇酸氧化酶是植物光呼吸代谢中的关键酶，与食品几乎没有关系，不予介绍。

2.4 氧化磷酸化

2.4.1 ATP生成的方式

一切生命活动都离不开能量，而ATP是生物体的主要供能载体。在生物体内有三条ATP生成的途径，分别为底物水平磷酸化、氧化磷酸化和光合磷酸化。其中氧化磷酸化途径是生物体内ATP生成的主要途径，也是维持需氧细胞生命活动的主要能量来源。

（1）氧化磷酸化（oxidative phosphorylation）指电子从NADH或$FADH_2$沿电子传递链体系传递给氧形成水时，释放的能量偶联推动ATP形成的过程。因氧化反应与ADP的磷酸化反应偶联发生，又称偶联磷酸化。该过程需要四种基本因素参与，即底物（如NADH和$FADH_2$）、O_2、ADP和Pi。其中，ADP是氧化磷酸化的关键底物，其在细胞中的浓度直接决定着磷酸化的速率。真核生物的电子传递和氧化磷酸化均在线粒体内膜上进行，原核生物的在质膜上进行。

（2）底物水平磷酸化（substrate level phosphorylation）指直接由代谢过程中生成的高能磷酸化合物，通过酶的作用，将其磷酸基团转移到ADP上生成ATP的过程。例如糖酵解途径中1，3-二磷酸甘油酸在3-磷酸甘油激酶的作用下生成的ATP就属于底物水平磷酸化。通过底物水平磷酸化生成的ATP在体内所占比例很小。底物水平磷酸化的特点是ATP的形成与中间代谢物进行的磷酸基团转移反应相偶联，而与呼吸链无关。同时也不需要氧气的参与，有氧无氧均可进行。

（3）光合磷酸化（photosynthetic phosphorylation）指通过光激发导致电子传递与磷酸化作用相偶联合成ATP的过程。这种ATP生成方式与食品没有太大关系，不再介绍。

2.4.2 氧化磷酸化偶联部位和 P/O 值

2.4.2.1 氧化磷酸化偶联部位

氧化磷酸化是利用电子传递链将 NADH 和 $FADH_2$ 上的电子传递给氧的过程中释放自由能，供给 ATP 的合成。其中释放大量自由能的部位有 3 处，即复合物Ⅰ、Ⅲ和Ⅳ部位，这 3 个部位就是 ATP 合成的部位，称为氧化磷酸化偶联部位。

2.4.2.2 P/O 值

P/O 值是衡量氧化磷酸化作用的活力指标，表示呼吸作用中每利用一个氧原子所生成的 ATP 数目。由于每个氧原子可接受 2 个电子，所以 P/O 值相当于一对电子从还原性辅酶通过呼吸链传递到氧所产生 ATP 的分子数。P/O 值越高，氧化磷酸化的效率越高。

根据当前最新测定，一对电子经呼吸链传递时，分别在 NADH-Q 还原酶（复合体Ⅰ）、CoQ-细胞色素 C 还原酶（复合体Ⅲ）和细胞色素氧化酶（复合体Ⅳ）部位泵出的质子数依次为 4 个、2 个和 4 个，而合成一个 ATP 分子是由 3 个 H^+，由线粒体外返回到基质通过 ATP 合酶所驱动。与此同时，1 分子 Pi 从胞液转运到线粒体基质需要与一个 OH^- 发生交换，即相当于 1 个质子进入到线粒体基质，所以形成 1 个 ATP 分子需要 4 个质子。当电子从 NADH 传至 O_2 时，有 10 个质子泵出线粒体膜间隙，因此共产生的 ATP 分子数是 10/4＝2.5（个）。若从 $FADH_2$ 传递至 O_2，只有两个偶联部位，有 6 个质子泵出线粒体膜间隙，故产生 1.5 个 ATP。因此，NADH＋H^+ 经呼吸链氧化的 P/O 值为 2.5，$FADH_2$ 经呼吸链氧化的 P/O 值为 1.5。

2.4.3 氧化磷酸化机制

2.4.3.1 F_1Fo-ATP 合酶的结构与功能

在线粒体内膜上除了存在呼吸链传递体外，还镶嵌着 F_1F_o-ATP 合酶。F_1F_o-ATP 合酶是氧化磷酸化作用的关键装置，也是合成 ATP 的关键装置，可利用电子传递的高能状态将 ADP 和 Pi 合成为 ATP。用电镜负染法观察分离的线粒体时，可见内膜和嵴的基质面上有许多排列规则的带柄的球状小体，此即为 F_1F_o-ATP 合酶。F_1F_o-ATP 合酶包含 F_1 和 F_o 两个机构单元（图 2-11）。因为它是从线粒体内膜上分离出的第五个复合物，所以又被称为复合物Ⅴ。

（1）F_1　F_1 呈球状，伸向线粒体膜内的衬质中。F_1 含有 3 个 α 亚基、3 个 β 亚基、1 个 γ 亚基、1 个 δ 亚基和 1 个 ε 亚基（简写为 $\alpha_3\beta_3\gamma\delta\varepsilon$）。$\alpha$ 亚基和 β 亚基交替排列形成一种环形结构，直接与 ATP 的合成相关。γ 亚基形成一个中央柄，δ 亚基和 ε 亚基直接与 F_o 相互作用（图 2-11）。此外，F_1 还含有一个热稳定的小分子蛋白质，称为 F_1 抑制蛋白（F_1 inhibitor protein），相对分子质量为 10 000，专一地抑制 F_1 的 ATP 酶活力。它能在正常条件下起生理调节作用，防止 ATP 的无谓水解，但不抑制 ATP 的合成。F_1 的分子量为 370 000 左右，其功能是催化 ADP 和 Pi 发生磷酸化而生成 ATP。因为它还有水解 ATP 的功能，所以又称它为 F_1-ATP 酶。

二维码 2-11　F_1F_o-ATP 合酶的结构

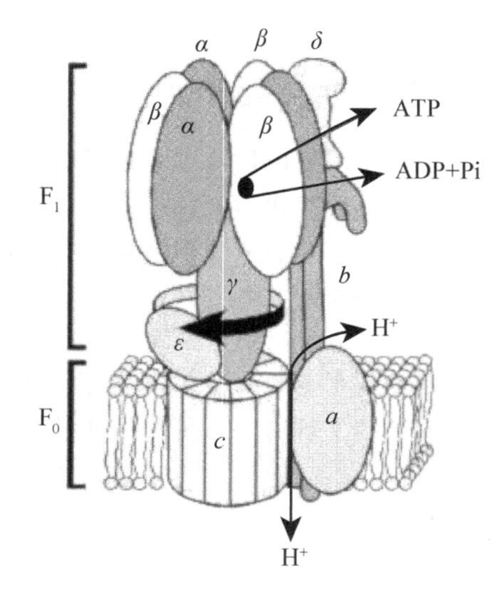

图 2-11　F1Fo-ATP 合酶的结构（彩图见二维码 2-11）

（2）F_o　如图 2-11 所示，F_o 是嵌合在内膜上的疏水蛋白复合体，形成一个跨膜质子通道，传送质子通过膜到达 F_1 的催化部位。F_o 含有 1 个 a 亚基，2 个 b 亚基和 10 个左右的 c 亚基。电镜显示，c 亚基横跨内膜形成一个环状结构，a 亚基和 b 亚基二聚体排列在 c 亚基 12 聚体环状外侧，a 亚基，b 亚基和 F_1 中的 δ 亚基共同组成“定子”（stator）。F_o 中的一个亚基可结合寡霉素（oligomycin，这也是 F_o 里 o 的来源），通过该亚基可调节通过 F_o 的质子流。当质子动力很小时，它可防止 ATP 水解；又可起到保护和抵抗外界环境变化的作用。

2.4.3.2　氧化磷酸化偶联机制

关于氧化磷酸化如何与电子传递相偶联的机制，迄今有三种假说来解释氧化磷酸化的机制。包括化学偶联假说（chemical coupling hypothesis）、构象偶联假说（conformation coupling hypothesis）和化学渗透学说（chemiosmotic theory）三种。其中得到较多支持的是化学渗透学说。

1. 化学偶联假说

该假说是 1953 年 Slater 提出的。认为在电子传递过程中，形成一个高能中间物，然后其裂解时释放的能量驱动 ADP 形成 ATP。由于一直未能鉴定出高能共价结合物的中间产物，以致连 Slater 本人也认为它几乎可以肯定是不正确的了。

2. 构象偶联假说

该假说基于线粒体超微结构的形态变化，在 1964 年由美国化学家 Boyer 最先提出。他认为线粒体内膜上的大分子成分（电子传递蛋白）以两种构象状态存在（高能状态、低能状态），在电子传递过程中，由于电子传递的自由能差，电子传递蛋白的构象发生了变化，转变成一种高能形态；后者再将能量传递给 F_1F_0-ATP 合酶，使之也发生构象变化，从而推动 ADP 磷酸化形成 ATP。这种假说有一定的实验根据，在电子沿呼吸链流动时，观察到线粒体内膜发生迅速的物理变化，但由于测定构象比较困难，支持这个假说的实验太少。

3. 化学渗透学说

化学渗透学说是英国化学家 Mitchell 于 1961 年首先提出的，其本人因为该学说获得了 1978 年诺贝尔化学奖。化学渗透学说主要论点是认为呼吸链起质子泵作用，质子被泵出线粒体内膜的外侧，造成了膜内外两侧间跨膜的化学电位差，后者被膜上 ATP 合成酶所利用，使 ADP 合成 ATP（二维码 2-12）。化学渗透学说的要点包括：

（1）呼吸链上的递氢体与电子传递体在线粒体内膜中不对称分布，并且二者交替排列，有序地定位在线粒体内膜上，使氧化还原反应能定向进行。

二维码 2-12　化学渗透学说图解

（2）在电子传递过程中，复合物Ⅰ，Ⅲ和Ⅳ的递氢体同时起质子泵的作用，将 H^+ 从线粒体内膜基质侧定向地泵至内膜外侧空间。

（3）线粒体内膜具有选择性，膜外侧的 H^+ 不能自由通过内膜而返回内侧，这样在电子传递过程中，在内膜两侧建立起质子浓度梯度（ΔpH）和膜电势差（ΔE），二者构成跨膜的 H^+ 电化学势梯度。质子的浓度梯度越大，则质子动力就越大，用于合成 ATP 的能力越强。

（4）线粒体内膜上嵌有 F_1F_o-ATP 合酶，其具有特殊的质子通道，当膜外侧的 H^+ 经此通道返回线粒体基质时，F_1F_o-ATP 合酶就利用电化学势能释放的自由能推动 ADP 和 Pi 合成 ATP。

该假说成立必须具备两个条件：一是线粒体内膜必须是质子不能透过的封闭系统，否则质子梯度将不复存在；二是要求呼吸链和 ATP 合酶在线粒体内膜中定向地组织在一起，并定向地传递质子、电子和进行氧化磷酸化反应。目前这两方面都获得了一些实验证据，例如能携带质子穿过线粒体内膜的物质（如 2，4-二硝基苯酚）可破坏线粒体内膜对质子的透性壁垒，使质子电化学势梯度消失。另外根据测算，膜间隙的 pH 较内膜低 1.4 个单位，并且线粒体内膜两侧原有的外正内负跨膜电位升高。

2.4.3.3　ATP 合酶作用机制

为了解释 ATP 合酶具体作用机制，美国化学家 Boyer 从 20 世纪 60 年代开始，到 20 世纪 70 年代末提出了结合变化和旋转催化机制（binding change mechanism and rotational catalysis）。该学说主要内容是：构成 F_1F_o-ATP 合酶头部的 $\alpha_3\beta_3$ 亚基构成 3 个催化部位，中部的 $\delta\varepsilon$ 亚基在质子驱动力的作用下，相对于 $\alpha_3\beta_3$ 做旋转运动。由于 3 个 β 亚基与 $\delta\varepsilon$ 亚基不对称接触，β 亚基有三种不同的构象状态，一种处于开放的（O）状态，对底物亲和力极低，有利于使合成的 ATP 容易被释放出来；一种构象（L）与底物结合松弛，对底物没催化能力；一种构象（T）与底物紧密结合，并有催化能力，可使结合的 ADP 和 Pi 合成 ATP。三个 β 亚基依次进行上述三种构象的交替变化。在任一时刻，ATP 酶上的三个催化部位的构象总是不同的。每个催化亚基与核苷酸的结合要顺序经过这三种状态。这就是结合变化机制。如图 2-12 所示，表示了在催化过程中一个 β 亚基顺序变化的情况。在 ATP 合成过程中，三个步骤的每一步都包括由质子转运能而驱动的结合变化。在第一步，结合变化导致松散结合的 ADP 和 Pi 转化成紧密结合的 ATP；在第二步，形成的 ATP 变成比较松散结合的，随后是 ATP 的释放并且通过再一次的结合变化使其变成有利于 ADP 和 Pi 结合的状态。整个"binding change"是连续的，使得在某一时刻，酶上的三个催化部位都是处于不同的构象状态，并且仅有一个紧密结合部位发生共价的转化，每一次相应的结合变化释放一个 ATP，每一个催化部位经过三次结合变化最后合成一个 ATP 分子。

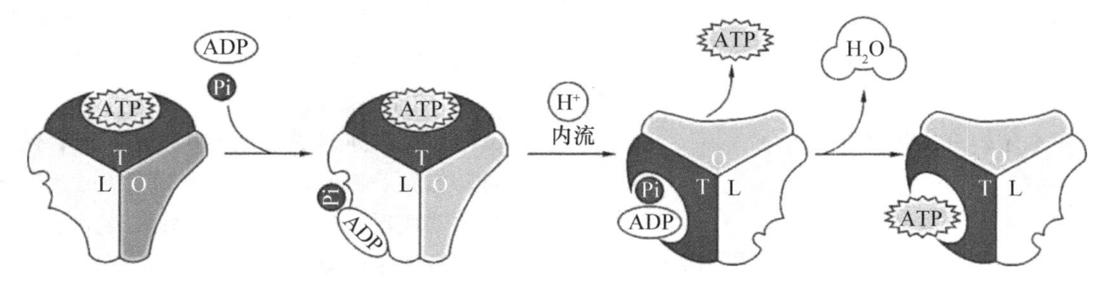

图 2-12　ATP 酶的结合变化机制图解

为了满足"结合变化机理"所提出的三个亚基不断交替呈现不同构象的要求，Boyer 随后又提出旋转催化（rotational catalysis）的设想，认为 β 亚基状态的改变由 γ 亚基的转动所驱动，而 γ 亚基转动的动力来自质子通过 F_o 的回流。

1994 年 Walker 的研究组获得的 0.28 nm 分辨率的牛心线粒体 F_1-ATP 酶的晶体结构（二维码 2-13），清楚地表明 3 个 β 亚基处于不同构象并和不同的亚基结合；与 ATP 的水解类似物（AMP-PNP）结合的 β 亚基被认为处于 T 状态；与 ADP 结合的 β 亚基被认为处于 L 状态；没有配体结合的 β 亚基被认为处于 O 状态，为证实 Boyer 提出的 ATP 酶催化的结合变化和旋转催化机制起了关键的作用，他也因此与 Boyer 分享了 1997 年的诺贝尔化学奖。随后，在 1995 年，Cross 实验组据牛心线粒体 F_1-ATP 酶的晶体结构设计了一个很有说服力的实验，验证大肠杆菌 F_1-ATP 酶上三个 β 亚基相对于 γ 亚基的转动运动。利用这个系统，Cross 等给出了 F_1F_o-ATP 合酶旋转催化的非常直接的实验证据，证明了在催化过程中 γ 亚基可以自由地与每个 β 亚基接触，这种交替接触正是 Boyer 教授提出的旋转催化机制的核心；1997 年，Noji 与其合作者利用晶体结构的结果，精心设计了一系列的标记、突变，并采用最新的荧光显微镜摄像技术，将 γ 亚基的转动运动展现在了我们面前。其结果清楚表明，γ 亚基是在 $\alpha_3\beta_3$ 形成的圆筒中转动的，而且是单方向的、反时针的。此反时针的转动使中心的 γ 亚基能够与三个 β 亚基按顺序由空部位、ADP 结合形式到 AMP-PNP 结合形式接触，这个顺序正好与预言的 ATP 水解反应从 ATP→ADP→空位点的转动顺序一致。

二维码 2-13　牛心线粒体 F_1-ATP 酶的晶体结构

经过 20 多年的努力，结合变化和旋转催化机制终于得到了证实。当质子跨膜转运时，带动 F_1F_o-ATP 合酶的类车轮结构和连接杆的转动，就像流动的水带动水轮机转动一样，引起其他部分的转动，此转动会一定程度地改变酶上三个催化部位的构象以抓住底物 ADP 和 Pi、合成 ATP 分子并将其释放，形象地刻画出 F_1F_o-ATP 合酶的催化循环就像转动的水轮机。

2.4.3.4　腺苷酸的转运

细胞内的 ATP 主要在线粒体内由 ADP 磷酸化而成，大部分 ATP 在线粒体外被利用后又变为 ADP。由于 ADP 和 ATP 都不能自由地穿过线粒体内膜，因而必须有一种机制将线粒体外的 ADP 运入，同时把 ATP 运到线粒体外。现已证实由线粒体内膜上的腺苷酸载体（二聚体，只有一个腺苷酸结合位点）负责其双向运输，又称 ADP/ATP 交换体。面向外侧时结合位点对 ADP 亲和力高，面向内侧时结合位点对 ATP 亲和力高。

2.4.4　线粒体外的 NADH 的氧化磷酸化作用

呼吸链、生物氧化和氧化磷酸化主要在线粒体内进行，线粒体双层膜结构中，外膜通透性较大，内膜却有着严格的选择透过性。其中，NAD^+ 和 NADH 就不能自由地透过线粒体内膜，因此在胞液内生成的 NADH（如糖酵解途径产生的 NADH）必须通过特殊的穿梭机制进入线粒体。已知在细胞中存在两个穿梭系统——α-磷酸甘油穿梭系统和（glycerol-α-phosphate shuttle）和苹果酸天冬氨酸穿梭系统（malate aspartate shuttle）。

1. α-磷酸甘油穿梭系统

参与α-磷酸甘油穿梭系统作用的关键酶是α-磷酸甘油脱氢酶，此酶有两种：一种存在于线粒体外的胞质中，以NAD^+为辅酶；另一种存在于线粒体内膜近外侧，以FAD为辅基。线粒体外的$NADH+H^+$在胞质中磷酸甘油脱氢酶的作用下，使磷酸二羟丙酮还原成α-磷酸甘油和NAD^+，α-磷酸甘油通过扩散作用进入线粒体膜间隙，再经位于线粒体内膜近外侧的磷酸甘油脱氢酶的催化氧化生成磷酸二羟丙酮和$FADH_2$。磷酸二羟丙酮可以穿过线粒体到胞质，继续传递电子（图2-13）。$FADH_2$则进入$FADH_2$呼吸链，因此，通过该穿梭系统，胞质中的1分子NADH最后生成1.5个ATP。这种穿梭机制主要存在于脑和骨骼肌中。

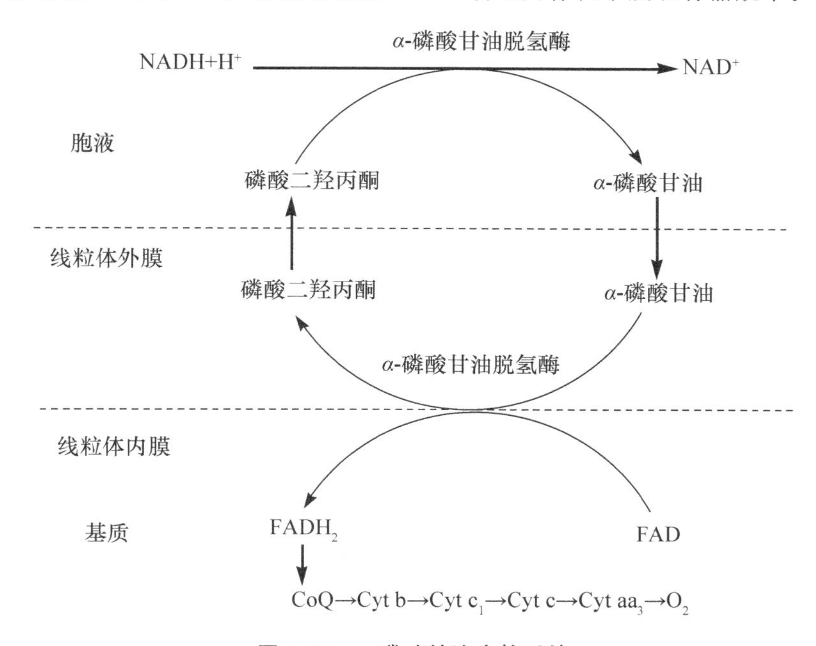

图2-13　α-磷酸甘油穿梭系统

2. 苹果酸天冬氨酸穿梭系统

该穿梭系统比α-磷酸甘油穿梭系统复杂。苹果酸-天冬氨酸穿梭系统需要两种谷草转氨酶、两种苹果酸脱氢酶和一系列专一的透性酶共同作用。首先，当胞液中NADH浓度升高时，由于胞液中的苹果酸脱氢酶对NADH有很强的亲和力，所以此酶以NADH作为还原剂，催化草酰乙酸还原成苹果酸。然后苹果酸通过线粒体内膜上的苹果酸/α-酮戊二酸载体穿过线粒体内膜到达基质。然后由线粒体基质中的苹果酸脱氢酶（辅酶也为NAD^+）催化脱氢，重新生成草酰乙酸和$NADH+H^+$；$NADH+H^+$随即进入呼吸链进行氧化磷酸化，而草酰乙酸经基质中的谷草转氨酶催化形成天冬氨酸，同时将谷氨酸变为α-酮戊二酸，天冬氨酸和α-酮戊二酸通过线粒体内膜返回胞液，再由胞液中的谷草转氨酶催化变成草酰乙酸，参与下一轮穿梭运输。同时由α-酮戊二酸生成的谷氨酸又回到线粒体基质（图2-14）。上述代谢物均需经专一的膜载体通过线粒体内膜。线粒体外的$NADH+H^+$通过这种穿梭作用进入呼吸链被氧化，仍能产生2.5分子ATP。

2.4.5　氧化磷酸化的抑制

很多化学试剂会直接或间接抑制细胞内的氧化磷酸化，这些抑制剂包括以下几种类型：

1. 解偶联剂

解偶联剂（uncoupler）是指那些不阻断呼吸链的电子传递，但能抑制ADP通过磷酸化作用转化为ATP的化合物。它们也被称为氧化磷酸化解偶联剂。

（1）脂溶性有机小分子化合物　例如2，4-二硝基苯酚（DNP）、双香豆素（dicumarol）和羰基-氰-对-三氟甲氧基苯肼（FCCP）等（图2-15），这些有机小分子通常为脂溶性的质子载体（proton ionophore）。当它们在线粒体膜间隙相对低的pH环境之中，接受质子以非解离的形式存在，脂溶性使得它们很容易扩散到基质一侧。在基质一侧，相对较高的pH环境促使它们解离并释放出从膜间隙吸

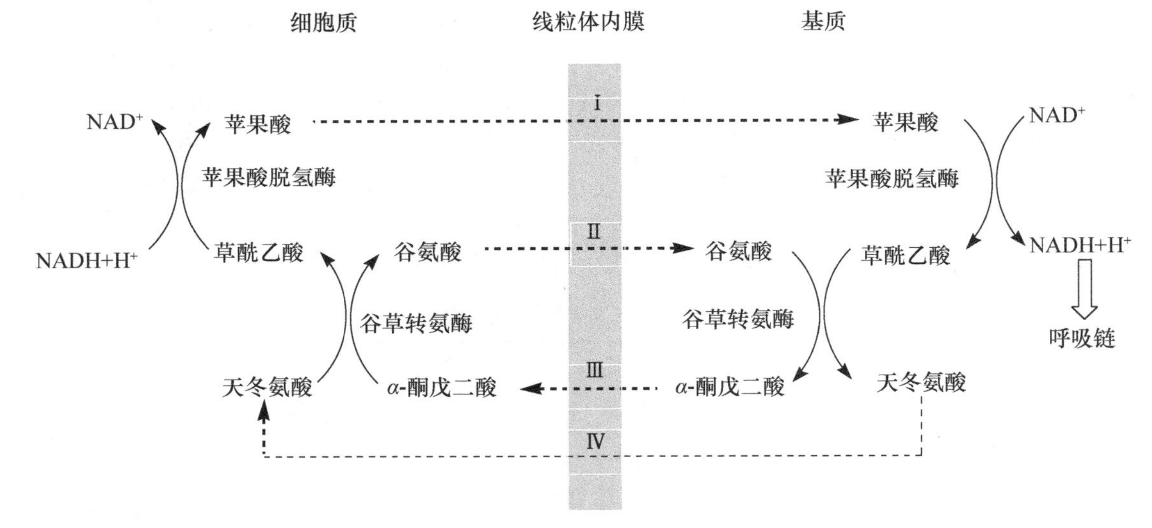

图 2-14 苹果酸/天冬氨酸穿梭系统

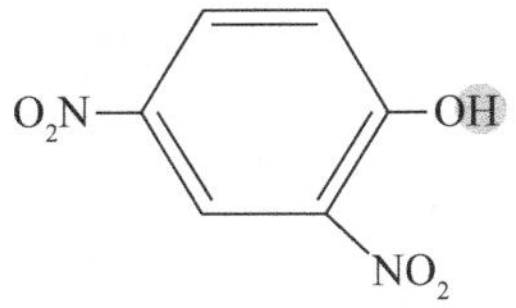

2,4-二硝基苯酚

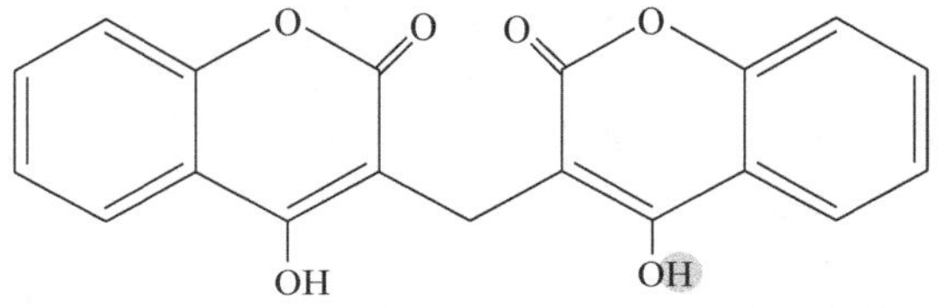

双香豆素

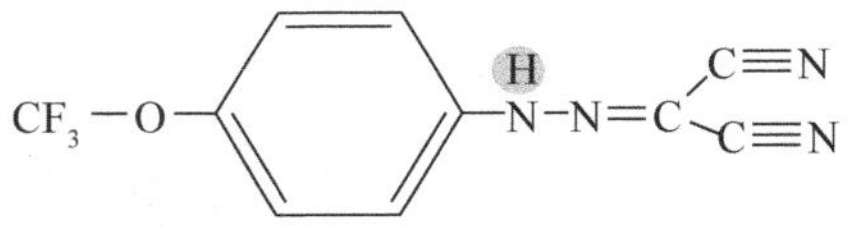

羰基-氰-对-三氟甲氧基苯肼

图 2-15 三种解偶联剂的化学结构

收的质子，导致破坏了跨膜质子梯度（图 2-16 所反应的就是 DNP 的解偶联机制），从而使得氧化磷酸化不能进行。解偶联剂并不会抑制电子传递和底物水平磷酸化。

（2）离子载体抑制剂　其同样是一类脂溶性物质，但是其与 H^+ 以外的其他一价阳离子结合，并作为它们的载体使它们穿过线粒体内膜，消除跨膜的电位梯度。例如缬氨霉素能与 K^+ 结合形成脂溶性复合物，使 K^+ 穿过半透性膜。而 K^+ 自身穿过半透性膜的速度非常低；又如短杆菌肽可以和 K^+、Na^+ 和其他一价阳离子结合使它们穿过膜。

（3）天然解偶联蛋白（uncoupling proteins，UCPs）UCP 是在线粒体内膜上形成的质子通道，使质子不通过 F_1F_o-ATP 合酶就可以返回到线粒体基质。目前已经发现至少五种类型的 UCP，包括从 UCP_1-UCP_5，其中 UCP_1 又叫产热素（thermogenin），其主要存在于动物的褐色脂肪组织，与机体的非颤抖性产热有关。

2. 氧化磷酸化抑制剂

这类化合物并不与电子传递链发生作用，而是直接作用于 ATP 合酶复合体，使膜外质子不能通过 ATP 合酶复合体返回线粒体基质内，从而抑制 ATP 的合成。这类抑制剂虽然并不直接抑制电子的传递，但是由于随着膜间隙质子浓度无法返回线粒体基质，从而使其浓度持续增加，使膜内质子继续泵出到膜外越来越困难，最后不得不停止，从而间接抑制了电子传递。其中，比较典型的如寡霉素 就属于此类抑制剂，它与 F_oF_1-ATP 合酶中 F_o 的 OSCP 结合，阻止了 H^+ 通道，从而抑制了 ATP 的生成。此外，二环已基二亚胺（dicyclohexyl carbodiimide，DDC）可与 F_o 的 DCC 蛋白结合，同样阻断了 H^+ 通道，从而抑制了 ATP 的生成。栎皮酮（quercetin）则直接参与 ATP 合酶的抑制。

3. 电子传递链抑制剂

因为氧化磷酸化与电子传递过程中形成的质子浓度梯度密切相关，因此，凡是抑制电子传递链上电子传递的物质，均会阻止跨线粒体内膜质子浓度梯度的形成，直接导致氧化磷酸化无法进行。具体前面已经介绍，在此不再赘述。

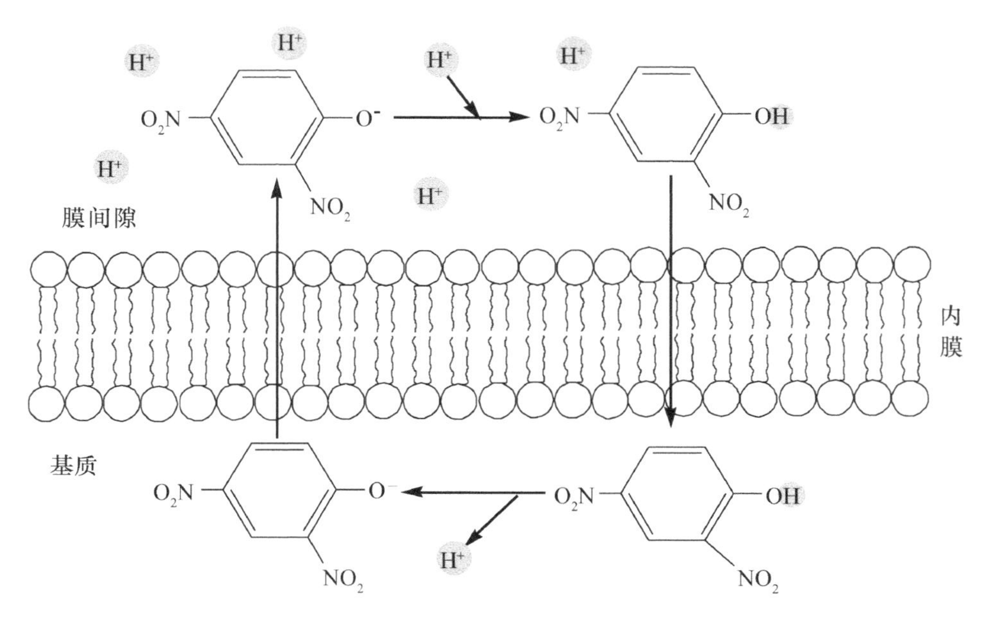

图 2-16　DNP 解偶联的化学机制（引自杨荣武，2012）

思考题

1. 生物氧化有何特点：比较体内氧化和体外氧化的异同。

2. 比较 NADH 和 $FADH_2$ 两条呼吸链有何异同。

3. 解释氧化磷酸化作用机制的化学渗透学说的主要论点是什么。

4. 氰化物为什么能引起细胞窒息死亡？

第 3 章

糖类及其代谢

本章学习目的与要求

1. 重点掌握糖酵解和三羧酸循环的反应历程及其调控；磷酸戊糖途径的特点及其生物学意义；
2. 掌握糖异生途径及其生理意义；
3. 了解常见的多糖（淀粉和纤维素）和双糖（蔗糖、麦芽糖和乳糖）结构特点和连接方式。

糖类，或称为碳水化合物广泛地存在于生物界，特别是植物界。按干重计，糖类占植物体的85%～90%，占细菌的10%～30%，在动物体所占比例小于2%。碳水化合物是生物体维持生命活动所需能量的主要来源，是合成其他化合物的基本原料，同时也是生物体的主要结构成分。此外，作为细胞识别的信息分子，糖蛋白是一类在生物体内分布极广的复合糖，它们的糖链起着信息分子的作用。现已证明，细胞识别、免疫、代谢调节、受精作用、个体发育、癌变、衰老、器官移植等都与糖蛋白的糖链有关。

作为食品主要成分之一的碳水化合物，它包含了具有各种特性的化合物，如具有高黏度、胶凝能力和稳定作用的多糖；有作为甜味剂、保护剂的单糖和双糖；有能与其他食品成分发生反应的单糖和寡糖；具有保健作用的低聚糖和多糖。

3.1 糖的概念

从化学结构来看，糖是多羟基的醛、多羟基酮，多羟基的醛、酮化合物的缩合物以及这些物质的衍生物的总称。糖的氧化、还原产物，氨基取代物等称为糖的衍生物，如糖酸、糖胺。糖与非糖物质共价结合而成的复合物称为糖复合物（结合糖），如肽聚糖、蛋白聚糖、氨基糖、脂多糖等，它们很多是功能分子。

由于最初发现这一类化合物都由碳、氢、氧三种元素组成，而且分子中氢和氧的比例为2∶1，它们都可以用通式$C_n(H_2O)_m$表示，所以将这类物质统称为碳水化合物。后来发现一些碳水化合物如鼠李糖（$C_6H_{12}O_5$）、脱氧核糖（$C_5H_{10}O_4$）并不符合这个通式，而符合这个通式的某些化合物如甲醛（CH_2O）、乙酸（$C_2H_4O_2$）等并不是碳水化合物。此外，随着糖生物学（glycobiology）研究的不断深入，一些纯粹碳水化合物（单糖或多糖）的衍生物也被划入碳水化合物的大范畴，但这类物质往往含有氮、硫、磷等成分，也不符合这个通式。显然碳水化合物的名称已经不恰当，将碳水化合物更名为糖类化合物更为科学合理，但由于沿用已久，这个名称至今仍在使用。

3.2 糖的分类

根据糖单元的数目，糖类化合物分成单糖、寡糖和多糖三类。

（1）单糖及其衍生物　凡不能被简单水解成更小分子的糖称为单糖（monosaccharide）。单糖是构成复杂碳水化合物（寡糖和多糖）的基本结构单元。根据分子中所含羰基的特点，单糖可分为含有醛基的醛糖（aldose）和含有酮基的酮糖（ketose）。醛糖具有还原性而酮糖不具有还原性。单糖又可根据含碳原子数不同分为丙糖（triose，三碳糖）、丁糖（tetrose，四碳糖）、戊糖（pentose，五碳糖）、己糖（hexose，六碳糖）等。在自然界分布广、意义大的是戊糖和己糖，核糖、脱氧核糖属于戊糖，葡萄糖、果糖和半乳糖为己糖。单糖衍生物指将单糖通过化学反应或生物转化得到的一系列产物，如木糖醇、山梨糖醇等糖醇类化合物。

所有的单糖分子中，除了二羟丙酮外，均含有一个以上不对称碳原子（asymmetric carbon atom），每个不对称碳原子呈现不同构型。构型是指一个分子中由于不对称碳原子上各原子或基团间特有的固定的空间排序不同，使该分子呈现特定的稳定的立体结构。当这种分子从一种构型转变为另一种构型时，需要伴随共价键的断裂和再生。含有n个不对称碳原子的单糖，有2^{n-1}对对映体。甘油醛是最简单的单糖，它的α碳原子上连有4个不相同的原子（或基团），呈不对称排列，称为不对称碳原子或手性（chirality）碳原子。因此，甘油醛存在两种构型L型和D型，两种构型分子可形成互为镜像关系的异构体（对映体）（二维码3-1）。

二维码3-1　甘油醛对映异构体

糖的构型划分即以甘油醛的结构作为比较标准，单糖的醛基碳原子作为第一位，Fischer投影式中最高编号的一个不对称碳原子构型若与L-甘油醛相同，则属于L系列；若与D-甘油醛结构相同，则属于D系列，如图3-1所示。

单糖是食品中重要的甜味物质，其中葡萄糖和果糖主要存在于水果和蔬菜中，它们的含量一般在10%以内。对一些特殊品种的葡萄和蜂蜜，其中单糖含量可达到70%甚至更高。图3-2和图3-3分别给出了食品中常见的醛类单糖和酮类单糖。

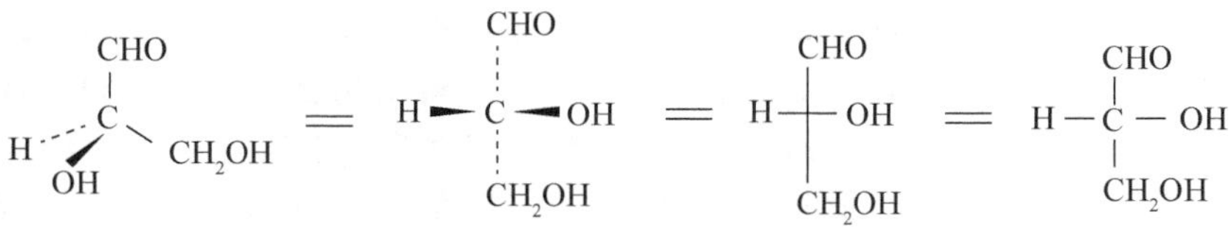

CHO
H···C—CH_2OH
OH
=
CHO
H◄C◄OH
CH_2OH
=
CHO
H—+—OH
CH_2OH
=
CHO
H—C—OH
CH_2OH

A　B　C　D

透视式（A,B）　投影式（C,D）

图 3-1　*D*（+）—甘油醛的立体结构

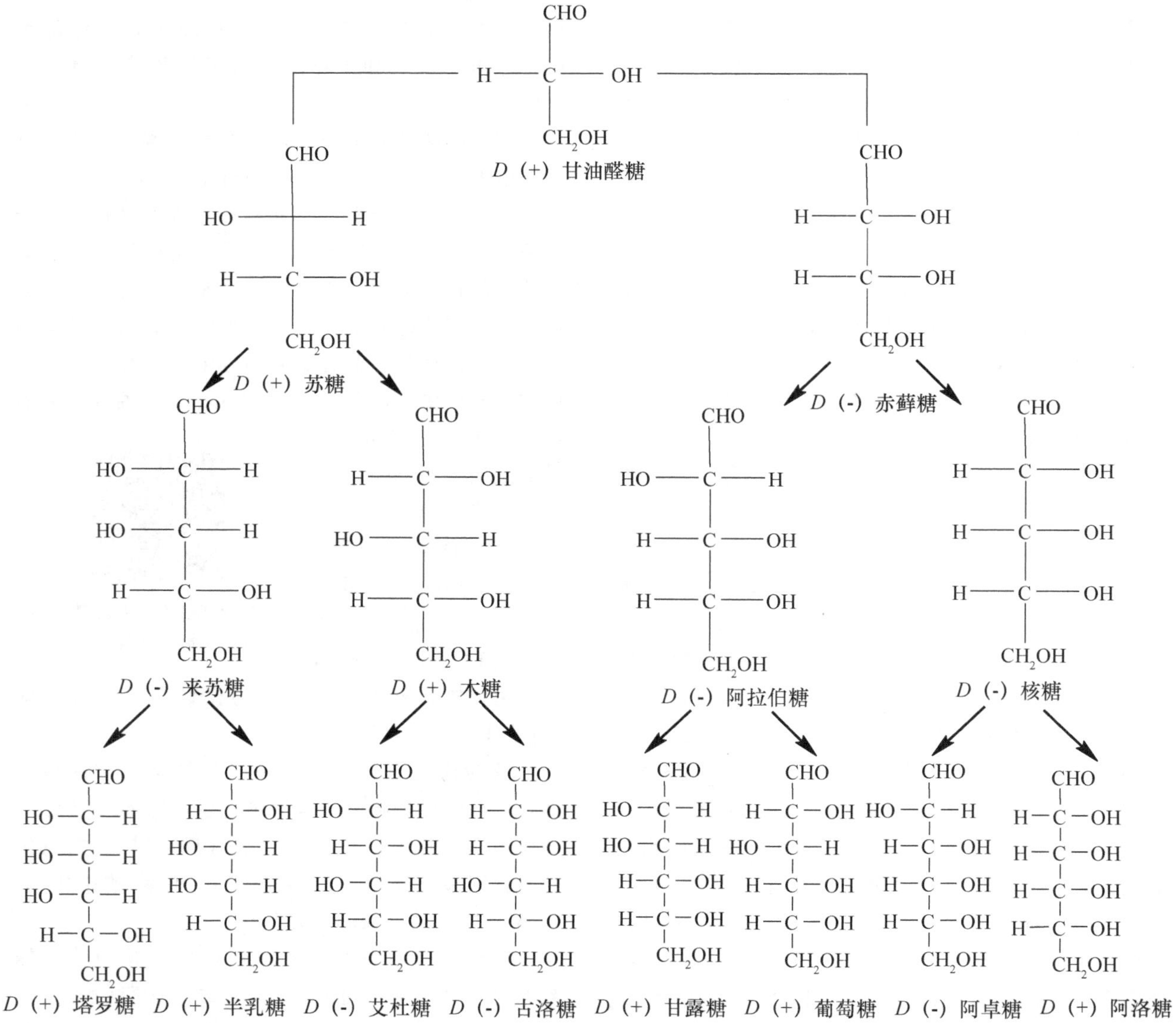

CHO
H—C—OH
CH_2OH
D（+）甘油醛糖

CHO
HO—H
H—C—OH
CH_2OH
D（+）苏糖

CHO
H—C—OH
H—C—OH
CH_2OH
D（-）赤藓糖

CHO
HO—C—H
HO—C—H
H—C—OH
CH_2OH
D（-）来苏糖

CHO
H—C—OH
HO—C—H
H—C—OH
CH_2OH
D（+）木糖

CHO
HO—C—H
H—C—OH
H—C—OH
CH_2OH
D（-）阿拉伯糖

CHO
H—C—OH
H—C—OH
H—C—OH
CH_2OH
D（-）核糖

CHO
HO—C—H
HO—C—H
HO—C—H
H—C—OH
CH_2OH
D（+）塔罗糖

CHO
H—C—OH
HO—C—H
HO—C—H
H—C—OH
CH_2OH
D（+）半乳糖

CHO
HO—C—H
H—C—OH
HO—C—H
H—C—OH
CH_2OH
D（-）艾杜糖

CHO
H—C—OH
H—C—OH
HO—C—H
H—C—OH
CH_2OH
D（-）古洛糖

CHO
HO—C—H
HO—C—H
H—C—OH
H—C—OH
CH_2OH
D（+）甘露糖

CHO
H—C—OH
HO—C—H
H—C—OH
H—C—OH
CH_2OH
D（+）葡萄糖

CHO
HO—C—H
H—C—OH
H—C—OH
H—C—OH
CH_2OH
D（-）阿卓糖

CHO
H—C—OH
H—C—OH
H—C—OH
H—C—OH
CH_2OH
D（+）阿洛糖

图 3-2　食品中常见的醛类单糖

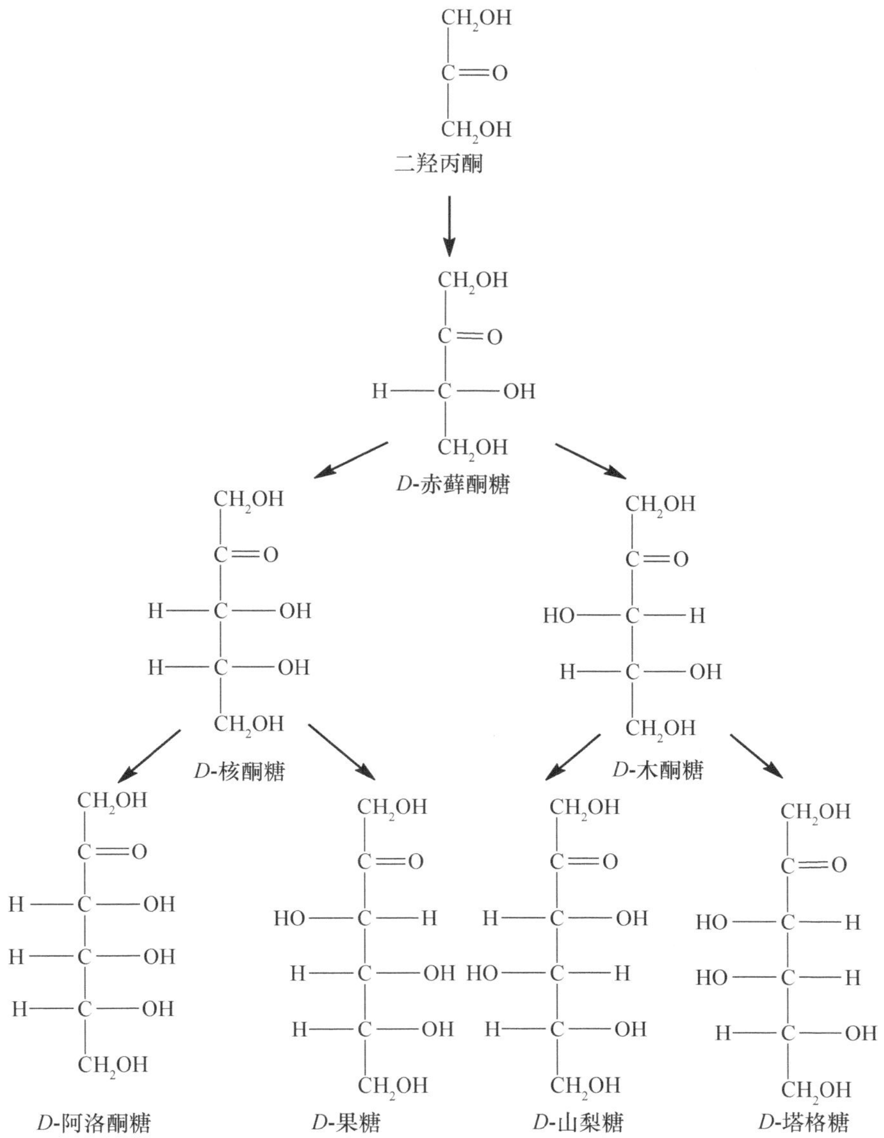

二羟丙酮

D-赤藓酮糖

D-核酮糖　　*D*-木酮糖

D-阿洛酮糖　　*D*-果糖　　*D*-山梨糖　　*D*-塔格糖

图 3-3　食品中常见的酮类单糖

①葡萄糖　葡萄糖（$C_6H_{12}O_6$）是最常见的己醛糖。天然的葡萄糖均属 *D* 构型。从水溶液中结晶析出的葡萄糖，是含有一分子结晶水的单斜晶系晶体，构型为 *a* -*D*-葡萄糖，在 50℃以上失水变为无水葡萄糖。在 98℃以上的热水溶液或酒精溶液中析出的葡萄糖，是无水的斜方晶体，构型为 *β*-*D* -葡萄糖。工业上是用淀粉为原料，经酸法或酶法水解来生产葡萄糖。

②果糖　果糖（$C_6H_{12}O_6$）是最常见的己酮糖，是葡萄糖的同分异构体。果糖为左旋糖，熔点为 103～105℃，易溶于水，在常温下难溶于酒精。果糖通常与葡萄糖共存于果实及蜂蜜中，易于消化，不需要胰岛素的作用，适于幼儿和糖尿病患者食用。

（2）寡糖　寡糖又称为低聚糖（oligosaccharide），一般是由 2～10 个单糖分子缩合而成的。按完全水解后生成的单糖数目的不同，寡糖又分为二糖（disaccharide）、三糖（trisaccharide）、四糖（tetrasaccharide）和五糖（pentasaccharide）等。

寡糖存在于多种天然食物中，如果蔬、谷物、豆类、牛奶、蜂蜜等。食品中最常见、也是最重要的寡糖是二糖，如蔗糖、麦芽糖、乳糖等。除此之外的大多数寡糖因其具有显著的生理功能，属于功能性低聚糖，在机体胃肠道内不被消化吸收而直接进入大肠内优先为双歧杆菌所利用，是双歧杆菌的增殖因子，如低聚果糖、低聚木糖、低聚异麦芽糖、大豆低聚糖等；也有一部分寡糖具有防止龋齿功能。图 3-4 为四种主要寡糖的分子结构图。

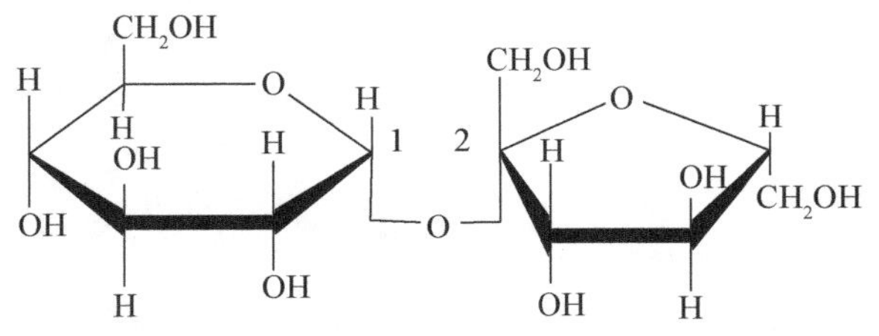

蔗糖［α-D-吡喃葡萄糖基(1→2)-β-D-果糖］

麦芽糖［α-D-吡喃葡萄糖基(1→4)-α-D-葡萄糖］

乳糖［β-D-吡喃半乳糖基(1→4)-α-D-葡萄糖］

纤维二糖［β-D-吡喃葡萄糖基(1→4)-D-葡萄糖］

图 3-4　食品中常见寡糖的分子结构图

①蔗糖　蔗糖（sucrose）是由 1 分子 α-D -吡喃葡萄糖 C_1 上的半缩醛羟基与 β-D -呋喃果糖 C_2 上的半缩醛羟基失去 1 分子水，通过 α-1，2-糖苷键连接而成的非还原性二糖。蔗糖普遍存在于具有光合作用的植物中，在甘蔗和甜菜中含量较高，因此，制糖工业中常用甘蔗、甜菜为原料制取蔗糖。蔗糖也是食品工业中最重要的能量型甜味剂。

②麦芽糖　麦芽糖（maltose）又称饴糖，是由 2 分子的 D -葡萄糖通过 α-1，4 糖苷键结合而成的还原性双糖。麦芽糖是淀粉、糖原、糊精等物质在 β-淀粉酶催化下的主要水解产物。谷物种子发芽、面团发酵、甘薯蒸烤时就有麦芽糖的生成，生产啤酒所用的麦芽汁中所含糖的主要成分就是麦芽糖。麦芽糖甜度为蔗糖的 1/3，甜味柔和，有特殊风味。工业上将淀粉用淀粉酶糖化后，加酒精使糊精沉淀除去，再经结晶即可制得纯净麦芽糖。

③乳糖　乳糖（lactose）是由 1 分子 β-D -半乳糖与另一分子 D -葡萄糖以 β-1，4-糖苷键结合而成的还原性二糖。乳糖甜度仅为蔗糖的 1/6，含有 α 和 β 两种立体异构体，而 β-乳糖比 α-乳糖的甜度大。乳糖是哺乳动物乳汁中的主要糖成分，牛乳含乳糖 4.6%～5.0%，人乳含乳糖 5%～7%，但在植物界十分罕见。乳糖可被乳糖酶和稀酸水解后生成葡萄糖和半乳糖，不被酵母发酵。乳酸菌可使乳糖发酵变为乳酸。乳糖的存在可以促进婴儿肠道双歧杆菌的生长，也有助于机体内钙的代谢和吸收。但对体内缺乳糖酶的人群，它可导致乳糖不耐症。

④低聚果糖　低聚果糖（fructooligosaccharide）又称寡果糖或蔗果三糖族低聚糖，由 1～3 个果糖基通过 β-1，2-糖苷键与蔗糖中的果糖基连接而成的蔗果三糖、蔗果四糖及蔗果五糖组成的混合物（图 3-5）。低聚果糖多存在于天然植物中，如菊芋、芦笋、洋葱中。低聚果糖甜度为蔗糖的 0.3～0.6 倍，既保持了蔗糖的纯正甜味性质，又比蔗糖甜味清爽。低聚果糖是一种功能性低聚糖，具有调节肠道菌群、增殖双歧杆菌、促进钙的吸收、调节血脂和抗龋齿等保健功能的新型甜味剂，已广泛应用于乳制品、乳酸饮料、糖果、焙烤食品、膨化食品及冷饮食品。

⑤低聚木糖　低聚木糖（xylooligosaccharide）是由 2～7 个木糖以 β-(1，4) 糖苷键连接而成的低聚糖（图 3-6），其中以木二糖为主要成分，木二糖含量越多，其产品质量越高。低聚木糖的比甜度为 0.4～0.5，甜味特性类似于蔗糖，具有独特的耐酸、耐热特性。低聚木糖有显著的双歧杆菌增殖作用，可改善肠道环境、促进机体对钙的吸收和抗龋齿作用。在体内代谢不依赖胰岛素，可作为糖尿病或肥胖症患者的甜味剂。因此，低聚木糖被认为是

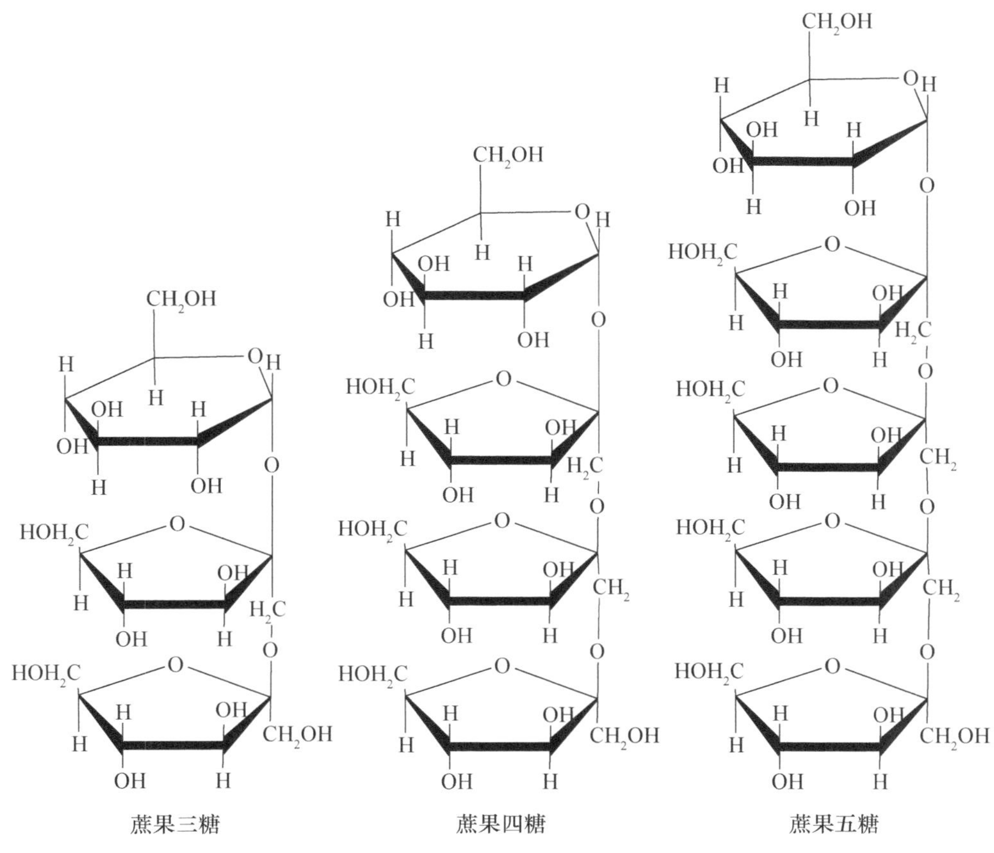

图 3-5　低聚果糖结构图

最有前途的功能性低聚糖之一，非常适合添加于酸奶、乳酸菌饮料等产品中。

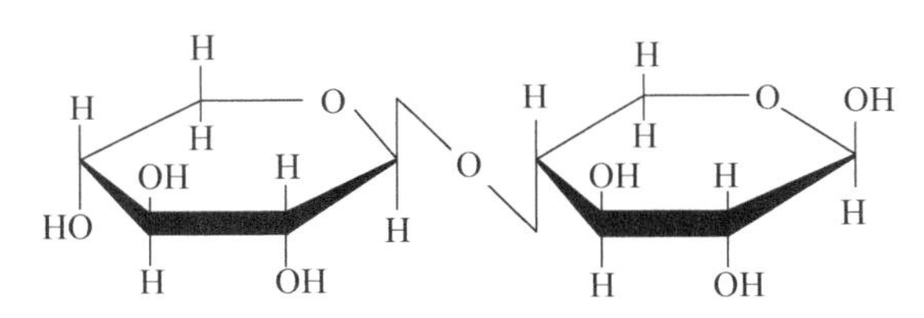

图 3-6　木二糖结构图

⑥环状糊精　环状糊精（cyclodextrin）是由 α-*D*-葡萄糖以 α-1，4-糖苷键连接而成的环状低聚糖。聚合度分别为 6、7、8 个葡萄糖单位的环状糊精分别为 α-环状糊精、β-环状糊精和 γ-环状糊精（图 3-7）。在食品工业中，β-环状糊精应用最广泛，效果也最佳。环状糊精可作为微胶囊的壁材能稳定地将疏水性客体化合物如维生素、风味物质等截留在环内，从而起到保护食品营养和稳定食品香气的作用；另外，环状糊精也能将一些疏水性异味物质，

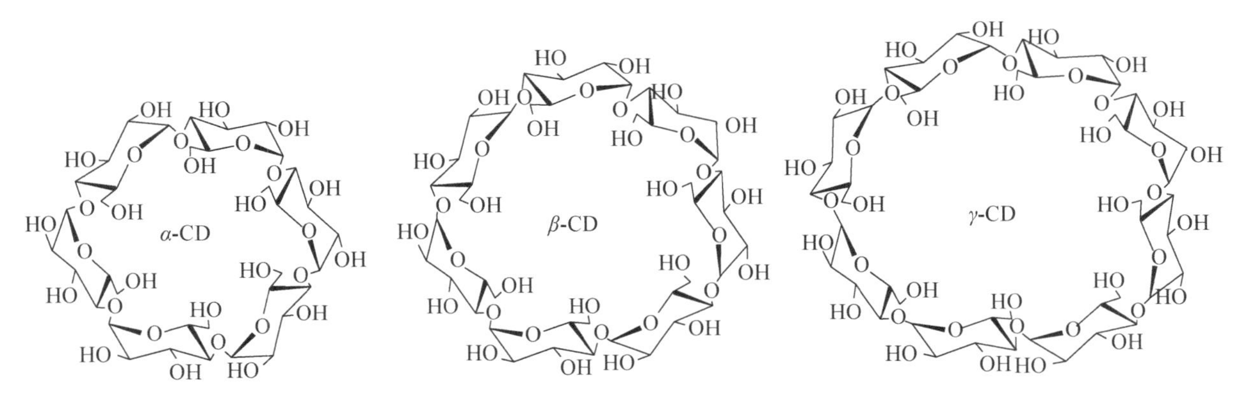

图 3-7　环状糊精结构图

如柑橘汁苦味和肉羊的膻味物质等包埋在环内，从而消除或降低食品异味。

二维码 3-2　棉籽糖和低聚壳聚糖

除上述几种功能性低聚糖外，其他常见的还有棉籽糖（二维码 3-2A）、低聚壳聚糖（二维码 3-2B）、低聚异麦芽糖、低聚半乳糖、大豆低聚糖等。

（3）多糖　多糖（polysaccharide）是由 10 个以上的单糖通过糖苷键连接而成的长链结构糖类。因此，多糖是可以被水解的碳水化合物，1 分子多糖完全水解之后能形成若干个单糖。将 1 分子多糖完全水解之后能形的单糖的数目称为该多糖的聚合度（degree of polymerization，DP）。大多数的多糖 DP 在 200～3 000，纤维素可达 7 000～15 000。多糖无甜味，无还原性，具有旋光性，但无变旋现象。多糖在水中不能形成真溶液，但由于其含有多个羟基，可以与水分子形成氢键，具有亲水性和水合能力，在水中多糖可吸水膨胀，形成溶胶溶液。

自然界 90%以上的糖以多糖形式存在，多糖是动植物的主要结构支持物质（如甲壳类动物中的几丁质，植物中的纤维素）和生物体主要能量来源（如淀粉、糖原）。同时，多糖还具有复杂的多种生物活性与功能，如影响和控制细胞的分裂和分化，调节细胞的生长和衰老，并作为广谱免疫调节剂用于保健和治疗。

根据多糖链的结构，多糖可分为直链多糖（linear polysaccharides）和支链多糖（branched polysaccharides）。如淀粉分为直链淀粉与支链淀粉两种类型；根据构成多糖的单糖的组成情况，可将多糖分为均多糖（homopolysaccharides）和杂多糖（heteropolysaccharides）。均多糖是指仅由一种单糖缩合而成的多糖，这类多糖完全水解后单糖产物只有 1 种单糖，如淀粉、糖原、纤维素、几丁质等；而杂多糖是指由两种或两种以上单糖混合缩合而成的多糖，这类多糖完全水解后单糖产物有 2 种及其以上单糖而由相同的单糖基组成的多糖称为均多糖，如半纤维素、果胶、肝素、透明质酸和许多来源于植物中的多糖，如菊糖、枸杞多糖、香菇多糖等；根据多糖中是否含有非糖成分，可将多糖分为纯粹多糖（simple polysaccharides）与复合多糖（complex polysaccharides）。纯粹多糖指结构组成完全由碳水化合物成分构成的多糖，不含非糖成分，如淀粉、纤维素、果胶等；复合多糖，也称糖复合物（glycoconjugate），指结构组成不完全由碳水化合物成分构成，还含有其他非碳水化合物结构组分（蛋白质、脂类等），如糖蛋白、蛋白聚糖、糖脂、脂多糖等（二维码 3-3）。

二维码 3-3　常见多糖

①淀粉　淀粉（starch）是大多数植物的主要储能物质，植物的种子、根部和块茎中蕴藏着丰富的淀粉。淀粉由 *D*-葡萄糖通过 α-1，4 和 α-1，6-糖苷键结合而成的高聚物，根据其结构不同，可以分为直链淀粉和支链淀粉 2 种（图 3-8）。在天然淀粉颗粒中，这两种淀粉同时存在。不同来源的淀粉颗粒中所含的直链淀粉和支链淀粉比例不同，即使同一品种，因生长条件不同，也会存在一定的差别。一般淀粉中支链淀粉的含量要明显高于直链淀粉，而糯性食物的淀粉中直链淀粉的含量极低甚至没有。由于两种淀粉结构不同，性质也不一样（二维码 3-4）。

二维码 3-4　直链淀粉与支链淀粉的性质比较

a. 直链淀粉　直链淀粉是由 *D*-吡喃葡萄糖通过 α-1，4-糖苷键连接起来的线状大分子，聚合度为 100～60 000，一般为 250～300。水溶液中的直链淀粉分子并不是完全伸直的线性分子，而是由分子内羟基间的氢键作用使整个链分子蜷曲成左手螺旋结构（left handed helical structure），形成的螺旋的外径为 1.35 nm，内径为 0.54 nm，螺距为 0.81 nm，每一个螺旋节距包含 6 个葡萄糖残基（图 3-9）。整个直链淀粉分子在溶液中呈不规则卷曲状。

b. 支链淀粉　支链淀粉是 *D*-吡喃葡萄糖通过 α-1，4-和 α-1，6-两种糖苷键连接起来的带分支的复杂大分子，即每个支链淀粉分子由 1 条主链和若干条连接在主链上的侧链组成。一般将主链称为 C 链，侧链又分成 A 链和 B 链。A 链是外链，经 α-1，6-糖苷键与 B 链连接，B 链又经 α-1，6-糖苷键与

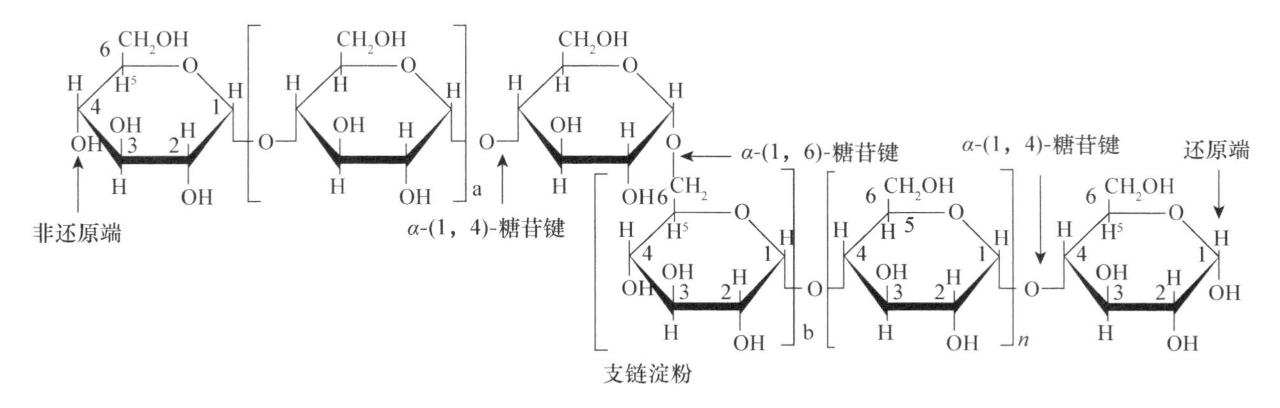

图 3-8　直链淀粉与支链淀粉的分子结构图

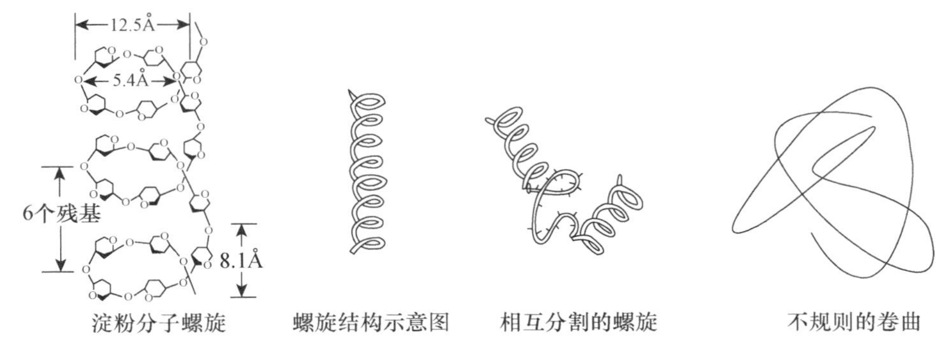

图 3-9　直链淀粉构象

C 链连接，A 链和 B 链的数目大致相等，A 链、B 链和 C 链本身是由 α-1，4-糖苷键连接而成的。对于支链淀粉分子而言，其具有 1 个还原端和多个非还原端。每一个分支平均含有 20～30 个葡萄糖残基，分支与分支之间相距 11～12 个葡萄糖残基，各分支也卷曲成螺旋结构，所以支链淀粉分子近似球形，并如“树枝”状的枝杈结构（图 3-10）。支链淀粉分子的聚合度为 1 200～3 000 000，一般在 6 000 以上，比直链淀粉分子的聚合度大得多，是最大的天然化合物之一。

c. 中间组分　在食物淀粉中存在一部分分子结构和特性介于直链淀粉与支链淀粉之间的物质，这部分物质称为中间组分（intermediate components）。中间组分往往具有支链淀粉的分支结构，但其相对分子质量与直链淀粉接近。中间组分的碘

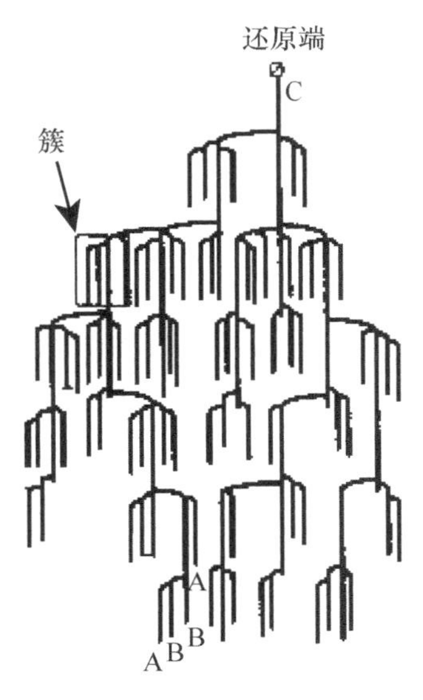

图 3-10　支链淀粉的结构

亲和力低于直链淀粉，但高于支链淀粉，一般为8%～10%。其平均链长（chain length，CL）显著低于直链淀粉但高于支链淀粉。通常情况下，依据结构特征将中间组分并入支链淀粉。

②纤维素　纤维素（cellulose）是植物细胞壁结构物质的主要成分，构成植物支撑组织的基础。纤维素是由1 000～10 000个β-D-葡萄糖通过β-1，4-糖苷键连接而成的直链均多糖，经X-衍射测定，纤维素分子的链和链之间借助于分子间的氢键组成束状结构，这种结构具有一定的机械强度和韧性，故在植物体内起着支撑作用。纤维素分子中的β-D-葡萄糖连接方式如下：

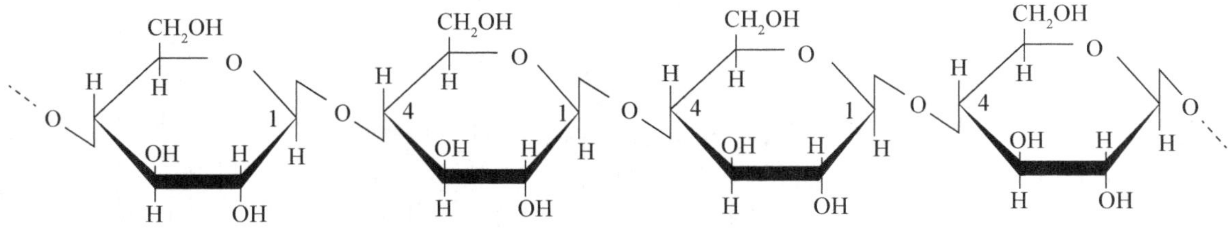

纤维素不溶于水、稀酸及稀碱，无还原性。其结构中的β-1，4糖苷键对稀酸水解有较强的抵抗力。纤维素在浓酸中或用稀酸在加压下水解，可以得到纤维四糖、纤维三糖、纤维二糖，最终产物是D-葡萄糖。大多数哺乳动物的消化道中水解淀粉酶只能水解α-1，4-糖苷键，而不能水解β-1，4-糖苷键，因此，纤维素不能被人体胃肠道的酶消化，但食物中的纤维素可以在人体胃肠道中吸附有机物和无机物，供肠道正常菌群利用，维持正常菌群的平衡，并能促进肠道蠕动，具有促进排便等功能。草食动物消化道中存在的微生物可产生水解纤维素的酶，能利用纤维素作养料，将其降解为葡萄糖。自然界中某些真菌、细菌能合成和分泌纤维素酶，可利用纤维素作为碳源，如香菇、木耳的栽培。纤维素结构中的每一个葡萄糖残基含有3个游离羟基，因此能与酸形成酯。将天然纤维素经过适当处理改变性质以适合特殊的需要，称为改性纤维素（modified cellulose）。羧甲基纤维素（carboxymethylcellulose，CMC）和微晶纤维素（microcrystalline cellulose）是两种常用的改性的纤维素。

③糖原　糖原（glycogen）俗称动物淀粉，是动物体内贮存的多糖，主要存在于肝脏及肌肉中，细菌、酵母、真菌中也发现糖原的存在。糖原是由α-D-葡萄糖构成的均多糖，相对分子质量在2.7×10^{5}～3.5×10^{6}。它的结构与支链淀粉相似，也是带有α-1，6分支点的α-1，4-葡萄糖多聚物，但分子更大，分支更多，每一短链含8～10个葡萄糖单位，其基本结构见图3-11。在糖原中每隔8～10个葡萄糖单位就出现α-1，6-糖苷键。

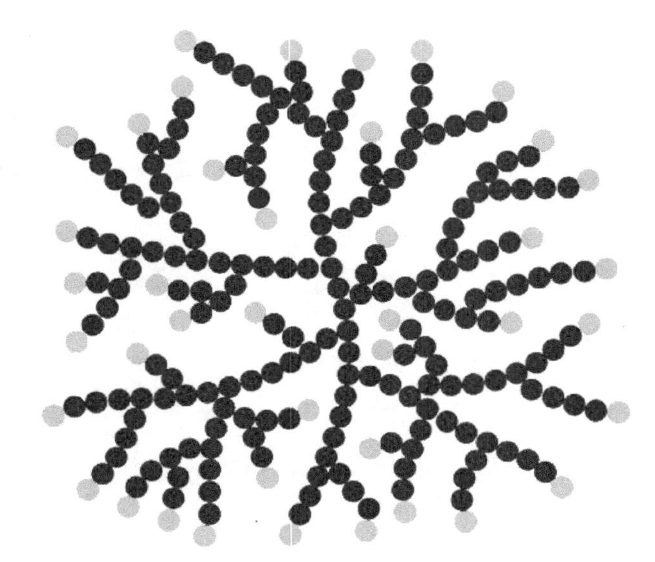

图3-11　糖原分子的部分结构示意

糖原是机体活动所需能量的重要来源。正常情况下，肝脏中糖原的含量达10%～20%，肌肉中的含量达4%。人体约含糖原400 g，当血液中葡萄糖含量增高时，多余的葡萄糖就转变成糖原贮存于肝脏中；当血液中葡萄糖含量降低时，肝糖原就分解为葡萄糖进入血液中，以保持血液中葡萄糖的一定含量。肌肉中的糖原为肌肉收缩所需的能源。

④果胶物质　果胶物质（pectic substance）是细胞壁的基质多糖，存在于植物细胞中胶层和初生细胞壁中，构成高等植物细胞质的物质并起着将细胞黏着在一起的作用，在果实如苹果、柑橘、胡萝卜、植物茎中最丰富。果胶物质包括聚半乳糖醛酸和聚鼠李阿拉伯糖醛酸，以及半乳聚糖、阿拉伯聚糖和阿拉伯半乳聚糖，因此果胶物质属于

阴离子型聚电解质（anionic polyelectrolytes）和酸性多糖。果胶物质糖醛酸残基上的羧基可以是游离的，也能以钠盐、钾盐、钙盐、铵盐形式或以甲酯化形式存在。存在于植物体内的果胶物质一般由三种形态：

a. 原果胶（protopectin）是与纤维素和半纤维素结合在一起的甲酯化聚半乳糖醛酸苷链，只存在于细胞壁中，不溶于水，水解后生成果胶。

b. 果胶（pectin）原果胶经植物体内聚半乳糖醛酸酶（果胶酶）作用或稀酸提取处理可变为水溶性的果胶。存在于植物汁液中，果胶的基本结构是*D*-吡喃半乳糖醛酸以α-1，4糖苷键结合的长链或聚鼠李半乳糖醛酸，糖醛酸上的羧基不同程度的甲酯化。

c. 果胶酸（pectic acid）果胶经果胶酯酶作用去甲酯化，转变为无黏性的果胶酸。果胶酸稍溶于水，是羟基完全游离的聚半乳糖醛酸苷链，遇钙生成不溶性沉淀。

果胶属于杂多糖，其分子的主链是被少量α-1，2-鼠李糖残基间隔的由α-1，4-糖苷键连接的α-*D*-半乳糖醛酸基构成，且主链上存在鼠李糖残基富集链段，在这个区域存在大量有中性糖构成的侧链。因此，果胶分子的结构可分为由α-*D*-半乳糖醛酸残基连续构成的不带侧链的主链光滑区（smooth region）和带有大量中性糖侧链的鼠李糖残基富集主链段的毛发区（hairy region）（图3-12）。通常每个光滑区的聚合度最低72～100，随果胶来源有差异。大多数果胶分子毛发区的侧链主要是由半乳糖、阿拉伯糖形成的半乳聚糖、阿拉伯聚糖和阿拉伯半乳聚糖，它们主要连接在主链毛发区鼠李糖残基的C-4位上。

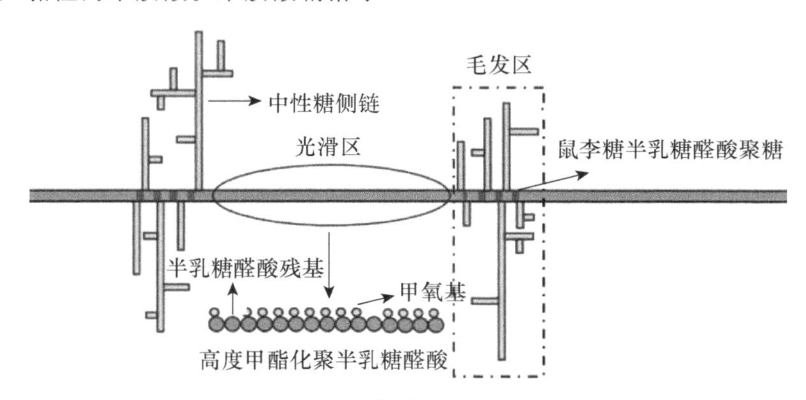

图3-12 果胶分子结构示意图

果胶分子中的半乳糖醛酸残基上的羧基是部分甲酯化的，甲酯化度是指果胶分子中甲酯化的半乳糖醛酸残基占总半乳糖醛酸残基的百分数。提取自天然果蔬原料的果胶酯化度一般为55%～75%，适度脱酯后的商品果胶产品的酯化度一般为20%～70%。根据果胶分子羧基酯化度的不同，天然果胶一般分为两类：高甲氧基果胶（high-methoxyl pectin，HM），酯化度大于50%的果胶；低甲氧基果胶（low-methoxyl pectin，LM），酯化度小于50%的果胶。有时也用甲氧基含量来反映酯化度，完全甲酯化的聚半乳糖醛酸的理论甲氧基含量为16.32%，一般将甲氧基含量大于7%者称为高甲氧基果胶，而降甲氧基含量小于或等于7%者称为低甲氧基果胶。

果胶在酸、碱条件下发生水解-去甲酯化和糖苷键裂解；在高温强酸条件下，糖醛酸残基发生脱羧作用。人体中消化道没有果胶酶，因此，不能消化果胶。果胶溶液是高黏度溶液，黏度与链长成正比。果胶在食品工业中最重要的应用就是它形成凝胶的能力，果胶是亲水性物质，在适当的酸度（pH=3）和糖浓度下，形成凝胶，果胶、果冻等食物就是利用这一特性生产的。

⑤琼胶　琼胶（agar）又称琼脂，是红藻类（Rhdophyta）石花菜属（*Gelidium*）及其他多种海藻所含的一种多糖胶质。琼胶是由琼脂糖（agarose）及琼胶酯（agaropectin，又称为琼脂胶）组成的混合物。琼脂糖是以1，3连接的β-*D*-半乳糖和以1，4连接的α-3，6-脱水-*L*-半乳糖交替连接起来的长链结构（图3-13）；琼胶酯主要是琼脂糖的硫酸酯衍生物，并有葡萄糖醛酸残基存在。琼胶中如果琼脂糖含量高，凝胶强度就高；反之，如果含有较高硫酸基的琼胶酯含量高，则强度低。

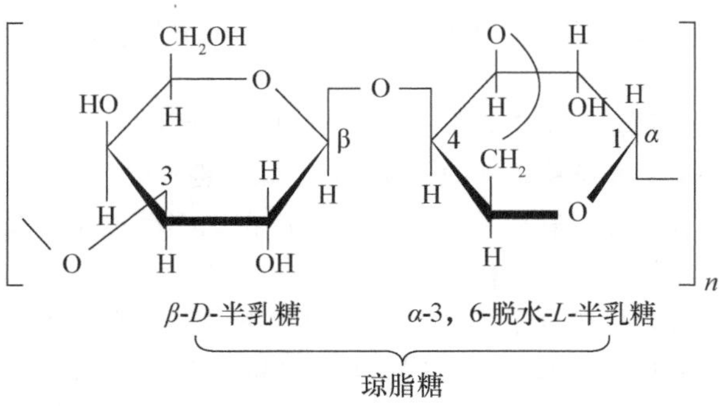

β-D-半乳糖　α-3，6-脱水-L-半乳糖

琼脂糖

图 3-13　琼脂糖的分子结构

琼胶能吸水膨胀，不溶于凉水而溶于热水，1%～2%的溶液冷却至 40～50℃便可形成凝胶，并可反复熔化与凝固。琼脂不易被细菌分解利用，因此是微生物固体培养的支持物。琼胶凝胶是透明的，生化上用作免疫扩散和免疫电泳的支持介质。由于琼脂糖不含荷负电的硫酸根和羧基，用其替代琼胶凝胶作支持物可消除电泳和层析中的离子吸附作用。此外，琼脂糖凝胶被广泛用作凝胶过了层析的介质，如商品名为 Sepharose 的珠状琼脂糖凝胶。

琼胶不能为人体利用，在食品工业中用于果冻、果糕作凝冻剂，在果汁饮料中作浊度稳定剂，在糖果工业中作软糖基料等。

3.3　糖代谢

糖代谢分为分解代谢和合成代谢两方面，前者包括糖酵解与三羧酸循环，后者包括糖的异生、糖原与结构多糖（如淀粉）的合成等，中间代谢还有磷酸戊糖途径、糖醛酸途径等。

3.3.1　糖的分解代谢

3.3.1.1　糖酵解

糖酵解是指动物体内组织在无氧条件下，细胞液中葡萄糖降解为乳酸并伴随着少量 ATP 生成的一系列反应，因与酵母菌使糖生醇发酵的过程相似，因而称为糖酵解（glycolysis）。糖酵解全过程的揭示，沁透着许多科学家的心血，尤以生物化学家 G. Embden、O. Meyerhof、J. K. Parnas 等贡献最大，故糖酵解途径又称 Embden-Meyerhof-Parnas 途径，简称 EMP 途径。

（1）糖酵解的反应过程　糖酵解是在细胞液中进行的一系列酶促反应。从葡萄糖开始直到生成乳酸，全过程共有 11 步，分为两个阶段。1 分子葡萄糖经第一阶段共 5 步反应，消耗 2 分子 ATP，为耗能过程，葡萄糖或糖原通过磷酸化作用为其分解代谢做好准备，然后再裂解为三碳糖，即 3-磷酸甘油醛。第二阶段 6 步反应生成 4 分子 ATP，为释能过程。

第一阶段：生成三碳糖。

由葡萄糖经过磷酸化分解为三碳糖，每分解 1 分子葡萄糖消耗 2 分子 ATP。该阶段有 5 步反应：磷酸化、异构化、再磷酸化、裂解及异构化。

①葡萄糖的磷酸化　进入细胞内的葡萄糖首先在第 6 位碳上被磷酸化生成 6-磷酸葡萄糖（glucose-6-phosphate，G-6-P）（图 3-14），磷酸根由 ATP 供给，这一过程不仅活化了葡萄糖，有利于它进一步参与合成与分解代谢，同时还能使进入细胞的葡萄糖不再溢出细胞。催化此反应的酶是己糖激酶（hexokinase，HK）。己糖激酶催化的反应不可逆，反应需要消耗能量 ATP，Mg^{2+} 是反应的激活剂，它能催化葡萄糖、甘露糖、氨基葡萄糖、果糖进行不可逆的磷酸化反应，生成相应的 6-磷酸酯。6-磷酸葡萄糖是 HK 的反馈抑制物。HK 是糖氧化反应过程的限速酶（rate-limiting enzyme）或称关键酶（key enzyme），它有同工酶Ⅰ～Ⅳ型，ⅠⅡ、Ⅲ型主要存在于肝外组织，Ⅳ型主要存在于肝，称葡萄糖激酶（glucokinase，GK）。

磷酸基团的转移是生物化学中的一个基本反应，将磷酰基从 ATP 上转移至受体上的酶称为激酶（kinase）。己糖激酶就是把 ATP 上的磷酰基转移到各种己糖上的酶。

②6-磷酸葡萄糖异构化为 6-磷酸果糖　在磷酸己糖异构酶（phosphohexose isomerase）的催化下，6-磷酸葡萄糖的六元吡喃环转变为 6-磷酸果糖（fructose-6-phosphate，F-6-P）的五元呋喃环（图 3-15），此反应是可逆的。

在葡萄糖的开链形式中，C_1 上有一个醛基，而果糖的开链形式在 C_2 上有一个酮基。因此，6-磷酸葡萄糖转变为 6-磷酸果糖的异构化反应，就是醛糖向酮糖的转变。开链反应可以表示这一反应的实质（图 3-16）。

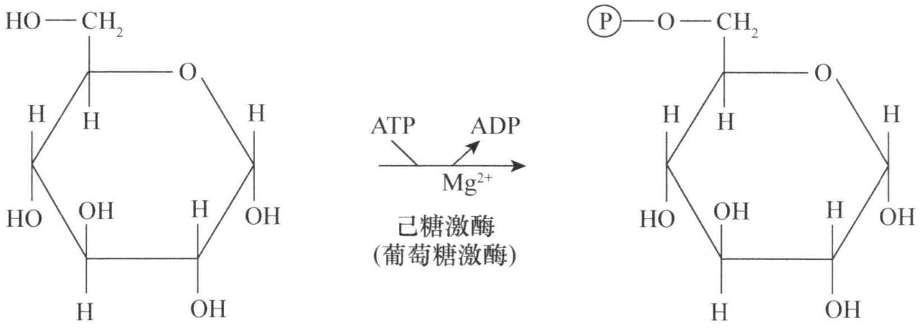

ATP
ADP
Mg²⁺
己糖激酶
(葡萄糖激酶)

葡萄糖　　6-磷酸葡萄糖

图 3-14　葡萄糖的磷酸化

磷酸己糖异构酶

6-磷酸葡萄糖　　6-磷酸果糖

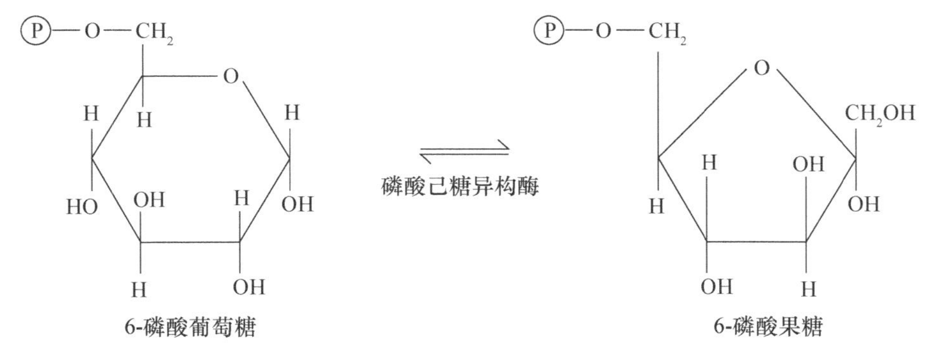

图 3-15　6-磷酸葡萄糖的异构化

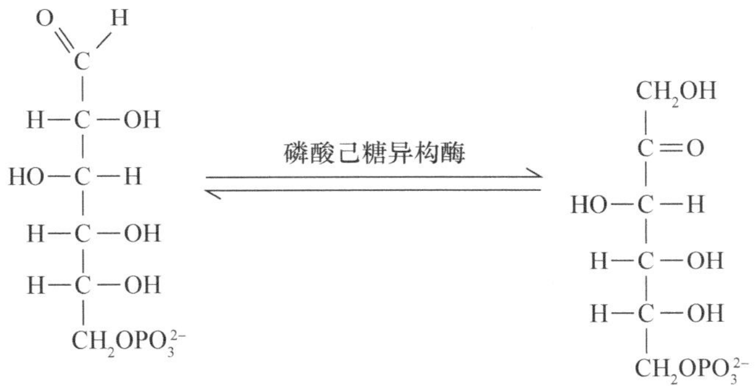

磷酸己糖异构酶

6-磷酸葡萄糖（醛糖）　　6-磷酸果糖（酮糖）

图 3-16　磷酸葡萄糖异构化反应的实质

③6-磷酸果糖被 ATP 磷酸化为 1，6-二磷酸果糖

此反应由磷酸果糖激酶（phosphofructokinase，PFK）催化，将 ATP 的磷酰基转移到 6-磷酸果糖的 C_1 上，形成 1，6-二磷酸果糖（图 3-17）。

ATP
ADP
Mg²⁺
6-磷酸果糖激酶

6-磷酸果糖　　1,6-二磷酸果糖

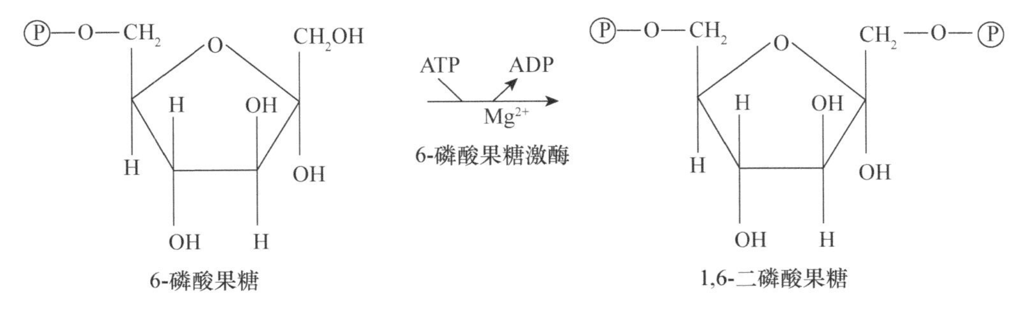

图 3-17　6-磷酸果糖的磷酸化

④1，6-二磷酸果糖的裂解　1，6-二磷酸果糖在醛缩酶（aldolase）的催化下使 C_2 和 C_4 之间的键断裂产生 2 个三碳糖，即 3-磷酸甘油醛和磷酸二羟丙酮（图 3-18），此反应是可逆的。平衡有利于向左进行。但在正常生理条件下，由于 3-磷酸甘油醛在下一阶段的反应中不断地被氧化消耗，使细胞中 3-磷酸甘油醛的浓度大大降低，从而使反应向裂解方向进行。

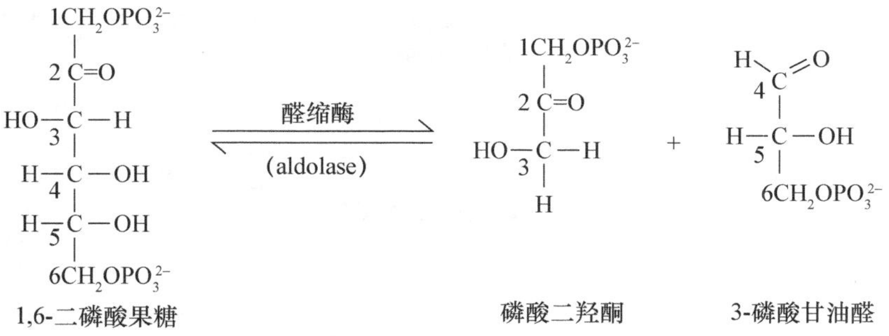

1CH$_2$OPO$_3^{2-}$ | 2 C=O | HO—3C—H | H—4C—OH | H—5C—OH | 6CH$_2$OPO$_3^{2-}$
1,6-二磷酸果糖

醛缩酶 (aldolase) ⇌

1CH$_2$OPO$_3^{2-}$ | 2 C=O | HO—3C—H | H
磷酸二羟酮

\+

H—4C=O | H—5C—OH | 6CH$_2$OPO$_3^{2-}$
3-磷酸甘油醛

图 3-18　1，6-二磷酸果糖的裂解

⑤磷酸丙糖的互变　3-磷酸甘油醛在糖酵解途径的主线上，磷酸二羟丙酮不能继续进入糖酵解途径，但可以很快转变成为 3-磷酸甘油醛。这两种化合物互为异构体，可在丙糖磷酸异构酶（triosephosphate isomerase）的催化下相互转变（图 3-19）。这个反应是一个快速的可逆反应，达到平衡时，丙糖中的 96%为磷酸二羟丙酮。但由于 3-磷酸甘油醛被后面的反应有效利用，因此该反应仍然向着生成 3-磷酸甘油醛的方向进行。

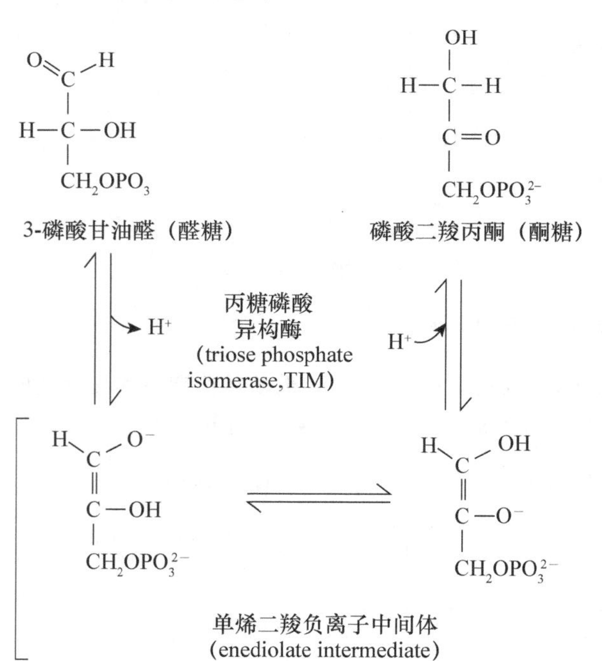

图 3-19　磷酸二羟丙酮与 3-磷酸甘油醛的互变异构关系

第二阶段：生成乳酸，释放能量。

前面的反应已经将 1 分子的葡萄糖转变为 2 分子的 3-磷酸甘油醛，还没有任何能量产生；相反，2 分子的 ATP 被消耗掉 。接着进入收集 3-磷酸甘油醛贮存的能量的阶段。在这一阶段中，3-磷酸甘油醛氧化释放能量，并形成 ATP，包括 6 步反应：

①3-磷酸甘油醛氧化为 1，3-二磷酸甘油酸　3-磷酸甘油醛在有 NAD$^+$ 和无机磷酸（Pi）时，被甘油醛 3-磷酸脱氢酶（glyceraldehyde-3-phosphate dehydrogenase，GAPDH）所催化，氧化脱氢并磷酸化转变为含 1 个高能磷酸键的 1，3-二磷酸甘油酸（1，3-diphosphoglycerate）（图 3-20）。

此反应既是氧化反应，又是磷酸化反应，是糖酵解中最复杂的一步反应。在这步氧化还原反应中有高能磷酸化合物形成。3-磷酸甘油醛 C_1 的醛基被转化成酰基磷酸，这是由于磷酸和羟酸形成的混合酸酐，它具有转移磷酸基的高势能，形成这种酐所需要的能量来自醛基的氧化。NAD$^+$ 是该氧化反应的电子受体，被还原后形成 1 分子 NADH。

②从 1，3-二磷酸甘油酸形成 ATP　这一步反应是利用 1，3-二磷酸甘油酸的磷酸基因转移势能来形成 ATP。磷酸甘油激酶（phosphoglycerate，PGK）催化 1，3-二磷酸甘油酸分子 C_1 上的高能磷酸基团转移给 ADP，生成 3-磷酸甘油酸和 ATP（图 3-21）。

3-磷酸甘油醛氧化产生的高能中间产物将其高能磷酸基团直接转移给 ADP 而生成 ATP，这是糖酵解途径中第一次产生能量的反应。因为至此 1 分子葡萄糖已分解产生了 2 分子的三碳糖，所以实际上共产生了 2 分子 ATP，这样就抵消了葡萄糖在磷酸化过程中消耗的 2 分子 ATP。这种底物氧化过程

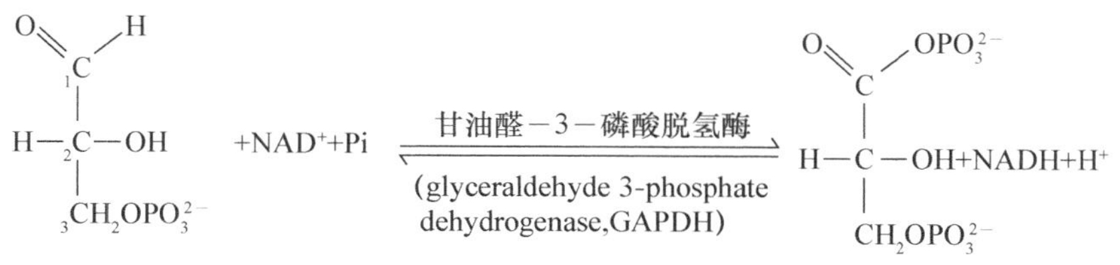

$$\text{3-磷酸甘油醛} + NAD^+ + Pi \xrightleftharpoons[\text{(glyceraldehyde 3-phosphate dehydrogenase, GAPDH)}]{\text{甘油醛}-3-\text{磷酸脱氢酶}} \text{1,3-二磷酸甘油酸} + NADH + H^+$$

图 3-20 3-磷酸甘油醛氧化为 1，3-二磷酸甘油酸

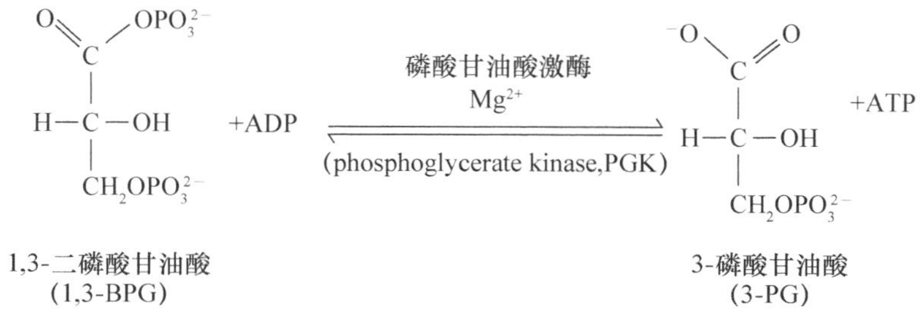

$$\text{1,3-二磷酸甘油酸 (1,3-BPG)} + ADP \xrightleftharpoons[\text{(phosphoglycerate kinase, PGK)}]{\text{磷酸甘油酸激酶}\ Mg^{2+}} \text{3-磷酸甘油酸 (3-PG)} + ATP$$

图 3-21 从 1，3-二磷酸甘油酸转移高能磷酸基团形成 ATP

中产生的能量直接将 ADP 磷酸化生成 ATP 的过程，称为底物水平磷酸化（substrate level phosphorylation）。此激酶催化的反应是可逆的。

③ α-磷酸化甘油酸异构化　在磷酸甘油酸变位酶（phosphoglycerate mutase）的作用下，3-磷酸甘油酸变位 2-磷酸甘油酸。这一步反应实际上是分子内磷酸基团的重排。变位酶一般指能催化分子内部化学基团转移的酶，其反应是可逆的（图 3-22）。

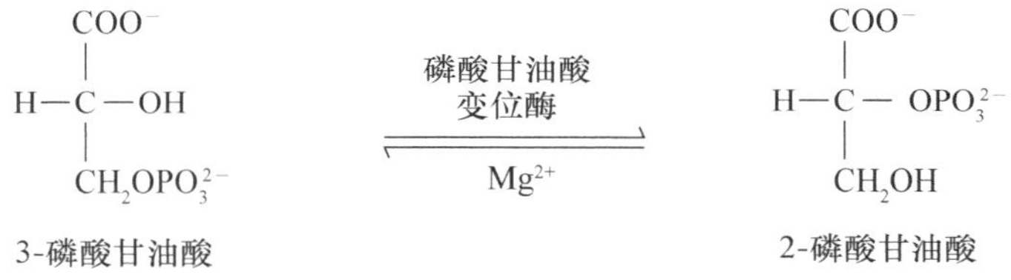

$$\text{3-磷酸甘油酸} \xrightleftharpoons[Mg^{2+}]{\text{磷酸甘油酸变位酶}} \text{2-磷酸甘油酸}$$

图 3-22 3-磷酸甘油酸异构化

④2-磷酸甘油酸脱水形成磷酸烯醇式丙酮酸 在 Mg^{2+} 和 Mn^{2+} 参与的条件下，由烯醇化酶（enolase）催化 2-磷酸甘油酸脱去 1 分子水，生成磷酸烯醇式丙酮酸（phosphoenolpyruvate，PEP）（图 3-23）。这是一个分子内部脱水形成双键的反应。在脱水过程中发生了歧化反应，C_2 被氧化，C_3 被还原，使分子内部能量重排，C_2 上的低能磷酸基转变为高能磷酸基团。反应需要 Mg^{2+} 或 Mn^{2+} 存在。磷酸烯醇式丙酮酸是高能化合物，且非常不稳定。

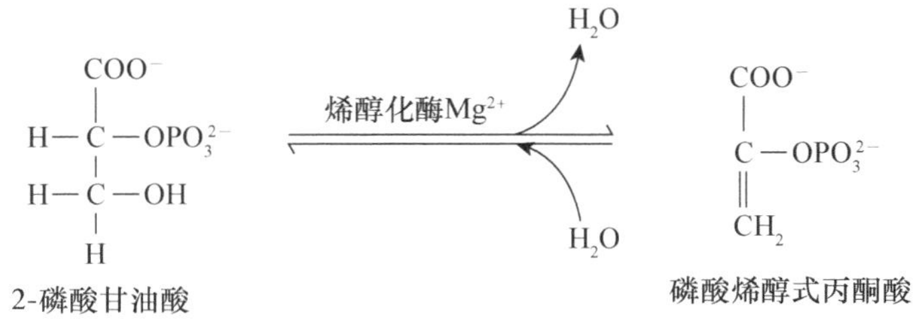

$$\text{2-磷酸甘油酸} \xrightleftharpoons[H_2O]{\text{烯醇化酶}Mg^{2+},\ H_2O} \text{磷酸烯醇式丙酮酸}$$

图 3-23 2-磷酸甘油酸脱水形成磷酸烯醇式丙酮酸

⑤磷酸烯醇式丙酮酸转移磷酸基团产生 ATP 在 Mg^{2+}、K^+ 或 Mn^{2+} 的参与下，丙酮酸激酶（pyruvate kinase，PK）催化磷酸烯醇式丙酮酸的磷酰基转移给 ADP，形成 ATP 和中间产物烯醇式丙酮酸。由于烯醇式丙酮酸很不稳定，它迅速重排形成丙酮酸，这一步反应不需要酶的参加，反应式如图 3-24 所示。

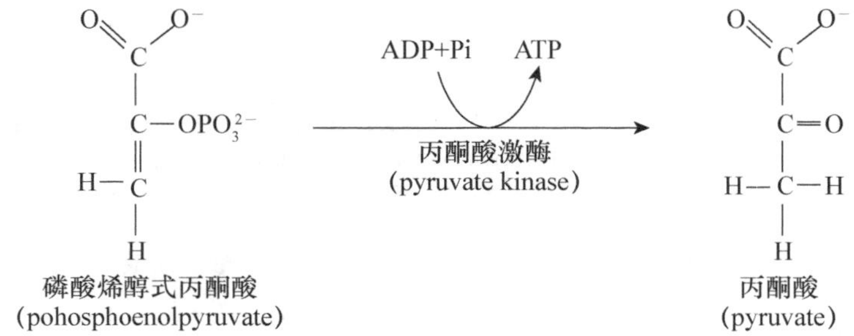

磷酸烯醇式丙酮酸 (pohosphoenolpyruvate) $\xrightarrow[\text{丙酮酸激酶 (pyruvate kinase)}]{ADP+Pi \rightarrow ATP}$ 丙酮酸 (pyruvate)

$$\mathrm{^{-}OOC{-}C(OPO_3^{2-}){=}CH_2} \longrightarrow \mathrm{^{-}OOC{-}C({=}O){-}CH_3}$$

图 3-24 磷酸烯醇式丙酮酸转化为丙酮酸的过程

这是糖酵解过程中第二次产生能量的反应，ATP 生成的方式也是底物水平的磷酸化反应，反应是不可逆的。

(2) 糖酵解调节　糖酵解途径有双重作用：一是使葡萄糖降解产生 ATP；二是为三羧酸循环式无氧氧化提供原料丙酮酸。为适应细胞的代谢需求，葡萄糖转化为丙酮酸的速率是受到严格调节的。调节的位点常常是不可逆反应步骤。糖酵解中，己糖激酶、磷酸果糖激酶和丙酮酸激酶催化的反应是不可逆的，这些酶除具有催化功能外，还有调节功能。它们的活性调节是通过变构调节或酸化调节和转录调节分别在毫秒、秒和小时数量级的时间内进行。

(3) 糖酵解生理意义　糖酵解在生物体中普遍存在，是葡萄糖进行无氧分解的共同代谢途径。通过糖酵解，生物体获得生命活动所需的部分能量。值得指出，葡萄糖不是糖酵解的唯一底物。细胞中的许多其他糖类通过转变，也可成为糖酵解的底物或中间产物进入糖酵解途径。此外，糖酵解途径中形成的许多中间产物，可作为合成其他物质的原料，如磷酸二羟基丙酮可转变为甘油等，这样就使糖酵解与其他代谢途径联系起来，实现物质间的相互转化。

在某些情况下，糖酵解具有特殊的生理意义。例如剧烈运动时，能量需求增加，糖分解加速，此时即使呼吸和循环加快以增加氧的供应量，仍不能满足体内糖完全氧化所需要的能量，这时肌肉处于相对缺氧状态，必须通过糖酵解过程，以补充所需的能量。在某些病理情况下，如严重贫血、大量失血、呼吸障碍、肿瘤组织等，组织细胞也需要通过糖酵解来获取能量。倘若糖酵解过度，可因乳酸产生过多，而导致酸中毒。

3.3.1.2　丙酮酸的去路

葡萄糖降解为丙酮酸，是所有生物细胞糖酵解的共同途径，而丙酮酸产生代谢能的途径是各式各样的。在无氧途径中，丙酮酸不能进一步氧化，只能进行乳酸发酵或乙醇发酵降解为乳酸或乙醇。在有氧条件下，丙酮酸氧化脱羧生成乙酰 CoA，经柠檬酸循环和电子传递链彻底氧化成 CO_2 和 H_2O。

(1) 丙酮酸还原成乳酸　在许多微生物内，丙酮酸通常形成乳酸。当供氧不足时，高等生物的细胞，缺氧的细胞必须用糖酵解产生的 ATP 分子才能暂时满足对能量的需要。为了使 3-磷酸甘油醛继续氧化，必须提供氧化型的 NAD^+。丙酮酸作为 NADH 的受氢体，使细胞在无氧条件下重新生成 NAD^+，于是丙酮酸的羟基被还原，生成乳酸。丙酮酸被 NADH 还原为乳酸是由乳酸脱氢酶 (lactate dehydrogenase) 催化的。反应式如图 3-25 所示。

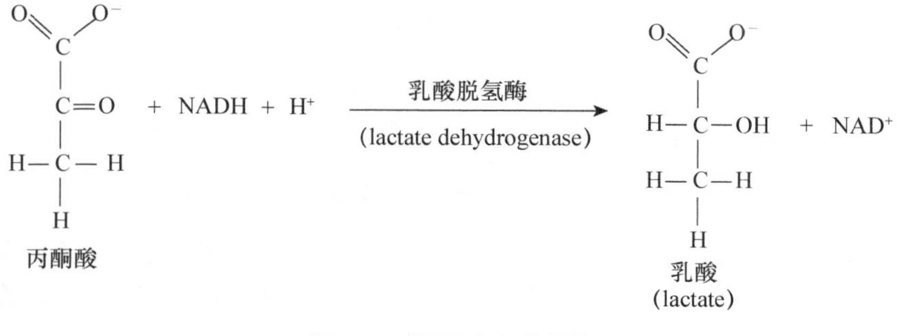

丙酮酸 + NADH + H^+ $\xrightarrow[\text{(lactate dehydrogenase)}]{\text{乳酸脱氢酶}}$ 乳酸 (lactate) + NAD^+

$$\mathrm{^{-}OOC{-}C({=}O){-}CH_3} + NADH + H^+ \longrightarrow \mathrm{^{-}OOC{-}CH(OH){-}CH_3} + NAD^+$$

图 3-25　丙酮酸变成乳酸

生长在厌氧或相对厌氧条件下的许多细菌以乳酸为最终产物。这种以乳酸为终产物的厌氧发酵称为乳酸发酵。乳酸发酵在经济上是非常重要的。乳酸发酵过程从葡萄糖转变为乳酸的总反应如下：

葡萄糖＋2Pi＋2ADP→2乳酸＋2ATP＋$2H_2O$

（2）丙酮酸还原为乙醇　在大多数植物和微生物中，在厌氧条件下，丙酮酸可转变成乙醇和二氧化碳。这一过程分两步进行（图3-26），第一步是丙酮酸脱羧形成乙醛和二氧化碳，该反应由丙酮酸脱羧酶（pyruvate decarboxylase）催化，焦磷酸硫胺素（thiamine pyrophosphate，TPP）作为辅酶参与该反应；第二步是在乙醇脱氢酶（alcohol dehydrogenase）的作用下，乙醛被$NADH^+$ H还原为乙醇，同时产生氧化型NAD^+。

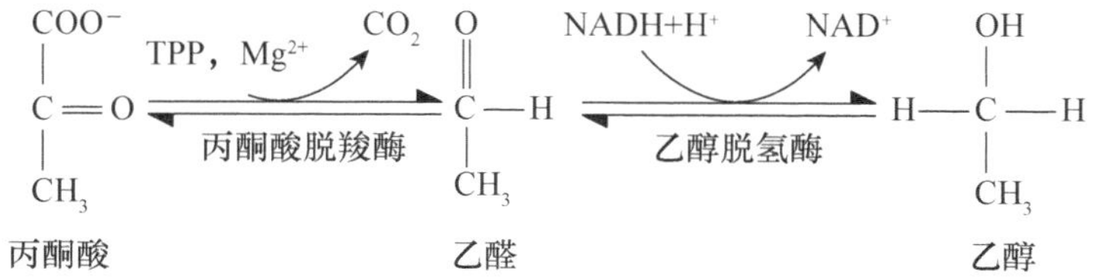

$$\underset{\text{丙酮酸}}{CH_3-CO-COO^-} \xrightleftharpoons[\text{丙酮酸脱羧酶}]{TPP,\ Mg^{2+}\ \ (CO_2)} \underset{\text{乙醛}}{CH_3-CHO} \xrightleftharpoons[\text{乙醇脱氢酶}]{NADH+H^+ \to NAD^+} \underset{\text{乙醇}}{CH_3-CH_2OH}$$

图3-26　丙酮酸变成乙醇

乙醇发酵有很大的经济意义，在发面、制作面包和馒头，以及酿酒工业中起着关键性作用。如酿酒酵母在无氧条件下，可将葡萄糖最终转变为乙醇。乙醇发酵由葡萄糖转化为乙醇，净反应如下：

葡萄糖＋2Pi＋2ADP＋$2H^+$→
2乙醇＋$2CO_2$＋2ATP＋$2H_2O$

3.3.1.3　三羧酸循环

机体维持各种生命活动都需要消耗能量。尽管不同的营养物在生物体内氧化成水和二氧化碳，释放出能量经历的代谢过程不同，但是它们具有共同的规律。在高等动物体内，糖、脂肪、蛋白质等“燃料分子”的氧化大致可分为3个阶段：第一阶段为分解成它们各自的基本组成单位（葡萄糖、脂肪酸和甘油、氨基酸），在经过一系列反应生成乙酰辅酶A；第二阶段为乙酰辅酶A进入三羧酸循环经酶促反应生成CO_2和H_2O，并释放能量储存在还原性的电子载体NADH和$FADH_2$中；第三阶段为这些还原性辅酶被氧化，即释放H^+和电子，释放的电子通过呼吸链转移给最终的电子受体O^2，在电子传递过程中释放的能量经氧化磷酸化大部分以ATP的形式储存起来。三羧酸循环是生物体中的“燃料分子”（即碳水化合物、脂肪酸和氨基酸）氧化的最终共同途径。这些“燃料分子”大多数以乙酰辅酶A形式进入该循环而被彻底氧化。

葡萄糖通过糖酵解转变成丙酮酸。在有氧条件下，丙酮酸通过一个包括二羧酸和三羧酸的循环而逐步氧化分解，直至形成CO_2为止。这一反应过程在线粒体基质中进行，因为在这个循环中几个主要的中间代谢物是含有三个羧基的有机酸，所以称其为三羧酸循环（tri-carboxylic acid cycle，TCA循环）。该反应体系的酶，除了琥珀酸脱氢酶是定位于线粒体内膜外，其余均位于线粒体基质中。该循环是英国生化学家Hans Krebs首先发现的，故又名Krebs循环。由于该循环的第一个产物是柠檬酸，因此又称柠檬酸循环（citric acid cycle）。

（1）丙酮酸进入三羧酸循环的准备阶段——生成乙酰辅酶A　丙酮酸不能直接进入三羧酸循环，丙酮酸需要先经氧化脱羧形成乙酰辅酶A才能进入三羧酸循环。从丙酮酸转变为乙酰辅酶A包括了一系列非常复杂的反应。这些反应是由丙酮酸脱氢酶系（即丙酮酸脱氢酶复合体）催化的。丙酮酸脱氢酶系是一个非常复杂的多酶体系，其中包括丙酮酸脱羧酶、二氢硫辛酸乙酰转移酶、二氢硫辛酸脱氢酶三种不同的酶及焦磷酸硫胺素（TPP）、硫辛酸、辅酶A、FAD、NAD^+和Mg^{2+}等6种辅因子组装而成。丙酮酸脱氢酶系在线粒体内膜上，催化反应如下：

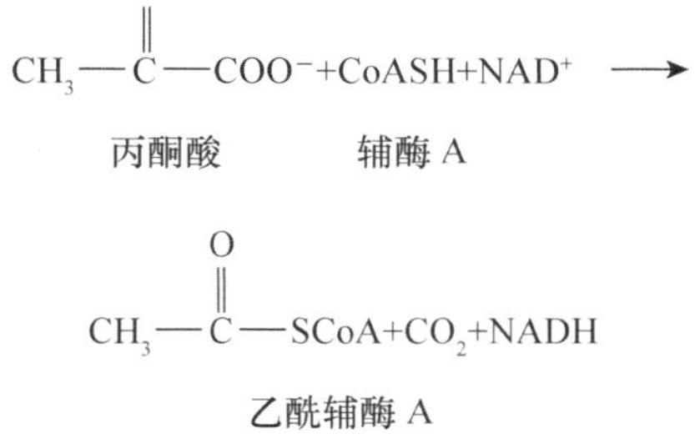

$$\underset{\text{丙酮酸}}{CH_3-\overset{O}{\overset{\|}{C}}-COO^-}+\underset{\text{辅酶A}}{CoASH}+NAD^+ \longrightarrow$$

$$\underset{\text{乙酰辅酶A}}{CH_3-\overset{O}{\overset{\|}{C}}-SCoA}+CO_2+NADH$$

这是一个不可逆反应，为讨论方便起见，可将其分为五步（图 3-27）：①丙酮酸与 TPP 形成复合物，然后脱羧，生成羧乙基-TPP；②羧乙基-TPP 在二氢硫辛酸乙酰转移酶催化下，羧乙基被氧化成乙酰基，与二氢硫辛酸结合，形成乙酰二氢硫辛酸，同时释放出 TPP；③乙酰二氢硫辛酸将乙酰基转给辅酶 A，形成乙酰辅酶 A；④由于硫辛酸在细胞内含量很少，要使上述反应不断进行，硫辛酸必须氧化再生，即将氢递交给 FAD；⑤$FADH_2$ 再将氢转给 NAD^+。综上所述，1 分子丙酮酸转变为 1 分子乙酰辅酶 A，生成 1 分子 NADH，放出 1 分子 CO_2。所生成的乙酰辅酶 A 随即可进入三羧酸循环。

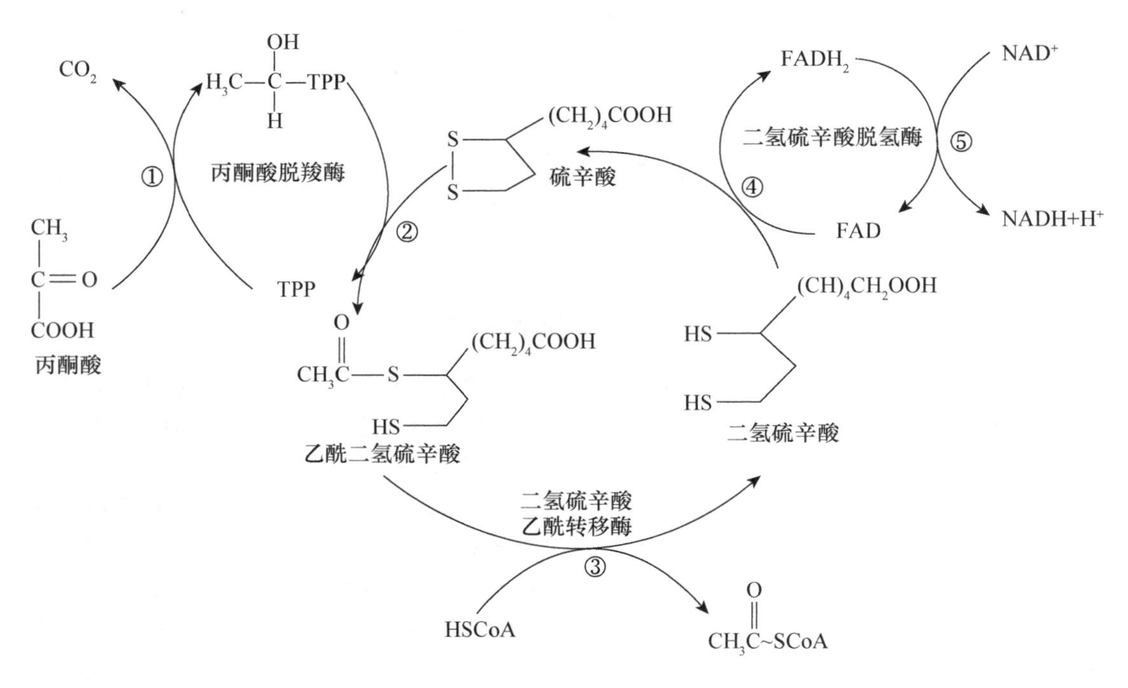

图 3-27　丙酮酸脱氢酶系作用模式

（2）三羧酸循环途径　三羧酸循环不仅是糖有氧代谢的途径，也是机体内一切有机物碳骨架氧化成 CO_2 的必经之路。在有氧条件下，乙酰辅酶 A 的乙酰基通过三羧酸循环被氧化成 CO_2。柠檬酸循环的起始步骤可以看作是由 4 个碳原子的化合物（草酰乙酸）与循环外的 2 个碳原子的化合物（乙酰辅酶 A）形成 6 个碳原子的柠檬酸。柠檬素经过三步异构化成为异柠檬酸，然后进行氧化（形成 6 个碳原子的草酰琥珀酸），再脱羧失去一个碳原子形成 5 个碳原子的二羧酸化合物（α-酮戊二酸）。5 个碳原子的化合物又氧化脱羧形成 4 个碳原子的二羧酸化合物（琥珀酸）。4 个碳原子的化合物经过三次转化，其间形成一个高能磷酸键（GTP），使 FAD、NAD^+ 分别还原为 $FADH_2$ 和 NADH，最后又形成 4 个碳原子的草酰乙酸。

三羧酸循环的全貌如图 3-28 所示，共分为 8 步，现分述如下：

①乙酰辅酶 A 与草酰乙酸缩合成柠檬酸　乙酰辅酶 A 在柠檬酸合成酶催化下与草酰乙酸进行缩合，然后水解成 1 分子柠檬酸。催化此反应的酶称为柠檬酸合成酶。柠檬酸合成酶属于调控酶。它的活性受 ATP、NADH、琥珀酸辅酶 A 和脂酰辅酶 A 等的抑制。它是柠檬酸循环中的限速酶。

$$\underset{\text{草酰乙酸 (oxaloacetate)}}{O{=}C(COO^-)-CH_2-COO^-} + \underset{\text{乙酰—CoA (acetyl CoA)}}{CH_3-C(=O)-S-CoA} \longrightarrow \left[\underset{\text{柠檬酰—CoA (citryl CoA)}}{HO-C(COO^-)(CH_2-C(=O)-SCoA)(CH_2-COO^-)}\right] \xrightarrow{H_2O} \underset{\text{柠檬酸 (citrate)}}{HO-C(COO^-)(CH_2-COO^-)(CH_2-COO^-)} + \underset{\text{辅酶 A (coenzyme A)}}{HS-CoA} + H^+$$

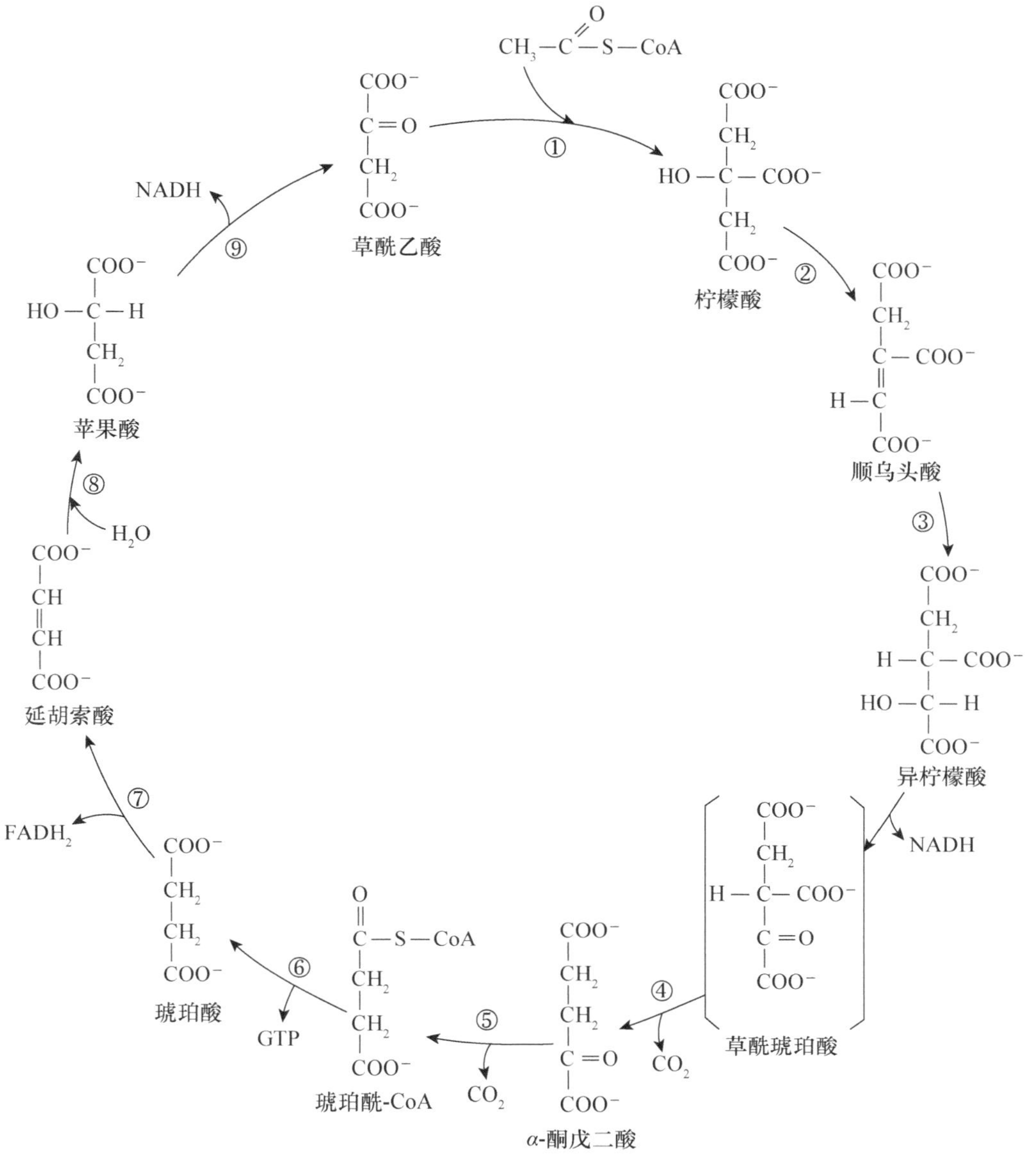

图 3-28　三羧酸循环

②柠檬酸脱水生成顺乌头酸，然后加水生成异柠檬酸　柠檬酸异构化形成异柠檬酸是适应柠檬酸进一步氧化的需要。因为柠檬酸是一个叔醇化合物，它的羟基所处的位置妨碍着柠檬酸进一步氧化。而异柠檬酸是可以氧化的仲醇。柠檬酸通过失水形成顺乌头酸，然后再加水到顺乌头酸这一不饱和的中间物上，把羟基从原来的位置转移到相邻的碳原子上从而形成异柠檬酸。

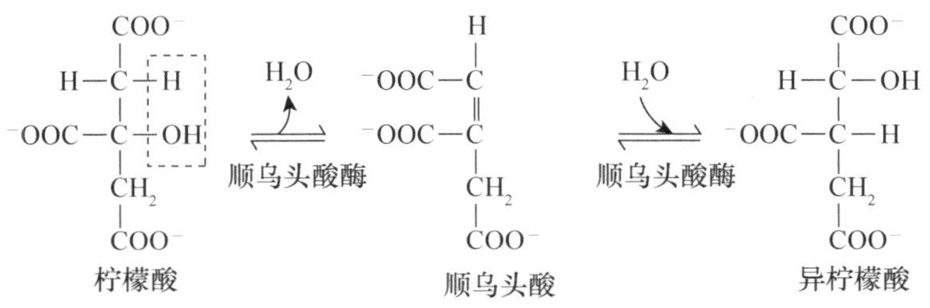

③异柠檬酸氧化与脱羧生成 α-酮戊二酸　在异柠檬酸脱氢酶的催化下，异柠檬酸脱去 2H，其中间产物草酰琥珀酸迅速脱羧生成 α-酮戊二酸。

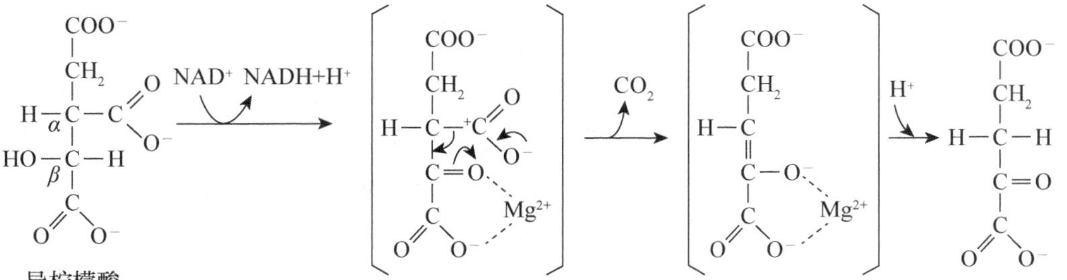

异柠檬酸 $\xrightarrow{NAD^+\ \ NADH+H^+}$ [草酰琥珀酸] $\xrightarrow{CO_2}$ [ ] $\xrightarrow{H^+}$ α-酮戊二酸

两步反应均为异柠檬酸脱氢酶所催化。目前研究认为这种酶具有脱氢和脱羧两种催化能力。脱氢反应需要 Mg^{2+} 激活。此步反应是整个三羧酸循环的分界点，在此之前都是三羧酸的转化，在此之后则是二羧酸的转化。

④α-酮戊二酸氧化脱羧　α-酮戊二酸在α-酮戊二酸脱氢酶复合体作用下脱羧形成琥珀酸酰辅酶A，此反应与丙酮酸脱羧相似。总反应如下：

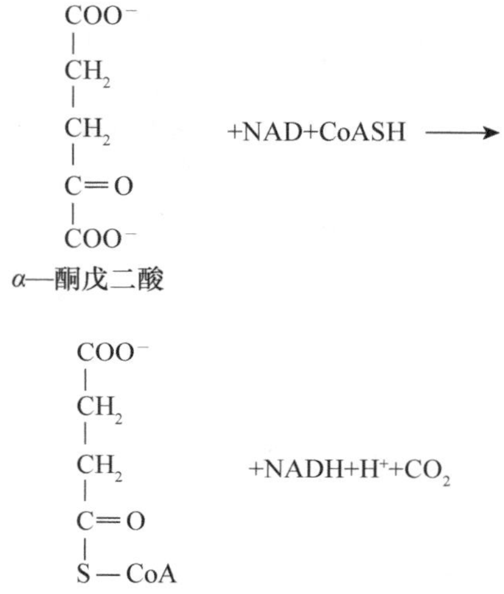

$$COO^- - CH_2 - CH_2 - C(=O) - COO^- \ (\alpha\text{—酮戊二酸}) + NAD + CoASH \longrightarrow$$

$$COO^- - CH_2 - CH_2 - C(=O) - S - CoA \ (\text{琥珀酰—CoA}) + NADH + H^+ + CO_2$$

此反应不可逆，大量释放能量，$\Delta G^\circ = -33.47$ kJ/mol，是三羧酸循环中的第二次氧化脱羧，产生NADH及 CO_2 各1分子。α-酮戊二酸氧化释放出的能量有三方面的作用：驱使 NAD^+ 还原；促使反应向氧化方向进行并大量放能；相当的能量以琥珀酸辅酶A的高能硫酯键形式保存起来。催化该反应的酶和丙酮酸脱氢酶复合体极其相似，也是一个多酶复合体，称为α-酮戊二酸脱氢酶复合体（或α-酮戊二酸脱氢酶系），其由α-酮戊二酸脱氢酶（E1）、二氢硫辛转琥珀酰酶（E2）、二氢硫辛酰脱氢酶（E3）组成。α-酮戊二酸脱氢酶系催化的每步反应机制也和丙酮酸脱氢酶复合体相一致，也需要TPP、硫辛酸、CoA、FAD、NAD^+、Mg^{2+} 等6种辅助因子。该酶是一个变构调节酶。它受调控的很多方面也和丙酮酸脱氢酶复合体非常相似。α-酮戊二酸脱氢酶受其产物琥珀酸辅酶A和 NAD^+ 的抑制，也同样受高能荷的抑制，因此当细胞的ATP充裕时，柠檬酸循环进行的速度就减慢。和丙酮酸脱氢酶复合体不同之处是：磷酸化使丙酮酸脱氢酶（E1）失去活性，而α-酮戊二酸脱氢酶不受磷酸化、去磷酸化共价修饰的调节作用。

⑤琥珀酰辅酶A转化成琥珀酸　琥珀酰辅酶A在琥珀酸辅酶A合成酶催化下，转移其高能硫酯键至鸟苷二磷酸（GDP）生成鸟苷三磷酸（GTP），同时生成琥珀酸。然后GTP再将高能键能转给ADP，生成1个ATP。

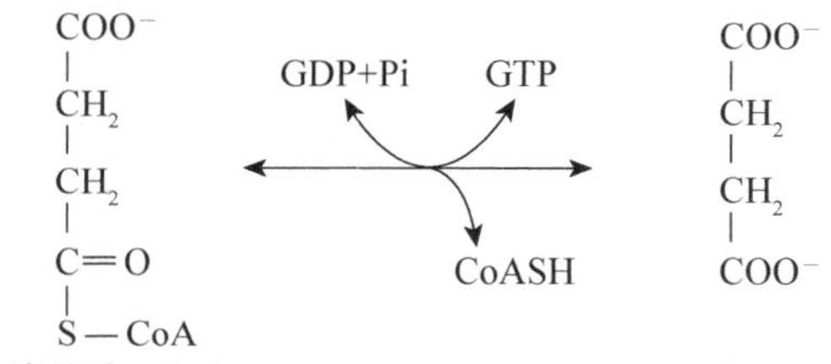

$$COO^- - CH_2 - CH_2 - C(=O) - S - CoA \ (\text{琥珀酰—CoA}) \xrightleftharpoons[CoASH]{GDP+Pi \ \ GTP} COO^- - CH_2 - CH_2 - COO^- \ (\text{琥珀酸})$$

该反应的重要之处是产生一个高能磷酸酯键，它是三羧酸循环中唯一直接生成ATP的反应（底物水平磷酸化）。此外，GTP还在核苷二磷酸激酶的催化下将磷酰基转移给ADP生成ATP。也就是说，通过琥珀酸辅酶A合成酶和核苷二磷酸激酶的偶联作用，琥珀酰辅酶A的水解产生一个ATP分子。

琥珀酰－CoA＋GDP＋Pi ⟶ 琥珀酸＋CoA＋GTP
GTP＋ADP ⟶ GDP＋ATP
琥珀酰－CoA＋ADP＋Pi ⟶ 琥珀酸＋CoA＋ATP

⑥琥珀酸被氧化成延胡索酸　琥珀酸脱氢酶催化此反应，该酶结合在线粒体内膜上，是TCA循环中唯一与线粒体内膜结合的酶。其辅酶是FAD，还含有铁硫中心，来自琥珀酸电子通过FAD和铁

硫中心，经电子传递链被氧化，生成2分子ATP。

$$\underset{\text{琥珀酸}}{\begin{matrix}COO^-\\|\\CH_2\\|\\CH_2\\|\\COO^-\end{matrix}} \xrightleftharpoons[\text{琥珀酸脱氢酶}]{FAD \quad FADH_2} \underset{\text{延胡索酸}}{\begin{matrix}COO^-\\|\\CH\\\|\\HC\\|\\COO^-\end{matrix}}$$

⑦延胡索酸水合生成苹果酸　催化延胡索酸水合生成苹果酸的酶，称为延胡索酸酶。该酶的催化反应具有严格的立体专一性。

$$\underset{\text{延胡索酸}}{H(COO^-)C{=}C(H)^-OOC} \xrightleftharpoons[\text{延胡索酸酶}]{H_2O} \underset{\text{苹果酸}}{\begin{matrix}COO^-\\|\\CH_2\\|\\HO-C-H\\|\\COO^-\end{matrix}}$$

⑧L-苹果酸脱氢生成草酰乙酸　TCA循环的最后反应由苹果酸脱氢酶（malate dehydrogenase）催化L-苹果酸脱氢酶生成草酰乙酸；脱下的氢由NAD^+接受，生成$NADH+H^+$。在细胞内草酰乙酸不断地被用于柠檬酸合成，因而这一可逆反应向生成草酰乙酸的方向进行。

$$\underset{L\text{-苹果酸}}{\begin{matrix}COO^-\\|\\HO-C-H\\|\\CH_2\\|\\COO^-\end{matrix}} \xrightleftharpoons[\text{苹果酸脱氢酶}]{NAD^+ \quad NADH+H^+} \underset{\text{草酰乙酸}}{\begin{matrix}COO^-\\|\\O{=}C\\|\\CH_2\\|\\COO^-\end{matrix}}$$

至此草酰乙酸又重新形成，又可和另一分子乙酰辅酶A缩合成柠檬酸进入三羧酸循环。三羧酸循环每循环一次，消耗1分子乙酰辅酶A（二碳化合物）。而三羧酸及二羧酸并不因参加此反应而有所增减。

三羧酸循环的多个反应是可逆的，但由于柠檬酸的合成及α-酮戊二酸的氧化脱羧是不可逆的，故该反应循环是单方向进行的。

（3）三羧酸循环能量计算及其意义　每分子乙酰辅酶A经三羧酸循环可产生12分子ATP。若从丙酮酸开始计算，则1分子丙酮酸可产生15分子ATP。1分子葡萄糖可以产生2分子丙酮酸，因此，原核细胞每分子葡萄糖经糖酵解、三羧酸循环及氧化磷酸化三个阶段共产生8（8或6）$+2\times15=38$（38或36）个ATP分子。

在生物界中，动物、植物与微生物都普遍存在着三羧酸循环途径，因此三羧酸循环具有普遍的生物学意义：

①三羧酸循环是机体获取能量的主要方式。1分子葡萄糖经无氧酵解仅净生成2分子ATP，而有氧氧化可净化生成38（38或36）分子ATP，其中三羧酸循环生成24分子ATP，在一般生理条件下，许多组织细胞皆从糖的有氧氧化获得能量。糖的有氧氧化不但释能效率高，而且逐步释能，并逐步储存于ATP分子中，能量的利用率也很高，三羧酸循环是生物体内产生ATP的最主要途径。

②三羧酸循环是糖、脂肪和蛋白质三种主要有机物在体内彻底氧化的共同代谢途径。三羧酸循环的起始物乙酰辅酶A，不但是糖氧化分解产物，它也可来自脂肪的甘油、脂肪酸和蛋白质中的某些氨基酸代谢，因此三羧酸循环实际上是三种主要的有机物在体内氧化供能的共同通路，人体内的有机物大约2/3是通过三羧酸循环分解供能的。

③糖和甘油在体内代谢可生成α-酮戊二酸及草酰乙酸等三羧酸循环的中间产物，这些中间产物可以转变成为某些氨基酸；而有些氨基酸又可通过不同途径转变成α-酮戊二酸和草酰乙酸，再经糖异生的途径生成糖或转变成甘油，因此三羧酸循环不仅是三种主要的有机物质分解代谢的最终共同途径，而且也是它们通过代谢相互转换的联系枢纽。

④三羧酸循环所产生的多种中间产物是生物体内许多重要物质生物合成的原料。在细胞迅速生长期，三羧酸循环可提供多种化合物的碳架，以供细胞生物合成使用。例如，构成血红素分子中卟啉环的碳原子来自琥珀酸辅酶A。大多数氨基酸是由α-酮戊二酸及草酰乙酸合成的。三羧酸循环中的任何一种中间产物被抽走，都会影响三羧酸循环的正常运转，特别是缺少草酰乙酸，乙酰辅酶A就不能形成柠檬酸而进入三羧酸循环，所以草酰乙酸必须不断地得以补充。这种补充称为回补反应。丙酮酸的羧化支路是生物体内草酰乙酸回补的重要途径。该反应在线粒体中进行，由丙酮酸羧化酶催化。由于TCA循环中任何一种中间产物的不足而引起循环速度降低会使乙酰辅酶A浓度增加，乙酰辅酶A是丙酮酸羧化酶的激动剂，结果会促进产生更多的草酰乙酸，从而提高三羧酸循环的速度。过量的草酰乙酸被转运到线粒体外用于合成葡萄糖。

（4）三羧酸循环的调控　三羧酸循环的主要调节部位有四处，如图3-29所示。这些部位的酶活性

调节主要是通过产物的反馈抑制和能荷调节。

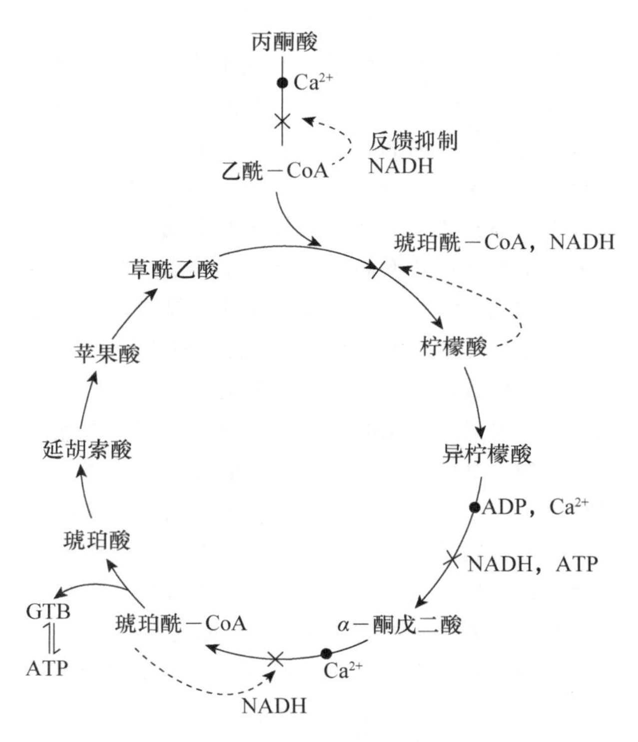

图 3-29 三羧酸循环的主要调节部位（共四处，图中×表示抑制部位，·表示激活部位，虚箭头表示反馈抑制）

①丙酮酸脱氢酶系的调控

a. 反馈调节　反应产物乙酰辅酶 A、辅酶 A 竞争与酶蛋白结合，而抑制了硫辛酸乙酰转移酶的活性；反应的另一产物 NADH 能抑制二氢硫辛酸脱氢酶的活性。抑制效应可被相应的反应物辅酶 A 和 NAD^+ 逆转。

b. 共价修饰调节　丙酮酸脱羧酶为共价调节酶，具有活性形式与非活性形式两种状态。当其分子上特定的丝氨酸残基被 ATP 磷酸化时，酶就转变为非活性形式，丙酮酸的氧化脱羧作用即告停止。而当脱去其分子上的磷酸基团时，酶即恢复活性，丙酮酸脱反应就可继续进行。

c. 能荷调节　ADP 是异柠檬酸脱氢酶的变构激活剂。丙酮酸脱羧酶为 GTP、ATP 所抑制，为 AMP 所激活。

②柠檬酸合成酶的调节　由草酰乙酸及乙酰辅酶 A 缩合成柠檬酸是三羧酸循环的一个重要调控部位。乙酰辅酶 A 和草酰乙酸在细胞线粒体中的浓度并不能使柠檬酸合成酶达到饱和的程度，因此该酶对底物催化的速度随底物浓度而变化，也就是酶的活性受底物供给情况控制。乙酰辅酶 A 来源于丙酮酸，所以它还受到丙酮酸脱氢酶活性的调节。草酰乙酸来源于苹果酸，它与苹果酸的浓度保持一定的平衡关系。ATP 是柠檬酸合成酶的变构抑制剂，ATP 的效应提高其对乙酰辅酶 A 的 K_m 值，使酶对乙酰辅酶 A 的亲和力减小，因而形成的柠檬酸也减少。琥珀酰辅酶 A 对此酶也有抑制作用。

③异柠檬酸脱氢酶的调节　该酶也是变构酶，ADP 是异柠檬酸脱氢酶的变构激活剂，可提高酶对底物的亲和力。异柠檬酸、NAD^+、Mg^{2+}、Ca^{2+} 对此酶的活性也有促进作用，NADH 则对此酶有抑制作用。

④α-酮戊二酸脱氢酶系的调节　α-酮戊二酸脱氢酶系与丙酮酸脱氢酶系相似，其调控的某些方面也相同。此酶活性为反应产物琥珀酰辅酶 A 和 NADH 所抑制，也受能荷调节，即为 ADP 所促进，为 ATP 所抑制。

3.3.1.4 磷酸戊糖途径

细胞内绝大部分葡萄糖的分解代谢是通过 EMP-TCA 途径进行的，这是葡萄糖分解代谢的主要途径。此外尚存在其他代谢途径，磷酸戊糖途径（pentose phosphate pathway，PPP）就是另一重要途径。磷酸戊糖途径从 6-磷酸葡萄糖开始，磷酸戊糖是该途径的中间产物。磷酸戊糖途径是在细胞质中进行的，主要发生在肝脏、脂肪组织、哺乳期的乳腺、肾上腺皮质、性腺、骨髓和红细胞等部位，生成具有重要生理功能的 NADPH 和 5-磷酸戊糖。该过程不是机体产能的方式，全过程没有 ATP 生成。

（1）磷酸戊糖途径的反应历程　磷酸戊糖途径的主要特点是葡萄糖直接脱氢和脱羧氧化，脱氢酶的辅酶为 $NADP^+$。磷酸戊糖途径的代谢反应在胞浆中进行，其过程可分为两个阶段。第一阶段是氧化反应，6-磷酸葡萄糖脱氢、脱羧，形成 5-磷酸核糖、NADPH 及 CO_2；第二阶段则是非氧化反应，包括一系列基团转移。

该反应体系的起始物为 6-磷酸葡萄糖，经过氧化分解后产生五碳糖、CO_2、无机磷酸和 NADPH（图 3-30）。第一阶段生成 1 分子磷酸戊糖和 2 分子 NADPH。前者用以合成核苷酸，后者用于许多化合物的合成代谢。但细胞中合成代谢消耗的 NADPH 远比核糖需要量大，因此，葡萄糖经此途径生成多余的核糖。第二阶段反应的意义就在于通过一系列基团转移反应，将核糖转变成 6-磷酸果糖和 3-磷酸甘油醛而进入酵解途径。因此，磷酸戊糖途径也称磷酸戊糖旁路（pentose phosphate shunt）。

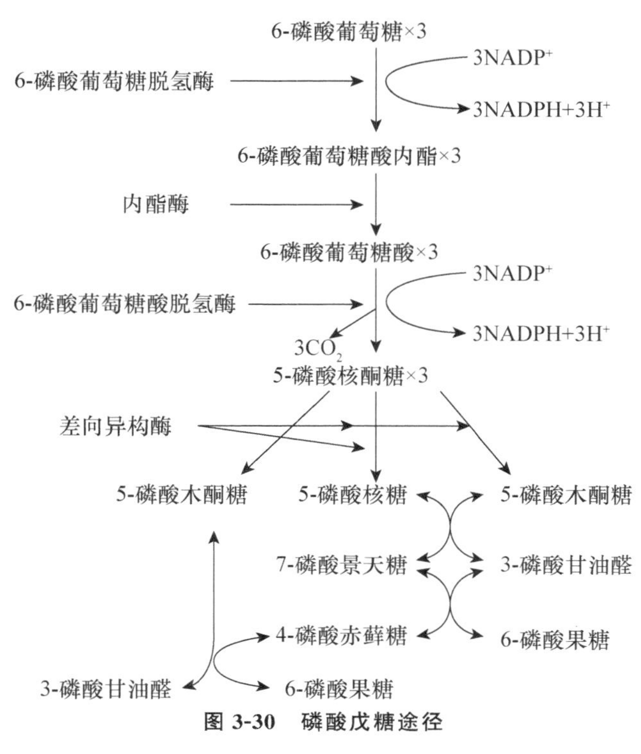

图 3-30　磷酸戊糖途径

a. 氧化阶段包括三步反应

①6-磷酸葡萄糖脱氢酶以 $NADP^+$ 为辅酶，催化 6-磷酸葡萄糖脱氢酶生成 6-磷酸葡萄糖酸内酯。

②6-磷酸葡萄糖酸内酯在内酯酶的催化下，水解为 6-磷酸葡萄糖酸。

③6-磷酸葡萄糖酸脱氢酶以 $NADP^+$ 为辅酶，催化 6-磷酸葡萄糖酸脱羧生成五碳糖。

b. 非氧化阶段　非氧化阶段即基团转移反应，包括 5-磷酸核酮糖异构化为 5-磷酸核糖，5-磷酸核酮糖还通过差向异构形成 5-磷酸木酮糖，再通过转酮基反应和转醛基反应，将磷酸戊糖途径与糖酵解途径联系起来，并使 4-磷酸赤藓糖再生。

①磷酸戊糖的相互转化　5-磷酸核酮糖在磷酸戊糖异构酶作用下，通过形成烯二醇中间物步骤，异构化为 5-磷酸核糖。

H
|
H—C—OH
|
C=O
|
H—C—OH
|
H—C—OH
|
$H_2C—OPO_3^{2-}$

5-磷酸核酮糖

$\xrightleftharpoons{\text{磷酸戊糖异构酶}}$

H—C—OH
‖
C—H
|
H—C—OH
|
H—C—OH
|
$H_2C—OPO_3^{2-}$

烯二醇中间物

$\rightleftharpoons$

O　H
＼／
C
|
H—C—OH
|
H—C—OH
|
H—C—OH
|
$H_2C—OPO_3^{2-}$

5-磷酸核糖

此外，5-磷酸核酮糖在其差向异构酶作用下转变成 5-磷酸核酮糖的差向异构体 5-磷酸木酮糖。

CH_2OH
|
C=O
|
H—C—OH
|
H—C—OH
|
$H_2C—OPO_3^{2-}$

5-磷酸核酮糖

$\xrightleftharpoons[\text{(phosphopentose iaomerase)}]{\text{磷酸戊糖异构酶}}$

CH_2OH
|
C=O
|
HO—C—OH
|
H—C—OH
|
$H_2C—OPO_3^{2-}$

5-磷酸木酮糖

②7-磷酸景天庚酮糖的生成　由转酮酶（转羟乙醛酶）催化将生成的木酮糖的酮醇转移给 5-磷酸核糖形成 7-磷酸景天庚酮糖和 3-磷酸甘油醛。木酮糖不仅具有转酮酶所要求的结构，还通过中间产物三碳糖将磷酸戊糖途径与糖酵解途径有机联结起来。二碳单位转移到 5-磷酸核糖上，结果自身转变为 3-磷酸甘油醛，同时生成 7-磷酸景天庚酮糖。

CH_2OH
|
C=O
|
HO—C—H
|
H—C—OH
|
$CH_2OPO_3^{2-}$

5-磷酸木酮糖

+

O　H
＼／
COH
|
H—C—OH
|
H—C—OH
|
H—C—OH
|
$CH_2OPO_3^{2-}$

5-磷酸核糖

$\xrightleftharpoons[\text{(transketolase)}]{\text{转酮酶}}$

O　H
＼／
C
|
H—C—OH
|
$CH_2OPO_3^{2-}$

3-磷酸甘油醛

+

CH_2OH
|
C=O
|
HO—C—H
|
H—C—OH
|
H—C—OH
|
H—C—OH
|
$CH_2OPO_3^{2-}$

7-磷酸景天庚酮糖

③转醛酶所催化的反应　生成的7-磷酸景天庚酮糖由转醛酶（转二羟丙酮基酶）催化，把二羟丙酮基团转移给3-磷酸甘油醛，生成四碳糖4-磷酸赤藓糖和六碳糖6-磷酸果糖。

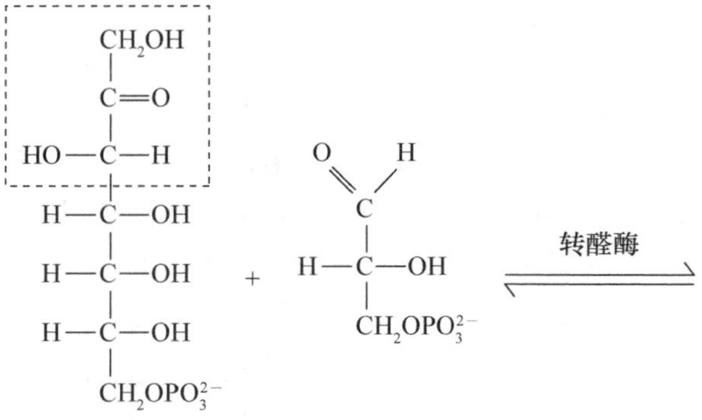

$$\mathrm{CH_2OH{-}C(=O){-}CH(OH)\ldots}\ (\text{7-磷酸景天庚酮糖}) + \text{3-磷酸甘油醛} \xrightleftharpoons{\text{转醛酶}} \text{4-磷酸赤藓糖} + \text{6-磷酸果糖}$$

7-磷酸景天庚酮糖　　3-磷酸甘油醛

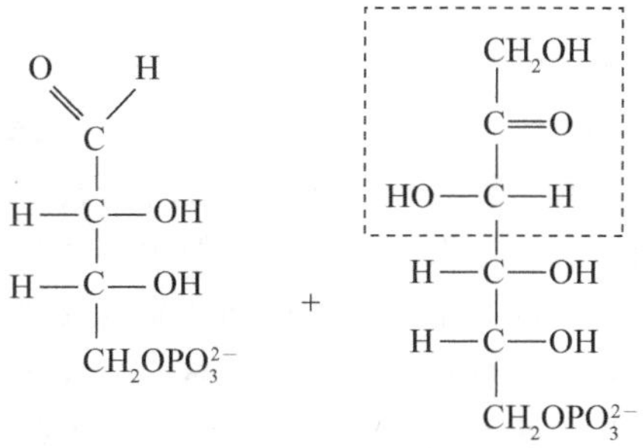

4-磷酸赤藓糖　　6-磷酸果糖

④四碳糖的转变　4-磷酸赤藓糖并不积存在体内，而是与另一分子的木酮糖进行作用，由转酮酶催化将5-磷酸木酮糖的羟乙醛基团转移给4-磷酸赤藓糖，则又生成1分子6-磷酸果糖和1分子3-磷酸甘油醛。

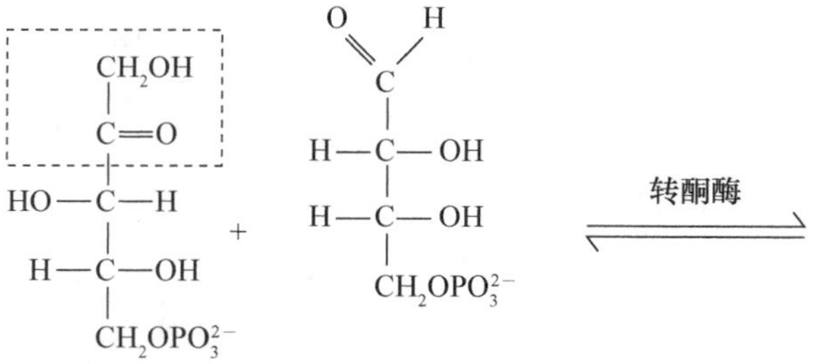

$$\text{5-磷酸木酮糖} + \text{4-磷酸赤藓糖} \xrightleftharpoons{\text{转酮酶}} \text{3-磷酸甘油醛} + \text{6-磷酸果糖}$$

5-磷酸木酮糖　　4-磷酸赤藓糖

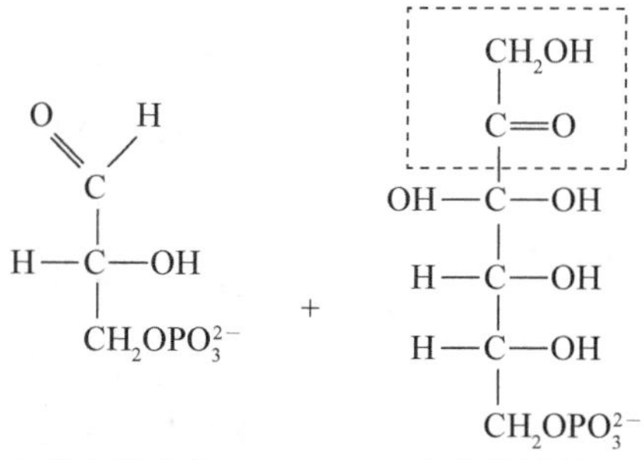

3-磷酸甘油醛　　6-磷酸果糖

c. 磷酸戊糖途径的结果　上述反应中生成的6-磷酸果糖可转变为6-磷酸葡萄糖，由此表明这个代谢途径具有循环的性质，即1分子葡萄糖每循环一次，只进行一次脱羧（放出1分子CO_2）和两次脱氢，形成2分子NADPH，总反应结果可概括如下：

$$6(\text{6-磷酸葡萄糖}) + 12NADP^+ + 7H_2O \rightarrow 5(\text{6-磷酸葡萄糖}) + 12NADPH + 12H^+ + 6CO_2 + Pi$$

（2）磷酸戊糖途径的调控　磷酸戊糖途径氧化阶段的第一步反应（即6-磷酸葡萄糖脱氢酶催化的6-磷酸葡萄糖的脱氢反应）实质上是不可逆的，在生理条件下属于限速反应（rate-limiting reaction），是一个重要的调控点。NADPH的浓度是控制这一途径的主要因素。NADPH是反应中形成的产物，当其积累过多时，就会对这一途径产生反馈抑制。而某些合成反应，如脂肪酸合成等需要消耗NADPH，核苷酸合成需要消耗5-磷酸核糖，则能间接促进这一反应的进行。

转酮酶和转醛酶催化的反应都是可逆反应，因此根据细胞代谢的需要，磷酸戊糖途径和糖酵解途径可灵活地相互联系。

磷酸戊糖途径中5-磷酸核糖的去路，可受到机体因对NADPH、5-磷酸核糖和ATP的不同需要而调节。可能有3种情况：

第1种情况是机体对5-磷酸核糖的需要远远超过对NADPH的需要。这种情况可见于细胞分裂期，这时需要5-磷酸核糖合成DHA的前体核苷酸。为了满足这种需要，大量6-磷酸葡萄糖通过糖酵解途径转变为6-磷酸葡萄糖和3-磷酸甘油醛。由转酮酶和转醛酶将2分子6-磷酸果糖和1分子3-磷酸甘油醛通过反方向磷酸戊糖途径反应转变为3分子5-磷酸核糖。

第2种情况是机体对NADPH的需要和对5-磷酸核糖的需要处于平衡状态。这时磷酸戊糖途径的氧化阶段处于优势。通过这一阶段形成2分子NADPH和1分子5-磷酸核糖。

第3种情况是机体需要的NADPH远远超过5-磷酸核糖，于是6-磷酸葡萄糖彻底氧化为CO_2。组织对NADPH的需要促使以下3组反应活跃起来：首先是由磷酸戊糖途径在氧化阶段形成2分子NADPH和1分子5-磷酸核糖；第二组反应是5-磷酸核糖由转酮酶和转醛酶转变为6-磷酸果糖和3-磷酸甘油醛；第3组反应是6-磷酸果糖和3-磷酸甘油醛通过糖异生作用形成 6-磷酸葡萄糖。

（3）磷酸戊糖途径的生物学意义

a. 该途径是葡萄糖在体内生成 5-磷酸核糖的唯一途径。5-磷酸核糖是合成核苷酸辅酶及核酸的主要原料。

b. NADPH＋H^+生成的唯一途径，NADPH＋H^+携带的氢不是通过呼吸链氧化磷酸化生成 ATP，而是作为供氢体参与许多代谢反应，例如脂肪酸、胆固醇和类固醇激素的生物合成。

c. 磷酸戊糖途径中的某些酶及一些中间产物（如丙糖、丁糖、戊糖、己糖和庚糖）也是光合碳循环中的酶和中间产物，从而把光合作用与呼吸作用联系起来。磷酸戊糖途径与植物的抗性有关，在植物干旱、受伤或染病的组织中，磷酸戊糖途径更加活跃。

d. 磷酸戊糖途径是由 6-磷酸葡萄糖开始的完整、可单独进行的途径，通过 3-磷酸甘油醛及磷酸己糖可与糖酵解沟通，相互配合，因而可以和糖酵解途径相互补充，以增加机体的适应能力。

3.3.2　糖的合成代谢

3.3.2.1　糖异生作用

糖异生作用（gluconeogenesis）是指非糖物质如乳酸、生糖氨基酸、有机酸（乳酸、丙酮酸及三羧酸循环中各种羧酸等）和甘油等转变为葡聚糖或糖原的过程。不同物质转变为糖的速度不同。糖异生的最主要器官是肝脏及肾脏。肾脏在正常情况下糖异生能力只有肝的 1/10，长期饥饿时肾糖异生能力大大增强。

（1）糖异生途径　糖异生途径基本是沿糖酵解途径的逆过程（图 3-31）。糖酵解通路中大多数的

酶促反应是可逆的，由丙酮酸经糖异生途径生成葡萄糖可以利用糖酵解通路中的 7 步可逆反应，但由于糖酵解途径中己糖激酶、6-磷酸果糖激酶和丙酮酸激酶部位催化的反应为不可逆反应，构成难以逆行的障碍，故需经另外的关键酶催化反应来绕行。另外，糖异生途径中 1，3-二磷酸甘油酸生成 3-磷酸甘油醛时，需要 NADH＋H^+提供还原当量。下面重点介绍糖异生途径与酵解途径不同的 3 个主要反应步骤。

①丙酮酸转变成磷酸烯醇式丙酮酸　糖酵解途径中丙酮酸激酶催化磷酸烯醇式丙酮酸转变成丙酮酸。而糖异生途径中丙酮酸转变成磷酸烯醇式丙酮酸是由两步反应构成的“丙酮酸羧化支路”来完成的。首先由丙酮酸羧化酶（pyruvate carboxylase）（生物素作为辅酶）催化，将丙酮酸转变为草酰乙酸（图 3-32）。CO_2 先于生物素结合，需消耗 ATP，然后生物素将 CO_2 转移给丙酮酸生成草酰乙酸。这也是体内草酰乙酸的重要来源之一。

接着，再由磷酸烯醇式丙酮酸羧化激酶（PEP carboxykinase）催化，由草酰乙酸生成磷酸烯醇式丙酮酸（图 3-33）。反应中消耗一个高能磷酸键。上述两步反应共消耗 2 个高能磷酸键（一个来自 ATP，另一个来自 GTP）。

磷酸烯醇式丙酮酸羧化激酶在人体的线粒体及胞质中均有存在，但主要存在于胞质中。存在于线粒体中的磷酸烯醇式丙酮酸羧激酶可直接催化草酰乙酸脱羧生成磷酸烯醇式丙酮酸从线粒体运转到细胞质；而存在于细胞质中的磷酸烯醇式丙酮酸羧激酶，首先要使不能自由进出线粒体内膜的草酰乙酸从线粒体转运到细胞质中，才能进行催化。故线粒体中生成的草酰乙酸可经苹果酸–天冬氨酸穿梭转运出线粒体或经线粒体中苹果酸脱氢氧化酶催化还原成苹果酸后出线粒体（苹果酸、天冬氨酸都能自由进出线粒体内膜），再在胞质中苹果酸脱氢氧化酶的催化下转变成草酰乙酸。丙酮酸羧化酶和磷酸烯醇式丙酮酸羧激酶均是糖异生的关键酶。

②1，6-二磷酸果糖转变为 6-磷酸果糖　此反应是糖酵解过程中 6-磷酸果糖激酶-1（PFK-1）催化 6-磷酸果糖生成 1，6-二磷酸果糖的逆过程，由 1，6-二磷酸果糖酶（fructose-1，6-bisphosphatase）催化，因是放能反应，反应易于进行（图 3-34）。该酶也是糖异生的关键酶。

③6-磷酸葡萄糖转变为葡萄糖　此反应是糖酵解过程中己糖激酶催化葡萄糖生成 6-磷酸葡萄糖的逆过程，由葡萄糖-6-磷酸酶（glucose-6-phosphatase）催化 6-磷酸葡萄糖进行水解（图 3-35）。该酶同样是糖异生的关键酶，不存在肌肉组织中。

糖异生途径中，1，3-二磷酸甘油酸生成 3-磷酸甘油醛时，还需要 NADH＋H^+提供还原当量。NADH＋H^+可通过以下途径获得：

a. 由乳酸为原料异生糖时，NADH＋H^+由乳酸脱氢酶催化的乳酸脱氢反应提供。

b. 由氨基酸为原料进行糖异生时，NADH＋H^+可由线粒体内 NADH＋H^+提供，它们来自脂肪酸的 β-氧化或三羧酸循环，由于 NADH＋H^+无法通过线粒体内膜，其转运需通过草酰乙酸与苹果酸相互转变而实现。

葡萄糖
ATP
己糖激酶
ADP
P_i
葡萄糖-6-磷酸酶
葡萄糖-6-磷酸
旁路Ⅲ
糖酵解
果糖-6-磷酸
ATP
磷酸果糖激酶-1
ADP
P_i
果糖-1，6-二磷酸酶
果糖-1，6-二磷酸
旁路Ⅱ
磷酸二羟丙酮
甘油醛-3-磷酸
$NAD^+ + P_i$
$NADH + H^+$
1，3-二磷酸甘油酸
ADP
ATP
3-磷酸甘油酸
2-磷酸甘油酸
糖异生作用
磷酸烯醇式丙酮酸
磷酸烯醇式丙酮酸羧化激酶
草酰乙酸
GDP
+
CO_2
GTP
苹果酸
旁路Ⅰ
ADP
丙酮酸激酶
ATP
线粒体
P_i
+
ADP
CO_2
+
ATP
苹果酸
草酰乙酸
丙酮酸
丙酮酸
丙酮酸羧化酶

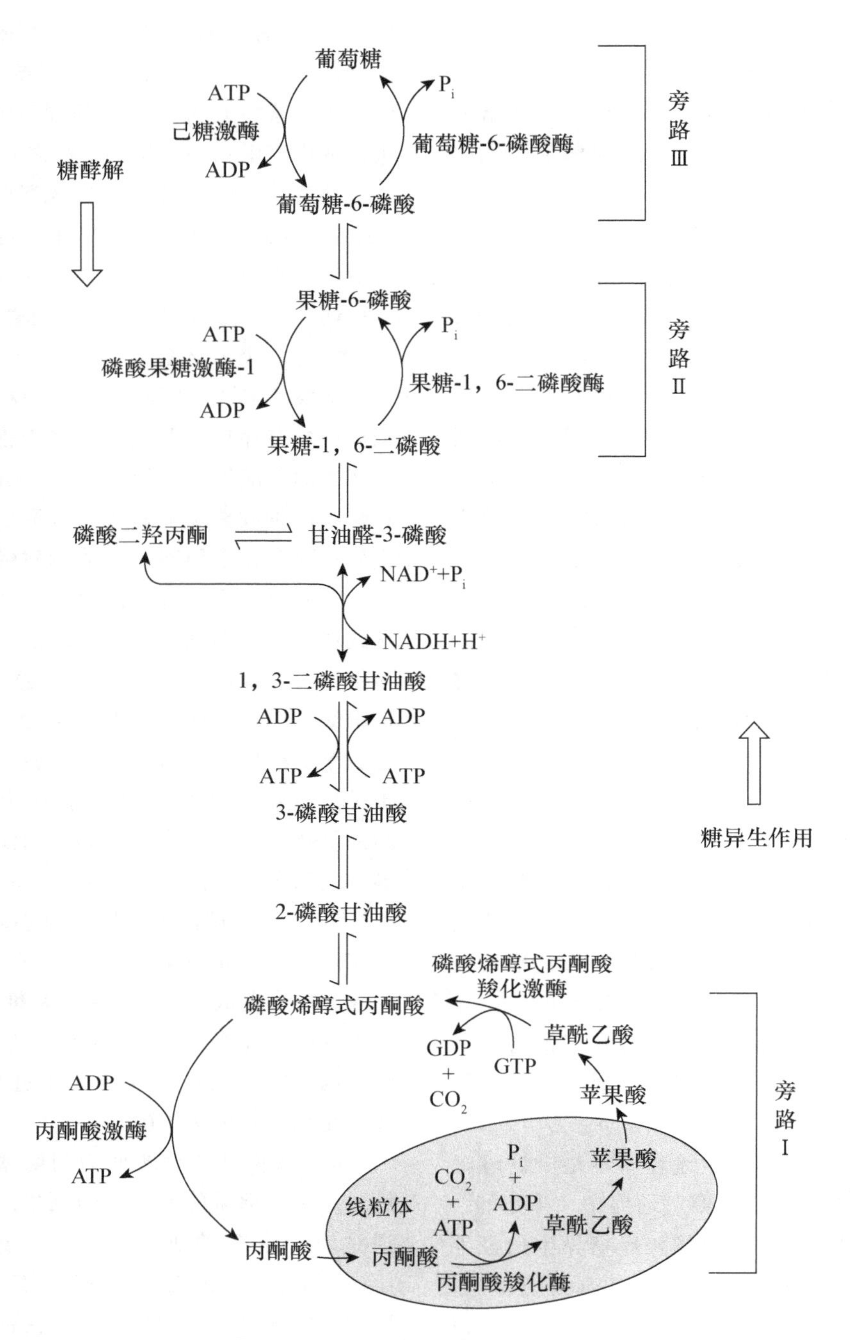

图 3-31　糖异生和糖酵解途径的比较

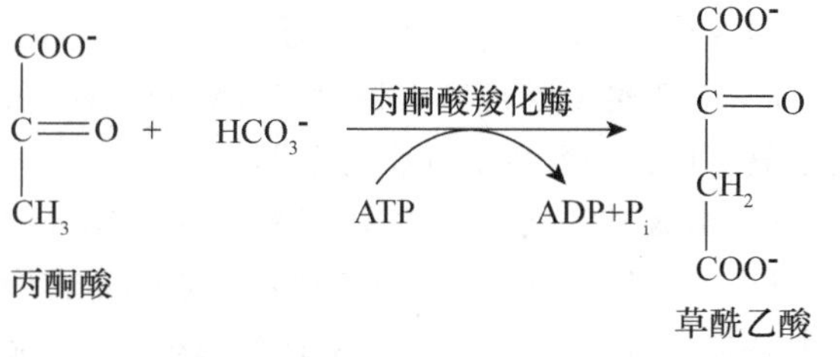

COO^-
C=O
CH_3
丙酮酸
+
HCO_3^-
丙酮酸羧化酶
ATP
$ADP+P_i$
COO^-
C=O
CH_2
COO^-
草酰乙酸

图 3-32　丙酮酸羧化酶催化丙酮酸转变为草酰乙酸

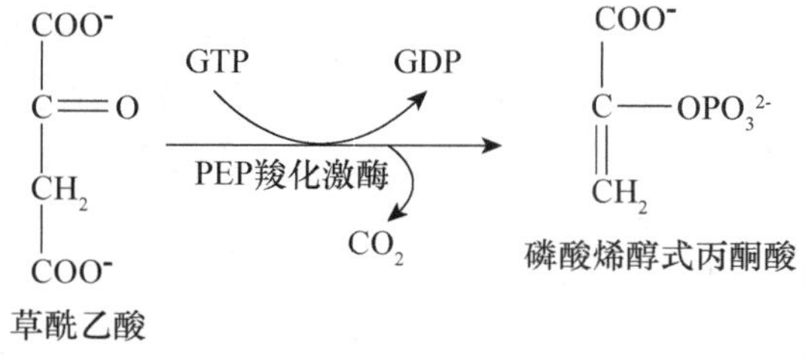

COO^-
C=O
CH_2
COO^-
草酰乙酸
GTP
GDP
PEP羧化激酶
CO_2
COO^-
$C—OPO_3^{2-}$
CH_2
磷酸烯醇式丙酮酸

图 3-33　草酰乙酸转变为磷酸烯醇式丙酮酸

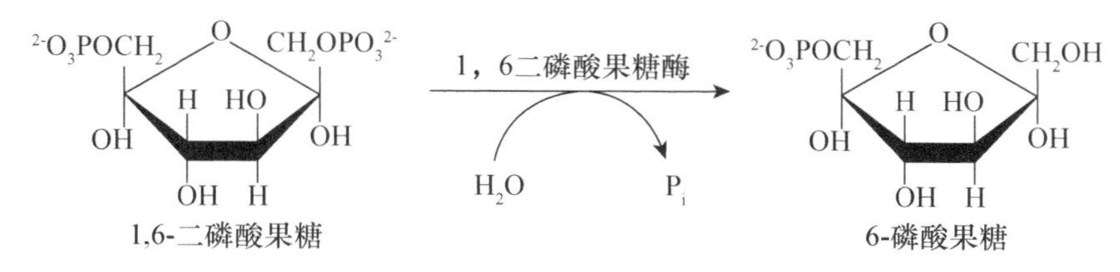

图 3-34　1，6-二磷酸果糖水解生成 6-磷酸果糖

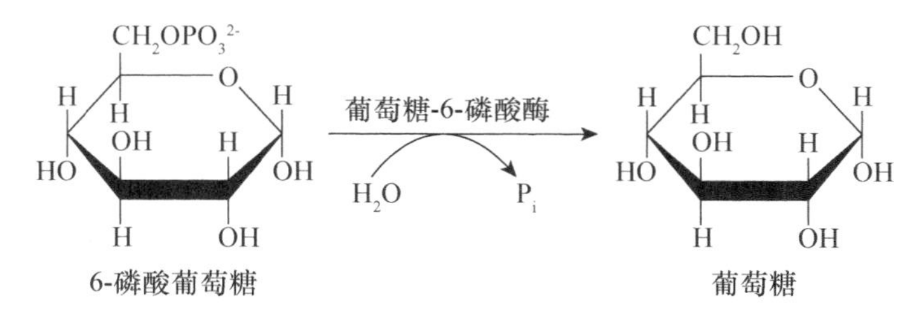

图 3-35　葡萄糖-6-磷酸酶催化 6-磷酸葡萄糖水解生成葡萄糖

非糖物质必须首先转变成糖异生途径中的中间产物，才能进行糖异生。乳酸可在乳酸脱氢酶催化下脱氢生成丙酮酸进入糖异生途径；甘油先磷酸化为 α-磷酸甘油，再脱氢生成磷酸二羟丙酮，进入糖异生途径；其他生糖氨基酸可通过联合脱氨基作用等生成丙酮酸进入糖异生途径，或生成三羧酸循环的中间产物，转变成苹果酸后出线粒体进入胞质，在胞质中苹果酸脱氢生成草酰乙酸进入糖异生途径转变成葡萄糖。

（2）糖异生途径的调节　糖异生途径中四个关键酶（丙酮酸羧化酶、磷酸烯醇式丙酮酸羧激酶、1，6-二磷酸果糖酶和葡萄糖-6-磷酸酶）是糖异生的主要调节点。糖异生与糖酵解是两条相同但方向相反的代谢途径，这两条途径究竟以哪一条为主，主要由上述两条途径中催化不可逆反应的酶的活性而定。一种酶催化某一方向反应的产物成为另一种酶催化相反方向反应的底物，这种由不同酶催化底物产物互变的反应称为底物循环或可以由于失控而增加，可引起恶性高热。由于细胞内每一对催化逆向反应酶的活性都不完全相等，细胞内的一些物质可对上述两组催化不可逆反应的酶进行相反作用的调节，使得代谢反应朝向一个方向进行。

①诱导、抑制关键酶的合成　胰高血糖素和胰岛素可以分别诱导或阻遏糖异生和酵解的关键酶，胰岛高血糖素/胰岛素比例高可诱导大量磷酸烯醇式丙酮酸羧激酶、葡萄糖-6-磷酸酶、1，6-二磷酸果糖酶等糖异生酶合成而阻遏己糖激酶、葡萄糖激酶 1 和丙酮酸激酶等糖酵解酶的合成。

②关键酶的共价修饰调节　激素调节糖异生作用对维持机体的恒稳状态十分重要，激素对糖异生调节实质是调节糖异生和糖酵解这两个途径的关键酶以及控制供应肝脏的脂肪酸。胰高血糖素促进脂肪组织分解脂肪，增加血浆脂肪酸，所以促进糖异生；而胰岛素的作用则正相反。

胰高血糖素和胰岛素都可通过影响肝脏中酶的磷酸化修饰状态来调节糖异生作用，胰高血糖素激活腺苷酸环化酶以产生 cAMP，也就激活 cAMP 依赖的蛋白激酶 A，或者磷酸化丙酮酸激酶而使之受限，这一酵解途径上的关键酶受抑制就刺激糖异生途径，因此阻止磷酸烯醇式丙酮酸向丙酮酸转变。胰高血糖素降低 2，6-二磷酸果糖在肝脏的浓度而促进 2，6-二磷酸果糖转变为 6-磷酸果糖，这是由于 2，6-二磷酸果糖是 2，6-二磷酸果糖酶的别构抑制物，又是 6-磷酸果糖激酶的别构激活物，胰高血糖素能通过 cAMP 促进双功能酶（6-磷酸果糖激酶 1/2，6-二磷酸果糖酶）磷酸化。这个酶经磷酸化后灭活了激酶部位却活化磷酸酶部位，因而 2，6-二磷酸果糖生成减少而被水解为 6-磷酸果糖增多。这种由胰高血糖素引起的 2，6-二磷酸果糖下降的结果是 6-磷酸果糖激酶 1 活性下降，2，6-二磷酸果糖酶活性增高，2，6-二磷酸果糖转变为 2-磷酸果糖增多，有利糖异生，而胰岛素的作用正相反。

③关键酶的别构调节　AMP、2，6-二磷酸果的丙酮糖、ATP 和柠檬酸都是 6-磷酸果糖激酶 1 和 1，6-二磷酸果糖酶的别构效应剂。细胞内 AMP 含量高时（表示能量供应不足），激活 6-磷酸果糖激酶 1，抑制 1，6-二磷酸果糖酶，有利于葡萄糖分解途径；相反，当细胞内 ATP 和柠檬酸含量高时

(表示能量供应和中间代谢物充足)，抑制 6-磷酸果糖激酶 1，有利于糖异生途径。

2，6-二磷酸果糖可通过别构调节激活 6-果糖磷酸激酶 1，抑制 1，6-二磷酸果糖激酶的活性。2，6-二磷酸果糖在糖酵解、糖异生的相互调节中起着重要作用。2，6-二磷酸果糖是 6-磷酸果糖激酶 1 最强烈的别构激活剂，同时也是 1，6-二磷酸果糖酶的别构抑制剂。在糖供应充分时，2，6-二磷酸果糖浓度增高，激活 6-磷酸果糖激酶 1，抑制 1，6-二磷酸果糖酶，促进糖酵解。在糖供应缺乏时，2，6-二磷酸果糖浓度降低，降低对 6-磷酸果糖激酶 1 的激活、降低对 1，6-二磷酸果糖酶的抑制，糖异生增加。

乙酰 CoA 也是糖异生的丙酮酸羧化酶的别构激活剂和糖有氧氧化中的丙酮酸脱氢酶复合体的别构抑制剂，有促进糖异生作用。当细胞能量足够时，三羧酸循环被抑制、乙酰 CoA 堆积，进而抑制丙酮酸脱氢酶复合体的活性，减缓丙酮酸生成乙酰 CoA；与此同时丙酮酸羧化酶激活，增加糖异生过程，将多余的丙酮酸生成葡萄糖。

(3) 糖异生的生理意义

①保证血糖水平的相对恒定　糖异生最重要的生理意义在于在空腹或饥饿情况下维持血糖浓度的相对恒定。空腹或轻度饥饿时，肝脏开始将存储的肝糖原分解产生葡萄糖，增加并维持血糖水平。该过程仅能维持正常血糖浓度 8～12 h。此后在饥饿中期和饥饿后期，糖异生途径活跃，机体主要依靠肌肉组织蛋白质分解而来的大量氨基酸以及由身体脂肪组织分解而来的甘油等非糖物质的糖异生来维持血糖浓度的恒定。

②糖异生作用与乳酸的利用有密切关系　乳酸大部分是由肌肉和红细胞中糖酵解生成的，但肌肉组织糖异生作用很弱，且不能生成葡萄糖，故需将产生的乳酸经血液转运至肝脏通过糖异生重新生成葡萄糖后再加以利用。大量的乳酸通过细胞质膜上的载体转运进入血液，经血液循环转运至肝脏，再经糖的异生作用生成葡萄糖后转运至肌肉组织加以利用，这一循环过程就称为“乳酸循环”或“Cori 循环”(图 3-36)。糖异生作用对于回收乳酸分子中的能量、更新肝糖原、防止乳酸中毒的发生等都有一定意义。

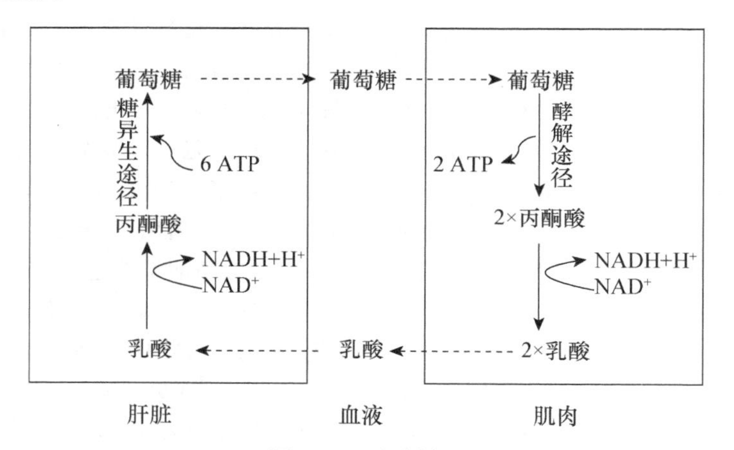

图 3-36　乳酸循环

③协助氨基酸代谢　实验证明，禁食蛋白质后，肝中糖原含量增加。禁食晚期，糖尿病或皮质醇过多时，由于组织蛋白分解，血浆氨基酸增多，糖的异生作用增强，可见氨基酸变糖可能是氨基酸代谢的一个重要途径。

3.3.2.2　蔗糖和淀粉的合成

淀粉和蔗糖是光合作用的主要终产物。光合作用光反应所合成的磷酸丙糖 (3-磷酸甘油醛和磷酸二羟基丙酮)，进一步转化为磷酸己糖 (G6P 和 F6P) 后，主要用于合成淀粉、甘蔗和纤维素，还有一部分用于合成一些代谢中间产物。

(1) 蔗糖的合成　蔗糖在植物界的分布最广，是高等植物中光合作用的主要产物，是糖类储藏和积累的主要形式，也是糖类在植物体内运输的主要形式，在植物体内的代谢产物作用中占有重要的地位。蔗糖在高等植物中的合成主要有两种途径：

①蔗糖合成酶途径　蔗糖合成酶又称 UDP-葡萄糖基转移酶，葡萄糖供体是尿苷二磷酸葡萄糖 (UDPG)，受体是 β-果糖，UDPG 把葡萄糖转给受体 β-果糖生成蔗糖。反应如下：

$$\text{UDPG}+\text{果糖}\xrightarrow{\text{蔗糖合成酶}}\text{UDP}+\text{蔗糖}$$

葡萄糖供体尿苷二磷酸葡萄糖由葡萄糖-1-磷酸与尿苷三磷酸（UTP）在UDPG焦磷酸化酶催化下生成。

$$\text{葡萄糖-1-磷酸}+\text{UTP}\rightarrow\text{UDPG}+\text{PPi}$$
$$\text{PPi}+H_2O\rightarrow 2\text{Pi}$$

蔗糖合成酶对UDPG并不是专一性的，除UDPG外，也可利用其他的核苷二磷酸葡萄糖如ADPG、TDPG、CDPG和GDPG作为葡萄糖的供体。NDPG（N表示任一个核苷酸）的生成是经NTP与G-1-P作用，在焦磷酸化酶催化下生成的。

蔗糖合成酶存在两个同工酶，分别催化蔗糖的合成与分解。有人认为蔗糖合成酶催化的该途径主要是分解蔗糖的作用，特别是在储藏淀粉的组织器官里把蔗糖转变成淀粉的时候。

②蔗糖磷酸合成酶（SPS）途径　蔗糖磷酸合成酶利用UDPG作为葡萄糖供体，受体为F-6-P，合成产物蔗糖磷酸酯，再经专一的磷酸酯酶脱去磷酸形成蔗糖。一般认为该途径是植物合成蔗糖的主要途径。

蔗糖磷酸合成酶在植物体不同组织中有不同的活性，在光合组织中，蔗糖磷酸合成酶的活性很高；而在非光合组织中，蔗糖磷酸合成酶的活性较低，由蔗糖磷酸化酶合成的蔗糖运转到非光合组织中，在非光合组织中由转化酶转化成果糖和葡萄糖。

③蔗糖磷酸化酶途径　这是微生物中蔗糖合成的途径，在植物体内没有。蔗糖磷酸化酶既可以在有磷酸存在下，催化蔗糖分解成1-磷酸葡萄糖和果糖，也可以催化其逆反应，将果糖和G-1-P合成为蔗糖，其反应过程如下：

$$\text{葡萄糖-1-磷酸}+\text{果糖}\xleftrightarrow{\text{蔗糖磷酸化酶}}\text{蔗糖}+\text{Pi}$$

（2）淀粉的合成　很多高等植物尤其是谷类、豆类、薯类作物的籽粒及其储藏组织中都储存着丰富的淀粉。植物体内的直链淀粉和支链淀粉是通过不同的途径合成的。

①直链淀粉的合成　α-1，4-糖苷键的形成是高等植物淀粉合成的关键，催化α-1，4-糖苷键形成的酶主要有下列几种途径：

a. 淀粉合成酶途径　现在普遍认为生物体内淀粉合成是由淀粉合成酶催化的，淀粉合成的第一步UDPG焦磷酸化酶首先催化尿苷二磷酸葡萄糖（UDPG，图3-37）的形成：

$$\text{葡萄糖-1-磷酸}+\text{UTP}\Leftrightarrow\text{UDPG}+\text{焦磷酸}$$

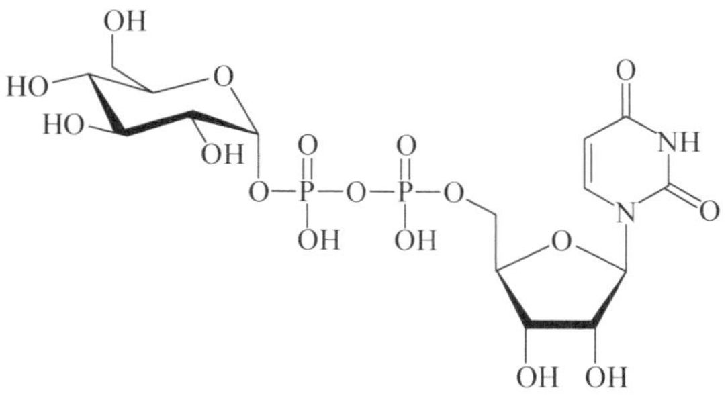

图3-37　尿苷二磷酸葡萄糖分子结构

随之，淀粉合成酶催化UDPG参与淀粉的合成，在合成的过程中UDPG作为葡萄糖的供体，受体是麦芽五糖或麦芽六糖的引子。淀粉合成酶是一种葡萄糖转移酶，催化UDPG中的葡萄糖转移到α-1，4连接的葡聚糖引子上，使链加长一个葡萄糖单位。UDPG把葡萄糖转给引子以后，生成UDP，又可重新接收葡萄糖，再转给引子，直到直链淀粉的形成。淀粉合成酶不能形成α-1，6-糖苷键，因此不能形成支链淀粉。

$$\text{UDPG}+\underset{\text{引子}}{(\text{葡萄糖})_n}\xrightarrow{\text{淀粉合成酶}}\text{UDP}+(\text{葡萄糖})_{n+1}$$

在植物和微生物中，ADPG比UDPG更为有效，用ADPG合成淀粉的反应要比UDPG快10倍。近年来普遍认为高等植物主要是通过ADPG转葡糖苷酶途径合成淀粉。反应如下：

$$\text{ATP}+\alpha\text{-}D\text{-葡萄糖-1-磷酸}\Leftrightarrow\text{ADPG}+\text{PPi}$$
$$\text{ADPG}+\underset{\text{引子}}{(\text{葡萄糖})_n}\rightarrow\text{ADP}+(\text{葡萄糖})_{n+1}$$

b. 淀粉磷酸化酶途径　淀粉磷酸化酶广泛存在于生物界，淀粉磷酸化酶催化G-1-P参与淀粉的合成，在合成过程中G-1-P作为葡萄糖的供体，受体同样是由几个葡萄糖分子残基组成的引子。接受了一个葡萄糖的引子再作为引子接受G-1-P，逐渐加长。引子至少是3个葡萄糖分子，引子越大，接受能力越强，合成更快。反应如下：

$$\text{葡萄糖-1-磷酸}+\text{引子}\xleftrightarrow{\text{淀粉磷酸化酶}}\text{淀粉}+H_3PO_4$$

c. D酶途径　D酶是一种糖苷转移酶，它能将麦芽多糖的残基转移到葡萄糖、麦芽糖或其他 α-1，4-糖苷键的多糖上，起加成作用，故又称加成酶。D 酶的作用特点是合成过程中需要供体和受体，供体和受体都不需要磷酸化。在淀粉的生物合成过程中，引子的产生与 D 酶的作用有密切的关系。

②支链淀粉的合成　淀粉合成酶只能合成 α-1，4-糖苷键连接的直链淀粉，但是支链淀粉除了 α-1，4-糖苷键外，尚有分支点处的 α-1，6-糖苷键，这种 α-1，6-糖苷键连接是在另一种称为 Q 酶（分支酶）的作用下形成的。Q 酶可以把直链淀粉改造成支链淀粉，即从直链淀粉的非还原端处切断一个 6 或 7 个糖残基的寡聚糖碎片，然后催化转移到同一直链淀粉链或另一直链淀粉链的一个葡萄糖残基的 6-羟基处，形成一个 α-1，6-糖苷键，即形成一个分支链。在淀粉合成酶和 Q 酶的共同作用下便合成了支链淀粉。

思考题

1. 蔗糖、麦芽糖和乳糖在结构和性质上有什么重要的异同点？
2. 何谓糖酵解和发酵？二者有何区别？
3. 为什么说糖异生途径不是糖酵解途径的简单逆过程？
4. 何谓三羧酸循环？它有何特点和生物学意义？
5. 磷酸戊糖途径有何特点？其生物学意义何在？

第 4 章

脂类及其代谢

本章学习目的与要求

1. 掌握常见的脂类的结构及其特点；
2. 掌握脂肪酸的活化、肉毒碱的载体作用，重点是脂肪酸的 β-氧化和酮体的生成与利用；
3. 掌握脂肪酸的合成途径；
4. 了解脂类物质的消化和吸收。

脂类（lipid）是由脂肪酸和醇作用生成的酯及其衍生物的总称，又称脂质，是食品的重要成分，也是人体需要的重要营养素之一。脂类种类繁多，但是它们都含有非极性基团，而这种含非极性基团的分子结构使得脂类具有了易溶于有机溶剂不溶于水的特性。

4.1 脂类分类

脂类分类见二维码 4-1。

4.1.1 单纯脂

单纯脂是指仅由脂肪酸和甘油或高级一元醇结合形成的酯，如油脂等，根据分子中醇基不同，分为脂酰甘油和蜡。

二维码 4-1 脂类按结构和组成的分类

（1）脂酰甘油 脂酰甘油是由脂肪酸和甘油结合形成的酯。根据所结合的脂肪酸分子数目不同，脂酰甘油又可分为单酰甘油（monoacylglycerol）、二酰甘油（diacylglycerol）和三酰甘油（triacylglycerol），其中三酰甘油又称甘油三酯，它在生物体内含量最丰富。其结构见图 4-1。

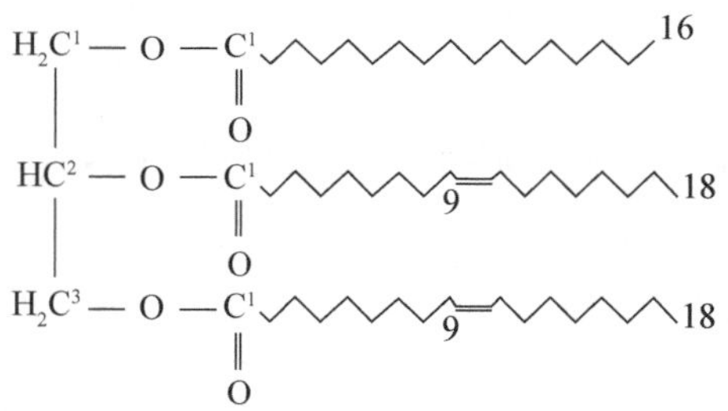

$H_2C^1—O—C^1(=O)$ ~16
$HC^2—O—C^1(=O)$ ~9=~18
$H_2C^3—O—C^1(=O)$ ~9=~18

图 4-1 甘油三酯分子结构（Sn：16：0-18：1-18：1）

当三酰甘油中不饱和脂肪酸含量较多时，在室温下呈液态，通常称为油；反之，饱和脂肪酸含量较多时，在室温下呈固态，通常称为脂，两者统称为油脂。大多数天然油脂都是简单三酰甘油和混合三酰甘油的混合物，前者含有相同的脂肪酸；后者分子中存在两种或三种不相同的脂肪酸。

（2）蜡 蜡（wax）是高级脂酸与高级一元醇所生成的酯，不溶于水，熔点较脂肪高，一般为固体，不易水解。在动物体内多存在于分泌物中，主要起保护作用。蜂巢、昆虫卵壳、羊毛、鲸油皆含有蜡。我国出产的蜡主要为蜂蜡、虫蜡和羊毛蜡，是经济价值较高的农业副产品。

4.1.2 复合脂

复合脂是指除了含有脂肪酸和各种醇以外，还含有其他非脂成分的脂质，如糖脂、磷脂、脂蛋白等。复合脂具有特殊的生物学功能。

（1）磷脂 磷脂（phospholipid）为含磷的单酯衍生物，分甘油磷脂及鞘磷脂两类。磷脂是细胞膜的重要成分。

①甘油磷脂 甘油磷脂是生物体内含量丰富的一类含甘油的脂类，并且是构成细胞膜的重要脂质。虽然甘油磷脂有许多种类，但它们的分子结构有一个共同的特点，即以磷脂酸为基础，再通过磷酸基与氨基醇（如胆碱、乙醇胺或丝氨酸）或肌醇结合，从而形成了各种甘油磷脂。甘油磷脂结构如图 4-2 所示。

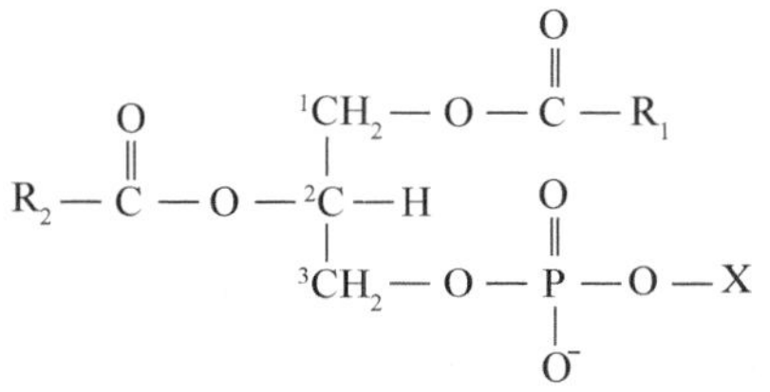

$^1CH_2—O—C(=O)—R_1$
$R_2—C(=O)—O—{^2C}—H$
$^3CH_2—O—P(=O)(O^-)—O—X$

X=H时为磷脂酸（PA）
$X=CH_2CH_2—{^+N}(CH_3)_3$时为卵磷脂（磷脂酰胆碱，PC）
$X=CH_2CH_2—{^+NH_3}$时为脑磷脂（磷脂酰乙醇胺，PE）
$X=CH_2—CH(COO^-)—{^+NH_3}$时为磷脂酰丝氨酸（PS）
X=肌醇时为磷脂酰肌醇（PI）

图 4-2 甘油磷脂的结构通式（李庆章，2009）

②鞘磷脂 鞘磷脂（sphingomyelin）由鞘氨醇、脂肪酸及磷酰胆碱组成。鞘磷脂大量存在于高等动物的神经和脑组织中，也是构成细胞膜的重要成分，结构如图 4-3 所示。

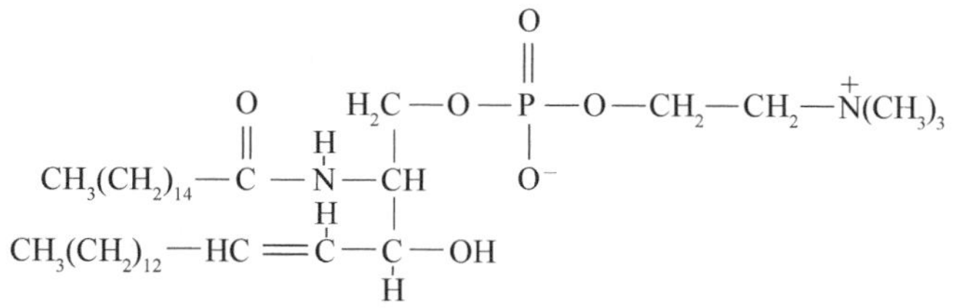

$CH_3(CH_2)_{14}—C(=O)—NH—CH—H_2C—O—P(=O)(O^-)—O—CH_2—CH_2—\overset{+}{N}(CH_3)_3$
$CH_3(CH_2)_{12}—HC=CH—CH(OH)—$

图 4-3 鞘磷脂结构式（李庆章，2009）

（2）糖脂　糖脂（glycolipid）是糖通过其半缩醛羟基以糖苷键与脂质连接的化合物，分为甘油糖脂、鞘糖脂及有类固醇衍生的糖脂，是细胞的构成成分，分布于脑和神经髓鞘中。

①甘油糖脂　甘油糖脂（glyceroglycolipid）由甘油二酯与已糖（主要为半乳糖或甘露糖）或脱氧葡萄糖结合而成的化合物。存在于绿色植物中，所以又称植物糖脂。常见的有单半乳糖基二酰甘油和二半乳糖基二酰甘油，结构如图 4-4 所示。

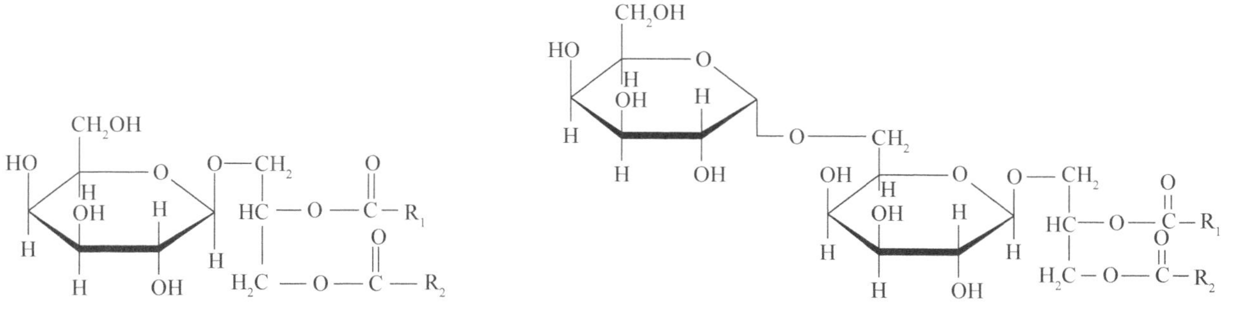

单半乳糖基二酰甘油　　二半乳糖基二酰甘油

图 4-4　常见甘油糖脂的结构式（王镜岩，2008）

②鞘糖脂　鞘糖脂（glycosphingolipid）由鞘氨醇、脂肪酸和糖构成，是神经酰胺的 C_1 位羟基被糖基化形成的糖苷化合物。人们所发现的第一个鞘磷脂是半乳糖基神经酰胺（galacto-sylceramide），又称脑苷脂（cerebroside），其结构如图 4-5 所示。

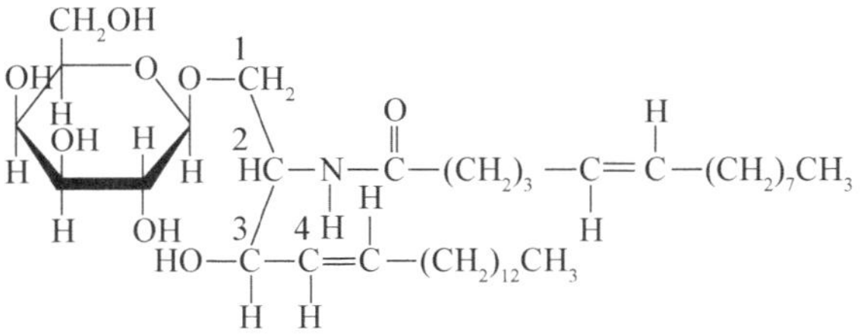

图 4-5　半乳糖基神经酰胺的分子结构

4.1.3　衍生脂

衍生脂一般不含脂肪酸，不能进行皂化反应，故也称非皂化脂。主要包括萜类和固醇类。

（1）萜类　萜类分子的碳架可看成由两个或多个异戊二烯单位聚合形成的含氧衍生物。根据所含的异戊二烯单位的数目，萜可分为单萜、倍半萜、二萜、三萜、四萜和多萜六类。萜类在生物体内分布广泛，且在生命活动中起重要的功能，如植物激素中的赤霉素、脱落酸。动物体内的维生素 A、维生素 E 和维生素 K 等都是重要的萜类化合物。

（2）固醇类　固醇类（sterol）是环戊烷多氢菲（cyclopentanoperhydrophenanthrene）的衍生物，环戊烷多氢菲是菲的饱和环与环戊烷结合的稠环化合物，结构如图 4-6 所示：

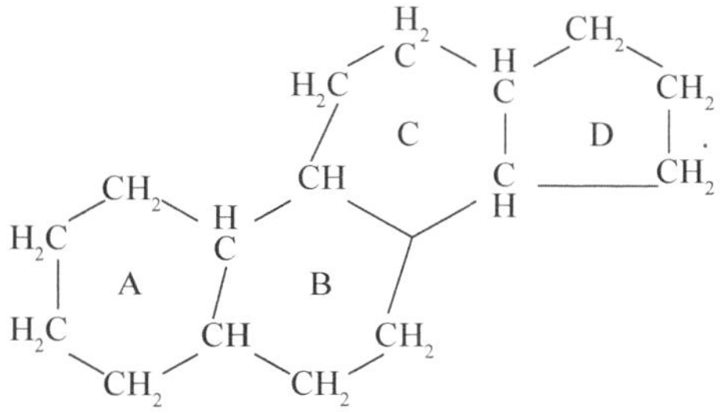

图 4-6　环戊烷多氢菲结构

固醇在生物体内它们可以游离的醇形式存在，也可以与脂肪酸结合成酯，主要包括谷固醇、麦角固醇等。胆固醇是动物组织中固醇类物质的典型代表，通过它可转化成性激素、肾上腺皮质激素等具有重要功能的代谢产物。

4.2　脂类主要生物学功能

（1）储存和供给机体所需能量　脂类可提供人体活动所需能量的 20%～30%。脂肪是生物体内重要的储能和供能物质，脂肪在体内完全氧化分解可产生等量糖或蛋白质的 2.3 倍的能量。在动植物中，脊椎动物具有贮存大量脂肪的脂肪细胞，许多植物种子也含有脂肪，因为脂肪可为种子萌发提供能量和合成前体。脂肪在贮存方面体现出的优势是有机体不必携带像贮存多糖情况下需要的结合水，因为脂肪是疏水的。脂肪有保护和保温作用，冬眠动物必须要贮存脂肪才能越冬。皮下和脏器上的脂肪有防止机械损伤和固定内脏的功能，不易导热，所以有维持体温的作用。

（2）重要的生理活性物质　生物细胞内含有许多重要的生物活性物质，如雄性激素、雌性激素等类固醇类激素，维持人体生长所必需的脂溶性维生素A、维生素D、维生素E、维生素K等。活性脂质可以作为电子载体（线粒体中的泛醌）、糖基载体（细菌细胞壁肽聚糖合成中的异戊二烯醇磷酸）、酶的辅助因子或激活剂（磷脂酰丝氨酸为凝血因子的激活剂），参与细胞间信息传递等。

（3）构成生物膜的成分　生物膜中的脂类主要成分为磷脂、糖脂和固醇，磷脂和糖脂是大多数细胞膜所共有的成分，其中磷脂占主要成分。各种生物膜的骨架大都是由磷脂构成磷脂双分子层，它具备屏障作用，这对维持细胞结构和功能是重要的。

4.3　脂肪代谢

4.3.1　脂肪分解代谢

4.3.1.1　脂肪的水解

脂肪（主要是三酰甘油）在各种脂肪酶的催化下，水解脂肪分子内的3个酯键后生成甘油和脂肪酸（图4-7）。在动物体内，三酰甘油先被三酰甘油脂肪酶和二酰甘油脂肪酶水解，通过两次水解释放2分子脂肪酸，最终由单酰甘油脂肪酶作用产生第三个脂肪酸及甘油。植物种子内部油脂也是如此代谢的。

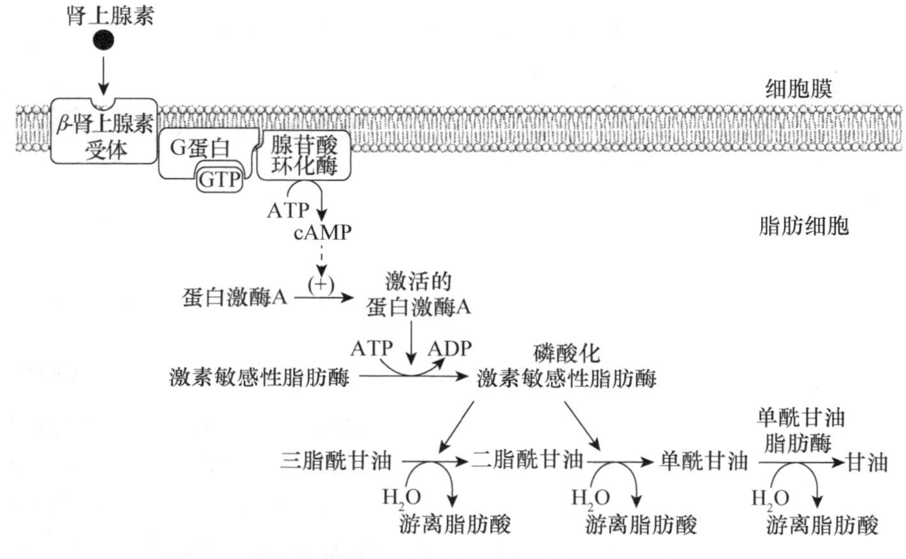

图4-7　激素调节的三酰甘油的降解途径（王希成，2005）

脂肪水解的第一个反应是限速步骤，催化此步反应的脂肪酶受激素调节。例如肾上腺素、去甲肾上腺素、胰高血糖素与脂肪细胞膜受体作用可以激活腺苷酸环化酶，使细胞内cAMP水平升高，激活cAMP依赖的蛋白激酶，使脂肪酶磷酸化并被激活，将激素敏感脂肪酶磷酸化而活化之，促进脂肪分解作用。这些促进脂肪动员的激素称为脂解激素（lipolytic hormone）。胰岛素和前列腺素等的作用是抑制脂动员，称为抗脂解激素（antilipolytic hormone）。

4.3.1.2　甘油的代谢

三酰甘油经酶分解生成的甘油通过血液运送至肝脏，在ATP的存在下和甘油激酶的催化下经磷酸化成为3-磷酸甘油，而后在磷酸甘油脱氢酶（以NAD^+为辅酶）的催化下，转变为磷酸二羟丙酮（图4-8）。磷酸二羟丙酮可以和3-磷酸甘油醛之间自由转化，再通过3-磷酸甘油醛进入糖异生作用转变为糖原或葡萄糖，也可经糖酵解途径转变成丙酮酸或彻底氧化分解。

4.3.1.3　脂肪酸的分解

脂肪酸是重要的能源物质，在氧气充足的条件下，脂肪酸在体内可彻底氧化分解成CO_2和H_2O，并释放大量能量，以ATP的形式为机体供能。生物体内脂肪酸的氧化有多条途径，如α-氧化、β-氧化和ω-氧化等，其中，最主要的是β-氧化。

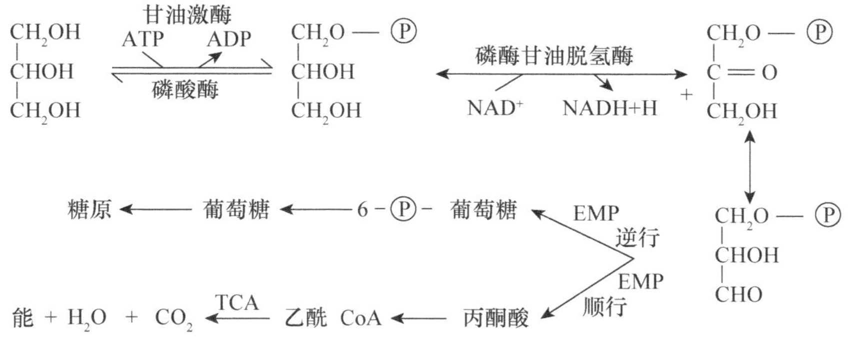

$$\begin{matrix}CH_2OH\\|\\CHOH\\|\\CH_2OH\end{matrix} \underset{\text{磷酸酶}}{\overset{\text{甘油激酶}\ ATP \to ADP}{\rightleftharpoons}} \begin{matrix}CH_2O-Ⓟ\\|\\CHOH\\|\\CH_2OH\end{matrix} \underset{NAD^+ \to NADH+H^+}{\overset{\text{磷酸甘油脱氢酶}}{\longleftrightarrow}} \begin{matrix}CH_2O-Ⓟ\\|\\C=O\\|\\CH_2OH\end{matrix}$$

$$\begin{matrix}CH_2O-Ⓟ\\|\\C=O\\|\\CH_2OH\end{matrix} \longleftrightarrow \begin{matrix}CH_2O-Ⓟ\\|\\CHOH\\|\\CHO\end{matrix}$$

糖原 ⟵ 葡萄糖 ⟵ 6-Ⓟ- 葡萄糖 ⟵(EMP 逆行)

能 + H_2O + CO_2 ⟵(TCA) 乙酰 CoA ⟵ 丙酮酸 ⟵(EMP 顺行)

图 4-8　甘油分解的酶促反应

(1) 脂肪酸的 β-氧化作用　脂肪酸的 β-氧化作用是由 Knoop 经过经典的苯基标记喂养实验（二维码 4-2）后在 1904 年提出的。脂肪酸的 β-氧化作用指脂肪酸在氧化分解时，碳链的断裂发生在脂肪酸的 β-位，即脂肪酸碳链的断裂方式是每次切除 2 个碳原子。脂肪酸的 β-氧化是含偶数碳原子或奇数碳原子饱和脂肪酸的主要分解方式，脂肪酸的 β-氧化在线粒体中进行。

二维码 4-2　Knoop 苯基标记喂养实验

①偶数碳原子脂肪酸 β-氧化作用

a. 脂肪酸的活化　长链脂肪酸进入细胞后，首先需要活化，脂肪酸的活化是在细胞基质中进行的，活化过程就是脂肪酸转变为脂酰辅酶 A（fatty acyl-CoA）的过程。活化后的脂酰 CoA 比脂肪酸的水溶性好得多，主要是细胞内分解脂肪酸的酶只能氧化分解脂酰 CoA，所以活化是必须的。活化是一个耗能的过程，反应由脂酰辅酶 A 合成酶催化，利用 ATP 提供的能量，与辅酶 A（CoASH）反应后形成脂酰辅酶 A（脂酰 CoA）（图 4-9）。

$$R-C(=O)O^- + ATP + HS-CoA \xrightarrow{\text{脂酰CoA合成酶}} R-\overset{O}{\overset{\|}{C}}\sim S-CoA + AMP + PPi$$

图 4-9　脂肪酸的活化

b. 脂酰 CoA 的转运　脂肪酸的 β-氧化作用一般是在线粒体的基质中进行的。因此，脂肪酸必须从细胞质基质进入线粒体中。中长链脂肪酸（含 10 个碳原子以下的）可容易地跨过线粒体内膜，而长链脂肪酸则需要一个特殊的传递机制，即以肉（毒）碱（carnitine）为载体，将脂肪酸以脂酰基（图 4-10）的形式带入线粒体中。

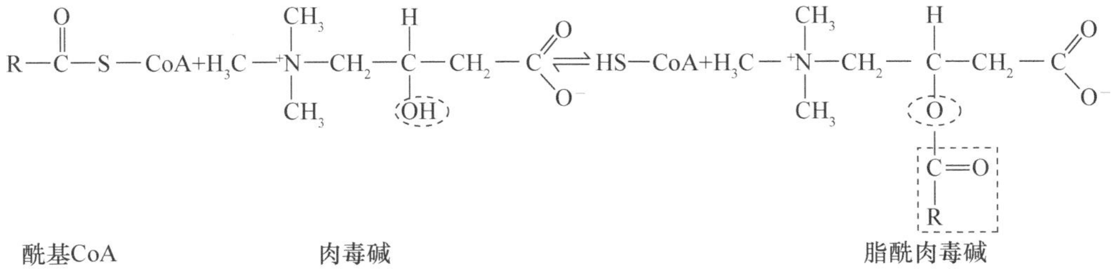

$$\underset{\text{酰基CoA}}{R-\overset{O}{\overset{\|}{C}}-S-CoA} + \underset{\text{肉毒碱}}{H_3C-\overset{CH_3}{\overset{|}{\underset{CH_3}{\underset{|}{N^+}}}}-CH_2-\overset{H}{\overset{|}{\underset{OH}{\underset{|}{C}}}}-CH_2-C(=O)O^-} \rightleftharpoons HS-CoA + \underset{\text{脂酰肉毒碱}}{H_3C-\overset{CH_3}{\overset{|}{\underset{CH_3}{\underset{|}{N^+}}}}-CH_2-\overset{H}{\overset{|}{\underset{O-C(=O)-R}{\underset{|}{C}}}}-CH_2-C(=O)O^-}$$

图 4-10　脂酰 CoA 的转运（张洪渊，2006）

催化脂酰 CoA 与肉（毒）碱反应的酶为肉碱脂酰转移酶Ⅰ（carnitine acyltransferaseⅠ）和肉碱脂酰转移酶Ⅱ（carnitine acyltransferaseⅡ）（即酶Ⅰ和酶Ⅱ）。脂酰 CoA 合成酶和酶Ⅰ是脂肪酸分解代谢的限速酶，脂酰 CoA 转入线粒体是主要的限速步骤。首先活化的脂酰 CoA 在位于线粒体内膜外侧上的酶Ⅰ的催化作用下合成脂酰肉（毒）碱。脂酰肉（毒）碱在线粒体内侧面的肉碱-脂酰肉碱转位酶（特殊的转运蛋白）的作用下通过线粒体的内膜进入线粒体内基质中，在酶Ⅱ的作用下，脂酰肉碱与线粒体基质中的辅酶A结合，重新产生脂酰CoA，并释放出肉碱，最后肉碱经转位酶协助，又回到线粒体外细胞液中，循环往复，生成的脂酰CoA进入β-氧化，整个转运过程（图4-11）所示。在饥饿或禁食状况下，酶Ⅰ和酶Ⅱ活性增高，机体主要靠长链脂肪酸进入线粒体氧化供能。

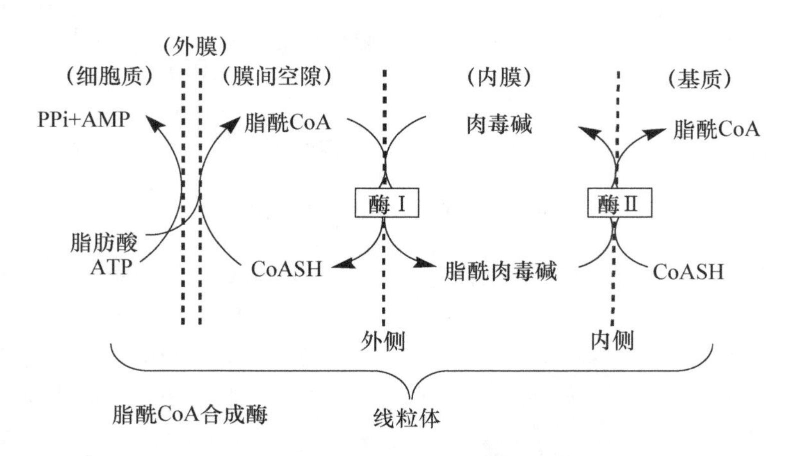

图4-11　脂酰CoA转运入线粒体示意图（张洪渊，2006）

c. β-氧化过程　脂酰CoA是在线粒体基质中进行β-氧化作用。在线粒体基质中多酶复合体催化下，从脂肪酰基的β碳原子上开始进行脱氢（dehydrogenation）、水化（hydration）、再脱氢、硫解作用（thiolysis），每一次β-氧化都需经历这4步。

a）脱氢　脂酰CoA在脂酰CoA脱氢酶（acyl CoA dehydrogenase）的催化下，以FAD为辅酶，在α位和β位碳之间各脱氢，形成一个双键，生成Δ^2反式烯脂酰CoA，脱下的2个H由辅酶FAD接受生成$FADH_2$。

$$\underset{\text{脂酰CoA}}{RCH_2CH_2CH_2CO\sim SCoA} \xrightarrow[FAD \rightarrow FADH_2]{\text{脂酰CoA脱氢酶}} \underset{\text{烯脂酰CoA}}{RCH_2CH{=}CHCO\sim SCoA}$$

b）水化　Δ^2反式烯脂酰CoA在Δ^2烯脂酰CoA水化酶（enoyl CoA hydratase）的催化下，在α和β碳之间的双键上加一分子水生成L（+）-β-羟脂酰CoA（L-β-hydroxyacyl CoA）。

$$\underset{\text{烯脂酰CoA（反式）}}{RCH_2CH{=}CHCO\sim SCoA} \xrightarrow{\text{水合酶}} \underset{L(+)\text{-}\beta\text{-羟脂酰CoA}}{RCH_2\underset{|\atop OH}{CH}CH_2CO\sim SCoA}$$

c）再脱氢　在β-羟脂酰CoA脱氢酶（L-β-hydroxyacyl CoA dehydrogenase）催化下，L（+）-β-羟脂酰CoA的β位上脱下2H生成L-β-酮脂酰CoA，同时脱氢酶的辅酶NAD^+接受2H生成$NADH+H^+$。

$$\underset{L(+)\text{-}\beta\text{-羧脂酰CoA}}{RCH_2\underset{|\atop OH}{CH}CH_2CO\sim SCoA} \xrightarrow[NAD^+ \rightarrow NADH+H^+]{\beta\text{-羟脂酰CoA脱氢酶}} \underset{L\text{-}\beta\text{-酮脂酰CoA}}{RCH_2COCH_2CO\sim SCoA}$$

d）硫解　β-氧化最后一步的反应是β-酮脂酰CoA在硫解酶（thiolase）催化下，β-酮脂酰CoA的β碳右侧链被切断，产生1分子乙酰CoA和比起始的脂酰CoA少了两个碳原子的脂酰CoA。该反应步骤因为有巯基参与所以被称为硫解，反应类似水解反应。

$$RCH_2COCH_2CO\sim SCoA + CoASH \xrightarrow{\text{硫解酶}} RCH_2CO\sim SCoA + CH_3CO\sim SCoA$$

β-酮脂酰CoA　　CoASH　　脂酰CoA（比原来少两个碳原子）　　乙酰CoA

以上 4 步反应形成脂肪酸降解的一个轮回，每次氧化脂酰 CoA 缩短两个 C，直至整个脂酰 CoA 都被降解为乙酰 CoA（含偶数 C 的脂肪酸）或三碳的丙酰 CoA（含奇数 C 的脂肪酸）。每一步都是可逆反应，而第四步硫解是高度放能反应，所以整个 β-氧化过程朝着裂解的方向进行，使脂肪酸的氧化得以继续进行。具体反应式（图 4-12）。

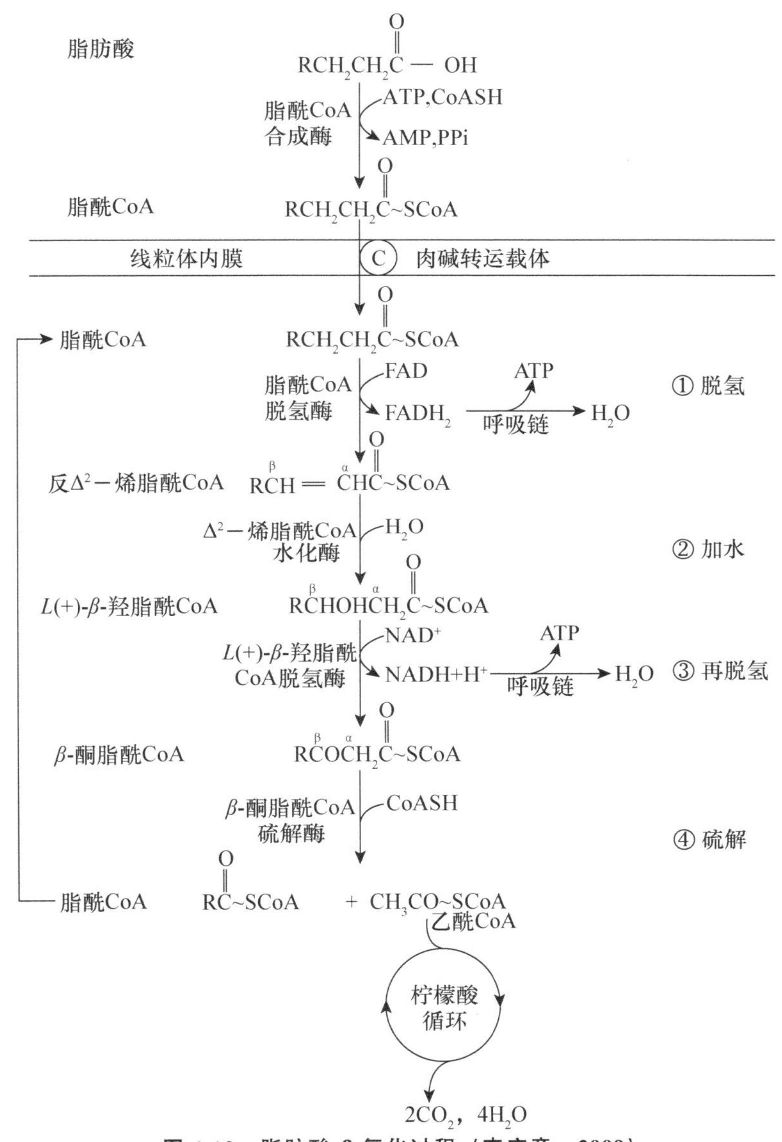

图 4-12　脂肪酸 β-氧化过程（李庆章，2009）

反应产物乙酰 CoA 一部分在线粒体中经柠檬酸循环彻底氧化，一部分在线粒体中合成酮体，由血液运送到其他组织中氧化利用。

d. β-氧化的能量计算　以十六碳软脂酸为例，1 mol 软脂酸彻底氧化需经过 7 轮上述的 β-氧化循环，转变成 8 mol 的乙酰 CoA，7 mol $FADH_2$，7 mol $NADH+H^+$。总反应为：

$$\text{软脂酰 CoA}+7CoASH+7FAD+7NAD^+ +7H_2O \rightarrow$$
$$8\ \text{乙酰 CoA}+7FADH_2+7NADH+7H^+$$

乙酰 CoA 通过柠檬酸循环，1 mol 乙酰 CoA 彻底氧化分解可以产生 10 mol ATP；1 mol $FADH_2$

进入呼吸链产生 1.5 mol ATP；1 mol NADH＋H^+ 进入呼吸链产生 2.5 mol ATP（图 4-13）。

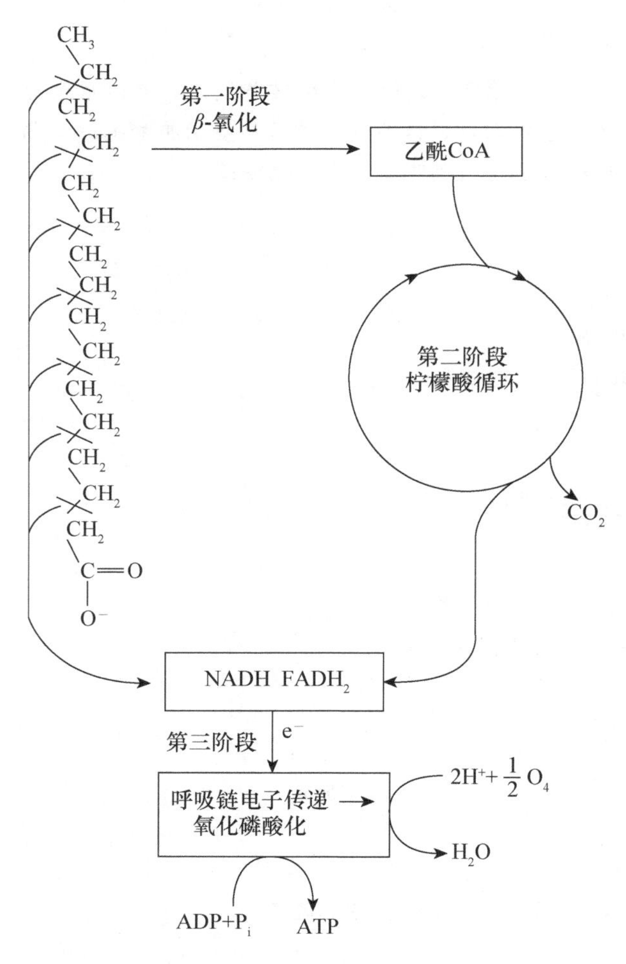

图 4-13 脂肪酸彻底氧化为 CO_2 和 H_2O（王希成，2005）

所以 1 分子软脂酰 CoA 经 β-氧化、柠檬酸循环、电子传递完全氧化产生的能量为 7 $FADH_2$（7×1.5＝10.5 ATP）、7 NADH＋H^+（7×2.5＝17.5 ATP）和 8 乙酰 CoA（8×10＝80 ATP），累计为 108 ATP。此外，需要减去脂肪酸的活化阶段消耗的 1 mol ATP 中的 2 mol 高能磷酸键（相当于 2 mol ATP）的能量，因此净生成 106 mol ATP。与 1 mol 葡萄糖彻底氧化可以产生 30（或 32）mol ATP 比较，脂肪产生的 ATP 要多得多，这也是生物体选择脂肪为主要的储能物质的原因。

②奇数碳脂肪酸的氧化　天然存在的脂肪酸大多数是偶数碳脂肪酸，奇数碳原子在哺乳动物中很少见，主要在植物和海洋生物中。奇数碳脂肪酸也像偶数碳脂肪酸一样进行 β-氧化，只是，在经历最后一轮 β-氧化作用后，生成丙酰 CoA（propionyl-CoA）。丙酰 CoA 沿另外的代谢途径在动物及人体中转变成琥珀酰 CoA（图 4-14），然后，进入三羧酸循环；在植物中则转变成乙酰 CoA。

丙酰 CoA 在丙酰 CoA 羧化酶（propionyl-CoA carboxylase）（以生物素作为辅酶）的催化下，在 ATP、CO_2 参与下，羧化成甲基丙二酸单酰 CoA，在甲基丙二酸单酰 CoA 变位酶（methylmalonyl-CoA mutase）(B_{12} 为辅酶）催化下形成琥珀酰 CoA。琥珀酰 CoA 可以进入三羧酸循环彻底氧化，又可转换成草酰乙酸。由于草酰乙酸可用作糖异生的底物，因此，来自奇数 C 脂肪酸的丙酰基可以净转化为葡萄糖。

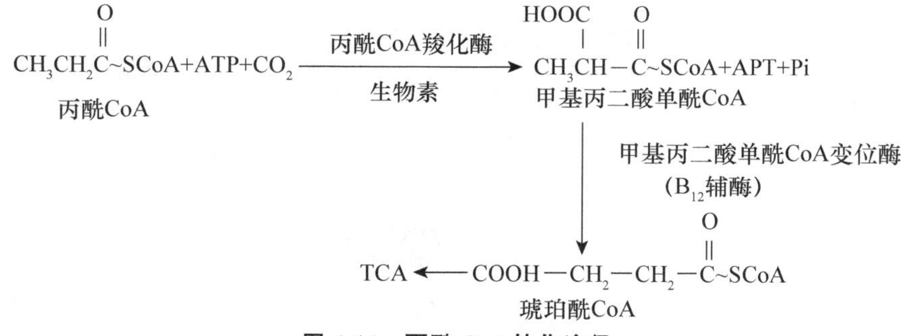

图 4-14 丙酰 CoA 转化途径

③不饱和脂肪酸的氧化　动物和植物体内的脂肪酸有一半以上是不饱和脂肪酸，自然界不饱和脂肪酸大多在第 9 位存在顺式双键，而烯脂酰 CoA 水化酶和羟脂酰 CoA 脱氢酶有高度立体异构特性，所以除了 β-氧化的全部酶外还需另外的酶来催化。含有一个双键的不饱和脂肪酸（如油酸），还需要一个顺-反-烯脂酰 CoA 异构酶将顺式结构中间产物转变为反式结构；含一个以上双键的脂肪酸，除了需要顺-反-烯脂酰 CoA 异构酶外，还需要 β-羟脂酰 CoA 差向异构酶才能按照 β-氧化途径氧化分解。

如图 4-15 所示，油酸在经历 3 次 β-氧化后，原第 9 位顺式双键已成为处于第 3 位的双键，然后在异构酶作用下，转变为第 2 位反式双键后，继续进行 β-氧化。多不饱和脂肪酸也可经 β-氧化进行降解，如亚油酸（十八碳-Δ^9-顺，Δ^{12}-顺二烯酰 CoA），经 3 次 β-氧化后形成生成 3 分子乙酰 CoA 和十二碳-Δ^3-顺，Δ^6-顺二烯酰 CoA。在异构酶的催化下，十二碳-Δ^3-顺，Δ^6-顺二烯酰 CoA 中第 3 位顺式双键转变为第 2 位反式双键，继续进行氧化释放出 1 分子乙酰 CoA 后，第 6 位变为第 4 位顺式双键，在烯脂酰 CoA 脱氢酶作用下形成 2，4-二烯脂酰 CoA。进而在 2，4-二烯脂酰 CoA 还原酶的作用下转为第 3 位顺式双键，再在异构酶催化生成反 Δ^2-烯脂酰 CoA，然后进行 β-氧化。

（2）脂肪酸的其他氧化方式

① α-氧化　在植物种子和叶组织中首先发现了这种氧化方式，而后在动物肝脏和脑中也有发现。α-氧化指的是游离脂肪酸为底物，在一些酶的催化下，分子氧间接的参与使其 α 碳原子发生氧化，反应结果生成 1 分子 CO_2 和比原来少 1 个碳原子的脂肪酸。这种氧化作用称之为 α-氧化作用（图 4-16）。例如植烷酸，经 α-氧化后其产物降植烷酸可以因此进入 β-氧化而按照常例被代谢掉。α-氧化可以发生在游离的脂肪酸上，不需要进行脂肪酸活化，而且这种过程不产生 ATP，既可在内质网发生，也可在线粒体或过氧化物酶体发生，这一点上不同于 β-氧化。

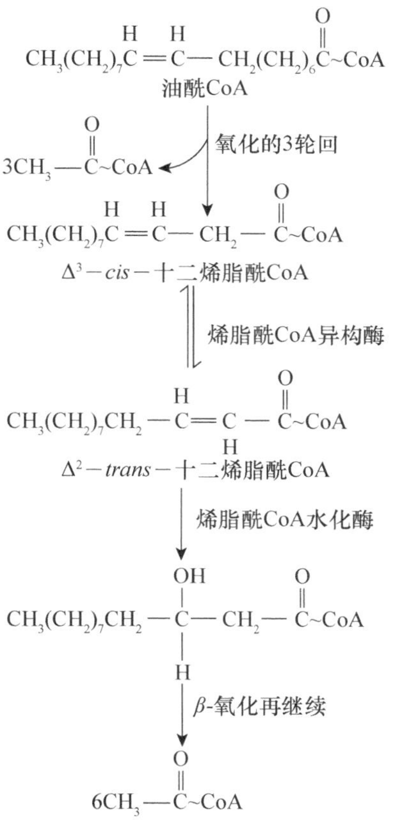

$CH_3(CH_2)_7CH{=}CH{-}CH_2(CH_2)_6C(=O)\sim CoA$
油酰CoA
↓ 氧化的3轮回 → $3CH_3{-}C(=O)\sim CoA$
$CH_3(CH_2)_7CH{=}CH{-}CH_2{-}C(=O)\sim CoA$
Δ^3-cis-十二烯脂酰CoA
⇌ 烯脂酰CoA异构酶
$CH_3(CH_2)_7CH_2{-}CH{=}CH{-}C(=O)\sim CoA$
$\Delta^2-trans-$十二烯脂酰CoA
↓ 烯脂酰CoA水化酶
$CH_3(CH_2)_7CH_2{-}CH(OH){-}CH_2{-}C(=O)\sim CoA$
↓ β-氧化再继续
$6CH_3{-}C(=O)\sim CoA$

图 4-15　油酸的氧化过程

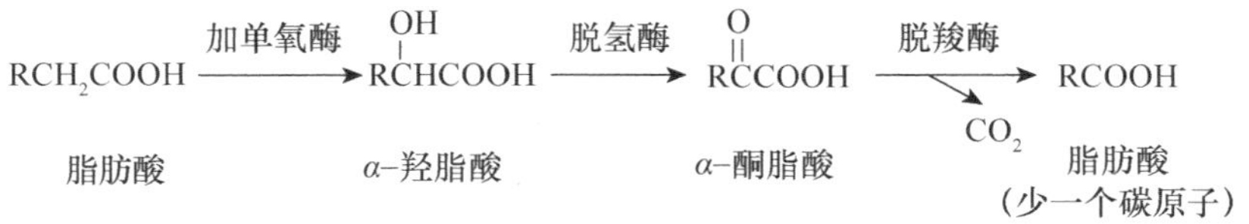

$RCH_2COOH \xrightarrow{加单氧酶} RCH(OH)COOH \xrightarrow{脱氢酶} RC(=O)COOH \xrightarrow{脱羧酶} RCOOH + CO_2$

脂肪酸　　α-羟脂酸　　α-酮脂酸　　脂肪酸（少一个碳原子）

图 4-16　α-氧化代谢途径

②脂肪酸的 ω-氧化　脂肪酸的 ω-氧化是指脂肪酸末端的 ω 碳原子氧化，经 ω-羟基脂肪酸、ω-醛基脂肪酸，最后氧化生成 α，ω-二羧酸的反应过程（图 4-17）。氧化过程需要混合功能氧化酶等酶（羧化酶、脱氢酶、NADPH＋H^+、细胞色素 P_{450} 等）的参与，其后 α，ω-二羧酸可以从两端任一侧都可以与 CoA 结合然后同时进行 β-氧化，从而加快了脂肪酸降解的速度。此种氧化形式在肝脏微粒体或细菌中均有发现。

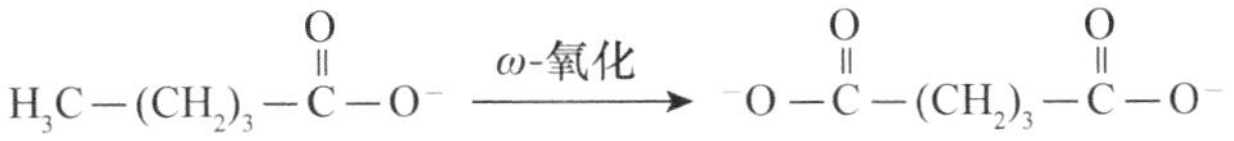

$$H_3C-(CH_2)_3-C(=O)-O^- \xrightarrow{\omega\text{-氧化}} {}^-O-C(=O)-(CH_2)_3-C(=O)-O^-$$

图 4-17　脂肪酸的 ω-氧化途径

4.3.1.4　酮体的代谢

β-氧化是人体氧化脂肪酸的主要途径，肝脏是脂肪酸氧化分解最活跃的器官之一。肝脏组织脂肪酸氧化以及其他代谢产生的乙酰 CoA 可进入 4 条代谢途径：首先是可进入三羧酸循环及电子传递链，彻底氧化分解为 CO_2 和 H_2O 并提供肝组织本身需要的能量；其次是作为脂肪酸合成的原料进入从头合成途径；第三是作为胆固醇生物合成的起始化合物，参与固醇合成；最后就是合成酮体，肝脏具有活性较强的合成酮体的酶系，因此在肝脏中只有少部分乙酰 CoA 通过柠檬酸循环分解，大部分乙酰 CoA 则作为酮体合成的原料，在线粒体内形成酮体。酮体是乙酰乙酸（acetoacetate）、β-羟基丁酸（hydroxybutyrate）及它的非酶分解产物丙酮（acetone）三者（图 4-18）总称。

（1）酮体的生成　酮体的生成途径分为硫解、合成、裂解等步骤，整个过程如图 4-19 所示：

①乙酰乙酰 CoA 的生成　2 分子的乙酰 CoA 在乙酰乙酰 CoA 硫解酶（thiolase）的催化作用下缩合，生成乙酰乙酰 CoA，释放 1 分子 CoASH。

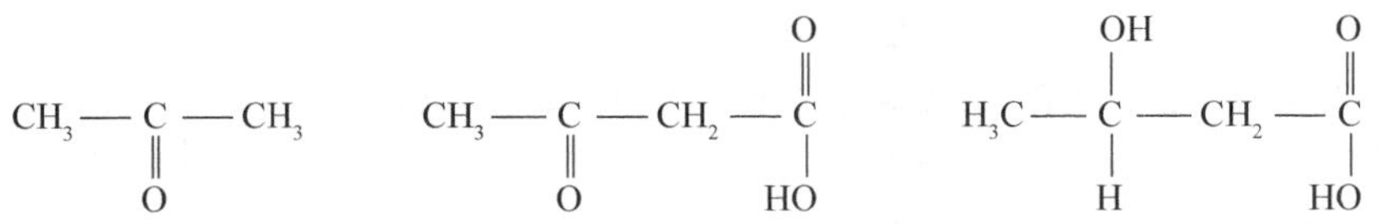

丙酮　　乙酰乙酸　　β-羟基丁酸

图 4-18　酮体的结构

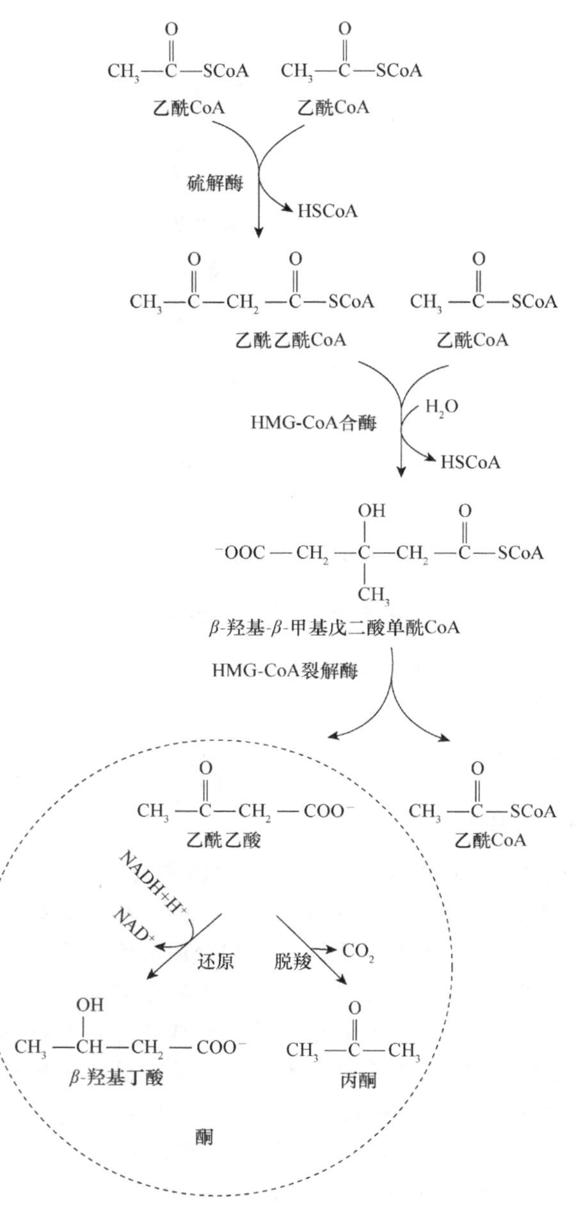

图 4-19　酮体的生成过程图

②β-羟基-β-甲基戊二酸单酰 CoA（HMG-CoA）的生成　乙酰乙酰 CoA 在 HMG-CoA 合酶的催化下，与 1 分子乙酰 CoA 缩合生成 HMG-CoA，也释出一分子 CoASH。

③乙酰乙酸的生成　HMG-CoA 在 HMG-CoA 裂解酶的作用下，催化裂解生成乙酰乙酸和乙酰 CoA，乙酰 CoA 可再参与酮体的合成。

④β-羟丁酸的生成　部分乙酰乙酸在线粒体内膜 β-羟丁酸脱氢酶作用下，由 $NADH+H^+$ 提供氢，还原生成 β-羟丁酸。还原速率由 $NADH/NAD^+$ 的比值决定，当比值高时，易形成 β-羟丁酸。

⑤丙酮的生成　极少一部分乙酰乙酸还可在乙酰乙酸脱羧酶作用下或自发脱羧，生成丙酮。

（2）酮体的氧化　生成酮体是肝的特有功能，因为其线粒体内有合成酮体的酶，尤其是肝线粒体 HMG-CoA 合酶。但是肝中缺乏分解酮体的酶，因而酮体在肝中生成后并不能分解。酮体分子小，易溶于水，所以很容易透过细胞进入血液，通过血液运送到其他组织（心肌、肾、肌肉等）中氧化分解，酮体氧化的全貌（图 4-20）。β-羟基丁酸经 β-羟基丁酸脱氢酶作用脱氢转变成乙酰乙酸；乙酰乙酸在 β-酮脂酰-CoA 转移酶催化下与琥珀酰 CoA 反应形成乙酰乙酰 CoA。乙酰乙酰 CoA 在硫解酶的作用下分解成 2 分子乙酰 CoA，后者主要进入三羧酸循环彻底氧化；丙酮可以氧化脱羧生成乙酰 CoA，也可沿酵解途径生成糖原，它还可以通过呼吸或随尿液排出，部分丙酮可以在一系列的酶的作用下转变成丙酮酸或乳酸。

（3）酮体的利用　酮体的代谢途径让我们了解到，肝组织可以将乙酰 CoA 转变为酮体，而肝外组织再将酮体转变为乙酰 CoA，这种循环是乙酰 CoA 在体内的运输方式，是肝脏输出能源的方式之一。酮体可以被很多组织利用，包括中枢神经系统，但肝脏和红细胞除外，因为红细胞中没有线粒体，而肝脏中缺少激活酮体的酶。心肌和肾脏优先利用乙酰乙酸。当心肌、脑组织等在糖供应匮乏时，酮体就可以被利用。尤其是脑细胞，脑在正常代谢时主要利用葡萄糖供给能量，但是对于糖尿病患者或者长期饥饿状态下的人，脑中的 75% 能源都来源于酮体。

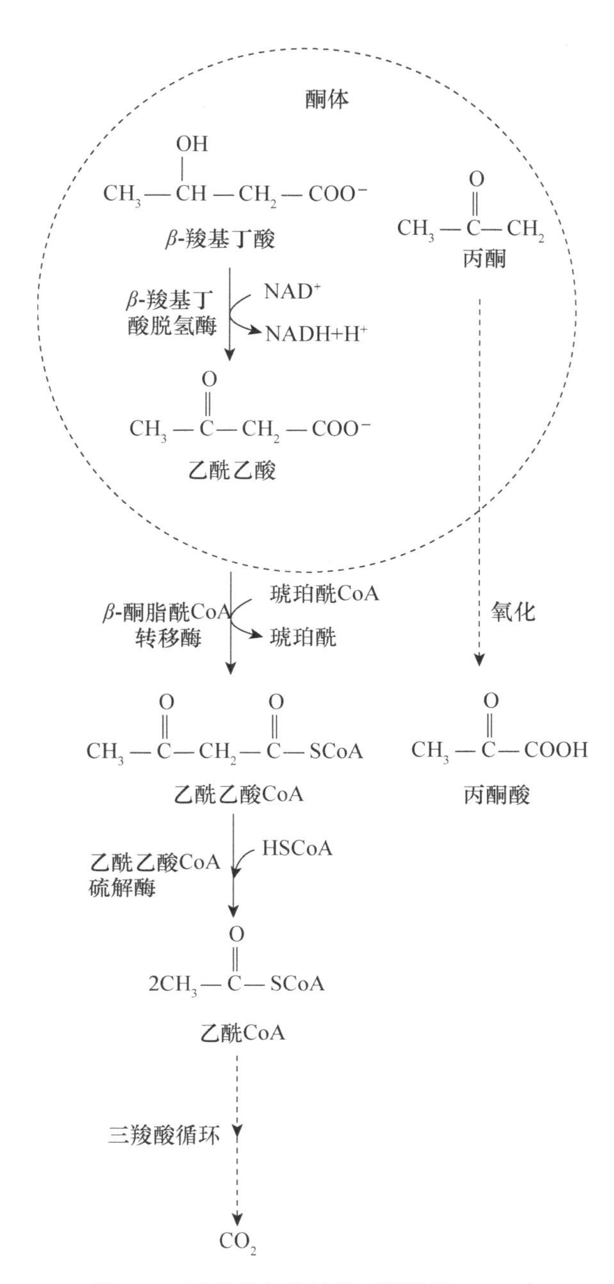

图 4-20　酮体的氧化过程（谢达平，2014）

4.3.2　脂肪的合成代谢

脂肪是生物体重要的储能物质。脂肪的生物合成可以分为三个阶段：磷酸甘油的生物合成；脂肪酸的生物合成；三酰甘油的生物合成。脂肪是甘油和脂肪酸的酶促合成产物，但两者不能作为直接的底物参加反应，合成脂肪，须转变为 3-磷酸甘油和脂酰 CoA。

4.3.2.1　磷酸甘油的生物合成

磷酸甘油是高等动物合成脂肪所必需的前体，磷酸甘油的生物合成有两条途径：

（1）如图 4-21 所示，糖酵解的中间产物磷酸二羟丙酮，在细胞质中磷酸甘油脱氢酶（glycerol phosphate dehydrogenase）作用下，被还原为磷酸甘油（α-磷酸甘油）。

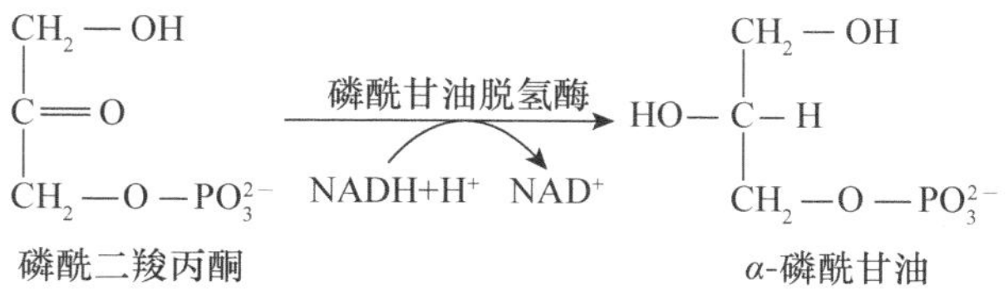

$CH_2—OH$
$C=O$
$CH_2—O—PO_3^{2-}$
磷酰二羧丙酮

磷酰甘油脱氢酶（$NADH+H^+$ → NAD^+）→

$CH_2—OH$
$HO—C—H$
$CH_2—O—PO_3^{2-}$
α-磷酰甘油

图 4-21　磷酸二羟丙酮还原成 α-磷酸甘油

（2）如图 4-22 所示，由食物中吸收的甘油（主要为脂肪消化分解产生），在甘油激酶的催化下，由 ATP 供能，生成磷酸甘油。

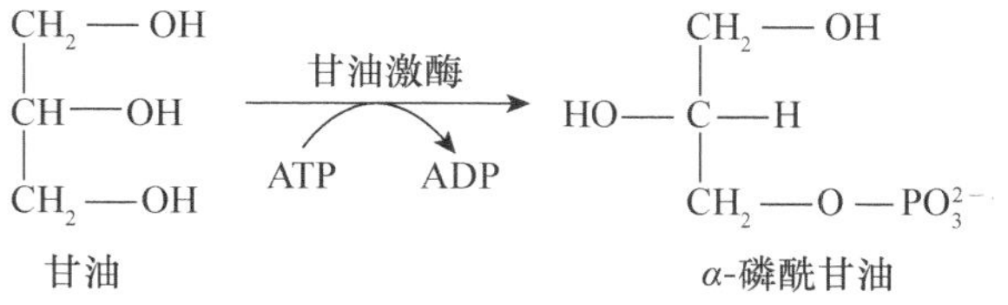

$CH_2—OH$
$CH—OH$
$CH_2—OH$
甘油

甘油激酶（ATP → ADP）→

$CH_2—OH$
$HO—C—H$
$CH_2—O—PO_3^{2-}$
α-磷酰甘油

图 4-22　甘油磷酸化成 α-磷酸甘油

4.3.2.2　脂肪酸的生物合成

脂肪酸的合成过程比其分解过程要复杂，脂肪酸的合成可分为饱和脂肪酸的从头合成、脂肪酸碳链的延长和脂肪酸碳链的去饱和三大部分。

（1）脂肪酸的从头合成

①乙酰 CoA 的转运与活化　脂肪酸的从头合成主要在细胞液中进行，而脂肪酸合成的原料乙酰 CoA 主要由脂肪酸 β-氧化和丙酮酸脱羧而来。而这两个过程都是在线粒体中进行的，且乙酰 CoA 不能穿过线粒体内膜进入细胞质中去，所以要借助柠檬酸转运系统（citrate transport system）把乙酰 CoA 转运至细胞质中。

如图 4-23 所示，线粒体基质内乙酰 CoA 从线粒体转运到细胞液中去，首先是丙酮酸氧化产生的乙酰 CoA 与丙酮酸羧化产生的草酰乙酸，在柠檬酸合酶作用下缩合生成柠檬酸，然后通过三羧酸载体透过膜，再由膜外柠檬酸裂解酶裂解成乙酰 CoA 和草酰乙酸。

细胞质中生成的乙酰 CoA 用于合成脂肪酸，而草酰乙酸在苹果酸脱氢酶催化下，还原成苹果酸。胞质中的苹果酸在苹果酸酶的催化下氧化脱羧生成丙酮酸。丙酮酸可再通过线粒体内膜上的载体转运至线粒体内重新羧化生成草酰乙酸，又可参加乙酰 CoA 转运循环。整个过程反复循环，乙酰 CoA 便可

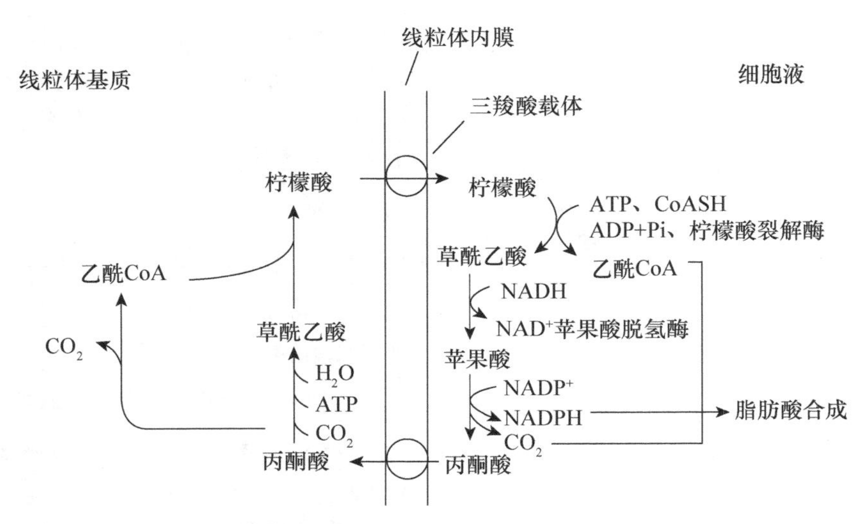

图 4-23 乙酰 CoA 在线粒体与细胞液间的运输过程（柠檬酸转运系统）（谢达平，2014）

不断地从线粒体内转运至胞质中。柠檬酸转运系统是个耗能的过程，转运 1 分子乙酰 CoA 需要消耗 2 分子的 ATP。

② 丙二酸单酰 CoA 的合成　在脂肪酸的从头合成过程中，参与脂肪链合成的二碳单位的直接供体并不是乙酰 CoA，而是乙酰 CoA 的羧化产物丙二酸单酰 CoA。在乙酰 CoA 羧化酶催化下，乙酰 CoA 被羧化生成丙二酸单酰 CoA（图 4-24），此酶的辅基为生物素，反应需消耗 ATP。

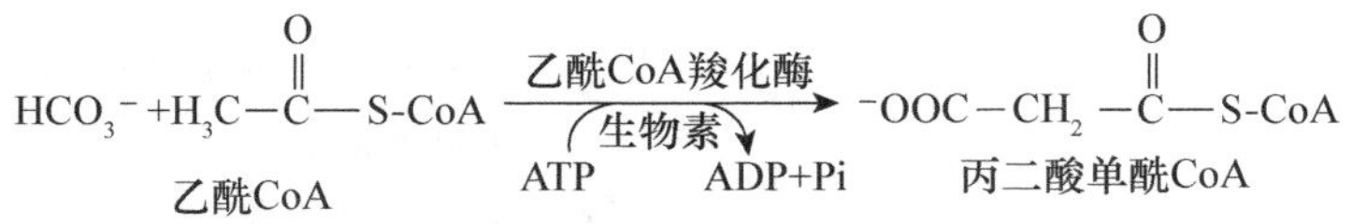

$$HCO_3^- + \underset{\text{乙酰CoA}}{H_3C-\overset{\overset{O}{\|}}{C}-S\text{-}CoA} \xrightarrow[\text{ATP} \quad \text{ADP+Pi}]{\text{乙酰CoA羧化酶},\ \text{生物素}} \underset{\text{丙二酸单酰CoA}}{{}^-OOC-CH_2-\overset{\overset{O}{\|}}{C}-S\text{-}CoA}$$

图 4-24 丙二酸单酰 CoA 的合成

此反应不可逆，是脂肪酸合成的关键步骤。催化该反应的乙酰 CoA 羧化酶是一种别构酶，又是脂肪酸合成的限速调节酶。细胞内有几种不同的机制调节此酶活性。其一是聚合与解聚。乙酰 CoA 羧化酶以无活性的原体（protomer）和有活性的聚合体（polymer）两种形式存在。每个原体都存在一个 HCO_3^- 结合部位、一个乙酰 CoA 结合部位和一个柠檬酸结合部位。有活性的聚合体由 10～20 个原体聚合而成。其二是变构调节，脂肪酸合成产物长链脂肪酸或脂酰 CoA 可引起乙酰 CoA 羧化酶的构象改变，从而抑制酶的活性。其三是共价修饰，乙酰 CoA 羧化酶也受磷酸化/去磷酸化调节。该酶是一种依赖于 AMP 的蛋白激酶，因磷酸化而失活。

柠檬酸和异柠檬酸可以引起乙酰 CoA 羧化酶的变构、提高活性；激活柠檬酸裂解酶，促进柠檬酸由线粒体内向细胞浆转运，并裂解生成乙酰 CoA。促进乙酰 CoA 羧化酶原体聚合成聚合体；当糖代谢加强时，ATP 会产生积累从而抑制异柠檬酸脱氢酶，造成柠檬酸和异柠檬酸积累，刺激脂肪酸合成。相反，当脂肪酸合成加强后，由于长链脂肪酸或脂酰 CoA 促进乙酰 CoA 羧化酶解聚及变构，会抑制脂肪酸的合成。

胰高血糖素和 AMP 通过激活蛋白激酶而使乙酰 CoA 羧化酶磷酸化失活，因而抑制脂肪酸合成。

③ 脂肪酸合成的加成反应　从乙酰 CoA 和丙二酸单酰 CoA 合成脂肪酸是一个重复加成的过程，每次延长 2 个碳原子，此过程在脂肪酸合酶系统的催化下完成。脂肪酸合酶系统（fatty acid synthase system，FAS）存在于细胞质中，是一个多酶复合体。丙二酸单酰 CoA 生成脂肪酸的加成反应就是在脂肪酸合酶复合体的作用下完成的。尽管在不同生物体内脂肪酸有相似的合成过程，但脂肪酸酶合酶系统（FAS）的组成并不完全相同。

原核生物如大肠杆菌脂肪酸合成反应是由 6 种酶和 1 分子酰基载体蛋白（acyl carrier protein，ACP）组成了脂肪酸合酶系统，6 种酶分别是乙酰 CoA 酰基载体蛋白转移酶（acetyl CoA-ACP transacetylase，AT）、丙二酰单酰 CoA 酰基载体蛋白转移酶（malonyl CoA-ACP transferase，MT）、β-酮脂酰酰基载体蛋白合酶（β-ketoacyl-ACP synthase，KS）、β-酮脂酰酰基载体蛋白还原酶（β-ketoacyl-ACP reductase，KR）、β-羟脂酰酰基载体蛋白脱水酶（β-hydroxyacyl-ACP dehydratase，HD）和烯脂酰酰基载体蛋白还原酶（enoyl-ACP reductase，ER）。酰基载体蛋白（acyl carrier protein，ACP）是多酶复合体的核心，它的辅基4′-磷酸泛酰巯基乙胺作为酰基载体，将脂酸合成的中间物由一个酶的活性部位转移到另一个酶的活性部位上，这提高了脂肪酸合成的效率。

真核细胞的脂酸合酶与原核生物不同，催化脂酸合成的7种酶（包括以上原核生物脂酸合成酶系统的六种酶和硫激酶）和1分子ACP均在一条单一的多功能多肽链上，由两条完全相同的多肽链首尾相连组成的二聚体称脂酸合酶。脂酸合酶的二聚体只有当它们聚合时才有活性，若二聚体解离成单体，则部分酶活性丧失。二聚体的每个亚基均有酰基载体蛋白结构域，通过丝氨酸残基连接一分子4-磷酸泛酰巯基乙胺作为脂肪酸合成过程中脂酰基载体，在每个亚基不同催化部位之间转运底物或中间物，这犹如一个高效的生产线，大大提高了脂酸的合成效率。

脂肪酸合成的加成反应历程以乙酰CoA为原料，通过丙二酸单酰CoA在羧基端逐步添加二碳单位，合成出不超过16个碳原子的脂酰基，最后脂酰基被水解成游离的脂肪酸。动物脂肪酸的从头合成是在细胞液中进行，植物则是在叶绿体和前质体中进行。虽然生物体内的脂肪酸链长短不一，不饱和程度各不相同，但通常都是首先合成16碳饱和脂肪酸。其合成过程包括：负载，缩合，还原，脱水，再还原，脂酰基水解等过程。主要反应过程如下：

a. 负载　如图4-25所示，在乙酰CoA-ACP转移酶（acetyl CoA-ACP transacetylase）催化下，乙酰CoA的乙酰基转移到酰基载体蛋白中央的巯基上，生成乙酰-ACP。然后乙酰-ACP中的乙酰基再转移到β-酮酰-ACP合酶上。

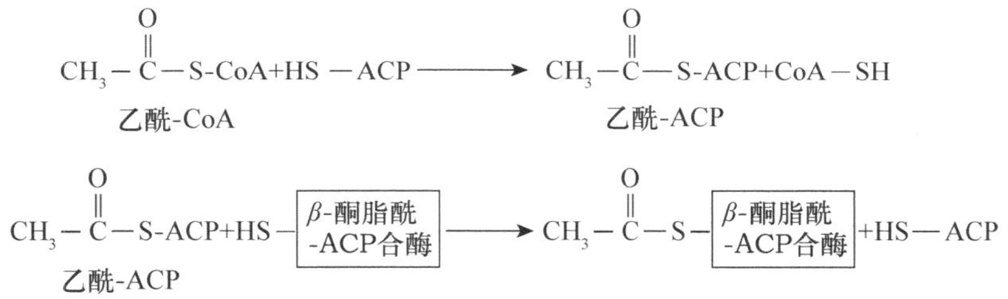

$$\underset{\text{乙酰-CoA}}{CH_3-\overset{\overset{O}{\|}}{C}-S\text{-}CoA}+HS-ACP \longrightarrow \underset{\text{乙酰-ACP}}{CH_3-\overset{\overset{O}{\|}}{C}-S\text{-}ACP}+CoA-SH$$

$$\underset{\text{乙酰-ACP}}{CH_3-\overset{\overset{O}{\|}}{C}-S\text{-}ACP}+HS-\boxed{\begin{matrix}\beta\text{-酮脂酰}\\ \text{-ACP合酶}\end{matrix}} \longrightarrow CH_3-\overset{\overset{O}{\|}}{C}-S-\boxed{\begin{matrix}\beta\text{-酮脂酰}\\ \text{-ACP合酶}\end{matrix}}+HS-ACP$$

图4-25　乙酰-CoA中的乙酰基经ACP转移到β-脂酰-ACP合酶（王希成，2005）

如图4-26所示，在丙二酸单酰CoA-ACP转酰基酶（malonyl-CoA-ACP transacetylase）催化下，丙二酸单酰CoA的丙二酸单酰基被转移到ACP上，生成丙二酸单酰-ACP。

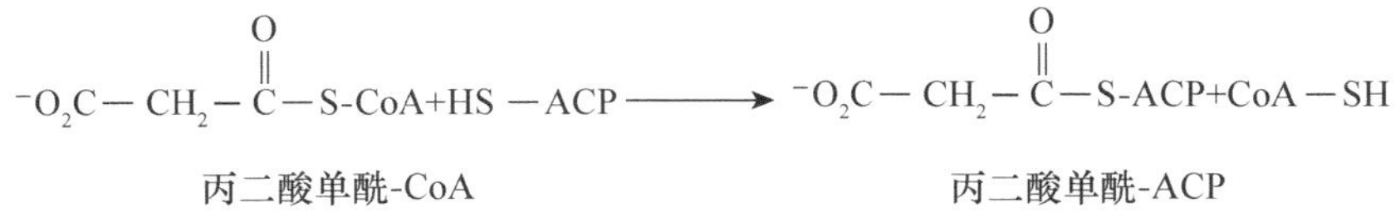

$$\underset{\text{丙二酸单酰-CoA}}{{}^{-}O_2C-CH_2-\overset{\overset{O}{\|}}{C}-S\text{-}CoA}+HS-ACP \longrightarrow \underset{\text{丙二酸单酰-ACP}}{{}^{-}O_2C-CH_2-\overset{\overset{O}{\|}}{C}-S\text{-}ACP}+CoA-SH$$

图4-26　丙二酸单酰基被转移到ACP上（王希成，2005）

b. 缩合　在β-酮脂酰-ACP合酶（β-ketoacyl-ACP synthase）催化下，将酶上结合的乙酰基（脂酰基）转移到丙二酸单酰ACP的第二个原子上，形成乙酰乙酰-ACP，同时使丙二酸单酰基上的自由羧基脱羧产生CO_2。有实验证明，反应中所释放的二氧化碳的碳原子来自形成丙二酸单酰CoA时所羧化的HCO_3^-，说明羧化的碳原子并未掺入脂肪酸中去，HCO_3^-在脂肪酸合成中只起到了催化作用。脱羧产生的能量可供缩合反应需要，同时也使反应不可逆。

c. 还原　在β-酮脂酰-ACP还原酶（β-ketoacyl-ACP reductase）催化下，乙酰乙酰-ACP的β羰基被$NADPH+H^+$还原成羟基，生成*D*-β-羟丁酰基-ACP。

d. 脱水　在β-羟丁酰基-ACP脱水酶（β-ketoacyl-ACP dehydratase）催化下，*D*-β-羟丁酰基-ACP的α、β碳原子间脱水生成反丁烯酰-ACP。

e. 再还原　在β-烯酰-ACP还原酶（β-enoyl-ACP reductase）催化下，反丁烯酰-ACP被NAD-

PH＋H^+还原成丁酰-ACP。至此，生成延长了两个碳单位的丁酰基-ACP。第二次还原反应同样反生在β碳原子上，还原剂同样是 NADPH。

这样，由乙酰 CoA 作为原料，经过负载，缩合，还原，脱水，再还原，便生成了含 4 个碳原子的丁酰酰基载体蛋白。如此反复进行 b～e 的合成过程，每一个循环碳链延伸一个二碳单位。但起始底物是已经加长了两个碳的酰基-ACP，每一轮都有一个新的丙二酸单酰 CoA 分子参与（图 4-27），直至生成含有不超过 16C 的酯酰-ACP 为止。

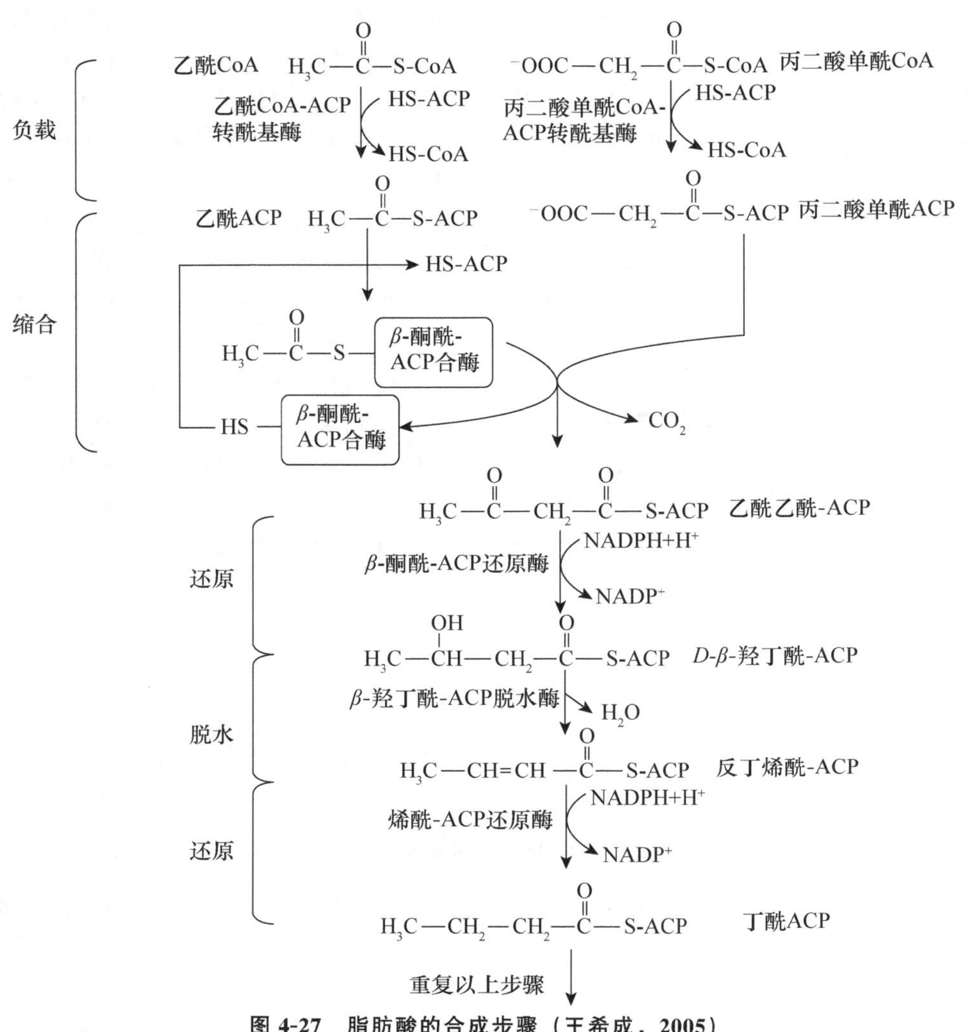

图 4-27 脂肪酸的合成步骤（王希成，2005）

f. 脂酰基水解 当脂酰基延长到一定程度（不超过 16C）后，在硫酯酶的作用下，酯酰-ACP 水解即可生成脂肪酸和 HS-ACP。

在真核生物中，β-酮脂酰 ACP 合成酶对脂肪酸链长有专一性，它接受 14 碳脂酰基的活力最强，所以在大多数情况下仅限于合成软脂酸。软脂酸合成的总反应如下：

乙酰 CoA＋7 丙二酸单酰 CoA＋14$NADPH^+$＋14H^+
→软脂酸＋7CO_2＋14$NADP^+$＋8CoASH＋6H_2O

其中还原剂 NADPH 和 H^+ 来自磷酸戊糖途径和细胞液中由苹果酸酶催化苹果酸转变成丙酮酸的反应。

④脂肪酸从头合成途径的特点

a. 脂肪链通过缩合、还原、脱水、再还原延长脂肪酸碳链，每次延长两个碳原子。

b. CO_2 在反应中仅起活化作用，其原因是 CO_2 虽然参与了起初的羧化反应，但在缩合反应中又重新释放出来，并没有真正的消耗。

c. 脂肪酸延伸循环一次，消耗 1 分子 ATP 和 2 分子 NADPH 及 2 个 H^+。

由上可知，脂肪酸从头合成不是β-氧化途径的逆过程，是两条不同的代谢途径。表 4-1 是软脂酸从头合成途径与β-氧化途径的比较。

表 4-1　软脂酸从头合成途径与 β-氧化途径的比较

差异点	脂肪酸从头合成	脂肪酸 β-氧化
细胞内进行部位	细胞液	线粒体
脂酰基载体	酰基载体蛋白（ACP）	CoASH
转运机制	柠檬酸转运系统	肉碱转运系统
参加或断裂的二碳单位	丙二酸单酰 CoA	乙酰 CoA
辅因子	NADPH	NAD^+ 和 FAD
β-羟中间代谢物的构型	*D* 型	*L* 型
重复反映步骤	缩合—还原—脱水—还原	脱氢—加水—脱氢—硫解
生成或氧化 1 mol 软脂酸能量变化	消耗 7 molATP、14 molNADPH 和 14 $molH^+$	产生 106 molATP
循环次数	7 次	7 次

（2）脂肪酸碳链的延伸　在生物体内脂肪酸合成最常见的产物是软脂酸，若需合成较软脂酸碳链更长的脂肪酸时，就需要通过一定的途径进行延长。线粒体酶系、内质网酶系与微粒体酶系都能使短链饱和脂肪酸的碳链延长，每次延长两个碳原子。

线粒体酶系通过加入乙酰 CoA 来延长碳链，每一轮反应使脂肪酸碳链新增加 2 个碳原子，一般可以延长至 24 或 26 碳脂肪酸。线粒体酶系延长饱和脂肪酸的途径与 β-氧化过程相比，饱和脂肪酸的合成反应基本上是分解反应的逆行过程，其差别只是第四个酶——烯脂酰 CoA 还原酶代替了 β-氧化过程中的脂酰 CoA 脱氢酶，最后一步还原反应中的辅酶是 NADPH。

微粒体和内质网酶系也可延长 C_{16} 脂酸的碳链。此过程中通过加入丙二酸单酰 CoA 作为延长脂酸碳链的碳源。且反应中脂酰基不是以 ACP 为载体，而是连接在 CoASH 上，此途径可以合成 24 碳的脂肪酸。不过还是以软脂酸合成硬脂酸为主。

（3）脂肪酸碳链的去饱和

①单烯脂肪酸（monoenoic acid）的合成　绝大多数生物都能通过自身形成棕榈油酸（palmitoleic acid，Δ^9-十六烯酸）和油酸（oleic acid，Δ^9-十八烯酸）。在动物组织中，软脂酸和硬脂酸去饱和后形成相应的棕榈油酸和油酸，这两种脂肪酸在 Δ^9 位都有一顺式双键。但需氧生物和厌氧生物所需的酶不同。脊椎动物及其他需氧生物 Δ^9 位双键的形成是由微粒体加单氧酶系统催化。在需氧生物中，虽然电子都来自 $NADPH+H^+$，但动物、植物和微生物的电子传递系统的成员却不同。

在动物体内有一个复杂的去饱和酶系，该复合体与微粒体结合的蛋白质组成，即 NADH 细胞色素 b_5 还原酶（NADH cytochrome b_5 reductase）、细胞色素 b_5 及去饱和酶（desaturase）。首先电子从 NADH 转移到 NADH 细胞色素 b_5 还原酶的 FAD 辅基上，然后使细胞色素 b_5 血红素中的铁离子还原成 Fe^{2+}，再使去饱和酶中非血红素铁离子还原成 Fe^{2+}，最后，分子氧分别接受来自 NADH 及去饱和酶的 2 对电子，形成 2 分子水及 1 分子不饱和脂肪酸（图 4-28）。

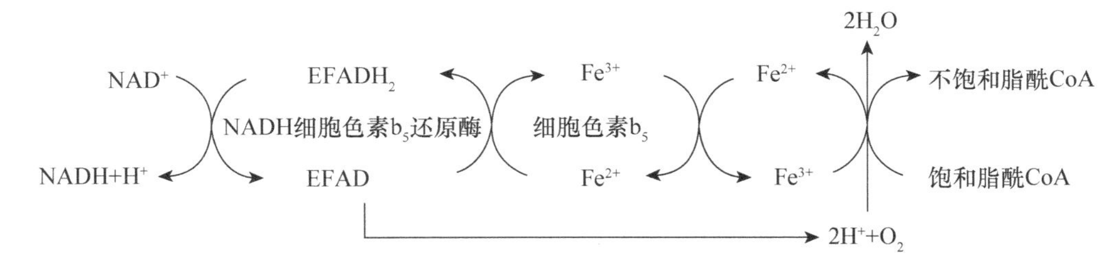

图 4-28　动物组织细胞脂肪酸去饱和电子传递途径（谢达平，2014）

植物合成不饱和脂肪酸的机制与动物类似。不同的是植物是用铁-硫蛋白代替细胞色素 b_5（图 4-29）。许多细菌则是通过不需氧的途径形成烯脂肪酸。如在大肠杆菌中，棕榈酸的合成是由脂肪酸合成酶系统合成的 β-羟癸脂酰-ACP（含 10 碳）开始的。β-羟癸脂酰-ACP 在 β-羟癸脂酰-ACP 脱水酶催化下形成 β，γ（即 Δ^3）-癸烯脂酰-ACP，接着以 3 分子丙二酸单酰 ACP 在不饱和 10 碳脂酰-ACP 的羧基端相继累加 3 次就形成棕榈油酰-ACP。

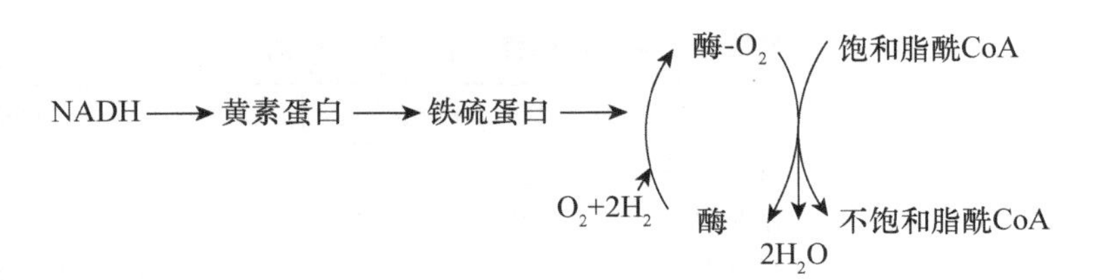

图 4-29　植物及微生物脂肪酸去饱和电子传递途径（张洪渊，2006）

②多烯脂肪酸的形成　高等植物和动物含有丰富的多烯酸，细菌不含多烯酸。哺乳动物的多烯酸根据其双键的数目常分为棕榈油酸、油酸、亚油酸和亚麻酸四大类。但人类及有些高等动物（哺乳类）不能合成维持机体生长、生存的十八碳二烯酸（亚油酸）和十八碳三烯酸（亚麻酸），必须从食物中摄取，因此这两种不饱和脂肪酸对人类和哺乳类动物是必需脂肪酸（essential fatty acid）。但动物能用脱饱和及延长碳链方法从十八碳二烯酸或十八碳三烯酸合成二十碳四烯酸。哺乳动物以软脂酸为底物，通过延长、去饱和可形成多种多烯酸，其形成过程如图 4-30 所示。

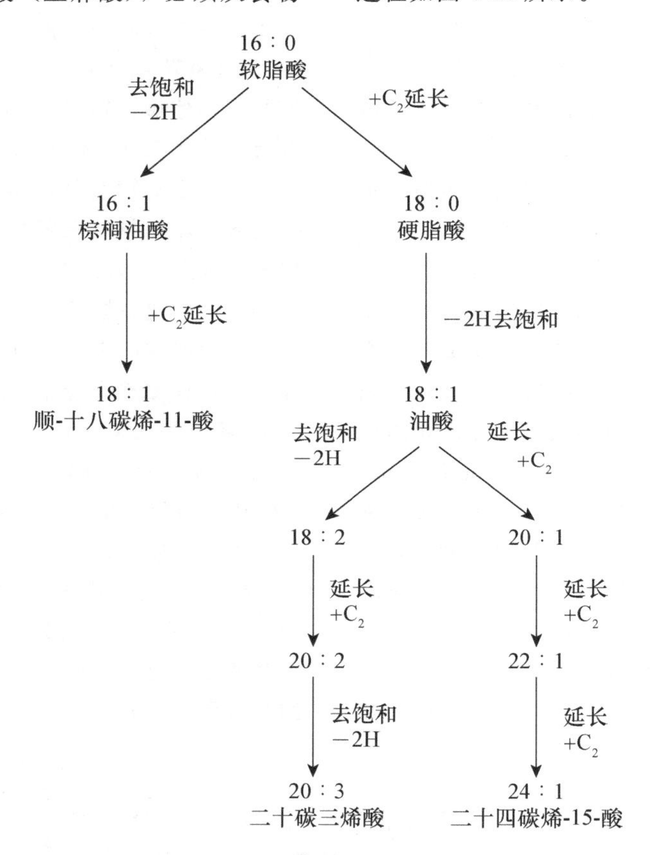

图 4-30　多烯脂肪酸的形成过程（谢达平，2014）

4.3.2.3　三酰甘油的生物合成

三酰甘油（脂肪）合成的原料是 3-磷酸甘油和脂酰 CoA。3-磷酸甘油来源于糖酵解或甘油的分解代谢途径，脂酰 CoA 来自脂肪酸的活化。3-磷酸甘油和脂酰 CoA 逐步缩合形成三酰甘油。

此过程是由磷酸甘油脂酰转移酶、磷酸酶和二脂酰甘油脂酰转移酶催化的。两个脂酰 CoA 首先在磷酸甘油脂酰转移酶催化下，相继与 3-磷酸甘油酯化生成溶血磷脂酸和磷脂酸（phosphatidic acid）。然后由磷酸酶催化的水解反应脱去磷酸生成二脂酰甘油，二脂酰甘油脂酰转移酶催化 1 分子脂酰 CoA 转移到二脂酰甘油的羟基上形成三脂酰甘油（脂肪），如图 4-31 所示。

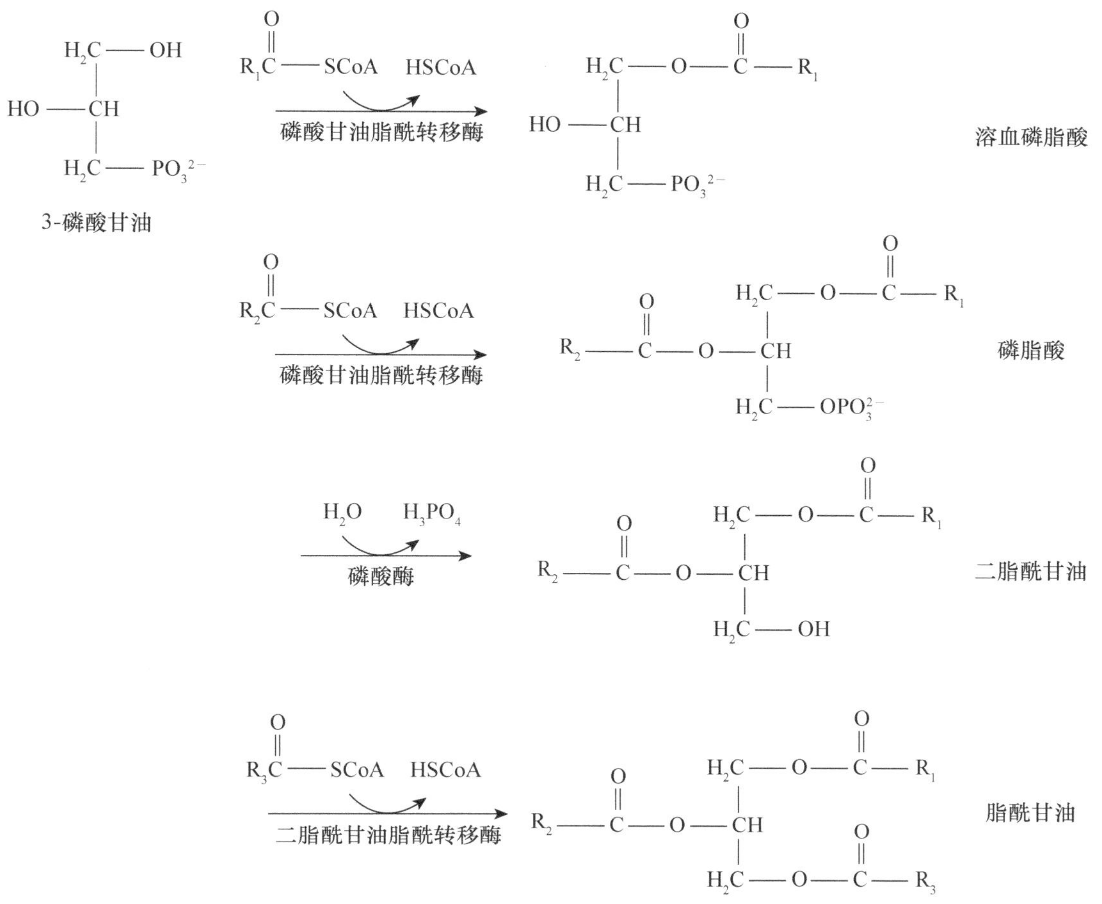

3-磷酸甘油（$H_2C—OH$ / $HO—CH$ / $H_2C—PO_3^{2-}$） + $R_1C(=O)—SCoA$ $\xrightarrow{\text{磷酸甘油脂酰转移酶}}$ HSCoA + 溶血磷脂酸（$H_2C—O—C(=O)—R_1$ / $HO—CH$ / $H_2C—PO_3^{2-}$）

溶血磷脂酸 + $R_2C(=O)—SCoA$ $\xrightarrow{\text{磷酸甘油脂酰转移酶}}$ HSCoA + 磷脂酸（$H_2C—O—C(=O)—R_1$ / $R_2—C(=O)—O—CH$ / $H_2C—OPO_3^{2-}$）

磷脂酸 + H_2O $\xrightarrow{\text{磷酸酶}}$ H_3PO_4 + 二脂酰甘油（$H_2C—O—C(=O)—R_1$ / $R_2—C(=O)—O—CH$ / $H_2C—OH$）

二脂酰甘油 + $R_3C(=O)—SCoA$ $\xrightarrow{\text{二脂酰甘油脂酰转移酶}}$ HSCoA + 脂酰甘油（$H_2C—O—C(=O)—R_1$ / $R_2—C(=O)—O—CH$ / $H_2C—O—C(=O)—R_3$）

图 4-31　三脂酰甘油（脂肪）的生物合成（谢达平，2014）

思考题

1. 什么是脂肪酸、脂肪和蜡？

2. 脂肪酸有哪些主要的氧化分解途径？其中最重要的是什么途径？叙述其反应历程。

3. 脂肪的合成需要哪些原料？它们分别从何而来？

4. 按反应部位、酰基载体、所需辅酶、β-羟基中间物的构型、促进过程的能量状态、合成或降解的方向以及酶系统几方面，比较脂肪酸氧化和合成的差异。

5. 1 mol 甘油完全氧化成 CO_2 和 H_2O 时净生成多少 mol ATP？假设在线粒体外生成 NADH 都通过磷酸甘油穿梭进入线粒体。

第5章

蛋白质及其代谢

本章学习目的与要求

1．掌握蛋白质的基本结构单位——氨基酸的化学结构、分类、酸碱性质以及等电点的计算方法，记住这20种氨基酸的三字母符号。了解氨基酸的常见化学反应；熟悉分离和分析氨基酸的常用方法；

2．了解蛋白质的分类和功能多样性；熟悉蛋白质一级结构测定方法，掌握多肽链部分裂解常用的酶和化学试剂及作用位点；

3．掌握蛋白质的二级结构、超二级结构、结构域、三级结构和四级结构的特点，以及维系这些结构的作用力；

4．掌握蛋白质带点性质、蛋白质变性和凝固、蛋白质的沉淀及其紫外吸收性质；熟悉蛋白质的颜色反应；

5．掌握蛋白质的分离纯化技术；熟悉蛋白质的相对分子量测定方法；

6．掌握氨基酸脱氨基作用的途径，了解氨基酸脱羧基途径；

7．掌握尿素的合成途径，了解氨基酸碳骨架的氧化途径；

8．了解由氨基酸衍生的其他重要物质的合成；

9．掌握蛋白质合成体系和基本合成过程，了解蛋白质合成后的一些加工方式。

蛋白质（protein）是动物、植物和微生物细胞中最重要的有机物质之一，也是细胞结构中最重要的成分。所有重要的生命活动都离不开蛋白质，从细胞的有丝分裂、发育分化到光合作用、物质的运输、转移等都是依靠蛋白质完成的。遗传信息传递的物质基础是核酸，然而遗传信息的传递、表达，包括复制、转录、翻译，都离不开蛋白质的作用。正如恩格斯所说"生命是蛋白体的存在方式"，这充分说明蛋白质在生命活动中有重要意义。

研究蛋白质的另一个推动力是植物蛋白质在人类食物和营养中具有重要的地位。就我国人民的饮食习惯而言，大部分的蛋白质营养取自植物性食物。随着生活水平的提高，从动物性食物中取得蛋白质营养的比重已经逐步增大。但是，动物最终还是从植物取得营养。从某种意义上来说，饲养业是转化植物蛋白质或必需氨基酸的过程。为了满足人口增长的需要和改善人民生活，必须努力增加植物蛋白质的来源，提高植物蛋白质的营养价值。为此，必须对蛋白质的结构、特性、品质等方面进行深入的学习和研究。

5.1　蛋白质元素组成和分类

5.1.1　蛋白质元素组成

根据蛋白质的元素分析，所有蛋白质都含有碳、氢、氧、氮四种元素，一些蛋白质还含有其他一些元素，主要是硫、磷、铁、铜、锌、锰、碘等。一般蛋白质的元素组成见表5-1。

表5-1　一般蛋白质的元素组成　%

元素	含量	元素	含量
碳	50～55	硫	0.23～2.4
氢	6.5～7.3	磷	0～0.8
氧	19～24	铁	0～0.4
氮	15～19		

生物体组织中所含的氮，绝大部分存在于蛋白质中，而蛋白质中氮的含量比较恒定，一般平均为16%，这是蛋白质元素组成的一个特点，也是凯氏定氮法测定蛋白质含量的计算基础。蛋白质含量＝氮含量×6.25。式中，6.25，即16%的倒数，为1 g氮所代表的蛋白质质量（g）。

5.1.2　蛋白质分类

许多蛋白质仅由氨基酸组成，例如核糖核酸酶A、溶菌酶、肌动蛋白等，这些蛋白质称为简单蛋白质（simple protein）。但是很多蛋白质含有除氨基酸外的其他化学成分作为其结构的一部分，这样的蛋白质称为缀合蛋白质（conjugated protein）或称为复合蛋白质。其中非蛋白质成分称为辅基（prosthetic group）或称为配基或配体（ligand）。通常，辅基在蛋白质的功能方面起重要作用。如果辅基是通过共价键与蛋白质结合的，则必须对蛋白质进行水解才能释放它；通过非共价键与蛋白质结合的，只要使蛋白质变性即可把它除去。除去了非共价结合的辅基部分，剩下的蛋白质称为脱附基蛋白质（apoprotein）；原含有辅基的整体蛋白质称为全蛋白质（holoprotein）。简单蛋白质可以根据其溶解性进行分类，缀合蛋白质可按其辅基成分分类（表5-2）。

表5-2　蛋白质分类

简单蛋白质	溶解性	缀合蛋白质	辅基
清蛋白	溶于水或稀盐，为饱和硫酸铵所沉淀	糖蛋白	糖类
球蛋白	不溶于水，溶于稀盐，为半饱和硫酸铵所沉淀	脂蛋白	脂质
谷蛋白	不溶于水，醇或稀盐，溶于稀酸或稀碱	核蛋白	DNA或RNA
谷醇溶蛋白	不溶于水、溶于70%～80%乙醇	磷蛋白	磷酸基
组蛋白	溶于水或稀酸，为氨水所沉淀	金属蛋白	Fe、Cu、Zn、Mn、Mo等
鱼精蛋白	溶于水或稀酸，不溶于氨水	血红素蛋白	亚铁原卟啉
硬蛋白	不溶于水、稀盐、稀酸或稀碱	黄素蛋白	黄素核苷酸（FMN、FAD）

5.2 氨基酸——蛋白质基本构成单位

5.2.1 氨基酸的一般结构特征

氨基酸是组成蛋白质的基本单位，从蛋白质水解产物中分离出来的常见氨基酸只有 20 种（其中一种是亚氨基酸即脯氨酸）。除脯氨酸以外，其余 19 种天然氨基酸在结构上的共同点是与羧基相邻的 α-碳原子上都有一个氨基，因而称为 α-氨基酸。连接在 α-碳原子上的还有一个氢原子和一个可变的侧链，称为 R 基，各种氨基酸的区别就在于 R 基不同。α-氨基酸的结构通式如图 5-1 所示。

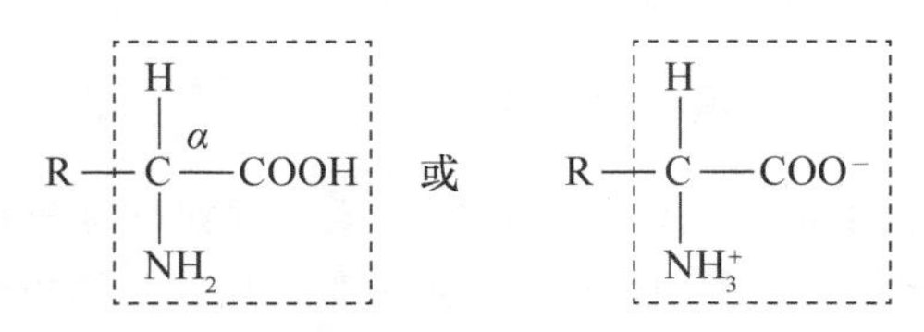

图 5-1 氨基酸结构示意图

另外，除甘氨酸（R 基为氢）之外，其 α-碳原子是手性碳原子因此都具有旋光性。并且蛋白质中发现的氨基酸都是 *L* 型的。每种氨基酸都有特殊的结晶形状，利用结晶形状可以鉴别各种氨基酸。

为表达蛋白质或多肽结构的需要，氨基酸的名称常使用三个字母的简写符号表示，有时也使用单字母的简单符号表示，后者主要用于表达较长的多肽链的氨基酸序列，这两套简写符号见表 5-3 至表 5-6。

5.2.2 氨基酸分类

按照 R 基在细胞内 pH 范围即 pH 7.0 左右时的极性性质，组成蛋白质的 20 种氨基酸可以分为以下 4 组：①非极性 R 基氨基酸；②不带电荷的极性 R 基氨基酸；③带负电荷的 R 基氨基酸；④带正电荷的 R 基氨基酸（二维码 5-1）。

二维码 5-1 氨基酸结构分类

（1）非极性 R 基氨基酸

表 5-3 非极性 R 基氨基酸

名称	三字母符号	单字母符号	相对分子质量
丙氨酸 alanine	Ala	A	89.06
缬氨酸 valine	Val	V	117.09
亮氨酸 leucine	Leu	L	131.11
异亮氨酸 isoleucine	Ile	I	131.11
脯氨酸 proline	Pro	P	115.08
苯丙氨酸 phenylalanine	Phe	F	165.09
色氨酸 tryptophan	Trp	W	204.11
甲硫氨酸 methionine	Met	M	149.15

这类氨基酸的侧链 R 基极性很小，多为烃基，具有疏水性，共有 8 种（表 5-3）。其中丙氨酸（A1a）、亮氨酸（Leu）、异亮氨酸（Ile）、缬氨酸（Val）和甲硫氨酸（Met）这 5 种氨基酸侧链 R 基为脂肪族烃基，苯丙氨酸（Phe）和色氨酸（Trp）这 2 种氨基酸侧链 R 基为芳香族烃基，脯氨酸（Pro）为一种亚氨基酸，可以看成是 α-氨基酸上的侧链取代了氨基上的一个氢原子所形成的产物。

由于非极性 R 基的疏水性，这 8 种氨基酸在水中的溶解度都比较小。其中丙氨酸的 R 基（$—CH_3$）疏水性最小，它介于非极性 R 基氨基酸和不带电荷的极性 R 基氨基酸之间。

（2）不带电荷的极性 R 基氨基酸　这一组有 7 种氨基酸，它们的结构见表 5-4。这组氨基酸比非极性 R 基氨基酸易溶于水。它们的侧链中含有不解离的极性基团，能与水形成氢键。丝氨酸（Ser）、苏氨酸（Thr）和酪氨酸（Tyr）分子中侧链的极性是由于它们的羟基造成的；天冬酰胺（Asn）和谷氨酰胺（Gln）的 R 基极性是它们的酰胺基引起的；半胱氨酸（Cys）则是由于含有巯基（—SH）。甘氨酸（G1y）的侧链基团是 H，由于这个氢和 α-碳原子联结，故称为 α-氢，α-氢也有极性，但由于 α-C 上的氨基和羧基的极性比 α-氢原子的极性强得多，比较而言是非极性的。

表 5-4 不带电荷的极性 R 基氨基酸

名称	三字母符号	单字母符号	相对分子质量
甘氨酸 glycine	Gly	G	75.05

续表 5-4

名称	三字母符号	单字母符号	相对分子质量
丝氨酸 serine	Ser	S	105.06
苏氨酸 threonine	Thr	T	119.18
半胱氨酸 cystcine	Cys	C	121.12
酪氨酸 tyrosine	Tyr	Y	181.09
天冬酰胺 asparagine	Asn	N	132.60
谷氨酰胺 glutamine	Gln	Q	146.08

(3) 带负电荷的 R 基氨基酸（酸性氨基酸） 这一类中的两个成员是天冬氨酸（Asp）和谷氨酸（Glu），每一个氨基酸侧链 R 基上都有一个羧基，这个羧基在 pH 7.0 左右完全解离，因此分子带负电荷（表 5-5）。

表 5-5　带负电荷的 R 基氨基酸

名称	三字母符号	单字母符号	相对分子质量
天冬氨酸 aspartic acid	Asp	D	133.60
谷氨酸 glutamic acid	Glu	E	147.08

(4) 带正电荷的 R 基氨基酸（碱性氨基酸） 在 pH 7.0 左右时，R 基带有一个净正电荷的碱性氨基酸（表 5-6），都有 6 个碳原子。它们包括赖氨酸（Lys）、精氨酸（Arg）和组氨酸（His）三种。Lys 在它侧链的 ε 位置上带有正电荷氨基；Arg 则带有一个正电荷的胍基；His 含有弱碱性的咪唑基。His 就其性质来看属于边缘氨基酸。在 pH 7.0 时，质子化分子低于 10%，这是 R 基的 pK_a 接近于 7.0 的唯一氨基酸。

表 5-6　带正电荷的 R 基氨基酸

名称	三字母符号	单字母符号	相对分子质量
赖氨酸 lysine	Lys	K	146.13
精氨酸 arginine	Arg	R	174.10
组氨酸 histidine	His	H	155.09

5.2.3　氨基酸性质

掌握氨基酸的酸碱性质是极其重要的，是了解蛋白质很多性质的基础，也是氨基酸分离工作的基础（二维码 5-2）。

二维码 5-2　常见氨基酸的相关性质（25℃）

5.2.3.1　酸碱性质

(1) 氨基酸的解离

经长期研究发现氨基酸在晶体和水中以兼性离子（zwitterion）也称偶极离子（dipolar ion）的形式存在，极少数为中性分子（只存在于溶液中）（图 5-2）。依照酸碱质子理论，酸是质子（H^+）供体，碱是质子接纳体。根据这一理论，氨基酸在水中的偶极离子既起酸（质子供体）的作用，也起碱（质子接纳体）的作用，因此是一类两性电解质。

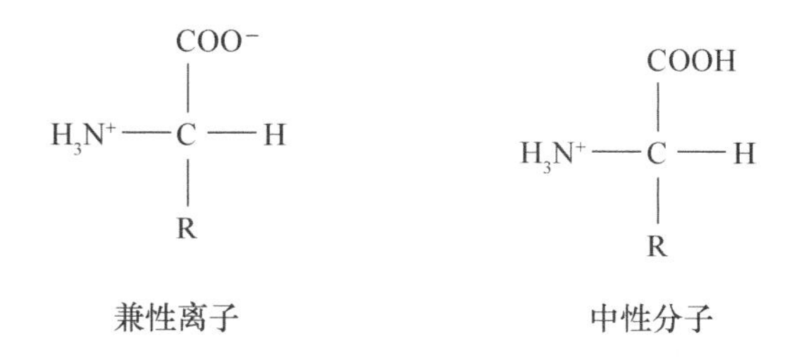

图 5-2　氨基酸粒子状态

氨基酸完全质子化时，可以看成是多元酸，侧链不解离的中性氨基酸可看作二元酸，酸性氨基酸和碱性氨基酸可视为三元酸。现以甘氨酸为例，说明氨基酸的解离情况（二维码 5-3）。甘氨酸盐是完全质子化的氨基酸（A^+），实质上是一个二元酸（图 5-3）。它分步解离如下：

二维码 5-3　氨基酸的解离常数及等电点

第一步的解离常数 $K_{a1}=[A^\circ][H^+]/[A^+]$ 而第二步的解离常数 $K_{a2}=[A^-][H^+]/[A^\circ]$，解离的最终产物（$A^-$）相当于甘氨酸钠盐。在上例公式中，$K_{a1}$ 和 K_{a2} 分别代表 α-碳上的—COOH 和—NH_3^+ 的解离常数（dissociation constant）。一般共轭酸的解离常数按其酸性递降顺序编号为 K_{a1} 和 K_{a2} 等。

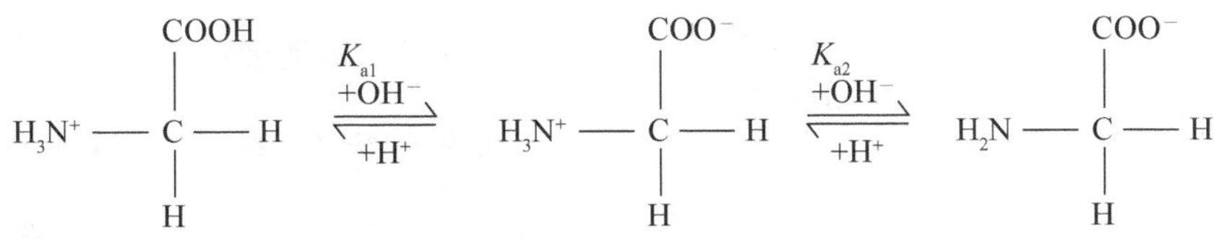

$$H_3N^+-\underset{H}{\overset{COOH}{C}}-H \underset{+H^+}{\overset{K_{a1}, +OH^-}{\rightleftharpoons}} H_3N^+-\underset{H}{\overset{COO^-}{C}}-H \underset{+H^+}{\overset{K_{a2}, +OH^-}{\rightleftharpoons}} H_2N-\underset{H}{\overset{COO^-}{C}}-H$$

阳离子（A^+）　　兼性离子（A^0）　　阴离子（A^-）

图 5-3　氨基酸解离过程

氨基酸的解离常数可用测定滴定曲线的实验方法求得。滴定可从甘氨酸溶液、甘氨酸盐溶液或甘氨酸钠溶液开始。当 10 mmol 甘氨酸溶于水时，溶液的 pH 约等于 6.0。如果用标准氢氧化钠溶液进行滴定，以加入的氢氧化钠摩尔数对 pH 作图，则测得滴定曲线 B 段（图 5-4），在 pH 9.60 处有一个拐点。从甘氨酸的解离公式可知，当滴定至甘氨酸的兼性离子有一半变成阴离子，即［A^0］＝［A^-］时，则 K_2＝［H^+］，两边各取对数得 pK_2＝pH，这就是曲线 B 拐点处的 pH 9.60。如果用标准盐酸滴定，以加入的盐酸的摩尔数对 pH 作图，则得滴定曲线 A 段，在 pH 2.34 处有一个拐点。同样，从解离公式可知，pK_1＝2.34，这里甘氨酸的等电兼性离子和阳离子的摩尔数相等，即［A^0］＝［A^+］。如果利用 Handerson-Hasselbalch 公式［pH＝pK＋lg（[质子接纳体]/[质子供体]）］和所给的 pK_1 和 pK_2 等数据，即可计算出在任一 pH 条件下氨基酸的各种离子的比例。

20 种基本氨基酸，除组氨酸外，在生理 pH（7.0 左右）下没有明显的缓冲容量，因为这些氨基酸的 pK 值都不在 pH 7.0 附近，而缓冲容量只有在接近 pK 值时才显现出来。组氨酸咪唑基的 pK 值为 6.0，在 pH 7.0 附近有明显的缓冲作用。红细胞中运载氧气的血红蛋白由于含有较多的组氨酸残基，使得它在 pH 7.0 左右的血液中具有显著的缓冲能力，这一点对红细胞在血液中起运输氧气和二氧化碳的作用来说是重要的。

（2）氨基酸等电点　从甘氨酸的解离公式或滴定曲线（图 5-4）可以看出，氨基酸的带电荷状况与溶液的 pH 有关，改变 pH 可以使氨基酸带上正电荷或负电荷，也可以使它处于正、负电荷数目相等即净电荷为零的兼性离子状态。图 5-4 中曲线 A 段和曲线 B 段之间的拐点（pI＝5.97）就是甘氨酸处于净电荷为零时的 pH，称为等电点（isoelectric point，缩写为 pI）。在 pI 时，氨基酸在电场中既不向正极也不向负极移动，即处于等电兼性离子（极少数为中性分子）状态，少数解离成阳离子和阴离子，但解离成阳离子和阴离子的数目和趋势相等。

对 R 基不解离的中性氨基酸来说，其等电点是它的 pK_{a1} 和 pK_{a2} 的算术平均值，即 pI＝1/2（pK_{a1}＋pK_{a2}）。这可由氨基酸的解离公式推导出来。同样，对有 3 个可解离基团的氨基酸例如谷氨酸和赖氨酸来说，只要写出它的解离公式，然后取等电兼性离子两边的 pK_a 值的平均值，则得其 pI。在等电点以上的任一 pH，氨基酸带净负电荷，并因此在电场中将向正极移动。在低于等电点的任一 pH，氨基酸带有净正电荷，在电场中将向负极移动。在一定 pH 范围内，氨基酸溶液的 pH 离等电点愈远，氨基酸所携带的净电荷量愈大。

5.2.3.2　氨基酸的旋光性

从结构上看，除甘氨酸以外，所有这些氨基酸的 α-C 上的四个基团都不相同。脯氨酸虽是环状结构，其 α-C 上的四个基团也不相同。这些氨基酸都具有光学活性，即在旋光计中测定时它们能使偏振光旋转。蛋白质中的氨基酸有些是右旋的（dextrorotatory）如丙氨酸、异亮氨酸、谷氨酸、天冬氨酸、赖氨酸、缬氨酸、精氨酸等，其他为左旋（levorotatory）。右旋化合物以（＋）表示，左旋以（－）表示。比旋光度是 α-氨基酸的物理常数之一，也是鉴别各种氨基酸的一种根据。

氨基酸的立体化学最好以它的绝对构型来讨论。由于 α-碳为手性碳原子（甘氨酸除外），因此可以有 D 和 L 两种构型。从蛋白质水解得到的 α-氨基酸都属于 L-构型。但在生物体内，特别是细菌中 D-型氨基酸还是存在的，如细胞壁和某些抗生素中都含有 D-型氨基酸。

5.2.3.3　氨基酸的光吸收

参与蛋白质组成的 20 种氨基酸，在可见光区域都没有光吸收，但在远紫外区（＜220 nm）均有光吸收。在近紫外区域（220～300 nm）只有酪氨酸、苯丙氨酸和色氨酸有吸收光的能力。这是因为它们的 R 基含有苯环共轭双键系统。酪氨酸的最大光吸收波长（λ_{max}）在 275 nm，在该波长下的摩尔消光系数 ε_{275}＝1.4×10^3 L·mol^{-1}·cm^{-1}；苯丙氨

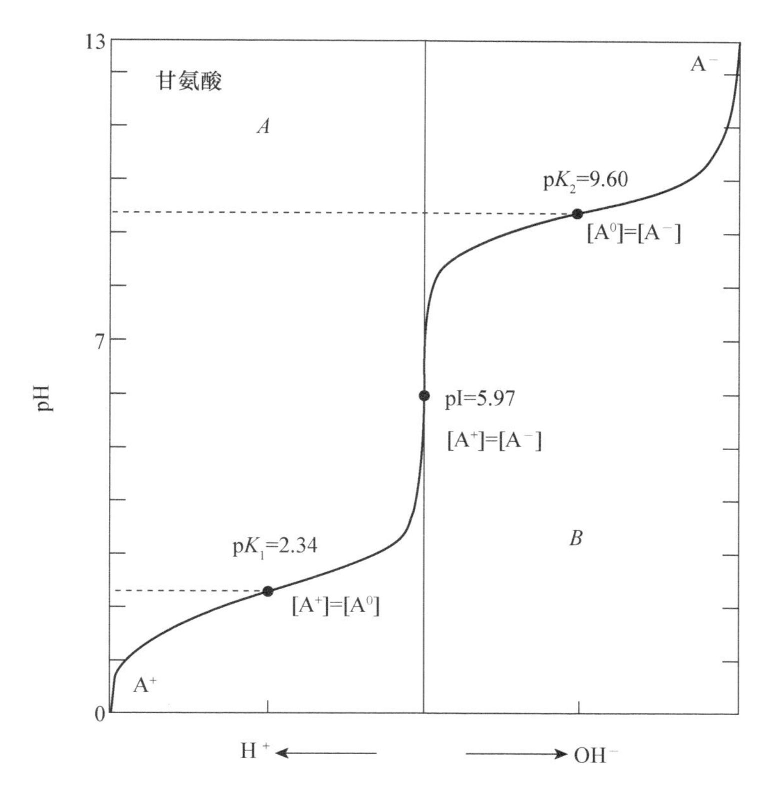

图 5-4　甘氨酸滴定曲线

酸的最大光吸收波长（λ_{max}）在 257 nm，其摩尔消光系数 $\varepsilon_{257}=2.0\times10^2$ L·mol^{-1}·cm^{-1}；色氨酸的最大光吸收波长（λ_{max}）在 280 nm，其摩尔消光系数 $\varepsilon_{280}=5.6\times10^3$ L·mol^{-1}·cm^{-1}。

蛋白质由于含有这些氨基酸，所以也有紫外吸收能力，一般最大光吸收在 280 nm 波长处，因此能利用分光光度法很方便地测定蛋白质的含量。但是在不同的蛋白质中这些氨基酸的含量不同，所以它们的消光系数（或称吸收系数）不完全相同。

5.2.4　氨基酸的重要反应

氨基酸中的羧基、α-氨基，以及侧链中的官能团等会发生有特征性的有机反应，即官能团反应。这些反应对蛋白质研究十分有用，可以应用在如下几个方面：①鉴定和分析蛋白质水解产物中的氨基酸；②鉴定蛋白质中氨基酸的排列顺序；③鉴定天然蛋白质生物学功能所必需的氨基酸残基；④研究蛋白质生物活性及性质；⑤多肽化学合成。

（1）茚三酮反应　氨基酸的 α-氨基最特殊并且广泛应用的反应是与茚三酮的反应。这个反应可以用来定性定量测定氨基酸。1 分子的氨基酸与 2 分子的茚三酮在弱酸性溶液中加热反应，产生蓝紫色产物。所有氨基酸及具有游离 α-氨基的肽与茚三酮反应都产生蓝紫色。反应如图 5-5 所示。

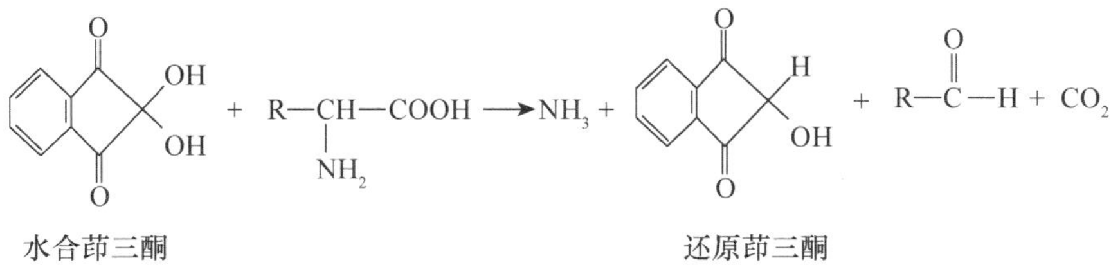

水合茚三酮 + R—CH(NH$_2$)—COOH ⟶ NH_3 + 还原茚三酮 + R—C(=O)—H + CO_2

图 5-5　氨基酸与茚三酮的反应

水合茚三酮具有较强氧化作用，可引起氨基酸氧化脱羧、脱氨，所形成的还原茚三酮（hydrindantin）与第二个分子的水合茚三酮在有 NH_3 存在下发生反应，形成蓝紫色物质，这种物质中只有氮原子是从氨基酸中来的。脯氨酸分子中由于 α-氨基被取代，与水合茚三酮反应时不释放 NH_3，而直接生成黄色产物（图 5-6）。

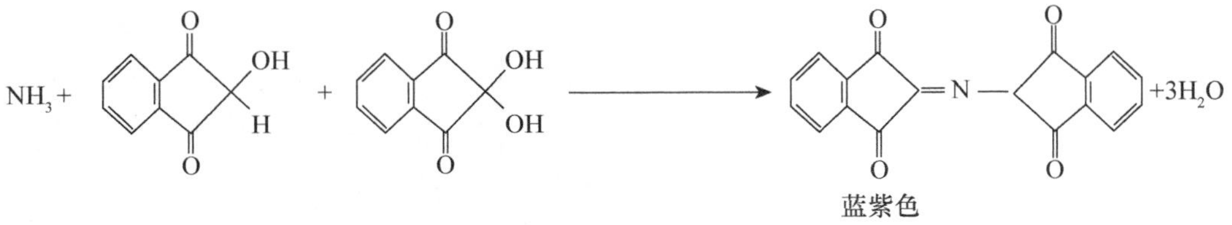

蓝紫色

图 5-6 氨基酸与茚三酮的二级反应

（2）Sanger 反应 氨基酸与二硝基氟苯（2，4-dinitrofluorobenzene，DNFB）的反应很重要，生成二硝基苯代氨基酸（DNP-氨基酸）。反应如图 5-7 所示。

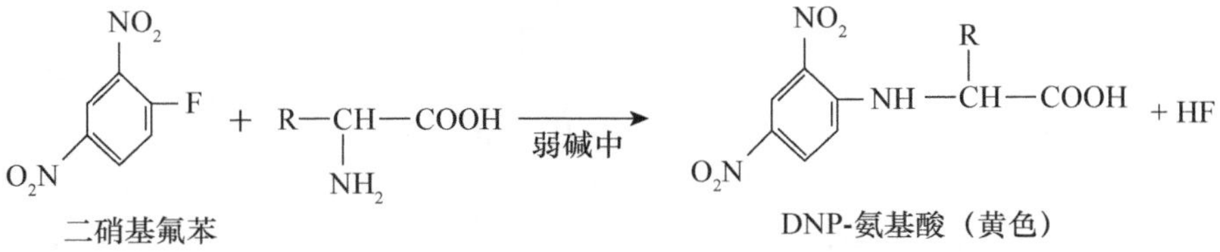

二硝基氟苯 + R—CH(NH$_2$)—COOH —弱碱中→ DNP-氨基酸（黄色）+ HF

图 5-7 氨基酸的 Sanger 反应

这一反应是定量转变的，产物在弱碱性条件下十分稳定，而且为黄色。这一反应在鉴定多肽 N-端的氨基酸时特别有用。此反应亦称为 Sanger 反应。

（3）Edman 反应 Edman 反应是测定肽链 α-氨基最有用的反应。所用试剂为异硫氰酸苯酯（phenyl isothiocyanate，PITC），它能与 α-氨基酸在弱碱性条件下定量反应，形成相应的苯氨基硫甲酰衍生物。后者在硝基甲烷中与甲酸作用发生环化，生成相应的苯乙内酰硫脲（phenylthiohydantion，PTH）衍生物。这种衍生物无颜色，可以用层析法分离后显色鉴定。这个反应用来鉴定多肽或蛋白质的 N-端氨基酸，它在多肽或蛋白质的氨基酸顺序分析方面占有重要地位。具体反应如图 5-8 所示。

Edman 反应的最大特点是 PITC 能够与蛋白质多肽链 N-端氨基酸的 α-氨基发生反应产生 PTC-多肽或 PTC-蛋白，经酸性溶液处理，释放出末端的 PTH-氨基酸后和比原来少了一个氨基酸残基的多肽链，当所得 PTH-氨基酸经乙酸乙酯抽提后，用层析法进行鉴定，可以确定肽链的 N-端氨基酸种类。剩余的肽链可以重复应用这一方法测定其 N-端的第二个氨基酸。如此重复多次就能测定出多肽链 N-端的氨基酸排列顺序。

Edman 降解法测定顺序操作程序非常麻烦，工作量大。蛋白质序列仪（protein sequenator）的出现既免除了手工测定的麻烦，又满足了蛋白质微量序列分析的需要。该仪器灵敏度高，蛋白样品的最低用量在 5 pmol 水平。

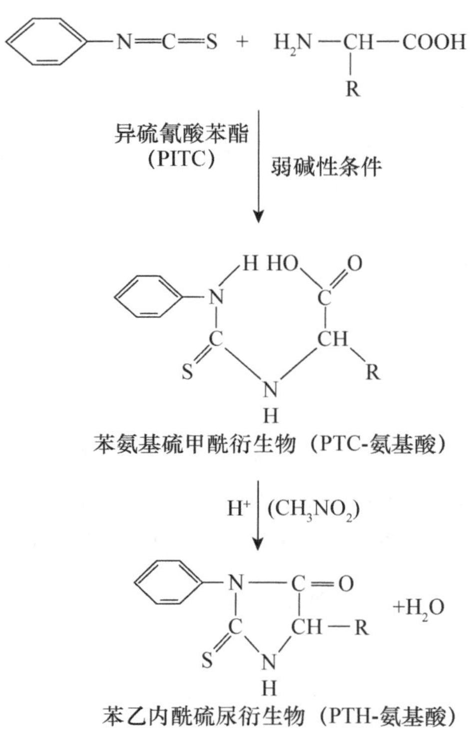

异硫氰酸苯酯（PITC） 弱碱性条件

苯氨基硫甲酰衍生物（PTC-氨基酸）

H$^+$（CH$_3$NO$_2$）

苯乙内酰硫尿衍生物（PTH-氨基酸） + H$_2$O

图 5-8 氨基酸的 Edman 反应

5.2.5 氨基酸混合物的分离和分析

测定蛋白质的氨基酸组成和从蛋白质水解液中制取氨基酸，都需要对氨基酸混合物进行分离和分析。这些分离、纯化和分析方法都是基于各种氨基酸的物理和化学特性的差别，特别是溶解度和电离特性的差别。

（1）分配层析 层析也称色谱（chromatography），所有的层析系统都由两个相组成：固定相（stationary phase）和流动相（mobile phase）。混合物在层析系统中的分离决定于该混合物的组分在这两相中的分配情况，即决定于它们的分配系数（distribution coefficient）。当一种溶质在两个给定的互不相溶的溶剂中分配时，在一定温度下达到平衡后，溶质在两相中的浓度比值为一常数，称为分配系数（K_d）：$K_d = c_A/c_B$。这里，c_A 和 c_B 分别代表某一物质在互不相溶的两相，即A相（流动相）和B相（固定相）中的浓度。

物质分配不仅可以在互不相溶的两种溶剂即液相-液相系统中进行，也可以在固相-液相间或气相-液相间发生。层析系统中的固定相可以是固相、液相或固-液混合相（半液体）；流动相可以是液相或气相，它充满于固定相的空隙中，并能流过固定相。利用层析法分离混合物例如氨基酸混合物，其先决条件是各种氨基酸成分的分配系数要有差别，一般差别越大，越容易分开。目前使用较广的分配层析形式有柱层析、纸层析和薄层层析等。

柱层析中使用的填充物或支持剂都是一些具有亲水性的不溶物质，如纤维素、淀粉、硅胶等。支持剂吸附着一层不会流动的结合水，可以看作固定相，沿固定相流过的与它不互溶的溶剂（如苯酚、正丁醇等）是流动相。由填充物构成的柱床可以设想为由无数的连续板层组成（图5-9），每一板层起着微观的"分布管"作用。当用洗脱剂（eluent）洗脱时，即流动相移动时，加在柱上端的氨基酸混合物样品在两相之间将发生连续分配，混合物中具有不同分配系数的各种成分沿柱以不同的速度向下移动。分步收集柱下端的洗出液（eluate）。收集的组分分别用茚三酮显色定量。

纸层析中滤纸纤维素吸附的水是固定相，展层用的有机溶剂是流动相。层析时，混合氨基酸在这两相中不断分配，使他们分布在滤纸的不同位置上。薄层层析分辨率高，所需样品量微，层析速度快，可使用的支持剂种类多，如纤维素粉、硅胶和氧化铝粉等，因此应用比较广泛。

（2）离子交换层析　离子交换层析是一种基于氨基酸电荷行为的层析方法。层析柱中填充的是离子交换树脂，它是具有酸性或碱性基团的人工合成聚苯乙烯-苯二乙烯等不溶性高分子化合物。树脂一般都制成球形颗粒。阳离子交换树脂含有酸性基团如 $—SO_3H$（强酸型）或 —COOH（弱酸型）可解离出 H^+ 离子，当溶液中含有其他阳离子时，例如在酸性环境中的氨基酸阳离子，它们可以和 H^+

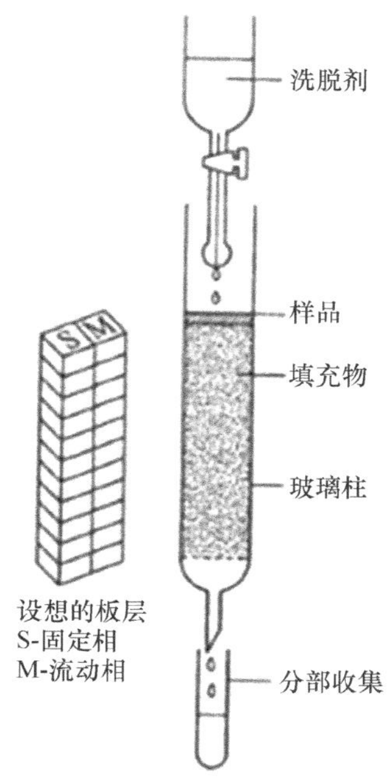

图5-9　柱层析示意图

发生交换而"结合"在树脂上。同样地阴离子交换树脂含有碱性基团如 $—N(CH_3)_3OH$（强碱型）可解离出 OH^- 离子，能和溶液里的阴离子，例如碱性环境中的氨基酸阴离子发生交换而结合在树脂上。

分离氨基酸混合物经常使用强酸型阳离子交换树脂，在交换柱中，树脂先用碱处理成钠型，将氨基酸混合液（pH 2～3）上柱。在pH 2～3时，氨基酸主要以阳离子形式存在，与树脂上的钠离子发生交换而被结合在树脂上。氨基酸在树脂上结合的牢固程度即氨基酸与树脂间的亲和力，主要决定于它们之间的静电吸引，其次是氨基酸侧链与树脂基质聚苯乙烯之间的疏水相互作用。在pH 3左右，氨基酸与阳离子交换树脂之间的静电吸引的大小次序是碱性氨基酸（A^{2+}）＞中性氨基酸（A^+）＞酸性氨基酸（A^0）。因此氨基酸的洗出顺序大体上首先是酸性氨基酸，其次是中性氨基酸，最后是碱性氨基酸。为了使氨基酸从树脂柱上洗脱下来需要降低它们之间的亲和力，有效的方法是逐步提高洗脱剂的pH和盐浓度（离子强度），这样各种氨基酸将以不同的速度被洗脱下来。

5.3　肽

一个氨基酸分子中的α-氨基与另一个氨基酸分子中的α-羧基脱水缩合而成的酰胺键叫肽键。氨基酸通过肽键联结而成的化合物称为肽（peptide）。两分子氨基酸所形成的肽称为二肽，结构如图5-10所示。

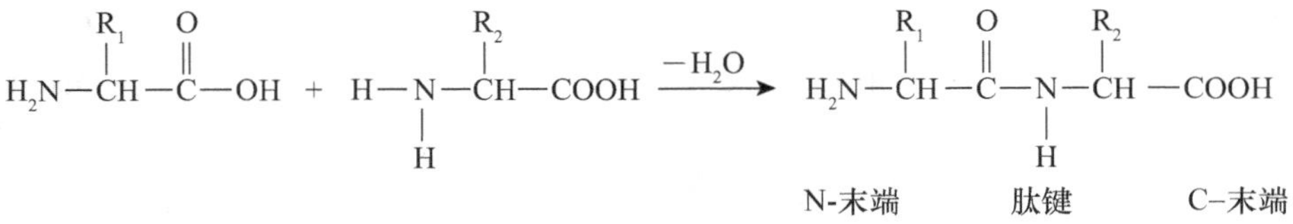

$$H_2N-\underset{}{\overset{R_1}{\overset{|}{C}H}}-\overset{O}{\overset{\|}{C}}-OH + H-\underset{H}{\underset{|}{N}}-\overset{R_2}{\overset{|}{C}H}-COOH \xrightarrow{-H_2O} H_2N-\overset{R_1}{\overset{|}{C}H}-\overset{O}{\overset{\|}{C}}-\underset{H}{\underset{|}{N}}-\overset{R_2}{\overset{|}{C}H}-COOH$$

N-末端　　肽键　　C-末端

图 5-10　肽结构

3 个氨基酸缩合成的肽称为三肽，依此类推。若一种肽含有少于 10 个氨基酸，则称为寡肽（oligopeptide）。超过此数的肽统称为多肽（polypeptide）。肽链中的氨基酸由于参加肽键的形成，已经不是原来完整的分子，因此称为氨基酸残基（amino acid residue）。多肽链有两端，一端具有游离的 α-氨基，称为 N-末端（氨基末端），另一端具有游离的 α-羧基，称为 C-末端（羧基末端）。书写时习惯上将氨基末端写在左侧。肽的命名是从肽链的 N-末端氨基酸残基开始，称为某氨基酰某氨基酰……某氨基酸。例如缬氨酰甘氨酰谷氨酰丙氨酸。因为这种命名很烦琐，所以除少数短肽外，一般都是根据其生物功能或来源命名。肽链的重复单位称为“肽单位”（图 5-11）。每个肽单位由两个氨基酸脱水缩合而成。

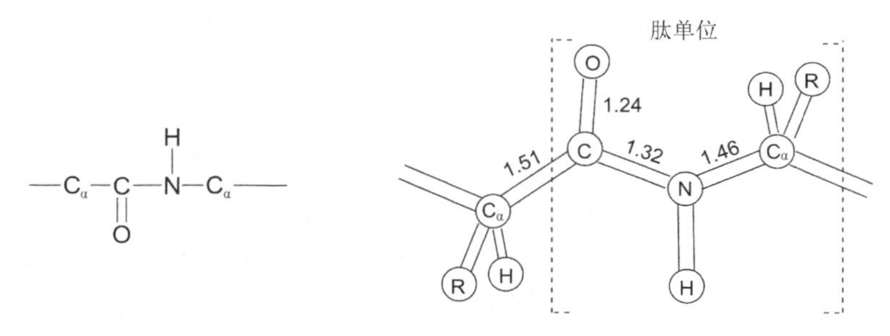

图 5-11　肽单位结构示意图

5.4　蛋白质的结构

蛋白质是由一条或多条多肽（polypeptide）链以特殊方式结合而成的生物大分子。蛋白质与多肽并无严格的界线，通常是将分子量在 6 000 ua 以上的多肽称为蛋白质。蛋白质分子量变化范围很大，从 6 000～1 000 000 ua 甚至更大。

5.4.1　蛋白质的一级结构

5.4.1.1　一级结构内涵

蛋白质的共价结构有时候也称蛋白质的一级结构。1969 年国际纯化学和应用化学联合会（IUPAC）规定，蛋白质的一级结构是指多肽链中的氨基酸序列。蛋白质的一级结构，包含以下几个内容：①多肽链的数目；②每条多肽链中氨基酸的种类、残基的数目和排列次序；③链内或链间二硫键的位置和数目。蛋白质一级结构的表示方法一般是从左至右，表示肽链从氨基端到羧基端。氨基酸的种类和排列顺序早年采用三字母符号，即氨基酸英文名称的前三个字母。由于一级结构研究的迅速发展，国际生化委员会决定用单字母代表一种氨基酸。

5.4.1.2　测定一级结构的基本原理和方法

在蛋白质多肽链一级结构分析中，所用的样品应当是比较纯的，纯度应在 97%以上，同时必须知道它的相对分子质量，其误差允许在 10%左右。测定的一般步骤如下：

（1）测定蛋白质分子中多肽链的数目。根据蛋白质 N-末端或 C-末端残基的摩尔数和蛋白质的相对分子质量可以确定蛋白质分子中的多肽链数目。

（2）拆分蛋白质分子的多肽链。如果蛋白质分子是由一条以上多肽链构成的，并且多肽链之间靠非共价键缔合，则可用变性剂如 8 mol/L 尿素，6 mol/L 盐酸胍等处理。若多肽链间有二硫键存在，则可用还原剂将二硫键断裂。拆开后的多肽链可依据它们的大小或电荷不同进行分离、纯化。

（3）用酶学或化学方法对肽链进行部分水解，得到较小的肽段。一般要用两种以上不同办法分别使两份样品在肽链不同部位切开，得到两套或更多套不相同的小肽段。

（4）分离所得的小肽段，可使用层析、电泳等方法。

（5）确定所得每一种小肽段的氨基酸顺序。根据 Edman 反应所设计的蛋白质序列仪的使用，使这一工作的开展已十分容易、简便和快速。

(6) 利用两套肽段上的重叠部位，进行核对拼接，排出整个肽链的氨基酸顺序。

用于顺序测定的肽链，一般都需要事先把二硫键拆开，并使巯基烷基化（修饰保护）。在知道了氨基酸顺序后，便可用另一份样品，在保持二硫键完整的情况下，部分水解后分离出带有二硫键的肽段，分析其氨基酸顺序，再与整个顺序核对得出二硫键的位置。

①部分水解

a. 利用蛋白酶做部分水解　蛋白酶有各种不同的专一性，利用一些蛋白质内切酶，可将多肽切成适当的肽段。下面介绍几种常用蛋白酶的专一性。其中A、B、C、D、E代表肽链的片段中氨基酸残基，箭头所指位置是受作用的肽键（图5-12）。

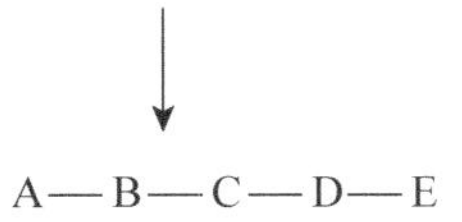

↓
A—B—C—D—E

图5-12　蛋白酶水解专一性示意图

胰蛋白酶（trypsin）：专一水解B=赖氨酸或精氨酸的肽键。C=脯氨酸时水解受阻。A或C两者是酸性氢基酸时，水解速度降低。胰凝乳蛋白酶（chymotrypsin）：胰凝乳蛋白酶又叫糜蛋白酶。B=色氨酸、酪氨酸或苯丙氨酸时水解快，B为其他非极性氨基酸时也可水解，B为甲硫氨酸、亮氨酸、组氨酸时水解较差。C=脯氨酸时水解受阻。C或A及两者均为酸性氨基酸时速度降低。胃蛋白酶（pepsin）：B、C两者都带有疏水侧链时水解快，特别是B=C=苯丙氨酸、酪氨酸、色氨酸或亮氨酸时。除了B=脯氨酸外，其他都能水解。木瓜蛋白酶（papain）：专一性相当宽，B=精氨酸时水解最快，其次是甘氨酸、丙氨酸、亮氨酸、谷氨酸、天冬氨酸、组氨酸、丝氨酸等。

b. 溴化氰法　溴化氰只断裂由甲硫氨酸残基的羧基参加形成的肽键。溴化氰能与肽链中甲硫氨酸的硫醚基起反应，生成溴化亚氨内酯，它进一步与水反应使肽键断裂，断口前面的羧基末端成为高丝氨酸内酯。肽链内有几个甲硫氨酸就有几个切点。反应如图5-13所示。

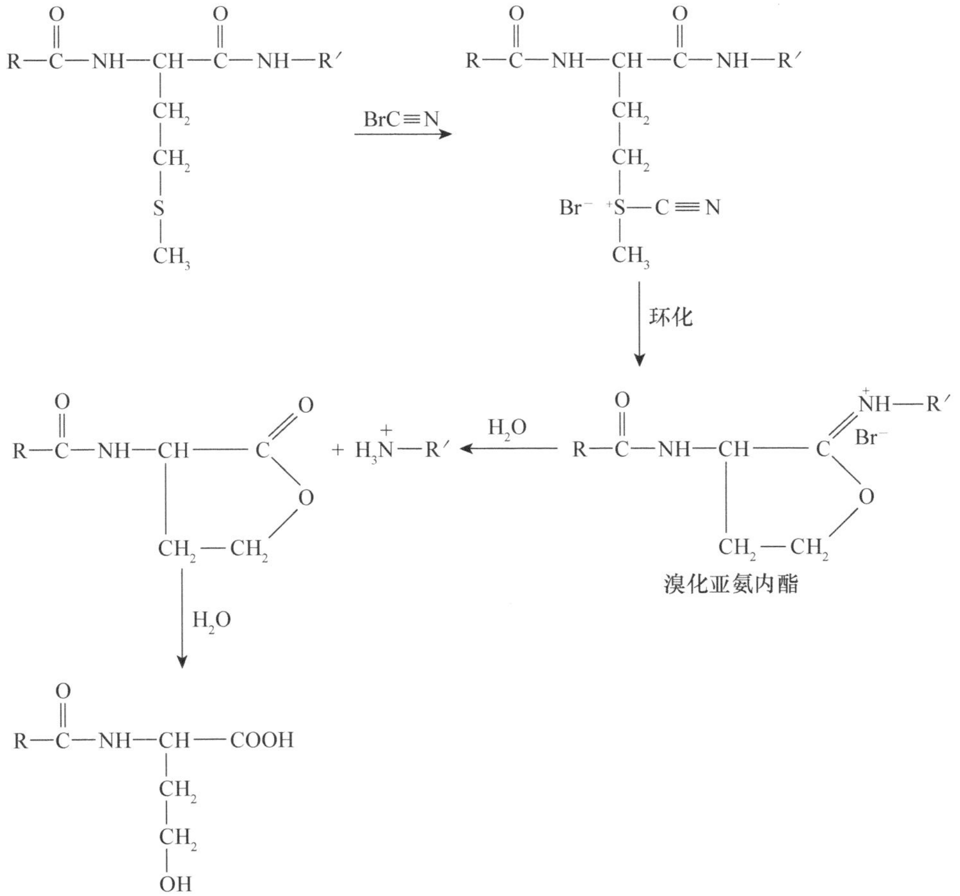

R—C(=O)—NH—CH(—CH_2—CH_2—S—CH_3)—C(=O)—NH—R′ —BrC≡N→ R—C(=O)—NH—CH(—CH_2—CH_2—S^+(CH_3)—C≡N Br^-)—C(=O)—NH—R′

—环化→ R—C(=O)—NH—CH—C(=$\overset{+}{N}$H—R′)(Br^-)—O—CH_2—CH_2（环）
溴化亚氨内酯

—H_2O→ R—C(=O)—NH—CH—C(=O)—O—CH_2—CH_2（环） + $H_3\overset{+}{N}$—R′

—H_2O→ R—C(=O)—NH—CH(—CH_2—CH_2—OH)—COOH

图5-13　蛋白质溴化氰裂解示意图

②末端分析

a. N-末端氨基酸分析　N-末端分析法有二硝基氟苯法（DNP 法）和丹磺酰氯法（DNS-Cl 法）。DNS-Cl 法较 DNP 法灵敏度高 100 倍。与 DNP 法相类似，DNS-Cl 法中 DNS-Cl 能和肽链的 N-端氨基酸反应，水解后得到的 DNS-氨基酸经层析后可进行定性定量测定，这主要是基于丹磺酰基具有强烈的荧光，并且水解后的 DNS-氨基酸不需要提取，从而确定 N-端氨基酸。反应过程如图 5-14 所示。

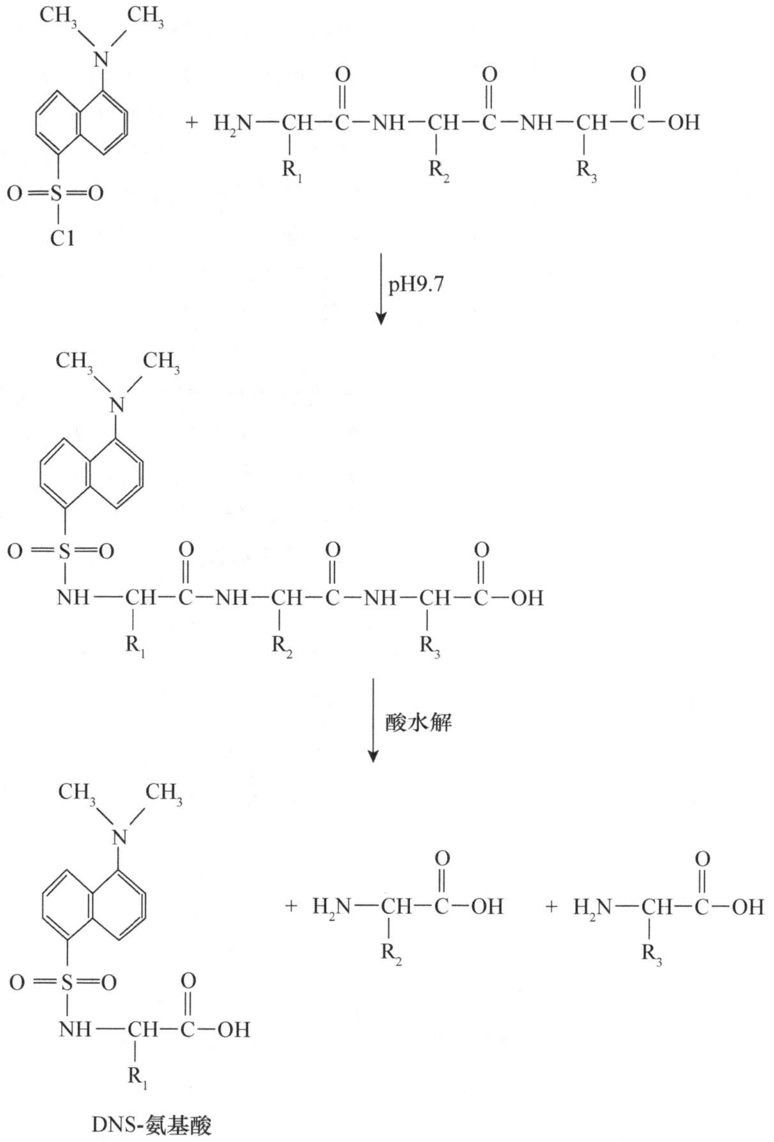

$$\text{DNS-Cl} + H_2N-\underset{R_1}{CH}-\overset{O}{\overset{\|}{C}}-NH-\underset{R_2}{CH}-\overset{O}{\overset{\|}{C}}-NH-\underset{R_3}{CH}-\overset{O}{\overset{\|}{C}}-OH$$

$$\downarrow \text{pH9.7}$$

$$\text{DNS}-NH-\underset{R_1}{CH}-\overset{O}{\overset{\|}{C}}-NH-\underset{R_2}{CH}-\overset{O}{\overset{\|}{C}}-NH-\underset{R_3}{CH}-\overset{O}{\overset{\|}{C}}-OH$$

$$\downarrow \text{酸水解}$$

$$\text{DNS}-NH-\underset{R_1}{CH}-\overset{O}{\overset{\|}{C}}-OH + H_2N-\underset{R_2}{CH}-\overset{O}{\overset{\|}{C}}-OH + H_2N-\underset{R_3}{CH}-\overset{O}{\overset{\|}{C}}-OH$$

DNS-氨基酸

图 5-14　蛋白质 N-端氨基酸分析示意图

b. C-末端氨基酸测定　有肼解法和羧肽酶法之分，其中肼解法是当蛋白质与无水肼（H_2N-NH_2）在 100℃下反应 5～10h 后，除 C-端氨基酸从肽链中分裂出来之外，其余氨基酸由于发生肼解而转化为肼化物，肼化物与苯甲醛缩合成非水溶性产物，可用离心法使之与水溶性的 C-端氨基酸分开。肼解法反应如图 5-15 所示。

羧肽酶法是利用羧肽酶从肽链羧基端逐个切下 C-端氨基酸，从而可用来确定 C-端氨基酸或 C-端几个氨基酸的顺序。但羧肽酶不能水解 C-端脯氨酸或经羟脯氨酸形成的肽键。用羧肽酶测定 C-端氨基酸时，须在整个水解过程中，定时取出样品作氨基酸定性和定量分析。C-端氨基酸的序列可以从连续的氨基酸释放量中得到。

③肽的顺序分析　其方法包括 Edman 顺序降解法、蛋白质顺序仪测定法、外肽酶顺序测定法、质谱法顺序测定法和根据基因的核苷酸顺序确定蛋白质的氨基酸顺序等。

5.4.2　蛋白质的二级结构

多肽链折叠的驱动力是熵效应，其结果是疏水侧链被埋藏在蛋白质分子内部；与此同时也有一部分主链被埋藏在里面。主链本身是亲水的，伸展时它的 C═O 和 N—H 与溶剂水形成氢键。折叠时为维持能量的平衡，主链的 C═O 和 N—H 配对形成了由氢键维系的局部规则构象，称为二级结构。下面介绍几种主要的二级结构元件：α 螺旋、β 折叠、β 转角和无规卷曲等。

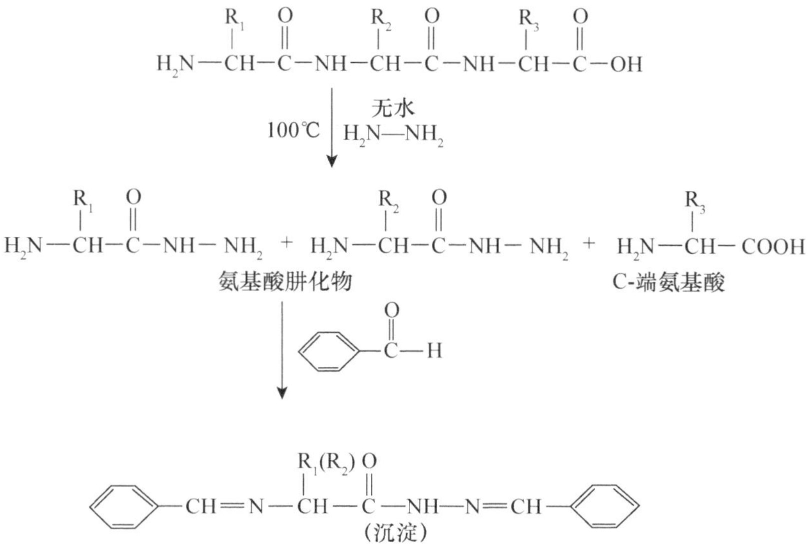

$$H_2N-CH(R_1)-CO-NH-CH(R_2)-CO-NH-CH(R_3)-COOH$$

$$\xrightarrow[100℃]{无水\ H_2N-NH_2}$$

$$H_2N-CH(R_1)-CO-NH-NH_2 + H_2N-CH(R_2)-CO-NH-NH_2 + H_2N-CH(R_3)-COOH$$

氨基酸肼化物　　C-端氨基酸

$$\xrightarrow{C_6H_5-CHO}$$

$$C_6H_5-CH=N-CH(R_1(R_2))-CO-NH-N=CH-C_6H_5$$

（沉淀）

图 5-15　蛋白质 C-端氨基酸分析示意图

（1）α 螺旋　α 螺旋是蛋白质中最常见、最典型和含量最丰富的二级结构。α 螺旋是一种重复结构，螺旋中每个 α-碳的 φ 和 Ψ 分别在 $-57°$ 和 $-47°$ 附近，每圈螺旋含 3.6 个氨基酸残基数，沿螺旋轴上升 0.54 nm，称为螺距；每个残基绕轴旋转 100°，沿轴上升 0.15 nm（图 5-16）；残基的侧链伸向外侧。如果侧链不计在内，螺旋的直径约为 0.5 nm。相邻螺圈之间形成氢键，氢键的取向几乎与螺旋轴平行。从 N-末端出发，氢键是由每个氨基酸残基的 C═O 与其前面第 3 个氨基酸残基的 N—H 之间形成的。

如图 5-16 所示，α 螺旋中所有氢键都沿螺旋轴指向同一个方向。每一肽键具有由 N—H 和 C═O 的极性产生的偶极矩。因为这些基团都是沿螺旋轴排列，所以总的效果是 α 螺旋本身也是一个偶极矩，相当于在 N-末端积累了部分正电荷，在 C-末端积累了部分负电荷。

蛋白质中的 α 螺旋几乎都是右手的，右手螺旋比左手螺旋稳定。α 螺旋是手性结构，具有旋光能力。α 螺旋的旋光性是 α-碳的构型不对称性和 α 螺旋的构象不对称性的总反映。应用圆二色性（CD）光谱可以研究蛋白质的二级结构。

α 螺旋的形成也具有协同性。但一条肽链能否形成 α 螺旋，以及形成的螺旋是否稳定，与它的氨基酸组成和序列有极大的关系。

（2）β 片或 β 折叠　另一常见的二级结构元件，称为 β 片或 β 折叠（β sheet）。β 片可以想象为由折叠的条状纸片侧向并排而成，在这里多肽主链沿纸条形成锯齿状（zigzag），α-碳位于折叠线上。在 β 片上的侧链都垂直于折叠片平面，并交替地从平面上下两侧伸出。β 片可以有两种形式，一种是平行式（parallel），另一种是反平行式（antiparallel）。在平行 β 片中，相邻肽链的方向（氨基到羧基）是相同的（图 5-17），在反平行 β 片中，相邻肽链的方向是相反的（图 5-18）。

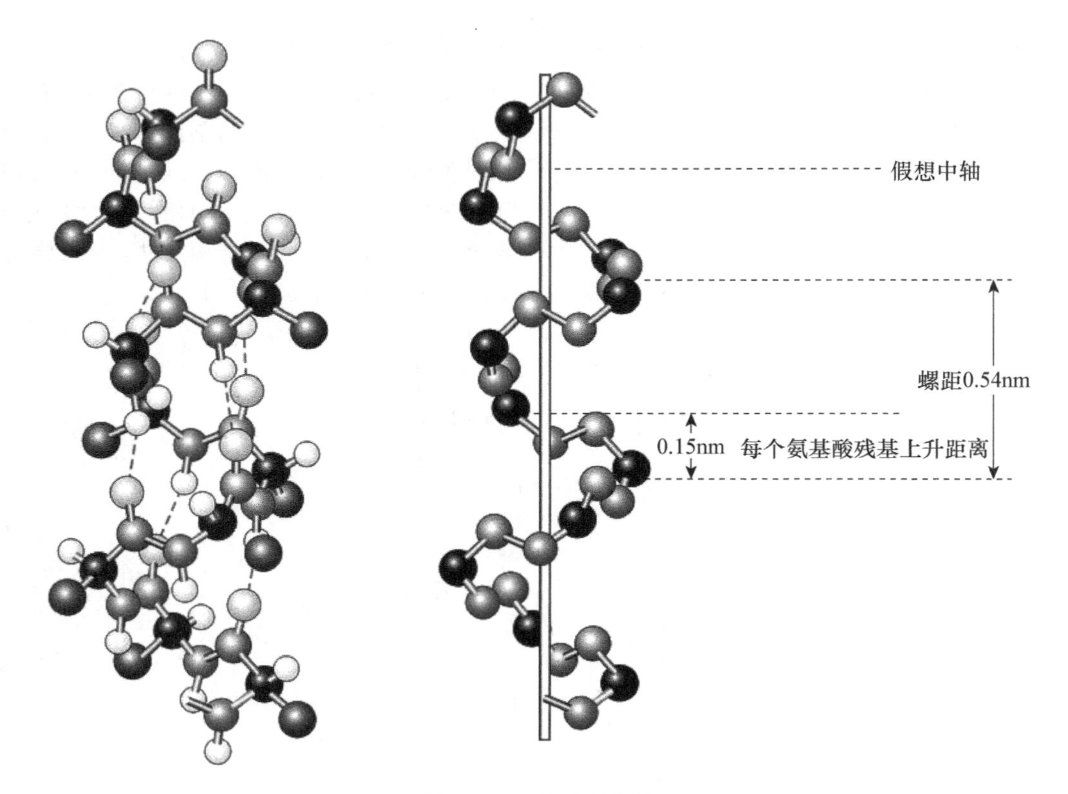

图 5-16 **α 螺旋的结构**

图 5-17 平行 **β** 折叠片

图 5-18 反平行 **β** 折叠片

β 片中每一肽链或肽区段（segment）称为 β 股（β strand）。在 β 片中氢键是在股之间形成的。在 β 片中多肽主链处于最伸展的状态，称为 β 构象。在平行 β 片中处于最适氢键形成时，主链伸展程度略小于反平行 β 片，并且形成的氢键有明显的弯折。平行 β 片中重复周期（重复距离）为 0.65 nm，而反平行 β 片中为 0.7 nm。

平行 β 片比反平行 β 片更规则。平行 β 片一般是大结构，少于 5 个 β 股的很少见。然而反平行 β 片可以少到仅由 2 个 β 股组成。平行 β 片中疏水侧链分布在折叠片平面的两侧，而反平行 β 片中通常所有的疏水侧链都排列在平面的一侧。当然这就要求在参与反平行 β 片的多肽序列中亲水残基和疏水残基交替排列。在纤维状蛋白质中 β 片主要是反平行式的，而在球状蛋白质中反平行和平行两种方式几乎同样广泛地存在。

(3) β 转角　球状蛋白质中多肽链具有弯曲、回折和重新定向的能力，以使折叠成球状结构。在很多球状蛋白质中观察到一种简单的二级结构元件，称为 β 转角（β turn），这是一种非重复结构。在 β 转角中第一个氨基酸残基的 C═O 与第 4 个氨基酸残基的 N—H 氢键键合，形成一个紧密的环，使 β 转角成为稳定的结构。如图 5-19 所示，β 转角允许肽链倒转方向，是一种常见的 β 转角，另一种常见类型只是中央的肽基旋转了 180°。某些氨基酸如脯氨酸和甘氨酸经常在 β 转角序列中存在。由于甘氨酸缺少侧链（只有一个 H），在 β 转角中能很好地调整其他残基的空间位阻，而脯氨酸具有环状结构和固定的 φ 角，在一定程度上迫使 β 转角形成，促使多肽链自身回折。这些回折有助于反平行 β 片的形成。目前发现的 β 转角多数都处在蛋白质分子的表面，在这里改变多肽链方向的阻力比较小。

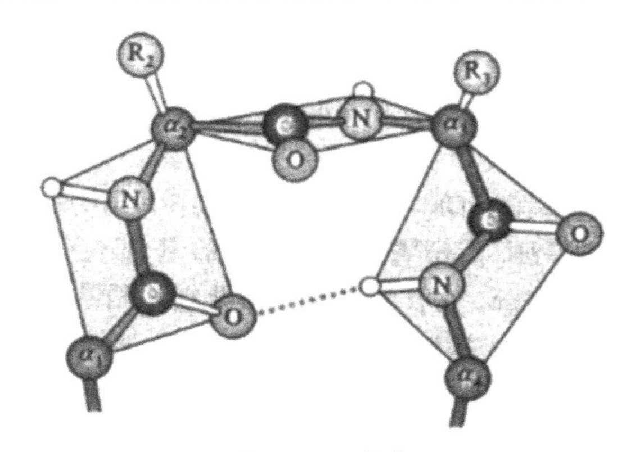

图 5-19　β 转角

(4) 无规卷曲（random coil）或卷曲（coal），它泛指那些不能被归入明确的二级结构元件的多肽区域。实际上这些区域大多数既不是卷曲，也不是完全无规则的，但是它们受侧链的影响很大。这类有序的非重复结构常构成蛋白质的功能部位，如酶的活性中心。

5.4.3　超二级结构和结构域

(1) 超二级结构　在蛋白质中经常可以看到由若干相邻的二级结构元件组合在一起，彼此相互作用，形成种类不多、有规则、稳定的二级结构组合或二级结构串，称为超二级结构（super-secondary structure）。现在已知的超二级结构有 3 种基本组合形式：$\alpha\alpha$、$\beta\alpha\beta$ 和 $\beta\beta$。

①$\alpha\alpha$ 结构　这是一种螺旋束（α helix bundle），它经常是由两股平行或反平行排列的右手螺旋互相缠绕而形成的左手卷曲螺旋（coiled coil）或称超螺旋（图 5-20）。α 螺旋束中有三股和四股螺旋。超螺旋是纤维状蛋白质如 α 角蛋白的主要结构元件。它也存在于某些球状蛋白质中。球状蛋白质中 α 螺旋束是由同一条链的一级序列上邻近的 α 螺旋区段组成，纤维状蛋白质是由几条链的 α 螺旋区缠绕而成。α 螺旋沿超螺旋轴有相当的倾斜，重复距离从 0.54 nm 缩短到 0.51 nm。超螺旋的螺距约为 14 nm，直径为 2 nm。两股 α 螺旋的侧链能紧密相互作用，使超螺旋结构更加稳定。

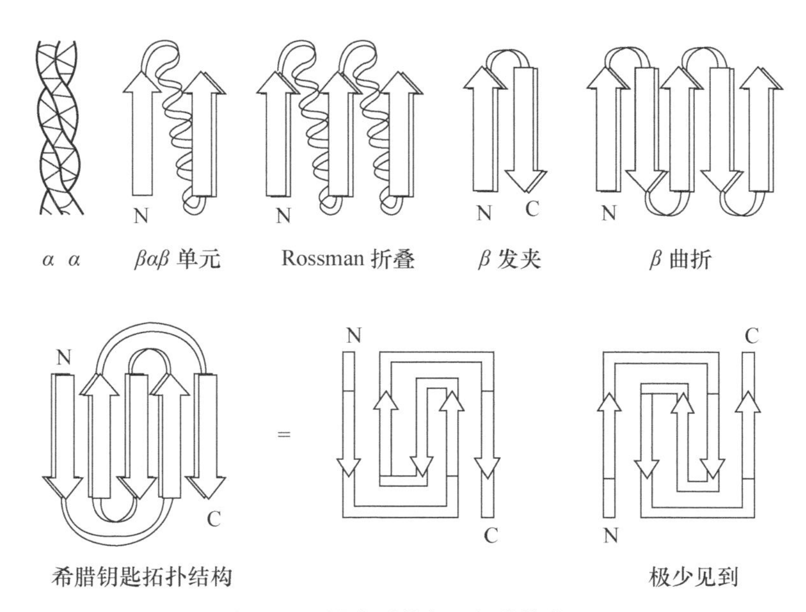

图 5-20　蛋白质的超二级结构单元

②$\beta\alpha\beta$ 结构　最简单的 $\beta\alpha\beta$ 组合也称为 $\beta\alpha\beta$ 单元（$\beta\alpha\beta$-unit），它是由两段平行 β 股和一段作为连接链（connector）的 α 螺旋组成，β 股之间还有氢键相连；连接链反平行地交叉在 β 片的一侧，β 片的疏水侧链面向 α 螺旋的疏水面，彼此紧密装配（图 5-20）。作为连接链的除 α 螺旋外还可以是无规卷曲。最常见的 $\beta\alpha\beta$ 组合是由 3 段平行 β 股和两段 α 螺旋构成（图 5-20），相当于两个 $\beta\alpha\beta$ 单元组合在一起，此结构称为 Rossman 折叠（$\beta\alpha\beta\alpha\beta$）。几乎在所有实例中连接链都是右手交叉（right-handed crossover）的，这是一种拓扑学现象。

③$\beta\beta$ 结构　实际上就是前面讲过的反平行 β 片，只不过在球蛋白质中多是由一条多肽链的若干区段的 β 股反平行组合而成，两个 β 股间通过一个短回环连接起来。最简单的 $\beta\beta$ 折叠花式是 β 发夹（β hairpin）结构（图 5-20），由几个 β 发夹可以形成更大更复杂的 β 片图案，例如 β 曲折。β 曲折（β meander）是一种常见的超二级结构，由氨基酸序列上连续的多个反平行 β 股通过紧凑的 β 转角连接而成。

（2）结构域　含数百个氨基酸残基的多肽链经常折叠成两个或多个稳定的、相对独立的球状实体，称为域（domain）或结构域（structural domain）。最常见的结构域含有序列上连续的 100～200 个氨基酸残基。较小的球状蛋白质或亚基常是单结构域，如核糖核酸酶、肌红蛋白等；较大的球状蛋白质或亚基常是多结构域，例如免疫球蛋白的重链含 4 个结构域。结构域经常也是功能域（functional domain）。一般说，功能域是蛋白质分子中能独立存在的功能单位。功能域可以是一个结构域，也可以是由两个或多个结构域组成，例如己糖激酶（hexokinase）就是由两个功能域构成，活性中心处于它们之间的交界处（图 5-21）。

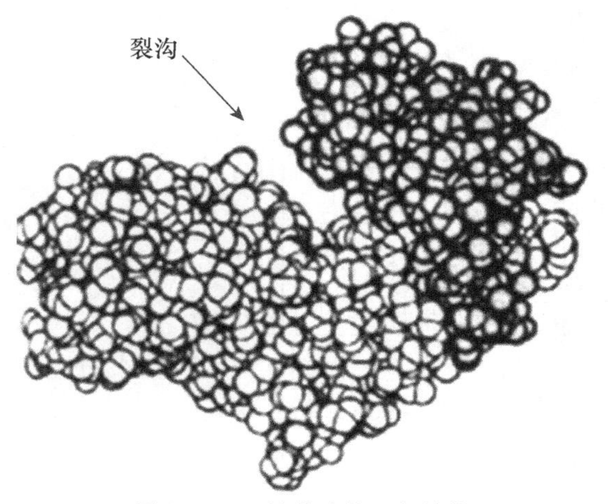

图 5-21　己糖激酶的三级结构

高等真核生物的基因分析揭示，多结构域蛋白质的结构域经常是由基因的相应外显子（exon）编码的。从结构角度来看，一条长的多肽链先分别折叠成几个相对独立的区域，再缔合成三级结构要比整条多肽链之间折叠成三级结构在动力学上是更为合理的途径。从功能角度看，许多多结构域的酶，其活性中心都位于结构域之间，因为通过结构域容易构建具有特定三维排布的活性中心。由于结构域之间常常只有一段柔性的肽链连接，形成所谓铰链区（hinge area），使结构容易发生相对运动，结构域之间的这种柔性将有利于活性中心结合底物和对底物施加应力，有利于别构中心结合调节物和发生别构效应。

蛋白质中两个结构域之间的分隔程度很不相同，有的两个结构域各自独立成球体，中间仅由一段长短不一的肽区段连接；有的相互接触面宽广而紧密，整个分子的外表是一个平整的球面，甚至难以确定究竟有几个结构域存在。多数是中间类型的，分子外形偏长，结构域之间有一裂沟（cleft），例如己糖激酶（图 5-21）。

5.4.4　蛋白质的三级结构

蛋白质的三级结构（Tertiary Structure）是指多肽链在二级结构的基础上，通过侧链基团的相互作用进一步卷曲折叠，借助次级键维系而形成的特定的立体构象。由于球状蛋白质远比纤维状蛋白质多得多，蛋白质结构的复杂性和功能的多样性也主要体现在球状蛋白质，因此，这里主要介绍球状蛋白质的三级结构。球状蛋白质（globular protein）的三级结构多种多样，这是球状蛋白质生物功能多样性的结构基础（二维码 5-4）。目前确定晶体结构的蛋白质已有数百种之多。虽然每种球状蛋白质都有自己独特的三维结构，但是它们有共同特征：

二维码 5-4　蛋白质结构层次示意图

（1）球状蛋白质同时含几种类型二级结构元件。纤维状蛋白质只含有一种类型的二级结构，而球状蛋白质经常含有几种二级结构，例如溶菌酶（lysozyme）含有 α 螺旋、β 折叠片、β 转角和无规卷曲等，当然不同的球状蛋白质各种元件的含量是不一样的。

（2）球状蛋白质三维结构具有明显的折叠层次。与纤维状蛋白质相比，球状蛋白质的结构具有更加明显而丰富的结构层次，包括二级结构、超二级结构、结构域、三级结构和四级结构。

（3）球状蛋白质分子是致密的球状或椭球状实体。多肽链折叠中各种二级结构彼此紧密装配。偶尔有水分子大小或稍大的空腔存在，但它仅构成蛋白质总体积的很小一部分，例如在α-胰凝乳蛋白酶晶体结构中发现只有16个水分子。值得注意的是邻近活性部位的区域有较大的空间可塑性，允许活性部位的结合基团和催化基团有较大的活性范围。这是酶与底物或调节物相互作用的结构基础。

（4）球状蛋白质疏水残基埋藏在分子内部，亲水残基暴露在分子表面。蛋白质三级折叠的驱动力是引起疏水相互作用的熵效应，折叠的结果是形成热力学上最稳定的三维结构。球状蛋白质分子约80%～90%疏水侧链被埋藏，分子表面主要是亲水侧链，因此球状蛋白质是水溶性的。

（5）球状蛋白质分子的表面有一个空穴或者裂沟。这种空穴常是结合配体行使功能的活性部位。空穴大小能容纳1～2个小分子配体或者一个大分子配体的一部分。空穴周围分布着许多疏水侧连，为底物等化学反应营造了一个疏水环境。

5.4.5 蛋白质的四级结构

自然界中有很多蛋白质是以两个或者多个多肽的非共价聚集体形式存在的，也即这些蛋白质具有四级结构。其中每个独立的多肽称为亚基或者单体。亚基本身具有完整的三级结构。只有一个亚基的蛋白质称为单体蛋白质；含有两个或者多个亚基的蛋白质称为多亚基蛋白质，常称为多聚蛋白质或寡聚蛋白质。多聚蛋白质可以只由一种亚基组成，称为同多聚蛋白质，如谷氨酰胺合成酶；或由几种不同的亚基组成，称为杂多聚蛋白质，如血红蛋白。在大多数多聚蛋白质分子中亚基数目为偶数，极少数为奇数；亚基的种类一般是一种或两种，少数的多于两种。含两个或两个以上重复结构单位的多聚蛋白质都是旋转对称分子，这种重复结构单位称为原聚体。对多聚体来说，亚基就是原聚体；但是杂多聚体中原聚体是由两个或多个不相同的亚基组成，例如血红蛋白分子可看成是由两个原聚体组成的对称二聚体，其中每个原聚体是由一个α链和一个β链构成的不对称二聚体。若把原聚体看作单体，可称血红蛋白为二聚体。如果以亚基为单体，则称血红蛋白为四聚体。

在生物分子缔合的研究中亚基、单体、原聚体、多聚体和分子这几个词，目前尚无明确界定，它们都是一词多义，有时它们等同，有时各异，视具体场合而定。多数人认为分子是一个完整的独立功能单位，例如作为四聚体的血红蛋白才具有完全的转运氧及其他功能，而它的单个亚基或原聚体都不具有这种功能，因此对血红蛋白来说四聚体是它的分子。胰岛素作为单体蛋白质可以发生缔合，生成二聚体和六聚体。然而胰岛素的功能单位就是这种单体蛋白质，因此对胰岛素而言单体就是分子，而二聚体和六聚体是分子的聚集体。

稳定四级结构的力与稳定三级结构的力是一样的，蛋白质亚基之间紧密接触的界面上存在极性相互作用和疏水相互作用。亚基缔合的驱动力主要是疏水相互作用，亚基缔合的专一性则由相互作用的表面上的极性基团之间的氢键和离子键提供。对某些蛋白质来说，对亚基缔合的稳定性做出贡献的还有亚基形成的二硫桥，例如免疫球蛋白G是由两条重链和两条轻链组成的四聚体，多肽亚基之间都由二硫键维系。

5.5 蛋白质性质

5.5.1 蛋白质的酸碱性质

蛋白质分子由氨基酸组成，在蛋白质分子中保留着游离的末端α-氨基和末端α-羧基以及侧链上的各种官能团。因此蛋白质的化学和物理性质有些是与氨基酸相同的。例如，侧链上官能团的化学反应。分子的两性电解质性质等。蛋白质分子中，可解离基团主要来自侧链上的官能团，此外还有少数的末端α-羧基和末端α-氨基。如果是缀合蛋白质，则还有辅基成分所包含的可解离基团。蛋白质分子可解离基团的pK_a与游离氨基酸中相应基团的pK_a值不完全相同，这是由于在蛋白质分子中受到邻近电荷的影响造成的。

可以把蛋白质分子看作是一个多价离子，所带电荷的符号和数量是由蛋白质分子中的可解离基团的种类和数目以及溶液的pH决定。对某一种蛋白质来说，在某一pH，它所带的正电荷和负电荷恰好相等，即净电荷为零，这一 pH 称为蛋白质的等电点。蛋白质的等电点和它所含的酸性氨基酸和碱性氨基酸的数目比例有关。

各种蛋白质具有特定的等电点，这是和它所含氨基酸的种类和数量有关的。如蛋白质分子中含碱性氨基酸较多，其等电点偏碱。如蛋白质分子中含酸性氨基酸较多，则其等电点偏酸。例如胃蛋白酶含酸性氨基酸为 37 个，而碱性氨基酸仅含 6 个，其等电点为 1.0 左右。含酸性氨基酸和碱性氨基酸残基数目相近的蛋白质，其等电点大多为中性偏酸，约为 5.0。

蛋白质在等电点时，以两性离子的形式存在，其总电荷为零，这样的蛋白质颗粒在溶液中因为没有相同电荷互相排斥的影响，所以最不稳定，易于聚集成较大颗粒而沉淀析出，因而溶解度最小。这一性质常在蛋白质的分离、提纯时应用。同时在等电点时蛋白质的黏度、渗透压、膨胀性最小。

5.5.2 蛋白质的胶体性质

蛋白质是高分子化合物，由于分子量大，它在水溶液中所形成的颗粒（直径在 1～100 nm）具有胶体溶液的特征，如布朗运动、丁达尔现象、不能透过半透膜以及具有吸附能力。

蛋白质水溶液是一种比较稳定的亲水胶体，这是因为蛋白质颗粒表面带有很多极性基团，如 $—NH_3$、$—COOH$、$—OH$、$—SH$、$—CONH_2$ 等，这些亲水性基团易与水形成氢键而结合，因此在蛋白质颗粒外面形成一层水膜（又称水化层）。水膜的存在使蛋白质颗粒相互隔开，颗粒之间不会碰撞而聚集成大颗粒，因此蛋白质在水溶液中比较稳定而不易沉淀。

蛋白质溶液比较稳定的另一个重要原因，是因为蛋白质颗粒在非等电状态时带有相同电荷，使蛋白质颗粒之间相互排斥，保持一定距离，不致互相凝集沉淀。但是稳定是相对的，当溶液 pH 和介质极性发生变化时，其稳定性就随之发生变化。

利用蛋白质不能透过半透膜的性质，可用羊皮纸、火棉胶、玻璃纸做成透析袋，将含有小分子杂质的蛋白质装入透析袋，然后置流水中进行透析，此时小分子化合物不断地从透析袋中渗出，而大分子留在袋内，经过一定时间的透析，就可去除小分子杂质而使蛋白质得以纯化，此方法称为透析（dialysis）。

由于蛋白质分子是胶体分子，因此当将蛋白质置于超重力离心场中离心时，它会在离心管底部运动，蛋白质分子这种性质称为沉降（sedimentation）。蛋白质分子不同，沉降特性不同，不同蛋白质的沉降特性用沉降系数来表示，沉降系数定义为：单位（cm）离心场中大分子物质的沉降速度，用“S”表示，其单位是 1×10^{-13}，由于数值太小，一般用“S”表示，S 也称为沉降系数单位。如某蛋白质沉降系数为 8×10^{-13} s，则表示为 8S。利用沉降法可以纯化蛋白质，也可测定其分子量（二维码 5-5）。

二维码 5-5 沉降系数介绍

5.5.3 蛋白质的沉淀反应

蛋白质由于带有电荷和表面水化膜，因此在水溶液中形成稳定的胶体。如果在蛋白质溶液中加入适当的试剂，破坏了蛋白质的水化膜或中和了蛋白质的电荷，或者蛋白质空间结构发生很大变化，则蛋白质溶液就不稳定而会出现沉淀（precipitation）现象。在蛋白质溶液中加入下列试剂会产生沉淀。

（1）高浓度中性强电解质盐 高浓度硫酸铵、硫酸钠、氯化钠等，可以破坏蛋白质胶体周围的水膜，同时又中和了蛋白质分子的电荷。因此当给蛋白质溶液中加入盐类的浓度达到一定程度时，会使蛋白质沉淀析出。这种现象称蛋白质盐析（salting out）。盐析法不破坏蛋白质天然构象，因此是分离制备蛋白质常用的方法。不同蛋白质由于胶体稳定性的差别，盐析时所需的盐浓度不同，因此通过调节或控制盐浓度，可使混合蛋白质溶液中的几种蛋白质分别析出，这种方法叫作分段盐析。另外，在蛋白质溶液中加入稀的中性盐溶液，蛋白质溶解度则会增加，其原因是稀的中性盐增加了溶液的极性，这种现象叫盐溶（二维码 5-6）。

二维码 5-6 蛋白质的盐溶与盐析效应

（2）有机溶剂 如酒精、丙酮等可使蛋白质产生沉淀，这是由于这些有机溶剂和水有较强的作用，同时降低介电常数，即破坏蛋白质分子周围的水膜，致使蛋白质颗粒容易凝集而发生沉淀反应。如果蛋白质处于等电点，加入这些有机溶剂可加速蛋白质沉淀。因此也可利用有机溶剂沉淀法来分离纯化蛋白质。

(3) 重金属盐　如氯化高汞、硝酸银、醋酸铅及三氯化铁等。这是因为蛋白质在碱性溶液中带负电荷，可与这些重金属离子作用生成不易溶解的盐而沉淀。

(4) 某些生物碱试剂和有机酸类　生物碱试剂是指能引起生物碱（alkaloid）沉淀的一类试剂，如苦味酸、单宁酸等。某些有机酸指的是三氯乙酸、磺基水杨酸等。当蛋白质处在酸性溶液中时，自身带正电荷，而生物碱试剂和酸类的酸根负离子能和蛋白质化合成不溶解的蛋白质盐而沉淀。

(5) 加热变性　几乎所有的蛋白质都因加热变性而凝固。少量盐类促进蛋白质加热凝固。当蛋白质处于等电点时，加热凝固最完全和最迅速。加热变性引起蛋白质凝固沉淀的原因可能是由于热变性使蛋白质天然结构解体，疏水基外露，因而破坏了水化层，同时由于蛋白质处于等电点破坏了带电状态。

用盐析法或在低温时加入有机溶剂（将蛋白质用酸碱调节到等电点状态）等方法制取的蛋白质，仍然保持天然蛋白质的一切特性如原有的生物活性，将蛋白质重新溶解于水仍然成为稳定的胶体溶液。但如温度较高情况下加入有机溶剂来沉淀分离蛋白质，或已用有机溶剂沉淀分离得到的蛋白质没有及时与有机溶剂分开，都会引起蛋白质的性质发生改变。用有机溶剂沉淀蛋白质后，有机溶剂易于挥发掉，而盐析沉淀所得蛋白质中含有较多盐分，需通过透析或凝胶过滤脱盐。究竟选用哪种方法，应根据研究要求及蛋白质的性质加以选用。

5.5.4　蛋白质的变性作用与复性

蛋白质因受某些物理或化学因素的影响，分子三维结构被破坏，从而导致其理化性质，生物学活性改变的现象称为蛋白质的变性作用（二维码5-7）。强酸、强碱、剧烈搅拌、重金属盐类、有机溶剂、脲、胍类、超声波等都可使蛋白质变性。蛋白质的变性就是二级结构以上的高级结构被破坏，而导致生物活性丧失的过程。变性蛋白的溶解度降低（因疏水基团外露），分子的不对称性增加，尤其是球蛋白。变性蛋白失去结晶能力，易被蛋白酶水解。

二维码5-7　蛋白质变性

某些蛋白质变性后可以在一定的实验条件下恢复原来的三维结构，使生物学活性恢复，这个过程称为蛋白质的复性（renaturation）。变性蛋白能否复性，取决于蛋白质变性的因素、蛋白质的种类以及蛋白质分子结构改变的程度等。如胰蛋白酶在酸性条件下短时间加热可使其变性，但缓慢地冷却，胰蛋白酶可以复性。血红蛋白在酸性条件下易变性，但如果用碱缓慢中和，可使其活性部分恢复。

5.6　蛋白质的分离纯化和测定

5.6.1　蛋白质分离纯化的一般原则

分离纯化某一蛋白质的一般程序可以分为前处理、粗分级分离和细分级分离三步。

5.6.1.1　前处理（pretreatment）

分离纯化某一蛋白质，首先要求把蛋白质从原来的组织或细胞中以溶解的状态释放出来，并保持原来的天然状态，避免失去生物活性。为此，动物材料应先剔除结缔组织包括脂肪组织；种子材料应先去壳和种皮以免受到单宁等物质的污染，油料种子最好先用低沸点的有机溶剂如乙醚等脱脂。然后根据不同情况，选择适当的方法，将组织或细胞破碎。动物组织可用电动捣碎机或匀浆机破碎或用超声处理破碎。植物组织由于具有细胞壁，一般需要与石英砂或玻璃粉和适当的缓冲液一起研磨的方法破碎。细菌细胞的破碎比较麻烦，因为整个细菌细胞壁的骨架实际上是一个由共价键连接而成的囊状肽聚糖分子，非常坚韧。破碎细菌细胞的常用方法有超声震荡，与砂研磨或溶菌酶处理等。组织和细胞破碎以后，选择适当的缓冲液把所要的蛋白质提取出来。细胞碎片等不溶物离心或过滤除去。

如果所要的蛋白质主要集中在某一细胞组分，如细胞核，染色体，核糖体或可溶性的细胞质等，则可利用差速离心方法将它们分开，收集该细胞组分作为下步纯化的材料，这样可以一次除去很多的杂蛋白质，使纯化工作容易得多。如果所要蛋白质是与细胞膜或膜质细胞器结合的，则必须利用超声波或去污剂使膜结构解聚，然后用适当的介质提取。

5.6.1.2 粗分级分离（rough fractionation）

当蛋白质提取液（有时还杂有核酸，多糖之类）获得后，选用一套适当的方法，将所要的蛋白质与其他杂蛋白质分离开。一般这一步的分级分离用盐析，等电点沉淀和有机溶剂分级分离等方法。这些方法的特点是简便，处理量大，既能除去大量杂质，又能浓缩蛋白质溶液。有些蛋白质提取液不适于用沉淀或盐析法浓缩，则可采用超声过滤或凝胶过滤层析等方法浓缩。

5.6.1.3 细分级分离（fine fractionation）

即制品的纯化。制品经粗分级分离后，一般体积较小，杂蛋白质大部分已被除去。纯化一般使用层析法包括凝胶过滤，离子交换层析，吸附层析以及亲和层析等。必要时还可选择电泳法，如凝胶电泳和等电聚焦进一步纯化，但电泳法主要用于纯度分析。

结晶是蛋白质分离纯化的最后步骤。由于晶体中从未发现过变性蛋白质，因此蛋白质晶体不仅是纯度的一个标志，也是断定制品处于天然状态的有力指标。结晶也是进行 X 射线晶体学分析所要求的，只有获得蛋白质晶体才能对它进行 X 射线结构分析。结晶的最佳条件是使溶液处于略过饱和状态。可通过控制温度，加中性盐，加有机溶剂或调节 pH 等方法达到。

5.6.2 蛋白质分离纯化的主要方法

可以根据蛋白质在溶液中的分子大小、溶解度、电荷、吸附性质、对其他分子的生物学亲和力等，分离蛋白质的混合物。根据分子大小不同分离蛋白质的方法主要有透析、超过滤、密度梯度离心、分子排阻层析等。利用溶解度差别进行分离蛋白质的方法主要有等电点沉淀、盐溶、盐析、有机溶剂分级分离法等。根据蛋白质的电荷不同，即酸碱性质不同分离蛋白质混合物的方法有电泳和离子交换层析两种。另外，还可以通过选择吸附分离、亲和层析等方法分离纯化蛋白质（二维码 5-8）。

二维码 5-8 蛋白质分离纯化常用方法

5.6.3 蛋白质相对分子质量的测定

蛋白质分子的质量是很大的，它的相对分子质量（Mr）变化范围在 6 000 ～1 000 000 或更大一些。可以用凝胶过滤法、SDS-聚丙烯酰胺凝胶电泳法测定其相对分子质量（二维码 5-9）。

5.6.4 蛋白质的含量测定与纯度鉴定

在蛋白质分离提纯的过程中，经常需要测定蛋白质的含量和检查某一蛋白质的提纯程度。这些分析工作包括：测定蛋白质的总量、测定蛋白质混合物中某一特定蛋白质的含量和鉴定最后制品的纯度。测定蛋白质总量常用的方法有：凯氏定氮法、双缩脲法、苯酚试剂法、紫外吸收法以及双缩脲—苯酚试剂联合法。这些方法在普通的实验手册中都有详细的描述。

二维码 5-9 蛋白质相对分子质量测定常用方法

测定蛋白质混合物中某一特定蛋白质的含量通常要用具有高度特异性的生物学方法。具有酶或激素性质的蛋白质可以利用它们的酶活性或激素活性来测定含量。有些蛋白质虽然没有酶或激素那样特异的生物学活性，但是大多数蛋白质当注入适当的动物的血流中时，会产生抗体；因此，利用抗体-抗原反应，也可以测定某一特定蛋白质的含量。这些生物学方法的测定和总蛋白测定配合起来，可以用来研究蛋白质分离过程中某一特定蛋白质的提纯程度。提纯程度常用这一特定成分与总蛋白之比来表示，例如每毫克蛋白质含多少活性单位（对酶蛋白来说，这一比例称为比活性）。提纯工作一直要进行到这个比例不再增加为止。

蛋白质制品纯度的鉴定通常采用物理化学的方法，例如电泳分析、沉降分析、扩散分析等。纯的蛋白质在它稳定的范围内，在一系列不同 pH 条件下进行电泳时，都以单一的泳动度移动，因此在界面移动电泳中，它的电泳图谱只有一个峰。同样地，在沉降分析中，纯的蛋白质在离心力影响下，以单一的沉降速度运动。由于沉降速度基本上是由分子大小和形状决定的，而与化学组成无关，因此作为鉴定纯度的方法，略差于电泳分析。

5.7 蛋白质降解和氨基酸代谢

5.7.1 蛋白质的降解

生物体蛋白质经常处于不断合成和降解的动态变化之中。蛋白质降解也是在酶的催化下进行的，首先是发生酶促水解。水解蛋白质的酶可分为肽链内切酶和肽链端解酶两类。

（1）肽链内切酶　肽链内切酶也称蛋白酶（proteinase）。在植物的种子、块茎、叶和果实等器官中均已发现。在某些植物组织中含有特殊的蛋白酶。例如，番木瓜的果汁中含有木瓜蛋白酶，它是迄今研究最清楚而又最典型的植物蛋白酶，在无花果果汁中，含有无花果蛋白酶；在菠萝的叶子和果实中含有菠萝蛋白酶等，在许多种食虫植物中，均发现有分解蛋白质的酶，这些酶可将捕获到的虫体内的蛋白质分解，供植物吸收利用。动物消化道也有多种蛋白酶。

蛋白酶属于单成分酶，分子中含有活性巯基（—SH），而且要求—SH必须保持还原状态，才能表现活性。一切能使—SH氧化为二硫基（—S—S）的因素以及烷化剂、重金属离子等都是此酶的抑制剂。蛋白酶能随机地水解多肽链中的肽键，生成较短的肽段。但有些蛋白酶对作用于肽键C-端或N-端氨基酸残基有一定的要求，这种特性在蛋白质一级结构的测定中，已得到了广泛的应用。

（2）肽链端解酶　这类酶只作用于肽链末端的肽键，将氨基酸残基从肽链上逐个地水解下来。肽链端解酶又可分为羧基肽酶和氨基肽酶两类。

① 羧基肽酶。这类酶专一地从羧基端开始水解。在萌发的种子中，除存在肽链内切酶外，还有活跃的羧基肽酶，起着水解储藏蛋白质的作用。此外，在马铃薯块茎，柑橘的叶子和果实、玉米根尖等多种植物组织中，都含有羧基肽酶。

② 氨基肽酶。氨基肽酶专一地从氨基端开始对肽链进行水解。氨基肽酶也存在于种子、叶子等器官中，它和羧基肽酶及肽链内切酶共同完成水解蛋白质的反应。生物体蛋白质经常处于合成和降解的动态变化之中。旧的蛋白质不断分解，产生的氨基酸可被利用，成为新蛋白质合成的原料，也可进一步氧化供能。例如，人体每天从食物中以蛋白质形式摄入的总氮量与排出的氮量相当，基本上没有氨基酸和蛋白质的储存，这种收支平衡被称为“氮平衡”。正在成长的儿童，体内蛋白质的含量大于分解量，这时外源氮的摄入大于排出量，这种状态称为“正平衡”。反之，长期饥饿，由于食物蛋白的摄入不足，或组织蛋白的分解过盛，使排出的氮量大于摄入的氮量，这种状态称为“负平衡”。这种动态变化，不仅表现为量的增减，也表现在质的改变。蛋白质是原生质的主要成分，生物在生长发育过程中和不同的环境条件下，必须不断改变其蛋白质和酶的含量与组成，以适应生物机体在不同时期和不同条件下的需求。这样，原有蛋白质便需要不断水解成氨基酸，这些氨基酸又必须和新合成的氨基酸一起，根据需要重新合成新的蛋白质。这些蛋白质和原有蛋白质相比，在质的方面或量的方面都不尽相同。

5.7.2　氨基酸的分解代谢

组成蛋白质的天然氨基酸，由于它们的结构互不相同，代谢途径也有很大差别。但它们都具有α-氨基和α-羧基，因而代谢上也有某些共同之处。氨基酸在生物体内既可以合成组织蛋白、肽和一些生物活性物质，又可以进行分解代谢。氨基酸分解时，在大多数情况下，是从脱氨基作用开始，生成氨和α-酮酸；在少数情况下，氨基酸也可进行脱羧作用，生成CO_2和胺类。

5.7.2.1　氨基酸的脱氨基作用

氨基酸在动植物体内分解代谢，最主要是脱氨基作用（deamination）。它可以通过氧化脱氨基、非氧化脱氨基、转氨基、联合脱氨基和脱酰胺基的方式脱去氨基生成α-酮酸而进一步代谢。其中以联合脱氨基作用最重要，氧化脱氨基作用比较普遍。

（1）氧化脱氨基作用（oxidative deamination）氧化脱氨基作用是指氨基酸在脱氨基时伴有氧化（脱氢）过程，生成α-酮酸和氨（图5-22）。已知催化氨基酸氧化脱氨基的酶有三种，即*L*-氨基酸氧化酶，*D*-氨基酸氧化酶和*L*-谷氨酸脱氢酶。由于组成天然蛋白质的氨基酸大多数是*L*-型的，所以*D*-氨基酸氧化酶不具有生理意义。*L*-氨基酸氧化酶的辅酶分别是FMN和FAD，二者均属于黄素酶类。它能催化多种氨基酸氧化脱氨。但在体外试验时它的最适pH为10，故在生理条件下（pH为7.0左右）它的活性不大，另一方面在体内也分布不广，因而它不是大多数氨基酸脱氨基的主要酶系。*L*-谷氨酸脱氢酶（glutamate dehydrogenase）广泛存在于高等植物的根、种子、胚轴、叶片等组织中，细胞质和线粒体中都已发现，在动物体内除肌肉组织外均有分布，活性强，能催化*L*-谷氨酸氧化脱氢，生成α-酮戊二酸和氨。该酶催化的是可逆反应，当有NH_3、α-酮戊二酸和NADH存在时，可催化生成谷氨酸（但要求NH_3的浓度较高），因此普遍认为是催化氨基酸氧化脱氨的主要酶系。但这种酶的专一性很强，只对谷氨酸起催化作用，故不是体内较理想的脱氨基方式。

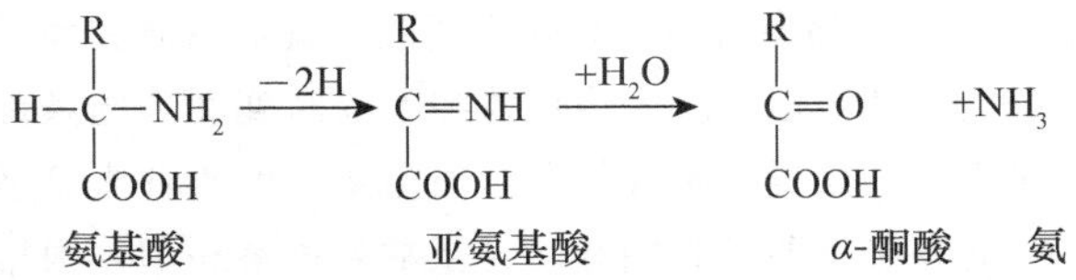

$$\mathrm{R{-}CH(NH_2){-}COOH \xrightarrow{-2H} R{-}C(=NH){-}COOH \xrightarrow{+H_2O} R{-}C(=O){-}COOH + NH_3}$$

氨基酸　　亚氨基酸　　α-酮酸　　氨

图 5-22　氨基酸氧化脱氨基作用

（2）非氧化脱氨基作用（non-oxidative deamination）　非氧化脱氨包括许多酶促反应。如苯丙氨酸解氨酶（phenylalanine ammonia lyase PAL）催化苯丙氨酸和酪氨酸的脱氨。反应过程如下（图 5-23）：

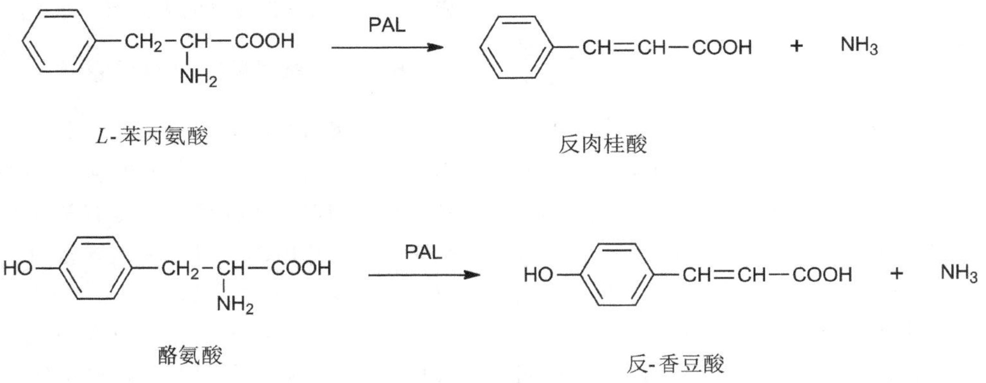

$$\mathrm{C_6H_5{-}CH_2{-}CH(NH_2){-}COOH \xrightarrow{PAL} C_6H_5{-}CH{=}CH{-}COOH + NH_3}$$

L-苯丙氨酸　　反肉桂酸

$$\mathrm{HO{-}C_6H_4{-}CH_2{-}CH(NH_2){-}COOH \xrightarrow{PAL} HO{-}C_6H_4{-}CH{=}CH{-}COOH + NH_3}$$

酪氨酸　　反-香豆酸

图 5-23　氨基酸非氧化脱氨基作用

植物组织光照后，PAL 含量水平显著增加，故常用作研究合成的材料。上述反应很重要，因为生成的反式肉桂酸可进一步转化为香豆素、本质素、单宁等次生物质。木质素是植物次生细胞壁的组成成分；单宁又称鞣质，它是植物中广泛存在的一类多元醇衍生物。反式香豆素可转化为对-羟基苯甲酸，参与辅酶 Q 的生物合成。

（3）转氨基作用　转氨基作用指氨基酸在氨基转移酶（aminotransferase）或转氨酶（transaminase）催化下，将 α-氨基转移到一个 α-酮酸的酮基位置上，从而生成相应的 α-酮酸和一个新的 α-氨基酸。此过程只发生了氨基的转移，而无游离氨产生。反应如下（图 5-24）：

$$\mathrm{R{-}CH(NH_2){-}COOH + R_2{-}C(=O){-}COOH \underset{转氨酶}{\rightleftharpoons} R_2{-}CH(NH_2){-}COOH + R{-}C(=O){-}COOH}$$

图 5-24　氨基酸转氨基作用

氨基转移作用在各组织细胞普遍存在。氨基转移酶的辅酶是维生素 B_6 的磷酸吡哆醛和磷酸吡哆胺，它们起氨基传递体作用。氨基转移反应是可逆的，除个别几个氨基酸如赖氨酸、苏氨酸、脯氨酸、羟脯氨酸外，其他氨基酸都可参与转氨基作用。只要有相应的 α-酮酸存在，通过其逆过程就可合成某种氨基酸，这是生物体合成非必需氨基酸的重要途径。

（4）联合脱氨基作用　转氨基作用只是将一个氨基酸的氨基转移到另一个酮酸上生成氨基酸，并没有真正脱去氨基。*L*-谷氨酸脱氢酶催化的氧化脱氨基作用，虽然能把氨基酸中的氨基真正除去，但又只能作用于谷氨酸。所以，现在认为大多数氨基酸脱氨是通过上述两种作用联合起来而实现的，称为联合脱氨基作用。联合的结果是，各种氨基酸先与 α-酮戊二酸进行转氨基作用，生成 *L*-谷氨酸和相应的 α-酮酸；再经 *L*-谷氨酸脱氢酶催化，脱去氨重新生成 α-酮戊二酸。在联合反应中，α-酮戊二酸只起传递氨基的作用，本身并不消耗。而总的结果却使各种氨基酸脱去氨基，变成相应的酮酸（图 5-25）。

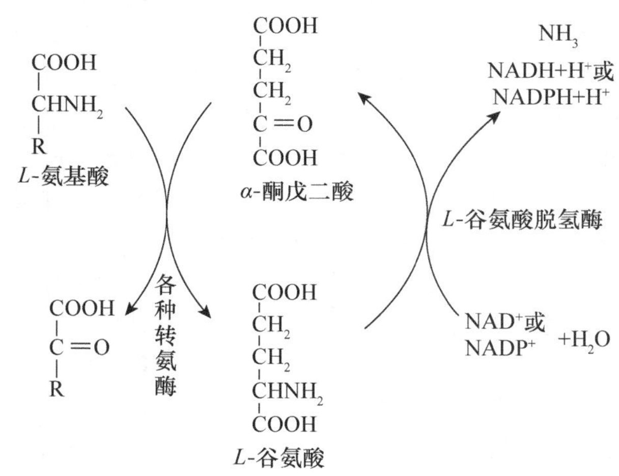

图 5-25　氨基酸联合脱氨基作用

然而在心肌、骨骼肌、脑等组织中，谷氨酸脱氢酶的活性很低，难以进行上述联合脱氨基反应。

（5）脱酰胺基作用　脱酰胺作用是指酰胺在脱酰胺酶（deamidase）作用下脱去酰胺而生成氨的过程。生成的游离氨，对生物组织是有毒的。因此必须将氨转变为无毒的化合物。如果组织内含有足够的碳水化合物，可以与由碳水化合物转变成的酮酸发生氨基化，重新生成氨基酸。有些植物组织有大量的有机酸，氨可以与有机酸形成有机酸盐。哺乳动物主要是通过合成谷氨酰胺从脑、肌肉等组织向肝和肾运氨。在肾脏可被谷氨酰胺酶水解释放氨，氨与尿中的 H^+ 结合成铵盐而排出体外。在肝脏则合成尿素经血液运至肾脏随尿排出。

5.7.2.2　氨基酸的脱羧基作用

氨基酸在脱羧酶（decarboxylase）作用下发生脱羧反应，生成胺类化合物为氨基酸的脱羧基作用（decarboxylation）。

（1）直接脱羧作用　在动植物和微生物体内广泛存在着氨基酸脱羧酶，它的辅酶为磷酸吡哆醛。动植物中最常见的是谷氨酸脱羧生成 γ-氨基丁酸（图5-26）。γ-氨基丁酸广泛存在于动植物组织中，大量存在于马铃薯块茎中，可进一步发生转氨基作用，生成琥珀酸半醛，再氧化成琥珀酸进入三羧酸循环。

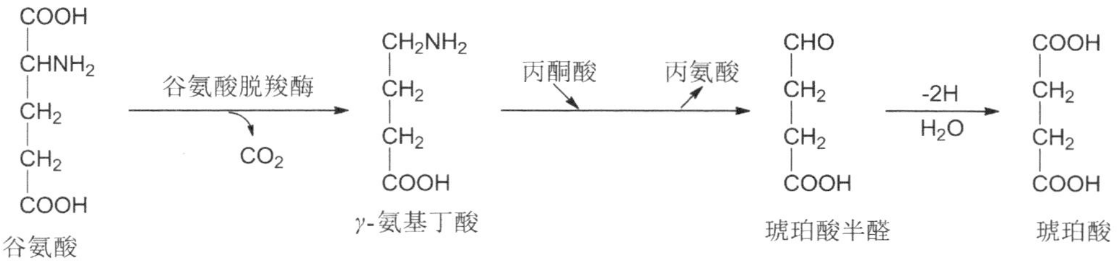

图5-26　氨基酸直接脱羧作用

在黄化的大豆幼苗中，大量进行着赖氨酸的脱羧，生成戊二胺（尸胺）。大麦植株缺钾时，叶片中发生鸟氨酸的脱羧作用，生成丁二胺（腐胺）。色氨酸在脱氨和脱羧后，生成植物生长素吲哚乙酸。含蛋白质丰富的物质经腐败细菌作用时，常发生氨基酸的脱羧作用，生成的胺类化合物很多具有强烈的生理活性。含蛋白质丰富的食物腐败后，常引起食物中毒，这是其中原因之一。肉类及动物尸体腐烂时发出的恶臭气味，是由细菌分解蛋白质后生成的尸胺和腐胺产生的，但腐胺有促进动物和细菌细胞生长的效应，对RNA合成也有刺激作用。

（2）羟基化脱羧作用（hydroxylation）　酪氨酸在酪氨酸酶（tyrosinase）催化下发生羟化而生成3，4-二羟基苯丙氨酸（3，4 dihydroxyphenylalanine，简称多巴 dopa），后者可脱羧生成3，4 二羟基苯乙胺（3，4 dihydroxyphenylathylamine，简称多巴胺 dopamine）（图5-27）。

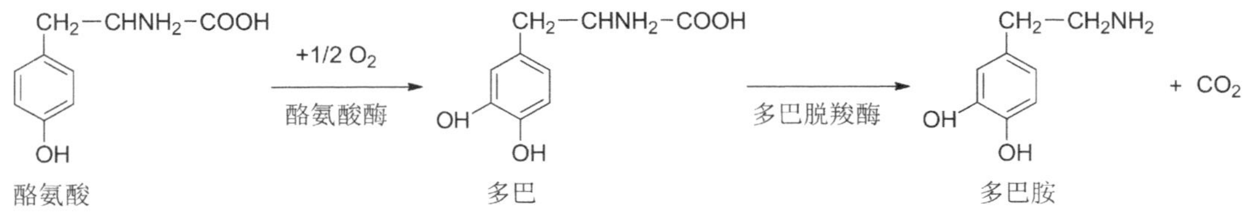

图5-27　氨基酸羟基化脱羧作用

酪氨酸酶在黑色素生成中起着重要的作用。此酶本质为铜蛋白，酶蛋白借巯基于铜离子结合而发挥作用。其他巯基化合物可竞争性夺取铜离子而抑制酪氨酸酶的作用。紫外线有促进巯基化合物氧化的作用，从而减少巯基化合物对酪氨酸的影响。因此，常在日光下暴晒的人皮肤会较黑。如果人体先天性缺乏酪氨酸酶，则不能在表皮基底层及毛囊内形成黑色素，就会患白化病。在动物内，由多巴和多巴胺可生成去甲肾上腺素和肾上腺素，在植物内则可形成生物碱。

5.7.2.3　氨基酸分解产物的去向

氨基酸降解是通过脱氨基作用和脱羧基作用生成各种产物，如 NH_3 和 α-酮酸和胺类等。这些产物在生物体内必须进一步参加代谢转变。

(1) 氨的代谢去向

二维码 5-10 氨的代谢去向

氨主要来源于氨基酸分解，也可由胺类分解，游离氨对动植物组织是有害的，故动植物细胞中游离氨浓度极低。因此，随着根系对氨的吸收和氧化脱氨作用的进行，必须不断地将氨转变为无毒（或毒性较小）的化合物。动植物机体转变氨的途径主要有以下几种形式：①与 α-酮酸发生还原性氨基化作用，重新合成氨基酸；②中和组织中的有机酸，形成铵盐；③生成无毒的谷氨酰胺或天冬酰胺；④合成毒性很小的尿素（二维码 5-10）。

(2) α-酮酸的去向 氨基酸脱氨基后生成 α-酮酸可进一步进行代谢，其途径有三个：

①重新氨基化生成氨基酸 由于转氨基作用和联合脱氨基作用都是可逆反应，各种氨基酸降解的终产物（表 5-7）就是他们合成时的碳骨架，因而产生的各种 α-酮酸都可通过脱氨基作用的逆过程接受氨基，生成相应的氨基酸。但因体内没有必需氨基酸相对应的 α-酮酸，因此体内无法合成必需氨基酸。

表 5-7 氨基酸降解中产生的 α-酮酸

氨基酸	终产物
丙氨酸、丝氨酸、半胱氨酸、甘氨酸、苏氨酸	丙酮酸
蛋氨酸、异亮氨酸、缬氨酸	琥珀酰-CoA
苯丙氨酸、酪氨酸	延胡索酸
精氨酸、脯氨酸、组氨酸、谷氨酸、谷氨酰胺	α-酮戊二酸
天冬氨酸、天冬酰胺	草酰乙酸
亮氨酸、色氨酸、苏氨酸、异亮氨酸	乙酰 CoA
苯丙氨酸、酪氨酸、亮氨酸、赖氨酸、色氨酸	乙酰乙酸（乙酰乙酰 CoA）

②转变成糖和酮体或脂肪酸 根据动物营养学研究和同位素标记示踪实验，证明很多氨基酸脱去氨基后的 α-酮酸可通过糖异生途径转变成糖，此类氨基酸称为生糖氨基酸。少数几种如亮氨酸不能转变成糖，只能转变成酮体和脂肪酸，称为生酮氨基酸。另有苯丙氨酸、酪氨酸、色氨酸和异亮氨酸等分解产物，既能生糖，也能生酮，故称为生糖兼生酮氨基酸，见表 5-8。

表 5-8 生糖生酮氨基酸的种类

分类	氨基酸
生糖氨基酸	甘氨酸、丙氨酸、丝氨酸、精氨酸、脯氨酸、谷氨酸、谷氨酰胺、苏氨酸、缬氨酸、组氨酸、甲硫氨酸、半胱氨酸、天冬氨酸、天冬酰胺
生酮兼生糖氨基酸	苯丙氨酸、酪氨酸、色氨酸、异亮氨酸
生酮氨基酸	亮氨酸、赖氨酸

③氧化分解 氨基酸降解产生的各种 α-酮酸在生物体内都可直接或间接进入三羧酸循环途径彻底氧化。根据氨基酸生成的酮酸进入三羧酸循环的途径不同，可把氨基酸分为两大类；一类是形成乙酰-CoA，或经乙酰乙酰 CoA，丙酮酸再生成乙酰-CoA；另一类是直接形成三羧酸循环的中间产物，如 α-酮戊二酸、琥珀酰-CoA、延胡索酸。这些酮酸直接进入三羧酸循环氧化分解，释放能量。各种氨基酸碳架的氧化途径总结如图 5-28。

(3) 胺的转移 氨基酸脱羧后产生的胺类化合物，是生理活性物质，必须进一步参加代谢转变，胺类的代谢主要有以下两种。

①胺类的氧化 在胺氧化酶作用下，胺类可迅速进行氧化脱氨，生成相应的醛和氨，醛继续被氧化成羧酸。胺氧化酶和醛氧化酶都属需氧脱氢酶，它们的辅基都是 FAD，脱氢产物为 H_2O_2。后者可被过氧化氢酶迅速分解为 H_2O、O_2，或被过氧化物酶转化利用。

②转变为其他含氮活性化合物 胺类可进一步转变为生物碱、生长刺激剂，或其他含氮活性化合物。丝氨酸经脱羧后生成乙醇胺（胆胺），再继续甲基化反应，即转变为胆碱（图 5-29）。其甲基由

S-腺苷蛋氨酸提供。乙醇胺和胆碱是构成磷脂酰乙醇胺（脑磷脂）和磷脂酰胆碱（卵磷脂）的原料。禾本科和豆科作物中都有胆碱。胆碱也是构成乙酰胆碱的成分。

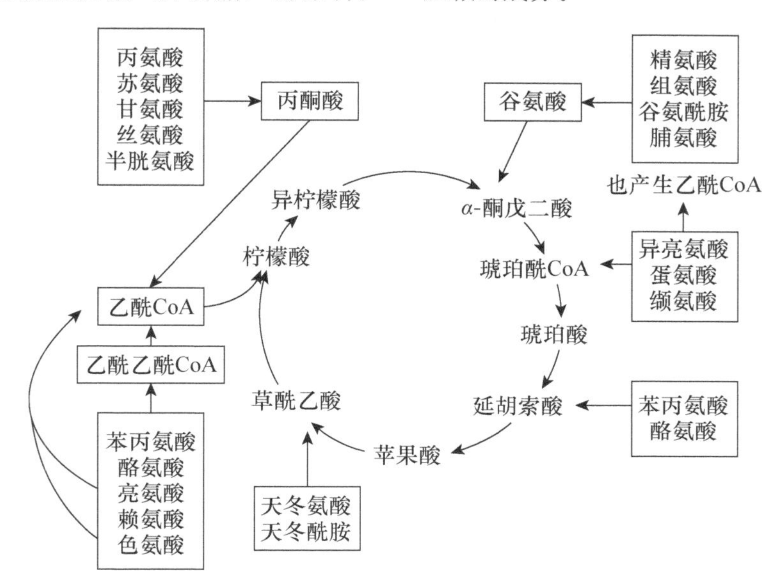

图 5-28　氨基酸碳架进入三羧酸循环的途径

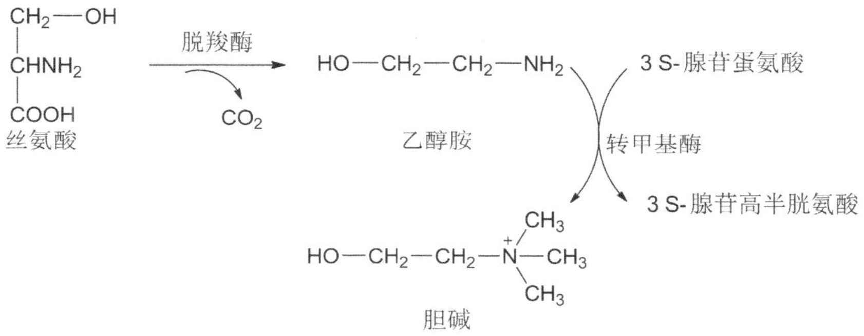

$CH_2—OH$ / $CHNH_2$ / $COOH$（丝氨酸）—脱羧酶（$-CO_2$）→ $HO—CH_2—CH_2—NH_2$（乙醇胺）—转甲基酶（3 S-腺苷蛋氨酸 → 3 S-腺苷高半胱氨酸）→ $HO—CH_2—CH_2—\overset{+}{N}(CH_3)_3$（胆碱）

图 5-29　丝氨酸转变为胆碱的过程

③酚类的生成　酪氨酸经脱羧基后，生成酪胺，后者再进行甲基化，形成大麦芽碱（存在于大麦芽内）（图 5-30）。酪氨酸经脱羧基、脱氨基及氧化作用后，可生成苯酚和对甲酚等有害物质。

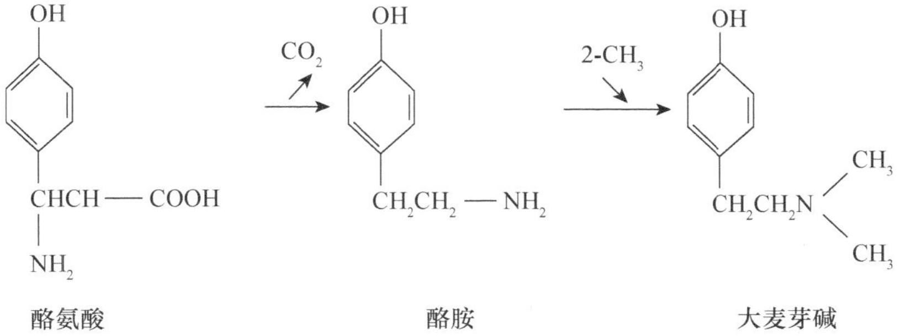

$HO-C_6H_4-CH_2CH(NH_2)-COOH$（酪氨酸）—（$-CO_2$）→ $HO-C_6H_4-CH_2CH_2—NH_2$（酪胺）—（$2-CH_3$）→ $HO-C_6H_4-CH_2CH_2N(CH_3)_2$（大麦芽碱）

图 5-30　酪氨酸转变为大麦芽碱的过程

④硫化氢的生成　半胱氨酸在细菌作用下，可分解为硫醇、硫化氢和甲烷等。

⑤氨的生成　哺乳动物未吸收的氨基酸在肠菌作用下可发生还原性脱氨基作用，生成氨。此外，人体由血液扩散入肠腔的尿素，以及未被吸收的精氨酸分解的尿素都可被肠菌尿素酶分解而产生氨。肠道内氨在结肠又被吸收入血，在肝内合成尿素排出体外。当肝功能障碍时，尿素合成减少，血氨升

高，常可引起肝性脑昏迷。

5.7.3 氨基酸的生物合成

不同生物合成氨基酸的能力不同，植物和大部分细菌能合成全部20种氨基酸，而人和其他哺乳类动物只能合成部分氨基酸，所以氨基酸分为必需氨基酸和非必需氨基酸。凡人体自身可以合成的氨基酸称为非必需氨基酸，如丙氨酸、天冬氨酸、天冬氨酰、谷氨酸、谷氨酰胺、精氨酸、甘氨酸、脯氨酸、丝氨酸、半胱氨酸和酪氨酸。有些氨基酸人体不能自己合成，必须从食物中摄取，这类氨基酸称为必需氨基酸，如赖氨酸、组氨酸、甲硫氨酸、色氨酸、苏氨酸、亮氨酸、异亮氨酸、缬氨酸和苯丙氨酸。精氨酸对于幼小动物来说也是必需的。

不同氨基酸生物合成途径各不相同，但它们都有一个共同特征，就是所有氨基酸都不是以 CO_2 和 NH_3 为起始材料从头合成，而是起始于三羧酸循环、糖酵解途径和磷酸戊糖途径的中间代谢物，所以根据起始物的不同归纳为五类：

①α-酮戊二酸衍生物类型。指某些氨基酸是由三羧酸循环中间产物 α-酮戊二酸衍生而来，这类氨基酸有：谷氨酸、谷氨酰胺、脯氨酸和精氨酸。

②草酰乙酸衍生类型。是指某些氨基酸由草酰乙酸衍生而来，这类氨基酸有天冬氨酸、天冬氨酰、甲硫氨酸、苏氨酸和赖氨酸。

③丙酮酸衍生类型。属于这种类型的氨基酸有丙氨酸、缬氨酸、亮氨酸和异亮氨酸。

④3-磷酸甘油酸衍生类型。属于这种类型的氨基酸有丝氨酸、甘氨酸、半胱氨酸。

⑤磷酸烯醇式丙酮酸和4-磷酸赤藓糖衍生类型。三种芳香族氨基酸即酪氨酸、苯丙氨酸和色氨酸属于此种类型，它们的合成起始于磷酸戊糖途径中间物4-磷酸赤藓糖和糖酵解途径的中间物磷酸烯醇式丙酮酸。

只有组氨酸特殊，它的合成与其他途径没有联系，是以5-磷酸核糖-1-焦磷酸（PRPP）为前体合成的。PRPP是核苷酸生物合成的前体。

5.7.4 氨基酸与一碳单位

生物化学中将具有一个碳原子的基团称为“一碳单位”或“一碳基团”（one carbon group），生物体内的一碳单位有许多形式，例如：亚胺甲基—CH＝NH、羟甲基—CH_2OH、亚甲基（又称甲叉基）—CH_2—、次甲基（又称为甲川基）—CH＝和甲基—CH_3 等。

一碳单位是生物体各种化合物甲基化的主要来源。如嘌呤和嘧啶的合成等。许多带有甲基的化合物都有重要的生物功能，如肾上腺素、肌酸、卵磷脂等。一碳单位的转移靠四氢叶酸（THF）中介。生物体内合成胆碱、肌酸、肾上腺素等所需的甲基都由活化的甲硫氨酸即S-腺苷甲硫氨酸直接提供。它是50多种不同甲基受体的甲基供给者。它脱去甲基后形成S-腺苷高半胱氨酸，随后分解为腺苷和高半胱氨酸。由高半胱氨酸转变为甲硫氨酸，主要途径是从 N^5-甲基四氢叶酸转移甲基。催化此反应的酶为甲硫氨酸合酶（methionine synthase）。

人体所需叶酸来源于食物，而细菌则靠自身合成。常用的磺胺类药物是叶酸组成成分中的对氨基苯甲酸的拮抗剂，因此能抑制细菌生成。临床上常用的“TMP”即三甲氧苄二氨嘧啶（trimethoprim）是二氢叶酸的类似物，能抑制二氧叶酸还原酶的活性，从而影响二氢叶酸还原为四氢叶酸。若将TMP与磺胺药共同使用，可明显增强药力并减少药物的用量。

5.8 蛋白质的生物合成

蛋白质的生物合成是生命科学重要的研究领域之一。中心法则指出，遗传信息的表达就是合成出具有特定氨基酸顺序的蛋白质。据估计，大肠杆菌细胞中有蛋白质3 000多种，真核细胞有100 000多种，每种蛋白质分子数保持在一定的范围内，而且以不同的速度不断更新，以适应细胞分裂和代谢所需。蛋白质生物合成机理的研究，主要以大肠杆菌为材料，后来的研究表明、真核细胞蛋白质合成的机理与大肠杆菌有许多相似之处。

5.8.1 蛋白质合成体系的组成

（1）mRNA——蛋白质合成的模板　任何一种天然蛋白质的多肽链都有它特定的氨基酸序列，决定这种序列的信息包含在从DNA转录来的mRNA的核苷酸序列中。mRNA是由四种核苷酸按特定顺序形成的多核苷酸链，而蛋白质一级结构则是由20种氨基酸以特定的顺序形成的多肽链。mR-

二维码 5-11　mRNA 介绍

NA中核苷酸的序列直接决定多肽链中氨基酸的顺序（二维码5-11）。

（2）核糖体——蛋白质合成的场所 核糖体是生物系统中蛋白质生物合成的部位。从组成分析，核糖体是核糖核酸与蛋白质构成的一个巨大的核糖核蛋白颗粒。在原核细胞中，它可以游离状态形式存在，也可以与mRNA结合形成串状的多核糖体。平均每个细胞约有2 000个核糖体。真核细胞中的核糖体既可游离存在，也可以与细胞内质网相结合，形成粗糙内质网。每个真核细胞所含核糖体约为10^6～10^7个。线粒体、叶绿体及细胞核内也有自己的核糖体（二维码5-12）。

二维码5-12 核糖体介绍

（3）tRNA——氨基酸运载工具 在蛋白质合成中，tRNA起着运载氨基酸的作用，将氨基酸按照mRNA链上的密码子（表5-9）所决定的氨基酸顺序搬运到蛋白质合成的场所——核糖体的特定部位。tRNA是多肽链和mRNA之间的重要转换器（adaptor），每一种氨基酸可以有一种以上tRNA作为运载工具，人们把携带相同氨基酸而反密码子不同的一组tRNA称为同功受体tRNA（isoacceptor tRNAs）。tRNA具有以下功能：①3′-端接受氨基酸；②识别mRNA链上的密码子；③连接多肽链和核糖体（二维码5-13）。

二维码5-13 tRNA介绍

AUG既是起始密码子，又是肽链延伸过程中甲硫氨酸的密码子，那么如何区分起始AUG和延伸中的AUG？一方面是起始AUG处于mRNA的特殊部位，如它的5′上游区有特殊的SD序列（原核生物），另一方面是存在两种分子结构不同的tRNA，一个用于起始，一个用于肽链延伸。原核生物的起始tRNA用$tRNA_f$表示，真核生物的起始tRNA用$tRNA_i$表示，延伸中的甲硫氨酸tRNA用$tRNA_m$表示，分别高度特异地识别起始和延伸AUG密码子。

表5-9 遗传密码表

第一位（5′端）	第二位				第三位（3′端）
	U	C	A	G	
U	苯丙氨酸（Phe）	丝氨酸（Ser）	酪氨酸（Tyr）	半胱氨酸（Cys）	U
	苯丙氨酸（Phe）	丝氨酸（Ser）	酪氨酸（Tyr）	半胱氨酸（Cys）	C
	亮氨酸（Leu）	丝氨酸（Ser）	终止密码子	终止密码子	A
	亮氨酸（Leu）	丝氨酸（Ser）	终止密码子	色氨酸（Trp）	G
C	亮氨酸（Leu）	脯氨酸（Pro）	组氨酸（His）	精氨酸（Arg）	U
	亮氨酸（Leu）	脯氨酸（Pro）	组氨酸（His）	精氨酸（Arg）	C
	亮氨酸（Leu）	脯氨酸（Pro）	谷氨酰胺（Gln）	精氨酸（Arg）	A
	亮氨酸（Leu）	脯氨酸（Pro）	谷氨酰胺（Gln）	精氨酸（Arg）	G
A	异亮氨酸（Ile）	苏氨酸（Thr）	天冬酰胺（Asn）	丝氨酸（Trp）	U
	异亮氨酸（Ile）	苏氨酸（Thr）	天冬酰胺（Asn）	丝氨酸（Trp）	C
	异亮氨酸（Ile）	苏氨酸（Thr）	赖氨酸（Lys）	精氨酸（Arg）	A
	甲硫氨酸（Met）	苏氨酸（Thr）	赖氨酸（Lys）	精氨酸（Arg）	G
G	缬氨酸（Val）	丙氨酸（Ala）	天冬氨酸（Asp）	甘氨酸（Gly）	U
	缬氨酸（Val）	丙氨酸（Ala）	天冬氨酸（Asp）	甘氨酸（Gly）	C
	缬氨酸（Val）	丙氨酸（Ala）	谷氨酸（Glu）	甘氨酸（Gly）	A
	缬氨酸（Val）	丙氨酸（Ala）	谷氨酸（Glu）	甘氨酸（Gly）	G

tRNA是以转运的氨基酸来命名的，例如转运丙氨酸的tRNA称为丙氨酸tRNA，写作$tRNA^{Ala}$。若已经共价结合上丙氨酸，则称为丙氨酰-tRNA，写成Ala-$tRNA^{Ala}$或Ala-tRNA。

5.8.2 蛋白质生物合成的步骤

蛋白质生物合成是一个极为复杂的生化过程，是DNA中遗传信息的最终表达。这一过程分为四个阶段：①氨基酸的活化；②肽链合成的起始；②肽链的延伸；④肽链合成的终止与释放（二维码 5-14）。

5.8.3 真核细胞蛋白质的生物合成

真核细胞蛋白质合成的机理与原核细胞十分相似，但是某些步骤更为复杂，涉及的蛋白因子也更多。真核细胞核糖体为 80S，可解离成 60S 和 40S 两个亚基。真核细胞核糖体的相对分子质量为 4 200 000，而原核细胞的相对分子质量只有 2 700 000。40S 亚基含有 18SrRNA，60S 亚基含有 5S、5.8S 及 28S rRNA。真核细胞多肽合成的起始氨基酸为甲硫氨酸；而不是 N-甲酰甲硫氨酸。起始 tRNA 为甲硫氨酰-$tRNA_i^{甲硫}$，此 tRNA 分子不含 TψC 序列，这在 tRNA 家族中是十分特殊的。起始密码子为 AUG，它的上游 5′-端也不含富嘌呤的序列。通常在 mRNA5′-末端的 AUG 密码子所在的部位也就是多肽合成的起点。40S 核糖体与 mRNA5′-端的帽子相结合后，向 3′-端方向移动，以便寻找 AUG 密码子。这个过程需要消耗 ATP。甲硫氨酰-$tRNA_i^{甲硫}$上的反密码子与 40S 亚基相结合，并与 mRNA 上的 AUG 形成互补碱基对。真核细胞 mRNA 通常只有一个 AUG 密码子，每种 mRNA 只翻译出一种多肽。

二维码 5-14　蛋白质合成的过程

真核细胞翻译中涉及的蛋白质因子较多。真核细胞多肽合成的起始复合物较大，为 80S，形成过程如下：首先形成 40S 起始复合物。这个过程涉及许多起始因子。eIF_2-GTP（eIF_2 的相对分子质量为 1 000 000）使甲硫氨酰-$tRNA_i^{甲硫}$与 40S 亚基相结合。5′-帽子结合蛋白（cap-binding protein，CBP）与 mRNA5′-帽子结合。eIF_3 与 mRNA5′-端的 AUG 相识别。eIF_4 则促使 ATP 水解成 ADP，提供反应能量。eIF_5 诱导 eIF_2 和 eIF_3 与甲硫氨酰-$tRNA_i^{甲硫}$与 AUG 识别后的释放。eIF_5 促使 eIF_2-GTP 中 GTP 的水解。最后，60S 亚基参与起始复合物的形成，生成 80S 起始复合物，详细见表 5-10。

表 5-10　真核细胞肽链合成的起始因子

种类	相对分子质量		功能
	亚基	天然态	
eIF-1	15 000	15 000	40S 起始复合物形成
eIF-2	35 000～55 000	125 000	met－tRNAi 及 GTP 的结合
eIF-3	多亚基	≥500 000	mRNA 的结合，80S 核糖体的解离
eIF-4A	50 000	50 000	天然 mRNA 与 40S 亚基结合
eIF-4B	80 000	80 000	与 mRNA 的“帽子”识别
eIF-4C	19 000	17 000	稳定 30S 起始复合物
eIF-4D	17 000	15 000	亚基的结合，肽链延伸作用
eIF-5	150 000	125 000	80S 核糖体的形成，GTP 酶
eIF-2A	65 000	65 000	tRNA 与 40S 核糖体结合

真核细胞中的肽链延伸因子为 EF1α 和 EF1βγ（相当于原核细胞中的 EFTu 和 EFTs）。真核细胞中的多肽合成终止因子称信号释放因子（signal release factor）写成 eRF。

5.8.4 肽链合成的修饰

蛋白质的生物合成在翻译作用完成之后，完整的多肽链便离开了核糖体，运送到特定的部位发挥其功能。事实上，在完整的多肽链合成前后，都有蛋白质修饰反应的发生。这些反应如下。

（1）水解去除起始氨基酸　细菌的蛋白质合成是从甲酰甲硫氨酸开始的，这个甲酰基会被脱甲酰酶水解脱除，或在氨肽酶作用下，切除末端的一个至多个氨基酸。上述脱去甲硫氨酸的反应，通常在多肽链处于翻译且没有离开糖体时就已发生。例如在真核细胞内，当肽链延伸到 15～30 个氨基酸时即将起始的甲硫氨酸切除。但在细菌内，则只去掉新生多肽链末端的甲酰甲硫氨酸的甲酰基。所以细菌蛋白质的氨基端为甲硫氨酸的较多，而真核生物的则较少。

（2）糖基化　蛋白质以共价键引入单糖、寡糖或多糖。植物糖蛋白包含 8 种主要的单糖组分：*D*-

半乳糖、D-葡萄糖、D-甘露糖、L-岩藻糖、N-乙酰氨基葡萄糖、N-乙酰氨基半乳糖、D-木糖和 L-阿拉伯糖。这些单糖组分通常构成一定的寡糖链，以 N-糖苷键结合于肽链中特定的天冬酰胺残基，或以 O-糖苷键与肽链中一定的丝氨酸或苏氨酸残基相连。多数糖蛋白分子中连接多条相同或不同的由 15 个以下单糖组成的寡聚糖。

（3）磷酸化　蛋白质的磷酸化作用发生在丝氨酸、苏氨酸、酪氨酸残基侧链的羟基上，形成单酯。而在赖氨酸、组氨酸或精氨酸残基上形成磷酰亚胺。

（4）信号肽的切除　信号肽是跨膜运送的蛋白类结构中存在的肽片段。除了少数例外，几乎所有分泌蛋白都在 N-末端含有一段信号肽，其长度一般为 15～35 个氨基酸残基。各种分泌蛋白的信号肽在序列上并未发现有同等性。从多方面得到的实验结果看，都可以证明信号肽在跨膜运送蛋白质中起重要作用。少数信号肽，不一定位于分泌蛋白质的 N-末端，而是位于其蛋白质多肽的中间某个部位，这样的信号肽称为“内含信号肽”。蛋白质除了以上的加工修饰外，还有甲基化、乙酰化、羟基化等变化。

（5）肽链的剪接　真核细胞中，新合成的肽链含有外显子和内含子，所以肽链也需要剪接，即切去内含子，连接外显子。在肽链剪接过程中，可以进行不同的剪接，这样就可形成不同的成熟肽链。也就是说，真核生物新合成的肽链可以剪接出几种蛋白质。但是详细机理还有待于进一步研究。

（6）蛋白质激酶参与真核细胞蛋白质合成的调节　在真核细胞中，蛋白质激酶可催化起始因子磷酸化。eIF_2 的作用是将甲硫氨酰-$tRNA_i^{甲硫}$ 送至 40 S 核糖体亚基上，eIF_2 被磷酸化后就难以再投入下一轮的起始作用，所以蛋白质合成受到抑制。

思考题

1. 将 Lys、Arg、Asp、Glu、Tyr 和 Ala 混合物在高 pH 下放入阳离子交换树脂中，再用连续降低 pH 的洗脱剂洗脱，试预测它们的洗脱顺序。

2. 蛋白质的 α-螺旋结构有何特点？

3. 什么是蛋白质的变性作用和复性作用？蛋白质变性后哪些性质会发生改变？

4. 已知某蛋白质的多肽链的一些节段是 α-螺旋，而另一些节段是 β-折叠。该蛋白质的相对分子质量为 240 000，其分子长 5.06×10^{-5} cm，求分子中 α-螺旋和 β-折叠的百分率。（蛋白质中一个氨基酸的平均相对分子质量为 120，每个氨基酸残基在 α-螺旋中的长度 0.15 nm，在 β-折叠中的长度为 0.36 nm）。

5. 简述 tRNA 在蛋白质的生物合成中是如何起作用的。

第6章

核酸及其代谢

本章学习目的与要求

1. 掌握核酸的概念、类别和分布；DNA 和 RNA 在组分上的差异；
2. 掌握 DNA 和 RNA 的结构及功能，重点掌握 DNA 和 tRNA 的二级结构；
3. 掌握核酸的酸碱性质、紫外吸收、变性、复性及杂交等；
4. 熟悉核酸的分离、提纯、定量测定、超速离心和凝胶电泳等基本方法；
5. 熟悉核酸的酶促降解，掌握嘌呤碱基和嘧啶碱基的分解代谢；
6. 掌握嘌呤核苷酸和嘧啶核苷酸的从头合成途径，了解核苷酸合成的补救途径；
7. 掌握 DNA 和 RNA 合成的过程及相关的酶类，有关信息流动中的一些基本概念；
8. 了解反转录的意义和常见 RNA 的加工过程。

核酸（nucleic acid）是生命最基本的组成物质之一，和蛋白质一样，都是生命活动中的生物大分子，具有复杂的结构和重要的功能。核酸是生物化学与分子生物学研究的重要对象，并由此诞生了分子生物学这一当今发展最为迅速、最有活力的学科。

6.1　核酸概述

1869年，Miescher发现了核酸，1944年，Avery通过细菌转化实验证明了DNA是重要的遗传物质，1953年，Watson和Crick依据DNA碱基组成规律和DNA的X射线衍射图，以及蛋白质的α-螺旋结构的启发，提出DNA的双螺旋结构模型。从此，核酸的研究成了生命科学中最活跃的领域之一（二维码6-1）。

二维码6-1　核酸的发现和研究简史

现已证明，除少数病毒以RNA为遗传物质外，多数生物体的遗传物质是DNA。原核生物的“染色体”是由一个环状DNA分子和少量蛋白质构成的，真核生物的染色体则是由DNA和约等量的蛋白质构成的。此外，原核生物含有较小的质粒DNA，真核生物的线粒体、叶绿体等细胞器也含有较小的环状DNA，细胞器DNA约占真核生物DNA总量的5%。不同生物体中DNA的结构差别（或RNA病毒中RNA的结构差别），决定了其所含蛋白质的种类和数量有所差别，因而表现出不同的形态结构和代谢类型。

6.1.1　核酸的分类和组成

6.1.1.1　核酸的分类和分布

（1）脱氧核糖核酸（deoxyribonucleic acid，DNA）　在真核细胞内，DNA主要分布在细胞核内，占总量的98%以上。不同生物的细胞核中的DNA含量差异很大，但同种生物的体细胞核中的DNA含量是相同的，而性细胞DNA仅为体细胞DNA含量的一半。此外，少量的DNA还存在于线粒体、叶绿体中。

DNA是真核生物染色体的主要组成成分，染色体DNA分子中的脱氧核苷酸顺序（即碱基顺序）是遗传信息的存储形式。因此，遗传的最小功能单位——基因就是DNA分子上具有遗传效应的特定核苷酸序列的单位；原核细胞没有明显的细胞核结构，DNA存在于称为类核的区域，也没有与之结合的染色质蛋白，每个原核细胞只有一个染色体，每个染色体含一个双链环状DNA分子。原核细胞染色体外还存在能够进行自主复制的遗传单位，称为质粒。

（2）核糖核酸（ribonucleic acid，RNA）　细胞核中的RNA主要存在于细胞质中，约占90%，少量存在于细胞核中。细胞核中的RNA包括转运RNA（tRNA）、信使RNA（mRNA）和核糖体RNA（rRNA）3种。

① tRNA　tRNA约占RNA总量的15%，由核内形成并迅速加工后进入细胞质，主要作用是将氨基酸转运到核糖体-mRNA复合物的相应位置用于蛋白质合成。虽然大多数蛋白质仅由20种左右的氨基酸组成，但每种氨基酸都有其相应的一种或几种tRNA，细胞内一般有50种以上不同的tRNA。同一生物中，携带同一种氨基酸的不同tRNA称作“同工受体tRNA”。

② mRNA　mRNA是由DNA上的遗传信息转录而来的，其功能是依据遗传信息指导各种特异性蛋白质的生物合成。它作为一个“信使”，载有来自DNA的遗传信息，然后进入蛋白质合成场所——核糖体，在蛋白质合成时作为指导蛋白质合成的模板，决定肽链中的氨基酸排列顺序。mRNA存在于原核生物和真核生物的细胞质及真核细胞的某些细胞器（如线粒体和叶绿体）中，占总RNA的3%～5%，mRNA寿命短，很容易降解，是细胞内最不稳定的一类RNA。

③ rRNA　rRNA是细胞内含量最多的一类RNA，占RNA总量的80%左右，是构成核糖体的骨架。rRNA单独存在时不执行其功能，它也是相对分子质量最大的一类RNA。rRNA是单链，它与多种蛋白质结合形成核糖体（ribosome），核糖体是蛋白质合成的场所。核糖体中rRNA约占60%，蛋白质约占40%。如果把rRNA从核糖体上除掉，核糖体的结构就会发生塌陷，rRNA在蛋白质合成中的功能尚未完全明确。

原核生物的rRNA分为3类：5SrRNA、16SrRNA和23SrRNA。真核生物的rRNA分4类：5SrRNA、5.8SrRNA、18SrRNA和23SrRNA（S为大分子物质在超速离心沉降中的一个物理学单位。称作沉降系数，可间接反映相对分子质量的大小。）

6.1.1.2 核酸结构单元——核苷酸

采用不同降解法，可以将核酸降解成核苷酸，因此，核苷酸是构成核酸的基本结构单位。核苷酸还可以进一步分解成核苷（nucleoside）和磷酸。核苷再进一步生成碱基（base）和戊糖。碱基分两大类：嘌呤碱和嘧啶碱。所以，核酸是由核苷酸组成的，而核苷酸由核苷和磷酸组成，核苷由碱基和戊糖组成（图 6-1）。

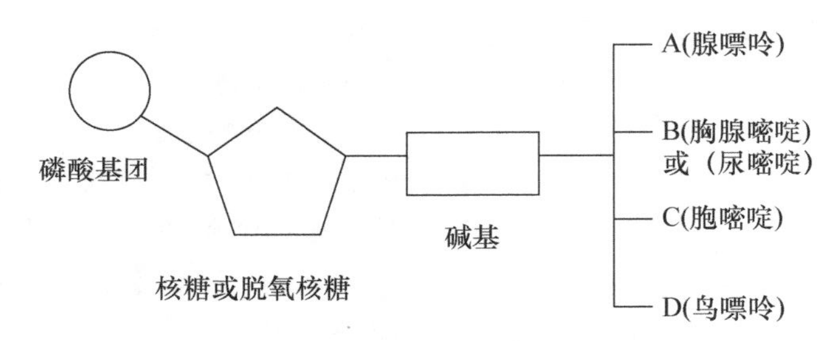

图 6-1 核苷酸的结构示意图

DNA 中戊糖为 *D*-2-脱氧核糖（*D*-2-desoxyribose），碱基为腺嘌呤、鸟嘌呤、胞嘧啶和胸腺嘧啶；RNA 中戊糖为 *D*-核糖（*D*-ribose），碱基为腺嘌呤、鸟嘌呤、胞嘧啶和尿嘧啶（图 6-2）（二维码 6-2）。

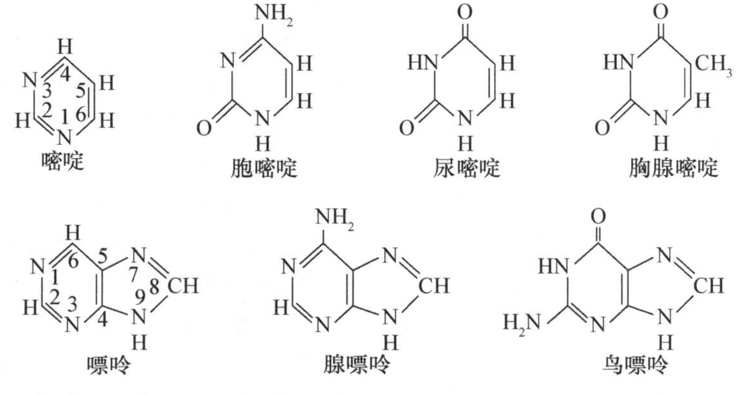

图 6-2 核苷酸中嘧啶碱和嘌呤碱的结构

6.1.1.3 核酸的形成

DNA 和 RNA 都是没有分支的多聚核苷酸长链，其中每个核苷酸的 3′-羟基和相邻核苷酸的戊糖上的 5′-磷酸基之间通过 3′，5′-磷酸二酯键（3′，5′-phosphodiester bond）相连（图 6-3）。由相间排列的戊糖和磷酸构成核酸大分子的主链，而代表其特性的碱基则可以看成是有次序地连接在其主链上的侧链基团。由于同一条链中所有核苷酸间的磷酸二酯键有相同的走向，而每条线形核酸链都有一个 5′-磷酸基末端和一个 3′-羟基末端，因此，RNA 和 DNA 链都有方向性。

二维码 6-2 两类核酸的基本化学组成

用简写式表示核酸的一级结构时，用 p 表示磷酸基团，当它放在核苷符号的左侧时，表示磷酸与糖环的 5′-羟基结合，右侧表示与 3′-羟基结合，如 pApCpGpU。在表示核酸酶的水解部位时，常用这种简写式。如 pApCp↓GpU 表示水解后 C 的 3′-羟基连有磷酸基，G 的 5′-羟基是游离的。而 pApC↓pGpU 则表示水解后 C 的 3′-羟基是游离的，G 的 5′-羟基连有磷酸基。在不需要标明核酸酶的水解部位时，上述简写式中的 p 亦可省去，用连字符代替，如 pA-C-G-U，或将连字符也省去，写成 pACGU。大多数的时候，多核苷酸链中磷酸基 p 也可省略，仅以碱基序列表示核苷酸序列。不同简写式的阅读方向都是从左到右，即从 5′-到 3′-。

6.1.2 核酸的结构

6.1.2.1 核酸的一级结构

（1）核酸的一级结构 各核苷酸残基沿多核苷酸链排列的顺序（序列）称为核酸的一级结构（primary structure of nucleic acid）。核苷酸的种类虽

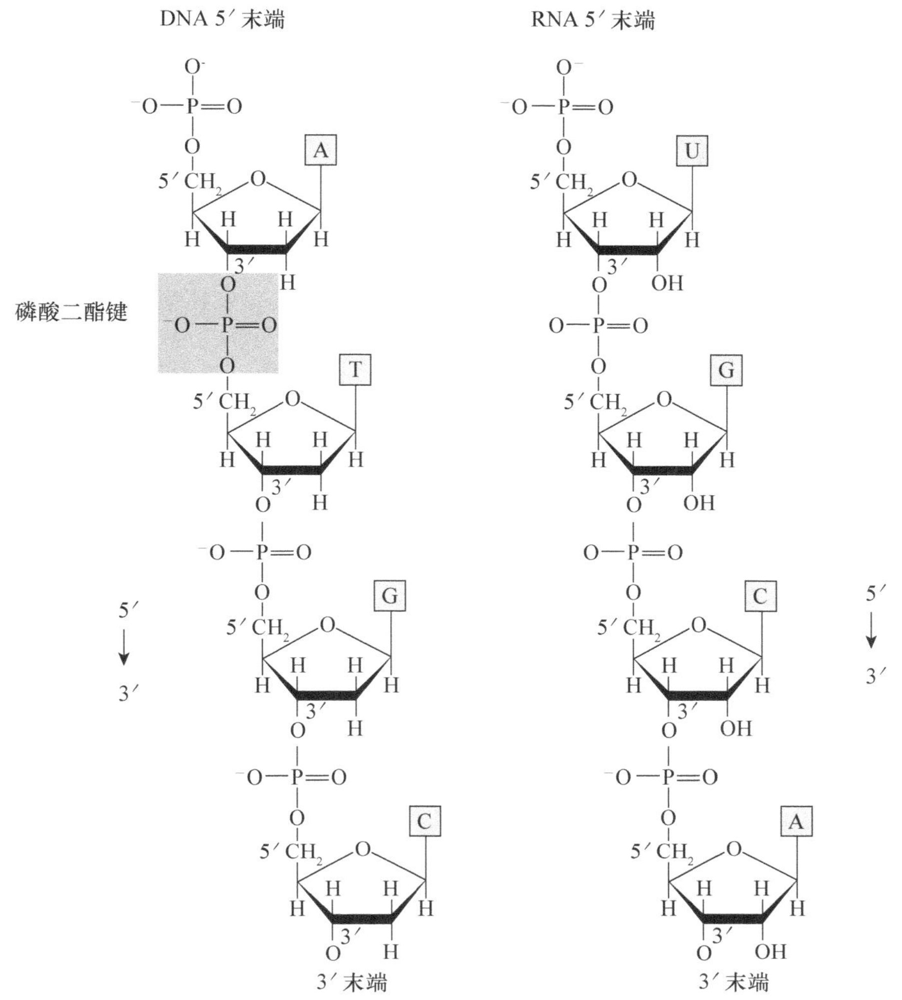

DNA 5′末端　　RNA 5′末端

磷酸二酯键

图 6-3　核酸的一级结构

不多，但因核苷酸的数目、序列、比例的不同构成多种结构不同的核酸。由于戊糖和磷酸两种成分在核酸主链中不断重复，唯一不同的是碱基，所以，也可以用碱基序列表示核酸的一级结构。

（2）RNA 的一级结构　在 RNA 一级结构中，尤其是 tRNA 和 mRNA 一级结构还具有一些特别之处。

① mRNA 真核生物 mRNA 5′-末端含有 7-甲基鸟苷三磷酸帽子结构，其通式为 $m^7G5'ppp5'NmP$。其中，N 代表 mRNA 分子原有的第一个碱基，m^7G 是转录后加上去的，即鸟嘌呤第 7 位氮原子被甲基化。在不同真核生物的 mRNA，5′ 端帽子可以分为 0 型、Ⅰ型和Ⅱ型 3 种不同类型。具有 0 型帽子的 mRNA 前两个被转录的核苷酸的 2′-核糖 OH 都没有被甲基化；Ⅰ型 mRNA 的第一个被转录的 2′-核糖 OH 被甲基化；Ⅱ型帽子的 mRNA 前两个被转录的核苷酸的 2′-核糖 OH 都被甲基化。核苷酸的帽子结构中的 $m^7G5'ppp$ 与下一个核苷酸以 5′与 5′相连。帽子结构一般有 4 种功能：第一，参与识别起始密码子的作用，提高 mRNA 的可翻译性；第二，提高 mRNA 的稳定性；第三，有助于 mRNA 被运输到细胞质；第四，提高剪接反应的效率。

此外，大多数真核生物的 3′端都有 50～200 个腺苷酸残基，构成 poly（A）尾巴。一般认为，其与 mRNA 初级转录产物 hnRNA（核不均一 RNA，hnRNA）从核内移出有关；另外，可以抵抗核酸外切酶从 3′ 端降解 mRNA。无论是 5′-末端含有 7-甲基鸟苷三磷酸帽子结构，还是 3′端的 poly（A）尾巴都是 mRNA 初级转录产物 hnRNA 经过加工后加上去的，从而使其成为成熟的 mRNA。原核生物一般没有这些结构，所以，其一般不需要转录后加工。

② tRNA tRNA 相对分子质量为 25 000 左右，由 70～90 个核苷酸残基组成，沉淀系数在 4 S 左右。其中含有大量的稀有碱基，如假尿嘧啶核苷（ψ）、各种甲基化的嘌呤和嘧啶、二氢尿嘧啶（D

或 DHU）等。另外，其 3′-末端都具有-CCA 结构。

6.1.2.2 DNA 的空间结构

（1）DNA 的二级结构

1）DNA 双螺旋结构模型 1953 年，Watson 和 Crick 根据 DNA 晶体的 X 衍射图谱和 Chargaff 规则，提出了著名的 DNA 双螺旋结构模型（图 6-4），从本质上揭示了生物遗传形状得以世代相传的分子奥秘，并对模型的生物学意义做出了科学的解释和预测，这在分子生物学发展史上具有划时代的意义。DNA 双螺旋模型的要点概述如下（二维码 6-3）。

二维码 6-3 DNA 双螺旋结构的要点

①DNA 分子由沿着同一根轴平行盘绕两条方向相反多聚脱氧核糖核苷酸链（简称 DNA 单链）组成的右手双螺旋结构。其中一条链的方向为 5′端→3′端，而另一条链的方向为 3′端→5′端；

②磷酸与脱氧核糖彼此通过 3′，5′-磷酸二酯键相连接，构成 DNA 分子的骨架，磷酸与脱氧核糖在双螺旋外侧；嘌呤与嘧啶碱位于双螺旋的内侧。碱基环平面与螺旋轴垂直，糖基环平面与碱基环平面成 90°角；

③螺旋横截面的直径约为 2 nm，每条链相邻两个碱基平面之间的距离为 0.34 nm，每 10 个碱基对形成一个螺旋，其螺距（即螺旋旋转一圈的高度）为 3.4 nm（后来实验表明为每 10.5 个碱基对形成一个螺旋，螺距为 3.54 nm）。

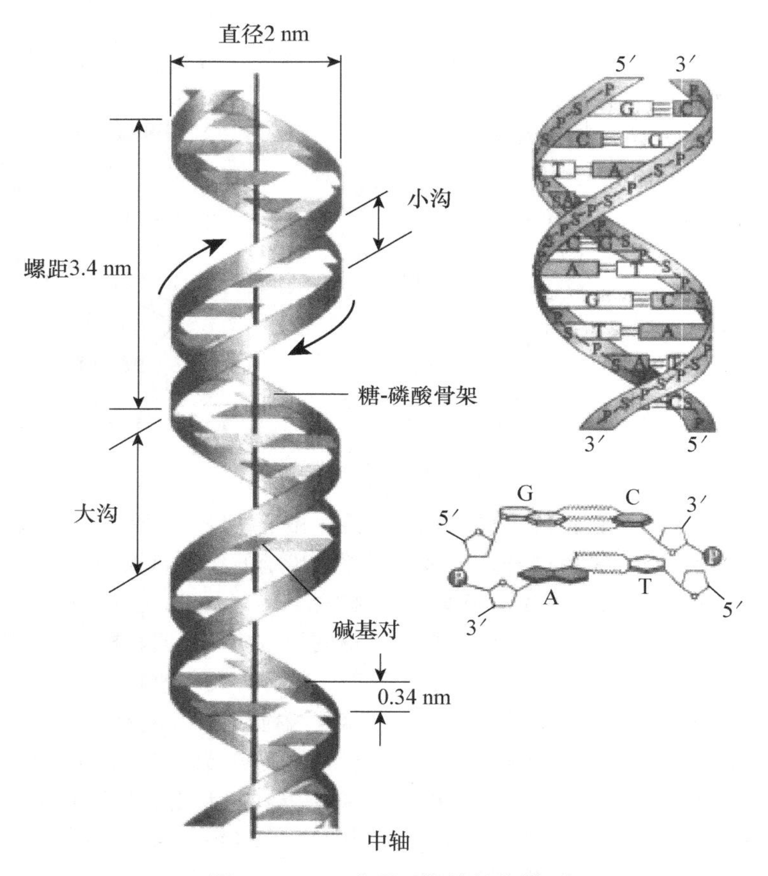

图 6-4 DNA 分子双螺旋结构模型

④维持两条 DNA 链相互结合的力是链间碱基对形成的氢键。碱基结合具有严格的配对规律：A 与 T 结合，G 与 C 结合，这种配对关系，称为碱基互补。A 和 T 之间形成两个氢键，G 与 C 之间形成 3 个氢键。在 DNA 分子中，嘌呤碱基的总数与嘧啶碱基的总数相等。

⑤在螺旋表面形成了两条宽度和深度都不等的沟；宽的沟叫大沟（major groove）；窄的称为小沟（minor groove）。大沟宽 1.2 nm，深 0.85 nm；小沟宽 0.6 nm，深 0.75 nm。螺旋表面形成大沟及小沟，彼此相间排列，是蛋白质识别 DNA 碱基序列的基础。

2）DNA 双螺旋结构的稳定因素　DNA 双螺旋结构是由互补碱基之间的氢键和碱基堆积力（主要为范德华力）两种作用力维系的，其中 DNA 两条链之间的互补主要靠的是碱基对之间的氢键，而双螺旋的稳定性主要靠的是疏水的嘌呤和嘧啶碱基避开溶剂，埋于双螺旋内部的碱基堆积力。

另外 DNA 双螺旋结构骨架中带有负电荷的磷酸基团所产生的静电排斥力可能造成双螺旋的不稳定，然而通过磷酸基团与阳离子（特别是 Mg^{2+}）或 DNA 结合蛋白之间的相互作用可以降低这种排斥力。因此如果缺少蛋白质和阳离子，整个 DNA 双螺旋的稳定性将会大大降低。

3）DNA 双螺旋结构模型的多样性　DNA 双螺旋结构模型是依据 Franklin 拍摄的晶体衍射图提出的，这种 DNA 模型是 DNA 钠盐在较高湿度下制得的纤维的结构，可能比较接近大部分 DNA 在细胞中的构想，被称为 B 型 DNA（B-DNA），B-DNA 是生理条件下最稳定的构象。除了 B-DNA 外，由于结晶的相对湿度等其他条件不同，还存在 A 型 DNA（A-DNA）和 Z 型 DNA（Z-DNA）（图 6-5）。A-DNA 也是右手螺旋结构，而 Z-DNA 是左手双螺旋结构。

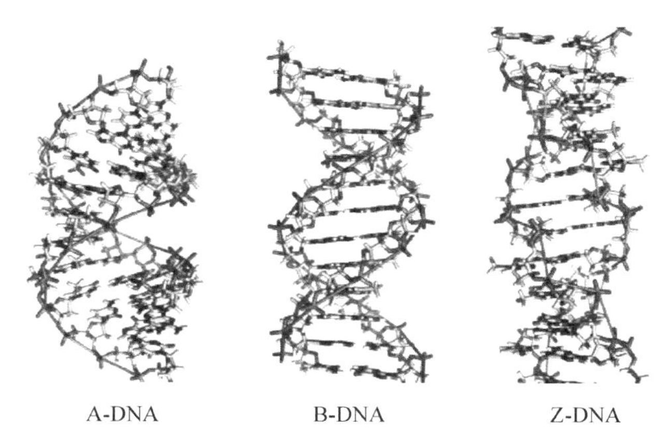

图 6-5　A-DNA，B-DNA，Z-DNA 结构模型（辛嘉英，2013）

A-DNA、Z-DNA 和 B-DNA 的结构差异较大，A-DNA 中的每一圈螺旋含 11 个碱基对，RNA-RNA、RNA-DNA 杂交分子具有 A-DNA 这种结构；Z-DNA 每一圈螺旋含 12 个碱基对，天然 B-DNA 的局部区域可以形成 Z-DNA 这种结构，但出现的频率很低（表 6-1）。

表 6-1　A-DNA、B-DNA、Z-DNA 结构特点对比

结构特点	A-DNA	Z-DNA	B-DNA
螺旋方向	右手	右手	左手
螺距/nm	2.46	3.6	4.56
螺旋直径/nm	2.55	2.37	1.84
每一个碱基对螺旋的角度	32.7	34.6	30
每一个螺旋的碱基对数	～11	～10.4	～12
每一个碱基对沿螺旋轴上升的距离	0.23	0.34	0.38

（2）DNA 的三级结构　真核生物染色体 DNA 多数为双链线形分子，但细菌的染色体 DNA、某些病毒的 DNA、细菌质粒、真核生物的线粒体和叶绿体的 DNA 为双链环形 DNA。在生物体内，绝大多数双链环形 DNA（double-strand circular DNA，dcDNA）可进一步扭曲成超螺旋 DNA（superhelix DNA），这种结构也被称为共价闭环 DNA（covalently closed circular DNA，cccDNA）。在溶液中，DNA 双螺旋分子处于能量最低的状态，此为松弛态。如果使这种正常的 DNA 分子额外地多转几圈或少转几圈，就会使双螺旋中存在张力，DNA 分子本身就会发生扭曲，用于抵消张力，这种扭曲称为超螺旋。

超螺旋分为正超螺旋（positive supercoil）和负超螺旋（negative supercoloi）（图 6-6）。DNA 分子的两股链以右旋方向缠绕，如果在一端使两股链向缠紧的方向旋转，再将绳子两端连接起来，会产生一个左旋的超螺旋，以解除外加的旋转造成的胁变，这样的超螺旋叫正超螺旋。如果在两股链的一端向松缠方向旋转，再将绳子两端连接起来，会产生一个右旋的超螺旋，以解除外加的旋转所造成的胁变，这样的超螺旋称负超螺旋，天然的 DNA 都呈负超螺旋。

6.1.2.3　RNA 空间结构

与 DNA 为双链不同，天然 RNA 一般是以单链形式存在，但是，RNA 单链局部某一片段同样可以通过碱基配对形成局部双螺旋，不能配对的部分则形成突环，被排斥在双螺旋结构之外。这种 RNA 单链局部小双螺旋结构即是 RNA 的二级结构。在此

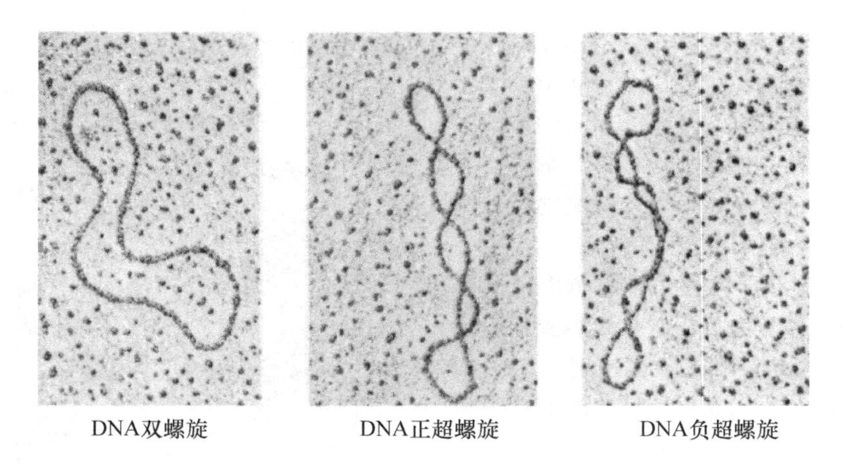

图 6-6　DNA 双螺旋、DNA 正超螺旋和 DNA 负超螺旋结构示意图

基础上，进一步折叠扭曲形成更高级的结构。本书重点介绍 tRNA 空间结构。

1965 年，Holley 等测定了酵母丙氨酸 tRNA 的一级结构，并提出了 tRNA 的三叶草二级结构模型（图 6-7 左）。tRNA 的三叶草结构由氨基酸接受臂、反密码子环、二氢尿嘧啶环、额外环和 TψC 环五个部分组成。①氨基酸接受臂。氨基酸接受臂是由 tRNA 的两个末端通过碱基配对形成一个由 7 对碱基对组成的 RNA 双链结构，并且在 3′末端有一段以-CCA 为主的单链区，所以也叫 CCA 臂。tRNA 所携带的氨基酸就是通过氨基酸中羧基与-CCA 中最末端碱基 A 的游离羟基结合形成酯键而连接的；②反密码子环。与氨基酸接受臂相对的由 5 对碱基构成的双链区和由 7 个核苷酸残基构成突环结构组成的区域。在该区域，突环中间的 3 个核苷酸残基在蛋白质合成中与 mRNA 相应密码子反向平行互补配对结合，以确定其所携带的氨基酸在蛋白质中具体位置，从而将这 3 个核苷酸残基称为反密码子，该区域称为反密码子环；③二氢尿嘧啶环。该区域因含二氢尿嘧啶而得名；④TψC 环。该区域与二氢尿嘧啶区相对，假尿嘧啶核苷-胸腺嘧啶核糖核苷环（TψC 环）通过由 5 个碱基对组成的双螺旋区（TψC 臂）与 tRNA 的其余部分相连；⑤额外环。位于反密码子区和 TψC 区之间，由 3-12 个核苷酸残基组成，不同的 tRNA 该区域变化较大。

在三叶草二级结构的基础上，突环上未配对的碱基由于整个分子的扭曲而配成对，便形成 tRNA 的三级结构。目前已知的 tRNA 三级结构均为倒 L 形，氨基酸臂位于 L 形分子的一端，反密码子臂则处于另一端（图 6-7 右）。

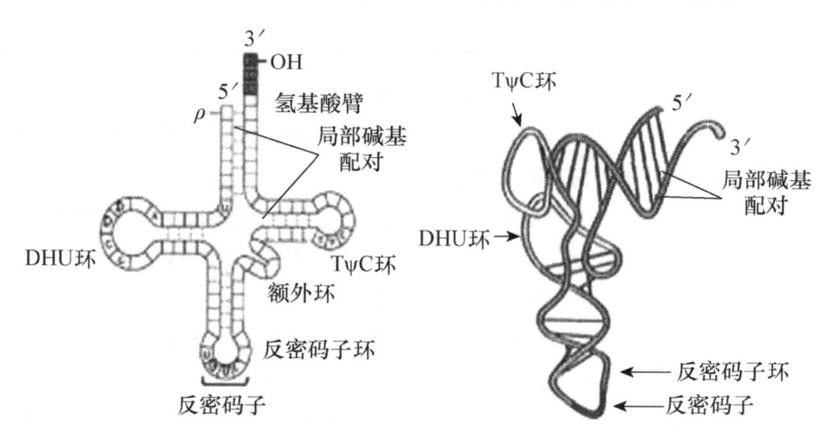

图 6-7　tRNA 的三叶草二级结构（左）和倒 L 形三级结构（右）图

由于 rRNA 的结构相当复杂，目前虽已测出不少 rRNA 分子的一级结构，但相对来说，二级、三级及其功能的研究还需进一步深入。

6.1.3　核酸的理化性质

DNA 纯品为白色纤维状固体，RNA 纯品为白色粉末。二者均微溶于水，不溶于一般有机溶剂，故常用乙醇从溶液中沉淀核酸。

6.1.3.1　核酸的两性性质和等电点

与蛋白质相似，核酸分子中既含有酸性的磷酸基，又含有碱性的氨基，因而核酸也具有两性性质，可发生两性解离。当核酸分子中的酸性解离与碱性解离程度相等，所带正负电荷相等时，就成为两性离子。此时，核酸溶液的 pH 就是该核酸的等电点。由于核酸分子中磷酸基团酸性较强，而碱性基团（氨基）是一个弱碱，所以核酸的等电点比较低，如 DNA 的等电点为 4.0～4.5，RNA 的等电点为 2.0～2.5。RNA 的等电点比 DNA 低的原因是 RNA 分子中核糖基的 2′-OH 通过氢键促进了磷酸基上质子的解离，而 DNA 没有这种作用。

根据核酸的解离性质，用中性或偏碱性的缓冲液使核酸解离成阴离子，置于电场中便向阳极移动，这叫作核酸的电泳。

6.1.3.2　核酸的水解

核酸可被酸、碱或酶水解成为各种组分，用层析、电泳等方法分离，其水解程度因水解条件而异。

（1）碱水解　核酸分子中的糖苷键不易被碱水解，RNA 分子中的磷酸二酯键可在碱性条件下被水解切断，而 DNA 的磷酸二酯键不易被碱水解。

RNA 在稀碱条件（0.1 mol/L NaOH）下很容易水解生成 2′-核苷酸和 3′-核苷酸混合物。在水解过程中，随着磷酸二酯键的断裂，首先生成 2′，3′-环核苷酸中间物，其不稳定而进一步水解，最后生成 2′-核苷酸和 3′-核苷酸混合物。在同样的稀碱条件下，DNA 则是稳定的，不会被水解成单核苷酸，但是在强碱的作用下会变性。常利用此性质测定 RNA 的碱基组成或除去溶液中的 RNA 杂质。

（2）酸水解　用温和的温度和稀酸作短时间处理，DNA 和 RNA 都不发生降解。但延长处理时间或提高温度，或提高酸的强度，则会使核酸中的糖苷键和磷酸酯键均发生水解，核酸内糖苷键和磷酸二酯键水解的难易顺序为：磷酸酯键＞嘧啶碱的糖苷键＞嘌呤碱的糖苷键，在酸性条件下，磷酸酯键比糖苷键更稳定，其中稳定性最差的是嘌呤与脱氧核糖之间的糖苷键。所以，若对核酸进行酸水解，首先生成的是无嘌呤酸（apurinic acid）。因此，在对核酸进行部分水解时，很少采用酸水解。

（3）酶水解　能水解核酸的酶称为核酸酶（nuclease），所有的细胞中都含有各种核酸酶，它们参与正常的核酸代谢过程。核酸酶只催化磷酸二酯键的断裂，而不会破坏糖苷键。根据其断裂的磷酸二酯键的位置不同，核酸酶分为核酸内切酶（endonuclease）和核酸外切酶（exonuclease）。外切核酸酶只从一条核酸链的一端逐个切断磷酸二酯键释放单核苷酸。而内切核酸酶在核酸链的内部任意部位切割核酸链，产生核酸片段；根据其作用底物不同，核酸酶又可以分为脱氧核糖核酸酶（DNase）和核糖核酸酶（RNase）。

核酸酶还表现出对二级结构的特异性，有些核酸酶只水解单链核酸；有些则只水解双链核酸。有些核酸酶选择核酸链中含某一碱基的核苷酸处切割核酸链（碱基特异性）；有些则要求切割点具有 4～8 个核苷酸残基的特殊核苷酸顺序，此类酶称为限制性核酸内切酶（restriction endonuclease）。对分子生物学家来说，限制性核酸内切酶是在实验室中切割和操作核酸的重要工具。

6.1.3.3　核酸的紫外吸收

在核酸分子中，由于嘌呤与嘧啶碱基都含有共轭双键体系，因而具有独特的紫外吸收光谱，一般在 260 nm 左右有最大吸收峰。所以可利用核酸的这一性质对核酸的纯度及含量的测定。

具体在核酸研究中，A_{260} 具有如下作用：①区分核酸和蛋白质。虽然蛋白质在 260 nm 也有微弱的吸收，但吸收高峰在 280 nm。因此，用 OD_{260} 检测核酸溶液，可鉴别核酸样品中蛋白质的污染；②对核酸进行定量测定。对于纯的核酸溶液，通过测定 OD_{260} 的大小，就可利用核酸的比吸光系数确定肌酸溶液中核酸的量。比吸光系数指 1 μg/mL 的核酸水溶液于 260 nm 处的吸光率。天然状态的双链 DNA 比吸光系数为 0.020，变性的 DNA 和 RNA 比吸光系数为 0.025；③鉴定核酸样品的纯度，纯品 DNA，其 $OD_{260}/OD_{280}=1.8$，RNA 为 2.0，样品中如含有杂蛋白及苯酚，OD_{260}/OD_{280} 比值会降低；如果 DNA 含有 RNA，该值会大于 1.8。④作为核酸变性和复性的指标。

6.1.3.4　核酸的变性、复性和杂交

（1）核酸的变性　核酸变性是指核酸双螺旋区的多聚核苷酸链间的氢键断裂，空间结构破坏，形成单链无规则状态的过程。核酸变性只涉及次级键的变化，不涉及磷酸二酯键的断裂（图 6-8），所以其一级结构仍然保持不变。

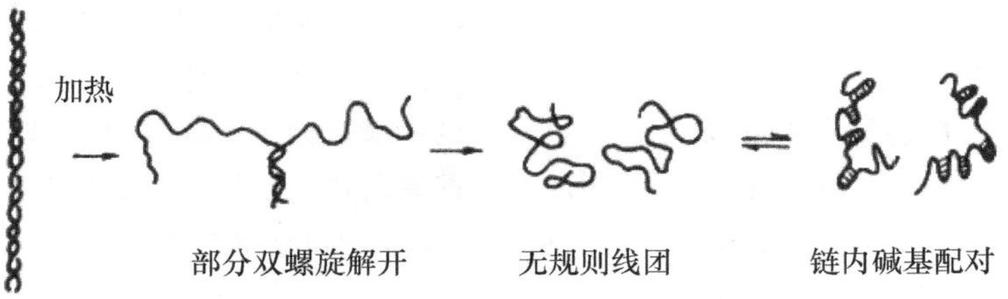

加热

部分双螺旋解开　无规则线团　链内碱基配对

图 6-8　核酸变性过程

核酸变性后，核酸溶液在 260 nm 的紫外吸收值明显增加，这种现象称为增色效应。这是因为双螺旋结构中，核酸碱基紧密地堆积在一起，并埋在双螺旋内部，使得一些碱基吸收不到紫外光，所以游离核苷酸的紫外吸收值要比含有等摩尔核苷酸的核酸分子的紫外吸收值高。由于 RNA 只有局部双螺旋区，所以，变性引起的性质变化没有 DNA 明显。例如，天然状态的 DNA 完全变性后，OD_{260} 增加 25%～40%，而 RNA 变性后，只增加 1.1%左右。所以，一般指的变性主要是指 DNA 变性。

随着核酸变性的发生，核酸溶液黏度下降，浮力密度升高，生物学功能部分或全部丧失。凡可破坏氢键，妨碍碱基堆积作用和增加磷酸基静电斥力的因素均可促成变性作用的发生。

（2）核酸的复性　在适当的条件下，两条彼此分开的单链又重新缔合形成双螺旋结构的过程称为复性。DNA 复性后，一系列性质将得到恢复，但生物活性一般只能得到部分恢复。

DNA 复性的程度和速率与复性过程的条件有关。将热变性的 DNA 骤然降温不能复性，这样会形成无规则线团。因此，降温过程必须缓慢，因为在溶液中互补的单链首先必须找到对方，然后以合适的取向形成碱基对。热变性 DNA 在缓慢冷却复性的过程称为退火（annealing）（图 6-9）。同时，随着变性的核酸复性，其在 260 nm 处紫外吸收值降低，这种现象称为减色效应。

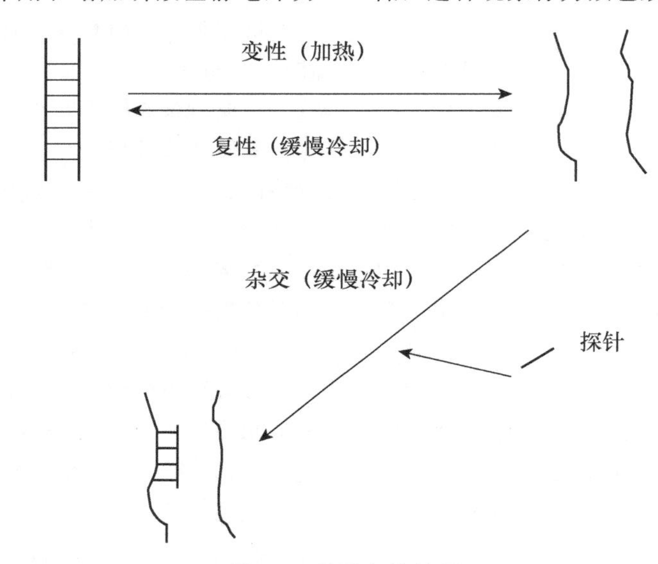

图 6-9　核酸复性过程

（3）核酸的杂交　不同来源的变性 DNA，若彼此之间有部分互补的核苷酸顺序，当它们在同一溶液中进行热变性后退火处理时，分子间部分配对成双链，这个过程称为分子杂交（molecular hybridization）（图 6-10）。核酸杂交是用已知核酸分子来检测核酸样品是否含有目的核酸分子的一种生物学技术。

分子杂交广泛用于测定基因拷贝数、基因定位、确定生物的遗传进化关系等。通常数据天然或人工合成的 DNA 或 RNA 或荧光物质的位置，寻找与探针有互补关系的 DNA 或 RNA。根据被测定的对象，核酸杂交基本可分为 Southern 杂交（Southern blotting）、Northern 杂交（Northern blotting）两大类。Southern 杂交和 Northern 杂交的实验流程基本一致，都是选择 DNA 或 RNA 为探针，只是待检测的核酸分别为 DNA 和 RNA。

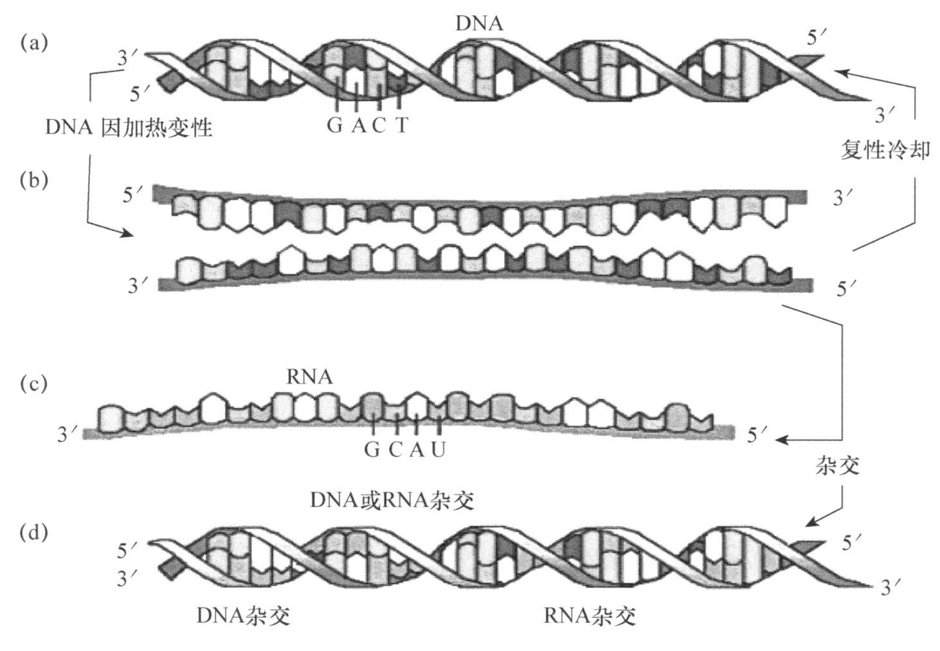

图 6-10　核酸分子杂交过程

6.1.4　核酸的分离纯化

6.1.4.1　基本要求

在核酸分离纯化中，应尽可能保持其天然状态，即保持核酸的完整性。为保持核酸分子完整性应注意分离纯化条件要温和，温度不要过高，控制提取过程的 pH 范围（pH 5～9），保持合适离子强度以及减少物理因素对核酸的机械剪切力。另外，还应注意抑制核酸酶。

6.1.4.2　分离纯化方法

提取制备的核酸其中含有少量的蛋白质或多糖或其他种类的核酸，需要进一步纯化。核酸纯化的方法主要有超速离心、凝胶电泳和柱层析法三种。

（1）DNA 的分离纯化　根据所提取 DNA 的生物材料不同，DNA 的分离也可采用不同的方法，如：CTAB 法、SDS 法等。虽然不同的提取方法使用的试剂不同，但提取的程序基本一致。

首先采用机械研磨的方法破碎组织和细胞，可采用在液氮中研磨、超声波破碎、使用匀浆器研磨，或是溶菌酶等，这样就会使细胞破碎，进而使包括核酸在内的内容物都释放出来。大多数蛋白可通过氯仿或苯酚处理后变性、离心除去沉淀，绝大多数 RNA 则可通过经处理过的 RNAase 降解，但多糖类杂质一般较难除去；当除去杂质后，剩余的就是 DNA 的溶液了，这时通过调整盐离子浓度，再加入有机试剂，如乙醇或异丙醇，就可以使 DNA 分子内脱水形成沉淀，再通过高速离心，就可获得较纯的 DNA 样品了。如果对 DNA 的纯度要求较高，如构建文库或是酶切鉴定，都需要纯度很高的 DNA，可以结合氯化铯密度梯度离心法进一步纯化 DNA。

（2）RNA 的分离纯化　总 RNA 的分离流程和 DNA 分离流程相似，只是使用试剂略有不同。现在最常使用的方法就是 TRIZOL 抽提法，TRIZOL 是使用最广泛的抽提总 RNA 的专用试剂，主要由苯酚和异硫氰酸胍组成，适用于对任何生物材料的总 RNA 提取。提取流程非常简单，首先研磨组织或细胞，使之裂解，使内容物释放出来；加入该试剂后，可保持 RNA 的完整，同时进一步破碎细胞并溶解细胞成分；加入氯仿抽提、离心，水相和有机相分离，蛋白质、DNA 等大分子离心后缠绕在一起处于有机相中，RNA 保留在水相；收集含 RNA 的水相；通过异丙醇沉淀，即可获得 RNA 样品。若要对 RNA 样品进行纯化，可选择合适的纤维素柱层析法对其进一步纯化。

6.2　核酸的分解代谢

核酸是重要的生物大分子，核苷酸是它的基本结构单位，因此核酸代谢主要指核苷酸的代谢。核酸分解代谢的第一步就是在核酸酶催化作用下解聚，水解连接核苷酸之间的磷酸二酯键，生成寡聚核苷酸或单核苷酸，然后核苷酸进一步分解代谢（二维码 6-4）。

核苷酸在体内的分解是在核苷酸酶（nucleotidase）或磷酸单酯酶（phosphomonoesterase）的催化下进行的。磷酸单酯酶有特异性磷酸单酯酶和非特异性磷酸单酯酶两种，而前者又分为 5′-核苷酸酶和 3′-核苷酸酶两种。经过这些酶的催化，核苷酸分解为磷酸和各种核苷。核苷进一步在各种核苷酶的催化下分解。核苷酶包括核苷磷酸化酶（nucleoside phosphorylase）和核苷水解酶（nucleoside hydrolase）两类。核苷磷酸化酶广泛存在于生物体内，能够催化磷酸与核苷反应，生成各种碱基和 1-磷酸戊糖，并且该反应是可逆的；核苷酸水解酶主要存在于植物、微生物体内，所催化的反应不可逆，催化生成含氮碱基和戊糖，只作用于核糖核苷，对脱氧核糖核苷没有作用。

二维码 6-4　核酸的酶促降解

$$5'\text{-核苷酸} \xrightarrow{5'\text{-核苷酸酶}} \text{核苷} + \text{Pi}$$

$$3'\text{-核苷酸} \xrightarrow{3'\text{-核苷酸酶}} \text{核苷} + \text{Pi}$$

$$\text{核苷} + \text{Pi} \xrightarrow{\text{核苷磷酸化酶}} 1\text{-磷酸戊糖} + \text{嘌呤碱(嘧啶碱)}$$

$$\text{核苷} + H_2O \xrightarrow{\text{核苷水解酶}} \text{核糖} + \text{嘌呤碱(嘧啶碱)}$$

（1）嘌呤核苷酸的分解代谢　腺苷（adenosine）首先在腺苷脱氨酶的作用下转化为次黄嘌呤核苷（inosine），即肌苷。肌苷在核苷磷酸化酶的作用下水解生成 1-磷酸核糖和次黄嘌呤（hypoxanthine）。次黄嘌呤在黄嘌呤氧化酶（xanthine oxidase）的作用下氧化成黄嘌呤（xanthine），最后形成尿酸。黄嘌呤氧化酶属于黄素酶，其辅基含有一个钼原子和四个铁硫中心，分子氧在该反应当中作为电子受体。鸟苷的分解代谢终产物也是尿酸。鸟苷（guanosine）在核苷磷酸化酶的作用下生成自由的鸟嘌呤（guanine）。鸟嘌呤经过水解去除氨基基团后变成黄嘌呤，后者由黄嘌呤氧化酶转变为尿酸。在人体内，嘌呤碱最终代谢生成尿酸（uric acid），随尿液排出体外（图 6-11）。

腺苷 —核苷酸酶/脱氨酶→ 肌苷 ↕ 嘌呤核苷磷酸化酶 → 次黄嘌呤 —黄嘌呤氧化酶→ 黄嘌呤

鸟苷 ↕ → 鸟嘌呤 —脱氨酶→ 黄嘌呤

黄嘌呤 —黄嘌呤氧化酶→ 尿酸

图 6-11　嘌呤碱的分解

（2）嘧啶核苷酸的分解代谢　嘧啶核苷酸的分解大体上经过脱氨、氧化、还原和水解等过程，最终生成氨基丙酸或氨基异丁酸而进入有机酸代谢。胞嘧啶、尿嘧啶和胸腺嘧啶的分解具有相似的过程。对于不同的生物，嘧啶的分解有所差异。人类和一些动物从嘧啶核苷或嘧啶核苷酸开始分解（二维码 6-5）。

二维码 6-5　尿酸的形成与分解

胞嘧啶脱氨后生成尿嘧啶，尿嘧啶在二氢嘧啶脱氢酶的作用下还原为二氢尿嘧啶。二氢尿嘧啶经过水解使环开裂，生成 β-脲基丙酸，后者在脲基丙酸酶的催化下脱羧、脱氨转变为 β-丙氨酸。β-丙氨酸经转氨作用脱去氨基参加有机酸代谢；胸腺嘧啶在二氢尿嘧啶脱氢酶的作用下还原为二氢胸腺嘧啶，再由二氢嘧啶酶水解生成 β-脲基异丁酸，然后由 β-脲基丙酸酶催化生成 β-氨基异丁酸。β-氨基异丁酸将氨基转到 α-酮戊二酸，生成的甲基丙二酰-半醛进一步转化为琥珀酰-C_OA 进入三羧酸循环分解。β-氨基异丁酸也可随尿排出一部分，摄入含 DNA 丰富的食物时，可使尿液中的 β-氨基异丁酸增多。嘧啶碱的分解代谢如图 6-12 所示。

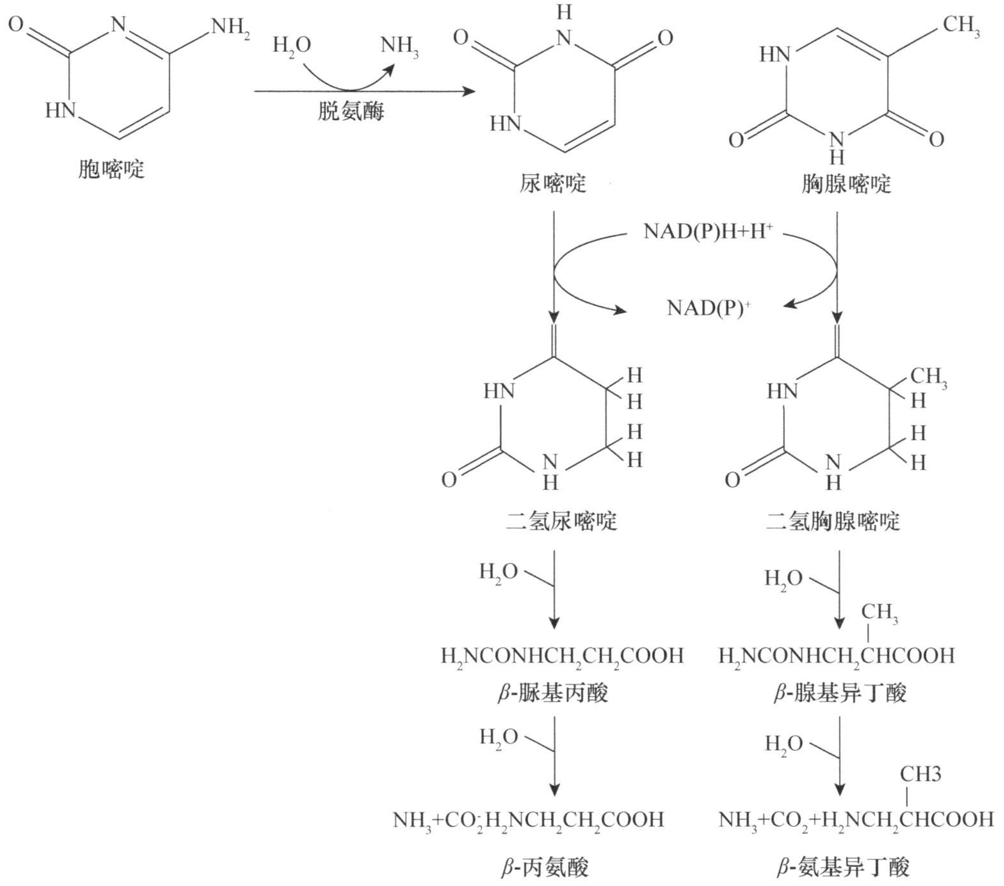

胞嘧啶
H_2O　NH_3
脱氨酶
尿嘧啶
胸腺嘧啶
$NAD(P)H+H^+$
$NAD(P)^+$
二氢尿嘧啶
二氢胸腺嘧啶
H_2O
$H_2NCONHCH_2CH_2COOH$
β-脲基丙酸
$H_2NCONHCH_2CH(CH_3)COOH$
β-腺基异丁酸
H_2O
$NH_3+CO_2+H_2NCH_2CH_2COOH$
β-丙氨酸
$NH_3+CO_2+H_2NCH_2CH(CH_3)COOH$
β-氨基异丁酸

图 6-12　嘧啶核苷酸的分解代谢

6.3　核苷酸的生物合成

核苷酸生物合成是核酸生物合成的前期过程，分为从头合成途径和补救途径。在机体内由 CO_2、氨基酸、甲酸盐、磷酸核糖等简单的化合物开始，经一系列酶促反应合成核苷酸的过程称为从头合成途径；以磷酸核糖和已有的碱基为原料合成核苷酸称为补救途径。嘌呤核苷酸的合成同嘧啶核苷酸的合成有很大差别，并且脱氧核苷酸的合成也有其特殊之处。

6.3.1　嘌呤核苷酸的生物合成

6.3.1.1　嘌呤环上各原子的来源

根据同位素示踪分析，现已清楚在嘌呤核苷酸从头合成过程中嘌呤环上各个原子的来源。N_1 来自天冬氨酸，C_2 和 C_8 来自甲酸盐（分别以一碳单位 N^{10}-CHO-THFA 和 N^5，N^{10} ═CH-THFA 的形式），N_3 和 N_9 来自谷氨酰胺的酰胺基，C_4、C_5、N_7 来自甘氨酸，而 C_6 则来自 CO_2（图 6-13）。

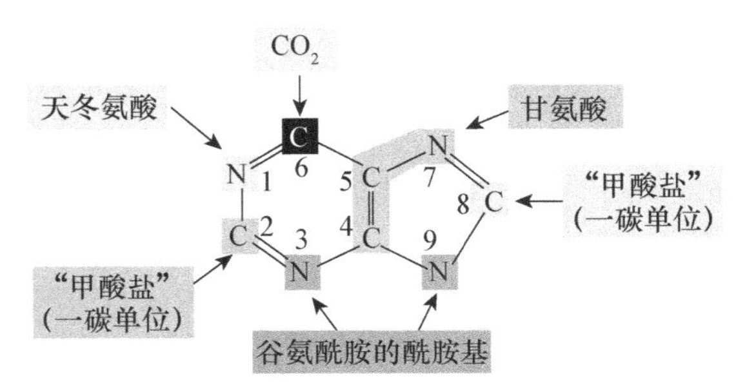

图 6-13　嘌呤环中各原子的来源

6.3.1.2 嘌呤核苷酸的从头合成途径

嘌呤核苷酸的从头合成可分为两个阶段：首先合成次黄嘌呤核苷酸（inosine monophos-phate，IMP），然后IMP再转变成腺嘌呤核苷酸（adenosine monophosphate，AMP）和鸟嘌呤核苷酸（guanosine monophosphate，GMP）。

（1）IMP的合成　IMP合成反应步骤繁多，其间更是涉及多种中间产物，最初是由5-磷酸核糖（磷酸戊糖途径中产生）（α-D-ribose-5-phosphate）在磷酸核糖焦磷酸合成酶（PRPP synthetase）的作用下，生成5-磷酸-核糖-1-α-焦磷酸（5-phosphoribosyl-1-α-pyrophosphate，PRPP），随后经过一系列反应，最后在环水解酶（cyclohydrolase）的作用下脱水环化，生成IMP（图6-14）。

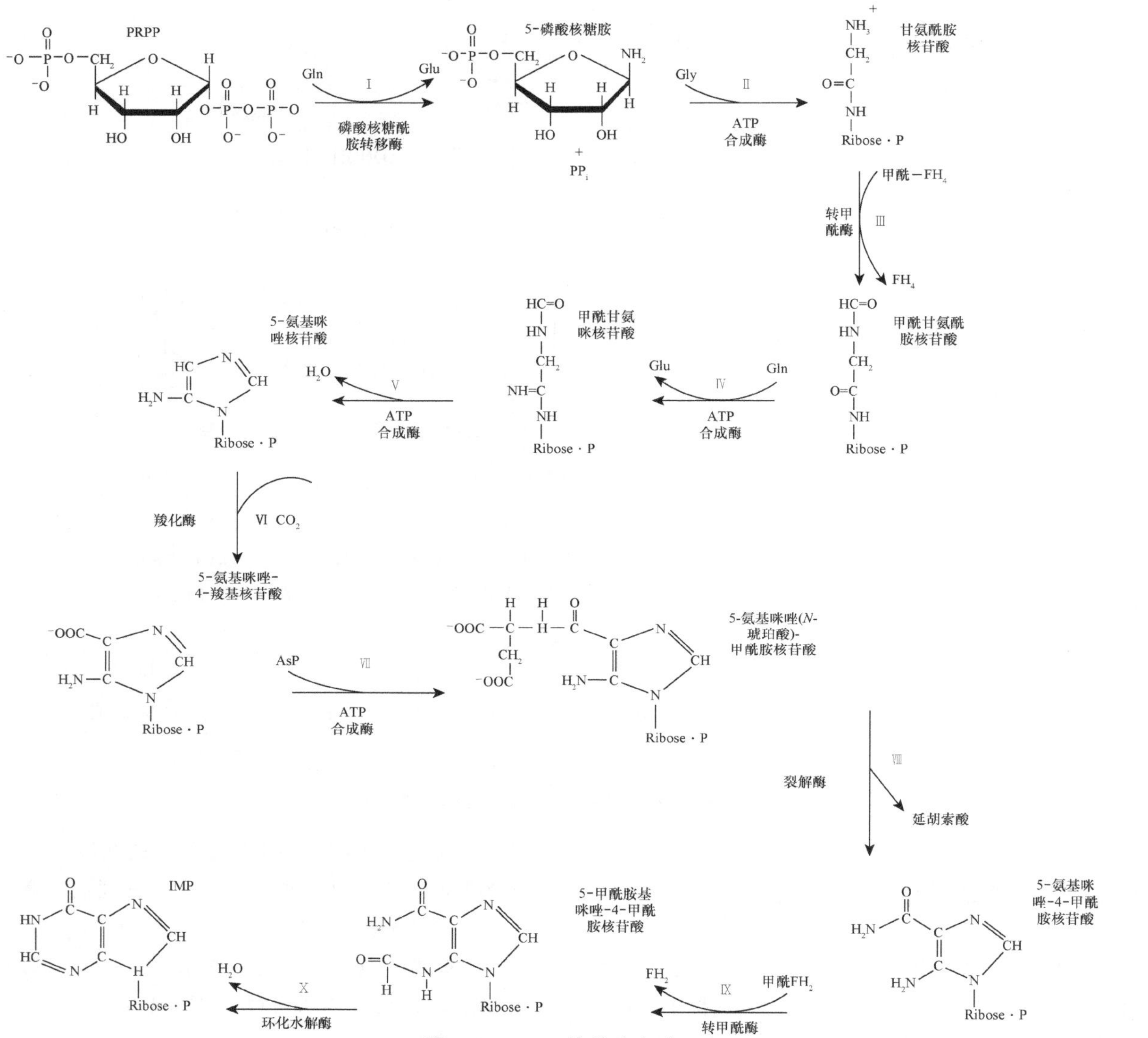

图6-14　IMP的从头合成

（2）AMP和GMP的合成　AMP的生成是IMP在腺苷酸代琥珀酸合成酶（adenylosuccinate synthetase）与腺苷酸代琥珀酸裂解酶（adenylosuccinate lyase）的连续作用下，消耗1分子GTP，以天冬氨酸的氨基取代IMP C-6上的氧而生成AMP；由IMP转变为GMP的过程，首先由IMP脱氢酶催化，以NAD^+为受氢体，将IMP氧化成黄嘌呤核苷酸（xanthosine monophosphate，XMP），然后在鸟苷酸合成酶（guanylate synthetase）催化下，由ATP供能，以谷氨酰胺上的酰胺基取代XMP中C-2上的氧而生成GMP（图6-15）。

（3）嘌呤核苷酸从头合成的调节　从头合成是体内合成嘌呤核苷酸的主要途径。但此过程要消耗氨基酸及ATP。机体对合成速度有着精细的调节。在大多数细胞中，分别调节IMP、ATP和GTP的合成，不仅调节嘌呤核苷酸的总量，而且使ATP

和GTP的水平保持相对平衡。嘌呤核苷酸合成调节网可见图6-16。

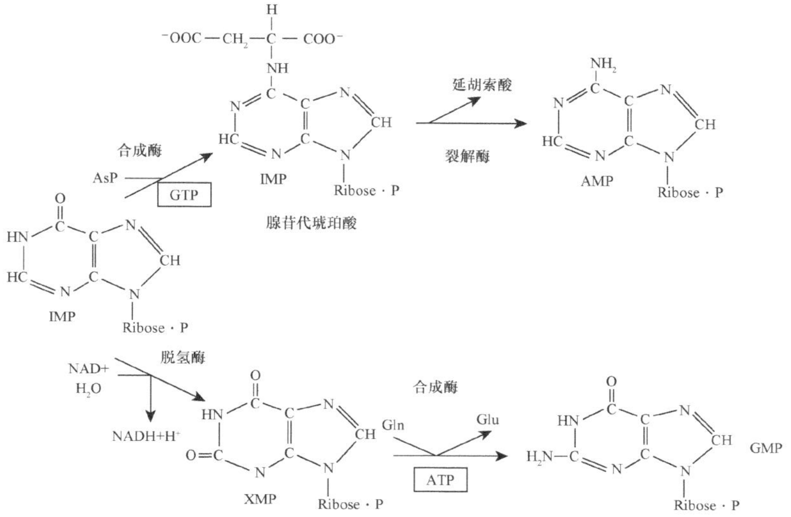

图6-15　IMP转变为AMP和GMP

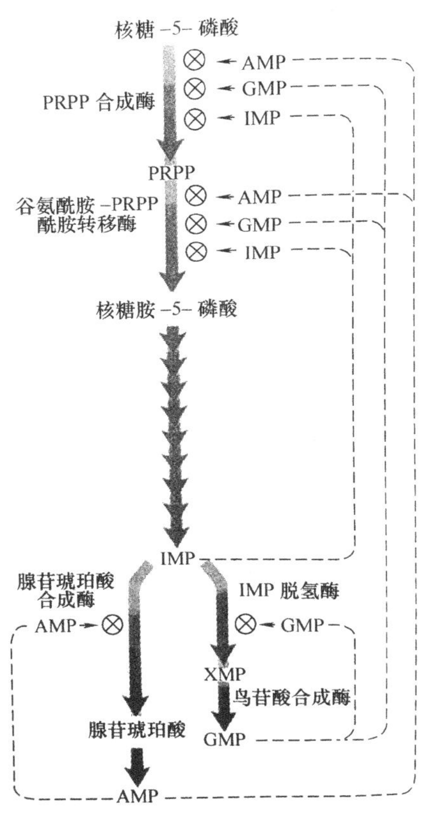

图6-16　嘌呤合成的调节网

IMP途径的调节主要在合成的前两步反应，即催化PRPP和PRA的生成。核糖磷酸焦磷酸激酶受ADP和GDP的反馈抑制。磷酸核糖酰胺转移酶受到ATP、ADP、AMP及GTP、GDP、GMP的反馈抑制。ATP、ADP和AMP结合酶的一个抑制位点，而GTP、GDP和GMP结合另一抑制位点。因此，IMP的生成速率受腺嘌呤和鸟嘌呤核苷酸的独立和协同调节。此外，PRPP可变构激活磷酸核糖酰胺转移酶。

第二水平的调节作用于IMP向AMP和GMP转变过程。GMP反馈抑制IMP向XMP转变，AMP则反馈抑制IMP转变为腺苷酸代琥珀酸，从而防止生成过多AMP和GMP。此外，腺嘌呤和鸟嘌呤的合成是平衡。GTP加速IMP向AMP转变，而ATP则可促进GMP的生成，这样使腺嘌呤和鸟嘌呤核苷酸的水平保持相对平衡，以满足核酸合成的需要。

6.3.1.3　补救合成途径

嘌呤核苷酸补救途径是利用游离的嘌呤或嘌呤核苷，经过简单的反应，合成嘌呤核苷酸的过程。

如果从嘌呤开始，主要是在磷酸核糖转移酶（phosphoribosyl transferase）的作用下，将嘌呤碱与PRPP结合形成嘌呤核苷酸。磷酸核糖转移酶也称为核苷酸焦磷酸化酶（nucleotide pyrophosphorylase）。已经分离出两种具有不同特异性的酶：腺嘌呤磷酸核糖转移酶催化形成腺嘌呤核苷酸；次黄嘌呤（或鸟嘌呤）磷酸核糖转移酶催化形成次黄嘌呤核苷酸（或鸟嘌呤核苷酸）。嘌呤核苷可先分解成嘌呤碱，再与PRPP反应，形成核苷酸。该途径可以节省能量和一些前体分子的消耗。此外，某些器官和组织，如脑和骨髓等缺乏有关酶，不能从头合成嘌呤核苷酸，这些组织只能利用红细胞运来的嘌呤碱及核苷，经补救途径合成嘌呤核苷酸。

如果是从嘌呤核苷开始，则在磷酸激酶（phosphokinase）作用下，由ATP供给磷酸基，形成核苷酸。

$$核苷+ATP \xrightarrow{核苷磷酸激酶} 核苷酸+ADP$$

但在生物体内，嘌呤类物质的再利用过程中，核苷激酶途径是不重要的。这主要是因为体内除腺苷激酶（adenosine kinase）外，缺乏其他嘌呤核苷的激酶。

6.3.2 嘧啶核苷酸的合成代谢

嘧啶核苷酸的合成与嘌呤核苷酸不同。嘧啶核苷酸的合成首先合成嘧啶碱，再同 PRPP 进行磷酸核糖的转移生成尿嘧啶核苷酸（uridine monophosphate，UMP），在 UMP 的基础上再生成其他嘧啶核苷酸。

6.3.2.1 嘧啶环上各原子的来源

嘧啶环上的 6 个原子分别来自氨基甲酰磷酸和天冬氨酸，而氨基甲酰磷酸的合成则以谷氨酰胺和 CO_2 为原料。因此，蛋白质和 CO_2 可以提供嘧啶核苷酸合成的所有原料。嘧啶环上各原子的来源见图 6-17。

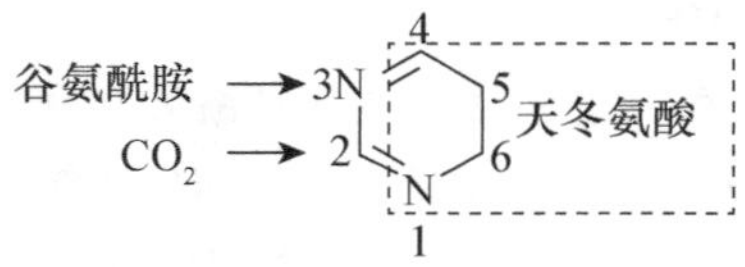

图 6-17 嘧啶环中各原子的来源

6.3.2.2 嘧啶核苷酸的从头合成途径

与嘌呤核苷酸的合成不同，嘧啶核苷酸的从头合成是先合成嘧啶环，然后再连接到 5-磷酸核糖上。这一过程首先需要氨甲酰磷酸，该物质与天冬氨酸反应生成氨甲酰天冬氨酸，此反应由天冬氨酸氨基甲酰转移酶（aspartate transcarbamoylase，ATCase）催化。在二氢乳清酸酶的作用下，氨甲酰天冬氨酸脱水，嘧啶环闭合，形成二氢乳清酸，再经二氢乳清酸脱氢酶的作用，生成乳清酸（orotic acid）。在真核生物中，该途径的前三个酶：即氨基甲酰磷酸合成酶Ⅱ、天冬氨酸氨基甲酰转移酶和二氢乳清酸脱氢酶是一个多酶体系，该蛋白含有 3 个相同的多肽链，每一个相对分子质量为 230 000，每一个多肽链上的活性位点都可以催化这 3 个反应，表明该途径是由巨大的多酶复合体控制的。一旦生成乳清酸，来自 PRPP 的 5-磷酸核糖侧链在乳清酸磷酸核糖转移酶的作用下，连接到乳清酸上，生成乳清酸核苷酸，然后在乳清酸核苷酸脱羧酶作用下脱去羧基，即生成了 UMP。UMP 在鸟苷酸激酶和二磷酸核苷激酶的作用下，磷酸化为三磷酸尿苷（UTP）。UTP 在胞嘧啶核苷酸合成酶催化下并消耗 1 分子 ATP，从谷氨酰胺接处受氨基而成为三磷酸胞苷（CTP）（图 6-18）。

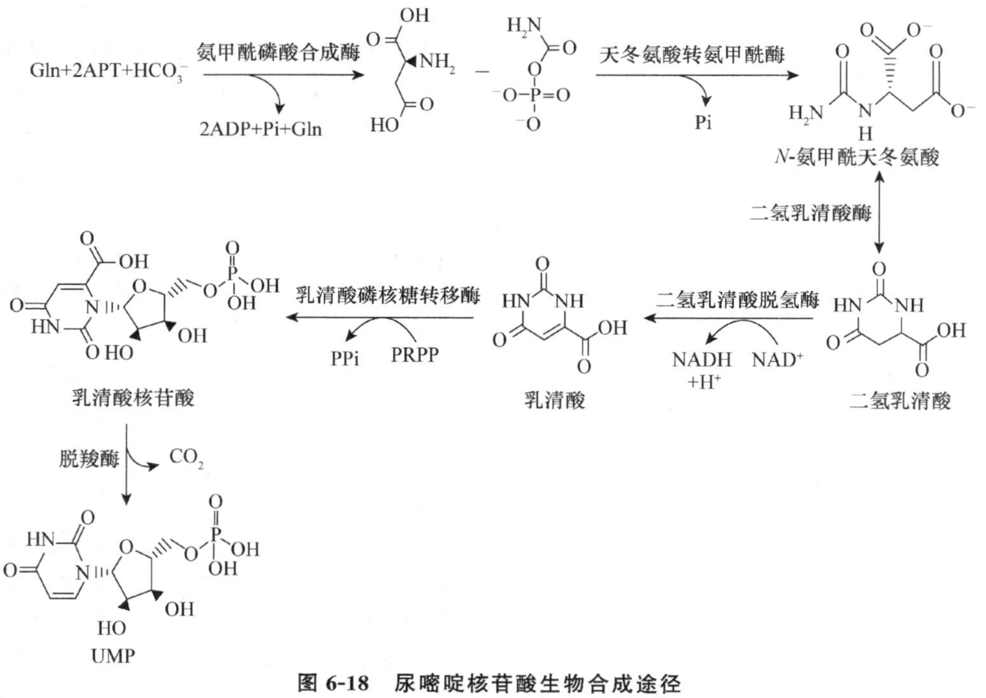

图 6-18 尿嘧啶核苷酸生物合成途径

6.3.2.3 嘧啶核苷酸的补救途径

除从头合成途径之外，嘧啶核苷酸的合成也可以由外源性或由核酸降解生成的嘧啶碱与 PRPP 或 1-磷酸核糖反应直接合成，即补救途径。嘧啶核苷酸的补救合成主要是由嘧啶碱和 PRPP 合成嘧啶核苷酸：

$$\text{嘧啶}+\text{PRPP}\xrightarrow{\text{嘧啶磷酸核糖转移酶}}\text{嘧啶核苷酸}+\text{PPi}$$

从人红细胞纯化的嘧啶磷酸核糖转移酶（pyrimidine phosphoribosyl transferase）能利用尿嘧啶、胸腺嘧啶及乳清酸为底物，但对胞嘧啶不起作用。

UMP补救合成的另一途径由两步反应完成：

$$\text{尿嘧啶}+\text{核糖-1-磷酸}\xrightarrow{\text{尿苷磷酸化酶}}\text{尿嘧啶核苷}+\text{Pi}$$

$$\text{尿嘧啶核苷}+\text{ATP}\xrightarrow{\text{尿苷激酶}}\text{尿嘧啶核苷酸}+\text{ADP}$$

胞嘧啶不能直接与PRPP反应生成CMP，但尿苷激酶也能催化胞苷的磷酸化反应。

$$\text{胞嘧啶核苷}+\text{ATP}\xrightarrow{\text{尿苷激酶}}\text{胞嘧啶核苷酸}+\text{ADP}$$

脱氧胸苷可通过胸苷激酶（thymidine kinase）生成TMP，但此酶在正常肝细胞中活性很低，再生肝（指肝脏受损后代偿性再生产生的肝组织）中活性升高，在恶性肿瘤中明显升高，并与严重程度有关。

6.3.2.4 嘧啶核苷酸生物合成的调控

嘧啶核苷酸的从头合成受一系列反馈系统的调节。细菌的天冬氨酸氨基甲酰转移酶是嘧啶核苷酸从头合成的主要调节酶，ATP是其别构激活剂，CTP是其别构抑制剂。哺乳类动物的CPSⅡ是嘧啶核苷酸从头合成途径的主要调节酶，UMP为其别构抑制剂，PRPP则有激活作用。此外，哺乳类动物细胞中，上述两个多功能酶的合成还受阻遏或去阻遏的调节。

由于PRPP合成酶是嘧啶与嘌呤这两类核苷酸合成途径共同需要的酶，它可同时受嘧啶核苷酸和嘌呤核苷酸的反馈抑制。

6.3.3 脱氧核糖核苷酸的生物合成

生物体内脱氧核糖核苷酸可以由核糖核苷酸还原形成，这种反应对大多数生物来说是在核苷二磷酸水平上进行的。生成的脱氧核糖核苷二磷酸可以进一步转变为脱氧核糖核酸。该反应在几种酶和蛋白参与下完成，包括核糖核苷酸还原酶、硫氧还蛋白还原酶、硫氧还蛋白等。具体过程如图6-19所示。

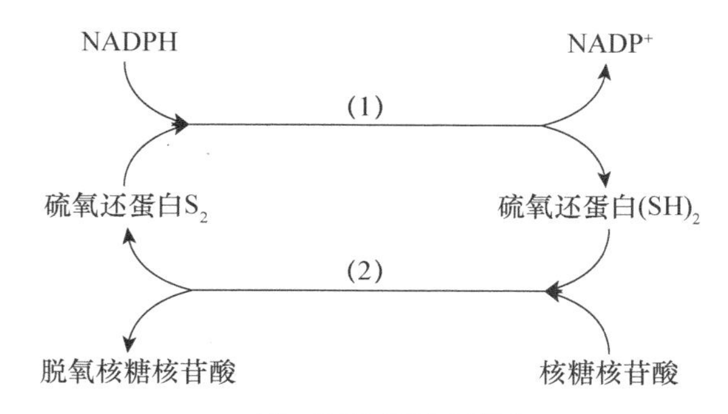

图6-19 脱氧核糖核苷酸的合成途径

胸腺嘧啶脱氧核糖核苷酸（dTMP）的直接前体则是尿嘧啶脱氧核糖核苷单磷酸（dUMP）。dUMP是由UDP还原形成尿嘧啶脱氧核糖核苷二磷酸（dUDP），然后通过磷酸酯解脱掉一个磷酸基团后形成的。然后，在胸腺嘧啶核苷酸合成酶的催化下，由N^5，N^{10}-亚甲基四氢叶酸提供甲基最终转化为dTMP。其合成途径如图6-20所示。

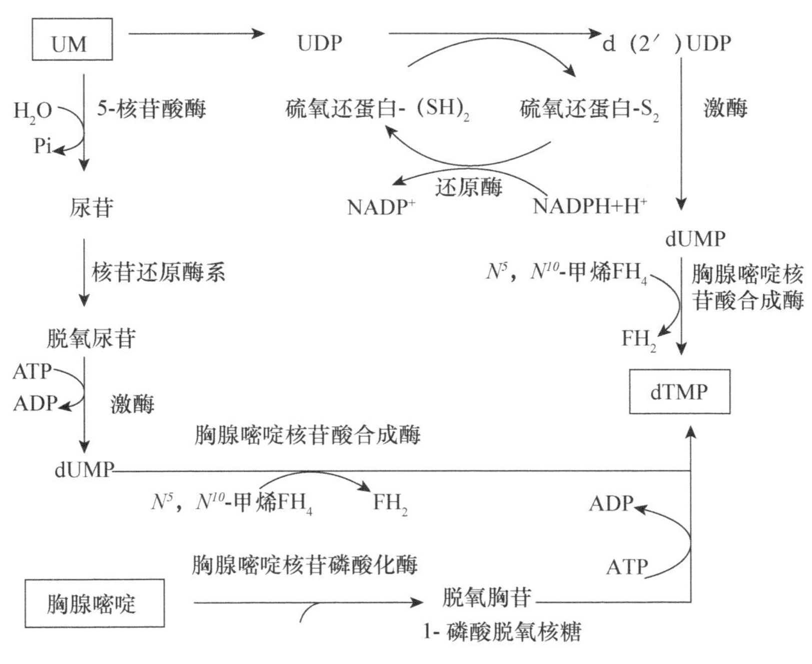

图6-20 胸腺嘧啶脱氧核糖核苷酸的合成途径

6.4 核酸的生物合成

核酸是核苷酸的高聚物。DNA 的合成原料为脱氧核苷三磷酸，RNA 的合成原料则为核苷三磷酸。DNA 是生物遗传的物质基础。生物机体的遗传信息以密码的形式编码在 DNA 分子上，表现为特定的核苷酸排列顺序，并通过 DNA 的复制（replication）由亲代传递给子代。在后代的生长发育过程中，遗传信息自 DNA 转录给 RNA，然后翻译成特异蛋白质，此过程称为中心法则，如图 6-21 所示。

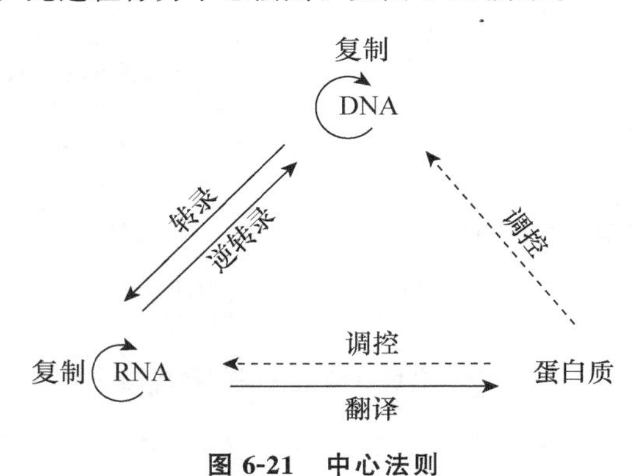

图 6-21 中心法则

6.4.1 DNA 的生物合成

DNA 的生物合成是以亲代 DNA 双链中的每一股链为模板，以四种脱氧核糖核苷三磷酸（dATP，dGTP，dCTP 和 dTTP）为底物，严格遵循碱基配对原则，合成子链 DNA 的过程。因为该过程需要以母链 DNA 为模板，因此，DNA 的合成也称为 DNA 的复制。

6.4.1.1 DNA 复制遵循的基本规则

（1）DNA 的复制方式　DNA 复制采用半保留复制方式，即在 DNA 复制过程中，亲代的一个 DNA 双螺旋分子通过复制形成 2 个与原先碱基序列完全相同的子代 DNA，每个子代 DNA 分子中都含有一条原有的链和一条新合成的链。

半保留复制方式有助于保证亲代的遗传信息尽可能稳定地传递给后代，即使生物的遗传信息尽可能保持相对稳定性。

（2）DNA 复制的起点和方向　DNA 的复制从特定的位点开始，这一开始的位置称为复制原点。同时，复制采用双向进行的方式（图 6-22）。原核生物的 DNA 上一般只有一个复制原点，但在复制过程中，一般第一轮复制尚未完成，就在起点处启动第二轮复制；真核生物则有多个复制原点，可以同时启动多个复制过程。在一个 DNA 复制原点控制下能够独立进行 DNA 复制的单位称为复制子。每个复制子都含有控制复制起始的起点（origin），可能还有终止复制的终点（terminus）。

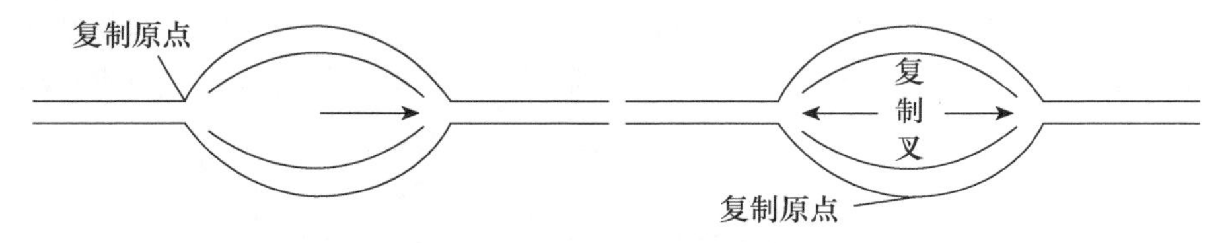

图 6-22 DNA 单向复制（左）与双向复制（右）模式

（3）DNA 合成方向　目前，所发现的 DNA 合成方向均是从 5′到 3′方向进行的。

6.4.1.2 参与 DNA 复制的酶与蛋白质

（1）DNA 聚合酶　DNA 聚合酶是以 DNA 为模板的 DNA 合成酶，是 DNA 合成的主要酶之一，其催化反应的主要特点：①以四种脱氧核糖核苷三磷酸为底物；②反应需要模板的指导；③反应需要有 3′-OH 的存在；④催化 DNA 链合成的方向是 5′→3′。

目前，在大肠杆菌至少发现有 5 种 DNA 聚合酶，即 DNA 聚合酶Ⅰ、Ⅱ、Ⅲ、Ⅳ和Ⅴ。其中 DNA 聚合酶Ⅰ的活性占 90%以上。但该酶并不适合于复制大肠杆菌巨大的染色体。DNA 聚合酶Ⅰ主要对复制中的错误进行校对，对复制和修复中出现的空隙进行填补。DNA 聚合酶Ⅰ因其具有 5′-3′外切酶活性而具有特殊功能。当 5′-3′外切酶结构域被切除后，剩下的大片段，也叫 Klenow 片段，仍然保持聚合和校对活性；大肠杆菌 DNA 聚合酶Ⅱ和 DNA 聚合酶Ⅲ是在 20 世纪 70 年代早期发现的。DNA 聚合酶Ⅱ参与 DNA 的修复；DNA 聚合酶Ⅲ是大肠杆菌中的主要的复制酶。这三种聚合酶的特性列于表 6-2。大肠杆菌 DNA 聚合酶Ⅳ和Ⅴ到 1999 年才被发现，都属于易错的 DNA 聚合酶，参与一种非同寻常的 DNA 修复方式，特别是 SOS 修复过程中跨损伤修复。

表 6-2 大肠杆菌 3 种 DNA 聚合酶的比较

性质	DNA 聚合酶		
	Ⅰ	Ⅱ	Ⅲ
编码基因[a]	*polA*	*polB*	*polC*（*dnaE*）
亚基数量	1	7	≥10
相对分子质量	103 000	88 000	791 500
3′-5′核酸外切酶	是	是	是
5′-3′核酸外切酶	是	否	否
持续合成能力	16～20	40	250～1 000

真核生物的 DNA 聚合酶，到目前为止至少已经发现 15 种，其中 DNA 聚合酶 α、β、γ、δ 和 ε 是早期发现的，近年来，又陆续发现了 10 种。

（2）DNA 连接酶　催化 DNA 片段的 3′-OH 和另一个 DNA 片段的 5′-磷酸基之间形成磷酸二酯键。连接需要能量，大肠杆菌和其他细菌的 DNA 连接酶以烟酰胺腺嘌呤二核苷酸（NADH）作为能量来源，动物细胞和噬菌体的连接酶则以 ATP 作为能量来源。大肠杆菌 DNA 连接酶要求断开的两条链由互补链将它们聚在一起，形成双螺旋结构。它不能将两条游离的 DNA 分子连接起来。T_4DNA 连接酶不仅能在模板链上连接 DNA 和 DNA 链之间的切口，而且能连接无单链黏性末端的平头双链 DNA，因此在基因工程中被广泛应用。

（3）解旋酶　DNA 双螺旋的解开需要解旋酶的参与，该酶能通过水解 ATP 获得能量来解开 DNA 双链。每解开一对碱基，需要水解 2 分子 ATP 成 ADP 和磷酸盐。分解 ATP 的活力需要单链 DNA 的存在。如双链 DNA 中有单链末端或缺口，解螺旋酶即可结合于单链部分，然后向双链方向移动。大肠杆菌有许多种解螺旋酶，其中解螺旋酶Ⅰ、Ⅱ和Ⅲ可以沿着模板链的 5′→3′方向移动。

（4）单链结合蛋白　解开的两条单链随即被单链结合蛋白（single-strand binding protein，SSB）所覆盖。单链结合蛋白的功能在于稳定 DNA 解开的单链，防止 DNA 复制时解开的两条链重新合成双螺旋。

（5）拓扑异构酶　环状 DNA 复制时，超螺旋的圈数由拓扑异构酶调整。拓扑异构酶可分为两类：类型Ⅰ的酶能使 DNA 的一条链发生断裂和再连接，反应无须供给能量；类型Ⅱ的酶能使 DNA 的两条链同时发生断裂和再连接，当它引入超螺旋时需要由 ATP 提供能量。拓扑异构酶Ⅰ和Ⅱ广泛存在于原核生物和真核生物中。拓扑异构酶Ⅰ主要集中在活性转录区，同转录有关。拓扑异构酶Ⅱ分布在染色质骨架蛋白和核基质部位，同复制有关。

6.4.1.3　DNA 复制过程

DNA 复制的过程分为起始、延伸和终止 3 个阶段。下面重点介绍大肠杆菌的 DNA 复制方式。真核生物虽然许多细节不同，但整体过程基本相似。

（1）起始阶段　复制是从 DNA 的复制原点开始的。大肠杆菌的复制原点 *oriC* 由 245 个碱基组成，是所有细菌复制原点中高度保守的 DNA 序列元件。保守序列的排列如下图（6-23）。其中有 2 种类型的重复序列：一个是 5 个 9 bp 的重复序列（R 位点），是关键起始蛋白 DnaA 的结合位点；另一个是 3 个 13 bp 的重复序列，富含 A＝T 碱基对，叫作 DNA 解旋元件（DNA unwinding element，DUE）。此外，还有另外 3 个 DnaA 结合位点（I 位点）和 2 个蛋白质 IHF（integration host factor，IHF）和 FIS（factor for inversion stimulation ）结合位点。这两个蛋白质是 DNA 重组时的必要元素。还有另外一个 DNA 结合蛋白，即 HU（histone like bacterial protein originally dubbed factor，U），也参与复制的起始，但没有特异结合位点。

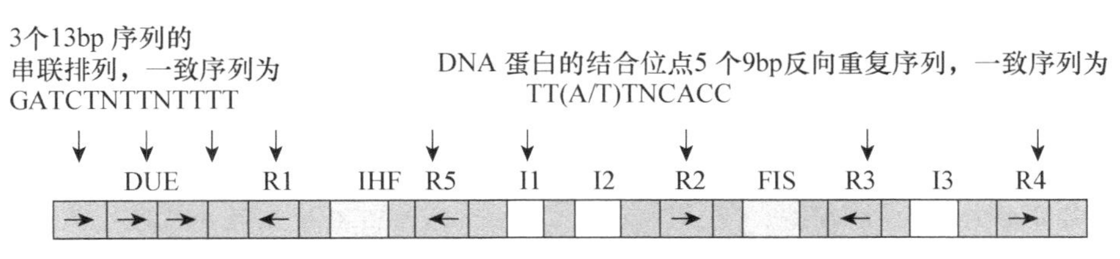

图 6-23　大肠杆菌的复制原点序列

在复制的起始阶段，至少有 10 种酶或蛋白参与。起始过程中，最关键的组分是 DnaA 蛋白，其在原点组装成为一个含有 R 和 I 位点的螺旋复合体。然后解旋酶在 DnaC 蛋白的协同下，结合在原点处在 DNA 局部开始解链，从而在复制原点处形成一个 Y 字行的结构，称为复制叉（replication fork）。

同时，单链结合蛋白结合到解开的单链上。这个过程还需要拓扑异构酶向DNA中引入负超螺旋，以消除由解链产生的扭曲张力。

（2）延伸阶段　DNA链延伸的过程，就是复制叉推进的过程。在引发的复制叉上，DNA聚合酶Ⅲ组装完成，然后按着DNA模板链的指令，自引物RNA的3′-OH端依次添加脱氧核糖核苷酸残基，新生成的DNA链沿5′→3′方向不断延伸。

由于DNA两条链是反向平行的，一条链为5′→3′方向，其互补链则为3′→5′方向。当复制叉移动时，如果两条链的合成都是连续的，那么其中一条链将会按照3′→5′方向进行合成，而目前所发现DNA聚合酶都只能使DNA由5′→3′方向延伸。实际上，两条链的合成是不完全相同的。其中，以3′→5′方向母链为模板链合成的DNA是连续合成，这条链叫作前导链（leading strand），其5′→3′的合成与复制叉移动的方向一致；而以5′→3′方向母链为模板链合成的DNA，需要复制叉首先推进一段长度，有了一段单链DNA后，才能以此为模板合成一个片段，因此这条链的合成是不连续的，而且晚于前导链，所以叫作滞后链（lagging strand），或者随后链，其5′→3′的合成与复制叉的移动方向相反（图6-24）。

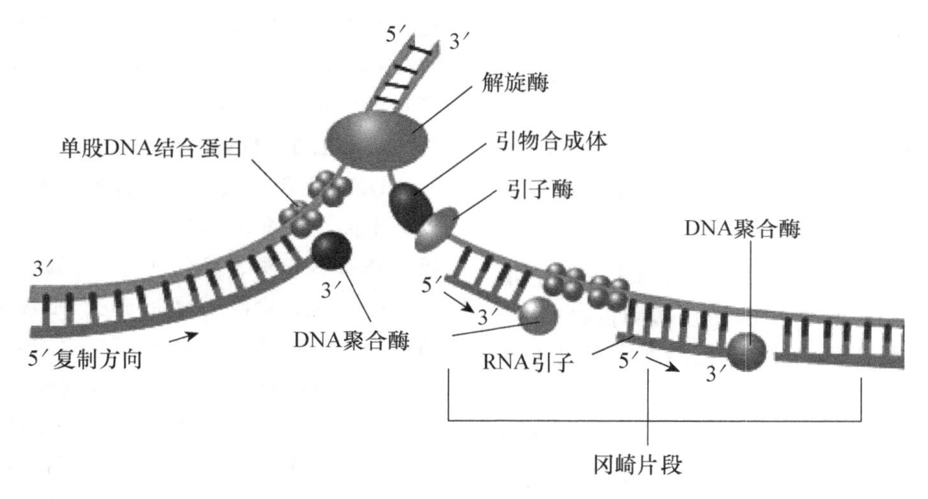

图6-24　DNA的半不连续复制

在DNA复制中，这种前导链连续合成，随后链断续合成的方式称为半不连续复制。在随后链中合成的多个DNA片段由于是由日本学者冈崎在1968年发现的，所以称之为冈崎片段。

前导链的合成起始于复制原点处的短的RNA引物的合成，其由引物酶（DnaG蛋白）催化。在DNA聚合酶Ⅲ的作用下，脱氧核糖核苷酸不断地掺入到这个引物的3′-OH末端，前导链持续地向前合成，其合成速度与复制叉处DNA解链的速度保持一致；滞后链的合成与前导链的合成大体相同，是以冈崎片段的形式完成的。首先，引物酶合成一小段引物，DNA聚合酶Ⅲ结合到引物上，脱氧核糖核苷酸不断地被加到引物3′末端。最后所有的冈崎片段会连接成一条完整的新生DNA链。

（3）终止阶段　DNA聚合酶Ⅰ以其5′-3′外切酶活性将RNA引物切除，切除后留下的空隙由DNA在DNA聚合酶Ⅰ的作用下补齐。两个相邻冈崎片段之间的缺口由连接酶连接。最终，环形的大肠杆菌染色体的2个复制叉在终止区域（terminus region，Ter）汇合。终止区含有一个20 bp的多拷贝序列，叫作Ter序列，Ter序列在染色体上形成一个供复制叉进入却不能离开的“陷阱”。Ter具有为Tus蛋白（terminus utilization substance，Tus）提供结合位点的作用。Tus-Ter复合体只能从一个方向捕获复制叉。因此，无论哪个复制叉遇到该复合体，都会停止；另一个复制叉遇到被捕获的复制叉也会停止下来。

6.4.1.4　DNA逆转录

以RNA为模板合成cDNA，与转录过程中遗传信息从DNA到RNA的方向相反，称逆转录（reverse transcription），也叫反转录。催化这一过程的逆转录酶（reverse transcriptase，RT）最早是Temin于1970年从致癌RNA病毒中分离得到的，含有逆转录酶的病毒称逆转录病毒。

（1）逆转录酶的性质　致癌RNA病毒的逆转录酶包含α和β两个亚基，它们均由病毒RNA编码。逆转录酶催化的cDNA合成反应需要模板和引物，模板和引物可以是RNA，也可以是DNA。以4

种 dNTP 作为底物，此外还需要适当浓度的 2 价阳离子（Mg^{2+} 和 Mn^{2+}），cDNA 链的延长方向为 5′→3′，这些性质都与 DNA 聚合酶类似。此外，逆转录酶除了有聚合酶活力外，它尚有核糖核酸酶 H 的活力，专门水解 RNA-DNA 杂合分子中的 RNA。

（2）逆转录过程　当 RNA 致癌病毒，如鸟类劳氏肉瘤病毒（Rous sar-coma virus）进入宿主细胞后，其逆转录酶先催化合成与病毒 RNA 互补的 DNA 单链，继而复制出双螺旋 DNA，并经另一种病毒酶的作用整合到宿主的染色体 DNA 中，此整合的 DNA 可能潜伏（不表达）数代，待遇到适合的条件时被激活，利用宿主的酶系统转录成相应的 RNA，其中一部分作为病毒的遗传物质，另一部分则作为 mRNA 翻译成病毒特有的蛋白质。最后，RNA 和蛋白质被组装成新的病毒粒子。在一定的条件下，整合的 DNA 也可使细胞转化成癌细胞。

6.4.2　RNA 的生物合成

生物体以 DNA 为模板合成 RNA 的过程称为转录，即将 DNA 的碱基序列转换成 RNA 的碱基序列。DNA 分子上的遗传信息是决定蛋白质氨基酸序列的原始模板。mRNA 是蛋白质合成的直接模板。一个被转录的 DNA 片段区还存在不编码蛋白质的基因，因此并不是所有的转录产物都是 mRNA，也可能是 rRNA 和 tRNA 分子。这两种 RNA 不用做翻译模板，但参与蛋白质的生物合成。

6.4.2.1　RNA 生物合成的特点

①不对称转录　转录与复制的最大区别就是转录发生在 DNA 的特定区域，对于一个 DNA 分子而言，并不是所有区域都被转录，而能转录的区段也不是始终都在转录。此外，DNA 两条链并非都会被转录。某些基因以 DNA 这一条链为模板，而其他基因以另一条链为模板。对于一个特定的基因来说，作为模板的链称为无义链或反义链，另一条为编码链，也称为有义链。RNA 的这种转录方式称为不对称转录。

②转录不需要引物，链的延伸方向也是 5′→3′。

6.4.2.2　参与转录的酶类

参与转录的酶主要是 RNA 聚合酶，这类酶在原核和真核细胞中广泛存在。

（1）原核细胞的 RNA 聚合酶　目前研究得最清楚的是大肠杆菌的 RNA 聚合酶，该酶相对分子质量 50 多万，由核心酶和 σ 因子组成全酶。核心酶包括 2 个 α 亚基，以及 α'、β 与 β' 亚基各 1 个。σ 因子为一种特异蛋白质因子，又称起始因子，它能辨认 DNA 模板上的起始位点前启动子上的特异碱基顺序，并与之结合，DNA 双链解开一部分，使转录开始。核心酶可催化各个核苷酸之间形成 3′，5′-磷酸二酯键，使 RNA 链延长。

（2）真核细胞的 RNA 聚合酶　真核细胞有多种 RNA 聚合酶，不同的 RNA 聚合酶可以转录不同的基因。真核细胞 RNA 聚合酶也含有多个亚基，但它们的组成和功能尚不清楚。利用 α-鹅膏蕈碱对 RNA 聚合酶的特异性抑制作用，可将该酶分为Ⅰ、Ⅱ、Ⅲ三种。RNA 聚合酶Ⅰ，位于核仁内，主要催化 rRNA 前体的合成；RNA 聚合酶Ⅱ，分布于核基质中，催化 mRNA 前体的合成；RNA 聚合酶Ⅲ，亦分布在核基质中，催化小分子 RNA（例如 tRNA 和 5S rRNA）的合成。线粒体 RNA 聚合酶与原核细胞中的类似。

6.4.2.3　转录过程

转录过程同样包括起始、延伸和终止 3 个阶段。

（1）起始阶段　DNA 上存在着转录的起始信号，其为特殊的核苷酸序列，称为启动子。启动子是 RNA 聚合酶能识别、结合和开始转录的一段 DNA 序列，启动子含 40～60 bp。在起始阶段，RNA 聚合酶识别将转录的基因的上游 DNA，称为启动子位点（promoter site），然后局部解开 DNA，暴露它能拷贝的单链 DNA。启动区域有 3 个功能部位：一个是起始部位（initation site），此处有与转录生成的 RNA 链中第 1 个（+1）核苷酸互补的碱基对；另一个是在转录起始点上游-10bp 处有一段富含 A-T 碱基对的 TATAAT 序列，称 Pribnow 盒（Pribnow box）；还有一个是识别部位（recognition site），其位置在-35 碱基对附近，序列特征为 TTGACA（Sextama 盒），这是 RNA 聚合酶初始识别的部位。各种原核生物的-10 序列和-35 序列是保守序列，其中-10 序列的稳定性更强。

转录起始时，RNA 聚合酶识别 DNA 的-35 序列，然后沿模板 3′→5′方向移动至-10 序列，即 Pribnow 盒，此时聚合酶与模板 DNA 呈紧密结合状态，形成稳定的复合物，然后在启动子附近将 DNA 局部解链，约解开 17 个碱基对，第一个核苷三磷酸（常见的是 GTP 或 ATP）结合到全酶上，形成“启动子-全酶-核苷三磷酸”三元起始复合物，接着第二个核苷三磷酸进入，连接到第一个核苷酸的3′-OH上，形成了第一个磷酸二酯键。紧跟着，全酶上的σ因子掉下，又去结合其他的核心酶。

（2）延伸阶段　当σ因子从离开核心酶后，核心酶与DNA链的结合变得疏松，可以在模板链上滑动，方向为DNA链的3′→5′方向，同时将核苷酸逐个添加到RNA链的3′-OH端，使RNA链以5′→3′方向延伸。在RNA链延伸同时，一方面，RNA聚合酶继续解开它前方的DNA双螺旋，暴露出新的模板链，而后面被解开的两条DNA单链又重新形成双螺旋，即DNA上的解旋区一直保持约17个碱基对的长度；另一方面，刚合成出来的RNA链与解开的模板链之间形成暂时的RNA-DNA杂交双螺旋。随着核心酶的移动，RNA链不断延伸，杂交区也往前延伸，但后面的杂交区随着DNA双螺旋的恢复，RNA链被逐渐被置换出来。因此，杂交区也保持着固定的一小段。

（3）终止阶段　DNA链上同样存在着转录终止的特殊信号，也是特殊的核苷酸序列，称为终止子。终止子分两类：一类不依赖ρ因子（即ρ蛋白）的终止子；另一类依赖ρ因子的终止子。转录持续不断地进行，直至遇到终止信号。

不依赖ρ因子的终止子，其DNA链的3′端附近有富含GC的回文区域和随后的一段富含AT的序列。以这段终止信号为模板转录出的RNA形成具有茎环的发夹结构（hairpin structure），其3′端含有一串UUUU…的尾巴（图6-25），这种发夹结构阻碍了聚合酶的进一步延伸，RNA链的合成即终止。寡聚U可能提供信号使RNA聚合酶脱离模板。

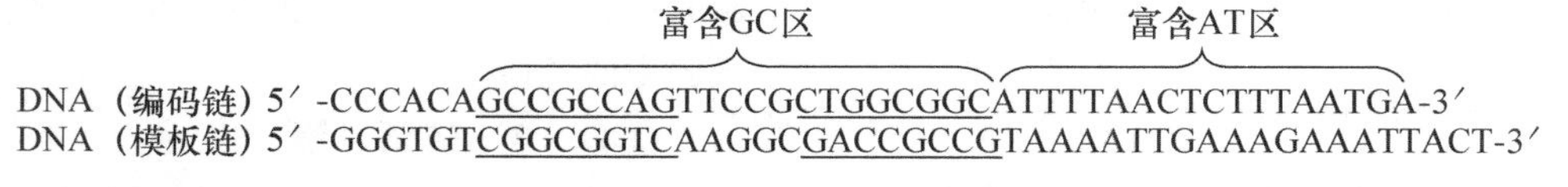

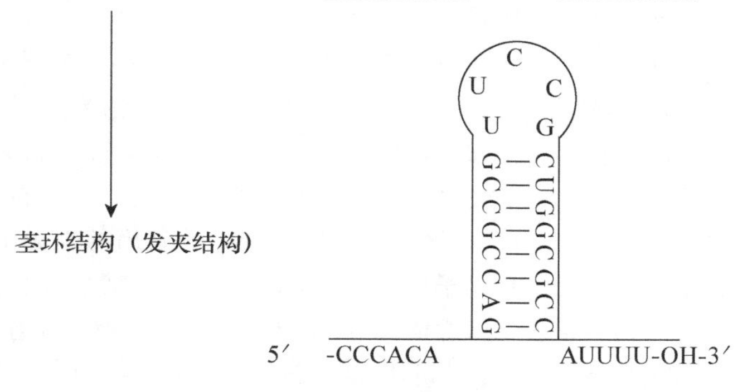

图6-25　不依赖于ρ因子的终止子

另一类依赖ρ因子的终止，需ρ因子的参与才能完成链的终止。ρ因子与正在合成的RNA链相结合，并利用水解ATP或其他核苷三磷酸释出的能量从5′→3′端移动，当聚合酶遇到终止信号时，聚合酶移动速度减慢，ρ因子就很快追赶上来，使转录终止，释放RNA，并使RNA聚合酶与ρ因子一起从DNA上脱落下来。

真核生物RNA聚合酶完成RNA合成的基本机制与原核生物相似。RNA聚合酶Ⅰ识别的启动子位于转录起始位点的5′端，而负责转录tRNA基因和5S rRNA基因的RNA聚合酶Ⅲ则利用位于转录基因内部的启动子控制元件，被称为内部控制区。真核细胞终止机制尚未完全阐明，目前仅知道在基因的末端会指导合成一段AAUAAA顺序，RNA聚合酶合成这段顺序后再前进一定距离即停止前进。这时有一种酶在AAUAAA顺序处将合成的mRNA产物切断，然后利用第三种酶给新生的mRNA加上一段约200个多聚腺苷酸（polyA）的尾巴。

6.4.2.4　转录后加工

基因转录的直接产物即初级转录产物（primary transcript），通常是没有功能的，它们在细胞内必须经历各种特异性的改变即所谓的转录后加工（post-transcriptional processing），才会转变成有活性的成熟RNA分子。

（1）原核细胞的转录后加工　对于原核细胞来说，大多数原核生物的mRNA都不需要经过加工，转录后即可直接翻译；原核细胞的rRNA必须经历剪切和修饰的加工过程。剪切由特定的RNA酶催化，将初级转录产物剪成 16S、23S 和 5S 三个片段。修饰的主要形式是核糖 2′-羟基的甲基化；原核细胞 tRNA 的加工方式也是剪切和修饰。参与 tRNA 剪切的主要酶是 RNA 酶 P，其主要作用是切除多余的核苷酸序列。tRNA 的修饰作用主要是碱基修饰，有近百种方式。

（2）真核细胞的转录后加工　真核细胞 RNA 的加工远比原核细胞复杂，特别是 mRNA 的加工。真核 tRNA 和 rRNA 也需要经转录后加工才能形成成熟的 tRNA 和 rRNA。

①mRNA　真核生物的 mRNA 转录后加工包括：a. 加帽　在成熟的真核生物 mRNA 的 5′端存在帽子结构。其修饰是在细胞核内完成的，且先于剪切过程。在开始合成 mRNA 时，第一个核苷酸（通常为鸟苷酸）仍保留三磷酸基团。对第一核苷酸加帽时首先是去掉一个磷酸基团，然后加入一个 GMP。加入的鸟苷酸进一步在 N_7 甲基化，而原来的第一个核苷酸的 2′-OH 也可被甲基化。这样就生成了 mRNA 的帽子，其结构为 m^7GpppG，称为甲基化鸟苷三磷酸帽子结构；b. 加尾　大多数真核细胞 mRNA 的 3′端有一个多聚腺苷酸（polyA）尾巴，其生长不依赖模板 DNA，是转录完成后合成的。在多聚腺苷酸聚合酶作用下，以 ATP 为底物，在 3′端加上长度为 100～200 个腺苷酸的尾巴。加尾过程也是在细胞核内完成的；c. 剪切　真核细胞的基因往往是一种断裂基因，即由几个编码区和非编码区间隔组成。hnRNA 的相对分子质量比成熟的 mRNA 大几倍。原因是其含有从内含子转录来的部分和外显子转录来的部分。内含子不能指导蛋白质翻译。所以，hnRNA 必须经过编辑来除去由内含子转录来的部分，然后将其余的部分连接起来，这个过程称为剪接（splicing）。

②rRNA 和 tRNA　rRNA 和 tRNA 在成熟过程中都发生碱基或核糖的甲基化。真核细胞 rRNA 甲基化主要在核糖 2′-OH 上进行，而 tRNA 甲基化主要在碱基上进行。tRNA 的稀有碱基——甲基鸟苷酸也是甲基化的产物。其他稀有碱基也是通过转录后的加工形成的，如尿嘧啶还原为二氢尿嘧啶，腺嘌呤核苷酸转变成次黄嘌呤核苷酸等。

思考题

1. 对一双链 DNA 而言，若一条链中（A+G）/（T+C）=0.7，则：

（1）互补链中（A+G）/（T+C）=？

（2）在整个 DNA 分子中（A+G）/（T+C）=？

（3）若一条链中（A+T）/（G+C）=0.7，则互补链中（A+T）/（G+C）=？

（4）在整个 DNA 分子中（A+T）/（G+C）=？

2. DNA 双螺旋结构有些什么基本特点？

3. 嘌呤和嘧啶核苷酸分子中各原子的来源及合成特点怎样？

4. 简述 DNA 复制的过程。

5. 简述 RNA 转录的过程。

第7章

水果与蔬菜的生物化学

本章学习目的与要求

1．掌握果蔬组织中主要化学成分，重点包括水分、碳水化合物、有机酸和色素物质；熟悉含氮物质、维生素和矿物质；

2．掌握果蔬组织中与成熟衰老、物质水解和氧化有关的酶类；

3．熟悉微生物与采后果蔬的关系；

4．掌握果蔬采后贮藏过程中的主要生化变化及其调控，重点包括呼吸作用、蒸腾作用和成熟衰老过程；

5．了解果蔬采后的主要病害。

7.1　果蔬中的主要生化物质

水果和蔬菜是人们日常生活中不可或缺的食物。果蔬所含的主要生化物质不仅是人体所需要的营养成分，而且也是决定果蔬质地、风味、颜色、营养、耐贮性和加工适应性等外观和内在品质的必要因素。果蔬中的主要生化物质一般分为水和干物质两大部分，干物质又可分为水溶性物质和非水溶性物质两大类。水溶性物质又称为可溶性固形物，它们的显著特点是易溶于水，对果蔬风味形成起着关键作用，如糖、有机酸、果胶、单宁和能溶于水的矿物质、色素和含氮物质等。非水溶性物质是组成果蔬固体部分的物质，包括纤维素、半纤维素、原果胶、脂肪、淀粉以及部分维生素、色素、含氮物质和有机盐类等。这些物质具有各种各样的特性，这些特性是决定果蔬本身品质的重要因素。

果蔬的化学组成，由于种类、品种、栽培条件、产地气候、成熟度、个体差异以及采收后的处理等因素的影响，有很大变化。

7.1.1　水分

水分是果蔬的主要化学物质，其含量依果蔬种类和品种不同而异。大多数果蔬组织中水分含量达80% 以上，有些种类和品种甚至在90% 左右，如西瓜、草莓、黄瓜和番茄等含水量高达96% 以上，而含水量较低的如山楂也在65% 左右。水分在果蔬中以两种形态存在：一种为游离水，占总含水量的70%～80%，具有水的一般特性，在果蔬贮藏及加工过程中极易损失；另一种为束缚水，是果蔬细胞里胶体微粒周围结合的一层薄薄的水膜，它与蛋白质、多糖类等结合在一起，一般情况下很难分离。因此，在果蔬加工与贮藏过程中，果蔬中的游离水更易损失。

水分是影响果蔬鲜度、嫩度和味道的重要成分，与果蔬的风味品质有密切关系。但是，其又极易导致果蔬耐贮性差、易发生腐烂变质等情况。一般果蔬采后失水达到5%左右就会呈现萎蔫、皱缩，导致产品失鲜和品质降低。同时，失水也会减少果蔬质量，直接造成经济损失。

7.1.2　碳水化合物

1998年，FAO/WHO按照碳水化合物的聚合度将其分为糖、低聚糖和多糖三类。从根本上说，所有的碳水化合物都是由植物通过光合作用的产物。其中的戊糖（核糖和脱氧核糖）和己糖（葡萄糖和果糖）也是生物体内代谢的中间产物，并通过进一步转化形成其他单糖。几种单糖聚合形成多糖，构成了植物组织体内，包括果蔬中的主要贮藏和结构成分。前者主要为淀粉，后者包括纤维素、半纤维素和果胶。果蔬中碳水化合物主要有糖、淀粉、纤维素、半纤维素和果胶等。

7.1.2.1　糖

糖是果蔬甜味的主要来源，也是重要的贮藏性干物质之一。果蔬中所含的糖主要包括葡萄糖、果糖和蔗糖等。不同种类的果蔬含糖量不同。鲜果中蔗糖和还原糖含量在5%～20%，大多数在10%左右，但柠檬仅含0.5%；与水果相比，蔬菜中的含糖量相对较少。一般蔬菜，如番茄、青椒、黄瓜、甘蓝等含糖量仅在1.5%～4.5%，但胡萝卜（3.3%～12%）、洋葱（3.5%～13%）等含糖量较多。同时，果蔬含糖量还受到果实品种、生长条件等影响。如不同品种苹果的含糖量在5%～24%之间不等。几种常见果蔬中糖的种类及含量见表7-1。

表7-1　几种常见果蔬中糖的种类及含量（邵颖，2015）　%

名称	转化糖	蔗糖	总糖
西瓜	—	—	5.50～9.80
苹果	7.35～11.62	1.27～2.99	8.62～14.61
梨	6.52～8.00	1.85～2.00	8.37～10.00
桃	1.77～3.67	8.61～8.74	10.38～12.41
柑橘	2.14	4.53	6.67
香蕉	10.00	7.00	17.00
葡萄	16.83～18.04	—	16.83～18.04
番茄	—	—	1.50～4.20
胡萝卜	—	—	3.30～12.00
洋葱	—	—	2.50～14.30
黄瓜	—	—	2.52～9.00

果蔬甜味除与其所含糖的种类和含量有关外，还与糖酸的比例有关。糖酸比越高，甜味越浓。另外，糖具有一定的吸湿性，其中果糖的吸湿性最大，蔗糖最小。糖的吸湿性使果蔬干制品易吸湿而降低其保藏性，但果蔬糖制品又常利用此特性防止蔗糖的晶析或返砂。另外，果蔬中所含的还原糖（葡萄糖、果糖），特别是戊糖，还会与氨基酸或蛋

白质发生 Maillard 反应，发生非酶促褐变，变色程度与还原糖的含量成正比，并随温度的升高而加速。

在成熟衰老过程中，果蔬含糖量和含糖种类也在不断发生变化。例如杏、桃和芒果等果实成熟时，蔗糖含量逐渐增加；成熟的苹果、梨和枇杷，以果糖为主，蔗糖含量也有所增加；未熟的李子几乎不含蔗糖，成熟时蔗糖含量则会迅速增加。

7.1.2.2　淀粉

淀粉是果蔬中的主要贮藏物质，广泛存在于块根、块茎、豆类等蔬菜（其他蔬菜含淀粉量较少）和许多未成熟的果实中。在水果中，随着果实成熟度增加，水解酶类活性逐步增强，淀粉逐步水解转变为糖，使淀粉含量减少。例如，未成熟的香蕉中淀粉含量为 20%～25%，而达到完熟时，淀粉含量降至 1%，糖含量则由 1%～2%升高至 15%～25%；晚熟苹果采收时含淀粉 1.0%～1.5%，经 1～2 个月的贮藏完全消失，与此相对应，苹果中含糖量随之升高。

在蔬菜中，一些富含淀粉的产品，如马铃薯、甘薯、芋头、豆类、藕等，它们所含淀粉的量，则一般与其成熟度成正比。同时，这些蔬菜，由于主要以淀粉作为贮藏物质，所以能保持休眠状态，相对较耐贮藏。但淀粉在贮藏过程中容易发生转化，所以应在低温下贮藏；此外，对于甜玉米、青豌豆等这些以幼嫩籽粒供食用的蔬菜，它们组织中淀粉含量的增加则会影响产品加工和食用的品质。一般来说，贮藏温度对淀粉的转化影响较大。如青豌豆采后于高温中贮藏，经 2 d 后淀粉含量可由 5%～6%升高至 10%～11%，含糖量下降，导致其品质降低。

7.1.2.3　果胶、纤维素和半纤维素

纤维素、半纤维素和果胶都是构成植物细胞壁的主要成分。蔬菜中的纤维素和半纤维素含量较高。如鲜豆类含量在 1.5%～4.0%，叶菜类通常在 1.0%～2.2%，瓜类较低，为 0.2%～1.0%。而水果中果胶含量较高。因此，果蔬是人体膳食纤维的重要来源。

（1）果胶　果胶物质是由半乳糖醛酸组成的多聚体，主要存在于相邻细胞壁间的中胶层，起着黏结细胞的作用。根据化学结构与性质的差异可将其分为原果胶（protopectin）、果胶（pectin）和果胶酸（pectic acid）3 种。原果胶分子量最大，不溶于水，主要存在于未成熟的果实中，常与纤维素结合，保持果实组织脆硬，所以又称为果胶纤维素；随着果实成熟度的增加，在原果胶酶作用下，原果胶与纤维素分离形成可溶于水的果胶。果胶是半乳糖醛酸酯及少量半乳糖醛酸通过 α-1，4-糖苷键连接而成的长链高分子化合物，相对分子质量在 25 000～50 000 之间，每条链含 200 个以上的半乳糖醛酸残基。同时，细胞间黏结作用下降，果实组织变软而富有弹性；当果实进一步成熟衰老时，果胶继续被果胶酸酶作用，分解为果胶酸和甲醇。果胶酸是由约 100 个半乳糖醛酸通过 α-1，4-糖苷键连接而成的直链。果胶酸是水溶性的，很容易与钙发生作用生成果胶酸钙。

果实软化常常伴随着可溶性果胶和果胶酸的增加。如香蕉，伴随着果实的完熟，果实中不溶性原果胶从 0.5%降到 0.3%（鲜重计），可溶性果胶随之相应增加；在树上的时候就变软的葡萄和桃可以看到果胶质的明显变化。另外，对葡萄、梨、山楂的研究结果也表明，随着果实的完熟，总果胶减少，可溶性果胶增加；Koch（1990）的研究为我们提供了一个反证，不软化的番茄品种，在完熟过程中，果胶含量保持不变。

另外，由于果蔬中富含果胶质，使果蔬汁的过滤操作困难，同时也使果蔬汁浑浊。因而在果汁的生产过程中，通过使用果胶酶的方法分离果胶，有利于压榨、促进凝聚沉淀物的分离，使果汁澄清，提高出汁率。另外，经酶处理的果汁也比较稳定。

（2）纤维素　纤维素主要存于果蔬表皮细胞内，起到保护果蔬、减轻机械损伤和抑制微生物侵染的作用，有助于减少果蔬贮运中的损失。香蕉果实采收初期时含纤维素 2%～3%，成熟时略有减少；蔬菜中纤维素含量为 0.2%～2.8%，根菜类为 0.2%～1.2%，西瓜和甜瓜为 0.2%～0.5%。但含纤维素多的果蔬，往往质地粗糙、多渣，影响了产品的食用品质。如芹菜、菜豆等老化时纤维素增加，品质变劣。梨果中的石细胞，就是由木质纤维素所组成的厚壁细胞，形状似砂粒，质地坚硬。许多微生物含有分解纤维素的酶，受微生物感染的水果和蔬菜，由于纤维素和半纤维素被分解，往往变为软烂状态。

（3）半纤维素　半纤维素主要指除纤维素和果胶物质以外的，溶于碱的细胞壁多糖类的总称。不同来源的半纤维素，它们的成分也各不相同。有的

由一种单糖缩合而成，如聚甘露糖和聚半乳糖。有的由几种单糖缩合而成，如木聚糖、阿拉伯糖、半乳聚糖等。果蔬中分布最广的半纤维素为多缩戊糖，其水解产物为己糖和戊糖。半纤维素在植物体中有着双重作用，既有类似纤维素的支持功能，又有类似淀粉的贮藏功能。刚采摘的香蕉半纤维素含量为8%～10%，成熟后仅含1%左右，它是香蕉可利用的呼吸贮备基质。

7.1.3 有机酸

果蔬中含有多种有机酸，是果蔬酸味的主要来源。酸味对果蔬风味形成具有很重要的作用，一般带酸味的食品风味比较浓郁，而含酸量低或不含酸的，风味则相对较为平淡。

水果中的酸味物质主要包括苹果酸（malate）、柠檬酸（citrate）和酒石酸（tartrate），统称为果酸。此外，还有少量草酸（oxalate）、奎尼酸（quinic acid）、醋酸（acetic acid）等多种有机酸。水果种类、品种不同，所含有机酸的种类和数量也不相同。苹果、樱桃、梨、桃等以苹果酸为主；葡萄则以酒石酸为主；蔬菜中除番茄等少量蔬菜外，大多数含酸量很少，感觉不出其酸味，主要含有苹果酸、柠檬酸、草酸、丙酮酸等。例如菠菜、竹笋、茭白、马铃薯、甘薯等主要以草酸为主；莴苣、洋葱以苹果酸为主；龙须菜、甘蓝以柠檬酸为主。这些有机酸在果蔬中一般以游离或酸式盐的状态存在。

除了不同的果蔬组织所含酸味物质不同外，有机酸在果蔬中的不同部位，其含量也是不同的。一般接近果皮的果肉中酸含量较大，而中部和近果核处的果肉中酸含量相对较少。同时，不同果蔬不同发育阶段，所含酸的种类和含量也是不同的。成熟期的葡萄和苹果游离酸含量最高，成熟后趋于下降。与其相反，香蕉和梨果实中的游离酸在发育过程中逐渐下降，成熟时含量最低。另外，有些果蔬在发育过程中酸的种类也会有变化，如未成熟的番茄中有微量草酸，正常成熟后以苹果酸和柠檬酸为主，过熟软化的番茄中苹果酸和柠檬酸降低，并生成琥珀酸。菠菜幼嫩叶中多含有苹果酸、柠檬酸等，老叶中则多含草酸。

果实里的有机酸，在果实风味上起着很重要的作用。在生产实践中，常通过测定固酸比来判断果实的成熟度。果蔬组织中所含不同种类的有机酸是果蔬酸味的主要来源，但酸的浓度和酸味之间并不是简单的相关关系。因为影响酸感的因素很多，除受pH影响外，还与酸根种类、可滴定酸度、缓冲效应和其他物质（尤其是糖和盐）的存在有关。另外，通常果蔬加热后会出现酸味增强的现象，主要原因是高温使蛋白质发生凝固，失去缓冲能力，氢离子增加，pH降低，酸味增加。

7.1.4 维生素

果蔬是人体维生素的主要来源，对维持人体的正常生理机能起着重要作用。虽然人体对维生素需要量甚微，但缺乏时就会引起各种疾病。果蔬中含有除维生素D和维生素B_{12}之外的各种维生素，尤其是富含其他食物中所缺乏的维生素C以及能在体内转化为维生素A的胡萝卜素。因此，果蔬是维生素C和胡萝卜素的重要来源。几种常见果蔬中主要维生素含量见表7-2。

表7-2 常见果蔬中主要维生素的含量（邵颖，2015） mg/100g

果蔬名称	胡萝卜素	维生素B_1	维生素B_2	维生素B_3	维生素C
西瓜	0.17	0.02	0.02	0.02	3
苹果	0.08	0.01	0.01	0.10	5
梨	0.02	0.01	0.01	0.20	3
桃	0.06	0.01	0.02	0.02	6
柑橘	0.55	0.08	0.03	0.03	34
香蕉	0.25	0.02	0.05	0.05	6
葡萄	0.04	0.04	0.01	0.01	4
番茄	0.37	0.03	0.02	0.02	8
胡萝卜	3.62	0.02	0.05	0.05	13
洋葱	微量	0.03	0.02	0.02	8
黄瓜	0.13	0.04	0.04	0.04	9

果蔬中胡萝卜素的含量与果实颜色有明显关系。深绿色和橙黄色的果蔬中含量最高。例如，每100 g西兰花中胡萝卜素含量为7.2 mg、芥蓝为3.5 mg、胡萝卜为3.6 mg。

维生素C的含量一般与果实颜色关系不大。另外，果蔬种类不同，维生素C含量有很大差异。蔬菜中，维生素C含量较高的有青椒、辣椒、菜花、油菜、苦瓜、芥蓝等；水果中，维生素C含量较高的有草莓、山楂、酸枣、鲜枣、猕猴桃等。蔬菜是维生素K的主要来源，其含量与叶绿素含量呈正相关。因此，绿叶蔬菜是维生素 K 的主要来源。例如，每 100 g 中维生素 K 的含量，菠菜为 380 mg、生菜为 315 mg、黄瓜为 20 mg、马铃薯仅为 1 mg。

果蔬中维生素的含量与果蔬的品种、栽培条件等有关，也因果蔬的成熟度和结构部位不同而异。如叶用野菜的胡萝卜素含量为 2.5～12.5 mg/100 g，维生素 C 的含量也很高。在蔬菜中，露地栽培的又多于保护地栽培的。成熟的番茄维生素 C 含量高于绿色未熟番茄；苹果表皮中维生素 C 含量高于果肉，果心中维生素 C 含量最少。热带水果相对于温带水果含有更为丰富的维生素 C。

7.1.5 单宁

单宁又称为鞣质，属于多酚类化合物，具有收敛性涩味。单宁物质可分为两类：一类是水解型单宁，具有酯的性质；另一类是缩合型单宁，不具有酯的性质，它以碳原子为核心，相互结合而不能水解，果蔬中的单宁即属于此类。一般蔬菜中单宁含量较少，水果中较多。单宁在果实中以水溶态或不溶态两种方式存在。果实的可溶性单宁含量在 0.25%以上时有明显的涩味，在 1%～2%会产生强烈的涩味，一般水果可食部分含 0.03%～0.10%时具有清凉口感。

单宁的含量与果蔬的成熟度密切相关。未成熟的果实中含量较高，通常为成熟果实的 5 倍。单宁含量以皮部为最多，为果肉的 3～5 倍。在果实成熟或后熟过程中，单宁的聚合程度增加，溶解度降低，果实涩味减轻或无涩味。用温水、二氧化碳、乙醇、乙烯等处理诱发果实无氧呼吸，产生不完全氧化产物乙醛，乙醛与水溶性单宁缩合变为不溶性单宁可使果实脱涩。例如成熟的涩柿，含有 1%～2%的可溶性单宁，呈现强烈的涩味，经脱涩使可溶性单宁变成不溶性单宁，涩味减少。

单宁在空气中极易被氧化生成黑褐色的醌类聚合物导致果实发生褐变，导致去皮或切开后的果蔬，在空气中变黑。据文献报道，葡萄采前喷钙，对采后多酚氧化酶活性有所抑制，减少了单宁氧化及褐变的发生。另外，单宁与金属铁作用能生成黑色化合物，与锡长时间共热呈现玫瑰色，遇碱则变为蓝色。因此，要防止果蔬在加工过程中变色，所用的器具、设备等的选择是十分重要的。此外，还应控制单宁的含量、酶（氧化酶、过氧化酶）的活性及氧的供给等因素。

7.1.6 矿物质

矿物质在果蔬组织中的含量较水分和有机物质少，但它们在果蔬组织生理变化中却起着重要作用，同时，也是重要的营养成分之一。果蔬中的矿物质大部分与酸结合形成盐类（如磷酸盐、有机酸盐等），还有一部分参与高分子物质的构成，如蛋白质中的 S、P 和叶绿素中的 Mg 等。

果蔬种类不同，所含矿物质的种类和数量不同。芹菜、毛豆、雪里蕻、油菜、菠菜、苋菜、胡萝卜、草莓、山楂和大枣等含 Fe 较多；海带、紫菜等含 I 较多；柿子中的 S、K 含量较多；橘子中的 Ca，苹果中的 Fe、Mn 等均比较丰富。

另外，植物不同器官，所含矿物质的种类和数量也不相同。通常，茎、叶等器官中矿物质含量较多，主要为 Ca；地下贮藏器官中含 K 量最多；种仁中 P 含量最高。

果蔬中富含矿物质，对调节人体平衡十分重要。果蔬所含矿物质中 80%为 K、Na、Ca 等金属成分，P、S 等非金属成分只占 20%，虽然果蔬中含有有机酸，但这些有机酸进入人体后，或参加生物氧化，或形成弱碱性有机酸盐，而矿物质中的 K^+、Na^+、Ca^{2+} 则与呼吸释放的碳酸氢根离子结合，中和血液 pH，使血浆碱性增加，因此，果蔬被称为碱性食品（basic food）；相反，在谷物、肉类和鱼类食品中，所含矿物质主要为 P、S、Cl，这些矿物质进入人体后形成磷酸、硫酸、盐酸而增加了体内的酸性物质，同时，这些食品中往往含有较多的糖类、脂肪、蛋白质等成分，它们在体内氧化后所生成的产物 CO_2，进入血液经肺部释放，进一步使体内酸性物质增多，所以这些食品往往被称为酸性食品（acid food）。如果食用太多的酸性或碱性食品，都会引起人体酸碱度失去平衡，引起各种症状，因此，为了保持人体正常的血液 pH，应该注意膳食平衡，在食用谷类、鱼类和肉类等酸性食品的同时，还需要食用水果和蔬菜等碱性食品，这在维持人体健康上是十分重要的。

7.1.7 色素物质

果蔬因种类、品种、栽培条件、成熟度和贮藏加工条件不同而呈现出不同的颜色，这是因为果蔬本身所含色素种类、含量和各色素间的比例不同而引起的。色泽以及颜色的深浅是评价果蔬成熟度、新鲜度以及品质和商品价值的重要指标之一。果蔬中的色素物质主要包括叶绿素、类胡萝卜素类和多酚类色素三大类。除了果蔬本身正常的色素外，变色反应也会形成色素，其中最重要的就是酚类化合物了，当果蔬遭受伤害时，细胞中的酚类化合物便在多酚氧化酶、过氧化物酶等作用下，氧化成醌或醌类似物。然后进一步氧化聚合形成褐色素，使果蔬产生褐变。

7.1.7.1　叶绿素类

果蔬所呈现的绿色，正是由于叶绿素的存在。高等植物中的叶绿素主要包括叶绿素a和叶绿素b两种，前者为蓝绿色，后者为黄绿色，两者比例大体为3∶1。在植物细胞中，叶绿素与蛋白质结合成叶绿蛋白，使其呈现绿色。一般，叶绿素与类胡萝卜素共存在叶绿体中，二者比例一般为3.5∶1，往往绿色越深，叶绿素含量越高。当细胞死亡后，叶绿素便会游离出来进行分解，变成无色产物（二维码7-1）。

二维码 7-1　叶绿素介绍

果蔬在生长发育过程中，叶绿素的合成作用大于分解作用。一般采收后，果蔬中的叶绿素在酶的作用下，水解生成叶绿醇和叶绿酸盐等水溶性物质，加之光氧化的破坏，叶绿素a和叶绿素b的组成比例发生变化，叶绿素的含量开始逐渐减少，果蔬开始失去绿色而显示其他颜色。对大多数果蔬而言，成熟象征是绿色消失，即叶绿素含量逐渐降低。

7.1.7.2　类胡萝卜素类

类胡萝卜素类色素是由异戊二烯残基为单元组成的共轭双键长链为基础的一类脂溶性色素，常与叶绿素一起大量存在于植物的叶片组织中，也存在于花、果实、块根和块茎中，表现为黄、橙红、橙黄、紫色等。类胡萝卜素与蛋白质结合存于果蔬组织细胞中，性质较稳定。一般较耐热，在不同pH条件下也比较稳定。但由于这类色素分子结构中存在大量共轭双键，在氧气存在下，特别是在光线中易被氧化裂解失去颜色。并且，不饱和双键易被脂肪氧化酶、过氧化物酶等氧化导致褪色，尤其在水分和pH过低时更易氧化。

果蔬组织中的类胡萝卜素，按结构和溶解性质的差异可以分为两类：一类由C和H元素组成的称为胡萝卜素类，其主要包括胡萝卜素和番茄红素；另一类由C、H和O元素组成的含氧类胡萝卜素即叶黄素类，呈橙黄或黄色。其以醇、醛、酮、酸等形式存在，在果蔬中常见的叶黄素主要有叶黄素、玉米黄素、柑橘黄素、隐黄素、番茄黄素和辣椒红素等（二维码7-2）。

二维码 7-2　果蔬中的主要类胡萝卜素

①胡萝卜素　胡萝卜素被人体摄取后可转变为维生素A，故又称为维生素A原，常与叶黄素、叶绿素同时存在，呈橙黄色。胡萝卜、南瓜、番茄、辣椒等大多数蔬菜中均含量较高，杏、黄桃、芒果等水果果实中含量也较为丰富。但是由于它一般与叶绿素同时存在而不显现，一般在果蔬成熟时含量有所增加。

②番茄红素　番茄红素是胡萝卜素的同分异构体，呈橙红色，为番茄果实的重要色素。此外，柚子、西瓜、柿子、杏和辣椒等果蔬中都富含番茄红素。番茄红素与胡萝卜素往往共同存在，番茄红素含量约为胡萝卜素含量（0.4%～0.75%）的10倍。

③叶黄素类　各种果蔬中均含有叶黄素类，一般叶黄素类与胡萝卜素、叶绿素结合共同存在于果蔬的绿色部分。只有叶绿素分解后，才能表现出黄色，如香蕉成熟过程中由绿色转成黄色。

7.1.7.3　多酚类色素

多酚类色素是一类水溶性色素，基本骨架为α-苯基-苯并吡喃，主要包括花青素类色素、花黄素类色素和儿茶素类色素三种类型。

①花青素类　花青素主要存在于花、果实和其他器官中。在果实中，主要存在于果皮层中，但也有些果肉含有。花青素呈红、紫、蓝色，通常以糖苷的形式存在于组织细胞液中，其中的糖一般为单糖或双糖，不同的糖和不同的花青素结合则产生不同的颜色。除降解产物外，游离状态的花青素非常少见。经酸或酶的水解，可以生成花青素和糖。花青素能与金属结合形成螯合物或盐类，也能与其他有机物结合形成协同色素。常见的花青素有16种，食品中常见的有天竺葵花青素（pelargonidin）、矢车菊花青素（cyanidin）、飞燕草花青素（delphinidin）、芍药花青素（peonidin）、矮牵牛花青素（petunidin）和锦葵花青素，它们的结构如图7-1所示。不同的果蔬组织所含花青素的种类和数量均存在差

异，有的果实如黑莓只含有一种花青素，而有的果实如葡萄中则高达21种。

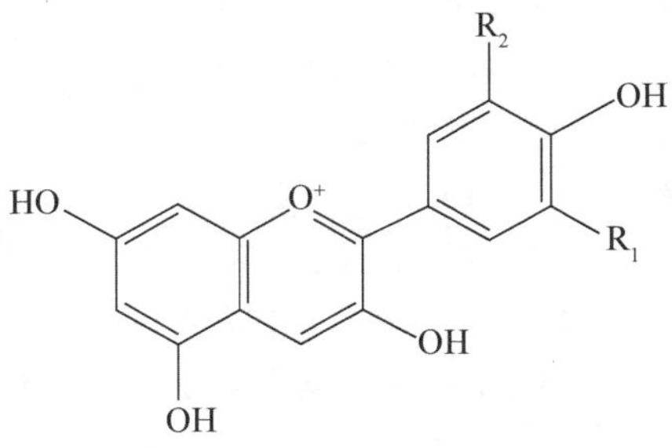

天竺葵花青素：$R^1=R^2=H$
矢车菊花青素：$R^1=H$，$R^2=OH$
飞燕草花青素：$R^1=R^2=OH$
芍药花青素：$R^1=H$，$R^2=OCH_3$
矮牵牛花青素：$R^1=OH$，$R^2=OCH_3$
锦葵花青素：$R^1=R^2=OCH_3$

图 7-1　食品中常见的花青素的结构图

花青素性质不稳定，非常容易变色。在不同pH下因结构发生变化，显色有所差别。一般pH≤7时显红色，pH＝8.5左右时显紫色，pH＝11时显蓝色或蓝紫色。因此，许多具有酸味的果实都呈现红色。此外，花青素还易受还原剂、氧化剂、金属离子、温度和光的影响而变色，所以在加工过程中要尽量避免这些因素。

②花黄素类（黄酮类色素）　花黄素类色素的基本结构是α-苯基苯并吡喃酮，属于黄酮及其衍生物，所以又称为黄酮类色素。花黄素类色素广泛分布于花、果实、茎、叶等组织中，为水溶性色素，呈现无色、浅黄色或鲜橙黄色，为果实底色的组成成分之一，在自然界中大多以糖苷形式存在。花黄素类色素性质较稳定，在微酸性条件下呈白色，碱性条件下为黄色。比较重要的花黄素类色素有槲皮素、杨梅素、柚皮素等，其中前二者分布最为广泛和丰富。槲皮素主要存在于苹果、梨、柑橘、洋葱、芦笋、玉米等果蔬中，柚皮素大量存在于柑橘皮中。槲皮素能与金属离子发生螯合作用而呈现出不同的颜色。例如与铁盐作用时显深绿色，与铅盐作用时显红色。洋葱用铁锅烹饪时易变色就是由于这个原因。从另一方面来说，槲皮素的这种性质又有利于抗坏血酸的保存，因为槲皮素同样能使抗坏血酸氧化酶在的活性基团Cu失去活性，从而减少了抗坏血酸的损失。

③ 儿茶素类（鞣质色素）　儿茶素类色素主要为多酚衍生物，包括单宁、儿茶素、羟基酚酯等。儿茶素类色素广泛分布于植物界，如葡萄、柿子、苹果、梨、杏、李、石榴等果实中含量都比较多，尤其是未成熟的果实中含量丰富。儿茶素类色素在空气中或在氧化酶作用下很易发生氧化聚合或与金属离子结合生成黑褐色物质。此外，儿茶素类色素的另外一个特点就是具有涩味。

7.1.8　含氮物质

果蔬中的含氮物质相对量比较少，但种类比较多，主要为蛋白质，其次为氨基酸、酰胺以及某些铵盐和硝酸盐。水果中的含氮物质往往比蔬菜中的含量更少。水果中蛋白质的含量一般在0.2%～1.2%之间，其中以核果、柑橘类较多，仁果类和浆果类较少。蔬菜中蛋白质的含量一般在0.6%～9%之间，其中以豆类最多，叶菜类次之，根菜类和果菜类最低。

果蔬在生长和成熟过程中，游离氨基酸的变化与生理代谢变化密切相关。果蔬中游离氨基酸是蛋白质合成和降解过程中代谢平衡的产物。果蔬成熟时，氨基酸中的蛋氨酸是乙烯生物合成中的前体物质。果蔬种类不同，氨基酸种类各异，氨基酸在果蔬成熟期间的变化也存在一定的差异。

果蔬中存在的含氮物质虽然少，但对果蔬的加工有很大的影响，其中关系最大是氨基酸。首先，果蔬中所含的氨基酸与果蔬加工成品的色泽有关。氨基酸与还原糖可发生羰氨反应又称为美拉德反应，使制品产生非酶褐变，产生类黑色素；酪氨酸在酪氨酸酶的作用下，可氧化产生黑色素导致果蔬变色，如马铃薯、苹果切片后变色；含硫氨基酸及蛋白质，在罐头高温杀菌时易受热降解形成硫化物，引起罐壁及内容物变色。其次，氨基酸对食品风味的形成也有着非常重要的作用。果蔬中所含的谷氨酸、天冬氨酸等呈现特有的鲜味，甘氨酸具有特别的甜味；氨基酸与醇类反应生成酯，是食品香味的来源之一。

7.1.9　糖苷类物质

糖苷类物质普遍存在于果蔬中，是糖与非糖基（苷配基）部分相结合的化合物。在酶或酸作用下，糖苷可水解生成糖和配基。糖主要有葡萄糖、半乳糖、果糖、鼠李糖等，配基部分主要有醇类、酚类、酮类、醌类、鞣酸、含氮物、含硫物等。果蔬中存在各种各样的糖苷类物质，大多数具有苦味或特殊的香味，但部分糖苷类物质有剧毒，如茄碱苷（或称为龙葵苷）。果蔬中较为重要的糖苷类物质有柚皮苷、柠碱、苦杏仁苷、黑芥子苷、茄碱苷等（二维码7-3）。

二维码7-3　果蔬中常见的糖苷类物质

（1）柚皮苷与柠碱　引起柚汁出现苦味的主要成分是柚皮苷，引起橙汁和橘汁苦味的主要成分是柠碱。柚皮苷化学名称是4，5，7-三羟基黄烷酮-7-鼠李糖葡萄糖苷，具有强烈的苦味，主要存在于柚子、温州蜜柑等品种中，尤其以白皮层、种子、瓤衣和轴心部分含量较多。柚皮苷在柑橘的瓤中含量最高，而果汁中含量较少。

柠碱是类柠檬苦素的一种，主要是柑橘类果实中苦味的主要来源，它是一个含呋喃环的高度氧化的四环三萜烯化合物，迄今已分离到大约300种类柠檬苦素化合物。类柠檬苦素常以两种形式存在，一种为类柠檬苦素配基化合物，已分离鉴定出37种；另一种为类柠檬苦素葡萄糖苷化合物，已分离鉴定出21种。柑橘类果实中的柠碱主要分布在种子、白皮层、瓤衣和轴心部分。但与柚皮苷不同的是，柠碱是以一种非苦味的前体物质存在于完整的果实中，只有在一定条件下才能转化成苦味物质——柠碱。当柑橘汁中的柠碱含量达6～9 mg/kg以上时，就会感到苦味。因此为了区别，人们将柚皮苷称为前苦味物质，将柠碱称为后苦味物质。

（2）苦杏仁苷　苦杏仁苷是苦杏仁素（氰苯甲醇）和龙胆二糖所形成的苷，主要存在于桃、杏、李、苹果、樱桃、苦扁桃等果实的果核及种仁中，其中以核果类的杏核（含量为0～3.7%）、李核（含量为0.9%～2.5%）、苦扁桃核（含量为2.5%～3.0%）含量最多，仁果类的种子中不含或者含量较少。

苦杏仁苷具有强烈的苦味，在医疗上有镇咳作用。苦杏仁苷本身并无毒，但生食桃仁、杏仁太多会引起中毒，其原因是同时摄入的共存于杏仁中的苦杏仁酶使苦杏仁苷水解生成葡萄糖、苯甲醛和氢氰酸。其中，氢氰酸有剧毒，从而使食用者中毒。

（3）黑芥子苷　黑芥子苷普遍存在于甘蓝、芥菜、芜菁、萝卜、辣根、卷心菜等十字花科蔬菜中，广泛分布于根、茎、叶及种子中。黑芥子苷在芥子酶的作用下可水解成具有特殊辣味和香气的芥子油以及葡萄糖和其他化合物，苦味随之消失，这种变化在蔬菜的腌制中非常重要。另外，具有强烈刺鼻辛辣气味的调味品——芥末，就是芥菜种子中的黑芥子苷水解产生的芥子油所致。

（4）茄碱苷　茄碱苷又称为龙葵苷，主要存在于马铃薯块茎和茄果类蔬菜中。茄碱苷的正常含量为0.002%～0.01%，当其含量超过0.01%就会明显感到苦味。茄碱苷是一种有毒物质，对红细胞有强烈的溶解作用，食用后会引起黏膜发炎、头晕、呕吐和消化不良等中毒现象。其含量达到0.02%时，即可使人中毒，严重时可致死。

马铃薯所含茄碱苷主要集中在薯皮及萌发的芽眼附近，尤其是发光发绿的部分含量特别多，而薯肉中则相对较少，所以发芽马铃薯应将皮部和芽眼部分完全削去方可食用。为保证食用安全及保持品质，贮藏期间必须注意避光和低温抑制发芽。番茄和茄子果实中也存在茄碱苷，未成熟的绿色果实中含量较高，成熟时含量逐渐降低。

7.1.10　芳香物质

果蔬成熟时会散发出特有的芳香气味，香气的类别和强度是评价果蔬品质的重要指标之一。果蔬中的香气主要来源于挥发性的芳香油，又称为精油。芳香物质的存在，不仅可以增进果蔬的风味，而且还可以提高食品的可消化率，大多数挥发油类还具有杀菌作用。芳香物质种类较多，结构复杂。从芳香物质的结构分析来看，该分子结构中均含有可以形成气味的原子团，这些原子团称为发香团。果蔬中芳香物质的发香团主要有羟基（—OH，hydroxyl）、羧基（—COOH，carboxyl）、醛基（—CHO，aldehyde）、醚（R—O—R′，ether）、羰基（=C=O，carbonyl）、酯（—COOR，ester）、苯基（$—C_6H_5$，phenyl）、酰胺基（$—CONH_2$，amid）等。要注意的是，发香团表示香气的存在，但与香气的种类无关。一般而言，低级化合物的香气决定于所含发香团，而高级化合物的香气决定于分子结构和大小。

水果的芳香物质主要是酯类、醇类和萜类化合物，其次为醛类、酮类和挥发性酸类等。每种水果的芳香物质组成都十分复杂，一种果实所含芳香物质的种类往往多达几十种甚至上百种，例如桃子中芳香物质达 90 种以上，苹果中芳香物质约有 60 种，香蕉中芳香物质有 200 多种。不同的水果中所含的主要芳香成分也不相同。此外，水果香气会随着果实的成熟而增加。同时，水果在成熟期间的环境条件对芳香物质的形成会产生强烈影响。如将绿熟香蕉较长时间置于 10℃左右的环境中，芳香物质的含量明显减少；将香蕉置于 30℃/21℃的昼夜温度下，芳香物质会增加 60%；乙烯对香蕉香气的生成具有增进作用，将绿熟香蕉用乙烯进行催熟，会产生更多的酯类化合物，特别是乙酸乙酯。

蔬菜的芳香物质一般不如水果中的多，但是也有一些蔬菜具有特殊的香辣气味。它们的香气成分主要是一些挥发性的含硫化合物和一些高级醇、醛、酮、萜类等。一些蔬菜如洋葱、韭葱、大蒜等虽然以强烈的芳香为特征，但当组织保持完整时，它们中的芳香物质并非以精油状态存在的，而是以不挥发的糖苷和氨基酸状态存在的，必须经酶水解生成精油才能产生香气。例如洋葱的风味与芳香化合物前体是蒜氨酸，必须经过水解，才能形成香气成分——异硫氰酯和硫氰酯。同水果一样，蔬菜中的挥发油含量除与蔬菜种类、品种有关外，在生理成熟期间适宜的气温和光照也有利于其形成和积累，并且随着成熟度的增大，挥发性物质的积累也随之增加。但蔬菜过熟，挥发油含量积累过多，会促使蔬菜生理活动加速，反而会破坏正常的代谢过程，引起一些生理病害。另外，由于挥发油容易挥发，且与温度成正比，蔬菜风味和香气最终会逐渐下降。因此，对于贮运的蔬菜应适时采收，尽量低温贮藏。

7.2 果蔬中的主要酶类和微生物

7.2.1 酶类

果蔬细胞中存在各种各样的酶，一般溶解在细胞汁液中。果蔬中所有的生化过程都是在酶的参与下进行的。果蔬中常见的酶类如下：

7.2.1.1 成熟衰老相关酶

果实的成熟衰老过程是一个非常复杂的过程，其间有多种酶和蛋白的参与，在此仅讨论密切相关的几种酶。

（1）脂氧合酶（LOX） 脂氧合酶（LOX，EC 1.13.11.12）又称为脂肪氧化酶，是一种含非血红素铁蛋白，它催化含有顺，顺-1，4-戊二烯结构的多不饱和脂肪酸加氧反应，从而形成氢过氧化物。LOX 广泛存在于植物特别是高等植物内，植物膜脂中富含的亚油酸和亚麻酸是其主要的反应底物。LOX 在植物的生长、发育、成熟衰老以及抵御机械伤害和病虫侵染等逆境过程起重要的调节作用。

LOX 是催化细胞膜脂肪酸发生氧化反应的主要细胞膜酶，也是启动细胞膜脂质过氧化作用的主要因子，而脂质过氧化物产生的自由基使膜完整性遭到破坏是果实成熟衰老的一个重要生理特征。有人认为，在磷脂酶的协同作用下，LOX 通过催化游离的不饱和脂肪酸产生的脂质过氧化自由基作用于膜脂中的结合态不饱和脂肪酸，导致磷脂双分子层的破坏、质膜的透性增加，使膜丧失分室效应，从而引起代谢紊乱和机体衰老。另外，LOX 催化产生的自由基、过氧化物、丙二醛等能对机体的活性物质如 DNA、RNA、酶等造成伤害。脂氧合酶能直接或间接参与多种代谢反应，具有多方面的生化作用。

20 世纪 90 年代以来，LOX 在果实成熟衰老的功能研究越来越受到重视。对于 LOX 与跃变型果实的成熟衰老的关系研究居多，如对番茄、猕猴桃等果实的研究表明，随着果实的成熟衰老，膜脂质过氧化作用增强，LOX 活性逐渐上升。番茄果实从绿熟期到转红期的成熟进程中，LOX 活性增加了 48%，外源 LOX 处理可增加果实组织的渗透率，加速果实的衰老。对梨果实成熟衰老时的研究表明，在果实采收和贮藏前期，随着 LOX 活性的增加，果实中的可滴定酸含量下降、可溶性糖含量增加、糖酸比增大，有利于果实风味的形成，但果实达到最佳可食期以后果实会进一步衰老，LOX 活性降低、营养成分进一步降解，果实的风味明显降低。

而对于非跃变型果实成熟与衰老过程中的 LOX 活性变化情况研究较少。在以草莓为材料的研究中，发现 LOX 活性在草莓成熟和衰老中显著增加，增加的快慢与品种特性有关。由此可见 LOX 在草莓等非跃变型果实的采后成熟衰老过程中也是一个非常活跃和关键的酶。

（2）保护酶系 活性氧在果蔬成熟衰老过程中起着重要的作用。自由基学说认为，衰老过程即活性氧代谢失调与累积的过程。在衰老组织中，由于正常状态下抵抗氧化伤害的不同防御系统清除自由基的能力下降，机体内活性氧生成能力增强，因而氧自由基水平升高，对果实产生伤害。而超氧化物歧化酶（SOD）、过氧化物酶（POD）、过氧化氢酶（CAT）等保护酶系统可有效地清除活性氧自由基，保持体内活性氧平衡，从而延缓衰老。其酶活性的高低可以作为判断果实耐贮性指标和成熟衰老的标志。

①SOD　SOD是一类金属酶，是植物氧化代谢中极为重要的酶。SOD对细胞具有重要的保护作用，可以清除组织中超氧阴离子自由基（O_2^-·），维持活性氧代谢平衡，保护膜结构，从而有效延缓衰老。其主要作用机理是催化O_2^-·发生歧化反应，生成无毒的O_2和毒性较低的H_2O_2，后者再被CAT或POD分解为H_2O和O_2，从而最大地限制O_2^-·与H_2O_2反应生成·OH的能力。

②POD　POD属于氧化还原酶，该酶活性与果实呼吸作用、乙烯生物合成以及衰老细胞活性有关。果蔬中的POD主要催化过氧化反应，此反应需要2个底物，过氧化物与氢供体。作为POD底物的过氧化物主要是H_2O_2。低浓度H_2O_2可提高POD活性，而高浓度H_2O_2又反过来抑制POD活性，因此POD能够催化组织中低浓度的H_2O_2而氧化其他底物，用以清除过氧化物和H_2O_2，降低H_2O_2对机体的侵害作用。

随着果实成熟衰老所表现出的伤害效应或保护作用因植物种类和品种不同而异。苦瓜适期采收后，POD活性变化呈明显的双峰型曲线。苦瓜采后POD活性迅速上升，第4 d出现峰值，之后急速下降至第6 d后伴随乙烯释放和呼吸速率迅速增加，POD活性也同步大幅度升高，采后第11 d形成第2个高峰。

③CAT　CAT可催化分解组织中高浓度H_2O_2，从而使H_2O_2控制在较低水平，降低H_2O_2产生的·OH对机体造成的危害。

在果实成熟衰老过程中CAT也发生着变化。苦瓜适期采收后伴随着乙烯释放量的迅速增加，CAT活性急剧升高；红星苹果在采后初期CAT活性迅速升高，采后26d时略有下降，40d时出现第2个高峰，后期下降；鸭梨（霍君生等，1995）缓慢降温较急剧降温CAT活性下降慢；青花菜采后CAT活性随衰老进程先升高而后下降。

7.2.1.2　水解酶类

（1）果实软化相关酶

①多聚半乳糖醛酸酶（PG）多聚半乳糖醛酸酶是与果实软化密切相关的一种重要的水解酶，催化果胶分子中1，4-2-D-半乳糖苷键的裂解，生成低聚半乳糖醛酸或半乳糖醛酸，导致细胞壁结构解体。以多聚半乳糖醛酸酶对底物的作用方式不同，多聚半乳糖醛酸酶可以分为3种：内切多聚半乳糖醛酸酶（endo-PG）、外切多聚半乳糖醛酸酶（exo-PG）和寡聚半乳糖醛酸酶（oligo-PG）。内切多聚半乳糖醛酸酶以内切方式，随机从分子内部随机切断多聚半乳糖醛酸链；而后两者以一种外切方式有序地从半乳糖醛酸多聚链或寡聚链的非还原端释放出1个单体或1个二聚体。PG是果实软化的主要酶类。虽然PG在果实软化中起重要作用，但也有研究表明，PG可能并不是果实成熟软化的主要因素。如利用反义RNA技术研究表明，在番茄中，虽然反义基因严重抑制了PG活性和果胶的降解（为对照的1%），但反义PG基因并未像预期那样能推迟果实软化和延缓软化进程，也没能阻止果实的成熟进程和改变果实成熟过程中的其他特征，如番茄红素的合成等。此后，Giovannoni等将PG基因接在一个可被乙烯诱导或丙烯诱导的启动子之后，转入果实成熟缺陷的番茄突变株中，在PG活性被乙烯诱导后，果实中果胶溶解增加，但果实不能软化，这一结果再次证明了PG并非果实软化的关键性酶。

②果胶酯酶（PE）　PE广泛分布在高等植物的组织中。香蕉、苹果、菠萝、芒果、番茄等在成熟中变软的程度与半乳糖醛酸酶和PE的活性增加成正相关。梨在成熟过程中，PE活性开始增加时，即已达到初熟阶段；香蕉在催熟过程中，PE活性显著增加，特别是果皮由绿转黄时更为明显。

PG的作用底物是多聚半乳糖醛酸（果胶酸），而果胶中的糖醛酸残基常常是甲基化（形成甲酯）的，要使PG有效的作用，必须需要PE使果胶部分脱去甲氧基，因此，果胶的水解需要PG和PE共同参与。

③纤维素酶（Cx）　纤维素是细胞壁的骨架物质，它的降解意味着细胞壁的解体。纤维素酶是一种与果实软化相关的重要的细胞壁降解酶，能够分解含β-1，4糖苷键的半纤维素，但不能降解细胞壁中不溶性或结晶的纤维素。纤维素酶对羟甲基纤维素、木葡聚糖和具有葡聚糖结构的物质表现活性，因此有些文献称其为葡聚糖酶。该酶在未成熟的果实中很难测到活性，但在成熟软化过程中活性急剧增加。未成熟的桃果实中纤维素酶活性极低，在果

实成熟过程中该酶的活性迅速增加，果实硬度下降，当果实完全成熟时酶活性达到最高。

④木葡聚糖内糖基转移酶（XET） XET是一种能引起细胞壁膨胀疏松并与果实软化有关的酶。木葡聚糖是双子叶植物细胞初生壁的主要半纤维素多糖，它紧密地结合到纤维素的微纤维上，并通过束缚相邻的微纤维，对细胞壁的膨胀起限制作用。XET作用于木葡聚糖时，由于其具有内切和连接的双重效应，可把切口新形成的还原末端与另一个木葡聚糖分子的非还原末端相连接，且这一过程是可逆的，这对细胞壁的膨胀疏松起重要作用。XET在果实成熟衰老中的作用首先是使连接纤维纤丝间的木葡聚糖链解聚，进而使木葡聚糖链发生不可逆破裂。

⑤糖苷酶 人们曾认为PG是果实成熟软化的关键酶，但最近有关果实软化机理的研究焦点逐渐转向细胞壁多糖组分降解相关的一些糖苷酶，如β-半乳糖苷酶、α-阿拉伯呋喃糖苷酶等。β-半乳糖苷酶可改变细胞壁一些组分的稳定性，并通过降解具支链的多聚醛酸，从而使果胶降解或溶解。该酶在果实成熟软化中的作用已在多种果实中得到证实；α-阿拉伯呋喃糖苷酶则是通过作用于阿拉伯半乳聚糖等支链多聚体参与细胞壁多糖降解的重要酶。α-阿拉伯呋喃糖苷酶与果实软化的关系的研究也引起了国外学者的重视。研究结果表明，α-阿拉伯呋喃糖苷酶在鳄梨、番茄、日本梨、日本柿子等品种后熟软化过程中起到重要作用。

(2) 与营养成分降解有关酶 未成熟的果实一般都含有大量的淀粉，成熟过程中逐渐减少或消失。未成熟的香蕉淀粉含量高达20%，成熟后下降到1%以下。苹果和梨在采收前，淀粉含量达到高峰，开始成熟时，大部分品种下降到1%左右。上述变化均是由淀粉酶和磷酸化酶所引起的。有研究报道，巴梨果实在−0.5℃贮藏3个月的过程中，淀粉酶活性逐渐增强，但从贮藏库取出后的催熟过程中却不再增加。芒果成熟时，也可观察到淀粉酶的活性增强，淀粉被水解为葡萄糖。

7.2.1.3 氧化酶类

①抗坏血酸氧化酶 又称抗坏血酸酶，是一种含铜的酶，位于细胞质中或与细胞壁结合，与其他氧化还原反应相偶联起到末端氧化酶的作用，能催化抗坏血酸的氧化，可使L-抗坏血酸氧化为D-抗坏血酸。抗坏血酸氧化酶具有抗衰老的功能，并在植物体内的物质代谢中具有重要的作用。在香蕉、胡萝卜和莴苣等果蔬中广泛分布着这种酶，它对于维生素C含量的变化有很大关系。

②多酚氧化酶（PPO） 果蔬在受到机械损伤时，往往发生褐变，其主要是由于多酚氧化酶进行催化的结果，此酶需要有氧存在才能进行氧化生成醌，再氧化聚合，形成有色物质。PPO是一种含铜的酶，必须以氧为受氢体，是一种末端氧化酶。PPO包括儿茶酚氧化酶和漆酶（或称虫漆酶）两种。儿茶酚氧化酶能催化两种不同的反应，一方面可以催化含有一个羟基的酚使其形成二醌，当儿茶酚氧化酶催化这一反应时，又可称其为甲酚酶；另一方面，儿茶酚氧化酶还可以催化邻苯二酚形成二醌，当儿茶酚氧化酶催化这一反应时，又可称其为儿茶酚酶。因此，习惯将儿茶酚氧化酶称为甲酚酶、儿茶酚酶、酚氧化酶或酪氨酸酶。漆酶与儿茶酚氧化酶的区别在于漆酶不能使单酚羟基化，对一些抑制剂的敏感性也不同。漆酶较少存于果蔬中，但其存在于一些品种的桃、番茄和蘑菇中。

7.2.2 微生物

7.2.2.1 微生物与采后果蔬腐烂

新鲜果蔬的采后腐烂已成为一个全球性的问题。据统计，我国每年有20%～40%的新鲜果蔬产品在采后腐烂，经济损失超过1 000亿元。果蔬变质腐烂主要由三个方面的原因引起：果蔬组织生理失调或衰老；病原微生物侵染；采收贮运过程中的机械损伤。三者相互影响，但最终是由病原微生物引起的果蔬采后腐烂。引起新鲜果蔬采后腐烂的病原微生物主要是真菌和细菌。大约有25种真菌与果蔬采后严重腐烂有关。而每一种水果或蔬菜仅受相对较少的几种真菌或细菌侵染。例如指状青霉（*Penicillium digitatum*）可引起柑橘绿霉病，但在苹果与梨上并不造成伤害；另一方面扩展青霉（*P. expansum*）侵染苹果与梨，但不侵染柑橘；链核盘菌（*Monilinia fructicola*）侵染桃、樱桃、苹果与梨，引起褐腐病，而不会侵染热带果实；欧文氏杆菌（*Erwinia*）一般引起蔬菜的软腐病，除了番茄、甜椒与黄瓜以外，其他果实较少受欧文氏杆菌侵染。

果蔬贮库或包装房内均存在大量的病原菌孢子，即使经过清洗，在果蔬表面也往往会附着大量的微生物。而少数的孢子发芽侵入果蔬便可以引起果蔬组织腐烂。但事实上，果蔬作为活的有机体，对病原微生物侵染并非完全处于被动状态，相反它会对侵染病原菌产生抵抗作用。病原微生物要侵染果蔬，必须具有克服寄主防卫的能力，必须能够在寄主组织的营养、pH、水分等条件下生长，必须能够合成、分泌降解寄主组织的酶，释放出所需的营养物质，以维持病原菌在寄主组织内的生长发育。所以，在大量的病原菌存在的前提下，果蔬组织是否腐烂，取决于果蔬组织抗病性的强弱。如果果蔬组织抗病性强，即使有病原菌孢子存在，也不一定会造成果蔬组织发生腐烂。

另外，果蔬贮藏期间同时也受到环境的影响。环境条件一方面可以直接影响病原菌，促进或抑制其生长发育；另一方面也会影响果蔬生理状态，保持或降低果蔬抗病力。因此，只有贮藏环境有利于病原菌而不利于果蔬组织时，才会造成严重的腐烂；反之，当贮藏环境有利于果蔬组织而不利于病原菌时，病原菌便会受到抑制，腐烂相应的减少。因此，侵染性病害的发生必须具备三个基本因素，即病原物、易感病的寄主（果蔬产品）和适宜的环境条件，三者缺一不可，这三个因素称为植物病害的三角关系。

7.2.2.2　微生物与果蔬食用安全

新鲜果蔬的内部组织一般在正常情况下是无菌的，因为果蔬表面往往覆盖着一层蜡质状物质，可以防止微生物的侵染。然而，全世界范围内发生的食源性疾病越来越多地在流行病学上与食用新鲜果蔬及未消毒果汁联系在一起。食用新鲜果蔬而引起疾病虽然是小概率事件，但因为人们食用新鲜果蔬时，一般不会经过“煮熟”等杀菌处理，所以仍然存在一定可能性。

研究表明与人类有关的病原菌可以分为四类：①土壤致病菌（肉毒梭菌、单核细胞增生李斯特菌）；②粪便致病菌（沙门氏菌、志贺杆菌、大肠杆菌 O157：H7 等）；③致病寄生虫（隐孢子虫、环孢子虫）；④致病病毒（甲肝病毒、肠道病毒、诺沃克病毒、类诺沃克病毒）。其中最常见的果蔬食源性疾病与沙门氏菌和大肠杆菌 O157：H7 这两种微生物有关，但是也存在由病毒（甲肝病毒、类诺沃克病毒）和寄生虫（环孢子虫）引起的果蔬食源性疾病的相关报道。

美国食品与药物管理局（FDA）关于果蔬微生物的调查报告指出，在不遵循 GAPs（良好农业规范）时果蔬容易受到病原菌污染，尤其是当肥料使用不当、缺乏适宜的农田耕种和运输卫生规范时。例如，在果蔬生产及贮运中使用未经处理的动物粪肥和被污染的水，接触被污染的土壤，家禽随意进入农田，使用未消毒的设备和工具，不卫生的采摘、包装设备或运输方式等均易污染微生物。

7.3　果蔬采后贮藏过程中的主要生化变化及其调控

党的二十大报告提出“树立大食物观”。食物多样化供给和供应链安全保障是构建国家大食物安全观的基础，果蔬是大食物安全观的重要组成。果蔬采后仍然是一个高度协调的复杂生命体，易变质、易腐烂、不抗压，并易受环境影响，常导致商品性下降，损耗严重。据统计，目前我国果品采后损失率为 17%～20%，年损失产值超千亿元，不仅影响食物的有效供给，也相当于浪费了大量土地资源。因此，对果蔬采后基本生化变化过程进行深入的研究，对于延缓果蔬采后品质劣变，延长产品货架期具有非常重要的意义。

7.3.1　呼吸作用

呼吸作用是果蔬采后基本的生理过程。由于在采后果蔬光合作用基本停止，呼吸作用成为新陈代谢的主体，为采后的生理代谢提供能量，维持正常的生命活动。因此，只有保证呼吸代谢的正常，生理代谢才能有条不紊地进行。但是如果呼吸作用过强，果蔬采后贮藏中，有机物会被过度消耗，易导致衰老加速、贮藏寿命缩短、果蔬品质下降。

7.3.1.1　呼吸作用概述

呼吸作用指在许多复杂酶系统参与下，有机物逐步分解成较为简单的产物，同时释放能量的过程。呼吸作用分为有氧呼吸和无氧呼吸，正常条件下有氧呼吸占主导地位。

①有氧呼吸　有氧呼吸是指生活细胞在有氧的参与下，生物体将复杂的有机物质彻底氧化分解为 CO_2 和 H_2O，并释放大量能量的过程。反应式如下：

$$C_6H_{12}O_6+6O_2 \rightarrow 6CO_2+6H_2O+2\ 817.7\ kJ$$

果蔬在有氧呼吸时，一分子葡萄糖彻底氧化分解共释放出 2 817.7 kJ 的能量。其中一部分能量贮存在 38 个 ATP 中；另一部分则以热的形式释放出来，这部分热量称之为呼吸热。每个 ATP 所含热量按 40.6 kJ 计算，38 个 ATP 所含能量为 1 544 kJ，占呼吸释放热量的 46%，呼吸热则占到 54%。

②无氧呼吸　无氧呼吸是指生活细胞在无氧条件下，生物体将复杂的有机物进行部分氧化分解，同时释放出少量能量的过程。无氧呼吸的结果是除少部分呼吸底物的碳被氧化成 CO_2 外，大部分底物仍以有机物的形式存在，因此无氧呼吸所释放的能量远比有氧呼吸少得多。1 分子葡萄糖经无氧呼吸，生成 87.9 kJ 的能量。如果要获得与有氧呼吸相同的能量，需要消耗相当于有氧呼吸 32 倍的葡萄糖。另外，无氧呼吸所生成的乙醇、乙醛以及其他有毒物质会积累在细胞里面，而且会进一步输导到组织的其他部位，并使之受害。因此，一般来说，无氧呼吸是不利的。

果蔬的某些内层组织，气体交换比较困难，经常处于缺氧条件，进行部分无氧呼吸，正是植物对环境的适应，不过这部分呼吸作用所占比重很小。因此，在实际中，无氧呼吸和有氧呼吸在采后果蔬中同时存在，只是在正常情况下以有氧呼吸为主。但是，有些果蔬由于贮藏时间过长、包装过于密封、打蜡或涂膜过厚等原因，使果蔬长时间处于无氧环境中，通常会产生酒味，这就是无氧呼吸的结果，其对果蔬贮藏是不利的。

7.3.1.2　呼吸代谢途径

对于采后果蔬来说，呼吸作用主要是指细胞内糖的氧化分解过程。呼吸代谢主要包括底物的降解（底物氧化）和能量的产生（末端氧化）两部分。并且呼吸代谢途径具有多样性。即植物呼吸代谢并不只有一种途径，不同的植物、同一植物的不同器官或组织在不同的生育时期、不同环境条件下，呼吸底物的氧化降解可以走不同的途径。此外，还表现在电子传递系统的多样性和末端氧化酶的多样性。

（1）底物氧化途径的多样性　对于所有需氧生物来说，以葡萄糖作为呼吸底物时，呼吸代谢途径主要由糖酵解（EMP）、三羧酸循环（TCA）及电子传递链（ETC）三组相互联系的反应过程所组成，各个过程在细胞的不同区域内进行。除此以外，糖的分解代谢还有另外一条重要的代谢途径，即磷酸戊糖途径（PPP）。当果蔬遭遇逆境、受到机械损伤或病虫侵害时，磷酸戊糖途径活性明显加强。

（2）电子传递系统的多样性　在正常的情况下，植物组织体内主要以细胞色素传递系统为主。此外，在植物组织体内，还存在另一条电子传递链途径——交替途径（alternative respiratory pathway）。线粒体电子传递主路——细胞色素途径对氰化物极为敏感，当有氰化物存在时，细胞色素途径被阻断，电子传递在泛醌（UQ）处分支，经黄素蛋白传递给交替氧化酶（AOX）到达 O_2，这便是交替途径，又称为抗氰呼吸（cyanide-resistant respiration）或交替呼吸（alternative respiration）。由于交替呼吸电子传递途径电子从 UQ 直接传递到 AOX，不需电子进行跨膜就能使 O_2 还原成 H_2O。催化该途径的酶——交替氧化酶已被得到证实。目前，在马铃薯、胡萝卜、香蕉等许多果蔬中都发现有抗氰呼吸途径的存在。

抗氰呼吸由于损失了细胞色素途径中除位点 I 外的另两个 ATP 形成位点，因此只能产生少量的 ATP 和释放出大量的热量。该途径另外一个消极的效应就是产生大量的自由基和活性氧，从而加速细胞的衰老和死亡。已经证明，一些果实如鳄梨和苹果等在完熟期间，抗氰呼吸有逐渐增强的趋势，高峰期后又逐渐降低，表明呼吸跃变过程有抗氰呼吸参与。

（3）末端氧化酶的多样性　在电子传递链一系列反应的最末端，有能活化分子氧并生成 ATP 的末端氧化酶，例如细胞色素氧化酶和交替氧化酶，这两种酶都在线粒体膜上。除了这两种酶外，还存在有其他几种末端氧化酶，由于这些酶存在线粒体外，故称为线粒体外末端氧化酶。主要有抗坏血酸氧化酶、酚氧化酶（PPO）、乙醇酸氧化酶等。

7.3.1.3　果蔬呼吸类型

（1）果蔬呼吸类型　果蔬在生命活动过程中，呼吸作用的强弱并不是始终如一的，而是高低起伏的变化，这种呼吸强度总的变化趋势称为呼吸漂移（respiration drifts）。不同的果蔬呼吸漂移曲线不同。根据呼吸漂移曲线大体可以将果蔬分为跃变型和非跃变型两种。跃变型果实在成熟过程中，呼吸强度会急剧升高，当到达一个高峰值后又快速下降，这一现象称为呼吸跃变。呼吸强度的最高值称为呼吸高峰，其峰值大小、持续时间因果实种类而异。一般原产于热带、亚热带的果实比原产于温带的果实，呼吸高峰持续时间短、峰值高。例如跃变高峰时，香蕉的呼吸强度增加约 10 倍；另一类果实在其整个生长发育过程中没有呼吸跃变现象，呼吸强度在其成熟过程中表现为缓慢下降或基本保持不变，此类果实称为非跃变型果实。跃变型果实和非跃变型果实的呼吸模式见图 7-2，常见的跃变型和非跃变型果蔬见表 7-3。

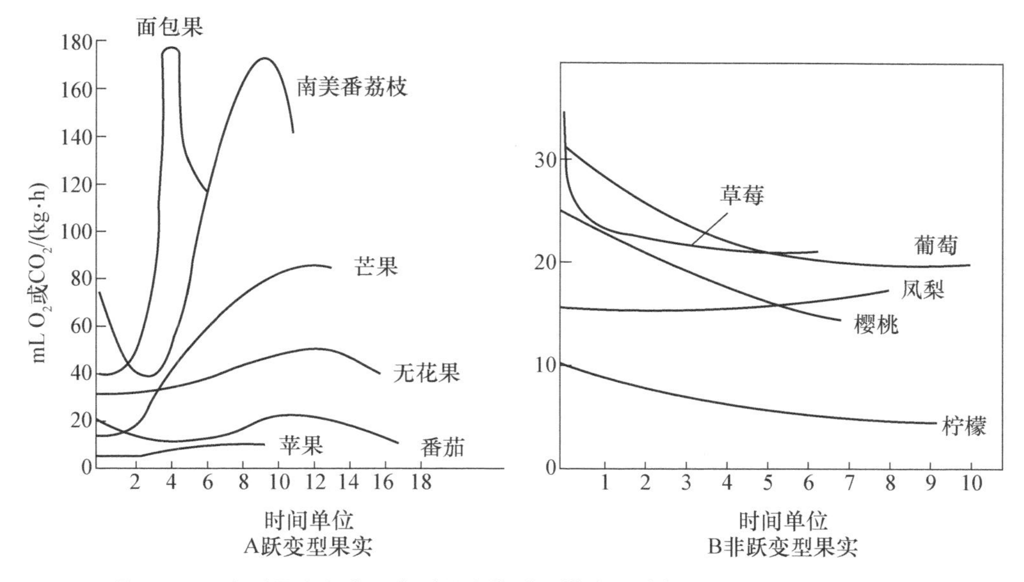

图 7-2　跃变型果实和非跃变型果实的呼吸模式（引自 Biale 和 Young，1981）

时间单位：无花果 1 单位＝2 d　草莓　1 单位＝0.5 d　葡萄　1 单位＝4 d
樱桃、凤梨　1 单位＝ 1d　柠檬　1 单位＝7 d　其他　1 单位＝1d

表 7-3　果实采后的呼吸类型（Kader，1992）

跃变型果实	非跃变型果实
苹果、杏、鳄梨、香蕉、面包果、柿、李、榴梿、无花果、芒果、甜瓜、番木瓜、梨、人心果、蓝莓、猕猴桃、西番莲、番石榴、桃、油桃、番荔枝、番茄、南美番荔枝	黑莓、杨桃、樱桃、茄子、葡萄、柠檬、枇杷、荔枝、秋葵、豌豆、辣椒、菠萝、红莓、草莓、葫芦、枣、龙眼、柑橘类、黄瓜、橄榄、石榴、西瓜、刺梨

跃变型果实出现呼吸跃变伴随着成分和质地的变化，可以明显辨别出果实从成熟向完熟的转变；而非跃变型果实没有该现象，果实从成熟向完熟发展的过程中变化缓慢，不易划分。一旦当跃变型果实进入呼吸跃变期，耐贮性急剧下降，所以人为地采取各种方法延缓呼吸跃变的到来，是延长果蔬贮藏寿命的有效措施。

另外应注意的是，呼吸跃变并非只限于成熟的跃变型果实。某些未长成的幼果如苹果、桃等采后放置一段时间，或早期脱落的幼果，也可发生短期呼吸跃变，甚至某些非跃变型果实如甜橙，将其幼果采摘以后，也可以出现呼吸跃变现象，而其成熟果却并不发生。但这类呼吸跃变并不伴随成熟的发生，因此称其为伪跃变现象（psudoclimacteric）。

（2）呼吸与乙烯之间的关系　早在 1924 年，Denny 就发现乙烯能促进柠檬变黄及呼吸作用加强；1934 年，Gane 发现乙烯是苹果果实成熟时的一种天然产物，并提出乙烯是成熟激素的概念；1959 年，人们将气相色谱用于乙烯的测定，由于可测出微量乙烯，证实其不是果实成熟时的产物，而是在果实发育中慢慢积累。当乙烯增加到一定浓度时，启动果实成熟，从而证实乙烯的确是促进果实成熟的一种生长激素。

乙烯生物合成途径是：蛋氨酸（Met）→S-腺苷蛋氨酸（SAM）→1-氨基环丙烷-1-羧酸（ACC）→乙烯。乙烯来源于蛋氨酸分子中的 C_2 和 C_3，Met 与 ATP 通过腺苷基转移酶催化形成 SAM，这并非限速步骤，体内 SAM 一直维持着一定水平。SAM 到 ACC 是乙烯合成的关键步骤，催化这个反应的酶是 ACC 合成酶，其专一性地以 SAM 为底物。ACC 合成酶以磷酸吡哆醛为辅基，因此，强烈受到磷酸吡哆醛酶类抑制剂氨基乙氧基乙烯基甘氨酸（AVG）和氨基氧乙酸（AOA）的抑制。ACC 合成酶在组织中的含量非常低，为总蛋白的 0.000 1%，存在于细胞质中。果实成熟、受到伤害、吲哚乙酸和乙烯本身都能刺激 ACC 合成酶活性。最后一步是ACC在乙烯氧化酶（ACO）的作用下，在有O_2的参与下形成乙烯，一般不成为限速步骤。ACO是膜依赖性酶，其活性不仅需要膜的完整性，且需组织的完整性，组织细胞结构破坏（匀浆时）时合成停止。因此，跃变后的过熟果实细胞内虽然ACC大量积累，但由于组织结构瓦解，乙烯的生成量却降低。多胺、低氧、解偶联剂（如氧化磷酸化解偶联剂二硝基苯酚DNP）、自由基清除剂和某些金属离子（特别是Co^{2+}）都能抑制ACC转化成乙烯。

ACC除了氧化生成乙烯外，另一个代谢途径是在丙二酰基转移酶的作用下与丙二酰基结合，生成无活性的末端产物丙二酰基-ACC（MACC）。此反应是在细胞质中进行的，MACC生成后，转移并贮藏在液泡中。果实遭受胁迫时，因ACC增高而形成的MACC在胁迫消失后仍然积累在细胞中，成为一个反映胁迫程度和进程的指标。果实成熟过程中也有类似的MACC积累，成为成熟的指标。

无论是跃变型果实还是非跃变型果实，外源乙烯都会对其呼吸作用产生影响，但具体影响形式却不相同。植物体内存在两个乙烯生物合成系统。系统Ⅰ存在于所有的植物组织中，该系统只能合成微量的乙烯；系统Ⅱ是乙烯生物合成的自我催化系统，内源乙烯、外源乙烯都诱导该系统乙烯的合成。系统Ⅱ一旦被激活，就会自我催化产生大量的乙烯。非跃变型果实只有系统Ⅰ，没有系统Ⅱ；而跃变型果实两个系统同时存在，在完熟期间能自我催化产生大量乙烯，所以存在乙烯释放高峰，非跃变型果实则不存在。

跃变型果实乙烯的产生与呼吸作用有相似的模式，即有一个明显上升期与产生高峰，只是在时间进程上，各果蔬间有所不同。非跃变型果实的内源乙烯水平则一直维持在很低的水平，不出现上升现象。

此外，跃变型果实和非跃变型果实对外源乙烯的响应也不同。提高外源乙烯浓度，可使跃变型果实的呼吸跃变提前，但是不能改变呼吸高峰的强度；而非跃变型果实，如提高外源乙烯的浓度，可提高呼吸的强度，而且外源乙烯的浓度越高，峰值越高，但基本不影响乙烯出现的时间。因此，要判断果实的跃变类型，需要从成熟期间果实的呼吸变化、内源乙烯释放和对外源乙烯反应等方面综合分析（表7-4）。

表7-4　跃变型果实与非跃变型果实的区别（王颉和张子德，2009）

项目	跃变型果实	非跃变型果实
成熟期间呼吸的变化	有呼吸高峰	无呼吸高峰
成熟期内源乙烯的释放	有乙烯释放高峰	无乙烯释放高峰
内源乙烯的自我催化作用	有系统Ⅱ乙烯的合成	无系统Ⅱ乙烯的合成
对外源乙烯的反应趋势	不可逆	可逆
对外源乙烯的反应程度	基本上与浓度无关	与浓度呈正相关
对外源乙烯反应的速度	与浓度无关	与浓度有关

7.3.1.4　影响呼吸强度的因素

（1）自身因素

①种类与品种　不同种类与品种果蔬的呼吸强度差异很大。蔬菜中叶菜类和花菜类的呼吸强度最大，果菜类次之，具有贮藏器官的地下根茎菜如马铃薯、胡萝卜等的呼吸强度相对较小。水果中，坚果类的呼吸强度最低，仁果类次之，核果类、浆果类呼吸强度较高。

呼吸强度还与果蔬的品种、产地、生长季节有关。一般来说，晚熟品种高于早熟品种；原产于热带、亚热带的果蔬高于温带果蔬；夏季成熟的果蔬呼吸强度高于秋季成熟的果蔬。

②生长发育时期　在果蔬生长发育及成熟过程中，处于幼果期的幼嫩组织细胞分裂和生长阶段代谢旺盛，由于保护组织尚未形成，便于气体交换而使组织内部供氧充足，呼吸强度较高。随着果蔬不断地生长发育，表面保护结构不断完善，新陈代谢不断下降，呼吸强度也随之下降。当果蔬进入成熟期时，表面的保护组织如蜡质层、角质层加厚，新陈代谢缓慢，对能量的需求逐渐减少，有些果蔬开始进入休眠状态，呼吸强度逐渐降低。

跃变型果实在成熟期时，呼吸作用升高，跃变过后，呼吸下降。而非跃变型果实在成熟期时，则呼吸作用一直缓慢减弱，直到死亡。

③同一器官不同部位　果皮、果肉和种子的呼吸强度都不同。一般而言，果蔬皮层组织呼吸强度

较大。柑橘果皮大约是果肉组织的10倍，柿子的蒂端为果顶的呼吸强度的5倍，这是由于不同部位的物质基础不同，氧化还原反应的活性及组织的供氧状况不同造成的。

（2）贮藏环境因素

①温度　温度是影响果蔬呼吸强度的主要因素之一。在正常的生理温度范围（5～35℃）内，随着温度的升高，呼吸作用增强。而温度超过35～40℃，呼吸强度反而会下降，甚至下降为0。造成这一现象的主要原因是：35℃以上的高温会引起酶蛋白的变性、失活，呼吸作用受到抑制；呼吸产生的CO_2大量积聚在组织细胞内部，无法及时排出体外，呼吸作用受到抑制；在升温过程中，果蔬呼吸急速升高，短期内大量消耗可溶性的呼吸基质和组织内部的O_2，造成了底物的不足和O_2的消耗。

在正常的生理温度范围内，温度与呼吸强度之间的关系，通常用温度系数Q_{10}来表示，即在一定的生理温度范围内，温度每升高10℃，果蔬呼吸强度所提高的倍数。一般果蔬的Q_{10}为2～2.5。通常在低温范围内的Q_{10}大于高温下的Q_{10}。说明在较低温度下，温度稍微发生改变，就会造成呼吸强度较大的波动，从而导致果蔬腐烂增多和过早进入衰老阶段。而且温度经常波动，还会造成空气中水分在果蔬表面凝结为水珠，从而为病原菌，尤其是霉菌侵染提供了适宜的环境条件，也增加了果蔬腐烂的概率。此外，贮藏温度经常波动还会对细胞原生质有刺激作用，进而促进呼吸。所以，果蔬在低温贮藏中应该严格控制温度，尽量减小温度波动。

在果蔬正常的生理温度范围内，温度越低，呼吸强度越小，贮藏效果越好。所以，为了抑制果蔬采后呼吸作用，一般采取低温。但贮藏温度并非越低越好，如原产于热带、亚热带的果蔬，在低温条件下易发生低温伤害而出现生理性失调。所以，应根据果蔬对低温的忍耐性，在不破坏正常生命活动的条件下，尽可能地维持较低的贮藏温度，使呼吸强度降到最低。

②相对湿度　相对湿度对果蔬呼吸作用的影响，虽然不及温度的影响大，但仍然是一个较为重要的因素。相对湿度对果蔬呼吸作用的影响，因果蔬种类不同而异。蔬菜中，如大白菜、菠菜、洋葱等在采后经轻微的晾晒或风干，有利于降低其呼吸强度，而在较高温度下，这种抑制作用更为明显。但对于薯蓣类如马铃薯、甘薯、芋头等则要求高湿度，干燥反而会促进呼吸作用；对于跃变型果实例如香蕉，相对湿度低于80%时，果实虽然可以正常后熟，但是不会出现呼吸跃变，而相对湿度高于90%时，则可以表现出正常的呼吸跃变；柑橘类果实如甜橙，在较湿润条件下，呼吸强度有所促进，而在过湿条件下，由于果皮部分生理活动旺盛，果汁很快减少，造成果实出现浮皮或所谓的枯水。因此，柑橘类果实在贮藏前必须对果实进行轻度风干。

③气体成分　气体成分是影响果蔬呼吸强度的另一重要因素。由于O_2是果蔬进行有氧呼吸的必要底物，CO_2是果蔬呼吸的产物，所以适当地降低贮藏环境中的O_2含量和增加CO_2含量，可有效地降低果蔬呼吸强度，延缓呼吸跃变的出现，并且可以抑制乙烯的生物合成，延长果蔬贮藏寿命。

一般，当O_2的含量降至5%～7%时，果蔬呼吸作用明显受到抑制。但是，当O_2浓度降至某一临界点时，组织内便会出现无氧呼吸，此时CO_2释放量不仅不再减少，反而会有所增加。同样，适当增加贮藏环境中CO_2的含量，也可以明显降低果蔬呼吸强度。但CO_2浓度过高，同样会导致果实产生无氧呼吸，并且这种生理病害出现的时间，不仅比缺氧来得快，而且更为严重。

乙烯也是影响果蔬呼吸作用的因素之一。乙烯是催熟激素，它能明显地刺激果蔬的呼吸作用，加速成熟与衰老过程。因此，可以通过抑制乙烯的生物合成，脱除贮藏环境中的乙烯，抑制果蔬呼吸强度、延缓果蔬的衰老，从而延长果蔬的贮藏时间。

④机械损伤和病虫害　果蔬在采收、包装和贮运过程中的任何伤害，包括机械损伤和病菌侵染都会使果蔬组织呼吸速率显著增加，并随着衰老过程而进一步加强。根据果蔬受伤的原因，一般将果蔬受到的伤害类型分为机械损伤和病原菌侵染，前者包括由于采收、处理、风、雨、冰雹、昆虫、动物等所造成的伤害；后者是由于病原菌侵染所造成的伤害。二者所导致的呼吸分别称为伤呼吸（wound respiration）和侵染诱导型呼吸（infection-induced respiration）。

无论是伤呼吸，还是侵染诱导型呼吸，呼吸强度的上升都伴随着碳水化合物代谢增加，并为了伤口的愈合和反应所需原料的形成，刺激了糖酵解和磷酸戊糖途径的增强。但是，伤呼吸主要与愈合反应有关，这个过程包括木质素、软木脂，甚至胼胝质的形成；而侵染诱导呼吸主要与细胞的初级和次级防御反应有关。植物在长期进化过程中，形成了一系列对付病原菌侵染的策略。或者是被病原菌侵染的植物细胞迅速死亡，使病原菌不能从植物获得赖以生存的营养，而随之死亡，从而限制了病原菌在植物体内的扩散；或者是通过次生代谢产生抗菌物质等，阻止病原菌的扩散。这些过程，毫无疑问也需要由呼吸提供能量和原料。

7.3.1.5 呼吸作用与果蔬贮藏的关系

一方面，从消耗呼吸底物的角度看，呼吸作用是消极的；而另一方面，采后果蔬生理活动所需的能量都来自呼吸作用。呼吸是采后代谢的枢纽，并且与果蔬的成熟、品质的变化、耐贮性及抗病性有关，只有呼吸代谢正常，其他生理过程才能正常进行。因此，保证呼吸作用的正常进行是保障果蔬贮藏保鲜的前提条件。所以，应辩证看待呼吸与果蔬贮藏之间的关系。

（1）呼吸的积极意义

①通过呼吸作用，可以维持果蔬产品生命活动正常有序地进行。一方面通过正常的呼吸作用，将有机物分解释放出来的能量，一部分转变成热能而散失，一部分则以 ATP 的形式贮存起来。以后，当 ATP 分解时，就将贮存的能量释放出来，供给果蔬组织各种生理活动的需要。呼吸一旦停止就意味着细胞的死亡，因此，呼吸是生活细胞的共同特征；另一方面还能通过许多呼吸的中间产物使糖代谢、蛋白质和其他许多物质代谢联系在一起，使各个反应环节和能量转移之间协调平衡，维持果蔬生命活动的有序性，从而有助于保持产品的耐贮性和抗病性。

②通过呼吸作用可以防止对组织有毒的中间产物的积累。通过呼吸作用将代谢中产生的有毒物质氧化或分解为最终产物，进行自身平衡保护，防止代谢失调造成的生理障碍，这在逆境条件下更为明显。

③通过呼吸作用能提高果蔬抗病能力，具有抵抗病原微生物的自卫作用。当植物遭受创伤或病原菌侵染时，会主动加强细胞内氧化系统的活性，呼吸作用加强，即产生伤呼吸。伴随着伤呼吸的产生，其可以分解微生物释放的水解酶，抑制因微生物水解酶而造成果蔬自身水解作用的加强；分解、氧化病原微生物分泌的毒素，并产生对这些病原微生物有毒的物质，如绿原酸、咖啡酸和一些醌类物质；合成新细胞所需的物质，恢复和修补伤口。

（2）呼吸产生的不利影响　尽管呼吸作用作为果蔬采后最重要的生理活动有许多积极的意义，但同时也会产生一些不利的影响。

①呼吸热和呼吸消耗的影响。由于呼吸热和呼吸消耗的存在，加大了养分的消耗，同时由于呼吸热的释放导致果蔬温度上升，有利于病菌的侵染，因此是不利的、消极的。尤其是当果蔬处于逆境条件下时，往往使呼吸强度异常增大，从而产生更多的呼吸热和造成更快的呼吸消耗，使植物更快地结束生命。因此，在果蔬贮藏过程中，应在不违背果蔬正常生命活动的前提下，尽可能采取措施来降低呼吸强度，以减少呼吸热的产生和尽可能少的呼吸消耗。

②呼吸作用异常导致呼吸生理失调。在果蔬贮藏过程中，由于贮藏条件不当，尤其是 O_2 浓度太低或者 CO_2 浓度太高，往往会导致果蔬无氧呼吸的产生，从而出现生理性病害；另外，在正常的呼吸代谢过程中，各个反应环节及能量传递系统之间是前后协调平衡的。假如在某个环节上的酶或酶系统受到活化剂或抑制剂的作用，或因某种外因而改变活性，原来的协调平衡关系受到破坏，呼吸反应就会在这里受挫或中断，并积累氧化不完全的产物。这些物质的积累常常会使细胞中毒。例如，空气中 CO_2 浓度过高，可以抑制琥珀酸脱氢酶的活性，从而阻止琥珀酸的进一步氧化而在细胞内积累使细胞遭受毒害。这种正常的呼吸代谢受挫或中断，产生类似的缺氧呼吸的影响，即所谓生理失调，是发生各种生理病害的根本原因。另外，如果呼吸失调还会导致各种生理病害，并削弱果蔬原有的抗病性，加重侵染性病害的发生。

综上所述，虽然呼吸作用会使底物物质被消耗，但同时也具有积极的生理意义，所以单纯地将呼吸作用看成是一个消极的生理过程是不正确的。因此，果蔬贮藏的基本任务就是既要维持果蔬正常的呼吸作用，又要尽可能地保持果蔬的品质，从而延长果蔬贮藏寿命。

7.3.2 蒸腾作用

蒸腾作用是植物积极的一种生理过程，是植物根系从土壤中吸收水分、养分的主要动力，也是高温季节防止植物体温异常升高的一种保护措施。果蔬采后只有蒸腾作用而无水分的补充。因此，蒸腾作用就成了一种消极的生理过程，严重影响了果蔬的商品外观和贮藏寿命，所以在果蔬贮运中应尽可能地采取措施减少失水。

7.3.2.1　蒸腾作用对果蔬的影响

(1) 造成失重和失鲜　水分是衡量果蔬品质的重要因素之一，采后失水往往会引起果蔬失重和失鲜。一般情况下，当蒸腾失水达5%时果蔬组织就会表现出失鲜状态，如皱缩、萎蔫、光泽消退、风味劣变，甚至组织中抗坏血酸含量降低。对于黄瓜、胡萝卜、萝卜、蒜薹等还会由于蒸腾失水出现"糠心"，其主要就是由于蒸腾失水使细胞间隙内空气增多，导致组织变成乳白色海绵状；部分直根、块茎类蔬菜还会引起"空心"，即果实内部形成空腔；苹果失鲜失重时，果肉变沙，失去脆度。

(2) 破坏正常的生理代谢　水分是果蔬重要的组成成分，它对于维持细胞结构稳定、生理代谢正常具有重要意义。但是，果蔬失水严重时会造成细胞原生质脱水、细胞膜的通透性增加、酶功能异常、ABA含量上升，加速果蔬的衰老和脱落。过度失水甚至产生一些有毒物质，如大白菜晾晒过度时，细胞内H^+和NH_4^+等离子的浓度增高引起细胞中毒，导致生理代谢失调，导致果蔬耐贮性和抗病性下降。

果蔬采后失水萎蔫后，水解酶活性加强，这时植物往往通过组织内大分子物质的水解以提高细胞液的浓度，增加细胞持水力，减少水分损耗。例如风干的甘薯变甜就是由于失水后淀粉酶活性增强，淀粉水解成糖的结果；甜菜块根在失水后，组织中的蔗糖酶活性增强，失水越严重，蔗糖酶活性越高(表7-5)。另外，采后果蔬失水后水解作用加强，导致贮藏性物质降解加速，细胞内可溶性固形物含量增加，进而刺激呼吸作用，营养物质的消耗进一步增加，从而加速了果蔬衰老进程。

表7-5　甜菜失水与蔗糖酶活性的关系

(王颉和张子德，2009)

试验处理	蔗糖酶活性/[mg蔗糖/(10 g组织·h)]		
	合成	水解	合成/水解率
新鲜甜菜	29.8	2.8	10.6
失水6.5%的甜菜	27.0	4.5	6.0
失水15%的甜菜	19.4	8.1	2.4

7.3.2.2　影响果蔬蒸腾作用的因素

(1) 果蔬自身因素

①种类和品种　不同种类和品种的果蔬，它们的气孔、皮孔和表皮层的结构、数量等不同，蒸腾失水的强度也不同。例如，叶菜类容易萎蔫是由于叶片上气孔较多、含水量高、代谢旺盛且保护组织差，极易失水；果实类相对比表面积小，并且有些果实表面还附着有角质层和蜡质层，失水较慢；地下根茎类一般生理活性较低，表面保护组织结构致密、完善，抗失水能力最强。

②比表面积　即单位重量或单位体积果蔬所具有的表面积(cm^2/g)。比表面积越大，果蔬蒸腾失水就越强。叶菜相对其他种类的蔬菜比表面积要大，所以，水分蒸发强烈。

③表面保护结构　水分蒸发有两个途径，一是经由自然孔道如气孔、皮孔，气孔是成熟的叶片水分蒸发的主要途径，占总量的90%以上；二是表皮层，表皮层的蒸腾因表面保护层结构和成分的不同存在很大差别。叶片组织结构疏松，表皮保护组织差、细胞含水量高、代谢活性旺盛、呼吸速率高，贮运中最易脱水萎蔫；幼嫩的果蔬角质层不发达，保护组织发育不完善，极易失水；老熟的果蔬角质层加厚，并覆盖有果粉、蜡质，保水性能增加。

④细胞的持水力　细胞的持水力与细胞中可溶性固形物和亲水性胶体含量有关。含量高时，有利于细胞的保水，从而水分向细胞壁和细胞间隙的渗透减少。

(2) 贮藏因素

①温度　一方面，温度升高，空气饱和蒸汽压增大，其饱和所需的水蒸气量也增加，从而加大了组织与外界蒸汽压差，提高了水分蒸腾速率；另一方面，温度升高，还会促进组织内水分子的移动，增强了组织水分外逸。同时，在较高的温度下，细胞液的胶体黏性降低，细胞持水力下降，也有利于水分在组织内的运动，加快水分的蒸发作用。此外，温度对果蔬蒸腾失水的影响，也与果蔬本身特性有关。

②湿度　湿度是影响果蔬蒸腾失水的主要因素之一。空气湿度是指空气含水量的多少。空气中实际含水量称为绝对湿度；空气达到饱和时的湿度称为饱和湿度。饱和湿度与绝对湿度之差称为湿度饱和差。蒸腾作用的大小直接取决于湿度饱和差的大小，空气湿度饱和差越大，蒸腾作用就越强，并且该值随温度变化而变化。在实际生产中，一般采用相对湿度来表示空气的湿度，其含义为空气中实际所含水蒸气量(即绝对湿度)与当时温度下空气饱

和水蒸气量（即饱和湿度）之比。在一定温度下，饱和湿度是一定的，因此，相对湿度越低，表明绝对湿度越低，湿度饱和差越大，从而越有助于产品水分的蒸发。

③空气流动速度　贮藏环境中空气的流动可以将产品周围的高湿度空气带走，代之以相对湿度较低的空气，使产品周围始终处于一个相对湿度较低的环境，从而有助于果蔬产品的蒸腾。一般情况下，贮藏库内空气的流动速度与果蔬的蒸腾失水成正比。毫无疑问，单纯为了抑制果蔬的蒸腾作用，保持空气处于静止状态是最理想的。但是事实上，空气流动还具有调节贮藏环境中温度的作用，因此，并不能使空气处于完全静止，而应使其保持适度的流动，一般每分钟 366 cm 的风速为宜。

7.3.2.3　防止果蔬采后失水的方法

①提高湿度　提高空气的相对湿度是减少果蔬失水最有效的措施。90%～95%的相对湿度是大多数果蔬贮藏的最佳湿度条件。但对于叶菜类和根菜类来说，98%～100%的相对湿度更好。当库内相对湿度低于要求指标时，简单易行的增湿方法就是地面洒水或向墙壁喷水，或者也可在库内安装自动加湿器等，根据湿度的变化进行自动加湿处理。然而高湿度又会增加果蔬组织感染病原菌的概率，容易造成产品的腐烂。因此，采用高湿度时，应配合使用杀菌剂。

②降低温度　这里的温度包括两个方面，一方面是产品本身的温度，另一方面则是指贮藏环境的温度。一般果蔬入贮期间仍在继续降温，水分损失最严重。因此，在入贮前对果蔬进行适当预冷，便可以大大地减少产品与库房之间的温差，进而可以减少二者之间的水蒸气压差，减少水分蒸腾作用；另外，如前所述，温度升高，空气中的饱和水蒸气压增加，从而增大了产品与库温之间的水蒸气压差，也将加大产品的蒸腾作用，因此应尽可能地采用低温贮藏。

③打蜡、涂膜和包装　打蜡、涂膜和包装是常用的商品化处理方法，既可有效地抑制果蔬失水，还可以增加产品光泽，提高商品价值，又能延长果蔬货架期。值得注意的是，包装在限制果蔬产品水分蒸发的同时也降低了产品的冷却速度。

7.3.3　成熟衰老

成熟是指果实生长的最后阶段，在此阶段，果实充分长大，养分充分积累，已经完成发育并达到生理成熟。衰老是指果实在充分完熟之后，进一步发生一系列的劣变，最后衰亡。果实的成熟和衰老都是不可逆的变化过程，成熟一旦被触发，便不可停止，直至变质、解体和腐烂。随着果蔬成熟衰老的进行，果蔬在化学组成、营养成分、色泽、质地、组织结构、风味、商品性以及耐贮性、抗病性等方面均发生着一系列变化。

7.3.3.1　色泽变化

果蔬在成熟衰老过程中，会发生一系列的颜色变化。包括叶绿素的消失，黄化以及花青素的合成等。

（1）叶绿素的消失　在果蔬正常生长发育过程中，叶绿素的合成作用大于分解作用。采收后，果蔬中的叶绿素在酶的作用下水解生成叶绿醇和叶绿酸盐等水溶性物质，加上光氧化破坏，叶绿素的含量逐渐减少，叶绿素 a 和叶绿素 b 的比例也在发生变化，果蔬开始失去绿色而显示出其他颜色。对大多数果实来说，最先的成熟象征就是绿色的消失，即叶绿素的含量逐渐减少。叶绿素的消失可以发生在果实完熟前（橙）、完熟时（香蕉）或完熟之后（梨）。

叶绿素降解的具体生化过程目前尚不明确。一些研究认为，随着植物组织的衰老，叶绿素在叶绿素酶（chlorophyllase）和脱镁叶绿素酶的作用下分别脱去植基（phytol）和 Mg^{2+}，形成具有环状结构的脱镁叶绿酸，又在脱镁叶绿酸氧化酶作用下，卟啉环在 C_4 和 C_5 间裂解生成红色的叶绿素降解产物 RCC，该产物随后被运输到叶绿体外，进入细胞质中进一步降解为具蓝荧光的物质 FCC。通过上述过程，卟啉大环裂解为线性的四吡咯结构，叶绿素也正是在这一步失去绿色的。最后，pH 的变化导致 FCC 转变为无荧光叶绿素降解产物 NCC。

另外，POD 也可能参与了叶绿素的降解。对小麦和菠菜的研究表明，POD 在过氧化氢存在下，能将酚类物质氧化形成自由基，促进膜脂过氧化，破坏叶绿体的稳定，从而引发叶绿素的降解。在柑橘褪绿和叶绿素含量降低过程中，POD 活性不断增强，而叶绿素酶活性没有变化。也有研究认为，在叶绿素的降解过程中，首先是脂溶性的叶绿素被叶绿素酶转化为水溶性的脱植基叶绿酸，然后才能被 POD 氧化或是被 POD 降解为无色物质。

环境因素包括温度、气体成分和激素等对叶绿素的降解会产生明显的影响。例如，采后果蔬在常温下叶绿素迅速分解消失，低温则可明显抑制叶绿素的分解。如苹果和梨贮藏在0～1.3℃下，经过两个月果皮仍然保持绿色；适当的低O_2高CO_2可以延缓许多果蔬叶绿素的降解。如番茄在12℃气调贮藏环境中，经过两个星期后叶绿素才开始明显下降，6个星期后下降到50%，当果实从气调贮藏环境移出后，叶绿素几乎完全分解；乙烯能促进采后果蔬的成熟衰老，加快果蔬叶绿素的降解。和乙烯完全不同的是，赤霉素、细胞分裂素和生长素均能延缓果实褪绿。其中，赤霉素已成功用于番茄和柑橘，赤霉素的浓度即使低于0.1 mg/L时，也可有效地缓解离体柑橘的褪绿，如喷布到树体上其效果可以持续数月之久。同时，细胞分裂素和生长素应用于柑橘，生长素用于梨果实中也取得了较好的效果。

（2）胡萝卜素的合成　随着果蔬的成熟，叶绿素开始分解，类胡萝卜素的含量迅速增加，它们的颜色开始逐渐显示出来。如番茄中，番茄红素与胡萝卜素的含量随着果实的成熟而逐渐增加，至番茄完全成熟时含量最高，但在过熟果实中又显著下降，减少可达25%～40%。在高等植物中，类胡萝卜素是在细胞的质体中通过类异戊二烯途径合成的，其生物合成包括缩合、脱氢、环化、羟基化及环氧化等一系列反应（图7-3）。异戊烯焦磷酸（IPP）是所有类异戊二烯物质形成的共同前体。首先，在基质中，IPP和其异构体二甲基丙烯基二磷酸（DMAPP）缩合形成牻牛儿焦磷酸（GPP），GPP和2个IPP在牻牛儿基牻牛儿基焦磷酸合成酶（GGPS）催化下合成牻牛儿基牻牛儿基焦磷酸（GGPP），GGPP是许多物质生物合成的共同前体，然后2分子的GGPP由八氢番茄红素合成酶（PSY）催化，在质体中缩合形成植物中第一个类胡萝卜素分子——无色的八氢番茄红素（phytoene）。在八氢番茄红素脱氢酶（PDS）和ζ-胡萝卜素脱氢酶（ZDS）的作用下形成番茄红素（lycopene），并在类胡萝卜素异构酶（CRITSO）作用下形成全反式番茄红素（all-trans-lycopene）。番茄红素的环化反应由β-番茄红素环化酶（LCYB）和ε-番茄红素环化酶（LCYE）催化，形成2个β环的β-胡萝卜素和α-胡萝卜素（1个β和1个ε环），这是类胡萝卜素合成途径中的关键分支点。α-胡萝卜素通过连续的羟基化反应形成叶黄素（lutein）。β-胡萝卜素由两个羟基化反应形成玉米黄质（zeaxanthin），玉米黄质由玉米黄质环氧酶（ZEP）催化下转化成花药黄质（antheraxanthin），进而形成紫黄质（violaxanthin）。在植物叶片中还存在与ZEP功能正好相反的紫黄质脱环氧化酶（VDE），它催化紫黄质向花药黄质的转化，后者再转化为玉米黄质。玉米黄质、花药黄质和紫黄质在ZEP和VDE催化下的相互转化称为叶黄素循环。紫黄质在新黄质合酶（NSY）的催化下转化为新黄质（neoxanthin）。

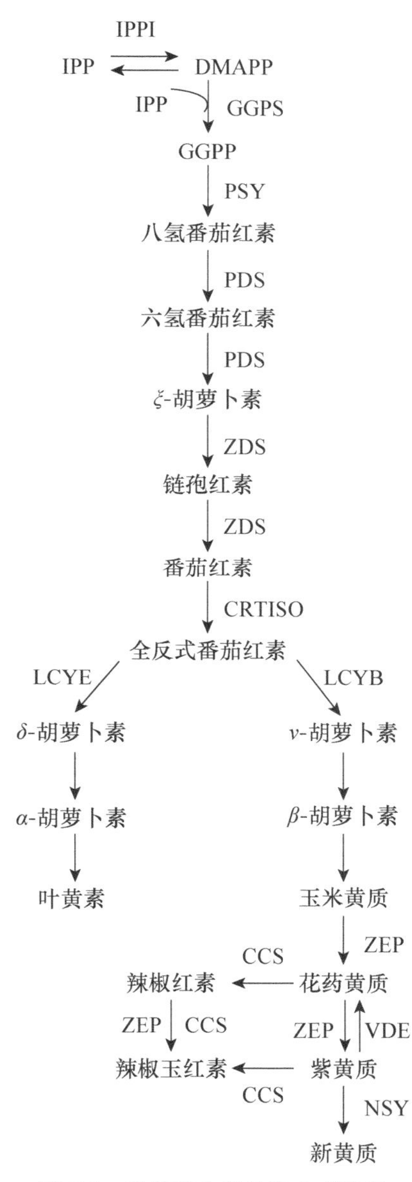

图7-3　类胡萝卜素生物合成途径

IPP：异戊烯焦磷酸；IPPI：异戊烯焦磷酸异构酶；DMAPP：二甲基丙烯基二磷酸；GPP：牻牛儿焦磷酸；GGPS：牻牛儿基牻牛儿基焦磷酸合成酶；GGPP：牻牛儿基牻牛儿基焦磷酸；PSY：八氢番茄红素合成酶；PDS：八氢番茄红素脱氢酶；ZDS：ζ-胡萝卜素脱氢酶；CRITSO：类胡萝卜素异构酶；LCYB：β-番茄红素环化酶；LCYE：ε-番茄红素环化酶；ZEP：玉米黄质环氧酶；VDE：紫黄质脱环氧化酶；NSY：新黄质合酶；CCS：辣椒红素/辣椒玉红素合酶。

另外，在辣椒果实中，存在一种辣椒红素/辣椒玉红素合酶（CCS）。花药黄质在CCS催化下生成辣椒红素，然后在ZEP作用下转变为辣椒红素-5，6-环氧化物，并在CCS催化下转化为辣椒玉红素，紫黄质在CCS催化下也转化为辣椒玉红素。

类胡萝卜素的合成明显受到温度、光、气体成分和激素等环境因素的影响。例如，番茄红素的合成和分解受温度影响较大，合成的最适温度为16～21℃，29.4℃以上就会受到抑制，这就是番茄在炎热季节较难变红的原因。但温州蜜柑的番茄红素的合成不受温度的限制；番茄中番茄红素的合成能被红光诱导而被远红外光抑制，而β-胡萝卜素的合成则不受光的影响；番茄红素的合成需要O_2的参与，并直接依赖于乙烯的刺激。气调贮藏可以完全抑制番茄红素的合成，而外源乙烯则可加速番茄红素的形成；赤霉素的影响与乙烯正好相反，它可以抑制果蔬类胡萝卜素的合成。

（3）花青素苷的合成

花青素苷的生物合成是以苯丙氨酸为直接前体，在细胞质中经过一系列的酶促反应合成，其代谢途径经历5个阶段（图7-4）：第一阶段由苯丙氨酸到4-香豆酰CoA，受苯丙氨酸裂解酶（PAL）基因活性调控；第二阶段由4-香豆酰CoA和丙二酰CoA到二氢黄酮醇，4-香豆酰CoA在查尔酮合成酶（CHS）、查尔酮异构酶（CHI）和黄烷酮-3-羟化酶（F3H）基因活性的调控下，合成产生的黄烷酮和二氢黄酮醇在不同酶作用下，可转化为花青素和其他类黄酮物质。在这一阶段类黄酮途径出现了许多分支，如黄酮醇、鞣红、原花青素苷、异黄酮等重要代谢途径；第三阶段是各种花青素的合成，先是二氢黄酮醇还原酶（DFR）催化作用下生成各种无色的花青素，经花青素合成酶（ANS）和无色花青素双加氧酶（LDOX）作用将无色的二氢黄酮醇转化成有色的花青素，其中DFR是花青素合成过程中的关键酶；第四阶段是花青素骨架合成之后的修饰。许多花青素都要在一个或几个位点上经过甲基化、酰基化、羟基化、糖基化修饰，不同的修饰就形成了不同的花青素。多数花青素的糖基化是通过尿苷二磷酸葡萄糖-类黄酮葡萄糖基转移酶（UF-GT）和类黄酮-3-葡糖基转移酶（3GT）实现的；第五阶段是花青素苷的液泡转运与汇集。花青素的合成与修饰在细胞质和内质网膜上完成后，被转运到液泡中予以汇集与贮存，花青素的运输和积累在很大程度上可以影响植物的颜色表型，已经发现了一些花青素的液泡转运蛋白如MATE家族蛋白、谷胱甘肽转移酶（GST）和金属蛋白酶VP24，含有多重跨膜结构域，参加液泡中花青素的转运和汇集。

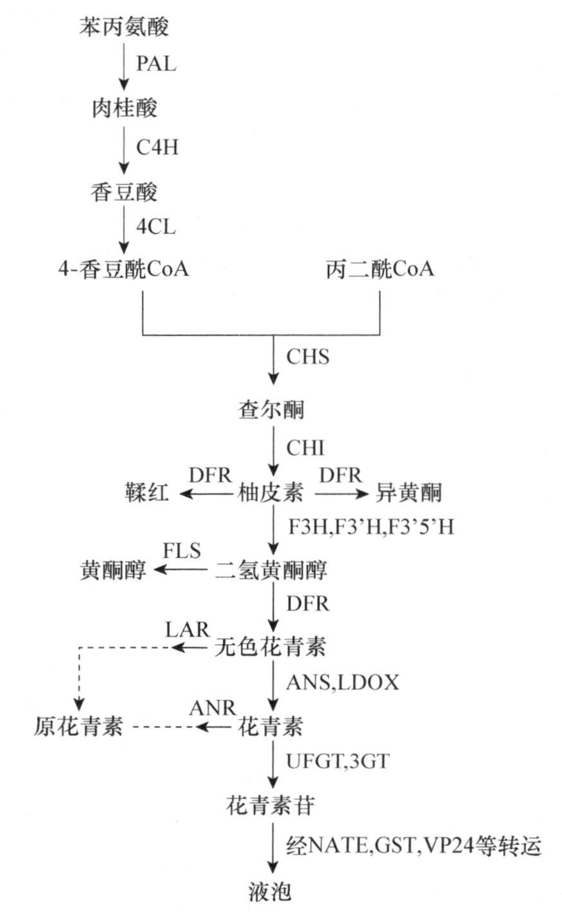

图7-4 花青素苷生物合成途径

PAL：苯丙氨酸解氨酶；C4H：肉桂酸-4-羟化酶；4CL：4-羟基肉桂酰辅酶A连接酶；CHS：查尔酮合酶；CHI：查尔酮异构酶；DFR：二氢酮醇-4-还原酶；F3H：黄烷酮-3-羟化酶；F3′H：类黄酮-3′-羟化酶；F3′5′H：类黄酮-3′，5′-羟化酶；FLS：黄酮醇合酶；LAR：无色花青素还原酶；ANR：花青素还原酶；ANS：花青素合成酶；LDOX：无色花青素双加氧酶；UFGT：尿苷二磷酸葡萄糖-类黄酮葡萄糖基转移酶；3GT：类黄酮3-O-糖基转移酶；GST：谷胱甘肽转移酶

果实花青素苷生物合成的会受到光照、温度、糖分、矿质营养和激素等因素的影响。光照是花青素苷合成的前提。如苹果花青素苷的积累在全光照50%内随光强增大而增加；一般相对较低的温度对果实着色有利，但不同种类和品种的果实着色适宜温度不同。如温度在20℃时，草莓果实花青素苷含量最高且着色效果也好，而39℃高温处理则抑制草莓花青素苷的合成；果蔬完熟期间，花青素苷的生

物合成与糖分的积累密切相关。对澳大利亚Shiraz葡萄（Goldschmidt，1980）的研究表明，果实中糖度达到11°Bx时出现了花青素苷，20～30 d后，花青素苷含量达到最高峰，此时糖度为21～24°Bx。此后，糖度虽然缓慢上升，但花青素苷的含量却有所下降；氮肥对果实着色影响很大，叶片和果实的叶绿素含量几乎随着氮素供应成比例增加，所以氮肥过多不利于花青素苷积累和果实着色。钾离子是糖代谢中许多酶的活化剂，可促进糖分运输，增加果实中糖含量，利于果实花青素苷合成和积累。如富士苹果树有机肥与磷酸钾配合使用，可显著提高果皮花青素苷含量和果实着色指数；磷及许多微量元素（Mn、Mo、B、Zn等）可参与糖代谢和运输，也有利于果实花青素苷积累和促进果实着色；ABA和乙烯能够显著促进葡萄、樱桃等果实着色和花青素苷的合成；通常外施GA会延迟或影响苹果等果实着色，也抑制草莓果实的花青素苷合成和叶绿素的降解，从而延迟草莓果实成熟；6-BA处理也可显著抑制荔枝果皮的花青素苷的合成。

7.3.3.2　风味形成

当果蔬达到一定的成熟度，就会呈现出特有的风味。其中导致果蔬风味变化的最主要原因是果蔬内部引起的化学成分的变化。一般情况下，随着果实的成熟，果实的香气增加、甜度加强、酸度下降、口感变好。

果蔬往往在开始成熟时散发出明显的香气，这与果蔬在成熟时所发生的许多酶促反应和非酶促反应有直接关系。因此，成熟度对芳香挥发物的产生有很大影响。对苹果、梨和香蕉等呼吸跃变型果实研究表明，绝大多数香气物质是在呼吸跃变开始之后大量产生的。如洋梨的特征香气成分2，4-癸二烯酸酯的生成量在呼吸和乙烯生成量达到高峰后的2～3 d内升到最高值。值得注意的是，在果蔬贮藏中，还常由于挥发性芳香物质的挥发损失，导致果蔬香气变淡。果蔬在减压贮藏中，这种变化尤其明显。

对于淀粉含量高的果实，由于淀粉水解使果实含糖量升高，果实甜度增加。例如，未成熟的香蕉果肉含淀粉20%～25%，当果实成熟后，淀粉几乎完全水解，含糖量从1%～2%迅速增至15%～25%。但是，采收时不含淀粉或淀粉含量较少的果蔬随着贮藏时间的延长，含糖量也会逐渐下降，从而使果实甜度下降，如番茄和甜瓜。果实中含糖量的变化不仅表现在总量上，而且不同的糖变化比例也是不同的。如甜瓜果实在成熟衰老期间，糖分组成经历了还原糖→蔗糖→还原糖的转化过程。在贮藏期间某些果蔬组织会出现糖分转移和再分配的情况。例如，西瓜在贮藏初期瓜瓤总糖量为6.64%，皮层总糖量2.92%，经过50d贮藏后瓜瓤总糖量下降至3.98%，而皮层总糖量则增至5.68%。

对于酸度，通常有机酸在果实生长早期积累，随着果实发育和成熟衰老趋于下降，这主要是由于有机酸在贮藏期间作为呼吸基质因呼吸消耗所致。并且，有机酸的消耗较可溶性糖降低得更快，所以经过长期贮藏的果实其糖酸比升高。贮藏温度越高，有机酸下降越快，糖酸比也就越高。

另外，许多未成熟的果实中含有大量的单宁，风味较差、涩味明显，如柿子、香蕉、葡萄、苹果等。随着成熟过程的进行，单宁迅速减少，果实涩味消失，风味有所提高。

然而，大多数蔬菜从成熟向老熟过渡时会逐渐失去其特有的风味。例如，衰老的蔬菜纤维增多、味变淡、色变浅、商品性降低。幼嫩的黄瓜，稍带涩味并发出浓郁的芳香，而当它向衰老过渡时，首先失去涩味，然后变甜，表皮渐渐脱绿发黄，到衰老后期则果肉发酸而失去食用价值。所以，在果蔬的采后贮藏中，保持果蔬特有的风味是检验贮藏效果的重要指标之一。

7.3.3.3　质地变化

（1）软化　软化几乎是所有果实完熟的一个重要特征。实际上，软化也是一种感官品质的变化。果实的软硬、松实、脆韧、腻粗等涉及适口性和风味的触觉性变化，都与果实软化有关。另一方面，软化的果实容易受到物理伤害和病菌感染。果实完熟伴随的软化是一个复杂的过程。其间经历了一系列生理生化的变化，包括细胞壁的降解、内含物的变化和乙烯的生物合成以及其他代谢变化。在此过程中，相关酶如PG、PE、Cx、XET等的活性及相关的生化物质发生了一些变化，并最终导致果实的成熟与软化。

（2）硬化　与软化不同，部分果蔬，尤其是根茎类蔬菜采后会出现硬度增加的现象，而采后硬度的上升同样对于果蔬品质是非常不利的。采后果蔬硬度增加主要是由于组织纤维化，甚至逐步转化成木质素，导致组织发生木质化。罗自生（2006）对采后竹笋贮藏的研究表明，采后贮藏期间，木质素和纤维素含量在逐渐增加，导致硬度增加。Cai 等（2006）研究得出，“洛阳青”等红肉枇杷果实采收硬度增加是组织木质化的结果，也是成熟衰老的重要特征之一。但是，木质化对植物的生长、发育、抗病及对环境适应性却有重要的生理作用。

7.4 病害与腐烂

果蔬采后病害也称贮运病害，一般是指在贮运过程中发病、传播、蔓延的病害，包括田间已被侵染，但尚无明显症状，在贮运期间发病或继续危害的病害。果蔬贮运病害可分为两大类：一类是非生物因素造成的非侵染性病害即生理性病害；另一类是病原微生物侵染引起的侵染性病害。

7.4.1 生理性病害与腐烂

7.4.1.1 低温伤害

（1）冷害　冷害（chilling injure，CI）又称寒害，指果蔬组织在其冻结点以上的不适低温所造成的伤害。冷害主要发生于原产于热带、亚热带的水果和蔬菜；另外，某些温带水果如苹果的某些品种，当在0～4℃下长期贮藏时，同样会产生冷害症状，例如皮层、果肉变色，出现焦斑病。值得注意的是，果蔬在冷害低温下贮藏时，往往并不立即表现出冷害症状，只有将其转移到较温暖的环境下才表现出来。由于冷害的发生具有潜伏性，因此其危害更大。

①冷害的症状　果蔬的冷害症状因果蔬种类和品种不同而存在较大差异，但概括起来主要表现为：果皮出现凹陷病斑、变色，严重时呈现水渍状，从而易被病原微生物侵染；果肉、微管束与种子变褐；组织发生变化，例如软化、降解等，进而影响到产品风味；失去了生长或发芽能力，特别是繁殖器官；果实不能后熟，或完熟时品质下降；严重的最终全部腐烂变质。常见果蔬的冷害症状见表7-6。

表 7-6　常见果蔬的冷害症状（王颉和张子德，2009）

果蔬	适宜贮温/℃	冷害症状
香蕉	12～13	表皮有黑色条纹、不能正常成熟，中央胎座硬化
鳄梨	5～12	凹陷斑、果肉和维管束变黑
柠檬	10～12	表面凹陷、有红褐色斑
芒果	5～12	表面无光泽、有褐斑甚至变黑、不能正常成熟
菠萝	6～10	果皮褐变、果肉水渍状、异味
葡萄柚	10	表面凹陷、烫伤状、褐变
西瓜	4.5	表皮凹陷、有异味
黄瓜	13	果皮有水渍状斑点、凹陷
绿熟番茄	10～12	褐斑、不能正常成熟，果色不佳
茄子	7～9	表皮呈烫伤状，种子变黑
食荚菜豆	7	表皮凹陷、有赤褐色斑点
柿子椒	7	果皮凹陷、种子变黑、萼上有斑
番木瓜	7	果皮凹陷、果肉水渍状
甘薯	13	表面凹陷、异味、煮熟发硬

②冷害过程中的生化变化

a. 呼吸异常　冷害条件下，果蔬的呼吸一般会发生异常变化。冷害开始阶段，果蔬呼吸速率异常增加，随着冷害程度加重，呼吸速率开始下降。当伤害程度不严重时，将果蔬由低温恢复到室温条件下，呼吸往往会迅速增强，一段时间后恢复正常，冷害严重时则不能恢复。另外，果蔬受到冷害后，组织的有氧呼吸受阻，无氧呼吸加剧，组织中乙醇、乙醛积累，呼吸商增加。因此，呼吸速率的变化可作为判断冷害程度的指标。

b. 乙烯生成量改变　当冷敏感果蔬贮藏于冷害临界温度以下时，乙烯生成量会发生改变。低温时ACC氧化酶活性较低，造成ACC积累而乙烯合成量较少；果蔬从低温转入室温时，ACC合成酶活性和ACC含量迅速上升，ACO活性和乙烯合成则取决于果蔬受冷害的程度。由于ACO存在于细胞膜上，其活性依赖于膜结构的完整性，冷害不严重时，及时将果实转入室温后，ACO活性大幅度上升，乙烯合成量增加，果实正常成熟；冷害发生严重时，细胞膜会受到永久性伤害，ACO活性很难恢复，导致乙烯合成量较少，果蔬不能正常后熟。

c. 代谢异常　在正常情况下，果蔬体内物质代谢和能量代谢等各个环节之间是协调平衡的。冷害温度下，大多数果蔬呼吸异常升高，CO_2释放量增加，氧化磷酸化能力下降，ATP供应减少；乙烯释放异常增加；氧化酶活性增强，蛋白质水解增强，游离氨基酸数量、种类增加；受伤组织中转化酶活性增强；淀粉酶活性下降；体内累积许多对细胞有毒的中间产物如乙醛、乙醇、酚类、醌类等，最终导致代谢异常。总之，果蔬遭受冷害后，正常的协调关系被破坏，整个代谢系统变得异常紊乱。

③冷害的预防与控制

a. 适温贮藏　一般来说，原产于热带的果蔬，如香蕉、芒果、柠檬等贮藏温度应在10～13℃以上；亚热带果蔬应在8～10℃以上；温带果蔬在0～4℃。不同生长季节的果蔬对冷害的敏感性也不同。例如，7月份采收的茄子比10月份的更易发生冷害，青椒等也有类似的现象。因此，避免冷害发生的根本措施是根据果蔬的种类、品种、产地、生长及采收季节，采取适宜的贮藏温度。

b. 温度驯化　其中主要的温度驯化包括缓慢降温、间歇升温和热处理。果蔬在贮藏初期进行缓慢降温是有效减轻冷害的措施之一。刚采收的鸭梨如果直接放入0℃冷库，很快就会出现黑心等冷害症状。一般可以采取逐步降温的办法，即从果实入库到0℃，整个降温时间大约为40～50 d来克服鸭梨冷害的发生。青椒在10℃预处理5～10 d后，可以减轻冷害。葡萄柚在10℃或15℃预处理7 d，可以减轻甚至完全抑制冷害的发生。此外，柠檬、番木瓜、西瓜、黄瓜、茄子、辣椒、西葫芦也有类似报道；间歇升温则是在果蔬低温贮藏期间，并未发生不可逆伤害之前，将贮藏温度升至冷害临界温度以上，可以避免冷害发生。例如，黄瓜5℃贮藏时，每隔2 d升温到18.2℃ 7 h，可以避免冷害的发生。桃在0℃贮藏时，每2周升温至20℃左右1 d，有助于保持果实本身特有的风味，同时减轻或防止果肉的粗糙、变褐。但是间歇升温不宜太频繁，这样会加速果蔬物质代谢，不利于延长贮藏期；热处理是低温贮藏前对果蔬进行适当的高温预处理。处理温度一般在30～50℃之间，空气加热或热水浸泡几小时到几天。研究发现，38～40℃高温预处理3 d，绿熟番茄组织会产生热激蛋白。在热激蛋白消失前，将果蔬放入2℃的低温进行贮藏，可以防止冷害的发生。

c. 气调贮藏　气体成分对冷害的影响因果蔬种类而异。对于大多数果蔬，如葡萄柚、西葫芦、油梨、日本杏、桃、菠萝等，适当降低O_2含量、提高CO_2含量在某种程度上可减轻冷害的发生。但有些对气体成分变化并无反应，如番木瓜；而石刁柏、甜椒在低O_2含量和高CO_2含量条件下，冷害反而加重。

d. 高湿贮藏　相对湿度接近100%时，在一定程度上可以减轻由冷害而引起的表面凹陷斑。相反在低湿条件下，果蔬皮下细胞间隙和细胞内水分蒸发加快，促进表面凹陷的发生。高湿贮藏并不能减轻低温对细胞的伤害，只是降低了果蔬表面水分的蒸腾，避免了组织失水，同时有效地延缓了凹陷斑的发生。

e. 化学物质处理　苯甲酸、乙氧基喹可以减轻黄瓜、甜椒的冷害；钙有助于维持细胞壁和生物膜的完整性，钙盐处理能减轻苹果、梨、鳄梨、番茄、秋葵等果蔬的冷害；红花油和矿物油处理可以减少果蔬失水，缓解低温贮藏条件下香蕉表面的变黑；一些杀菌剂，如噻苯唑、抑迈唑、苯诺明，可降低柑橘对冷害的敏感性。此外，ABA、乙烯或外源多胺处理也可以减轻果蔬冷害的发生。

(2) 冻害　贮藏温度低于冻结点时，由于结冰而产生的生理伤害叫作冻害。果蔬的冻结点与果蔬种类、细胞内可溶性固形物含量有关，通常在－0.5～－0.7℃。大多数果蔬，如桃、香蕉、黄瓜、番茄等发生冻害，组织结构一旦受损，就难以恢复正常状态；苹果、柿子和芹菜能忍耐－2.5℃左右的低温，可以进行微冻贮藏；菠菜、大葱的抗冻性最强，可以忍耐－9℃、－7℃的低温，缓慢解冻后仍能恢复正常状态。

①冻害症状　果蔬组织遭受冻害后呈水渍状，透明或半透明，有些色素发生降解后变成灰白色或褐色。产品短时间受冻，细胞膜不至于损伤，缓慢升温还可能恢复正常，长时间受冻则会使细胞膜受损，品质劣变。

②冻害的预防与控制　避免冻害发生的根本措施就是要根据果蔬的特性，掌握好贮藏温度，避免

果蔬较长时间处于冻结点以下。如果发现果蔬受冻，解冻之前尽量避免搬动，防止冰晶挤压再次损伤组织细胞。另外，解冻应注意要缓慢升温，应使冰晶融化速度小于或等于细胞的吸收速度。如果解冻速度过快，冰晶融化速度大于细胞的吸水速度，会造成汁液外流，导致组织结构破损，难以恢复。一般，果蔬在4.5～5℃下解冻较为适宜。

(3) 其他生理性病害

①生长发育期间营养失调　果蔬在生长发育期间营养失调会使果蔬失去生理平衡而引起生理性病害。其中钙营养失调对果蔬品质影响最大，往往造成组织坏死、粉绵、软腐、变色、开裂等缺钙症。另外，缺钙往往使细胞的膜结构削弱，抗衰老的能力减弱。钙含量较低，氮钙比值大时易引起苹果苦痘病、梨黑心病等；缺硼时往往表现为果小、畸形、木质化，果蔬内部出现褐色坏死斑点、龟裂、维管束变色，叶片增厚、皱缩、变脆、出现坏死斑等。例如苹果缩果病、柑橘硬化病、花椰菜褐变病等。

②高温热伤　温度过高，果蔬细胞内的细胞器变形，细胞壁失去弹性，细胞迅速死亡，严重时蛋白质凝固，出现热伤。其伤害表现为产生凹陷或不凹陷的不规则形褐斑，内部全部或局部变褐、软化、淌水，继而微生物侵入，导致严重腐烂。另外，果实短时间内接受高温及强光危害后，极易形成日灼斑，影响贮运。

③贮藏期间气体伤害　气调贮藏中要求 O_2 含量不低于3%～5%，热带、亚热带水果不低于5%～9%，CO_2 含量不应超过2%～5%，浓度过高会造成 CO_2 中毒。低 O_2 伤害和高 CO_2 毒害往往相伴发生，使果蔬进行无氧呼吸，产生乙醇、乙醛等有毒物质，引起果蔬组织变褐变坏；SO_2 常用于贮藏库消毒或将其充满包装箱内的填纸板以防腐，但浓度过高或消毒后通风不彻底，容易引起果蔬 SO_2 中毒，果蔬表面出现漂白或褐斑，形成水渍斑点，微微起皱，严重时以气孔为中心形成坏死小斑点，皮下果肉坏死等症状；乙烯伤害引起的症状通常是果皮变暗变褐，失去光泽、外部出现斑块甚至软化腐败，例如苹果粉绵病。

④水分失调　新鲜果蔬含水量较高，其细胞具有较强的持水力，可阻止水分渗透出细胞壁。但当水分的分布及变化失调，田间容易出现病害，并在贮运期间继续发展。例如，干旱季节生长的苹果易患苦痘病等缺钙性生理性病害。甜橙在生长期时，若旱后遇骤雨，果实短期内猛长，果皮组织疏松，易患枯水病。另外，果实生长期间降雨过多，果蔬在贮藏期间易诱发虎皮病等多种生理性病害。贮藏湿度过高也容易诱发果蔬生理性病害，如柑橘枯水病。

7.4.2　侵染性病害与腐烂

7.4.2.1　果蔬采后病害侵染

(1) 病原菌来源　引起果蔬贮运期间病害的病原菌主要来自受带菌土壤或病原菌污染的果蔬，已发病的果蔬和分布在贮藏库及工具上的某些腐生菌或弱寄生菌。

(2) 侵染过程　病原菌的侵染过程一般包括接触期、侵入期、潜育期和发病期四个时期。接触期是指从病原菌与寄主接触开始，至其完成开始侵入前的阶段；侵入期是指从病原菌开始侵入，到其与寄主建立寄生关系；潜育期是指从病原菌与寄主建立寄生关系到呈现症状；发病期是指随着症状的发展，病原真菌在受害部位形成子实体，病原细菌则形成菌脓，它们也是再侵染的菌源。由于病原菌侵染和繁殖，果蔬表面会出现深色的斑点，组织变得松软、发绵、凹陷、变形，逐渐变成浆液状甚至是水液状，并产生酸味、芳香味或酒味等。

(3) 常见的病原菌及其侵染病症　果蔬侵染性病害最常见的现象首先是霉菌在果蔬表皮损伤处繁殖或者在果蔬表面有污染物黏附的区域大量繁殖。病原菌侵入果蔬组织后，首先破坏组织壁的纤维素，进而分解果胶、糖类、蛋白质、淀粉、有机酸，然后酵母菌和细菌开始繁殖。其中匍枝根霉(*Rhizopus stolonifer*)是引起果蔬病害的常见病原真菌，可使患病瓜果腐烂淌水；青霉(*Penicillium*)可以引起苹果、梨、葡萄、柑橘等的青霉病和绿霉病，是贮运期中主要病原菌；曲霉(*Aspergillus*)危害不如青霉严重，芒果在贮运中遭受冷害后极易被黑曲霉(*Aspergillus niger*)侵染引发曲霉病，果实病斑不规则形；木霉(*Trichoderma*)常引起水果腐烂，往往在贮藏后期出现；白地霉(*Geotrichum candidum*)一般会引起柑橘、荔枝、番茄等酸腐病；镰刀菌(*Fusarium*)是常见的瓜果腐烂病原菌之一，会引起果斑、心腐或果端腐烂；葡萄孢菌(*Botrytis*)侵害草莓的花朵造成灰霉病；刺盘孢菌(*Colletotrichum*)侵害香蕉表皮从而导致香蕉炭疽病；盘长孢菌（*Gloeosporium*）则侵害苹果的皮孔，从而导致苹果皮孔病；边缘假单细胞杆菌（*Pseudomonas marginalis*）会引起芹菜、莴苣、甘蓝的软腐病；胡萝卜欧式杆菌（*Erwinia carotovora*）会导致大白菜、辣椒、胡萝卜等蔬菜发生软腐病，也可侵染水果；葱腐葡萄孢菌（*Botrytis allii*）引起洋葱的颈腐病；盘梗霉属（*Bremia* sp.）会引起莴苣的霜霉病；黄单胞杆菌属细菌（*Xanthomonas campestris*）常引起芒果发生细菌黑斑病，又称细菌角斑病。

7.4.2.2 防治措施

（1）农业防治　农业防治是最基本、最经济的病害防治措施。在果蔬生产中，采取有效的农业措施如合理施肥、合理修剪、合理灌溉、保持田园卫生等，使果蔬在适宜的环境中生长，不仅可以增强果蔬的抗病性，同时避免病原菌繁殖和侵染，以达到减轻侵染性病害发生的目的。

（2）物理防治　物理防治主要是通过控制贮藏环境中的温度、湿度、气体成分等，或采用热处理及利用射线辐射处理等方法来防治果蔬病害。

一般认为，适宜的低温环境可以抑制真菌孢子的萌发和菌丝的生长，从而减少果蔬的受侵染程度。但若温度过低，果蔬遭受冷害或冻害时，受伤组织抗病性明显降低，腐烂率增加。在低温贮藏过程中，一定要注意避免温度的剧烈波动。例如，大部分苹果品种在−1～0℃时贮藏效果很好，但如果贮藏温度上升到2～3℃或者产品没有冷却到要求的温度，苹果组织易变软。同时，适宜的高温（热处理）可以杀灭病原菌。从 Faweett（1922）首次报道用热水浸泡防治柑橘炭疽病至今，已报道过十几种温带和热带果实经过不同热处理后，可防治20多种病原菌的危害。例如，用44℃水蒸气处理草莓30～60min，在不考虑对草莓本身伤害的基础上可有效减少因葡萄孢和根霉引起的腐烂病。但热处理仅局限于果蔬表面或表皮内数层细胞，杀死或钝化附着或侵入表皮的病原菌。

改变气体成分对果蔬采后病害具有一定的抑制作用。提高贮藏环境中的 CO_2 含量可明显抑制病原菌菌丝的生长。如10.4%的 CO_2 时，青霉菌、根霉菌的菌丝生长和孢子的形成均受到抑制。降低贮藏环境中的 O_2 含量也可抑制真菌的生长，如 O_2 含量低于2%时，青霉菌、根霉菌的生长受到抑制，腐烂率降低。

利用 ^{60}Co 等放射性同位素产生的射线对贮藏前的果蔬进行照射处理，也可以达到防腐保鲜的目的。该技术关键在于适宜的辐射剂量，只有在无损果蔬的风味、香气和质地的前提下抑制病原菌，才能获得良好的防腐效果；另外，研究报道臭氧（O_3）处理对黑莓采后保鲜效果极佳。O_3 具有极强的氧化能力，它能破坏微生物的细胞膜，尤其在低温高湿条件下，对霉菌、酵母菌的抑制能力更显著。国内已有关于在苹果、梨、柑橘、西瓜、蒜薹等果蔬保鲜中的应用。但 O_3 只能杀灭果蔬表面的病原菌，对已侵入内部的病原菌无抑制作用，浓度太高还可能会对果蔬造成伤害。

（3）化学防治　通过低温贮藏、改变空气成分等物理防治措施，虽然可以在一定程度上减轻病害的发生，但并不能从根本上保护果蔬免于微生物侵染。采用化学防治，包括采用杀菌剂、防腐剂、消毒剂等，或者利用植物生长调节剂仍然是目前最有效地防治果蔬病原菌导致腐烂的措施。但是，一定要把握使用剂量、适用范围、处理时间和方法。

杀菌剂可分为保护剂和治疗剂两种。保护剂在病原菌侵入之前使用，对果蔬和贮藏环境起保护作用，非内吸性杀菌剂均属保护剂，如代森锌、退菌特、波尔多液等；治疗剂在已经被病原菌侵染发病或未发病的果蔬上使用，用来消灭已侵入的病原菌，这些治疗剂的内吸性强，如多菌灵、特科多等。采后应用杀菌剂的选择应取决于病原菌对药剂的敏感性、药剂穿透寄主障碍层到感染部位的能力。

（4）生物防治　生物防治是利用有益微生物及其代谢产物以达到防治果蔬病害的方法。其作用机理是通过利用拮抗微生物产生的抗生素，拮抗菌和病原菌之间在营养、空间和氧气的竞争，或直接在病原菌上附生并诱发寄主的抗病性，达到以菌制菌、改善微生态环境及果蔬表面微生态平衡的目的。其中，抗生素的产生是大多数抑制病原菌生长繁殖的主要作用机理。

Janisewicz（1988）已成功将苹果表面分离出来的抗生菌用于防治采后病害。Biles（1990）发现拮抗酵母 US-7 可附着在根霉的菌丝上，同时产生葡聚糖酶和几丁质酶，促使病原菌菌丝溶解。范青等（2001）从桃果实表面分离到的隐球酵母（*Cryptococcus albidus*）和丝孢酵母（*Trichosporon* sp.），能预防苹果灰霉病和青霉病。美国于1995年首次开发了用于果实采后病害生物防治的商品化产品 Biosave100、Biosave110 和 Aspire。随后，南非也开发了 Avogreen 和 Yieldplus 等果实采后病害的生物防治产品。

思考题

1. 请谈谈贮藏环境中温度波动对贮藏产品的影响及其原因。

2. 请说出呼吸作用与果蔬贮藏间的关系。

3. 果蔬主要苦味来源有哪些？其与贮藏加工之间有什么关系？

4. 为什么采后果蔬蒸腾作用会最终导致果蔬走向成熟衰老？

5. 跃变型果实与非跃变型果实和乙烯之间有什么关系？

第 8 章

谷物与薯类的生物化学

本章学习目的与要求

1. 掌握谷物与薯类中主要化学成分及其特点；
2. 掌握谷物与薯类中的酶及微生物种类以及它们的潜在作用；
3. 熟悉谷物在贮藏过程中的品质劣变（陈化、霉变等）机制及其影响因素；
4. 掌握马铃薯与甘薯在贮藏过程中的生化变化及其机制。

8.1 谷物

谷物是指单子叶纲禾本科植物，包括稻米、小麦、玉米、小米、黑米、荞麦、燕麦、薏仁米、高粱等。广义的谷物则包括豆类、油料作物等。

谷物栽培有五千年以上的历史，可食用部分主要是谷物的种子果实。谷物作为中国人的传统饮食，几千年来一直是老百姓餐桌上不可缺少的食物之一，也是重要的能量和营养素来源，在我国的膳食中占有重要的地位。谷物种子含有生命所需的宏量营养素（蛋白质、脂肪、碳水化合物），膳食中60%～70%的热能和约50%的蛋白质来自谷物。谷物也是膳食中矿物质（20%的镁、锌）、维生素（特别是B族维生素）及其他微量营养素的重要来源。由于谷类种类、品种、生长的地区、生长条件和加工方法的不同，其营养成分有很大差别。

依据世界粮油组织（FAO）公布的数据估算，全球人均谷物产量近年来维持在340～380 kg，占据超过60%的世界食品总产量。尽管在一些国家，特别是工业化的国家中，基于谷物的产品消耗相对减少，但谷物在人类营养摄取中的重要作用仍保持不变。这都要归功于谷物具有的高能量、良好的耐储存性以及谷物产品的多样化。

“民以食为天，国以粮为本”，谷物是人类赖以生存的生活物质，是人类发展的重要物质基础。谷物有丰富的营养素，是我们身体能量的主要来源之一，合理的谷物摄入对维持机体的健康至关重要。此外，全谷物（如黑米、荞麦、燕麦、薏仁米、高粱等杂粮）因其突出的保健功效，近年来受到了许多消费者的青睐。近年来，我国粮食产量稳步增长，谷物供应基本自给，但是，每年因变质、发霉造成的粮食产后损失数量巨大。因此，坚持科技为先，大力实施“藏粮于地、藏粮于技”战略，加强粮食生产科技支撑，提升粮食储运科技水平，全链条推动节粮减损，牢牢把住国家粮食安全的主动权，确保中国人的饭碗牢牢端在自己手中。本章节主要探讨的是与谷物加工、储藏等过程相关的生化变化。

8.1.1 谷物原料中的主要生化物质

未精制的谷物（全谷物）含有大量的维生素、矿物质、糖类、脂肪、油脂、纤维素以及蛋白质，但是在精制的过程中会去除糠和谷物胚芽，留下的胚乳中占绝大多数的是淀粉（占60%～70%）、蛋白质（占10%～15%）、来源于细胞壁的非淀粉类多糖（占3%～8%）以及脂肪（占1%～5%）。谷物中还有一些功能性生化成分，比如酚类物质、类胡萝卜素、木酚素、植物甾醇、生物碱、植酸和肌醇、矿物质、维生素、谷胱甘肽、二十八烷醇、谷维素，这些功能性成分均表现出对人体的生理作用和生物学活性，但是绝大多数都存在于糠和谷物皮层。在本书第3、4、5章中，有对淀粉、脂肪、蛋白质的详细介绍，所以本章只简要介绍一些功能性成分的生物活性（二维码8-1）。

二维码 8-1 谷物中的主要生化物质

（1）酚类 酚类化合物是芳香烃环上的氢被羟基取代的一类芳香族化合物，由于酚羟基极易失去氢电子，故酚类化合物可作为良好的电子供体而发挥抗氧化功能。据报道，酚类物质具有抗氧化、降血糖、抗肿瘤和消除自由基等作用。谷物中含有较多抗氧化物，这些物质主要是一些酚酸类或酚类化合物，它们主要存在于谷物外层，谷物皮层部位的抗氧化活性明显强于其淀粉胚乳部位，而且全谷物的抗氧化活性远高于精制谷物。

稻谷抗氧化成分最主要是阿魏酸；小麦麸皮抗氧化成分主要有阿魏酸、香草酸、香豆酸；燕麦主要为儿茶素、阿魏酸、香草酸、香豆酸、香草醛、对羟基苯甲酸、邻羟基苯甲酸等这部分物质可以富集制取，作为天然抗氧化剂。全谷物酚类化合物的抗氧化性与其含量正相关，在小麦、大麦、黑麦、燕麦、荞麦等谷物中，酚类物质与其总抗氧化活性的相关系数分别为0.96（全谷粒），0.99（壳），0.80（麸皮），0.99（含胚芽的胚乳）、1.00（稻米）。白米，红米、黑米的花青素含量依次升高，其抗氧化活性也依次增强。

（2）类胡萝卜素 全谷物中的类胡萝卜素主要是指叶黄素、玉米黄素、β-隐黄素、α-胡萝卜素和β-胡萝卜素，这些物质是在谷物生长过程中生成的色素，可以保护谷物机体减少内部的氧化损伤（二维码8-2）。在目

二维码 8-2 全谷物中的类胡萝卜素

前所研究的全谷物中，玉米的类胡萝卜素含量较高，达1 515 μg/100 g，其中叶黄素和玉米黄素含量最高，而小麦中则含有更多的叶黄素。对11种不同的软质和硬质小麦品种中类胡萝卜素的分布情况研究发现，3种硬质小麦的叶黄素含量在26～143 μg/100 g，8种软质小麦的叶黄素含量在80～110 μg/100 g，11种小麦中玉米黄素含量在8～27 μg/100 g，β-隐黄素的含量则是1.0～13.5 μg/100 g。

(3) 木酚素　木酚素是谷物细胞中木质素（一种构成细胞壁的成分）的原始物质。谷物食品是人类食物中木酚素的最重要来源，谷物中木酚素含量为2～7 mg/g，比亚麻籽中的含量低，但比蔬菜中的含量高很多。

(4) 植物甾醇　植物甾醇具有明显降低血清胆固醇的功效，在大豆油、菜籽油、葵花籽油等植物油中含量丰富，但小麦和其他谷物的皮层中也含有植物甾醇，以β-谷甾醇为主（二维码8-3）。小麦糊粉层中的总甾醇水平比其他谷物皮层或全麦粉高出很多，全籽粒黑麦中的甾醇含量可以达到100 mg/100 g以上。

二维码8-3　谷物中的植物甾醇

(5) 生物碱　生物碱是一类含氮杂环类物质，生物碱没有统一分类，与大多数其他类型的天然化合物相比，生物碱的特征在于其很大的结构多样性。虽然大部分的生物碱对于人体有毒，但是在一定的剂量范围内，一些生物碱可在体内转化成对人体有益的物质（如胆碱、甜菜碱等），具有保健功效。生物碱主要存在于谷物皮层中，精加工会大大减少其含量。谷物皮层中甜菜碱的含量高达1%，焙烤过的小麦胚芽中仍含有152 mg/100 g的胆碱和1 240 mg/100 g的甜菜碱。

(6) 植酸和肌醇　植酸学名六磷酸肌醇酯，在谷物等植物种子中以植酸钙形式存在。米糠、麦麸皮、玉米皮等都富含植酸，其中米糠中的含量最高。植酸于1872年由Pfeffer首先发现，至今已有100多年的历史，是自然界中普遍存在的重要天然物质，广泛存在于谷物类植物中，种子、豆类、麦类均富含植酸。作为种子中磷酸盐和肌醇的主要贮存形式，植酸在植物体中不是独立存在的，它同二价、三价阳离子结合形成不溶性的复合物。大米的植酸含量为1.0～1.4 mg/g，全麦粉的植酸含量为6～10 mg/g，精粉的植酸含量为2～4 mg/g，玉米面、小米面及高粱面中植酸的平均含量为10 mg/g，燕麦、裸麦及大麦的植酸含量介于4～7 mg/g，小麦麸皮的植酸含量为25～58 mg/g，燕麦糠的植酸含量为20 mg/g，大米米糠的植酸含量则为58 mg/g。

(7) 蛋白质　根据1895年Osborne提出的分类方法，可将植物来源的蛋白质分为溶于水的清蛋白(albumins)、溶于稀盐溶液的球蛋白（globulins）、溶于70%乙醇的醇溶蛋白（prolamins）和只溶于稀酸或稀碱的谷蛋白（glutenins）。以上各类蛋白质的氨基酸组成和生物学效价存在较大不同，最值得注意的是清蛋白中赖氨酸含量很高，球蛋白中胱氨酸含量很高，而醇溶蛋白中赖氨酸和胱氨酸含量均很低。

在小麦、大麦、玉米籽粒中含量最高的储藏蛋白是醇溶蛋白，占蛋白质总量的30%～60%。醇溶蛋白含有大量的脯氨酸，但是缺乏必需氨基酸赖氨酸，生物效价比较低。在小麦中，醇溶蛋白和麦谷蛋白是组成面筋的主要成分，二者共同决定面团的黏弹性，是决定小麦加工品质的主要因素。面粉中的面筋蛋白吸水形成面筋网络，形成具有一定弹性、延伸性、可塑性的面团。

禾谷类谷物中，稻米和燕麦蛋白质氨基酸组分相对平衡，蛋白质的营养效价也较高，这是因为稻米和燕麦中醇溶蛋白只占蛋白质的5%～10%，而谷蛋白才是主要的储藏蛋白，至少占蛋白质总量的50%以上。稻米中蛋白质含量在最外层最高，越往籽粒中心越低，富含蛋白质的亚糊粉层只有几层细胞位于糊粉层下面，碾白时很容易碾去。因此，人们希望对稻米进行尽可能轻的碾磨，以便保留一些亚糊粉层蛋白质和其他微量营养素。赖氨酸是糙米和白米蛋白质中主要的限制性必需氨基酸。在稻谷其他部分（特别是谷壳）中，含硫氨基酸是限制性氨基酸，而米糠蛋白质的赖氨酸较丰富。在赖氨酸含量较少的大米蛋白质中，谷氨酸含量则较高。

正常成熟稻谷的游离氨基酸约占全部含氮化合物的1%。胚的游离氨基酸含量最高，其次为糠，白米最低。游离氨基酸集中在白米粒的外层，越靠近中心其含量越低。虽然已观察到稻米胚乳横切面的蛋白质分布模式存在着品种差别，然而在常规碾磨时，被碾去的都只是一层胚乳细胞。

(8) 脂肪　稻米的脂肪含量取决于品种、成熟度和生长条件。米糠和白米脂肪含量受碾磨精度和碾磨工艺的影响，碾米过程中，果皮、内种皮、糊粉层、胚及部分胚乳被逐步碾去，但是进一步碾白，甚至碾去整个籽粒的20%后，仍有部分含脂肪较多的胚留存在胚乳上。稻米的大部分脂肪随同米糠（包括胚）和“白糠”一起被碾去。市售米糠含脂肪10.1%～23.5%，“白糠”含脂肪9.10%～11.5%，糙米和白米则分别含脂肪1.5%～2.5%及0.3%～0.7%。

稻米和其他谷物一样，胚和糊粉层含脂肪最多，以脂肪滴或脂肪球状体形式存在。脂肪球状体是一种亚显微结构，直径约为0.5 μm。胚芽鞘细胞的脂肪球状体直径更小。糊粉粒外部的脂肪含量比糊粉粒内部高得多。种皮中含有一种脂肪物质，而且其糊粉粒被脂肪染色物质鞘包裹着。胚的脂肪含量最高，糊粉层次之。碾磨时大约80%的糙米脂肪随糠和“白糠”一起碾掉；米糠脂肪约有1/3来自胚。脱胚糙米的含脂量相当于其外层脂肪总量的70%，而其外层重量仅为脱胚糙米重量的8%。对41个试样的测定结果表明，糙米样品含脂量为1.9%～2.9%，与其蛋白质含量无相关性。白米仅含0.3%～0.6%可抽提脂肪。在稻米胚乳中已观察到脂肪体，但大部分胚乳脂肪却与蛋白体结合在一起，形成膜脂蛋白。据测定，离体蛋白体含脂量为白米脂肪总量的80%，而其蛋白质含量占蛋白质总数的76%。此蛋白体具有单层膜源于质体的复合淀粉粒，也具有富含脂肪的膜。

稻米脂肪主要是三酰甘油，并有少量磷脂、糖脂及蜡质。三种主要脂肪酸是油酸、亚油酸和软脂酸。主要的糖脂有酰基固醇糖苷和固醇糖苷及二糖基甘油二酯或神经酰胺单己糖苷。稻米中各种脂肪的分布是不均匀的。中性脂和极性脂的大致比值在米糠中为90∶10，在淀粉质胚乳中为49∶51，在淀粉中为37∶63。因此，米糠主要含中性脂，而胚乳则含较多的极性脂。

（9）碳水化合物　淀粉是稻米的主要碳水化合物，占白米固形物的85%～90%。在普通稻米中，直链淀粉含量占淀粉总量的12%～35%。蜡质米（糯米）中，直链淀粉含量就低得多。印度型稻米直链淀粉含量一般比日本型稻米高。糙米含2.0%～2.5%的戊聚糖，而白米为1%～2%。糙米和白米的含糖量（主要是蔗糖）分别为0.6%～1.4%和0.3%～0.5%。更多关于谷物淀粉粒、淀粉结构的内容请参见本书第3章糖类及其代谢。

（10）矿物质　白米外层的灰分和矿物质含量显著高于其中心部位。果皮含钙丰富。有研究学者将白米粒分为三部分：胚、脊部和腹部。钾和磷主要集中于胚部，粗蛋白则集中于腹部。植酸磷约占米糠总磷的90%，但仅占白米总磷的40%。

（11）维生素　大米中维生素A、抗坏血酸和维生素D含量很少甚至没有，磺胺素、核黄素、烟酸（维生素 B_3）、吡哆素（维生素 B_6）、泛酸、叶酸、肌醇、肌碱和生物素的含量低于糙米，比米糠、白糠和胚更低。

8.1.2　谷物原料中的主要酶类和微生物

8.1.2.1　谷物原料中的酶类

谷物中的酶种类繁多，其中与谷物品质关系密切的主要是水解酶类和氧化还原酶类，包括淀粉酶、蛋白酶、脂肪酶、过氧化物酶等，酶类与谷物的储藏性、营养品质和谷物制品的加工品质有着密切的关系。

（1）淀粉酶　淀粉酶（amylase）又称为淀粉分解酶，广泛存在于动植物和微生物中，而存在于谷物中的淀粉酶经发芽后含量会有大幅度的提高。淀粉酶属于水解酶类，是能催化淀粉水解转化成葡萄糖、麦芽糖及其他低聚糖的一类酶的总称，它能催化淀粉、糖原和糊精中的糖苷键。淀粉酶一般作用于可溶性淀粉、直链淀粉、糖原等α-1，4-糖苷键葡聚糖，水解α-1，4-糖苷键，但淀粉酶很难对完整的淀粉粒发生酶解作用，而破碎淀粉粒及可溶解淀粉对淀粉酶的作用比较敏感。根据其对淀粉作用方式的不同，可分四类：作用于淀粉分子（包括糖原）内部的α-1，4-糖苷键的α-淀粉酶；从淀粉分子链的非还原末端逐次水解麦芽糖单位，作用于α-1，4-糖苷键的β-淀粉酶；从淀粉分子链的非还原末端逐次水解葡萄糖单位，作用于α-1，4-糖苷键以及分支点α-1，6-糖苷键葡萄糖淀粉酶；只作用于糖苷以及支链淀粉分支点α-1，6-糖苷键的异淀粉酶，又称脱支酶。

（2）酯酶　酯酶作为能够分解酯键的酶类，在谷物中主要是脂肪酶和植酸酶两种酶类影响其食用品质。脂肪酶（lipase，甘油酯水解酶）是水解油脂酯键的一类酶的通称。谷物中的脂肪酶作用于脂肪产生游离脂肪酸，促进了脂肪氧合酶的作用，从而使食品具有不良的风味。因为脂肪酶作用而产生不良风味的现象常被称为脂肪的水解酸败。在正常情况下，原粮中脂肪酶与它所作用的底物由于细胞的隔离作用，彼此不易发生反应，但制成成品粮以后，给酶和底物创造了接触的条件，所以原粮比成品粮更容易保藏。粮食在储藏期间，当水分含量较高时，由于脂肪酶作用，脂肪水解产生脂肪酸和甘油等。脂肪酸含量升高会导致粮油变味，品质下降。另外，这对谷物种子的生活力也有较大的影响。

植酸酶（phytase，肌醇六磷酸水解酶）属于磷酸单脂水解酶，是一类特殊的酸性磷酸酶。植酸酶的主要作用是抑制谷物中植酸的抗营养作用、提高谷物中磷的利用率、替代饲料中的磷酸氢钙等。在谷物储藏过程中，若储粮环境条件适于微生物的活动，由于植酸酶的作用，谷物中的植酸磷（有机磷）的含量会降低。在一定条件下，无机磷含量增加，如小麦在变质初期，由于植酸酶水解的作用，生成无机磷的速度，甚至比脂肪酶增加得更快，所以谷物中植酸的含量与变化，也常作为粮食品质变化的一个指标。

(3) 蛋白酶　谷物中如小麦、大麦等含有少量的蛋白酶类，如在小麦籽粒中蛋白酶主要位于胚及糊粉层内，酶活性很高，而胚乳中酶活性很低。蛋白酶对面粉的品质有很大的影响。蛋白酶可以改变面粉中的面筋性能和面团特性，使面团弹性降低、面团的延伸性增强。例如，在制作烘烤食品时，一般面粉中的蛋白酶的活性较低，不能对面筋蛋白质进行分解，而新磨制的面粉中半胱氨酸残基含有未被氧化的巯基是蛋白酶的强力活化剂，在面团发酵的过程中，能激活蛋白酶活性从而水解蛋白质使面团发黏，破坏面团的网络结构，降低面团的持气能力，导致面团发酵体积小、弹性差和易裂，面包体积小，板结僵硬。为了避免上述情况，面粉磨后须熟化一段时间或添加氧化剂使巯基氧化，从而防止蛋白酶的激活，保持面筋蛋白质的正常性能。

8.1.2.2　谷物原料中的微生物

微生物在自然界中广泛存在，谷物原料在生长、收获、储存的过程中均会有大量的微生物伴随，包括细菌、酵母和霉菌等。

①细菌　在新收的稻谷籽粒上，细菌带菌量在微生物区系中占90%以上，其中主要是植生假单胞菌在谷物上占优势，它对谷物基本是无害的，随着谷物上霉菌的增加而减少。细菌分析记录表明，在正常的稻谷籽粒的外部和内部所发现的细菌有64种，带菌量达1万到几千万之多。由于细菌生长需要较高的水分，所以，在一般的谷物储藏中很难活动，它对正常谷物的储存的危害作用是有限的。

②霉菌　据报道，谷物上分离出来的霉菌约200种。其中曲霉属就有26种，青霉属67种，毛霉目30种。此外还有毛壳菌属和丝梗孢目15属。霉菌侵染谷物时能分泌出活性很强的酶系，分解谷物的有机物质，生长繁殖很快，对储粮危害极大，危害最严重而又普遍的是曲霉、青霉及镰刀菌，在后续的内容中会详细介绍其危害。

8.1.3　谷物原料储藏中的主要生化过程及其调控

8.1.3.1　呼吸作用

谷物产品收后的呼吸状态与收前基本相同，在某些情况下又有一些差异。采前产品在开阔环境中，氧气供应充足，一般进行有氧呼吸；而在收后的储藏条件下，产品可能放在较为封闭的环境中，容易产生无氧呼吸。在储藏期应防止产生无氧呼吸。但当产品体积较大时，内层组织气体交换差，部分无氧呼吸也是对环境的适应，即使在外界氧气充分的情况下，谷物中可能也在进行一定程度的无氧呼吸。

8.1.3.2　影响谷物储藏稳定性的主要因素

在世界范围内，粮食损失占总产量的3%～10%，在我国粮食损失维持在8%左右。在粮食储藏中，影响谷物稳定性的因素很多，主要有空气湿度、温度、气体、微生物等。下面将详细介绍这些影响因素。

(1) 水分含量　通常粮食一年收获一次，在某些热带地区收获两次，但是谷物的消费则是全年都在进行，因此，实际上所有的粮食都需要储藏。谷物收获时通常水分含量较低，呼吸作用程度很低。当谷物水分含量升到14%以上时，呼吸作用就会显著增加，产热也会随之增加。在极端潮湿的气候条件下采收会导致谷物的水分含量过高，不利于安全储藏，这种情况就需要先对谷物进行干燥再入库储藏。若储存中不受气候影响而又能防止害虫及鼠类的危害，粮食可以储存数年。谷物的水分和环境湿度是息息相关的，具体来说，当粮食暴露在空气中时，粮食本身的水分含量会与环境湿度达到一个平衡值，称为平衡相对湿度（equilibrium relative hu-

midity，ERH）。当环境相对湿度大于80%时，粮食的水分含量会急剧上升；微生物会在75%相对湿度下快速繁殖，导致粮食品质劣化；相对安全的谷物储藏湿度范围在70%以下。尽管储粮方法多种多样，但是不论以何种方式储藏，控制粮食的水分含量总是至关重要的。

（2）温度　温度是影响粮食安全储藏的主要因素之一。在粮食储藏过程中，温度主要影响粮食本身的呼吸作用，同时影响粮食害虫的生长以及粮食微生物的生长。温度对酶促反应有直接的影响，呼吸作用是包含酶催化的一系列生化过程，因此呼吸作用对温度变化很敏感。谷物呼吸作用最适温度一般在25～35℃。粮食体内的某一个生化过程能够进行的最高温度或最低温度的限度分别称为最高点和最低点，在最低点与最适点之间，粮食的呼吸强度随温度的升高而加强。当温度升高10℃时，反应速率增大2～2.5倍，这种由温度升高10℃而引起的反应速率的增加，通常以温度系数（Q_{10}）表示。当储藏条件发生变化时，粮食自身的呼吸作用也会产热，从而加剧粮温的上升。此外，温度还会小幅改变ERH，温度上升或下降10℃会引起3%的ERH变化。

（3）气体　空气中的氧气与水一样都是自然界普遍存在的物质。氧的反应性很强，易于和许多物质发生反应：氧化粮食中的某些成分，降低其营养价值，甚至有时产生过氧化物等，使粮食的外观发生变化。通常情况下，谷物在储藏过程中几乎不可避免地受到氧的影响，即使处于休眠或干燥条件下，谷物仍进行各种生理生化变化，这些生理活动是粮食新陈代谢的基础，又直接影响粮食的储藏稳定性。

粮堆的呼吸作用是粮食、粮食微生物和储粮害虫呼吸作用的总和。粮食籽粒在储藏中的呼吸强度可以作为粮食陈化与劣变速度的标准，呼吸强度增加，也就是营养物质消耗加快，劣变速度加速，储藏年限缩短，因此粮食在储藏期间维持正常的、低水平呼吸强度，保持粮食储藏期间基本的生理活性，是粮食保存的基础。但强烈的呼吸作用对储藏是不利的：首先，呼吸作用消耗了粮食籽粒内部的储藏物质，使粮食在储藏过程中干物质减少，甚至丧失商品价值。呼吸作用愈强烈，干物质损失愈多；其次，呼吸作用产生的水分，增加了粮食的含水量，造成粮食的储藏稳定性下降；另外，呼吸作用中产生的CO_2积累，将导致粮堆无氧呼吸进行，产生的酒精等中间代谢产物，将导致粮食生活力下降，甚至丧失，最终使粮食品质下降。

（4）光　光照在粮食储藏过程中的作用几乎没有报道，原因大概是粮食储藏过程中很少经受光线的直接照射。紫外线可能缩短收获前的种子寿命和加速储藏种子的变质。日光中的紫外线具有较高的能量，能活化氧及光敏物质，并促进油脂的氧化酸败，油脂在日光的紫外线作用下，常能形成少量的臭氧，与油脂中的不饱和脂肪酸作用时就形成臭氧化物，臭氧化物在水分的影响下，就能进一步分解为醛和酸，使油脂酸败变苦。另外，在日光照射下，油脂中的天然抗氧化剂维生素E会遭到破坏，抗氧化作用减弱，因此，油脂的氧化酸败速度也会增加。另外，油脂在550 nm附近的黄色可见光谱具有最大吸收。因此，550 nm附近的可见光对油脂氧化影响很大。

8.1.3.3　谷物在储藏过程中的陈化现象

粮食在储藏过程中，虽没有霉变，但是随着储藏时间的延长，酶活力减弱，呼吸作用降低，原生质胶体结构松弛，物理化学性质改变达到一定程度时，种用品质、食用品质、工艺品质劣变，这种现象称为粮食陈化。

粮食陈化的生理变化主要表现为酶活性、代谢水平的变化。在储藏中，粮食生理变化依赖于酶的作用，若酶的活性减弱或丧失，其生理过程也会随之而减弱或停止。随着陈化的进行，粮食生活力逐渐丧失，与呼吸作用有关的酶类（如过氧化氢酶）活性趋于降低，呼吸作用也随之减弱；而水解酶类，如植酸酶、蛋白酶和磷脂酶活性都增加。

粮食在储藏中由于自身代谢产物（如吲哚乙酸、阿魏酸和一些脂类氧化产物）积累也会导致粮粒衰老和陈化。据报道，一些不饱和脂肪酸分解游离基与其他脂类起反应，能使细胞膜结构破坏。衰老的种子里，高尔基体散开并失水，溶酶体膜破裂，引起细胞解体，同时细胞膜也丧失完整性而通透性增强。有胚的粮食在陈化进程中粮粒的生活力与发芽率下降，随着细胞的劣变，细胞膜通透性增强，浸出液电导率增高。

粮食陈化程度可以由一些酶的活性变化加以反映。稻谷储藏初期含有活性较高的过氧化氢酶和淀粉酶，随着储藏时间延长，这些酶的活性大大减弱，稻谷生活力也下降。据测定结果，稻谷在储藏三年后过氧化氢酶活性降低80%，淀粉酶活性基本丧失。大米在储藏中过氧化氢酶活性丧失，呼吸作用也趋于停止。所以，测定粮食代谢水平就采用过氧化氢酶的活性作为指标之一。

通常情况下，在粮食陈化进程中，脂肪变化最为迅速，蛋白质其次，淀粉变化很微弱。粮食储藏过程中，由于脂肪易于水解，游离脂肪酸在粮食中首先出现。特别是在环境条件适宜时，储粮霉菌开始繁殖，分泌出脂肪酶，参与脂肪水解，使粮食中脂肪酸增多，粮食陈化加深。陈化进程中，蛋白质的水解和变性程度也会增大，蛋白质水解产物游离氨基酸含量上升，酸度增加。蛋白质变性后，空间结构松散，肽键展延，非极性基团暴露，蛋白质由溶胶变为凝胶，溶解度降低，粮食陈化程度加深。而淀粉则部分水解成麦芽糖与糊精；继续水解，还原糖增加，黏度下降。

粮食陈化时物理性质变化很大，表现为粮粒组织硬化，柔性与韧性变弱，米质变脆，米粒起筋，身骨收缩，淀粉细胞变硬，细胞膜透性增强，糊化及吸水率降低，持水率亦降低，米饭破碎，黏性较差，口感有“陈味”（二维码8-4）。

二维码8-4　陈化粮介绍

（1）影响粮食陈化的因素　影响粮食陈化的外在因素主要有如下几个：

①粮堆的温度和湿度　温度是影响粮食陈化最主要的因素之一，温度升高一方面会促使粮食呼吸，加速内部物质分解；另一方面温度达到一定程度后又会使蛋白质凝固变性。水分是影响陈化的另一方面因素，粮食含水量增加，呼吸加快，陈化速度加快。水分还会与温度相互促进，加速陈化过程。有研究表明，粮食在正常状态下储藏，温度每降5～10℃，水分每降1%，储藏时间可延长一倍。因此，要想减缓粮食的陈化速度，首先要把粮食的温度、水分控制在一定范围内。

②粮堆中的杂质　粮堆中的杂质直接关系到储藏稳定性，有些杂质，如草籽，体积小，胚占比例大，呼吸强度大，产生湿热多；有些杂质，如叶子、灰尘、粉屑等往往携带大量的微生物、螨、害虫等随粮食入库而进仓，而粉状细小的杂质往往又容易堵塞粮堆内的孔隙，影响粮堆的散热、散湿，是粮堆局部结露、霉变、发热、生虫的重要因素。

③粮堆中的微生物和病虫害　粮堆中的微生物主要是霉菌，不仅分解粮食中的有机物质，而且还可能产生毒素，如黄曲霉毒素B_1，有的霉菌孢子还会滋养害虫，因此，粮堆中微生物的大量繁殖是导致粮食发热，加速粮食陈化的重要因素。害虫危害不仅会减少粮食的数量，增加虫蚀率，降低发芽率，而且还容易导致粮食的发热、霉变、变色、变味，降低粮食质量。

④粮堆中的气体成分　粮堆中的气体成分是影响储藏寿命的另一重要因素，当粮食在安全水分条件下，粮堆中氧气浓度下降，二氧化碳浓度上升.能减缓粮食内部营养物质的分解，减缓粮食陈化速度。

⑤化学杀虫剂　有些化学杀虫剂能与粮食形成化学反应，形成药害，加速粮食分解劣变的过程，常用的化学杀虫剂如溴甲烷中的溴可以和粮食中的不饱和脂肪酸中的双键发生加成反应。小麦，面粉能吸收少量的磷化氢，生成磷酸化合物，氯化物能与粮食发生反应，降低发芽率。因此，从减缓粮食陈化速度的角度而言，要尽可能减少化学药剂使用的剂量和次数。

影响粮食陈化的内在因素由种子的遗传和本身质量决定。在正常储存条件下，小麦、绿豆储藏的时间长，稻谷、玉米等储藏时间短，这是由粮食本身的遗传因素决定的。同时，粮食的本身质量也决定陈化速度，籽粒饱满的陈化速度慢，甚至有些粮食在田间生长的条件也会影响到储存性能。

（2）减缓粮食陈化速度的方法

①合理设计粮仓，提高储粮性能　普通粮仓可以采用吊双层顶棚，贴墙体隔热、防潮保护层，铺设地面隔热、防渗层的方式改造；新建粮仓要确保顶棚、墙体、地面全方位隔热、防潮、防渗设施完备，应具有良好的通风功能，粮仓门窗应有密闭和隔热性能，也可挂棉帘加强保护。入仓前对空仓彻底消毒；并设置防虫线、防鼠板、防雀网，防止虫、鼠、雀危害。

②重视入仓检测，把控粮食质量　粮食入仓时要尽可能剔除粮食中的有机杂质，将杂质总量控制在0.5%以下；将粮食水分降到标准水分，主要粮种的标准水分是：玉米14.0%，水稻14.5%，小麦12.5%，大豆13.0%；尽可能降低粮食温度，采用翻晾、通风、深夜入仓均可。

③健全管理制度，加强日常管理　严格粮情检

查，适时做好防虫检查，连续检测粮温、水分，一旦发现问题，要及时处理。秋凉后适时撤出压盖、解除密闭、加强通风，将粮温降下来，春暖前及时压盖、密闭，保持较低粮温，做到低温储粮。

(3) 谷物在储藏过程中的霉变现象　粮食霉变的实质是微生物分解和利用粮食中有机物质的生物化学过程，实质上就是微生物以粮食为营养基质，进行消化、吸收和利用的营养过程，这个过程包括了微生物进行物质代谢和能量代谢的生物化学反应。

微生物的物质代谢，包括分解代谢和合成代谢两个方面。前者是微生物将粮食中复杂的有机物质，先在细胞外分解为低分子化合物，然后吸收，再在细胞内氧化分解，获得营养、转化和释放能量的过程；后者则是微生物利用储存能量，以低分子的中间代谢物质为原料，合成新的细胞物质的过程。微生物在粮食及其制品上活动时，并不能直接吸收粮食中的营养物质，必须依靠其分泌的胞外酶，在细胞外将粮食中大分子物质（淀粉、纤维素、蛋白质和脂肪等）水解为可溶性的低分子物质，才能吸收到细胞内加以利用，这是微生物进行营养的基本特点。因此，微生物在粮食上的代谢活动，保证了微生物自身的生长、发育和大量繁殖，其结果反映在粮食上，便是霉变的发生和发展。由此可见，粮食霉变的生物学基础是微生物与环境所进行的物质交换和能量转化。

霉变往往与粮食发热紧密相连，发热的粮堆如不及时处理，就会进一步恶化以致霉烂变质。因此，霉变大都发生在粮堆最易发热的部位。但是，在通风状况良好的情况下，粮堆有时已严重霉变，但由于热量及时散发，发热现象不易被察觉。

①粮食霉变的过程和表征　在适于微生物代谢活动的条件下，粮食霉变中的生物化学反应是一个连续过程，但也有一定的发生与发展的阶段性。因此，根据微生物对粮食中有机物质的分解程度和出现的表观症状，通常可把粮食霉变过程分为 3 个阶段：初期变质阶段、生霉阶段和霉烂阶段。

a. 初期变质阶段　早期霉变是微生物在有利的环境中开始代谢活动，并与粮食及其制品建立腐生关系的阶段。此时，微生物在适宜的条件下分泌出各种酶类，分解粮粒中的有机物质，破坏粮粒表面组织，继而侵入内部，导致粮食开始霉变。此时粮温可能出现不正常上升，粮粒表面湿润，散落性降低，失去原有的色泽和香气，并伴有轻微的异味。粮食的脂肪酸值和酸度增加，霉菌总量增多。如及时诊断，早期处理，则可防止粮食发展到“生霉”阶段。

b. 生霉阶段　生霉阶段是微生物在粮食上进行旺盛的代谢活动，强烈分解粮食和大量繁殖的时期。在粮食胚部或破损处开始出现菌落（霉点或霉块），霉菌总量剧增，产生“长毛”和“点翠”等肉眼可见的霉变现象。此外，在霉粮区中，湿热逐步积累、粮温每天以 2～3℃的速度升高，最高可达 45～50℃，并伴有霉味、甜味甚至酸味。已经出现生霉现象的粮食及其制品，不是霉变的生物化学变化刚刚开始，而是已经发展到相当明显或较为严重的程度。

c. 霉烂阶段　后期霉变阶段是微生物对粮食进一步腐解的生化过程。在霉粮区出现严重的霉味、酸味和异臭，粮粒变形、成团结块，此时粮温可升至 65℃，粮粒变形，菌丝缠绕，甚至结块成团，产生腐臭气味，完全失去使用价值。

粮食霉变各阶段进程的快慢依赖于环境条件，特别依水分和温度对微生物代谢活动的适宜程度而定，几天至数周或更长时间不等。粮食霉变的生物化学过程，还会由于环境条件的变化而加剧、减缓或停止。所以，在粮食储藏工作中，应加强对粮情的监测和分析，以便及早发现储粮初期的变质，及时采取措施，控制或改变环境条件，抑制微生物代谢活动，阻止粮食霉变生物化学过程的发展，有效地防止粮食中期霉变，避免粮食“霉变事故”的发生。

②粮食霉变中主要成分的生化变化　粮食中的糖类，通常是以淀粉为主的多糖，其次是纤维素、半纤维素和果胶质。此外还有少量的低聚糖（蔗糖、麦芽糖、棉籽糖和水苏糖）和单糖（葡萄糖、果糖等）。多糖和低聚糖必须经过微生物分泌的胞外酶水解为单糖后，才能被微生物吸收进入细胞，再继续一系列的生物化学反应，一部分供给细胞物质的组成，另一部分转变成代谢产物和能量。

a. 淀粉的生物化学变化　粮食上大多数霉菌因具有淀粉酶，能将淀粉分解，如曲霉属、青霉属、根霉属和毛霉属等。一些细菌，主要是芽孢杆菌属和梭状芽孢杆菌属，如枯草芽孢杆菌、马铃薯芽孢杆菌和淀粉梭状芽孢杆菌等，也能使淀粉分解。绝大多数酵母菌不能使淀粉分解，但少数特殊的酵母，如拟内孢霉属的酵母和彭贝裂殖酵母能分解淀粉。微生物分泌淀粉酶的种类和能力有所不同，有的可直接把淀粉水解为葡萄糖或麦芽糖，有的则只能将淀粉水解成糊精，再由其他淀粉酶进一步水解成麦芽糖和葡萄糖。蔗糖是粮食中存在的非还原糖，含量不多，可在微生物的蔗糖酶（转化酶）作用下，分解为葡萄糖和果糖，其他低聚糖也可在微生物分泌的相应酶类作用下分解为单糖。

微生物分解淀粉和蔗糖的产物——单糖和麦芽糖，都是水溶性还原糖，所以，在粮食霉变的糖类变化中，突出地表现为还原糖量相对增加，而非还原糖量则因被微生物分解而呈规律性地下降，并与粮食中的霉菌量呈高度负相关，这在小麦、玉米等许多粮食的霉变试验中，均已得到证实。因此，在评价粮食品质和储藏稳定性时，常以此为指标。另外，微生物分解淀粉和蔗糖的结果，使粮食干物质大量损耗，既损失淀粉，又损失糖分。从而，降低了粮食工艺品质和营养价值。

单糖和麦芽糖都是粮食微生物很好的碳源和能源，直接被微生物吸收后，在无氧条件下，通过不同的发酵途径，会产生有机酸、酮、醛和醇等代谢产物，使粮食酸度增高，变色变味；在有氧条件下，可被彻底氧化成 CO_2 和水，大量产热，恶化储粮环境。糊精与水分的产生，易使粮食成团结块，面粉等加工面制品更易发生，从而降低粮堆的透气性，伴随着湿度、温度增高，为微生物分解代谢提供了更为适宜的环境。

b. 纤维素和半纤维素生物化学变化　纤维素和半纤维素是粮食籽粒的皮层和外壳等保护组织的主要成分。纤维素是由 β-1，4 糖苷键连接而成的葡萄糖多聚糖。能够分解纤维素的微生物都具有纤维素酶，纤维素在酶作用下，水解为纤维二糖，再经纤维二糖酶的作用生成葡萄糖。粮食上能分解纤维素的霉菌不多，主要有木霉属、毛壳菌属以及一些曲霉、青霉。半纤维素主要是多聚戊糖和多聚已糖。多聚戊糖被微生物分解，可生成木糖和阿拉伯糖，多聚已糖分解产物主要为半乳糖。这些单糖都是微生物可以直接利用的碳源。

但是粮食上常见的细菌和酵母菌，大多不能分解纤维素和半纤维素。所以，在粮食霉变之初，霉菌率先分解破坏粮粒的皮壳组织，为其他微生物的分解危害打开方便之门，这也是霉菌危害性大的一个原因。

c. 果胶质的生物化学变化　果胶质是粮食细胞间质——中胶层的主要成分，在甘薯块根和马铃薯块茎中含量较多。果胶质的存在保证了粮食细胞组织的完整性和固有形态。果胶质分解能力强的微生物，主要有黑曲霉、米曲霉和灰绿青霉等霉菌，以及细菌中的枯草芽孢杆菌和马铃薯芽孢杆菌等。这些菌类都具有分解果胶质的一套酶系。

分解产物戊糖和半乳糖醛酸，均可被微生物作为碳源和能源直接吸收利用。霉变过程中，果胶质的微生物分解，造成粮食细胞组织解体，会使粮粒和薯块变软而失去固有形态，所以，软化、变形、腐烂和结块等都是粮食严重霉变的明显症状。甘薯的软腐病，就是黑根霉分解甘薯果胶质而造成的。

d. 粮食霉变中脂类的生化变化　脂肪也是粮食中重要的储藏物质，禾谷类粮食的脂类含量很少，主要分布在籽粒的种胚和糊粉层中，油料种子富含脂肪，如芝麻（46%～65%）、大豆（20%），大多存在于子叶里。

脂肪分解菌是指产生脂肪酶，使脂肪分解为高级脂肪酸和甘油的菌类。霉菌如黄曲霉、黑曲霉、烟曲霉、灰绿青霉、娄地青霉、脂解毛霉和白地霉，细菌中有芽孢杆菌属、假单胞杆菌属和微球菌属等可以分解脂肪。能分解脂肪的酵母不多，常见的有解脂假丝酵母。

微生物分解脂肪的初级产物——高级脂肪酸，是比较稳定的化合物。除微生物吸收利用外，高级脂肪酸容易在霉变的粮食、油料或油品中积累起来，导致粮油的脂肪酸值（酸价）增高。经对500份小麦、玉米、高粱和大豆等粮食样品的检测，证实脂肪酸值与霉变粒百分率之间具有很高的相关性。因此，人们常以粮食、油料的游离脂肪酸的含量及其增高速率，作为粮食开始劣变的灵敏指标。

游离的高级脂肪酸被微生物吸收后，在有氧环境中，可通过 β-氧化途径，逐个被氧化成乙酰辅酶A，乙酰辅酶A进入TCA循环，被彻底氧化为 CO_2 和水，同时可产生大量的热量。乙酰辅酶A也可在不同合成酶系的催化下，分别参与合成微生物细胞的脂类、氨基酸等物质。

当环境中氧气不足的情况下，一些曲霉和灰绿青霉、徘徊青霉等微生物类群，则不能将脂肪酸彻底氧化，当脂肪酸氧化进行到一酮基脂酰辅酶A水解时，即被脱羧酶催化脱羧，生成低级酮类，使霉变的粮油呈现“酮型酸败”。这些酮类物质，就是使酸败变质的粮油发出辛辣臭味和变苦的物质。其中，有些酮类如甲戊酮等是有毒物质，这是霉变中由于微生物的解脂作用使粮油带毒的原因之一。

甘油被微生物吸收后，可在甘油激酶的作用下，生成一磷酸甘油，经过脱氢，生成磷酸二羟丙酮，即可进入主流代谢途径（EMP-TCA）而彻底氧化，反之，磷酸二羟丙酮也可沿着 EMP 的逆反应，合成微生物体内的糖类物质。

e. 粮食霉变中蛋白质的生化变化　谷类粮食中蛋白质含量为 8%～10%，以谷蛋白为主，而在豆类和某些油料种子中蛋白质含量更高，可达 30%～40%，以球蛋白为主。蛋白质不仅是人类和动物营养所必需，也是微生物不可缺少的氮素营养。

粮食上的微生物大多具有不同程度的蛋白质分解能力，其中最强的是霉菌，如青霉属、曲霉属、毛霉属、根霉属、木霉属和单端孢霉属等，细菌主要是枯草芽孢杆菌。

微生物分解利用蛋白质时，先分泌蛋白酶到细胞外，将蛋白质水解成为短肽后再透入细胞，细胞内的肽酶进而将肽水解成氨基酸。在霉变中，粮食中蛋白质来源的氮减少，但在通常情况下，霉粮的总氮不会减少，有时反而会增加，这主要是微生物大量繁殖所形成的物质转化的结果。

不同的微生物在相应的酶系催化下，氨基酸可直接被用于微生物自身新蛋白质的合成，除此之外，氨基酸也可通过脱氨基作用和脱羧基作用进一步被分解，生成各种代谢产物：氨、硫化氢、吲哚和类臭素等物质可使霉变的粮食腐败发臭；产生的有机酸不断积累致使粮食酸度会增高；另一些产物如硫醇类等黄色物质，能使粮食发褐变色，促进褐变反应，使粮食失去原有色泽；二元氨基酸经脱羧后，能生成二元胺，如腐胺、尸胺、精胺以及色胺、酪胺和组胺等，不仅使粮食发出恶臭，还会使粮食及其制品带毒，严重影响食品安全性。

8.2　薯类

薯类作物又称根茎类作物，主要包括甘薯、马铃薯、山药、芋头等，常常种植在丘陵地带。马铃薯又称土豆、洋芋等，其块茎可供食用，是重要的粮食、蔬菜兼用作物，中国最大的马铃薯种植基地是黑龙江省。马铃薯产量高，营养丰富，对环境的适应性较强，现已遍布世界各地。马铃薯的加工食品种类繁多，如炸薯条、薯片、速溶全粉、淀粉以及花样繁多的糕点、蛋卷等，多达 100 余种。甘薯又称番薯、红薯、地瓜等，起源于墨西哥以及从哥伦比亚、厄瓜多尔到秘鲁一带的热带美洲。16 世纪末，甘薯从南洋引入中国，中国的甘薯种植面积和总产量均占世界首位。甘薯的根分为须根、柴根和块根，其中块根是储藏养分的器官，是供食用的部分，有纺锤形、圆筒形、球形和块形等多种形状。块根还具有根出芽的特性，是育苗繁殖的重要器官。非洲、亚洲的部分国家以甘薯作主食。甘薯还可制作粉丝、糕点、果酱等食品。在工业上，甘薯可用来提取淀粉，广泛用于纺织、造纸、医药等方面。木薯原产于美洲热带，全世界热带地区广为栽培。其块根可食，可磨木薯粉、做面包、提供木薯淀粉和浆洗用淀粉乃至酒精饮料。还有一些薯类如山药、紫甘薯等，近年来受到消费者的追捧，这是因为山药中存在一些特殊的山药多糖，而紫甘薯则富含花青素，这些成分都被认为具有一定的保健功效。

薯类营养丰富，不仅含有大量蛋白质、淀粉，在维生素和矿物质、氨基酸的构成种类方面，薯类和谷物相比，丝毫不甘下风，是粮谷类主食的优秀替代者。薯类主粮化已成为保障我国粮食安全的新措施，但其基础研究相对于“大作物”如水稻、小麦等还存在较大距离。下文简要介绍一些薯类的功能性成分。

8.2.1　薯类原料中的主要功能性物质

（1）维生素　马铃薯中含有多种维生素，它们主要分布在块茎的外层和顶部，目前在马铃薯中发现的维生素有：维生素 A、维生素 B_1、维生素 B_2、维生素 B_5、维生素 B_6、维生素 PP 及维生素 C，其中维生素 C 最为丰富。红薯中的胡萝卜素含量较高，可帮助身体抵抗辐射，红薯的 B 族维生素含量很高，其中维生素 B_1、维生素 B_2 的含量比大米分别高 6 倍和 3 倍。虽然蔬菜富含维生素，但是极易在烹调过程中损失，而薯类中的维生素具有良好的热稳定性。用马铃薯和菠菜进行烹调实验，比较两者加工后维生素的剩余量。结果，菠菜水煮后只剩下 50%～70%，土豆即使去皮水煮，还剩余 83%左右的维生素。

（2）花色苷　紫甘薯是甘薯的一个特殊品种类型，因其薯肉富含花青素类红色素而引起许多学者的关注。紫甘薯所含的花青素，以 C_6-C_3-C_6 为基本骨架，为类黄酮系化合物，具有类黄酮的典型结构，即 2-苯基苯并吡喃阳离子［R＝H、OH 或 OCH_3］，是一类具有保健功能的活性成分。花色苷的糖苷配基是以 3，5，7-三羟基-2-苯基苯（并）吡喃为基本骨架，其结构是由母核苯环中的取代基、羟基和甲氧基的数量及位置决定的。它具有预防心血管疾病、降血脂、保肝、抗炎症、防癌抗癌的保健功能，而抗氧化活性被视为花色苷的基础生物活性。紫甘薯里的花色苷含量最多，因此紫甘薯的抗氧化作用也是最强的。花色苷表现出的这种健康促进功效引起了消费者的广泛关注，使得彩色薯类具有更高的营养和经济价值，在食品、化妆品、保健食品等许多新领域得到开发利用（二维码 8-5）。

二维码 8-5　紫薯花色苷

（3）蛋白质　薯类中的蛋白质含量通常在 1%～2%之间，但是薯类蛋白质的质量相当于或优于粮食蛋白质。马铃薯块茎中所含蛋白质主要由盐溶性球蛋白和水溶性蛋白组成，其中球蛋白约占 2/3。从氨基酸组成来看，马铃薯中的蛋白质几乎含有所有的必需氨基酸，特别是含有的赖氨酸和色氨酸，可以与粮食中蛋白质在一定程度上互补。甘薯蛋白质的蛋白质质量与大米相近，而赖氨酸含量高于大米。

新鲜山药、芋头上面附着一层黏液，主要成分是黏液蛋白。黏液蛋白的结构还不清楚，但是研究表明黏蛋白能防止黏膜损伤，助人预防胃溃疡和胃炎。马铃薯、甘薯中的黏液蛋白，能软化血管，也可降低血液胆固醇，预防心血管系统的脂质沉积，有利于防止动脉硬化，减少心血管疾病的发生。

（4）非消化性多糖　非消化性多糖对人体的营养保健功能受到越来越多的关注，研究表明，甘薯总膳食纤维、不溶性膳食纤维、可溶性膳食纤维含量平均值分别为 16.05、11.89、4.16 g/100 g（以干物质计）。总体来看，薯类的纤维素含量虽不及蔬菜，但水溶性的纤维素含量很高，可以促进肠胃蠕动，改善胃肠环境，防治便秘效果更好。

山药是常见的薯类食物，也可以入药，山药中主要的功能性成分就是山药多糖。从组成来看，山药多糖是甘露糖、木糖、阿拉伯糖、葡萄糖和半乳糖组成杂多糖，从功效来看，山药多糖具有增强免疫、延缓衰老、抗肿瘤、降低血糖等多种药理作用。山药多糖的结构与功效的研究已成为近年来山药研究的热点。

（5）矿物质　马铃薯、甘薯都是高钾低钠食物，可降低高血压和中风发病率，高血压患者可以放心合理食用。紫甘薯中含有硒、铁、钙等，有抗疲劳和补血的功效，特别是硒，具有增强机体免疫力的作用。

8.2.2　薯类原料中的主要酶类和微生物

8.2.2.1　薯类原料中的酶

薯类原料中存在丰富的酶类，特别是一些常见的薯类作物中，如马铃薯、木薯等薯类原料中，均富含有酶类，这些酶类包括多酚氧化酶、淀粉合成酶等多种酶类。

（1）多酚氧化酶　马铃薯块茎内含有大量的多酚氧化酶，也是引起马铃薯酶促褐变的主要的因素。马铃薯中含有丰富的酚类化合物，尤其是酪氨酸，是 PPO 的主要底物。有结果表明，多酚氧化酶仅作用于邻苯酚，对对苯酚、间苯酚和一元酚无作用。以邻苯二酚为底物，多酚氧化酶的最适 pH 条件是中性偏弱酸性，最适温度范围为 20～30℃，高温条件下能有效抑制酶活性，而还原性物质（如 $NaHSO_3$，NaS_2O_5，抗坏血酸和 *L*-半胱氨酸）对多酚氧化酶有强烈抑制作用，可有效防止褐变。在 80℃处理 2min 酶的活性基本丧失，但是马铃薯淀粉加热可能变性，所以在加工中不宜采用加热防止褐变。在加工时可控制 pH 在 4.5 左右，抑制酶的活性，减少马铃薯产生的酶促褐变。

（2）过氧化氢酶　薯类作物中也含有大量的过氧化氢酶类，尤其是马铃薯中的过氧化氢酶含量较高。研究表明，马铃薯中过氧化氢酶的最适反应 pH 为 6.0，最适反应温度为 60℃，5 种抑制剂对酶促褐变均具有抑制作用，强弱依次为抗坏血酸＞半胱氨酸＞亚硫酸氢钠＞柠檬酸＞EDTA，2 种激活剂硫酸铜、氯化铁对酶促褐变均具有促进作用。

（3）淀粉合成酶　淀粉合成酶是一种多型性酶，定位于叶绿体和淀粉体。淀粉合成酶以寡聚糖为前体、ADP-葡萄糖为底物，通过 α-1，4-糖苷键不断增加寡聚糖的葡萄糖单位，最终合成以 α-1，4-糖苷键连接的多聚糖，多聚糖又将作为淀粉分支酶的底物合成支链淀粉。淀粉合成酶依据在提取液中与淀粉粒的结合程度，分为颗粒结合型淀粉合成酶（granule-bound starch synthase，GBSS）和可溶性淀粉合成酶（soluble starch synthase，SSS）。GBSS与淀粉粒紧密结合在一起，而SSS与淀粉粒结合程度较弱。此外，它们在催化方式、细胞学定位、结构组成上也存在差异。

腺苷二磷酸葡萄糖焦磷酸化酶（ADP-glucose pyrophosphorylase，ADPGPase）是植物淀粉生物合成过程中的一个起关键性调节作用的酶。马铃薯中ADPGPase分子质量约为206 ku，是由51 ku大亚基和50 ku的小亚基组成的异源四聚体，定位于块茎、匍匐茎、根、叶和茎中，块茎和叶中含量较多。

ADPGPase催化淀粉合成前体物质ADPG的形成（glucose-1-P＋ATP→ADPG＋PPi）。作为淀粉合成第一步，ADPGPase存在两种方式的调节作用：一种是变构调节，即通过激活因子3-PGA与抑制因子Pi的比率来控制酶的活性，减少小亚基Cys 12中二硫键；另一种是共价调节，即铁氧还蛋白-硫氧还蛋白系统介导调节ADPGPase活性。据文献报道，变构调节作用酶的最大活性出现在5～8 mmol/L Mg^{2+}、ADPG/PPi为1.3、pH为7.5的条件下。此外，果糖-1，6-二磷酸、RuBP、DTT等对ADPG-Pase的活性具有轻微激活影响，ADP、NADP、AMP等对ADPGPase具轻微抑制作用。

8.2.2.2 薯类原料中的微生物

薯类原料主要是薯类的块茎部分组成的，所有的块茎均是生存在土壤中，而土壤是富含微生物的场所，1 g表层泥土可含有微生物107～109个，因此马铃薯等薯类作物的块茎表面会污染大量的微生物，包括细菌、放线菌、霉菌等微生物均会在薯类的块茎表面出现。

薯类表面的微生物中，多数是无害的，对人体有害的病原菌主要是大肠杆菌、霉菌等。在薯类表皮分布的大肠菌群多于在组织内部的数量，这是因为薯类在生长过程中，其块茎会受到土壤中的微生物和灌溉水中的病原菌不断侵袭。相关的研究表明，大肠杆菌等细菌随灌溉水渗入土壤深层，大肠菌群随灌溉水渗透的深度和数量与土壤的理化性质有直接的关系。块茎的致密表皮可以起到保护作用，有效阻截外界微生物侵入到块茎内部，但是在营养成分吸收或者受到虫害过程中，表皮的保护作用会降低。

霉菌是黏附在薯类块茎上的真菌，在薯类的储存过程中，当环境中的温度及湿度有利于生长时，就会诱发薯类的霉变。霉变过程中主要的霉菌包括黄曲霉、红曲霉等，霉变的薯类会产生如黄曲霉毒素等有毒物质，危害人体健康。

8.2.3 薯类原料储藏中的主要生化过程及其调控

作为鲜薯储藏的薯类原料主要是指马铃薯和甘薯，以延长加工时间。而木薯一般不作鲜薯长期储藏，除生产淀粉外主要是加工成木薯片，以延长储藏时间。

8.2.3.1 马铃薯储藏中的主要生化过程及其调控

（1）马铃薯储藏中的主要生化过程　马铃薯收获后仍然是一个鲜活的有机体，它的块茎既是储藏器官又是繁殖器官，仍存在旺盛的生理生化活动（包括呼吸、蒸腾、休眠等）。储藏是一个降低或延缓其生理活动的过程。呼吸作用是马铃薯收获后具有生命活动的重要标志，既可以维持马铃薯生命活动的有序进行，增强其耐贮性和抗病性，同时也会导致马铃薯的营养消耗、失水、组织老化、重量减轻、品质下降。马铃薯块茎刨出土壤后，其体内水分就开始向外“蒸发”，称之为蒸腾。新鲜马铃薯含水量高达75%～80%，收获后适当散失水分，即晾干表皮，有利于储藏。处于休眠期的块茎，自身养分消耗量减少。对马铃薯储藏保鲜来说，休眠是一种有利的生理现象。马铃薯的冷害临界温度为0℃，长期储藏在这一温度界限下，马铃薯将会发生冷害。冻害是冰点以下的低温对马铃薯造成的伤害，马铃薯的冰点温度约为－0.6℃。在外界温度降至0℃以下时，储藏的马铃薯必须要注意保温，以预防冷害和冻害的发生。

（2）影响储藏的环境因素　影响马铃薯储藏的因素可分为内因和外因两个方面：内因主要包括马铃薯品种的抗病性和耐贮性；外因主要包括储藏环境的温湿度、气体成分、光照条件以及机械伤和病虫害等。其中，储藏环境的温湿度在外因中占有主导地位，对储藏马铃薯的影响因子达95%以上。

①温度　储藏温度是决定马铃薯储藏时间和质量的主要影响因素。根据薯块在储藏期间的生理、

生化变化，不同用途的块茎对储藏温度有不同的要求：

a. 菜用薯　菜用薯要在黑暗且温度较低的条件下储藏，最佳储藏温度为4～6℃。菜用薯块茎受光照变绿后，龙葵素含量增高，人畜食用后可引起中毒，轻者恶心、呕吐，重者妇女流产、牲畜产生畸形胎，甚至有生命危险。

b. 加工薯　不论淀粉、全粉或炸片、炸条等加工用马铃薯，都不宜在太低温度下储藏，加工原料薯储藏适宜温度为6～10℃。

c. 种薯　种薯储藏时间一般较长，因此应尽量选择库温比较稳定、控温性较好的库储藏，种薯最佳储藏温度为2～4℃。

②湿度　适宜的储藏湿度是减少马铃薯损耗、保持块茎新鲜的重要条件，当储藏温度满足条件后，相对湿度应控制在85％～95％。

③气体成分　马铃薯块茎在储藏期间要进行呼吸作用吸收氧气放出二氧化碳和水分。如果通气不良，将引起二氧化碳积聚，从而引起块茎缺氧呼吸，养分损耗增多，还会因组织窒息而产生黑心。

(3) 储藏损失的类型　马铃薯和其他作物一样，由于收获和处理期间的继续代谢和损伤、腐烂、皱缩和发芽而导致采后损失率有时达30％以上。在储藏过程中，未成熟块茎由于脱水造成的失重高于成熟块茎，高温储藏马铃薯损失远大于低温储藏。变青是马铃薯储藏期间存在的严重问题，马铃薯变青受品种、成熟度、温度和光照的影响。马铃薯储藏在较高的温度下会发芽，导致明显的损失。发芽的马铃薯不适用加工和家庭消费。为了延长储藏时间，马铃薯常置于低温（0～1.1℃）下储藏，在此温度下大多数马铃薯都易遭受冷害。块茎中微红或者大斑点是冷害的主要症状。热伤是由于马铃薯在贮运期间或在包装间经受高温造成的，它与阳光直射是相联系的，但是任何能使表面组织升高到48.9℃或更高温度的因素都能产生热伤。储藏中的马铃薯常会出汗（或称结露），即块茎外表面出现微小的水滴，这种现象的发生主要是由于块茎与储藏环境温差造成。马铃薯在收获和运输期间，由于擦伤、切伤、跌落、刺破和敲打都易造成机械伤，机械伤会加速马铃薯失水。马铃薯由于本身携带病菌，在适宜条件下病菌迅速蔓延导致薯块严重腐烂，而且薯皮表面由虫害和病害造成的伤口，也会增加块茎的水分损失。

(4) 贮前处理技术

①储藏设施处理　在马铃薯储藏前一个月要将库内杂物、垃圾清理干净；通气。在马铃薯入库前10～15 d要将储藏库的门、窗、通风孔全部打开，充分通风换气；在马铃薯贮前2周左右，将库内清扫干净，进行消毒处理；马铃薯入库时，通过启闭库门和利用昼夜温度与库内温差进行强制通风，将储藏库温度调至适宜储藏的温度。

②马铃薯预处理

a. 挑拣与分级　挑拣就是剔除病、烂、伤薯等不合格薯，严防病、烂、伤薯混入合格薯中，引起储藏后烂库。马铃薯储藏前必须做到“六不要”，即薯块带病不要，带泥不要，有损伤不要，有裂皮不要，发青不要，受冻不要。马铃薯块茎大小不同，对病害侵染的抵抗力不同，对收获后的马铃薯要进行分级处理，把不同级别的马铃薯分开贮存，便可减轻病害的传播。分级处理不仅利于区分、储藏和运输，也可以提高马铃薯的经济效益。

b. 预贮和预冷　马铃薯收获后还未充分成熟，块茎的表皮尚未充分木栓化而增厚，收获时的创伤尚未完全愈合，新收获的块茎、伤薯呼吸强度还非常旺盛，会释放出大量的二氧化碳和热量，多余的水分尚未散失，致使块茎湿度大、温度高，如立即入库储藏，块茎散发出的热量会使薯堆发热，易发生病害造成烂薯。因此，新收获的马铃薯必须进行预贮和预冷。

(5) 储藏期间管理　马铃薯入库后主要按照以下三个阶段进行储藏管理，适时通风调控储藏库内温湿度和二氧化碳含量，而且要勤检查，如果发现有腐烂薯块要及时进行挑拣，防止冻害发生。

①储藏初期　10—11月，马铃薯入库初期，正处在预备休眠状态，呼吸旺盛，放热多，库温高，湿度大。此阶段的管理以降温除湿为主，库口和通气孔要经常打开，尽量通风散热，防止库温过高。有条件的地方应安装强制通风设备，尤其是马铃薯入库后20～30 d内，特别要注意降温除湿。

②储藏末期　3—4月，库外温度逐渐升高，库温升高易造成块茎发芽。此阶段重点是保持库内低温，最大限度减少库外温度对库内温度的影响，避免薯块快速发芽。白天避免开库，若库温过高时即可在夜间打开库门和通风口进行通风降温。

8.2.3.2　甘薯储藏中的主要生化过程

甘薯薯块在储藏期间虽然因外界条件关系而强

迫休眠，但事实上，高强度的生理生化活动一直在进行。深入了解薯类在储藏过程中的这些变化与环境条件的关系后，通过调节储藏条件控制薯块内部生理生化变化过程，才能达到安全储藏的目的。

①呼吸作用　甘薯在储藏期间，其呼吸作用强弱与薯块健康程度、所处的环境条件等有密切关系。呼吸强度的大小，直接影响着营养物质的消耗程度，呼吸强度愈大，营养物质的消耗也愈多。人们储藏甘薯的目的是尽量减少消耗并保持其鲜度，因此通常都是通过控制环境条件如温度、湿度等，把呼吸作用控制在最低限度，即所谓强制休眠。甘薯在不同条件下会出现有氧呼吸与缺氧呼吸。正常的呼吸作用消耗着甘薯体内的糖分，吸收氧气，呼出二氧化碳，这就改变了薯窖里的气体正常比率，而释放的热量便成为保持储藏窖内适宜温度的主要热源。二氧化碳的浓度增加，氧气供应不足，呼吸就会减弱。如果氧气严重不足，就会引起“缺氧呼吸”。缺氧呼吸时间过长，酒精的积累增多，便会引起甘薯组织中毒死亡。所以闷烂的甘薯有酒味，原因就在于此。由此可见，薯块的呼吸与储藏有密切关系。甘薯在不同条件下的呼吸强度不同，其释放出的热量也不同。根据窖温变化，就可以采取相应的措施，以保证甘薯的安全储藏。

②水分的变化　薯块含水量较多，一般为65%～70%，甚至高达80%以上。在储藏过程中，薯块含水量逐渐减少，失水多少与环境条件有关。井窖的窖温在11～16℃，相对湿度在90%，因湿度较高，失水较少，仅在1%～2.5%；一般棚窖薯块失重在8%左右；地上大屋窖由于湿度低，失水在10%以上。在储藏期薯块失重主要是水分的减少。据辽宁熊岳试验场调查，在窖温9～14.5℃，相对湿度88%～91%的条件下，经过6个月的储藏，胜利百号品种重量损耗为5.7%，本地红皮的损耗为8.7%。损耗最大的时期是入窖初期和第二年的春天。

③淀粉和糖分的变化　甘薯在长期储藏过程中，薯块内淀粉不断分解转化为糖和糊精，因而淀粉含量逐渐降低，可溶性糖分明显增加，变化幅度常因品种不同而有差异。

甘薯淀粉和糖分的变化与储藏期间的温度有密切的关系。据试验，甘薯在22℃下储藏，由于呼吸作用加强，作为呼吸基质的糖类物质消耗增多，淀粉含量由原来的53.78%下降至43.50%，而可溶性糖由原来的4.11%提高到4.20%。这是因为在高温条件下，糖类加速分解，相当数量的糖因呼吸作用分解为二氧化碳和水，伴随热能而释放，所以薯体内糖的积累量不多。

④果胶质的变化　甘薯薯块内含有一定数量的果胶质，其作用在于巩固细胞壁，提高薯块组织的硬度，增强对不良条件的抵抗能力。如软腐病的发生，主要是由于薯块中一部分果胶质被病菌分泌的果胶酶分解所致。薯块遭受冷害、冻害后，薯块内部的亲水果胶质转化为原果胶质，故蒸煮时薯块常有硬芯，而薯皮附近的原果胶质较少，所以薯皮一般比较松软。

⑤薯块愈伤组织的形成　愈伤组织的形成，是薯块生理机能对外界环境条件的一种反应。甘薯薯皮由木栓细胞所组成，能防止病菌的侵入和减少水分的散失。薯皮受到损伤后，在一定条件下，其伤口处能自然形成愈伤木栓组织，增强薯块的抗性，有利于甘薯安全储藏。

愈伤组织形成的快慢，和温度、湿度、空气等条件有关。在高温、高湿和氧气充足的情况下，愈伤组织形成速度快，反之则较慢。试验证明，在一定范围内，随着温度的升高，愈伤组织形成所需时间相应缩短。薯块在形成愈伤组织过程中，如果氧气供应不足，也会延长愈合的时间。薯块受伤程度不同，伤口愈合速度也有差异，一般情况下，轻伤的薯块比重伤的愈合快，但品种不同，愈合的时间也有差异。

思考题

1. 简述谷物中的生物活性物质种类及其潜在健康效应。
2. 什么是粮食陈化？其主要表现有哪些？
3. 试论述储藏过程中粮食陈化的生化机制。
4. 简述粮食霉变的原因及过程。
5. 论述甘薯适宜的储藏条件及储藏过程中的重要变化。

第9章

肉与水产品的生物化学

本章学习目的与要求

1. 掌握肉类蛋白质的组成及特性；
2. 掌握引起肉类腐败的主要微生物及其特点；
3. 掌握肉成熟过程的生物化学机制；
4. 掌握引起肉类腐败的主要微生物及其特点；
5. 掌握水产品自溶与腐败的生物化学本质。

9.1 肉

肉是指动物宰后经过复杂变化的生物组织，而肌肉是在活体中发挥收缩功能的特定组织。广义上说，肌肉由75%水、18%～20%蛋白质、2.5%脂肪、0.5%～1.5%碳水化合物、0.8%～1.2%无机盐和多种维生素组成；但要了解肉的特性、变化及差异，仅此是不够的。肌肉的基本组成单位是肌纤维。肌纤维又由肌原纤维、肌浆、肌质网及肌膜组成；蛋白质为肌肉中骨架成分，其成分包括成年的哺乳动物肌肉尸僵后降解前的化学组成（二维码9-1）。新鲜肌肉中的游离氨基酸主要有α-丙氨酸、甘氨酸、谷氨酸和组氨酸。

二维码9-1 成年哺乳动物肌肉的化学组成

9.1.1 肉类中的主要生化物质

9.1.1.1 水分

水分在肉中占绝大部分，可以把肉看作是一个复杂的胶体分散体系。水为溶媒，其他成分为溶质以不同形式分散在溶媒中。

水在肉体内分布是不均匀的，其中肌肉中含量为70%～80%，皮肤中为60%～70%，骨骼中为12%～15%。肉中水分含量多少及存在状态直接影响到肉的加工质量和储藏性。水分含量多，肉易招致细菌、霉菌繁殖，引起肉的腐败变质。肉脱水干缩不仅使肉品失重而且影响肉的颜色、风味和组织状态，并引起脂肪氧化。肉中水分并非像纯水那样以游离的状态存在，其存在的形式大致可以分为三种：

①结合水　指与蛋白质分子表面借助极性基团与水分子的静电引力而紧密结合的水分子层，它的冰点很低（－40℃），无溶剂特性，不易受肌肉蛋白质结构和电荷变化的影响，甚至在施加严重外力条件下，也不能改变其与蛋白质分子紧密结合的状态。结合水约占肌肉总水分的5%；

②不易流动水　肌肉中大部分水分（80%）是以不易流动水状态存在于纤丝、肌原纤维及膜之间。它能溶解盐及其他物质，并在0℃或稍低时结冰。这部分水量取决于肌原纤维蛋白质凝胶的网状结构变化，通常我们测定的肌肉系水力及其变化主要指这部分水；

③自由水　指存在于细胞外间隙中能自由流动的水，约占总水分的15%。

水分是微生物生长活动所必需的物质，一般来说，食品的水分含量越高，越易腐败。但是，严格地说微生物的生长并不取决于食品的水分总含量，而是它的有效水分，即微生物能利用的水分多少，通常用水分活度来衡量。所谓水分活度（water activity，A_w）是指食品在密闭容器内测得的水蒸气压力（p）与同温下测得的纯水蒸气压力（p_0）之比。水分活度反映了水分与肉品结合的强弱及被微生物利用的有效性，各种食品都有一定的A_w值，新鲜肉A_w值为0.97～0.98。

9.1.1.2 蛋白质

肉中蛋白质的含量仅次于水分含量，大部分存在于动物的肌肉组织中。肌肉中的蛋白质占鲜重的20%左右，占肉中固形物的80%。肌肉中的蛋白质可粗略地分为可溶于水或稀盐溶液的肌浆蛋白、可溶于浓盐溶液的肌纤维蛋白和不溶于浓盐溶液，至少是在低温条件下不溶的结缔组织蛋白和其他结构蛋白。这些蛋白含量因动物种类、组织学部位的不同而不同。

（1）肌浆蛋白　应用蛋白组学技术，如二维电泳研究，发现肌浆蛋白由几百种分子组成（Bendixen，2005）。其中有几种肌浆蛋白为糖原酵解酶，以不同的形式（同工酶）存在（二维码9-2）。

二维码9-2 几种主要蛋白质

①肌溶蛋白（Myogen）　肌溶蛋白属清蛋白类的单纯蛋白质，存在于肌原纤维间。肌溶蛋白易溶于水，把肉用水浸透可以溶出，很不稳定，易发生变性沉淀，其沉淀部分称为肌溶蛋白B，约占肌浆蛋白质的3%，相对分子质量为80 000～90 000，等电点pH为6.3，凝固温度为52℃，加饱和的$(NH_4)_2SO_4$或醋酸可被析出。把可溶性的不沉淀部分称为肌溶蛋白A，也称为肌白蛋白（myoalbumin）。约占肌浆蛋白的1%，相对分子量为150 000，易溶于水和中性盐溶液，等电点为3.3，具有酶的性质。

②肌红蛋白（Myoglobin，Mb）　肌红蛋白是一种复合性的色素蛋白质，由一分子的珠蛋白和一个亚

铁血色素结合而成，肌肉中肌红蛋白色素占80%～90%，比血红蛋白丰富得多，为肌肉呈现红色的主要成分，相对分子质量为34 000，等电点为6.78，含量占0.38%。

③肌浆酶　浆中除上述可溶性蛋白质及少量球蛋白-X外，肌肉中还存在大量可溶性肌浆酶，其中解糖酶占2/3以上。在肌浆中缩醛酶和肌酸激酶及磷酸甘油醛脱氢酶含量较多。大多数酶位于肌原纤维之间，有研究证明缩醛酶和丙酮酸激酶对肌动蛋白、原肌球蛋白、肌原蛋白有很高的亲和性。红肌纤维中解糖酶含量比白肌纤维少，只有其1/10～1/5。而红肌纤维中一些可溶性蛋白的相对含量，以肌红蛋白、肌酸激酶和乳酸脱氢酶含量最高。

④肌粒蛋白　肌肉中粒蛋白主要为三羧基循环酶及脂肪氧化酶，这些蛋白质位于线粒体中，在离子强度0.2以上的盐溶液中溶解，在0.2以下则呈不稳定的悬浮液。另外一种重要的蛋白质是ATP酶，是合成ATP的部位，位于线粒体的内膜上。

⑤肌质网蛋白　肌质网蛋白是肌质网的主要成分，由五种蛋白质组成。有一种含量最多，约占70%，相对分子质量为102 000，是ATP酶活性及传递Ca^{2+}的部位。另一种为螯钙素，相对分子质量为44 000，能结合大量的Ca^{2+}，但亲和性较低。

(2) 肌原纤维蛋白　肌原纤维蛋白是构成肌原纤维的蛋白质，通常利用离子强度0.5以上的高浓度盐溶液抽出。被抽出后，肌原纤维蛋白即可溶于低离子强度的盐溶液中。属于这类蛋白质的有肌球蛋白（myosin）、肌动蛋白（actin）、原肌球蛋白（tropomyosin）、肌原蛋白（troponin）、α-肌动蛋白素（α-actinin）和M-蛋白（m-protein）等。

①肌球蛋白（Myosin）　肌球蛋白是肌肉中含量最高也是最重要的蛋白质，占肌肉总蛋白质的1/3，占肌原纤维蛋白质的50%～55%。肌球蛋白是粗丝的主要成分，构成肌节的A带。肌肉中的肌球蛋白可以用高离子强度的缓冲液如0.3 mol/L KCl/0.15 mol/L磷酸盐缓冲液抽提出来。肌球蛋白的相对分子质量为470 000～510 000，高度不对称，分子的长度和直径比为100∶1。肌球蛋白由6条多肽链组成，包括2条重链和4条轻链。大约需400个肌球蛋白分子构成一条粗丝。在构成粗丝时，肌球蛋白的尾部相互重叠，而头部伸出在外，并做极有规则的排列。这样，在所构成的粗丝的两边，每相邻的一对肌球蛋白头部间的距离为14.3 nm，每3对为一重复单位，即每隔42.9 nm后出现重复的结构。这种结构在平面上的投影为一个正六角形。因此，在肌节A带粗、细丝重叠处横切的显微图片上，完全可以看到这种极有规则的排列。

②肌动蛋白（actin）　肌动蛋白是另一种主要的肌原纤维蛋白，占肌原纤维蛋白的20%，是构成细丝的主要成分。肌动蛋白有G-肌动蛋白和F-肌动蛋白两种存在形式。G-肌动蛋白是由小的球状亚基组成，相对分子质量约42 000；F-肌动蛋白是由小的球状亚基头尾相形成的一个双链结构（图9-1）。在盐和少量ATP存在的条件下，G-肌动蛋白聚合成F-肌动蛋白。F-肌动蛋白每13～14个球体形成一段双股扭合体，在中间的沟槽里"躺着原肌球蛋白"，原肌球蛋白呈细长条形，其长度相当于7个G-肌动蛋白，在每条原肌球蛋白上还结合着一个肌原蛋白。F-肌动蛋白可以和肌球蛋白结合成肌动球蛋白，活体状态或宰后僵直前，肌动球蛋白具有收缩功能，而僵直后，肌动球蛋白不具有伸展性。

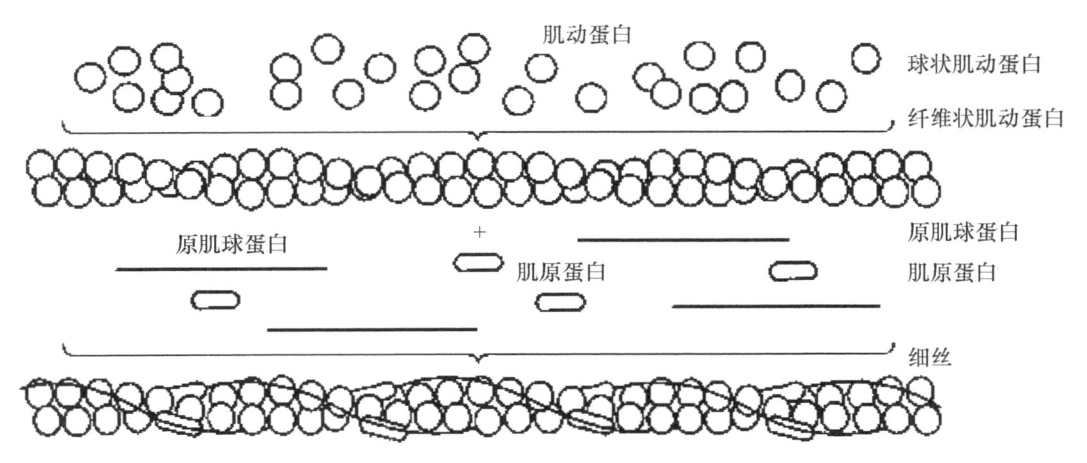

图9-1　细丝的结构（引自孔保华和韩建春，2011）

③肌动球蛋白（actomyosin） 肌动球蛋白是肌动蛋白与肌球蛋白的复合物，肌动球蛋白根据制备手段的不同可以分为合成肌动球蛋白和天然肌动球蛋白两种（二维码 9-6）。

④原肌球蛋白（tropomyosin） 原肌球蛋白约占肌原纤维蛋白的 5%，为杆状分子，长 45 nm，直径 2 nm，位于 F-actin 双股螺旋结构的每一沟槽内，构成细丝的支架。每 1 分子的原肌球蛋白结合 7 分子的肌动蛋白和 1 分子的肌原蛋白。其相对分子质量为 65 000～80 000，在 SDS-聚丙烯酰胺（SDS-PAGE）电泳中，可分出两条带，其相对分子质量分别为 34 000 和 36 000。原肌球蛋白以 8 mol/L 脲进行层析时可分离出 α 和 β 两条链，在白肌纤维中 $\alpha:\beta=4:1$，红肌纤维中 $\alpha:\beta=1:1$。

⑤肌原蛋白（troponin） 肌原蛋白又称肌钙蛋白，约占肌原纤维蛋白的 5%，肌原蛋白对 Ca^{2+} 有很高的敏感性，并能结合 Ca^{2+}，每一个蛋白分子具有 4 个 Ca^{2+} 结合位点，沿着细丝以 38.5 nm 的周期结合在原肌球蛋白分子上，相对分子质量 69 000～81 000，肌原蛋白有三个亚基，各有自己的功能特性。其中，钙结合亚基相对分子质量 18 000～21 000，是 Ca^{2+} 的结合部位；抑制亚基相对分子质量 20 500～24 000，能高度抑制肌球蛋白中 ATP 酶的活性，从而阻止肌动蛋白与肌球蛋白；原肌球蛋白结合亚基相对分子质量 30 500～37 000，能结合原肌球蛋白，起连接作用。

⑥其他蛋白 除了以上几种比较重要的蛋白外，肉中还存在其他的多种蛋白质，例如 M 蛋白、C-蛋白、肌动蛋白素（actinin）、I-蛋白、连接蛋白和肌间蛋白等。

（3）肉基质蛋白质 肉基质蛋白质为结缔组织蛋白质，是构成肌内膜、肌束膜、肌外膜和腱的主要成分，包括胶原蛋白、弹性蛋白、网状蛋白及黏蛋白等，存在于结缔组织的纤维及基质中。

①胶原蛋白（collagen） 胶原蛋白在白色结缔组织中含量多，是构成胶原纤维的主要成分，约占胶原纤维固体物的 85%。胶原蛋白含有大量的甘氨酸、脯氨酸和羟脯氨酸，后二者为胶原蛋白所特有，其他蛋白质不含有或含量甚微。因此，通常用羟脯氨酸含量来确定肌肉结缔组织的含量，并作为衡量肌肉质量的一个指标。胶原蛋白是由原胶原（tropocollagen）聚合而成的。原胶原为纤维状蛋白，由三条螺旋状的肽链组成，三条肽链再以螺旋状互相拧在一起，犹如三股拧起来的绳一样。

②弹性蛋白（elastin） 弹性蛋白在黄色结缔组织中含量多，为弹力纤维的主要成分，约占弹力纤维固形物的 75%；胶原纤维中也有，约占 7%。其氨基酸组成有 1/3 为甘氨酸，脯氨酸、缬氨酸占 40%～50%，不含色氨酸和羟脯氨酸。弹性蛋白属硬蛋白，对酸、碱、盐都稳定，且煮沸不能分解。以 SDS-PAGE 电泳测定的相对分子质量为 700 000。它是由弹性蛋白质与赖氨酸通过共价交联形成不溶性的弹性硬蛋白，这种蛋白质不被胃蛋白酶和胰蛋白酶水解，可被弹性蛋白酶（存于胰腺中）水解。

③网状蛋白（reticulin） 在肌肉中，网状蛋白为构成肌内膜的主要蛋白，含有约 4%的结合糖类和 10%的结合脂肪酸。其氨基酸组成与胶原蛋白相似，用胶原蛋白酶水解，可产生与胶原蛋白同样的肽类。因此有人认为它的蛋白质部分与胶原蛋白相同或类似。网状蛋白对酸和碱比较稳定。

9.1.1.3 脂肪

动物的脂肪可分为蓄积脂肪（depots fats）和组织脂肪（tissue fats）两大类，蓄积脂肪包括皮下脂肪、肾周围脂肪、大网膜脂肪及肌肉间脂肪等；组织脂肪为肌肉及脏器内的脂肪。家畜的脂肪组织 90%为中性脂肪（甘油三酯），7%～8%为水分，蛋白质占 3%～4%，此外还有少量的磷脂和固醇脂（二维码 9-3）。

二维码 9-3 肉中的脂肪类型

肉类脂肪有 20 多种脂肪酸，其中饱和脂肪酸以硬脂酸和软脂酸居多；不饱和脂肪酸以油酸居多；其次是亚油酸。硬脂酸的熔点为 71.5℃，软脂酸为 63℃，油酸为 14℃，十八碳三烯酸为 8℃。不同动物脂肪的脂肪酸组成不一致。相对来说，鸡脂肪和猪脂肪含不饱和脂肪酸较多，牛脂肪和羊脂肪含饱和脂肪酸多些。

肌肉中还存在磷脂。肌肉内磷脂占全组织脂肪的比例为 25%～50%，肥育后磷脂含量减少而中性脂肪含量增高。此外，固醇及固醇脂广泛存在于动物体中，它们以游离状态的固醇或与脂肪酸结合成酯（四醇酯）而存在。如每 100 g 瘦猪肉、牛肉或羊肉含总胆固醇为 70～75 mg，其中呈游离状态的在 90% 以上，脂肪组织中的含量亦相似，而在羔羊肉中总胆固醇的含量稍多。

9.1.1.4　浸出物

浸出物是指除蛋白质、盐类、维生素外能溶于水的浸出性物质，包括含氮浸出物和无氮浸出物。

(1) 含氮浸出物　含氮浸出物为非蛋白质的含氮物质，如游离氨基酸、磷酸肌酸、核苷酸类（ATP、ADP、AMP、IMP）及肌苷、尿素等。这些物质影响肉的风味，为香气的主要来源，如 ATP 除供给肌肉收缩的能量外，逐级降解为肌苷酸，是肉香的主要成分。磷酸肌酸分解成肌酸，肌酸在酸性条件下加热则为肌酐，可增强熟肉的风味。

(2) 无氮浸出物　无氮浸出物为不含氮的可浸出的有机化合物，包括糖类化合物和有机酸。无氮浸出物主要有糖原、葡萄糖、麦芽糖、核糖、糊精，有机酸主要是乳酸及少量的甲酸、乙酸、丁酸、延胡索酸等。

糖原主要存在于肝脏和肌肉中，肝中含 2%～8%，肌肉中含 0.3%～0.8%。马肉肌糖原含 2%以上。宰前动物消瘦、疲劳及病态，肉中糖原贮备少。肌糖原含量多少，对肉的 pH、保水性、颜色等均有影响，并且影响肉的储藏性。

9.1.1.5　矿物质

肉中矿物质含量占 1.5%。这些无机物在肉中有的以单独游离状态存在，如镁、钙离子，有的以螯合状态存在，有的与糖蛋白和酯结合存在（如硫、磷有机结合物）。

钙、镁参与肌肉收缩；钾、钠与细胞膜通透性有关，可提高肉的保水性；钙、锌又可降低肉的保水性；铁离子为肌红蛋白、血红蛋白的结合成分，参与氧化还原，影响肉色的变化。

此外，肉中含有微量的锰、铜、铅、锌、镍等。在哺乳动物组织中，硒存在于硒蛋白，其中包括谷胱甘肽过氧化酶，该酶催化氢和脂肪过氧化酶的还原反应，从而保护细胞免受氧化破坏。猪的肝脏和肾脏中谷胱甘肽过氧化酶含量最高，但猪肉中却很低；而牛脏器中该酶活性相对较低，但牛肉中活性较高。鲜肉中各矿物质含量如表 9-1 所示。

表 9-1　鲜肉（100 g）中的矿物质含量（mg）（引自南庆贤，2003）

矿物质	猪肉	牛肉	犊牛肉	羊肉	羔羊肉	鸡肉
Na	63.0	51.9	90	91	76	46
K	326	386	320	350	295	407
Mg	23.0	20.1	15	27.2	15	17.8
Ca	6.0	3.8	11	12.6	10	5.8
Fe	2.1	2.8	29	1.7	1.2	2.2
Cu	0.114	0.2	—	0.16	—	—
Mn	0.032	0.2	—	—	—	—
P	248	167	193	195	147	339
Cl	54.2	56.2	—	84	—	144
S	201	—	226	228	—	129

9.1.1.6　维生素

肉中维生素主要有维生素 A、维生素 B_1、维生素 B_2、维生素 PP、叶酸、维生素 C、维生素 D 等，其中脂溶性维生素较少，而水溶性的较多。肉是 B 族维生素的良好来源，特别是维生素 B_{12} 和维生素 B_6 的重要来源。各种肉类的维生素含量也有不同，如猪肉中 B 族维生素特别丰富，维生素 A 和维生素 C 很少；而牛肉中叶酸相对较多。不同肉类的维生素含量见表 9-2。

表 9-2　各种生肉（100 g）中的维生素含量（引自 Lawrie 等，2009）

维生素	牛肉	犊牛肉	猪肉	培根	羊肉
维生素 A/IU	痕量	痕量	痕量	痕量	痕量
维生素 B_1（硫胺素）/mg	0.07	0.10	1	0.40	0.15
维生素 B_2（核黄素）/mg	0.20	0.25	0.20	0.15	0.25
尼克酸/mg	5	7	5	1.5	5

续表 9-2

维生素	牛肉	犊牛肉	猪肉	培根	羊肉
泛酸/mg	0.4	0.6	0.6	0.3	0.5
维生素 H/μg	3	5	4	7	3
叶酸/μg	10	5	3	0	3
维生素 B_6/mg	0.3	0.3	0.5	0.3	0.4
维生素 B_{12}/μg	2	0	2	0	2
维生素 C/mg	0	0	0	0	0
维生素 D/IU	痕量	痕量	痕量	痕量	痕量

9.1.2 肉类中主要酶类和微生物

9.1.2.1 主要酶类

(1) 腺苷酸激活的蛋白激酶（AMP-activated protein kinase，AMPK） AMPK是一类丝氨酸-苏氨酸蛋白激酶，由3个亚基组成：一个催化亚基（α）和两个调节亚基（β、γ）。AMPK的主要作用是调节细胞内的能量平衡。因而，AMPK通常被称作胞内能量感受器或调节能量代谢的开关。AMPK的活性受AMP/ATP比值的调控。当细胞内能量水平降低，AMP/ATP升高时，AMPK被活化，活化的AMPK磷酸化其下游底物，产生多种生物学效应：关闭ATP合成代谢途径，开启ATP分解代谢途径。生物医学研究表明，AMPK可以通过两条信号通路调控糖酵解：①AMPK磷酸化活化糖原磷酸酶激酶，后者再磷酸化活化糖原磷酸酶，促进糖原的分解；②AMPK通过磷酸化活化磷酸果糖激酶2（PFK-2）促进糖酵解。此外，AMPK还可能在宰后肌肉中起着调控糖酵解的作用。

(2) 钙蛋白酶 蛋白降解是动物宰后肌肉的一个主要生化变化。目前研究表明，钙蛋白酶（calpain）、组蛋白酶（cathepsin）、蛋白酶体（proteasome）和胱天蛋白酶（caspase）可能参与宰后肌肉蛋白降解，其中钙蛋白酶起主要作用。

在僵直后期，由于ATP被消耗，从肌浆网中释放的钙不能被重新吸收，导致钙离子在肌浆中大量积累，活化钙蛋白酶，导致肌原纤维蛋白的降解。目前认为，肌肉成熟过程中引起蛋白质降解的酶主要为钙蛋白酶。钙蛋白酶系统由两种钙依赖型蛋白酶，即钙蛋白酶Ⅰ、钙蛋白酶Ⅱ以及钙蛋白酶抑制因子和钙蛋白酶抑制蛋白（Calpastatin）2种蛋白组成。新近一种肌肉特异的钙蛋白酶，钙蛋白酶Ⅲ（Calpain 3或p94）被发现。钙蛋白酶Ⅲ被钠离子活化，对活体肌肉发育有重要的调控作用。但钙蛋白酶Ⅲ在宰后肌纤维蛋白降解中的作用还不清楚（二维码9-4）。

二维码9-4 钙蛋白酶

(3) 组蛋白酶 组蛋白酶是一类在动物大多数组织中存在的蛋白酶。根据其结构、催化机理以及底物的不同，组蛋白酶家族包含组蛋白酶A、B、C、D和E等10余个成员。所有的组蛋白酶都在酸性环境下具有最适活性。目前，对于组蛋白酶在宰后肉嫩化过程中的作用研究主要集中于组蛋白酶B、L和D。这3种组蛋白酶都为内肽酶，同时组蛋白酶B和L也具有外肽酶的活性。

组蛋白酶存在于溶酶体内，阻止了其与肌原纤维蛋白的接触。因此，组蛋白酶要水解肌原纤维蛋白，其首先必须要从溶酶体中被释放出来。至于组蛋白酶在宰后肉嫩化过程中的作用，目前存在着矛盾的研究结果。可能与不同的研究方法，如酶的提取和活性分析方法等有关。根据大量的研究结果，目前普遍的观点倾向于认为组蛋白酶在宰后，特别是宰后早期阶段肉的嫩化过程中不起重要作用，其原因主要有以下几个方面：①组蛋白酶存在于溶酶体中，而在宰后尸僵之前，肌肉溶酶体的结构基本保持完整；②组蛋白酶的最适pH为酸性；③组蛋白酶具有明显水解肌球蛋白和肌动蛋白两种肌原纤维蛋白的能力，而这两种肌原纤维蛋白在正常的肉的嫩化、成熟过程中却不发生降解；④无研究表明组蛋白酶的活性与肉的嫩化过程具有密切相关性。

(4) 丝氨酸蛋白酶 丝氨酸蛋白酶是一类以丝氨酸为活性中心的重要的蛋白水解酶。医学与生物化学研究表明，肌肉组织中也存在丝氨酸蛋白酶，如凝血酶和丝氨酸蛋白酶 M。这些丝氨酸蛋白酶也可能催化宰后肌肉蛋白质的降解，促进肉的嫩化。Uyterhaegen 等（1994）研究发现，与钙蛋白酶抑制剂相反，宰后肌肉中注射丝氨酸蛋白酶抑制剂 PMSF 并不能抑制牛肉中蛋白质的降解和肉的嫩化进程，这一研究结果表明丝氨酸蛋白酶至少对宰后牛肉蛋白质的降解和肉的嫩化不起重要作用。

（5）蛋白酶体　虽然有研究表明，蛋白酶体可能在尸僵后的肌肉中仍保持活性，并且用纯化了的蛋白酶体处理肌纤维或肌原纤维，蛋白酶体能催化肌球蛋白、肌动蛋白、结蛋白、TnT、原肌球蛋白等多种肌蛋白的降解，破坏肌肉收缩器结构的完整性，但其对肌纤维结构改变的速率远远低于肌钙蛋白。这一研究结果仍然表明肌钙蛋白才是引起宰后肌肉结构变化和促进肉嫩化的主要酶系统。

（6）胱天蛋白酶　胱天蛋白酶家族成员为半胱氨酸蛋白酶，由于其特异地识别四肽模体并切断天冬氨酸之后的肽键，因而被命名为天冬氨酸特异的半胱氨酸蛋白酶，简称胱天蛋白酶。胱天蛋白酶通常以酶原形式存在，激活后裂解为有酶解活性的异二聚体。哺乳动物中已发现 10 余种这类酶，它们以级联反应的方式被激活，参与细胞凋亡。根据其功能，胱天蛋白酶可划分为凋亡启动（Initiator）亚类、凋亡效应（Effector）亚类和细胞因子成熟（Cytokine maturation）亚类。少量研究表明，胱天蛋白酶可能参与了宰后肌原纤维蛋白的降解和肉的嫩化过程。这一假设得到了 Kemp 等的支持。但也有研究表明，胱天蛋白酶可能在宰后储藏过程中对牛肉的嫩化不起作用。

9.1.2.2　微生物

肉中的营养物质丰富，是微生物生长的良好培养基，如果控制不当，很容易受到微生物的污染，导致腐败变质，从而导致肉的货架期在一定程度上缩短。肉中微生物包括细菌和真菌。

（1）主要腐败性细菌　目前，已经在肉中发现的细菌主要是革兰氏阳性需氧菌，同时也有少量革兰氏阴性兼性厌氧菌。表 9-3 列出了肉中常见的细菌。其中，引起肉类腐败的细菌很多，但主要包括假单胞菌属、不动杆菌属、莫拉氏菌属、气单胞菌属和肠杆菌属等。

表 9-3　肉类中常见的细菌（引自孔保华和韩建春，2011）

革兰氏阳性属	革兰氏阴性属
芽孢杆菌（*Baccillus*）	假单胞菌属（*Pseudomonas*）
梭菌属（*Clostridium*）	埃希氏菌属（*Escherichia*）
微球菌属（*Micrococcus*）	沙门氏菌属（*Salmonella*）
葡萄球菌属（*Staphylococcus*）	变形杆菌属（*Proteus*）
链球菌属（*Streptococcus*）	肠肝菌属（*Enterobacter*）
片球菌属（*Pediococcus*）	弯曲杆菌属（*Campylobacter*）
乳杆菌属（*Lactobacillus*）	耶尔森氏菌属（*Yersinia*）
明串珠菌属（*Leuconostoc*）	气单胞菌属（*Aeromonas*）
李斯特氏菌属（*Listeria*）	柠檬酸细菌属（*Citrobacter*）
环丝菌属（*Brochothrix*）	弧菌属（*Vibrio*）
肠球菌属（*Enterococcus*）	志贺氏菌（*Shigella*）

①假单胞菌属　菌体呈杆或微弯杆状，革兰氏阴性需氧菌，无芽孢，具有接触酶活性，有端生鞭毛，一根或丛生，能运动，化能有机营养型，能利用多种有机物。在所有的冷库中一般都有这种菌的生长，但只有很少一部分能够引起人类疾病。它们的生长温度在 0～41℃之间，但个别菌种可以在 0℃以下生长，例如，莓实假单胞菌和荧光假单胞菌可分别在－6℃和－4℃下生长。假单胞菌一般在较高的水分活度（Aw＞0.97）、pH＞4.5 的条件下才能生长。这类细菌在肉表面达到 10^7～10^8 cfu/cm^2 时，肉就会发黏，并产生腐败味。该菌属和其他腐败性细菌相比更容易引起肉的腐败，如莓实假单胞菌和荧光假单胞菌能够分解代谢氨基酸而产生较浓的异臭味。

②气单胞菌属　菌体呈杆状，两端圆形，革兰氏阴性兼性厌氧菌，一根端生鞭毛运动，分解碳水化合物产酸或产酸又产气，有氧化酶和接触酶活性。最适生长温度为 30℃，pH 为 5.5～9。该菌在肉类产品中广泛存在，只有少部分能够引起食物中毒。气单胞菌具有很宽的温度生长范围，在 0℃左右仍然能够生长。但该菌对热较敏感，70℃就可以被杀灭。

③肠杆菌属　菌体呈直杆状，革兰氏阴性，周生鞭毛（通常 4～6 根）运动。兼性厌氧，发酵葡萄糖，产酸产气（通常 CO_2∶H_2＝2∶1）。最适生长温度为 30℃，多数菌株在 37℃生长，有些环境下菌株 37℃时生化反应不稳定。该菌广泛存在于肉品中，具有很宽的温度范围，摄取营养物质的能力较强。产生的代谢副产物能使肉类产品产生异味、气

体以及发黏现象。

（2）主要致病性细菌　致病性细菌一般不会引起肉的腐败，但能传播疾病，造成食物中毒。肉中的致病性细菌主要包括金黄色葡萄球菌、沙门氏菌、单核细胞增生李斯特氏菌、耶尔森氏菌等。

①金黄色葡萄球菌　典型的金黄色葡萄球菌为球形，直径0.8 μm左右，显微镜下排列成葡萄串状。金黄色葡萄球菌无芽孢、鞭毛，大多数无荚膜，革兰氏染色阳性。金黄色葡萄球菌的致病力强弱主要取决于其产生的毒素和侵袭性酶（二维码9-5）。

二维码 9-5　金黄色葡萄球菌

②沙门氏菌属　菌体大小（0.6～0.9）μm×（1～3）μm，无芽孢，一般无荚膜，除鸡白痢沙门氏菌和鸡伤寒沙门氏菌外，大多有周身鞭毛。营养要求不高，分离培养常采用肠道选择鉴别培养基。不液化明胶，不分解尿素，不产生吲哚，不发酵乳糖和蔗糖，能发酵葡萄糖、甘露糖、麦芽糖和卫芽糖，大多产酸产气，少数只产酸不产气。VP试验阴性，有赖氨酸脱羧酶。DNA的G＋C含量为50%～53%。

沙门氏菌只产内毒素，且对热不稳定，食物中毒主要是食入活菌引起的。沙门氏菌对热抵抗力不强，在100℃立即死亡，70℃经5 min、65℃经15～20 min或60℃经1 h也可杀死，因此对产品进行加热处理或低温储藏是避免沙门氏菌中毒的有效方法。

③单核细胞增生李斯特氏菌　单核细胞增生李斯特氏菌（LM）是革兰氏阳性杆菌，引起人畜共患病，致病性强，临床致死率高达30%～70%。国际上将其列为食品四大致病菌之一（致病性大肠菌、肉毒梭菌、亲水气单胞菌和单核增生李斯特氏菌）。LM是胞内致病菌，溶血素O是其最主要的致病因子，相对分子质量60 000左右，含504个氨基酸，在对数生长期时达到最高水平。单核细胞增生李斯特氏菌通常和金黄色葡萄球菌一起存在于鲜肉中，同时由于竞争性菌群（如乳酸菌）的存在，该菌会受到很大抑制。

（3）主要真菌

①酵母菌　酵母菌是一些单细胞真菌，并非系统演化分类的单元，可在缺氧环境中生存（二维码9-6）。

二维码 9-6　酵母菌

②霉菌　霉菌生长繁殖主要的条件之一是必须保持一定的水分，食品中的A_w为0.98时，细菌最易生长繁殖；当A_w降为0.93以下时，细菌繁殖受到抑制，但霉菌仍能生长；当A_w在0.7以下时，则霉菌的繁殖受到抑制，可以阻止产毒霉菌的繁殖。温度对霉菌的繁殖及产毒均有重要影响，不同种类的霉菌其最适温度是不一样的，大多数霉菌繁殖最适宜的温度为25～30℃，在0℃以下或30℃以上，不能产毒或产毒力减弱。某些特定霉菌能够产生具有毒性的次级代谢副产物，这些毒素多在A_w为0.82～0.93之间产生，降低肉制品的储藏温度可以抑制这种毒素的产生。霉菌一般在形成两周后产生毒素，但也有一些毒素（如黄曲霉毒素）在霉菌形成一周后即可产生。霉菌毒素一般存在于肉制品表面下0.5～0.8 cm范围内。

9.1.3 肉类宰后成熟过程中的生物化学

宰后肉类的变化包括肉的尸僵、肉的成熟、肉的腐败三个连续变化过程。在肉品工业生产中，要控制尸僵、促进成熟、防止腐败。

动物屠宰后，肉温还没散失，柔软、具较小弹性时，叫作热鲜肉；经一定的时间，肉的伸展性消失，肉体变为僵硬状态，这种现象称为死后僵直（Rigor mortis）。尸僵持续一定时间后，即开始缓解，肉的硬度降低，保水性有所恢复，变得柔嫩多汁，具有良好的风味，最适于加工食用，这个变化过程即为肉的成熟。肉的成熟包括尸僵的解除及在组织蛋白酶作用下进一步成熟的过程。也有资料将解僵期与成熟期分别讨论，但实际上在成熟过程中所发生的各种变化，在解僵期已经开始了。成熟过程中肉的嫩度和风味得到改善。宰后24～36 h内，主要的变化是糖原酵解。在达到极限pH前，肉中其他降解反应也将启动，直至腐败变质。成熟过程极大地影响肉中蛋白质和小分子物质的数量和性质，然而这种变化受到烹饪和消费的限制。

9.1.3.1 死后僵直的解除

尸僵时肉的僵硬是肌纤维收缩的结果，肌肉死后僵直达到顶点之后，并保持一定时间，其后肌肉又逐渐变软，解除僵直状态。解除僵直所需时间因动物的种类、肌肉的部位以及其他外界条件不同而异。在2～4℃条件贮存的肉类，鸡肉需3～4 h达到僵直的顶点，而解除僵直需2 d。其他牲畜完成僵直需1～2 d，而解除僵直猪、马肉需3～5 d，牛需1周到10 d。

当僵直时，肌动蛋白和肌球蛋白结合形成肌动球蛋白，在此系统中加入Mg^{2+}、Ca^{2+}和ATP，虽能使肌动球蛋白分离，成为肌动蛋白和肌球蛋白，但家畜死后，因ATP消失且不能再合成，因此僵直解除并不是肌动球蛋白分解或僵直的逆反应。关于解僵的实质，人们进行了大量研究，但是，至今尚未充分判明，但有不少有价值的论述，主要有以下几个方面：

(1) 肌原纤维小片化　刚屠宰后的肌原纤维和活体肌肉一样，是由数十到数百个肌节沿长轴方向构成的纤维，而在肉成熟时则断裂成1～4个肌节相连的小片状。这种肌原纤维断裂现象被认为是肌肉软化的直接原因。这时在相邻肌节的Z线变得脆弱，受外界机械冲击很容易断裂。

产生小片化的原因，首先是死后僵直肌原纤维产生收缩的张力，使Z线发生断裂，张力的作用越大，小片化的程度越大。此外，断裂成小片主要是由Ca^{2+}作用引起的。死后肌质网功能破坏，Ca^{2+}从网内释放，使肌浆中的Ca^{2+}浓度增高，刚宰后肌浆中Ca^{2+}浓度为1×10^{-6} mol/L，成熟时为1×10^{-4} mol/L，比原来增高100倍。高浓度的Ca^{2+}长时间作用于Z线，使Z线蛋白变性而脆弱，给予物理力的冲击和牵引即发生断裂。当Ca^{2+}浓度在1×10^{-5} mol/L以下时，对小片化无显著影响，而当超过1×10^{-5} mol/L数量时，肌原纤维小片化程度忽然增加，Ca^{2+}浓度达到1×10^{-4} mol/L时达到最大值。

(2) 死后肌肉中肌动蛋白和肌球蛋白纤维之间结合变弱　虽然肌动蛋白和肌球蛋白的结合强度变化尚不十分清楚，但是随着保藏时间延长，肌原纤维分解量逐渐增加。如家兔肌肉在10℃条件下保藏2 d的肌原纤维只分解5%，而到6 d时近50%的肌原纤维被分离，当加入ATP时分解量更大。肌原纤维分离的原因，恰与肌原纤维小片化是一致的。小片化是从肌原纤维的Z线处崩解，表明肌球蛋白和肌动蛋白之间结合减弱。

(3) 肌肉中结构弹性网状蛋白的变化　结构弹性网状蛋白是肌原纤维中除去粗丝、细丝及Z线等蛋白质后，不溶性的并具有较高弹性的蛋白质，贯穿于肌原纤维的整个长度，连续地构成网状结构。从储藏的肌肉组织中制取肌原纤维，把纤维中的粗丝、细丝、Z线等抽出，再以0.1 mol/L NaOH的溶液将可溶性成分除去，而残留所得成分为结构弹性蛋白的数量。结构弹性网状蛋白在死后鸡的肌原纤维中约占5.5%，兔肉中占7.2%，它随着保藏时间的延长和弹性的消失而减少，当弹性达到最低值时，结构弹性蛋白的含量也达到最低值。肉类在成熟软化时结构弹性蛋白质的消失，导致肌肉弹性的消失。

从上述三个方面的叙述可知，死后肌肉从僵直到软化，其基本原因是Ca^{2+}不断变化，活体肌肉的收缩、松弛是由于受Ca^{2+}浓度在1×10^{-6} mol/L左右的范围内增减所调节，而死后由于Ca^{2+}浓度增加到1×10^{-4} mol/L，约增加100倍，所以使肌原纤维结构脆弱化了。因而肌肉僵直后的变软是由上述三种变化造成的。

(4) 蛋白酶说　成熟肌肉的肌原纤维，在十二烷硫酸盐溶液中溶解后，进行电泳分析，发现肌原蛋白T减少，出现了相对分子质量30 000 Dal的成分。这说明成熟中的肌原纤维由于蛋白酶即肽链内切酶的作用，发生分解。在肌肉中，肽链内切酶有许多种，如胃促激酶、氢化酶-H、钙激活酶、组织蛋白酶B、组织蛋白毒酶L和组织蛋白酶D。但试验表明，在肉成熟时，分解蛋白质起主要作用的为钙激活酶、组织蛋白酶B和组织蛋白酶L 3种酶。

关于肌原蛋白T的分解和肌肉软化的联系尚不明了。高桥氏认为尸僵解除是Ca^{2+}作用的结果，对蛋白酶的作用持否定见解，其理由为：①加酶抑制剂碘醋酸酰胺抑制蛋白酶的活性，同样引起肌原纤维小片化；②酶活性在pH 7.0时最强，而小片化则发生在pH 6.5以下；③酶活性在37℃时消失，而此温度促进小片化；④酶在Ca^{2+}浓度1×10^{-4} mol/L时无活性，此时小片化量最多。应该说在肌肉软化中Ca^{2+}和蛋白酶这两种因素都起作用，因此把两者结合起来考虑是最为合适的。

动物死后成熟的全过程目前还不十分清楚，但经过成熟之后，特别是牛羊肉类，游离氨基酸、10个以下氨基酸的缩合物增加，游离的低分子多肽的形成，提高了肉的风味，这是普遍公认的。

对肌肉的肌原纤维，在成熟的不同阶段进行SDS-PAGE电泳分析发现，在成熟过程中会出现有相对分子质量为3万的新的光谱带。这有力地证实了肌肉结构蛋白质受水解蛋白酶的作用，形成水解蛋白质产物，使成熟后的肉变软，保水性提高。至于它分解到什么程度目前尚不明白，但至少是由于肉的成熟使游离氨基酸或低分子氨基酸的缩合物增加，形成多肽，使肉的风味提高。

存在于肌肉中的水解蛋白酶不只是一种，而是多种。通过研究蛋白质水解物形成的速度和肉的pH的关系得知，屠宰后肌肉中主要是中性和酸性水解蛋白酶的作用。

肉在成熟过程中由于受中性肽链端解酶作用，肌浆、肌原纤维、肌红蛋白等蛋白质分子链上的N端基被逐个分离下来，形成了各种低分子肽类化合物。当然反应的生成物因蛋白质中构成N端基的氨基酸的种类不同，生成的低分子肽类化合物亦不同。因此，肉成熟过程中生成的肽类化合物极为复杂。

9.1.3.2 肉的成熟嫩化

嫩度是影响肉品质的重要因素之一，尤其对于牛肉，嫩度是影响其适口性的重要指标。宰后肌纤维蛋白的降解，特别是结构蛋白和细胞骨架蛋白的降解，可导致肌纤维结构完整性被破坏和肉的嫩化，促进肉的成熟。肌肉在成熟嫩化过程中的主要变化如下：

(1) 肌原纤维Z线的减弱甚至降解，直接导致肌原纤维小片化。

(2) 肌间线蛋白的降解，破坏了肌原纤维亚结构中的横向交叉连接，肌纤维周期性地丧失，从肌原纤维表面游离。

(3) 肌肉中巨大蛋白的降解，使肌肉的伸张力减弱，肌原纤维软化。

(4) 丝状蛋白及雾状蛋白的降解，促进了粗纤维丝的释放游离。

(5) 肌钙蛋白T的消失及相对分子质量2.8万的多肽的出现，是肉尸冷藏期间最明显的变化。

其中，Z线的崩解是肌肉嫩化的主要过程，它使得肌原纤维易于破碎，通常用肌原纤维小片化指数（MFI）来表示。科学家已经证明，Z线的崩解主要是肌肉中蛋白水解酶作用的结果，尤其是钙激活酶。离体实验也证实钙激活酶能引起Z线的崩解。所以，钙激活酶是肌肉宰后成熟过程中嫩化的主要作用酶。因此，可以通过从外源增加细胞内钙离子浓度的方法激活钙激活酶，而达到肉的嫩化目的，加速宰后嫩化。例如，在宰后肌肉中注入氯化钙可明显加速肉的嫩化进程。钙激活酶在肉嫩化中的主要作用表现在：

(1) 肌原纤维I带和Z线结合变弱或断裂　这主要是因为钙激活酶对Titin和Nebulin两种蛋白的降解，弱化了细丝和Z线的相互作用，促进了肌原纤维小片化指数（MFI）的增加，从而有助于提高肉的嫩度。

(2) 连接蛋白的降解　肌原纤维间连接蛋白起着固定、保持整个肌细胞内肌原纤维排列的有序性等的作用，而被钙激活酶降解后，肌原纤维的有序结构受到破坏。

(3) 肌钙蛋白（troponin）的降解　肌钙蛋白由三个亚基构成，即钙结合亚基（TnC）、钙抑制亚基（Tnl）和原肌球蛋白结合亚基（TnT），其中TnT相对分子质量为30 500～37 000，能结合原肌球蛋白，起连接作用。TnT的降解弱化了细丝结构，有利于肉嫩度的提高。

9.1.4 肉的酶法嫩化

利用蛋白酶类可以嫩化肉。常用的酶为植物蛋白酶，主要有木瓜蛋白酶（Papain）、菠萝蛋白酶（Bromelin）和无花果蛋白酶（Ficin），商业上使用的嫩肉粉多为木瓜蛋白酶，酶对肉的嫩化作用主要是对蛋白质的裂解所致。所以使用时应控制酸的浓度和作用时间，如酶水解过度，则原料肉会失去应有的质地并产生不良的味道。

宰前活体注射可使酶液更均匀地分布于肉中。嫩化酶的允许使用量为5%～10%，每千克活重约0.25 mg，注射后，活动量大的肌肉中结缔组织含量高，血管分布丰富，酶的含量也高。当酶的含量达到可嫩化肌肉的水平时，舌、肝等器官会积蓄过量的嫩化酶，导致这些器官煮制时松散开。注射1～30 min后将动物宰杀。一般来说，注射的酶对动物没有伤害，因为血液pH远高于酶的最适pH，酶活性与-SH有关。在活体氧气压下，酶处于失活状态，此外，也达不到酶的最低温度（70～85℃）。但是软骨组织中的氧供应有限，可促进活体状态下嫩化酶发挥作用。当给兔注射木瓜蛋白酶后，兔的耳朵耷拉下来。当注射木瓜蛋白酶和无花果蛋白酶（200 mg/kg）后动物肝脏发生结构和组织化学变化。宰前注射商用剂量的木瓜蛋白酶可改善收缩造成的羊肉变硬。品种对酶的效果也有显著影响，如果牛的基因中含瘤牛基因成分，将会使木瓜蛋白酶的嫩化效果明显下降。

表 9-4 列出了部分肉的嫩化酶。可看出，细菌和真菌蛋白水解酶仅作用于肌原纤维。这些酶首先作用于肌膜，导致细胞核消失，随后降解肌原纤维，最终导致横纹消失。植物源性的蛋白水解酶主要作用于结缔组织纤维，首先降解基质中黏多糖，进而使结缔组织纤维变成无定型的物质。这些酶不是作用于未变性的胶原蛋白，而是作用于加热时变性的胶原蛋白。弹性蛋白在成熟或加热过程中不发生变化，但注射外源性蛋白水解酶后弹性蛋白发生水解。不同于成熟过程中的嫩化，人工嫩化酶降解结缔组织蛋白，使其变成可溶性的含羟脯氨酸的物质。

表 9-4　蛋白酶对肌肉蛋白的作用（引自 Lawrie 等，2009）

酶的种类	酶活		
	作用于肌动球蛋白	作用于胶原蛋白	作用于弹性蛋白
细菌和真菌蛋白酶			
蛋白酶	+++	—	—
半纤维酶	+ +	—	—
真菌淀粉酶	+++	痕量	—
水化酶 D	+++	痕量	—
植物性蛋白酶			
无花果蛋白酶	+++	+++	+++
木瓜蛋白酶	+ +	+	+ +
菠萝蛋白酶	痕量	+++	+

除了添加外源性的蛋白水解酶，也可通过激活内源酶（组织蛋白酶）来嫩化肉。诱导性的维生素 E 缺乏症将会提高溶酶体蛋白酶的活性；过量饲喂维生素 A 可导致溶酶体蛋白酶的释放。

9.1.5　肉类腐败过程中的生物化学

肉的腐败变质是指肉类在组织酶和微生物的作用下发生质量的变化，最终失去食用价值。如果说肉成熟的变化主要是糖酵解过程，那么肉变质时的变化主要是蛋白质和脂肪的分解过程。肉在自溶酶作用下的蛋白质分解过程称为肉的自身溶解，由微生物作用引起的蛋白质分解过程称为肉的腐败，肉中脂肪的分解过程称为酸败。从动物屠宰的瞬间开始直到消费者手中都有产生污染的可能。在屠宰过程中，有多种外界微生物的污染源，如毛皮、土地、粪便、空气、水、工具、包装容器、操作工人等。

9.1.5.1　微生物所引起的腐败

微生物所引起的腐败是复杂的生物化学反应过程，所进行的变化与微生物的种类、外界条件、蛋白质的构成等因素有关，分解过程如下：

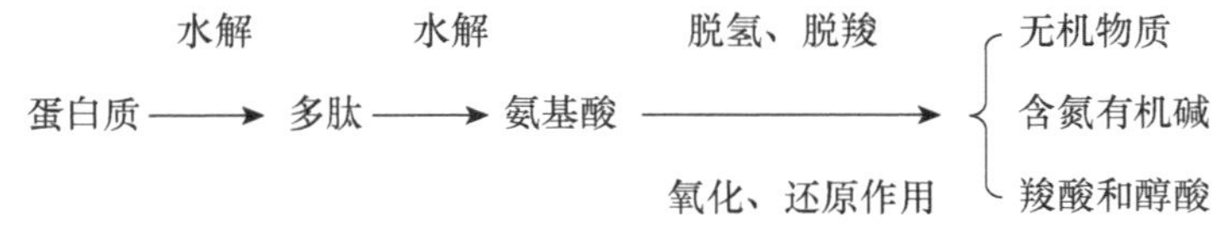

图 9-2　蛋白质的分解过程

微生物对蛋白质的腐败分解，通常是先形成蛋白质的水解初产物多肽，再水解成氨基酸。多肽与水形成黏液，附在肉的表面。它与蛋白质不同，能溶于水，煮制时转入肉汤中，使肉汤变得黏稠混浊，利用这点可鉴定肉的新鲜程度。

蛋白质腐败分解形成的氨基酸，在微生物分泌酶的作用下，发生复杂的生物化学变化，产生多种物质，包括有机酸、有机碱、醇及其他各种有机物质，分解的最终产物为 CO_2、H_2O、NH_3. H_2S 和 P 等。有机碱是由氨基酸脱羧作用而形成。

脱羧作用形成大量的脂肪族、芳香族和杂环族的有机碱，由组氨酸、酪氨酸和色氨酸组成相应的组胺、酪胺、色胺等一系列的挥发碱，使肉呈碱性反应。所以挥发性盐基氮是肉新鲜度的分级标准。

有机酸由氨基酸脱氨基和氨基酸发酵而形成，在酶和嫌气性微生物作用下还原脱氨基产生氨和挥发性脂肪酸。由此可见，肉在腐败分解过程中会积聚一定量的脂肪酸，其中大部分为挥发性的，随蒸汽而挥发，挥发酸中90%是醋酸、油酸、丙酸，分解腐败初期大量是醋酸，其后为油酸。

胺的形成使肉呈碱性反应，而有机酸使pH降低，所以肉在腐败时常常呈酸性，这是因为有机酸的形成速度快。切碎的肉馅在腐败时，有机酸形成得更快，因此在某些情况下，当肉腐败时，pH并不是移向碱性而是呈酸性。腐败分解形成的其他有机化合物中，有环状氨基酸的分解产物，它们由这些氨基酸的侧链断裂而形成，这些氨基酸有酪氨酸、苯丙氨酸、色氨酸等。例如色氨酸形成吲哚和甲基吲哚。这些物质都是严重腐败的后期产物，其中有的是有毒的，肉中的数量很少。吲哚和甲基吲哚具有非常难闻的臭味，是腐败肉类发出腐烂气味的主要成分。一些氨基酸在细菌酶的作用下经脱羧基作用，产生令人不愉快的有机胺类。含巯基的氨基酸分解时产生硫化氢和硫醇。

9.1.5.2 脂肪的氧化和酸败

屠宰后的肉在储藏中，脂肪易发生氧化。此变化最初由脂肪组织本身所含酶类的作用引起，其次由细菌产生的酸败引起。此外，空气中的氧也会引起氧化。前者属于水解作用（hydrolysis），后者属于氧化作用（oxidation）。

（1）脂肪的氧化酸败　脂肪的氧化酸败是经过一系列中间阶段，形成过氧化物、低分子脂肪酸、醇、酸、醛、酮、缩醛及一些深度分解产物、CO_2、水等物质的过程。脂肪酸败是复杂的，按连锁反应形成进行，首先形成过氧化物，这种物质极不稳定，很快分解，形成醛类物质，称为醛化酸败；生成酮类物质，称为酮化酸败。动物的油脂中含有很多不饱和脂肪酸，如猪脂肪中含有48.1%的油酸、7.8%亚油酸。鸡脂肪中含34.2%油酸和17.1%亚油酸。这些不饱和脂肪酸在光、热、催化剂作用下，被氧化成过氧化物。氧化所形成的过氧化物很不稳定，它们进一步分解成低级脂肪酸、醛、酮等，如庚醛和十一烷酮等，它们都具有刺鼻的不良异味。动物脂肪中含有大量的不饱和脂肪酸，如十八碳三烯酸等，在氧化分解时产生丙二醛，与硫代巴比妥酸反应生成红色化合物，称为TBA值，作为测定脂肪的氧化程度的指标。

（2）脂肪的水解　能产生脂肪酶的细菌可使脂肪分解为脂肪酸和甘油，一般说来有强力分解蛋白能力的需氧细菌大多能分解脂肪。分解脂肪能力最强的细菌是荧光假单胞菌，其他如黄杆菌属、无色杆菌属、产碱杆菌属、赛氏杆菌属、小球菌属、葡萄球菌属、芽孢杆菌属等。能分解脂肪的霉菌比细菌多，常见的霉菌有黄曲霉、黑曲霉、灰绿青霉等。由于脂肪水解产生的脂肪酸使油脂的酸度增高和熔点增高，使肉产生不良气味并不能食用。脂肪水解使甘油溶于水，油脂质量减轻。游离脂肪酸的形成使脂肪酸值提高，脂肪酸值可作为水解深度的指标，在储藏条件下，可作为酸败的指标。脂肪中游离脂肪酸含量的多少影响脂肪酸败的速度，含量多则加速酸败。脂肪分解的速度与水分、微生物污染程度有关。水分多，微生物污染严重，特别是霉菌和分枝杆菌繁殖时，产生大量的解脂酶，在较高的温度下会使脂肪加速水解。

9.2 水产原料

9.2.1 水产原料中的主要生化物质

鱼类、甲壳类、软体动物的肌肉及其他可食部分富含水、蛋白质，并含有脂肪、多种维生素和无机质，含少量的碳水化合物。它们作为食物源，对人类调节和改善食物结构，供应人体健康所必需的营养素，起着重要的作用。

9.2.1.1 水产原料中的水分

水是鱼肉中含量最多的成分，鱼肌肉含水量为70%～85%，鳙鱼肌肉水分占75%～79%，草鱼肌肉中水分占70%～81%。水的含量受鱼种、季节、年龄、体重、性别、生长阶段、饵料组成、水体环境和养殖模式等很多因素的影响。鱼肉是一个复杂的胶体分散体系，水即为溶媒，其他成分作为溶质以不同形式分散在溶媒中。鱼肉中水分含量及存在状态影响鱼的加工特性及w性。

9.2.1.2 水产原料中的蛋白质

鱼贝类肌肉蛋白质可大致分为细胞内蛋白质和细胞外蛋白质两大类。细胞内蛋白质又可分为盐溶性的肌原纤维蛋白和水溶性的肌浆蛋白质；细胞外蛋白质可分为不溶性的肌基质蛋白质（结缔组织蛋白质）和异质组织蛋白质（血管、神经等蛋白质）。

（1）肌原纤维蛋白　肌原纤维蛋白是由肌球蛋白、肌动蛋白以及称为调节蛋白的原肌球蛋白与肌钙蛋白所组成。肌球蛋白和肌动蛋白是肌原纤维蛋白的主要成分，两者在 ATP 的存在下形成肌动球蛋白，与肌肉的收缩和死后僵硬有关。肌球蛋白的重要生物活性之一是它具有分解腺苷三磷酸（ATP）的酶活性，当肌球蛋白在冻藏、加热过程中发生变性时，会导致 ATP 酶活性降低或消失。同时，肌球蛋白在盐类溶液中的溶解度降低。这两种性质是用于判断蛋白变性的重要指标。

（2）肌浆蛋白　肌浆蛋白是存在于肌肉细胞肌浆中的水溶性（或在稀盐类溶液中可溶的）蛋白的总称，种类复杂，其中很多是与代谢有关的酶蛋白。各种肌浆蛋白的相对分子质量一般在（1.0～3.0）$\times 10^4$ 之间。在低温储藏和加热处理中，肌浆蛋白较肌肉蛋白稳定，热凝温度较高。此外，色素蛋白的肌红蛋白亦存在于肌浆中。运动性强的洄游性鱼类和海兽等的暗色肌或红色肌中的肌红蛋白含量高，这是区分暗色肌与白色肌（普通肌）的主要标志。

（3）肌基质蛋白　肌基质蛋白包括胶原和弹性蛋白，是构成结缔组织的主要成分。两者均不溶于水和盐类溶液，在一般鱼肉结缔组织中的含量前者高于后者的 4～5 倍。胶原是由多数原胶原分子组成的纤维状物质，当胶原纤维在水中加热至 70℃ 以上时，构成原胶原分子的 3 条多肽链之间的交链结构被破坏而成为溶解于水的明胶。肉类加热或鳞皮等熬胶的过程中，胶原被溶出的同时，肌肉结缔组织被破坏，使肌肉组织变得软烂和易于咀嚼。此外，在鱼肉细胞中还存在一种称为结缔蛋白的弹性蛋白，以及鲨鱼翅中存在的类弹性蛋白，都同样是与胶原近似的蛋白质。

9.2.1.3　水产原料中的脂质

海产动物的脂质在低温下具有流动性，并富含多不饱和脂肪酸和非甘油三酯等，同陆上动物的脂质有较大的差异。鱼类可根据肌肉中脂质含量的多少而大致分为多脂鱼和低脂鱼。一般来讲，红肉鱼肌肉的脂质含量高，白肉鱼肌肉脂质含量低。鱼贝类的脂质含量，受环境条件（水温、生栖深度、生栖场所等）、生理条件（年龄、性别、性成熟度）、食饵状态（饵料的种类、摄取量）等因素的影响而变动，即使是同一种属也因渔场和鱼汛不同而有差异。鱼类的脂肪组成可简单分成极性脂肪与非极性脂肪（图 9-3）。

脂肪 {
- 非极性脂肪（甘油三酸酯、固醇、固醇脂、蜡酯、二羟基甘油醚、烃类）
- 极性脂肪（卵磷脂、磷脂乙醇胺、鞘磷脂、磷脂类）

图 9-3　鱼类脂肪组成

鱼贝类的中性脂质大都为甘油三酯（TG）、甘油二酯（DG）和甘油单酯（MG），一般含量不高。此外，还含有烃类、蜡酯、磷脂等。鱼贝类脂肪中，除含有畜产或农产品中所含的饱和脂肪酸及油酸（18∶1）、亚油酸（18∶2）、亚麻酸（18∶3）等不饱和脂肪酸之外，还含有 20～22 个碳原子、有 4～6 个双键的高度不饱和脂肪酸，如二十碳五烯酸（EPA）和二十二碳六烯酸（DHA）。海产鱼油中所含的硬脂酸、油酸、亚油酸等都少于陆上哺乳动物，而 EPA 及 DHA 含量则较多，这是其显著特点。

鱼类肌肉、内脏脂肪中还含有不皂化的碳氢化合物——烃类。深海鲨类的肝脏含有大量的角鲨烯（squalene，$C_{30}H_{50}$），还发现含有姥鲛烷（$C_{18}H_{38}$）、鲨烯（$C_{19}H_{38}$）等烃类。蜡酯由脂肪酸和高级一元醇形成。某些鱼类和甲壳类由蜡酯来取代甘油三酯作为主要的储藏脂质，以 C16∶0、C18∶1、C20∶1 为多。磷腊质含有磷脂酰胆碱（PC）、磷脂酰乙醇胺（PE）、磷脂酰丝氨酸（PS）、磷脂酰肌醇（PI）鞘磷脂（SM）等。鱼类的主要固醇类为胆固醇及胆固醇脂肪酸酯，鱼贝类中，鱼子含量最高，为 300～500 mg/100g，其次是头足类、虾类、贝类。

9.2.1.4　水产原料中的糖类

（1）糖原　鱼贝类体内最常见的糖类即糖原（glucogen）。和高等动物一样，鱼贝类的糖原储存于肌肉或肝脏中，是能量的重要来源。其含量同脂肪一样因鱼种生长阶段、营养状态及饵料（饲料）组成等而不同。

鱼类组织中糖原和脂肪共同作为能量来源储存。但从成鱼的个体水平比较来看，糖原含量比脂肪含量低，这是因为脂肪作为储藏能量的形式优于糖原。鱼类肌肉糖原的含量还与鱼的致死方式密切相关，活杀时其含量为 0.3%～1.0%，这与哺乳动物肌肉的含量几乎相同。但如挣扎疲劳死亡的鱼类，由于体内糖原的消耗，而使其含量降低。而如鲣鱼这类运动活泼的洄游性鱼类，糖原含量较高，有报道称鲐背肌糖原含量高达2.5%。

贝类特别是双壳贝的主要能源储藏形式是糖原，因此其含量往往比鱼类高10倍，而且贝类糖原的代谢产物也和鱼类不同，其代谢产物为琥珀酸。值得注意的是贝类的糖原含量有显著的季节性变化。一般贝类的糖原含量在产卵期最少，产卵后急剧增加，糖原在贝类的呈味上有间接的相关性。

（2）其他糖类　除了糖原之外，鱼贝类中含量较多的多糖类还有黏多糖。甲壳类的壳和乌贼骨中所含的甲壳素就是最常见的黏多糖，它是由N-乙酰基-D-葡萄糖胺通过β-1，4-键相结合的多糖，也称为中性黏多糖。其他常见的黏多糖还有以己糖胺和糖醛酸形成的二糖为基本单位的酸性黏多糖，按硫酸基的有无又可分为硫酸化多糖和非硫酸化多糖，前者有硫酸软骨素、硫酸乙酰肝素、乙酰肝素、多硫酸皮肤素和硫酸角质素，后者有透明质酸和软骨素。

黏多糖一般与蛋白质以共价键形成一定的架桥结构，以蛋白多糖的形式存在，作为动物的细胞外间质成分广泛分布于软骨、皮、结缔组织等处，同组织的支撑和柔软性有关。

9.2.1.5　水产原料中的含氮成分

鱼肉抽提物成分可分为含氮成分和非含氮成分（图9-4），非蛋白氮即总氮—蛋白氮。提取物在鱼贝肉中的比例为鱼类肌肉2%～5%，软体动物肌肉5%～6%。含氮成分（游离氨基酸、小肽、核苷酸等）占其大部分，大致含量为：鲨鱼、鳐鱼类：1 300～1 500 mg/100 g；红肉鱼：500～800 mg/100 g；白肉鱼：250～400 mg/100 g；软体动物、甲壳类：700～900 mg/100 g。

抽提物成分
- 含氮成分（游离氨基酸、低分子肽、核苷酸及其关联化合物、有机盐类、其他低分子成分）
- 非含氮成分（有机酸、糖类：游离单糖类）

图9-4　鱼肉抽提物成分

（1）游离氨基酸　游离氨基酸是鱼贝类提取物中最主要的含氮成分。在鱼类的游离氨基酸组成中，显示出显著的种类差异特性的氨基酸有His、Gly、Ala、Glu、Pro、Arg、Lys和牛磺酸等，其中以组氨酸和牛磺酸最为特殊。

鱼类特别是属于红肉鱼的鲣、金枪鱼等含有丰富的组氨酸，高达700～1 800 mg/100 g。游离组氨酸可作为运动时的缓冲剂。高含量的组氨酸同呈味相关，但也是引起组胺中毒的一个原因，即组氨酸在细菌的作用下，脱羧基生成组胺造成食物中毒。此类食物中毒只发生于进食红肉鱼的情况。牛磺酸是分子中含有磺酸基的特殊氨基酸，在鱼贝类组织中含量较多，其在鱼贝类的生理机能主要是起调节渗透压的作用。牛磺酸对人体也可起到维护健康的作用。

（2）胍基化合物　水产动物组织中含有多种胍基化合物如精氨酸、肌酸、肌酸酐和章鱼肌碱等。这类物质结构上的特征是均含有胍基。精氨酸多存在于无脊椎动物肌肉中，而肌酸多分布于脊椎动物肌肉中，精氨酸和肌酸分别来源于磷酸精氨酸和磷酸肌酸，这类物质同鱼贝类的能量释放和储存有关。

（3）冠瘿碱类（opin）　冠瘿碱类为亚氨基酸类，这是分子内均具有D～Ala的结构，并同其他氨基酸以亚氨基（imino）结合的一类亚氨基酸类的总称。软体动物中发现的有章鱼肌碱、丙氨奥品、甘氨奥品及β-丙氨奥品等，这几种物质均具有D—丙氨酸骨架。章鱼肌碱在乌贼、章鱼类、扇贝、滑顶薄壳乌蛤、贻贝等组织中含量高。当强制性地使乌贼或扇贝运动时，磷酸精氨酸急剧减少，精氨酸和章鱼肌碱随之增加，当疲劳消失时，又恢复到原来水平。这些冠瘿碱类同维持嫌气条件下（无氧条件）细胞内的氧化还原平衡，抑制渗透压的上升和pH变化等方面相关，其生理作用尚有许多未明之处。

（4）氧化三甲胺　氧化三甲胺（trimetlylamine oxide，TMAO）是广泛分布于海产动物组织中的含氮成分，白肉鱼类的含量比红肉鱼类多。乌贼类富含TMAO，虾、蟹中含量也较多，在贝类中，有像扇贝闭壳肌一样含有大量TMAO的种类，也有像蝾螺、牡蛎、盘鲍那样几乎不含TMAO的种类。鱼贝类死后，TMAO受细菌的TMAO还原酶还原而生成三甲胺（TMA），使之带有鱼腥味。某些鱼种的暗色肉也含有该还原酶，故暗色肉比普通肉易带鱼腥味。已知在鳕鱼中，由于组织中酶的作用，发生下列分解，生成二甲胺（dimethylamine，DMA），产生特殊的臭气。此外，在高温加热鱼肉时也会发生与之相同的反应，产生二甲胺。值得注意的是，板鳃鱼类即使在鲜度很好的条件下也因含有大量的氧化三甲胺和尿素而极易生成挥发性含氮成分，故作为鲜度指标的 VBN 法不适用于这些鱼类。

（5）尿素　尿素是哺乳动物尿的主要成分，鱼贝类组织或多或少均有检出。一般硬骨鱼类和无脊柱动物的组织中只有 15 mg/100 g 以下的量，但海产的板鳃鱼类（软骨鱼类）所有的组织中均含有大量的尿素。鱼体死后，尿素由细菌的脲酶（urease）作用分解生成氨，所以板鳃鱼类随着鲜度的下降生成大量的氨，使其带有强烈的氨臭味。

（6）其他含氮物质

除了上述含氮物质外，鱼类中还含有一些微量的含氮成分，如低聚肽（oligopeptide）、核苷酸及其关联化合物和甜菜碱类（二维码 9-7）等。

二维码 9-7　鱼贝类中的甜菜碱类

9.2.1.6　水产原料中的非含氮成分

（1）有机酸　鱼贝类肌肉中检出的有机酸包括有醋酸、丙酸、丙酮酸、乳酸、延胡索酸、苹果酸、琥珀酸、柠檬酸、草酸等，但主要是乳酸和琥珀酸。乳酸和琥珀酸主要是由糖酵解反应而生成，如下式所示。

$$\text{糖原} \xrightarrow{\text{糖酵解}} \begin{cases} \text{鱼类} \rightarrow \text{乳酸} \\ \text{贝类} \rightarrow \text{琥珀酸} \end{cases}$$

乳酸的生成同鱼体糖原的含量以及捕捞法（致死方法）和放置条件有关。贝类富含琥珀酸，也是源于含量丰富的糖原。琥珀酸在贝类的呈味上起到重要作用。

（2）糖　鱼贝类提取物成分中的糖有游离糖和磷酸糖。游离糖中主要成分是葡萄糖，鱼贝类死后在淀粉酶的作用下由糖原分解生成。此外游离糖中还检出微量的阿拉伯糖、半乳糖、果糖、肌醇等。磷酸糖是糖原或葡萄糖经糖酵解途径和磷酸戊糖循环的一类生成物。经糖酵解途径生成的磷酸糖有葡萄糖-1-磷酸、葡萄糖-6-磷酸、果糖-6-磷酸、果糖-1，6-二磷酸及其裂解产物，而在磷酸戊糖循环中，存在由葡萄糖-6-磷酸氧化脱羧基生成的五碳糖磷酸，以及由葡萄糖-6-磷酸同甘油醛-3-磷酸通过非氧化反应生成的 C_4、C_5、C_6 及 C_7 糖磷酸，其中含量较高的是 F6P、FDP 和核糖-5-磷酸等。

9.2.1.7　水产原料中的维生素

鱼类的可食部分含有多种人体所需的维生素，包括脂溶性维生素 A、维生素 D、维生素 E 和水溶性维生素 B 族和 C 族等，其含量分布根据鱼贝类的种类和部位而异。

（1）脂溶性维生素　脂溶性维生素主要有维生素 A、维生素 D、维生素 E。功能及其性质相似。维生素 D 和维生素 A 一样，主要存在于鱼类肝脏中。维生素 D 对热、碱较稳定，不易氧化，光和酸都会促进其异构化，加抗氧化剂后稳定，过量紫外线照射，可形成少量毒性化合物。

（2）水溶性维生素　鱼类中水溶性维生素主要有维生素 B_1、维生素 B_2、维生素 B_6 和维生素 C。维生素 B_1 又称硫胺素（thiamin），鱼类中除八目鳗、河鳗、鲫、鲣等少数鱼肉含量为 0.4～0.9 mg/100 g 之外，多数鱼类在 0.10～0.40 mg/100 g 范围，一般来说暗色肉比普通肉含量高，肝脏中含量与暗色肉相同或略高；维生素 B_2 又称核黄素（riboflavin）。鱼类除八目鳗、泥鳅、鲐等含量在 0.5 mg/100 g 以上外，远东拟沙丁鱼、马鲛鱼、大马哈鱼、虹鳟、小黄鱼、罗非鱼、鲤等多数鱼类以及牡蛎、蛤蜊等含量在 0.15～0.49 mg/100 g 范围，一般红肉鱼高于白肉鱼，肝脏、暗色肉高出普通肉 5～20 倍；维生素 B_5 又称泛酸（pantothenic acid），鱼类中金枪鱼、鲐、马鲛等肌肉中含量 9 mg/100 g 以上，远东拟沙丁鱼、日本鳗鱼、鲹、大马哈鱼、虹鳟等在 3～5.9 mg/100 g 范围，鲷、海鳗、鳕、鲫及多数鱼类、乌贼等为 1～2.9 mg/100 g，同其他 B 族维生素不同的是，普通肉的含量高于暗色肉和肝脏；维生素 C 又称抗坏血酸，卵巢和脑的含量较高，达 16.7～53.6 mg/100 g。

9.2.1.8　水产原料中的无机质

鱼贝类体内约含有 40 种元素。除 C、H、O、N 之外，其他元素无论是形成有机化合物还是形成无机化合物，均一律称之为无机质（mineral）。

鱼贝类的无机质含量因动物种类及体内组织不同而显示很大程度的差异。骨、鳞、甲壳、贝壳等硬组织中含量高，特别是在贝壳中高达 80%～99%，而在肌肉中相对含量低，为 1%～2%，但作为蛋白质、脂肪等组成的一部分，其在代谢的各方面发挥着重要作用。

此外，体液的无机质主要以离子形式存在，其在机体中同渗透压调节和酸碱平衡相关，是维持鱼贝类生命的必需成分。鱼贝类的肌肉中存在的 Na、K、Ca、Mg、Cl、P、S 7 种主要无机质占总无机质的

60%～80%。

鱼的骨、鳞、齿，虾、蟹的壳，贝壳、珊瑚和海绵的骨架，其硬组织都是以碳酸盐和磷酸盐为主体的大量无机质、胶质蛋白（collagen）和贝壳硬蛋白（conchiolin）等蛋白质及甲壳素等多糖类所构成的。

9.2.2 水产原料中的主要酶类和微生物

9.2.2.1 主要酶类

（1）肌球蛋白 ATP 酶　鱼肉的可食用部分主要为肌原纤维蛋白，其中肌球蛋白占肌原纤维蛋白的 55%。肌动球蛋白也具有肌球蛋白 Mg^{2+}-ATP 酶的活性。无脊椎动物肌肉的粗肌丝无 ATP 酶的活性。鱼肉肌球蛋白很不稳定，对 ATP 酶的失活和内源蛋白酶的水解很敏感，容易发生凝集（二维码 9-8）。

二维码 9-8　鱼肉肌球蛋白

肌球蛋白 ATP 酶的底物实际上是 Mg-ATP。反应时，首先，肌球蛋白和 ATP 形成松散复合体（M_1ATP），然后转变成一个牢固的复合体（M_2ATP），此反应速度非常快。ATP 分解成正磷酸盐的过程是限速步骤，特别是在肌动蛋白不存在时，这步反应很慢，实际上在有 Mg^{2+} 存在的情况下，纯化的肌球蛋白其 ATP 酶的活性非常弱。M-ADP-Pi 呈亚稳态，在三氯乙酸存在时不稳定。肌动蛋白可促进 M-ADP-Pi 的分解，从而使 Mg^{2+}- ATP 酶的活性提高 100～200 倍。

（2）谷氨酰胺转移酶　转谷氨酰胺酶（EC2.3.2.13，谷氨酰胺转氨酶，TGase）是一种转移酶，能催化蛋白质、多肽和伯胺中谷氨酰胺残基的 γ-酰胺之间的酰基转移反应。TGase 的作用特点是将小分子蛋白质通过共价交联来形成更大的蛋白质分子。蛋白质间共价交联的形成是转谷氨酰胺酶改变蛋白食品物理特性的基础。TGase 酶在蛋白质交联中具有高度专一性。TGase 是立体专一性的酶，只作用于 L 型的氨基酸，同时对于不同的底物其反应速率也不同。

在肌肉蛋白中，肌球蛋白最容易与 TGase 反应，而肌动蛋白不受 TGase 的影响。用鲤科鱼肌肉 TGase 交联不同鱼类的肌动球蛋白时，反应速率不同。海洋鱼类肌肉中的 TGase 一般是单体。鲤科鱼、虹鳟、大麻哈鱼、马鲛鱼肌肉中有 TGase 酶的活性。白身鱼 TGase 酶活性最高（2.41 U/g 湿重），鲤科鱼、狭鳕、大麻哈鱼 TGase 酶活性依次降低，虹鳟鱼的 TGase 活性最低（0.1 U/g 湿重）。

由于来源不同，TCase 在分子质量、热稳定性、等电点和底物专一性上也有区别。日本牡蛎的 TGase 分子质量为 84 ku，而其同工酶分子质量为 90 ku。豚鼠肝的 TGase 酶等电点是 4.5。链轮丝菌属（*Streptoverticillium*）的 TGase 酶等电点是 8.9。TGase 最适温度一般为 50～55℃，最适 pH 为 5～8。而日本牡蛎 TGase 最适温度 45℃，而其同工酶最适温度 25℃。

影响鱼肉组织 TGase 活性的因素很多。重组温度和持续时间是色糜加工的关键控制点。阿拉斯加狭鳕和大黄花鱼鱼糜在 40℃下重组 2～3 h，凝胶强度增加，而重组超过 3 h，凝胶强度则下降。添加 L-赖氨酸、降低 pH 都会抑制 TGase 酶的活性。添加脱乙酰壳多糖、牛血浆会增强海产品中 TGase 酶的活性。影响钙的利用率的因素也能影响 TGase 酶的活性。添加焦磷酸盐能降低狭鳕鱼糜的重组能力，而向鱼糜中加入少量的钙盐则能消除磷酸盐的不利影响。另外，TGase 酶是一种巯基酶，Cu^{2+}、Zn^{2+}、Pb^{2+} 都能抑制其活性。

（3）蛋白水解酶　大部分鱼体内含有热稳定的蛋白水解酶（蛋白酶）。鱼类蛋白水解酶的最适 pH 和最适温度范围大。不同种类的鱼，蛋白酶的来源、类型、含量差别很大。

鱼肉蛋白水解酶存在于肌纤维、细胞质以及结缔组织胞外基质中。大多数蛋白水解酶都是溶酶体酶和细胞质酶，也有一些酶或存在于肌浆中，或与肌原纤维结合在一起，或来自巨噬细胞。宰后鱼肉的质构变化和蒸煮软化主要涉及两类蛋白水解酶，即溶酶体组织蛋白酶与钙蛋白酶，死后尸僵过程及鱼肉凝胶的软化与其有关。根据酶的活性部位不同，水产品内源蛋白酶可以分为丝氨酸酶、半胱氨酸酶、天冬氨酸酶和甲硫氨酸酶。这些酶的活性取决于特异性内源蛋白酶抑制剂、激活剂、pH 和环境温度，也因鱼的种类、捕鱼季节、性成熟和产卵期等可变因素而变化。

组织蛋白酶（cathepsin）溶酶体中含有 13 种组织蛋白酶，这些酶在鱼体死后肌肉流变特性变化中有重要作用（二维码 9-9）。组织蛋白酶 A、B_1、B_2、C、D、

二维码 9-9　鱼肉中的组织蛋白酶

E、H和L 8种已从鱼贝肌肉中分离纯化得到。组织蛋白酶B、D、H、L是活鱼死后促进鱼肉蛋白降解的主要蛋白酶。

某些组织蛋白酶与肌原纤维紧密结合。漂洗难以洗脱鱼肉组织蛋白酶L，而其他组织蛋白酶可以从肌原纤维蛋白上洗脱下来。牙鳕组织蛋白醇L是单一多肽链，分子量28.8 ku，最适pH 5.5，接近中性pH时，也能降解肌原纤维蛋白。

钙蛋白酶在牛肉、羊肉等陆生动物肌肉宰后变化过程中的作用已经得到证实，而在鱼肉宰后变化过程中的作用尚不完全清楚。钙蛋白酶包括μ-Calpain（Calpain1）、m-Calpain（Calpain2）及其特异性抑制蛋白Calpastatin。鲤鱼肌肉钙蛋白酶（80 ku）能降解肌原纤维蛋白，可被Ca^{2+}所激活，被碘乙酸所抑制。海鲈鱼、鳟鱼、罗非鱼和大鳞大麻哈鱼肌肉中也能检测到中性蛋白酶的活性。在鲤鱼肌肉中也分离出了Calpastain（300 ku），它能特异地抑制鲤鱼钙蛋白酶Ⅱ降解酪蛋白的活性。钙蛋白酶可能与鱼肉离刺无关。

（4）核苷酸酶　鱼死后，肌肉的外观、质构、化学性质和氧化还原电位都会发生明显变化。在缺氧情况下，肌肉可利用的主要能量为三磷酸腺苷（ATP），随着肌肉尸僵的发展，ATP很快耗尽。参与ATP降解的酶主要有ATP酶、肌激酶、AMP脱氨酶、5′-核苷酸酶、核苷酸磷酸化酶、次黄嘌呤核苷酶和黄嘌呤氧化酶。

①ATP酶　在正常生理条件下，静息的鱼肌肉中ATP含量平均为7～10 μmol/g，ATP酶的活性受钙离子调控。当肌浆内的Ca^{2+}含量大于1 μmol/L时，Ca^{2+} ATP酶降解肌浆中的游离ATP，释放能量，肌动蛋白和肌浆蛋白发生交联，肌肉收缩。当肌浆中Ca^{2+}小于0.5 μmol/L时，Ca^{2+} ATP酶失活，ATP将不再水解。

② AMP脱氨酶（AMP deaminase，EC3.5.4.6）　催化AMP产生氨和一磷酸肌苷（IMP）。IMP转化为次黄嘌呤核苷（HxR），而后转化为次黄嘌呤（Hx），同时氨随着血液转运到鳃。氨在此排泄，同时也有少部分氨随尿排出。在僵直前的鳕鱼肌肉中，AMP脱氨酶主要以水溶性肌浆蛋白的形式存在，在僵直后期，该酶与肌肉纤维蛋白紧密结合。ATP和K^{+}激活AMP脱氨酶。无机磷酸盐抑制其活性，且抑制作用受到5′-AMP含量的影响。3′-AMP是AMP脱氨酶的竞争性抑制剂。离体条件下，鳕鱼AMP脱氨酶催化反应的最适pH为6.6～7.0，其米氏常数为（1.4～1.6）$\times10^{-3}$ mol/L。

③肌激酶（myokinase）　肌激酶是ATP酶的抑制剂，使ADP脱磷产生AMP。肌肉静息条件下由于缺乏AMP，几乎不发生AMP脱氨酶反应。

④5′-核苷酸酶（5′-nucleotidase，EC3.1.3.5）　鱼肉在死后冷却时，5′-核苷酸酶起主要作用。该酶是具有两个或多个亚基的糖蛋白，对5′-AMP的亲和力极强，专一性很强，该酶也能使5′-UMP和5′-CMP去磷酸化，而不与2′和3′-磷酸盐发生反应。可溶性和不可溶性的5′-核苷酸酶都能被ADP、ATP和高浓度的磷酸肌酸抑制。大部分该酶可被二价阳离子激活，被EDTA抑制。毫摩尔浓度的BHA对该酶具有抑制作用，而BHT对该酶没有抑制性。

⑤核苷酸磷酸化酶（nucleoside phosphorylase，NP）　该酶存在于细菌、红细胞、鱼肉和鸡肉中。大部分NP在pH6.5～8.0时活性最高。从鳕鱼腐败菌中纯化的NP相对分子质量为120 000米氏常数为3.9×10^{-5} mol/L，等电点为6.8。NP还能够催化鸟苷的降解，并受腺苷抑制。鱼肉自身的和细菌中的NP使大部分肌苷（HxR）降解为次黄嘌呤（Hx）。腐败菌极大地加快了Hx的生成。在腐败前期，NP发挥重要作用，而在腐败后期肌苷酶发挥重要作用。

⑥次黄嘌呤核苷酶（inosine nucleosidase，肌苷酶，IN）　该酶存在于细菌、真菌、原生动物、酵母、植物和鱼类中。催化的反应为：

$$HxR + H_2O \rightarrow Hx + D\text{-}ribose$$

鳕鱼中IN的最适pH为5.5，能够作用于鸟苷、腺苷、黄苷和胞苷。像NP一样，在鱼类体内HxR的自溶降解过程中，HxR的活性与鱼的种类有关。

⑦黄嘌呤（Xa）氧化还原酶有两种形式，黄嘌呤氧化酶（XO）和黄嘌呤脱氢酶（XD）。XO能够催化核苷降解的最后一步反应：

$$Hx + H_2O + O_2 \rightarrow Xa + H_2O_2$$
$$Xa + H_2O + O_2 \rightarrow \text{尿酸} + H_2O_2$$

Hx不仅是冷藏鱼腐败的客观指标，也与典型的腐败味有关。Hx在水溶液中的苦味阈值比在鱼内中的阈值低得多。当腐败微生物的数量达到10^{6} cfu/g肉时，Hx则呈阳性。鱼肉尸僵后ATP和

ADP 逐渐消失，同时，XO 活性增强，羟自由基（·OH）随之产生。·OH 能导致鱼肉在尸僵后发生脂质氧化，细胞膜被破坏。储藏温度、鱼的种类和肉的部位不同，核苷酸的降解速度也有差异。捕捞、鱼肉分割、切片和绞肉等各种加工处理对核苷酸的降解都有影响。

（5）多酚氧化酶　由多酚氧化酶（polyphenol-oxidase PPO，1，2-邻苯二酚氧化还原酶；EC1.10.3.1）催化的酶促褐变是水产品尤其是甲壳纲动物中重要的颜色反应。甲壳类水产品极易发生酶促褐变。褐变起初发生于甲壳表面，最终扩展到肌肉。死后褐变影响甲壳类动物的食用品质和消费者的可接受性（二维码 9-10）。在甲壳纲动物中，酪氨酸是多酚氧化酶的天然底物。酪氨酸属于一元酚，羟化后形成二羟苯丙氨酸（DOPA，多巴）。对虾和龙虾多酚的氧化酶可被胰岛素激活，而胰凝乳蛋白酶和胃蛋白酶不能激活龙虾多酚氧化酶。

二维码 9-10　多酚氧化酶

多酚氧化酶是含铜蛋白，其活性位点由两个 Cu^{2+} 组成，每个 Cu^{2+} 都可与三个组氨酸残基结合。这两个 Cu^{2+} 也是多酚氧化酶与 O_2 和底物酚相互作用的位点。在甲壳类动物体内，多酚氧化酶以酶原的形式存在于血淋巴中，必须由蛋白酶、脂类或多糖所激活。甲壳类动物的鳃内富含有活性的多酚氧化酶。

多酚氧化酶的稳定性及活性受温度、pH、底物和离子强度等诸多因素影响。不同来源的多酚氧化酶分子量大小不同，如对虾的多酚氧化酶分子量比龙虾的小。过酸过碱的条件都会降低多酚氧化酶的活性。甲壳纲动物的大部分多酚氧化酶对热敏感，在 20～50℃时尚能保持一定活性，70～90℃会导致酶蛋白部分或完全不可逆变性。红虾的多酚氧化酶比白虾的对温度更敏感，在 50℃下作用 30 min，其酶活性只有原有酶活性的 65%，而白虾的多酚氧化酶活性在相同条件下几乎不变。

（6）脂肪酶（lipases）　食物中的脂类在鱼消化道中经胰脂肪酶（PL）和胆盐激活脂肪酶（BAL）分解为脂肪酸和甘油，这些分解产物在小肠被鱼体吸收。鱼体脂肪库主要有四个部位，即肠系膜、肝脏、腹肌和暗色肉。在储藏和加工过程中，通过脂肪水解作用积累了游离氨基酸（FFA），从而引发鱼肉品质变化。鱼类消化道脂肪酶主要来自胰脏、肝脏、胆汁等。

鱼肌肉组织有红纤维和白纤维。红肌脂类含量和磷脂含量比白肌高，而且脂肪水解占优势。虹鳟鱼暗色鱼肉中的长链三酸甘油酯（TAG）经脂肪酶水解后产生游离脂肪酸（FFA）。鲱鱼在冷藏期间红肌和白肌都会发生三酸甘油酯水解。沙丁鱼和带鱼在－18℃贮存 6 个月后仍有脂肪酶的活性。4 d 内贮存温度由－12℃下降到－35℃，缓慢冻结会激活虹鳟鱼暗色肉溶酶体脂肪酶，而速冻不会使溶酶体释放脂肪酶。鳕鱼肉在冻藏期间产生的游离脂肪酸（FFA）是磷脂和中性脂肪的分解产物。

鱼在冻藏期间由于脂肪水解，游离脂肪酸（FFA）积累，促使脂类变性而引发鱼肉质构改变，也促进脂类氧化而产生异味。

（7）脂肪氧合酶（lipoxygenase）　脂肪氧合酶（LOX，EC1.13.11.12）属于氧化还原酶，是一种含非血红素铁的蛋白酶，能特异性地催化具有，顺-戊二烯结构的多不饱和脂肪酸，通过分子内加氧形成具有共轭双键的氢过氧化衍生物。LOX 常见底物有亚油酸、亚麻酸及四烯酸等游离的多元不饱和脂肪酸，也以三亚油酸甘油酯和三亚麻酸甘油酯或其他不饱和脂肪酸的类脂作为底物，但绝大部分 LOX 还是优先氧化游离脂肪酸，产生环或非环内酯。

脂肪氧合酶广泛存在于动植物体内。在动物的血液组织中，如血小板、白细胞、网状细胞、嗜碱性粒细胞和嗜中性粒细胞中都含有丰富的脂肪氧合酶。脂肪氧合酶也存在于水产动物和藻类。当中鲑鱼、沙丁鱼的皮肤和鳃、海星和海胆的卵中均含有有活性的 LOX 活性，鳃和皮肤中的活性最高，其次是脑、卵巢、肌肉、眼、肝脏和脾。而心脏中的 LOX 活性仅是鳃和皮肤中的 10%。在新鲜水生绿色藻类、红藻和微绿藻类以及小球藻中均有有活性的 LOX。脂肪氧合酶是一种含非血红素铁、不含硫的过氧化物酶，球形，无色，可溶，等电点范围为 pI5.7～6.4，分子量为 75～80 ku（动物）。鱼类脂肪氧合酶在 pH 6.5～7.5 时活性最大，最适温度为 38℃。

LOX 的活性与海产品气味形成有关，通过加工方法的改进，利用 LOX 的作用可以产生让消费者感觉更加愉快的气味。由于水生动物 LOX 活性在不同部位有很显著的差异，并且与环境之间具有更直接的联系，所以现在人们可以把鱼鳃 LOX 活性作为衡量周围环境的一个重要指标。海藻的 LOX 比鱼类的更稳定，它可以形成持久稳定的海藻和鱼类海产品香气。利用海藻 LOX 对鱼油进行处理，可以产生更多令人愉悦的香气。然而，也应注意，LOX 催化产生的氢过氧化合物通过裂变分解形成醛、酮等二级氧化产物，氢过氧化合物进一步氧化可以转化为环氧酸。这些氧化产物导致油脂和含油食品在储藏和加工过程中的色、香、味等发生劣变。同时在催化反应中形成的自由基能够攻击食品中的成分，如维生素、色素、酚类物质和蛋白质等，从而产生一系列的影响。

（8）磷脂酶（phospholipase） 磷脂酶与一般的酯酶不同，它们的天然底物不溶于水，而且只能当酶被吸附在脂-水界面上时其活力才能达最大值。鱼类磷脂酶（二维码 9-11）是非常重要的脂肪分解酶，不仅具有多种生理功能，而且可能与细胞膜完整性和鱼肉冷冻变质有关。

二维码 9-11 鱼中的磷脂酶

鱼类，特别是鳕鱼在冻藏期间肌肉组织发生韧化，这种变化是由于 FFA 的积累，致使蛋白质-脂类发生交联，肌原纤维变性。海产品中脂质的氧化作用可导致鲜味和异味的产生，异味是脂质过氧化作用的结果。鱼类冻藏期间，脂肪分解产生 FFA，从而招致脂质氧化。真鳕、大比目鱼、虹鳟鱼、鲱鱼、鲑鱼、大麻哈鱼、鲤科鱼、真鲷在冻藏期间都会发生磷脂的酶促水解。鲶鱼冻藏时发生游离脂肪酸氧化，产生腐臭味，缩短货架期。FFA 与异味形成、氨基酸和维生素破坏、质构变差和肌肉蛋白质保水性降低都有关系。

（9）氧化三甲胺降解酶（trimethylamine oxide-degrading enzymes） 氧化三甲胺（TMAO）代谢涉及的酶包括三甲胺单氧酶、三甲胺脱氢酶、氧化三甲胺还原酶和氧化三甲胺脱甲基酶（TMAOase）。氧化三甲胺在 TMAOase 的催化下通过脱甲基作用产生甲醛（FA）。FA 是一种很强的蛋白变性剂。如果 TMAO 脱甲基酶有活性且浓度足够，会使冷冻鱼肉韧化、发干等质构特性变差，鱼糜和鱼肉的凝胶特性会迅速下降，在鳕科鱼肉中尤其如此。对鱿鱼类来说，氧化三甲胺则为非酶分解。氧化三甲胺在鱼贝类中不仅具有重要的生理功能，也是使原料和制品腐败的主要物质。

三甲胺（TMA）在三甲胺单氧酶的催化下生成氧化三甲胺，反应式如下：

$$\mathrm{TMA + NADPH + H^{+} + O_2 \rightarrow TMAO + NADP^{+} + H_2O}$$

三甲胺在三甲胺脱氢酶的催化下生成二甲胺（DMA）和甲醛，反应式如下：

$$\mathrm{TMA + H_2O \rightarrow DMA + FA + 2H}$$

在氧化三甲胺还原酶的催化下，氧化三甲胺生成三甲胺，反应式如下：

$$\mathrm{TMAO + 2H^{+} + 2e \rightarrow TMA + H_2O}$$

在氧化三甲胺脱甲基酶的催化下，氧化三甲胺生成二甲胺和甲醛，反应式如下：

$$\mathrm{TMAO \rightarrow DMA + FA}$$

一般说来，黏膜中 DMA 的含量比肌肉中的高，暗色肉中的 DMA 含量比白色肉中的高，而且在冻藏时，暗色肉中的 DMA 含量还会增加。

谷胱甘肽、Fe^{2+}、抗坏血酸、黄素、血红蛋白、肌红蛋白和亚甲基蓝都能提高 TMAOase 的活性。碘乙酰胺、氰化物、叠氮化物可抑制 TMAOase 的活性。采肉前如果能彻底去除肾、肝和幽门盲囊等富含 TMAO 的器官组织，鱼糜凝胶特性下降的问题便能得到缓解。如果精滤操作得当，便可除去鱼肉中大部分 TMAO，也能钝化或去除 TMAOase。

9.2.2.2 微生物

水产品原料中的微生物主要是指腐败菌和致病菌。腐败菌多为需氧性细菌，有假单胞菌属、无色杆菌属、黄色杆菌属、小球菌属等。致病菌包括副溶血性弧菌、霍乱弧菌、创伤弧菌、单核细胞增生李斯特菌、致病性大肠杆菌、金黄色葡萄球菌和沙门菌。

（1）腐败菌 新鲜鱼中的腐败菌多为革兰氏阴性细菌，如假单胞菌、不动杆菌、莫拉菌属为 H_2S 产生菌，腐败菌可将氧化三甲胺（TMAO）还原成三甲胺（TMA），被认为是导致腐败现象的最主要菌。软体动物包括牡蛎、蚌蛤、鱿鱼、干贝等，氮含量低，初期以假单胞菌、不动杆菌、莫拉菌属为主，末期以肠球菌、乳杆菌及酵母为主。这些微生物在鱼类存活状态下存在于鱼体表面的黏液、鱼鳃及消化道中。

(2) 致病菌　水产品在养殖和捕获前可能因为受到生活污水、工业废水等污染，使得除化学物质外的病原微生物也迅速增加；另外，增大养殖密度等养殖手段，增大了残饵料的量，排泄物也增加，极易引起各种水产动物的疾病。水产品中可能出现的致病菌如下：

①副溶血性弧菌　副溶血性弧菌（*Vibio parahemolyticus*）为革兰氏阴性菌，呈弧状、杆状、丝状等多种形态，无芽孢，嗜盐，主要来自墨鱼、海鱼、海虾、海蟹、海蜇等。在温度为37℃，含盐3%～3.5%，pH为7.4～8.5的培养基中生长良好。该菌不耐热，56℃时5～10 min，即可死亡。在抹布和砧板上能生存1个月以上，海水中可存活47 d。对酸较敏感，当pH6在以下时即不能生长，在普通食醋中1～3 min即可死亡。在3%～3.5%含盐水中繁殖迅速，每8～9 min为一周期。

②霍乱弧菌　霍乱弧菌（*Vibio cholera*）是一种古老且流行广泛的烈性传染病菌之一。霍乱弧菌包括两个生物型：古典生物型和埃尔托生物型，为革兰氏阴性菌，菌体弯曲呈弧状或逗点状，菌体一端有单根鞭毛和菌毛，无荚膜与芽孢。霍乱弧菌的抵抗力较弱，在干燥情况下2 h即可死亡；在55℃湿热中10 min即可死亡；在水中能存活两周，在寒冷潮湿环境下的新鲜水果和蔬菜表面可以存活4～7 d；对酸很敏感，但能够耐受碱性环境，例如在pH为9.4的环境中生长不受影响；容易被一般的消毒剂杀死。

③创伤弧菌　创伤弧菌（*Vibiao vulnificus*）是一种革兰氏阴性嗜盐菌，自然生存于河口海洋环境中，能引起胃肠炎、伤口感染和原发败血症。通常人类感染是因食用生的或半生的受污染的海产品，或是因为伤口接触了带菌海洋动物或海水。根据生化、遗传、血清学试验的差异和受感染宿主的不同，目前将创伤弧菌分为3种生物型。人类感染通常表现为散发形式，几乎都由于生物Ⅰ型所致；生物Ⅱ型主要引起鳗鱼的疾病，极少感染人；生物Ⅲ型于1996年首次报道，可引起人类败血症和软组织感染。由于16S rRNA基因和毒力相关基因的序列变异，生物Ⅰ型又进一步分为两个基因型。据报道，贝类中的牡蛎分离的创伤弧菌菌株有极高的基因变异能力，而临床分离却似乎来源于单个菌株。创伤弧菌是美国海产品消费引起死亡的首要病因。

④单核细胞增生李斯特菌　单核细胞增生李斯特菌（*Listeria monocytogenes*）是李斯特菌属中唯一能够引起人类疾病的菌种。其生物学特性为：该菌为较小的球杆菌，大小为（1～3）μm×0.5 μm；无芽孢，无荚膜，有鞭毛，能运动。幼龄培养物活泼，呈革兰氏阳性，48 h后呈革兰氏阴性，兼性厌氧，营养要求不高，适宜在含有肝浸汁、腹水、血液或葡萄糖中生长。李斯特菌生长温度范围为5～45℃，而在5℃低温条件下仍能生长则是李斯特菌的特征，该菌经58～59℃下10 min可杀死，在－20℃可存活一年；耐碱不耐酸，在pH 9.6中仍能生长，在10% NaCl溶液中可生长，在4℃的20% NaCl溶液中可存活8周。

⑤致病性大肠杆菌　致病性大肠埃希菌（pathogenic *Escherichia coli*），包括产毒素大肠埃希菌、肠道致病性大肠埃希菌、肠道侵袭性大肠埃希菌、肠道出血性大肠埃希菌和肠道聚集性大肠埃希菌。引起食物感染的致病性埃希菌有免疫血清型O157：H7、O55：B5、O26：B6、O124：B17等。

⑥金黄色葡萄球菌　葡萄球菌属的金黄色葡萄球菌（*Staphylococcus aureus*）致病力最强，常引起食物中毒。大多数无荚膜，革兰氏阳性，无芽孢，无鞭毛，动力试验呈阴性；需氧或兼性厌氧；最适生长温度为37℃；最适生长pH为7.4；具有高度耐盐性，生长的水分活度范围最低可达0.82。食品被金黄色葡萄球菌污染后，在25～30℃下放置5～10 h，就会产生肠毒素。

⑦沙门菌　沙门菌（*salmonella*）属肠杆菌科，沙门菌不产生外毒素，而是因为食入活菌而引起感染，食入活菌的数量越多，发生感染的机会就越大。沙门菌外界存活力强，生长温度范围为5～46℃，最适温度为20～37℃。沙门菌在水产品中检出率不高，但在污染的贝类中曾分离到此菌。另外，在食品的加工与储藏过程中因交叉污染也会导致该菌的食物中毒。

另外，水产品生长的水域如果受到未经处理的污水污染等，还可能感染甲型肝炎病毒和诺瓦病毒等。

9.2.3 水产原料腐败过程中的生物化学

水产动物死后，由于自身酶和外源细菌的作用，会发生各种生化变化，从而导致水产品品质的下降，这些变化主要包括pH、糖原、乳酸、AT-

Pase（腺苷三磷酸水解酶）、ATP（腺苷三磷酸）及其分解产物等的变化。鱼体死后肌肉中会发生一系列与活体时不同的生物化学变化，整个过程可分为僵硬、自溶、细菌腐败三个阶段。

9.2.3.1　死后僵硬阶段

活着的动物肌肉柔软而有透明感，死后便有硬化和不透明感，这种现象称为死后僵硬。肌肉出现僵硬的时间与肌肉中发生的各种生物化学反应的速度有关，也受到动物种类、营养状态、储藏温度等的影响。如牛为24 h，猪为12 h，鸡为2 h。其持续时间，在5℃下储藏，牛为8～10 d，猪为4～6 d，鸡为0.5～1 d，这一过程一般称为熟化。鱼类肌肉的死后僵硬也同样受到生理状态、疲劳程度、渔获方法等各种条件的影响，一般死后几分钟至几十小时开始僵埂，其持续时间为5～22 h，总的说来是较短的，这是其显著特征。

（1）生物化学反应　由于糖原和ATP分解产生乳酸、磷酸，使得肌肉组织pH下降、酸性增强。一般活鱼肌肉的pH在7.2～7.4，洄游性的红肉鱼因糖原含量较高（0.4%～1.0%），死后最低pH可达到5.6～6.0，而底栖性白肉鱼糖原较低（0.4%以下），最低pH为6.0～6.4。pH下降的同时，还产生大量热量（如ATP脱去1分子磷酸就产生7 000 cal热量），从而使鱼贝类体温上升，促进组织水解酶的作用和微生物的繁殖。因此当鱼类捕获后，如不马上进行冷却、抑制其生化反应热，则不能有效及时地使以上反应延缓下来。

（2）死后僵硬的机理　鱼类死后僵硬期的长短、僵硬开始的时间及僵硬强度的大小取决于许多因素，主要有：①鱼的种类及生理营养状况。上层洄游性鱼类，因其所含酶类的活性较强，死后僵硬开始得早，僵硬期较短；底层鱼类则一般死后僵硬开始得迟，僵硬期也较长。一般肥壮的鱼比瘦弱的鱼僵硬强度大，僵硬期也长。②捕捞及致死的条件。经长时间挣扎窒息而死的鱼，较捕捞后立即杀死的鱼，肌肉中糖原或ATP的含量较少，乳酸或氨的含量较多，因此，死后僵硬开始较早，僵硬强度较小，僵硬期亦较短。③鱼体保存的温度。鱼体死后保存的温度越低，僵硬期开始得越迟，僵硬期时间越长。一般在夏天气温中，僵硬期不超过数小时，在冬天或尽快冰藏条件下，则可维持数天。

9.2.3.2　自溶阶段

当鱼体肌肉中的ATP分解完后，鱼体开始逐渐软化，这种现象称为自溶作用（autolysis）。这同活体时的肌肉放松不一样，因为活体时肌肉放松是由于肌动球蛋白重新解离为肌动蛋白和肌球蛋白，而死后形成的肌动球蛋白是按原体保存下来，只是与肌节的Z线脱开，于是使肌肉松弛变软，促进自溶作用。

自溶作用是指鱼体自行分解（溶解）的过程，主要是水解酶积极活动的结果。水解酶包括蛋白酶、脂肪酶、淀粉酶等。经过僵硬阶段的鱼体，由于组织中的水解酶（特别是蛋白酶）作用，使蛋白质逐渐分解为氨基酸以及较多的低分子碱性物质，所以鱼体在开始时由于乳酸和磷酸的积累而呈酸性，但随后又转向中性，鱼体进入自溶阶段，肌肉组织逐渐变软，失去固有弹性。

自溶作用的本身不是腐败分解，因为自溶作用并非无限制地进行，在使部分蛋白质分解成氨基酸和可溶性含氮物后即达到平衡状态，不易分解到最终产物。但由于鱼肉组织中蛋白质越来越多地变成氨基酸之类物质，则为腐败微生物的繁殖提供了有利条件，从而加速腐败进程。因此自溶阶段的鱼类鲜度已在下降。

自溶作用受到的许多因素影响，具体包括：

①种类　一般认为冷血动物自溶作用速度大于温血动物，其原因是前者的酶活力大于后者。在鱼肉中，远洋洄游性的中上层鱼类的自溶作用速度一般比底层鱼类快，这是由于前者体内为适应其旺盛的新陈代谢需要而含有多量活性强的酶类。如鲐、鲹、鲣等鱼类一般自溶速度比黑鲷、鳕、鲽等鱼类快，甲壳类的自溶比鱼类快。

②pH　自溶作用受pH的影响较大，经试验发现鱼的自溶作用在pH为4.5时强度最大，分解蛋白质所产生的可溶性氮、多肽氮和氨基酸含量最多，而高于或低于此pH时，自溶作用均受到一定的限制。而虾类的研究则表明其自溶的最适pH在7附近。

③盐类　当添加多量食盐时，可以阻碍其自溶作用的进行速度，但即使鱼肉是浸泡在饱和盐水中，其自溶作用仍能缓慢地进行。各种盐类对鱼肉自溶作用的影响是不同的，当NaCl、KCl、$MnCl_2$、$MgCl_2$等盐类微量存在时，可以促进自溶作用的进行，但当其大量存在时，则起阻碍作用，而$CaCl_2$、$BaCl_2$、$CaSO_4$、$ZnSO_4$等盐类只要存在微量也能对自溶作用产生阻碍。虾类自溶反应时，NaCl起较大

的激活酶的作用。

④温度变化　在一定的适温范围内鱼肉进行自溶作用，温度每升高10℃，其分解速度也增加一定的倍率。

⑤紫外线照射　紫外线照射时间同自溶反应密切相关，适当的照射时间对自溶反应起促进作用，反之则效果不佳或起抑制作用。

9.2.3.3　腐败阶段

由于自溶作用，体内组织蛋白酶将蛋白质分解为氨基酸和低分子的含氮化合物，为细菌的生长繁殖创造了有利条件。由于细菌的大量繁殖加速了鱼体腐败的进程，因此自溶阶段鱼类的鲜度已经开始下降。大型鱼类在气温较低的条件下，自溶阶段可能会长一些，但实际上多数鱼类的自溶阶段与由细菌引起的腐败进程并没有明显的界限，基本上可以认为是平行进行的。鱼类在微生物的作用下，鱼体中的蛋白质、氨基酸及其他含氮物质被分解为氨、三甲胺、吲哚、组胺、硫化氢等低级产物，使鱼体产生具有腐败特征的臭味，这种过程称为腐败。

随着微生物的增殖，通过微生物所产生的各种酶的作用，食品的成分逐渐被分解，分解过程极为复杂，鱼体组织的蛋白质、氨基酸以及其他一些含氮物被分解为氨、三甲胺、吲哚、硫化氢、组胺等腐败产物。

（1）脱氨反应

①由氧化脱氨反应生成酮酸和氨

$$\underset{\displaystyle NH_2}{RCHCOOH} + \frac{1}{2}O_2 \rightarrow RCOCOOH + NH_3$$

② 直接脱氨生成不饱和脂肪酸和氨

$$\underset{\displaystyle NH_2}{RCHCH_2COOH} \rightarrow RCH=CHCOOH + NH_3$$

③ 经还原脱氨反应生成饱和脂肪酸和氨

$$\underset{\displaystyle NH_2}{RCHCOOH} + H_2 \rightarrow RCH_2COOH + NH_3$$

（2）脱羧反应

$$\underset{\displaystyle NH_2}{RCHCOOH} \rightarrow RCH_2NH_2 + CO_2\uparrow$$

通过脱羧反应，赖氨酸生成尸胺，鸟氨酸生成腐胺，组氨酸生成组胺。

（3）含硫氨基酸分解　蛋氨酸、半胱氨酸、胱氨酸等含硫氨基酸被绿脓杆菌属的一部分细菌所分解，生成硫化氢、甲硫醇、己硫醇等。

（4）色氨酸分解　色氨酸在绿脓杆菌、无色杆菌、大肠杆菌等细菌的色氨酸酶的作用下分解生成吲哚。当上述腐败产物积累到一定程度，鱼体即产生具有腐败特征的臭味。与此同时，鱼体肌肉的pH升高，并趋向于碱性。当鱼肉腐败后，它就完全失去食用价值，误食后还会引起食物中毒。例如鲐鱼、鲹鱼等中上层鱼类，死后在细菌的作用下，鱼肉汁液中的主要氨基酸（组氨酸）迅速分解，生成组胺。

此外，多脂鱼类因含有大量高度不饱和脂肪酸，容易被氧化，生成氢过氧化物后进一步分解，其分解产物为低级醛、酮、酸等，使鱼体具有刺激性的酸败味和腥臭味。

思考题

1. 论述肉中的主要蛋白质及其结构特点。
2. 试论述屠宰后肉的变化及其相关生化过程。
3. 什么叫肉的嫩化？其酶法嫩化的机制是什么？
4. 简述水产品中蛋白质的类别及其特点。
5. 常引起水产品腐败的微生物有哪些？各有何特点？
6. 什么是水产品自溶？论述其机制与影响因素。

第 10 章

乳与蛋制品的生物化学

本章学习目的与要求

1. 掌握乳中蛋白质的组成及特性；
2. 了解原料乳、干酪等乳制品的腐败过程；
3. 掌握蛋中蛋白质的组成及特性；
4. 了解蛋腐败的生化过程。

10.1 乳

10.1.1 乳中的主要生化物质

10.1.1.1 乳蛋白质

(1) 酪蛋白　所有的酪蛋白中非极性氨基酸(Val、Leu、Ile、Phe、Tyr、Pro)含量较高，为33%～45%，因而在水溶液中溶解性差。所有酪蛋白中脯氨酸含量较高，如此高的Pro使得酪蛋白α-螺旋或β-折叠结构较少，无须预先变性(如加热或酸处理)即可易被蛋白酶水解。也许这一点对新生儿的营养特别重要。酪蛋白中相对缺乏含硫氨基酸，因而其生物价较低，为卵白蛋白的80%。酪蛋白，富含赖氨酸，可与缺乏赖氨酸的植物蛋白很好地互补。由于赖氨酸含量高，加热时与还原糖发生较为强烈的非酶美拉德褐变反应。

在酪蛋白的一级结构中，极性与非极性氨基酸分布不均一，以极性簇或非极性簇分布，因而酪蛋白具有明显的亲水区和疏水区，这一特性使得酪蛋白具有良好的乳化性。酪蛋白中的磷酸丝氨酸簇可以与Ca^{2+}强烈地结合。相对不均一分布的脯氨酸使酪蛋白表现为多脯氨酸螺旋形结构。

酪蛋白具有相对较少的二级结构和三级结构，这主要是由于含有较多的脯氨酸之故，酪蛋白具有"流变形"的结构，构象开放、柔韧易变。酪蛋白的这一结构特点赋予了其一些独特的性能。

与球蛋白相比，酪蛋白易被蛋白酶水解，这在营养上具有一定意义。此外，在干酪成熟过程中对于风味和组织状态的形成具有重要意义。但是，由于酪蛋白中疏水性氨基酸含量高，因而其水解物呈现苦味。由于酪蛋白分子中非极性氨基酸较多及极性分布的不均一，加之其开放、易变的结构，使其很容易吸附到气-水界面和油-水界面，如在均质过程中很容易吸附到脂肪球表面；且具有良好的乳化性和发泡性。由于酪蛋白缺乏高度紧密的结构，因而在加热或其他变性条件下较稳定。

(2) 乳清蛋白　酪蛋白沉淀后(pH 4.6)，存在于乳清中的蛋白质称为乳清蛋白(Whey protein)。乳清蛋白热稳定性不如酪蛋白；主要的乳清蛋白有α-乳白蛋白、β-乳球蛋白、血清白蛋白和免疫球蛋白。

①β-乳球蛋白　β-乳球蛋白(β-lg)约占牛乳总蛋白的12%，乳清蛋白的50%，等电点约为pH 5.2。牛乳β-lg由162个氨基酸残基组成，含有5个半胱氨酸残基，可在66与160、119与121或106与119位之间形成2个分子内二硫键，1个游离的—SH基。β-lg富含含硫氨基酸。

β-lg是高度结构化的蛋白质，在pH 2～6范围内，α-螺旋结构占10%～15%，β-折叠占43%，其余47%为无序结构，包括β-反转。β-lg具有紧密的三级结构，单体近似球形，直径约为3.6 nm。

牛乳中的β-lg可作为视黄醇的载体，与视黄醇结合防止其氧化，同时可被视黄醇由胃运送到肠，在肠道中视黄醇转移到视黄醇结合蛋白。视黄醇结合蛋白的结构与β-lg相似。β-lg可以结合游离脂肪酸，因而可以促进脂肪酶的活性(脂肪酶活性可被游离脂肪酸抑制)。

② α-乳白蛋白　α-乳白蛋白(α-la)约占牛乳总蛋白的3.5%，占乳清蛋白的20%左右，等电点为pH 4.8，相对分子质量约为14 000，由123个氨基酸残基组成，8个半胱氨酸残基形成4个分子内二硫键，分别为6和120位、28和111位、61和77位，73和91位之间形成。α-la为结构紧密的球蛋白，二级结构中26%为α-螺旋，14%为β-折叠，60%为无序结构。极少量的α-la含有碳水化合物。海洋哺乳动物不含α-la或含量极低。

在乳腺中α-la重要的生理功能是参与乳糖的合成，是乳糖合成酶的一部分。乳糖合成酶由2个不同的蛋白质亚单位组成，一个是UDP-半乳糖基转移酶，另一为α-la。哺乳动物乳中乳糖含量与α-la含量成正比。海洋哺乳动物乳中不含α-la，因而也不含乳糖。α-la是乳糖合成的特异性酶。

③牛血清白蛋白　牛乳中的血清白蛋白(BSA)来自血液，乳中含量较低，占总氮的0.30%～1.0%。BSA由582个氨基酸残基组成，相对分子质量较大，为66 000。在氨基酸序列中有17个二硫键和1个游离—SH基。多肽链中形成二硫键的半胱氨酸相对较近，形成一系列小环，整个分子形似椭圆，由三个区域组成。在不含β-lg的乳中，如人乳，BSA可结合脂肪酸，促进脂肪酶的活性。

④免疫球蛋白　免疫球蛋白在常乳中为0.6～1 g/L(约占总氮3%)，初乳中可达100 g/L。乳中的免疫球蛋白分为IgG、IgA、IgM三大类，IgG可进一步分为IgG_1和IgG_2。IgG代表免疫球蛋白的基本结构，由2条重链和2条轻链通过二硫键连接

起来。

牛乳中的 IgG 占优势，而人乳中以 IgA 为主，其主要的生理功能是对幼仔提供免疫保护。犊牛出生后 3 d 内其肠道是开放的，大分子物质，如 IgG 可以以完整形式直接吸收进入血液。犊牛出生时血液中无免疫球蛋白，吸吮初乳 3 h 后 Ig 出现在血液中，一直可以持续 3 个月。

10.1.1.2 乳脂肪

（1）三酰甘油　三酰甘油是乳脂中最主要的成分。乳中三酰甘油的组成不仅涉及其脂肪酸的种类、数量及在甘油分子中的分布，还涉及各种脂肪酸在酯化中的组合问题，因此将形成不同的三酰甘油分子。三酰甘油的脂肪酸组成、脂肪酸在三酰甘油中的分布并不是随机的。牛乳中含量超过 1%的脂肪酸大约有 7 个。牛乳中三酰甘油大多数集中在 4∶0 的 Sn-3，6∶0 的 Sn-3，16∶0 的 Sn-1 和 Sn-2，以及 18∶1 的 Sn-1、Sn-2 和 Sn-3。

（2）磷脂和鞘脂　乳中磷脂含量为 20～50 mg/dL，它的含量随季节和饲料而变化。初乳中含量为 70～100 mg/dL。乳中的磷脂主要存在于脂肪球膜上（大约占总磷脂的 60%），其余在脱脂乳中，与酪蛋白结合。磷脂占脂肪球膜组成的 20%～40%。由于磷脂同时具有亲水和疏水基团，这种独特结构与其功能有着密切的关系，使其在乳中可以起到乳化和稳定作用，以保持脂肪球的正常形态。乳中磷脂主要是磷脂酰乙醇胺（脑磷脂），其次为磷脂酰胆碱（卵磷脂）和鞘磷脂。此外，还含有少量的磷脂酰肌醇和磷脂酰丝氨酸。而溶血磷脂酰胆碱和溶血磷脂酰乙醇胺含量非常少，另外还含有痕量的二酰甘油。磷脂的脂肪酸组成不同于三酰甘油，短链不饱和脂肪酸的数量特别少，主要是超过 20 个碳原子的长链不饱和脂肪酸（C22，2%～3%；C23，3%～4%；C24，2%～3%）。乳磷脂中含有大量的不饱和脂肪酸。乳中含有鞘磷脂、中性糖基神经酰胺和酸性糖基神经酰胺或神经节苷脂，鞘磷脂有时也被分类在磷脂中，但它也是鞘脂，像磷脂酰胆碱。

（3）二酰甘油、单酰甘油和游离脂肪酸　新鲜乳中二酰甘油、单酰甘油和游离脂肪酸的含量较低，但经储藏一段时间后，由于受乳中脂肪酶和细菌脂肪酶的水解作用，分解三酰甘油，使其含量升高。来自微生物产生的脂肪酶，特别是嗜冷菌，当细胞数量达到 10^6～10^7 cfu/mL，脂解酶的活性就会较高，从而使游离脂肪酸的含量提高。当乳中游离脂肪酸的含量超过 2.3 meq/L 时，就会有异味产生。

在人乳的磷脂和天然类脂中，甘油酯（1-O-碱性氧化甘油和 1-O-2 甲基氧化碱性甘油）含量是牛乳中的 10 倍。后一种成分的生物合成重要性仍然不清楚，尽管甘油酯促进红细胞发生、凝血细胞发生和粒细胞生成。游离脂肪酸可作为宿主抗性因子。

（4）固醇　乳中的胆固醇可由乳腺组织自身合成，或从血浆脂蛋白中摄取，其在乳脂肪球膜中的存在对脂肪球膜的结构和功能是必需的。乳脂中胆固醇含量在不同动物间差异不大。乳脂肪以及其他动物性脂肪中固醇的最主要部分是胆固醇。乳中还含有少量的其他固醇类，如羊毛固醇、二氢羊毛固醇和 7-脱氢胆固醇等，人乳中还含有植物固醇。另外，乳脂中还含有一些烃类及脂溶性维生素等。

（5）类胡萝卜素　乳脂肪主要色素成分是 β-胡萝卜素，约占总类胡萝卜素含量的 95%。乳脂肪中 β-胡萝卜素的含量为 2.5～8.5 μg/g 脂肪。

10.1.1.3 乳糖

乳糖是牛乳中最主要的营养成分之一。现在已发现有些动物乳汁中仅含有少量的乳糖，而其他低聚糖的比例较大。通常乳糖含量高的乳汁，其低聚糖的比例就低。乳糖含量受个体遗传因素影响较大（大于 5%），而受营养状况、饮食、药物以及怀孕等其他影响较小。牛乳中乳糖平均含量为 4.8%，且含量变化很小。

除乳糖外，牛乳中还含有核苷酸糖、糖脂、糖蛋白和低聚糖等其他碳水化合物。其中最主要的部分就是低聚糖。人乳中低聚糖含量比牛乳要高，为 12～13 g/L。

10.1.1.4 矿物质

乳中的矿物质主要有 Na、K、Mg、Ca、P 等，此外，还含有微量元素，包括 Fe、I、Cu、Mn、Zn、Co、Se、Cr、Mo、Sn、V、F、Si、Ni 等。

（1）钙　牛乳中钙的主要存在形式是磷酸钙、酪蛋白磷酸钙和柠檬酸钙。牛乳中约 60%的钙结合在酪蛋白胶束上，因为这种结合，钙才能保持分散状态而不沉淀。部分磷酸钙也结合在酪蛋白的羰基上和 Ca^{2+} 一起促进酪蛋白胶束间的交联作用。牛乳中以无机钙离子（Ca^{2+}）形式存在的钙仅占总钙量的10%。在人乳中，乳脂质中钙占20.2%，酪蛋白中占2.3%，乳清蛋白中占43.9%，小分子质量化合物中占33.6%。α-乳白蛋白是人乳中主要的钙结合蛋白。由此可见，人乳中的钙主要是以“真溶液”形式而不是以胶体形式存在。

（2）磷　牛乳中的磷，20%存在于与酪蛋白的丝氨酸和苏氨酸残基上的羟基结合的酯中，40%以无机磷酸盐的形式存在于酪蛋白胶束中，其余部分存在于脂类物质和水溶性酯中。在人乳中，大约15%的磷以无机形式存在，其余部分与脂质结合。

（3）镁　人乳中的镁，约2%存在于脂肪中，0.8%与酪蛋白结合，44%与乳清蛋白结合，另有约53.6%的镁以小分子形式存在。在牛乳中，约70%的镁以“真溶液”形式存在，其余部分则存在于酪蛋白胶束的胶体颗粒中。

（4）其他　牛乳中大部分铜、锌和锰是结合在酪蛋白中，部分铁与乳铁蛋白结合存在。乳铁蛋白是一种具有抑菌作用的乳清蛋白，同时乳铁蛋白对铁的吸收可能具有一定的调节作用。碘、硒和钼元素。乳中自然存在的碘完全以碘化物的形式存在。约有12%的硒结合在谷胱甘肽-过氧化物酶中，大部分的硒结合存在于蛋白质部分，主要以硒蛋氨酸和硒胱氨酸形式存在，且在乳清蛋白和酪蛋白中均匀分布。乳中所有钼元素均和黄嘌呤氧化酶结合存在。

10.1.1.5　维生素

（1）水溶性维生素

①维生素 B_1　维生素 B_1 主要以游离的形式存在，占50%～70%。18%～45%磷脂化，5%～17%与蛋白质结合。大多数维生素 B_1 是在瘤胃中由微生物产生的。因此，乳牛的营养状况对其含量影响较小，而季节（饲料）对维生素含量有一定的影响。乳的热处理会使其含量降低10%左右。初乳中的维生素 B_1 含量较高，可达800～1 200 μg /L，高于常乳的5倍。

②维生素 B_2　牛乳中的维生素 B_2 是以游离形式存在的，相反，在其他食品中则以结合状态存在。乳中20%的FMN或FAD的形式结合到蛋白质上。泌乳第1天的牛乳中维生素 B_2 含量为6 000～8 000 mg/L，是泌乳第7天的4～5倍。

③维生素 B_6　生鲜牛乳中维生素 B_6 主要以下述几种形式存在：80%的吡哆醛，20%的吡哆胺以及痕量的磷酸吡哆醛。维生素 B_6 见光后有降解作用。牛乳中维生素 B_6 含量较高，约为人乳中的5倍，因此，牛乳是良好的维生素 B_6 供应源。

④维生素 B_{12}　乳中维生素 B_{12} 以5种不同的钴胺素形式存在，但主要是腺嘌呤核苷酸或羟钴胺素。95%结合到蛋白质（主要是乳清蛋白）上。在原料乳中以游离形式存在的维生素 B_{12} 很少。

⑤叶酸　牛乳中的叶酸主要化学形式为5-甲基四氢叶酸。叶酸盐结合到一个特殊的糖蛋白上，主要以游离形式存在，大约有40%以结合的多聚谷氨酰盐形式存在。

⑥烟酸　乳中大多数烟酸的活性形式为烟酰胺。色氨酸是烟酸的前体物质，在体内60 mg饮食色氨酸等于1 mg烟酸。

⑦泛酸　牛乳中泛酸的含量为350 μg /100 mL。在生物组织体内，泛酸几乎全部构成辅酶A。辅酶A是由泛酸、羟基乙胺（β-氨基乙硫醇）和3′-磷酸腺苷-5′-焦磷酸三部分组成。

⑧维生素C　乳中75%的维生素C是抗坏血酸形式，其余为脱氢抗坏血酸，它具有维生素C的活性。维生素C是在肝中生物合成的。

（2）脂溶性维生素

①维生素A　维生素A和胡萝卜素对乳中总的维生素A活性都有贡献，胡萝卜素大约占总维生素活性的30%。乳中仅含有β-胡萝卜素，而水牛乳中几乎不含胡萝卜素。植物中富含胡萝卜素。牛乳中维生素A的含量与比例取决于乳牛的品种和胡萝卜素的摄入量。β-胡萝卜素转变成维生素A主要是在肠黏膜上进行的，包括酶促转化视黄醛，并还原成视黄醇。因此，来自饲料中的视黄醇和水解的视黄醛被吸收，并被重新酯化。乳中几乎所有的维生素（约94%）是以酯化形式存在的。乳中所有反式视黄醇都由具有生物学活性的视黄醇组成。

②维生素D　乳中维生素D主要以胆钙化醇（维生素 D_3）形式存在，其活性形式主要是麦角钙化醇硫酸盐。另外，在牛乳中也发现有25-羟基钙化醇。维生素D不仅有脂溶性的，而且有水溶性的（约85%）。水相中维生素D硫酸盐的浓度报道为3.4 μg /mL，其生物学活性较低。

③维生素E　奶油中大约95%的维生素E是具有较高生物学活性的α-生育酚，其余部分为γ-生育酚。在牛乳中未发现其他形式的生育酚。脂肪球膜类脂中富含生育酚，含量比脂肪球高3倍。夏季乳牛产的乳中维生素E含量较高，主要是由于乳牛摄

入较多的生育酚的缘故。

④维生素 K　这种维生素主要是在瘤胃中合成，并运输进入乳中。脂溶性维生素含量取决于乳脂肪的含量，不同脂肪含量的乳中维生素 K 的含量分别为：3.25%的脂肪，0.3 mg/L；2%的脂肪，0.23 mg/L；脱脂乳，0.04 mg/L。

10.1.2　乳中的主要酶类和微生物

10.1.2.1　主要酶类

（1）脂肪酶与酯酶　酯酶在乳中有 3 种类型的存在，分别为 A 型羧基酯水解酶（芳香基酯酶；EC3.1.1.2）、B 型酯酶（三羧甘油酯酶，脂肪族酯酶，脂肪酶；EC3.1.1.3）和 C 型酯酶（胆碱酯酶；EC3.1.1.7；EC3.1.1.8）。A 型羧基酯水解酶可以水解芳香酯，如苯乙酸酯，但不能水解三丁酸甘油酯；B 型酯酶能快速水解开链酯类，对芳香酯作用缓慢，受有机磷酸的抑制；C 型酯酶作用于胆碱酯类。它们均能缓慢水解某些芳香酯和脂肪酯，且受有机磷酸的抑制。常乳中 3 种酶的活性比 A∶B∶C 的比值为 3∶10∶1。乳腺炎乳中 A 型酯酶活性高于 B 型和 C 型，A 型、C 型对工艺的影响不大。

乳中的脂肪酶是一种脂蛋白脂肪酶（LPL），存在于血管内表面，能将血液脂蛋白中的甘油三酯水解成游离脂肪酸。LPL 属于能催化甘油三酯消化与运输的脂肪酶族。LPL 对乳腺的泌乳作用具有重要的影响，孕前及孕期乳腺中 LPL 活性较低，分娩前期逐渐升高，整个泌乳期则保持较高活性；脂肪组织中的变化与其相反。乳腺与脂肪组织中 LPL 的活性变化，会导致甘油三酯从血液向乳腺转移，以合成乳中的类脂物质。

（2）乳中的胞浆酶系　胞浆酶是目前牛乳中研究最全面且又相对重要的一种内源性蛋白酶，对热稳定，能引起许多乳制品中蛋白质的降解，影响乳的风味和质地。这种影响可以是有利的，也可以是有害的，取决于酶的活力和产品的类型。胞浆酶只是乳中蛋白酶抑制剂络合体系中的一个部分，该系统还包括胞浆酶的钝化形式、胞浆酶原、能将胞浆酶原转变成为胞浆酶的胞浆酶原激活剂（PA）、能抑制 PA 活性的 PA 抑制剂和能抑制胞浆酶的胞浆酶抑制剂。

牛乳中的胞浆酶能在较宽的 pH 和温度范围内保持稳定，pH 7.5～8.0、37℃时活性最强。牛乳中的胞浆酶和胞浆酶原对热都相当稳定，特别是在 β-乳球蛋白缺失的情况下。酪蛋白能保护胞浆酶的活性，β-乳球蛋白则损伤其活性。巴氏灭菌对胞浆酶和胞浆酶原活性影响不大，UHT 条件下仍有部分存活。巴氏灭菌在一定程度上还能提高胞浆酶和胞浆酶原的活性，这可能是由于胞浆酶抑制剂和 PA 抑制剂对热不稳定。相比之下，胞浆酶原的稳定性更差，但两者的钝化速率相似。

（3）磷酸酶　乳中主要有两种天然磷酸酶，即碱性磷酸酶（ALP）和酸性磷酸酶（ACP），除此之外还有其他磷酸酶，例如核糖核酸酶。乳中只有碱性磷酸酶和酸性磷酸酶被检测评价，原因是乳中存在的其他磷酸酶不具有实际意义。

①碱性磷酸酶　在所有哺乳动物乳汁中都会含有各种形式和数量的碱性磷酸酶。在牛乳中，牛体的各种情况．季节变化时对 ALP 的影响已有报道。初乳中 ALP 为一个较高数值，在随后的 1～2 周内降至最低，且在随后的 25 周内保持不变。ALP 是一种含有唾液酸的蛋白质，其活力可用作牛乳巴氏杀菌彻底程度的一个指标。

ALP 是乳中一种重要的酶，液态乳及乳制品中的 ALP 活力都要求符合相关法规（例如巴氏杀菌乳中要小于 1 μg/mL，液态乳制品中要小于 0.35 μg/mL，其他乳制品中也应该小于 0.5 μg/mL），主要目的是用来证明是否得到充分的巴氏杀菌和保障消费的安全性。美国食品药监总局规定，只有 ALP 实验呈阳性的巴氏杀菌乳才能用来加工圆孔干酪。然而，那种能够产生 ALP 的发酵剂加工出来的干酪，ALP 检测也可能呈现阳性。

②酸性磷酸酶　牛乳中也含有 ACP，它的活性比 ALP 低很多。牛乳中 ALP 的活力为 2.6×10^{-4}～2.6×10^{-3} IU/mL。ACP 浓度的高峰集中在产犊后 5～6 d，然后下降并维持在一个很低的水平，直至泌乳期结束。研究表明：健康牛体泌乳中包含 1 种 ACP，而患乳腺炎的牛体泌乳中还有另外 2 种 ACP，且后者的活力比正常牛乳高出 4～10 倍。

ACP 有着比 ALP 更高的热稳定性，其适应更低的 pH，这预示其在乳品加工中的重要性。ACP 作用于酪蛋白会降低乳制品的热稳定性。酪蛋白属于磷蛋白质。是良好的 ACP 作用底物，酪蛋白胶粒的完整性会因 ACP 作用于酪蛋白而使丝氨酸残基的磷酸基团被剪切而受到破坏。此外，ACP 最早是在契达干酪中发现的，这预示了活性 ACP 可能通过它对蛋白质的水解作用来影响干酪的口感和风味。受到磷酸酶的作用，脱氧磷酸化的磷酸肽类已从契达干酪和帕尔马（Parmigiano）干酪中分离出来。夏天生产的羊乳干酪中ACP活力在180 d的成熟期内比冬春季生产的羊乳干酪中的ACP活力高2倍。

（4）过氧化氢酶　过氧化氢酶存在于多种活体组织和细胞中，通过体细胞进入牛乳。它与细胞膜结合在一起，因而，原料乳中过氧化氢酶的活性与体细胞数量成正比。由于患乳腺炎后乳腺细胞壁对血液成分如体细胞的通透性升高，因此，过氧化氢酶的活性也是诊断乳腺炎的一个指标。

牛乳过氧化氢酶是一个寡聚体，分子质量225 ku，含有由疏水作用连接的亚基。当过氧化氢酶经0.1% SDS处理48 h后，分解为5个亚基，分子质量分别为55 ku、40 ku、34 ku、24 ku和11 ku；除了55 ku的亚基，其余4个亚基都没有活性。牛乳中至少含有2种过氧化氢酶同工酶，它们在免疫化学方面具有相似性，但最适pH分别为7和8。过氧化氢酶活性被Cu^{2+}、Fe^{2+}、Hg^{2+}、Sn^{2+}和CN^{-}抑制。

过氧化氢酶的活性发生在加热产品的冷冻储藏过程中，可能是因为巴氏杀菌时存活的或巴氏杀菌后污染的微生物释放了过氧化氢酶的缘故，因此，巴氏杀菌乳中过氧化氢酶活性可以作为加工25 h内微生物的生长指标。

（5）*L*-乳酸脱氢酶　乳中含有5种乳酸脱氢酶同工酶，分别为LDH-1到LDH-5，这5种同工酶来源于2条多肽链的不同组合。LDH-4和LDH-5与糖酵解有关，而LDH-1与氧化代谢有关。由于乳酸脱氢酶从血液进入乳中，乳腺炎乳和初乳中LDH的活性高于常乳中的活性。在初乳中乳酸脱氢酶同工酶的活性由LDH-5到LDH-1依次降低，而泌乳期间LDH活性由LDH-5到LDH-1依次升高。成熟乳中95%的乳酸脱氢酶活性来源于LDH-1。

乳酸脱氢酶的活性被认为是乳腺炎乳的有用指标。尽管乳酸脱氢酶可能在乳品发酵过程中起作用，但其在乳品加工中的重要性还没被证实。

（6）半乳糖基转移酶　*β*-1，4-半乳糖基转移酶1（Gal-T1）（EC2.4.1.38）是半乳糖基转移酶族中的一种。半乳糖基转移酶族中至少包含7个成员（Gal-T1到Gal-T7）参与糖蛋白和糖脂中复杂糖链的合成。Gal-T1到Gal-T7都能催化UDP-Gal转化为Gal，但是所需底物不同。牛乳中半乳糖基转移酶是Gal-T1。

Gal-T1或UDP（尿苷二磷酸）-半乳糖：*N*-乙酰葡萄糖胺半乳糖基转移酶催化糖蛋白（如聚糖）中的半乳糖基从UDP-半乳糖转化为*N*-乙酰葡萄胺（NAcGlc），形成*β*-1，4-半乳糖基化的聚糖，反应如下：

UDP-半乳糖＋*N*-乙酰-*D*-葡萄糖胺基糖肽→
UDP＋*D*-半乳糖基-1,4-乙酰-*D*-葡糖胺基糖肽

Gal-T1也催化Gal转化为NAcGlc，形成*N*-乙酰半乳糖胺。Gal-T1并不一定需要UDP-Gal作为糖供体。在还原条件下，它也能催化葡萄糖（Glc）、2-脱氢-葡萄糖、树胺醛糖和NAcGal。例如，Glc的转化是Gal的0.3%～0.5%，Glc由UDP-Glc组成糖基转移酶活性（Glc-T），*α*-乳白蛋白能刺激其活性达到原来的30倍。

（7）巯基氧化酶　巯基氧化酶存在于各种哺乳动物的初乳和常乳中。牛乳含有10 mg/L巯基氧化酶，大部分结合在脱脂乳膜上。同样，约95%的人乳巯基氧化酶存在于脱脂乳中。牛乳巯基氧化酶对酸不稳定，而人乳巯基氧化酶通过胃肠道能部分存活，在pH 2～5下处理1 h后，还保留50%活性。巯基氧化酶在pH 7.0、37℃具有最大活性。酶活性可被EDTA抑制。

原料乳经商业加工后含有约40%的巯基氧化酶活性，说明巴氏杀菌后酶能部分存活。将人乳在低温（4～－20℃）保存对其中巯基氧化酶活性没有影响。

由巯基氧化酶作用而产生的H_2O_2可能参与乳过氧化酶体系的作用。向UHT乳中添加纯化后的巯基氧化酶，能减少脂肪氧化，从而降低蒸煮味，提高风味稳定性。

（8）淀粉酶　已经利用Sephadex G100或G150从牛乳中分离出*α*-淀粉酶。纯化后的酶在pH≥3稳定，在40℃、pH 6.5～7.5具有最大活性。乳中淀粉酶可以抵抗胃蛋白酶的水解作用，因此，乳中淀粉酶可穿过胃肠道并能存活。在Ca^{2+}、Cl^{-}或牛乳清蛋白存在时，*α*-淀粉酶活性升高，但I^{-}存在时活性降低。在－20℃或－70℃冷冻时，人乳中淀粉酶活性稳定。分别在15℃、24℃和38℃保温24 h，乳中仍含有淀粉酶活性。巴氏杀菌（75℃、15 s）乳中淀粉酶活性丧失率低于45%。

乳中虽然没有淀粉，但是人乳和初乳中含有120～150 mg/L寡糖（多为五糖和四糖），说明乳中

可能含有淀粉酶的底物。另外，由于婴幼儿需要含有淀粉的高热量食物作为能量补充，而且婴幼儿在出生时具有胰淀粉酶活性，所以乳是婴幼儿所需的淀粉酶来源。

此外，乳中还存在过氧化物酶、黄嘌呤氧化酶、超氧化物歧化酶、半乳糖基转移酶、核酸酶、溶菌酶、γ-谷胱酰转肽酶，各自具有不同的结构与功能。

10.1.2.2　微生物

乳中检测到的微生物可以被分成3种类型：动物病原菌和产毒素菌种、腐败菌（腐生菌）和用于生产发酵产品的微生物。有些微生物在一些类型间可能会有所重叠。例如，蜡样芽孢杆菌既是产毒菌又与腐败有关，乳酸菌既能使乳变质同时也可以用于发酵。

（1）致病微生物

①葡萄球菌属　葡萄球菌是一类革兰氏阳性，过氧化氢酶阳性兼性厌氧的球状细菌。在含有10% NaCl的培养基中能够较好生长并且能够产生蛋白酶、脂肪酶和酯酶。金黄色葡萄球菌是乳中最重要的菌属。它可产生耐热的肠毒素，能导致食物中毒。它的来源包括哺乳动物的皮肤和黏膜。多数污染发生在挤奶和奶牛的饲养过程中。虽然乳中金黄色葡萄球菌的存在是很难避免的，但奶牛和挤奶设备适当清洗和消毒可以控制其初始浓度，同时低温保存牛乳也可以阻止微生物生长和毒素的产生。其中一些菌株产肠毒素。

②链球菌属　化脓性链球菌是一种可引起人畜患病的病原菌。它可抵抗吞噬作用并产生一种能引起猩红热的红疹毒素。无乳链球菌属于B族链球菌(GBS)，在一些国家是引起牛乳腺炎的重要因素，并且还能引起人类患病。停乳链球菌属于C族链球菌，其可在患乳腺炎的牛的乳房内找到。乳房链球菌可在牛口唇及皮肤、乳房膜组织和牛乳中发现。在一些国家，尤其是在冬季，乳房链球菌也是引起乳腺炎发生的重要因素。兽疫链球菌能引起牛败血症、牛乳腺炎及人类食物中毒。

③空肠弯曲杆菌　空肠弯曲杆菌是导致人胃肠炎最常见的原因。它属于革兰氏阴性菌，纤细、有鞭毛，可在食品、粪便和水中发现。虽然其不在乳中生长，但是已有多次饮用含有空肠弯曲杆菌的生乳导致胃肠炎暴发的事例（二维码10-1）。

二维码10-1　空肠弯曲杆菌和耶尔森菌属

④耶尔森菌属　耶尔森菌属属于肠杆菌科。这个菌属的成员为革兰氏阴性，具有活动的鞭毛，在28～29℃兼性厌氧，但在37℃严格好氧，在2～4℃能够生长。小肠结肠炎耶尔森菌是该菌属在乳中唯一重要的菌种，多数来源于牧场的冲洗用水污染。耶尔森菌在乳中长势良好，能够引起肠道感染症状类似的阑尾炎（二维码10-1）。

⑤沙门氏菌属　沙门氏菌（属肠杆菌科）包括小型的革兰氏阴性菌，非芽孢杆菌。多数菌株能够自主运动，主要来源于肠道。牛如果感染沙门氏菌，粪便中会排泄出大量的沙门氏菌，偶尔直接污染牛乳。牛乳可以由粪便、人体、水和尘埃感染沙门氏菌。被沙门氏菌污染的乳及乳制品已经造成了多次中毒事件。与葡萄球菌食品中毒不同，沙门氏菌感染必须要摄入有活力的沙门氏菌。乳中沙门氏菌的生长不允许，因为摄入很少细菌就能致病。

⑥大肠杆菌　大肠杆菌属于肠杆菌科，为革兰氏阴性兼性厌氧菌，并能使乳糖发酵。公认的四种致病大肠杆菌分为：致肠病大肠杆菌、肠毒性大肠杆菌、肠侵染性大肠杆菌和肠出血性大肠杆菌。肠毒性大肠杆菌可以产生肠毒素，导致腹泻。人体是其主要宿主，摄入足量的产毒素大肠杆菌并且其黏附在小肠上，可导致腹泻的发生。近些年来，肠出血性大肠杆菌主要是大肠杆菌O157:H7，已经产生乳传染疾病。这些病原体可导致出血性结肠炎和血痢，可导致儿童肾功能衰竭。牧场中的奶牛肠道是O157:H7生长的场所。肠出血性大肠杆菌不能使山梨酸醇发酵，大肠杆菌O157:H7在通常检测粪便大肠杆菌类的培养温度（44～45℃）下不会生长。出血性大肠杆菌不能使山梨酸醇发酵，大肠杆菌O157:H7在通常检测粪便大肠杆菌类的培养温度(44～45℃）下不会生长。

⑦李斯特氏菌属　在李斯特氏菌属内，只有单核细胞增生李斯特氏菌和伊氏李斯特氏菌被认为具有毒性，它们是需要注意的危害人类健康的菌种。无害李斯特氏菌是能够时常遇到的不致病的李斯特氏菌。单核细胞增生李斯特氏菌属革兰氏阳性菌，个别具有短小的鞭毛，并列或呈“V”形排列，在冷藏温度下的乳中生长缓慢。单核细胞增生李斯氏菌可导致动物患乳腺炎及使动物流产。对于人，它轻可导致流感症状，重则可以导致流产和脑膜炎。动物

粪便、患乳腺炎母牛、低质青贮饲料、挤奶设备都可能会使原料乳受到污染。

此外，还有分枝杆菌属、布鲁氏菌属、伯纳特（氏）立克次（氏）体、气单胞菌属、芽孢杆菌属、梭状芽孢杆菌属、嗜麦芽黄单胞菌、肺炎杆菌、沙雷氏菌属、变形菌属、双歧杆菌、蜂房哈夫尼菌和放线菌属。

（2）腐败微生物

①嗜冷菌　在原料乳中的大部分嗜冷菌属于假单胞菌科，包括革兰氏阴性无芽孢的非发酵假单胞菌属。荧光假单胞菌是乳中最常分离的假单胞菌。草莓假单胞菌和恶臭假单胞菌重要性稍差。土壤、水、动物和种植物是乳中发现的假单胞菌的主要来源。污染的设备和空气提供了另一个的污染来源，特别是在加工后，乳中只需少量菌量就可使冷藏器中的乳在5 d内腐败。这些生物体在乳中的增殖导致的缺陷包括苦味和水果异味。虽然革兰氏阴性嗜冷菌对热没有抵抗力，但它们产生热稳定的胞外蛋白水解酶和脂肪水解酶，能破坏热处理后的产品。其他的腐败革兰氏阴性杆菌包括不动杆菌、嗜冷杆菌、黄杆菌、腐败希瓦氏菌和产碱杆菌。

②莫拉氏菌家族　莫拉氏菌属于革兰氏阴性嗜冷菌，无色素，不能运动，为需氧球杆菌。它们有三类：不动杆菌属氧化酶阴性菌、莫拉氏菌科属氧化酶阳性菌和嗜冷杆菌。莫拉氏菌很少破坏乳，因为它们缺乏充足的生化活性，不能发生蛋白水解和脂肪水解以产生异味。此外，它们在冷藏过程中会被假单胞菌的繁殖而超越。

③腐败希瓦氏菌　腐败希瓦氏菌属于革兰氏阴性杆菌，先前被认为是腐败假单胞菌属或腐败互生单胞菌。可在水、土壤和被污染的乳及乳制品中被发现，是导致污染奶油表面污斑的原因。

④黄杆菌属　黄杆菌是在水、土壤和乳中发现的革兰氏阴性微生物。它们可以水解酪蛋白并导致冷藏期中乳及乳制品的酸败。

⑤产碱杆菌属　产碱杆菌属于革兰氏阴性需氧短杆菌，不能代谢乳糖，可在水、土壤和乳中被发现。粪产碱菌可产生胞外多糖，是乳制品潜在的污染。产碱杆菌能够在冰箱温度下生长，产生不良气味并降低乳的储存期限。

⑥大肠杆菌　大肠杆菌属革兰氏阴性需氧或兼性厌氧无芽孢杆菌，氧化酶阴性。在37℃，48 h内可使乳糖发酵并产酸产气。大肠杆菌类包括埃希氏杆菌属、肠杆菌属、克雷伯氏菌属、变形菌属、灵杆菌和柠檬酸细菌属。巴氏杀菌法可使其灭活。大肠杆菌所产生的气体可使硬质干酪过早产气，并使农家干酪的凝块结构变差。大约需要103 cfu/g大肠杆菌来产生产气缺陷。其他腐败类型包括产酸，可使农家干酪变黏，并产生苦味、青草味、脏味、药味或粪便气味。延迟产酸的干酪品种易受大肠杆菌的侵袭。克雷伯氏菌和肠杆菌属是干酪产气的主要原因，导致包装膨胀。黏质沙雷菌能够产生蛋白水解酶，可能会导致UHT乳的凝胶化。另外，它们可以在契达干酪中产生甲硫醇。

⑦革兰氏阳性芽孢杆菌　蜡样芽孢杆菌在高温处理的稀奶油中导致缺陷，包括凝固（在不产酸时形成凝块）。它可产生卵磷脂酶，这种酶可降解稀奶油中的脂肪球膜而导致脂肪聚集。枯草芽孢杆菌能够在巴氏杀菌乳浓缩、UHT处理中存活，并能够产生许多具有水解酪蛋白和多糖的酶。地衣型芽孢杆菌是导致UHT乳和巴氏灭菌乳腐败的原因之一。嗜热脂肪芽孢菌在芽孢杆菌属中属于最耐热的菌种，可存在于罐头中，导致乳品酸败以及凝固，它可用于检测乳中抗生素。凝结芽孢杆菌同样可使UHT乳和浓缩乳变质；它可产生凝乳酶样的酶，导致乳凝固。环状芽孢杆菌是一种嗜冷菌，可导致无菌灌装的热处理奶产生酸缺陷。胶质芽孢杆菌可导致罐装炼乳产酸缺陷。

（3）乳酸菌及其相关微生物

①乳酸菌属　属于兼性异型发酵乳酸杆菌，例如，短乳杆菌和干酪乳杆菌。假单胞菌导致契达干酪和莫泽雷勒干酪具有开放结构，这是由于产气所导致的。乳酸杆菌可以从*L*（+）-乳酸盐转化为*D*（－）-乳酸盐，可以和钙反应生成乳酸钙，在一些契达干酪和其他干酪中形成不能溶解的白色结晶。耐盐乳酸菌在成熟过程中能够产生酚类化合物风味和腐败硫化物风味。干酪乳酸菌干酪亚种由于具有蛋白质水解作用，可以使莫泽雷勒干酪质地柔软。德氏乳杆菌和保加利亚亚种使意大利干酪产生粉红色。干酪乳杆菌可以在契达干酪中产生一种酚的气味。

②乳球菌属　乳球菌通常被用作干酪和发酵乳中的发酵剂。这类菌株需要小心选择，使它们不产生异味及其他缺陷。野生乳球菌通常会污染生乳，如果乳没有充分的制冷就会产生酸味和其他的异味。乳酸乳球菌乳酸亚种麦芽变种，因其产生3-甲

基丁醛从而在液体乳中产生麦芽味。乳酸菌的野生株也会污染干酪，并在其生产和成熟中生长。一些野生株能产生酯类而产生水果味，如己酸乙酯和丁酸乙酯。

③丙酸菌属　丙酸菌属的有色菌属在瑞士硬干酪中会引起粉红色斑点。

④肠道球菌属　粪肠球菌、屎肠球菌、耐久肠球菌是多数干酪中的常见微生物的一部分，有时也被用作发酵剂。在干酪的成熟过程中，一些菌株会产生令人不愉悦的气味和高浓度的氨。

⑤微球菌属　微球菌属的一些菌株可以在巴氏灭菌中存活，但由于后期处理污染也会引起热处理产品的变质。微球菌属能引起超高温灭菌乳的包袋膨胀，并且能在一些干酪产品中生长。它们的生长对干酪的风味有利也有弊，主要取决于干酪的种类和涉及的菌株。

⑥酵母菌　马克思克鲁维酵母乳酸变种、马克思克鲁维酵母马克思变种、德巴利酵母属和耶氏解脂酵母能够破坏冷藏酸乳制品，如酸奶。耶氏解脂酵母不能发酵乳糖，但能利用脂肪、蛋白质和有机酸，破坏该脂肪制品，如稀奶油和奶油。耶氏解脂酵母能够释放氨基酸和脂肪酸，并且经常引起干酪的异味和软化。另外，它能从酪氨酸产生类黑精色素，导致干酪表面异色。

念珠菌属同样是乳制品的腐败微生物，因为它们有能力降解酪蛋白和脂肪、在储存温度下生长、发酵乳糖和蔗糖。它们在稀奶油干酪表面形成黏丝。在酸奶中，它产生酵母味、苦味并使质地粗糙。干酪中重要的腐败酵母是无名假丝酵母，在酸奶中则是假丝酵母、无名假丝酵母和葡萄牙假丝酵母。

⑦霉菌　毛霉、根霉、青霉和曲霉在原装的酸乳/空气界面上生长。一种霉菌的芽孢能够通过产生一种可见的菌落而破坏酸乳的纸盒。霉菌还会引起受污染的乳制品的异味。短帚霉可以引起霉菌成熟干酪的异味。*Sporendonerna sebi* 在甜炼乳上生长形成单一菌落（霉菌菌落）。地丝菌属在多数乳制品上生长，尤其是干酪和奶油。低盐成分的干酪品种经常被毛霉污染。

（4）乳品工业中的有益微生物

①乳球菌属　乳球菌是主要发酵乳制品的产酸微生物，乳酸乳球菌是其中最主要的菌种。乳酸乳球菌是同型发酵菌，蛋白质水解能力弱。其中有两个亚种：乳酸乳球菌乳酸亚种和乳酸乳球菌乳脂亚种。乳酸乳球菌乳酸亚种的双乙酰变种能利用干酪和其他发酵乳中的柠檬酸盐生产双乙酰、二氧化碳和其他化合物。

②链球菌属　嗜热链球菌能适应高温发酵环境以在乳制品中产酸（酸奶和意大利干酪）。它的蛋白水力较弱，一些菌种能产生胞外多糖。

③明串珠菌　明串珠菌属于异型发酵微生物，革兰氏阳性球菌。它们能产生风味化合物，如双乙酰和 3-羟基丁酮，一些菌种能产生胞外多糖。肠膜明串珠菌乳脂亚种能够用于农家干酪、稀奶油干酪和发酵乳的生产。肠膜明串珠菌肠膜亚种和肠膜明串珠菌葡聚糖亚种常从葡萄糖产生黏质（葡聚糖）。类肠膜明串珠菌不产生葡聚糖，被用来生产腌制干酪。乳明串珠菌在乳相乳制品中也是常见的。明串珠菌属通过将乙醛转换成双乙酰从而减少发酵乳制品中的青草味，但是仅在乳中缓慢地生长。

④乳杆菌属　乳杆菌属是乳酸细菌中耐酸能力最强的菌种，并产生大量的蛋白水解酶。它们在发酵终产物类型的基础上分为三种：同型发酵（德氏乳杆菌保加利亚亚种、乳酸乳球菌乳酸亚种、嗜酸乳杆菌、瑞士乳杆菌）、兼性发酵（干酪乳杆菌、弯曲乳杆菌、植物乳杆菌）和专性发酵（开菲尔乳杆菌、发酵乳杆菌、短乳杆菌）。一些乳杆菌，如嗜酸乳杆菌，被认为是对健康有益的。同型发酵乳杆菌通常是嗜热的，常用于制造在生产中需要高温的发酵乳和一些干酪品种。干酪乳杆菌和植物乳杆菌不能在高温下生长（45℃）。它们参与了契达和其他干酪品种的成熟。

⑤丙酸菌属　丙酸杆菌能够利用蔗糖和乳酸产生丙酸、乙酸和二氧化碳。它们与瑞士干酪的孔眼的形成有关。费氏丙酸杆菌、詹氏丙酸杆菌、特氏丙酸杆菌和产丙酸丙酸杆菌是干酪中常见的菌种。

⑥棒状杆菌　棒状杆菌是一种不规则无芽孢的革兰氏阳性菌，常生长在表面成熟干酪的表面，包括短杆菌属、节杆菌属、微球菌、金杆菌、短状杆菌属、红球菌、棒状杆菌。这些微生物导致成熟干酪品种黏稠，并具有橘红色表面（斑点）。它们能在高盐浓度下存活并产生多种蛋白水解酶。它们的大量存在会引起干酪的黏壳、表面异色并产生不愉快的气味。目前，短杆菌属菌种主要包括扩展短杆菌、碘短杆菌、干酪短杆菌、表皮短杆菌。节杆菌属菌种包括球形节杆菌、烟草节杆菌、原玻璃蝇节

杆菌、硫黄短杆菌、运动性短杆菌、柠檬节杆菌。微球菌属包括乳酸微球菌、微小杆菌和树状微杆菌。金杆菌属菌种包括液化金杆菌、砖红色金杆菌。食物短杆菌和干酪发酵短状杆菌是从格鲁耶勒干酪和波弗特干酪中分离出来的棒状杆菌的两个新种，耐盐度达到20%。在乳制品中发现的棒状杆菌包括产氨棒状杆菌和变异棒状杆菌。在干酪中也分离出了聚集红球菌。棒状杆菌的寄生地是干酪和人类皮肤.

⑦肠道球菌属　肠道球菌能够用来生产乳酸产品和作为一些干酪的成熟剂。一些菌株被认为是益生菌。粪肠球菌和屎肠球菌曾被归类于粪链球菌。

⑧双歧杆菌属　双歧杆菌种属寄生在肠道中，它因益生菌作用被添加到乳制品中。最常用的菌种是长双歧杆菌、两歧双歧杆菌和动物双歧杆菌。双歧杆菌种属在牛乳中生长很差。

⑨片球菌属　片球菌是链球菌科家族中较耐盐的菌种，以四联球菌存在。多数菌种可在 NaCl 为4%～6.5%的培养基条件下生长，在有氧条件下可产生乙酸和少量的乳酸，在无氧条件下产生的则大部分是乳酸。应用于乳品工业中最重要的菌种是乳酸片球菌和戊糖片球菌。

⑩微球菌属　微球菌属是健康乳房中产出的生乳中的主要微生物。它们是乳头皮肤周围天然菌群的一部分，也曾从土壤、水和灰尘中被分离出来。根据系统发育和化学分类分析，多数微球菌都已重新命名。新名称是变化微球菌（*Koc-urza varzans*）、玫瑰色微球菌（*Kc. roseus*）、克氏微球菌（*Kc. kristinae*）、皮肤球菌（*Dermacoccus nishinorn-zyaenszs*）、坐皮肤球菌（*Kytococcus sedentarius*）、运动性微球菌（*Ab. agilis*）和耐盐微球菌（*Nest-erenkoniahalobia*）。微球菌属有蛋白质水解、脂解和酯酶的活性，这些性质使它们成为多种干酪成熟过程（尤其是表面成熟）中的重要菌种。

此外，还有霉菌。青霉菌种在环境中分布广泛，该菌种包括四个亚种。沙门氏柏干酪青霉可以在软白干酪表面生长，生产出不同的产品，如布里干酪和卡门培尔干酪。这种霉菌在干酪表面产生一层白色的菌丝，白芽孢（假丝酵母）嵌入到凝乳中。这种霉菌能代谢一些乳酸，因此可以提高 pH，这样扩展短杆菌和其他成熟微生物菌群就可以生长。在蓝纹干酪品种中娄地青霉（蓝霉菌）起成熟作用。娄地青霉菌在低氧环境中生长（<4.2%），能耐受的盐浓度是6%～10%。沙门氏柏干酪青霉和娄地青霉产生脂解酶和蛋白水解酶。它们产生许多化合物赋予干酪特有的香味。干酪青霉和娄地青霉类似，并在瑞士干酪中被发现。另一种白霉菌纳地青霉（*Lava*）能耐受的最高盐浓度是8%，也应用在一些干酪品种中。白地霉常被发现在原料乳、挤奶和奶厂处理装置、成熟的干酪表面，和青霉菌共同使用可以作为布里干酪和卡门培尔干酪的发酵剂。米赫根毛霉和微小根毛霉产生应用于干酪生产的凝乳酶类的酶。

酵母菌能在严格厌氧或兼性厌氧下发酵糖产生乙醇和二氧化碳，它们都不能利用乳糖。酿酒酵母是最重要的菌属，可在霉菌成熟的干酪表面发现。酿酒酵母利用已糖、乳酸和其他有机酸。它们的最适生长 pH 是4.5～6.5。氧气对维持它们的活力是重要的，但是它们在低氧环境中生长。马克思克鲁维酵母和乳酸克鲁维酵母可以发酵乳糖并产生多种水解酶，经常可在北欧发酵乳中被发现。它们产生的乳酸可以减少乳中的乳糖含量，并有助于乳糖不耐症患者对牛乳的消化。德巴利酵母可从土壤、水和植物中被分离出来。汉森德巴利酵母参与霉菌软干酪的成熟过程。它能耐受高盐浓度，利用乳酸，产生蛋白酶和脂肪酶，并能在低温下很好的生长。开菲尔酿酒酵母存在于发酵开菲尔乳的微生物菌群中。

10.1.3　乳腐败过程中的生物化学

乳及乳制品的营养成分比较完全，都含有丰富的蛋白质、极易吸收的钙和完全的维生素等，因此乳和乳制品是微生物的良好培养基。乳或其制品被微生物污染后若不及时处理，乳中的微生物就会大量繁殖，分解糖、蛋白质和脂肪等，产生酸性产物、色素、气体及有碍产品风味及卫生的小分子产物及毒素，从而导致乳品出现酸凝固、色泽异常、风味异常等腐败变质现象，降低乳品的品质与卫生状况，甚至使其失去食用价值，引起食物中毒或消化性传染病。因此，在乳品工业生产中要严加控制微生物污染和繁殖，防止出现腐败变质。

10.1.3.1　原料乳的腐败变质

各种不同的乳，如牛乳、羊乳、马乳等，其成分虽各有差异，但都含有丰富的营养成分，容易消化吸收，是微生物生长繁殖的良好培养基。所以乳极易被微生物污染而导致腐败变质。

原料乳中含有溶菌酶等抑菌物质，使乳汁本身具有抗菌特性，在一定时间内不会发生变质现象。但这种特性延续时间的长短，随乳汁温度高低和细菌的污染程度而不同。通常新挤出的乳，迅速冷却到0℃可保持48 h，5℃可保持36 h，10℃可保持24 h，25℃可保持6 h，30℃仅可保持2 h。在这段时间内，乳内细菌是受到抑制的。当乳的自身杀菌作用消失后，若乳液静置于室温下，即可观察到乳所特有的菌群交替现象。这种有规律的交替现象分为以下几个阶段：

(1) 抑制期（混合菌群期） 在新鲜的乳液中含有溶菌酶、乳素等抗菌物质，对乳中存在的微生物具有杀灭或抑制作用。在杀菌作用终止后，乳中各种细菌均发育繁殖，由于营养物质丰富，暂时不发生互生或拮抗现象。这个时期持续12 h左右。

(2) 乳链球菌期 鲜乳中的抗菌物质减少或消失后，存在于乳中的微生物，如乳链球菌、乳酸杆菌、大肠杆菌和一些蛋白质分解菌等迅速繁殖，其中以乳酸链球菌生长繁殖居优势，分解乳糖产生乳酸，使乳中的酸性物质不断增高。由于酸度的增高，抑制了腐败菌、产碱菌的生长。以后随着产酸增多乳链球菌本身的生长也受到抑制，数量开始减少。

(3) 乳酸杆菌期 当乳链球菌在乳液中繁殖，乳液的pH下降至4.5以下时，由于乳酸杆菌耐酸力较强，尚能继续繁殖并产酸。在此时期，乳中可出现大量乳凝块，并有大量乳清析出，这个时期约有2 d。

(4) 真菌期 当酸度继续升高至pH 3.0～3.5时，绝大多数的细菌生长受到抑制或死亡。而霉菌和酵母菌尚能适应高酸环境，并利用乳酸作为营养来源而开始大量生长繁殖。由于酸被利用，乳液的pH回升，逐渐接近中性。

(5) 腐败期（胨化细菌期） 经过以上几个阶段，乳中的乳糖已基本上消耗掉，而蛋白质和脂肪含量相对较高，因此，此时能分解蛋白质和脂肪的细菌开始活跃，凝乳块逐渐被消化，乳的pH不断上升，向碱性转化，同时并伴随有芽孢杆菌属、假单胞杆菌属、变形杆菌属等腐败细菌的生长繁殖，于是牛乳出现腐败臭味。在菌群交替现象结束时，乳亦产生各种异色、苦味、恶臭味及有毒物质，外观上呈现黏滞的液体或清水。

10.1.3.2 牛乳在冷藏中发生的腐败变质

冷藏乳的变质主要在于乳液中的蛋白质和脂肪的分解。多数假单胞杆菌属中的细菌均具有产生脂肪酶的特性，这些脂肪酶在低温下活性非常强并具有耐热性，即使在加热消毒后的乳液中，还残留脂酶活性。冷藏乳中可经常见到低温细菌促使牛乳中蛋白质分解的现象。特别是产碱杆菌属和假单胞杆菌属中的许多细菌，它们能使牛乳胨化。

10.1.3.3 乳粉的腐败变质

通常在乳粉的生产过程中，很难将所有的微生物杀死，总会残留有一定数量的微生物，但含水量合格且包装密封良好的乳粉并不适宜微生物生长，其较低的水分含量（一般＜5%）可抑制乳粉中的微生物生长繁殖，会出现其微生物指标先高后逐渐降低的过程，在保质期内通常不会发生腐败变质。但如果原料乳污染严重或加工过程不当，出现水分含量超标、包装密封不严及生产中发生了二次污染等情况，就会使乳粉中含有较多的微生物，也可使其大量繁殖，造成结块、变色、异味等变质现象。如果其污染了沙门氏菌和金黄色葡萄球菌等病原菌，还可能产生毒素而易引起食物中毒。

10.1.3.4 炼乳的腐败变质

(1) 淡炼乳的腐败变质 微生物引起的淡炼乳变质，主要现象一是产生凝乳，即使炼乳凝固成块，依其作用的微生物不同，这种凝乳又可分为甜性凝乳和酸性凝乳；二是产气乳，即使炼乳产气，最后使罐膨胀爆裂；三是使炼乳产生苦味。

引起淡炼乳产品产生缺陷的微生物主要有两类：一是热处理后污染的微生物，这类微生物通常不耐热；二是热处理残留的耐热微生物，多数属于芽孢杆菌属，偶尔也会有梭菌属及其他属的细菌。如凝结芽孢杆菌可造成产品酸凝及轻微的干酪味。枯草芽孢杆菌则引起非酸凝结块，并可进一步转化为褐色液体，且有苦味。巨大芽孢杆菌引起凝块，伴随产气和干酪味。某些梭菌污染导致产品变质时，也产气，且有H_2S味道。

(2) 甜炼乳的腐败变质 微生物引起甜炼乳变质也有三种结果：一是由于微生物分解甜炼乳中的蔗糖产生大量气体而发生胀罐（很可能是热处理后的加工过程中出现了污染）；二是许多微生物产生的凝乳酶使炼乳变稠；三是霉菌污染时会形成各种颜色的纽扣状干酪样凝块，使甜炼乳呈现金属味和干酪味等（由于这些霉菌耐热性不高，不能耐受预热处理的温度，其在产品中的存在主要与工厂卫生状况较差有关。罐装量不足可加剧此种缺陷的产生，在16℃以下保存可有效减少其发生）。

10.1.3.5 酸奶的腐败变质

广义上说酸奶可称为是“安全卫生”的食品，主要有两方面的因素：一方面酸奶呈酸性，其酸度在1%（以乳酸计）左右。在这种条件下，像沙门氏菌之类的致病菌基本上处于失活状态，大肠菌群也难以存活；另一方面酸奶发酵剂在培养过程中可产生多种抗菌物质，又进一步抑制了大肠菌群和沙门氏菌等致病菌的生长。因此，在正常情况下，只要不出现微生物严重污染的情况，酸奶产品很容易达到大肠菌群数小于30个/100 mL的卫生标准。然而，一些腐败菌对环境条件不如致病菌敏感，特别是霉菌和酵母，低pH和高渗透压对它们几乎没有影响，只要有蔗糖和/或乳糖等作为能源存在，它们就可以迅速生长，使产品腐败变质。

10.1.3.6 干酪的腐败变质

（1）不良风味的产生　生乳中存在的微生物，嗜冷菌占主导地位。由于嗜冷菌的生长，生乳中会产生多种胞外蛋白酶和脂肪酶，产生这类酶的微生物主要有假单胞菌、不动杆菌、气单胞菌等属的部分微生物。经巴氏杀菌后的乳中尽管残存的微生物很少，但其产生的胞外酶能够保持部分活性，并引起干酪的不良风味。如脂肪酶会引起干酪产生酸败味。

（2）霉菌的生长　有些品种的干酪需要利用霉菌来促进干酪的成熟，但对大多数干酪而言，霉菌生长引起干酪腐败变质。较典型的现象是其在干酪表面生长，破坏干酪产品的外观，产生霉味、还可能产生毒素。成熟室中常见的有曲霉、芽枝霉、念珠霉、毛霉、青霉等属的霉菌。另外，高水分含量的软质干酪、农家干酪、稀奶油干酪容易受到地霉属如白地霉的污染。为此，生产过程中可采用涂有杀霉剂或抑霉剂的包装材料，常用的抑霉剂是山梨酸。

（3）产气

①早期产气　一般发生在干酪成熟的最初几天，主要由大肠菌群造成，如产气杆菌、埃希氏大肠杆菌等属的细菌，腐败程度取决于大肠菌群的数量、发酵剂菌种的活性、剩余糖的含量和干酪成熟的程度。另外，能发酵乳糖的酵母也会引起干酪的早产气，产生水果味。好氧性的芽孢菌如枯草芽孢杆菌也能使乳糖发酵产气，但对硬质干酪的影响不大。

②中期产气　主要表现为3～6周的契达干酪不规则开裂，该现象与产气性的乳杆菌有关。

③晚期产气　通常在制成后的几周发生。其原因主要是梭状芽孢杆菌的生长。瑞士干酪最容易受其影响。

（4）烂边　如硬质干酪的表面不能保持干燥，会使水分在表面积聚，从而导致微生物如成膜酵母、霉菌和蛋白分解性细菌的生长，最终引起干酪变软，变色，甚至产生异味。该腐败变质现象称为烂边。通常采用定期翻转和保持表面干爽，可以防止其发生。

（5）变色　在成熟过程中，干酪表面颜色的变化主要由霉菌、细菌生长所引起。如黑曲霉使硬质干酪表面产生黑斑；干酪丝内孢霉在干酪表面形成红点、胚芽乳杆菌、短乳杆菌使干酪产生锈色斑点等。

10.1.3.7 奶油的腐败变质

奶油在储藏过程中可能产生腐败变质。主要表现为产生异常的风味、变色等。异常风味的产生主要由氧化酸败、水解酸败、腐臭酸败引起，而变色则是由于某些细菌或霉菌的污染引起的。

（1）异常风味的产生

①氧化酸败和水解酸败　主要由脂肪的氧化、分解引起。我们主要介绍水解酸败，水解酸败主要是由脂肪酶引起，其在奶油中的主要来源有原料乳巴氏消毒后，未被灭活的由嗜冷菌产生的热稳定性脂肪酶；在奶油压炼、包装、冷藏过程中污染的产脂肪酶嗜冷菌，如微球菌、假单胞菌属细菌等；加工冷藏过程中污染的嗜冷生长的解脂性酵母菌，这些酵母在酸性奶油的低pH条件下，仍能较迅速的生长，可引起奶油包括水解酸败在内的多种缺陷；包装、冷藏过程中污染的能分解脂肪的霉菌，可引起奶油水解酸臭。

要防止水解酸败的产生，应当注意原料乳中细菌数必须很少，特别是嗜冷菌的数量；尽可能减少生产过程中的污染；奶油中水和盐分必须分散均匀；低温冷冻储藏。

②腐臭酸败　原料乳巴氏消毒后残存的嗜冷菌和它产生的热稳定性蛋白水解酶以及生产过程中污染的腐败型微生物将奶油中残存的蛋白质水解，可导致产品腐臭味。出现这种异常，大多因为生产条件及卫生状况较差。由于引起此类缺陷的微生物，主要是大肠菌群及假单胞菌等革兰氏阴性杆菌，通

常易被巴氏消毒杀灭。其在产品中的存在可能是原料乳中嗜冷菌数量过多，或者生产用水未经有效氯彻底杀菌。

（2）变色或产生霉斑　通常是被一些霉菌污染引起的，或是一些耐低温的嗜冷菌污染引起的。从目前实际看，随着通风条件的改善及包装材料卫生标准的提高，由霉菌污染造成的腐败已不多见。但由于上述霉菌中大多数能在－2～0℃迅速生长，零售时在－2～0℃长期存放，均可能加剧这些霉菌引起的质量缺陷如产生各种霉斑。

10.1.3.8　巴氏杀菌乳的腐败变质

巴氏杀菌乳由于经过巴氏杀菌，可直接供消费者饮用，其中所含的病原菌全部被杀；其余的细菌也大部分死亡，但还残存着某些细菌。这种细菌能耐受 63℃ 30 min 加热杀菌，称为耐热性细菌，它们当中，在数量上占优势的细菌是乳酸小杆菌。这些残存的微生物会造成巴氏杀菌乳的腐败变质。另外，巴氏杀菌牛乳即使贮存在低温下，在运输和配送时要求尽量采用冷链，一些嗜冷革兰氏阴性细菌也会大量繁殖，并影响产品的保质期，造成产品腐败变质。但在较温暖的环境中保存，产品中的嗜温菌将成为优势菌。

巴氏杀菌乳的腐败变质现象主要有甜凝固、酸凝固，变味、产气等，主要由于来自原料乳的耐热性细菌如芽孢杆菌及杀菌后污染的乳酸菌、大肠菌、好冷细菌等增殖而变质，并与保藏条件密切相关。巴氏杀菌乳凝固的原因主要是由于芽孢杆菌和乳酸菌（主要是乳酸链球菌）的发育引起的。前者为甜性凝固，后者为酸凝固。乳酸菌引起的凝固为白色软质全部凝固；芽孢菌（主要是蜡状芽孢杆菌）引起的凝固一般色调不好，凝固较硬，如继续保存，凝固开始液化。大肠菌（产气杆菌）有时占优势，会发生产气膨胀。这可能是芽孢杆菌与大肠杆菌共生增殖引起的，首先由于芽孢杆菌的作用凝固，更由于大肠菌的增殖引起膨胀；变味等原因可由一些嗜冷菌（如假单胞菌等）引起，也可由枯草芽孢杆菌、嗜热脂芽孢杆菌、蜡状芽孢杆菌及地衣芽孢杆菌等分解其中的脂肪、蛋白质等引起。

10.1.3.9　UHT 牛乳的腐败变质

牛乳经超高温杀菌后进行无菌灌装，这就是 UHT 牛乳。产品经 UHT 杀菌后残留的微生物在贮存期间通常不会大量繁殖，不会引起产品腐败。但有时原料乳质量和后处理污染等原因也会导致 UHT 牛乳的腐败变质，主要表现为酸包、胀包、苦包等。

10.2　蛋

10.2.1　蛋中的主要生化物质

蛋的结构复杂，化学成分也很丰富，蛋含有胚胎发育所必需的一切营养物质。蛋中除含有水分、蛋白质、脂肪、矿物质外，还含有维生素、碳水化合物、色素、酶等。从表 10-1 中可以看到，鸡蛋中水分含量高于水禽蛋的水分含量，而鸡蛋中的脂肪含量则低于水禽蛋中的脂肪含量。鸭蛋中的脂肪含量最高，平均为 15.0%，鹅蛋碳水化合物最高，固形物最高的是鹌鹑蛋，蛋白质含量居首，高达 16.64%。

表 10-1　不同禽蛋的化学成分组成（可食部分）　%

蛋别	水分	固形物	蛋白质	脂肪	灰分	碳水化合物
鸡全蛋	72.5	27.5	13.3	11.6	1.1	1.5
鸭全蛋	70.5	29.2	12.8	15.0	1.1	0.3
鹅全蛋	69.5	30.5	13.8	14.4	0.7	1.6
鸽蛋	76.8	23.2	13.4	8.7	1.1	—
火鸡蛋	73.7	25.7	13.4	11.4	0.9	—
鹌鹑蛋	67.49	32.27	16.64	14.4	1.203	—

“—”表示未发现。

10.2.1.1　外蛋壳膜中的生化物质

外蛋壳膜中的生化物质主要是糖蛋白。该膜还含有 0.004 5%的脂肪、3.5%的灰分和微量的原卟啉色素。外蛋壳膜中蛋白质及糖类含量见表 10-2。有机物的氨基酸组成和全固形物中的糖类组成分别见表 10-3 和表 10-4。

表 10-2 鸡蛋的蛋壳部各构成层有机物的化学成分 %

有机成分	蛋壳	壳下膜	外蛋壳膜
全氮	15.01	15.54	15.94
己糖胺态氮	0.46	0.11	0.24
其他的氮	14.55	15.43	15.70
己糖氨	5.83	1.45	3.06
中性糖（半乳糖）	3.57	1.97	2.87
糖醛酸	1.45	0	0
酯型硫酸	1.10	微量	0

表 10-3 鸡蛋外蛋壳膜、蛋壳及壳下膜的有机物中氨基酸组成 %

氨基酸	外蛋壳膜	蛋壳	壳下膜
甘氨酸	9.3		3.7
丙氨酸	3.6	5.4	2.6
亮氨酸	4.2	5.0	3.3
异亮氨酸	4.5	8.7	1.5
缬氨酸	6.9	5.3	6.0
蛋氨酸	4.2	0.0	—
胱氨酸	4.3	1.8	8.2
脯氨酸	0.0	3.8	6.6
羟脯氨酸	3.0	0.0	0.0
苯丙氨酸	4.6	4.0	3.9
酪氨酸	5.8	0.6	2.9
丝氨酸	5.8	4.4	5.4
苏氨酸	5.8	5.2	4.8
精氨酸	6.2	5.3	4.6
组氨酸	0.8	0.6	2.8
赖氨酸	5.2	2.3	2.4
谷氨酸	12.8	11.5	14.8
天冬氨酸	9.0	6.7	9.4
合计	96.0	70.6	82.9

表 10-4 外蛋壳膜、蛋壳及壳下膜中的糖组成（占固形物比例） %

部分	半乳糖胺	葡萄糖胺	唾液酸	己糖
外蛋壳膜	0.60	1.01	0.82	2.47
蛋壳内膜	0.12	0.51	0.18	2.55
蛋白膜	0	—	—	—
内侧部分	0.04	0.34	0.04	2.31
外侧部分和心部	0.14	0.92	0.15	2.45
乳头层的心部	1.7	9.5	1.9	6.0

“—”表示未发现。

10.2.1.2 石灰质蛋壳的化学成分

蛋壳主要是由无机物构成的，占整个蛋壳的94%～97%。有机物占蛋壳的3%～6%。无机物中主要是碳酸钙（约占93%），其次有少量的碳酸镁（约占1.0%）、磷酸钙及磷酸镁。有机物中主要为蛋白质，属胶原蛋白，其中约含有16%的氮、3.5%的硫，另外还有一定量的水及少量的脂质（0.003%）。蛋壳中氨基酸组成见表10-3。有人说蛋壳中的蛋白质是胶原蛋白，但未发现有羟脯氨酸及蛋氨酸，仅有少量的胱氨酸与硫酸软骨素形成复合物的状态存在，故蛋壳中的蛋白质并非胶原蛋白。蛋壳中的色素主要是卟啉色素，此色素由于紫外线照射发出红色荧光，蛋壳颜色不同于所含原卟啉的量有关，如褐色壳蛋，每千克蛋壳含原卟啉为30.5～44.6 mg，而暗褐色蛋壳含此色素高达66.3 mg。鹅蛋蛋壳几乎无色，它仅含有色素12.9 mg。蛋壳中碳水化合物主要是半乳糖胺、葡萄糖胺、糖醛酸及唾液酸等，多糖类的35%以4-硫酸软骨素状态存在。镁在蛋壳中分布不均匀，Mg/Ca比例由壳的外侧向内侧逐渐变小，而含镁量多的蛋壳，其硬度大。因此，认为镁对蛋壳强度有直接的影响。

10.2.1.3 壳下膜中的生化物质

壳下膜主要由蛋白质组成，并附有一些多糖，见表10-4。其糖含量比蛋壳和外蛋壳膜少。还含有1.35%的脂肪，而在复合脂质中约有63%是神经鞘磷脂。

其氨基酸组成见表10-4，已检出蛋白质部分含有羟脯氨酸，故该膜的蛋白质还不能被确定是否为非胶原蛋白。多糖类组成见表10-5，其中己糖含量最多，而半乳糖胺和唾液酸含量最少。结合于蛋壳膜中的β-N-乙酰葡萄糖胺酶的活性很高（约为蛋壳膜的4倍），并含有丰富的溶菌酶（是浓厚蛋白的4倍），该酶多以二聚体形式存在于壳下膜上。

10.2.1.4 蛋白中的生化物质

蛋白中主要是蛋白质和水，因此，可以把蛋白看成是一种以水作为分散介质、以蛋白质作为分散相的胶体物质。由于蛋白结构不同，蛋白的化学成分含量有差异，以鸡蛋为例，蛋白中的化学成分如下。水分85%～88%，脂肪微量，蛋白质11%～13%，灰分0.6%～0.8%，碳水化合物0.7%～0.8%。

（1）水分　水分是蛋白中的主要成分，分布如下，外稀薄蛋白层的水分含量为89%，浓厚蛋白层的水分含量为84%，内稀薄蛋白层的水分含量为

86%，系带膜状层的水分含量为82%。其中少部分水与蛋白质结合，以结合水形式存在，大部分水以溶剂形式存在。

（2）蛋白质　蛋白质占蛋白总量的11%～13%，已经发现蛋白中含有近40种不同的蛋白质，并对其中含量较多的蛋白质有了比较多的认识，可以把蛋白看成为卵黏蛋白在多种球蛋白水溶液中形成的一种蛋白体系。浓厚蛋白和稀薄蛋白在卵黏蛋白的成分上有差别，即不溶性卵黏蛋白和溶菌酶结合构成了浓厚蛋白的凝胶结构基础，不溶性卵黏蛋白向可溶性卵黏蛋白转化，导致蛋白水样化。蛋白中卵白蛋白、卵伴白蛋白（卵转铁蛋白）、卵类黏蛋白、卵黏蛋白、溶菌酶和卵球蛋白等为主要蛋白质。

①卵白蛋白（也称卵清蛋白）　卵白蛋白是蛋白中主要的蛋白质，占蛋白中蛋白质总量的54%～69%。它含有糖和磷酸基，故属磷质糖蛋白。卵白蛋白中，糖的含量为3.2%。其中含*D*-甘露糖2%，*N*-乙酰葡萄糖胺1.2%，通过N-键结合于天冬氨酰胺残基上。卵白蛋白可以用硫酸铵或硫酸钠盐析得到针状结晶，也可用色谱法得到。纯净的卵白蛋白相对分子质量约为45 000，有A_1、A_2、A_3三种成分，其差别就在于含有磷酸基的数量不同。A_1含有2个磷酸基，A_2含有1个，而A_3则不含。在蛋白中，这三种卵白蛋白含量之比为85∶12∶3。卵白蛋白分子中有1个—S—S—键和4个—SH基，这4个—SH基中的3个在蛋白没变性的状态下，与—SH基试剂具有弱的反应性，但若变性后则4个—SH基均具有强的反应性。卵白蛋白等电点pH为4.5～4.8，热凝固点为60～65℃。在pH为9时，62℃加热3.5 min，只有3%～5%卵白蛋白发生热变性，而在pH为7时，几乎不发生热变性。

蛋在储藏过程中卵白蛋白发生变性，这种变性蛋白称S-卵白蛋白，它对热更稳定。这一转变可能与—SH与二硫键之间转变有关。卵白蛋白转变成S-卵白蛋白的数量与储藏时间、温度成正比。

②卵伴白蛋白（也称卵转铁蛋白）　卵伴白蛋白占蛋白中蛋白质总量的9%，是一种糖蛋白，可以通过硫酸铵析出法制得。用淀粉胶为载体电泳，它有两个组分，两者含量之比约为4∶1。相对分子质量为70 000～78 000，含0.8%的甘露糖和1.4%的己糖胺，每个蛋白分子具有2个配位原子，可与Fe^{3+}、Cu^{2+}、Zn^{2+}、Al^{3+}等金属离子结合，其复合物颜色分别为红色、黄色、白色和无色。

卵伴白蛋白是一种易溶解性非结晶蛋白，遇热易变性，但与金属形成复合体后，对热变性的抵抗性增强，对蛋白分解酶的抵抗性也提高。卵伴白蛋白的等电点为5.8～6.0，热凝固温度为58～67℃。

③卵黏蛋白　卵黏蛋白占蛋白中蛋白质总量的2%～2.9%，是一种糖蛋白。它含有硫酸酯、半乳糖胺，并含有占蛋白中唾液酸总量约50%的唾液酸。该蛋白质呈纤维状结构，在溶液中显示较高的黏性，能维持浓厚蛋白组织状态，阻止蛋白的起泡性。卵黏蛋白在浓厚蛋白中的数量是稀薄蛋白的4倍以上，蛋在储藏过程中浓厚蛋白发生水样化，与卵黏蛋白变化有关。

蛋白中卵黏蛋白靠分子键相互交织成网状结构，在这网状结构中α-卵黏蛋白和β-卵黏蛋白是最小单位，两者以87∶13存在。卵黏蛋白热抵抗性强，在pH 7.1～9.1时，90℃加热2 h，卵黏蛋白溶液不发生变化。卵黏蛋白等电点为4.5～5.1。

卵黏蛋白可以用硫酸铵半饱和溶液盐析法、卵白稀释法、色谱柱法等由蛋白中获得。用琼脂糖电泳分成两个组分，即α-卵黏蛋白和β-卵黏蛋白。β-卵黏蛋白含糖量多，约占50%，其中己糖18.4%、己糖胺18.3%、唾液酸11.4%、硫酸0.06%。由于该组分在电泳时泳动快，故也称为F-卵黏蛋白，另外，该组分含有苏氨酸和丝氨酸特别多；α-卵黏蛋白含糖量较少，约为15%，其中含有己糖6.8%、己糖胺6.7%、唾液酸0.8%、硫酸0.06%，由于该组分在电泳时泳动慢，而称为S-卵黏蛋白，在氨基酸组成上，含天冬氨酸和谷氨酸特别多。

④卵类黏蛋白　卵类黏蛋白的含量占蛋白中蛋白质总量的11.0%，是一种热稳定糖蛋白，相对分子质量28 000，等电点为3.9～4.3。在电泳中该蛋白可分成3个以上组分，这些组分的差别就在于含唾液酸不同。卵类黏蛋白含糖20%～25%，其中*N*-乙酰葡萄糖胺12.5%～15.4%，甘露糖4.3%～4.7%、半乳糖1.0%～1.5%和*N*-乙酰神经氨酸0.4%～4.0%。

卵类黏蛋白对胰酶有抑制作用，也能抑制细菌性蛋白酶。另外，该蛋白热稳定性高，如在pH 3.9下，100℃下加热60 min，不发生变性理象，在pH 7以下加热，其抗胰蛋白酶的活性是比较稳定的。卵类黏蛋白与其他蛋白比，其溶解度大，在等电点时仍可溶解。

⑤卵球蛋白 G_2 和 G_3　最初人们认为蛋白中存在着三种球蛋白，分别命名为 G_1、G_2 和 G_3，后来发现 G_1 就是溶菌酶，而球蛋白 G_2、G_3 则延续下来。在蛋白中，G_2 和 G_3 各占蛋白质总量的 4%。卵球蛋白是一种典型的球蛋白，用饱和 $MgSO_4$ 或半饱和 $(NH_4)_2SO_4$ 均能够使其产生沉淀。卵球蛋白的相对分子质量为 36 000～45 000，G_2 等电点为 5.5，G_3 等电点为 5.8。卵球蛋白具有极好的发泡特性，故是食品加工中优良的发泡剂。

⑥抗生物素蛋白　抗生物素蛋白在蛋白中仅占蛋白质总量的 0.05%，属糖蛋白。它与生物素（水溶性维生素之一）结合成为极稳定的复合体。若将生蛋白和生蛋黄一起食用，蛋黄中的生物素不能被机体吸收，但因蛋白中的抗生物素蛋白含量较少，所以影响并不大。抗生物素蛋白相对分子质量为 53 000，等电点为 9.5。在 85℃时，加热变得不稳定，而抗生物素蛋白-生物素复合体在同样温度下却是稳定的。

抗生物素蛋白几乎不含有螺旋，它由 4 个亚基（相对分子质量各为 15 600）组成，各亚基与 1 分子的生物素结合，由 128 个氨基酸残基组成，糖链由 4 分子的 *N*-乙酰葡萄糖胺和 5 分子的甘露糖组成，天冬氨酸残基依靠酰胺键与氨基糖结合。

⑦黄素蛋白　蛋白中的黄素蛋白是由其中的核黄素与所有的脱辅基蛋白结合而成，约占蛋白中蛋白质的 0.8%～1.0%。在蛋白中脱辅基蛋白与黄素蛋白差不多等量存在，脱辅基蛋白含有由甘露糖、半乳糖和葡萄糖胺组成的 14% 的糖类，并含有 0.7%～0.8%的磷。脱辅基蛋白有两种形式，一种含 7 个磷酸根；另一种含 8 个磷酸根，都与丝氨酸残基相结合。核黄素与脱辅基蛋白相结合的摩尔比为 1∶1。黄素蛋白相对分子质量为 32 000～36 000，等电点为 3.9～4.1。若将脱辅基蛋白用胰蛋白酶或胰凝乳蛋白进行酶解或用 8 mol/L 尿素处理则就变得没有结合能力了，而在 pH 为 7 时，即使加热 15 min，结合能力也不受影响。

⑧卵抑制剂　卵抑制剂占蛋白中蛋白质总量的 1.5%，属糖蛋白，含糖量 5%～10%，按含糖量不同可分为五种形式。它的相对分子质量为 49 000，等电点为 5.1～5.2。卵抑制剂具有对多种蛋白酶活性抑制作用，对热和酸非常稳定。

⑨无花果蛋白酶抑制剂　无花果蛋白酶抑制剂或无花果蛋白酶、番木瓜蛋白酶抑制剂与卵类黏蛋白、卵抑制剂完全不同。约占蛋白中蛋白质总量的 1%，是非糖类蛋白质，相对分子质量很小，仅为 12 700，等电点为 5.1。热稳定性更高，它能抑制无花果蛋白酶、番木瓜蛋白酶及菠萝蛋白酶，此外还能抑制组织蛋白酶 B 及 C。

（3）蛋白中的碳水化合物　蛋白中的碳水化合物分两种状态存在。一种与蛋白质结合，为结合状态的碳水化合物，在蛋白中含 0.5%；另一种呈游离状态存在，在蛋白中含 0.4%。游离的糖中 98% 是葡萄糖，余下的为果糖、甘露糖、阿拉伯糖、木糖和核糖等。这些糖类虽然很少，但与蛋白片、蛋白粉等蛋制品的色泽有密切关系。

（4）蛋白中的脂质　新鲜蛋白中含极少量脂质，约为 0.02%，其中中性脂质和复合脂质的组成比是（6～7）∶1，中性脂质中蜡、游离脂肪酸和醇是主要成分，复合脂质中神经鞘磷脂和脑磷脂类是主要成分。

（5）蛋白中无机成分　蛋白中总灰分为 0.6%～0.8%，种类很多，主要有 K、Na、Ca、Mg、Cl 等。其中 K、Na、Cl 等离子含量较多，而 P、Ca 含量少于蛋黄 P、Ca 含量。

（6）蛋白中的维生素及色素　蛋白中维生素含量较少，其中维生素 B 较多，每 100 g 蛋白中含维生素 B 240～600 μg，烟酸 5.2 μg、维生素 C 0～2.1 μg 及少量泛酸；蛋白中色素含量很少，主要是核黄素，所以蛋白呈淡黄色。

10.2.1.5　蛋黄的化学组成

（1）蛋黄膜　蛋黄膜含水量为 88%，其干物质中主要成分是蛋白质。蛋白质含量为 87%，脂质 3%，糖 10%。其蛋白质属糖蛋白，含己糖 8.5%、己糖胺 8.6%、唾液酸 2.9%，还含有 *N*-乙酰己糖胺。蛋黄膜中氨基酸组成见表 10-7，由表 10-7 可知蛋黄膜的氨基酸多为疏水性的，这是蛋黄膜不溶性的原因。在氨基酸中不含有组成结缔组织蛋白质的羟脯氨酸。因此，蛋黄膜中不存在胶原蛋白。蛋黄膜中脂质分为中性脂质和复合脂质，其中，中性脂质由三甘油酯、醇、醇酯以及游离脂肪酸组成，而复合脂质主要成分为神经鞘磷脂。

蛋黄膜介于蛋白和蛋黄内容物之间，是一种半透膜，可以防止蛋白和蛋黄中的大分子透过，但水分等小分子及离子可以透过，因此该膜可以一定程度地防止蛋白与蛋黄相混。蛋黄膜具有弹性，但随着蛋变陈旧，其强度逐渐减弱。

（2）蛋黄内容物　蛋黄不仅结构复杂，其化学成分也较复杂。蛋黄干物质含量约 50%，其中大部分是蛋白和脂肪，二者之比为 1∶2，脂肪是以脂蛋白的形式存在，此外还含有糖类、矿物质、维生素、色素等。禽蛋蛋黄的化学成分见表 10-5。由表可知，鸭蛋的干物质含量要高于鸡蛋。深色蛋黄层和浅色蛋黄层之间的化学成分存在很大差异，营养物质主要集中在深色蛋黄层。

表 10-5　蛋黄的化学成分含量　%

种类	水分	脂肪	蛋白质	卵磷脂	脑磷脂	矿物质	葡萄糖及色素
鸡蛋	47.2～51.8	21.3～22.8	15.6～15.8	8.4～10.7	3.3	0.4～1.3	0.55
鸭蛋	45.8	32.6	16.8	—	2.7	1.2	—

（3）蛋黄中的蛋白质　蛋黄中的蛋白质大部分是脂质蛋白质，包括低密度脂蛋白（65%）、卵黄球蛋白（10%）、卵黄高磷蛋白（16%）和高密度脂蛋白（5%）。当离心稀释蛋黄时，能沉降出颗粒，颗粒占蛋黄固形物的 19%～23%，它含有卵黄高磷蛋白、高密度脂蛋白和少量低密度脂蛋白，而离心后蛋黄浆状物中主要含有低密度脂蛋白和卵黄球蛋白。各种蛋白特征分述如下。

①低密度脂蛋白（LDL）　低密度脂蛋白是蛋黄中存在量最多的蛋白质，占蛋黄总蛋白质的 65%，它使蛋黄显示出乳化性，并是蛋黄冻结融解时出现凝胶化的原因。

LDL 的脂质含量非常高，达 30%～89%，因此，也称为卵黄脂蛋白，其蛋白质含量仅 11% 左右，故相对密度低，为 0.89～0.98。其中脂质中，74% 是中性脂肪，26% 是磷脂。用超速离心机可以将 LDL 分成两个组分，即 LDL_1 和 LDL_2，两者含量之比为 1∶4，两者的组成非常相似。LDL_1 的相对分子质量为 10.3×10^6，总脂肪的含量是 87%～89%；LDL_2 的相对分子质量为 3.3×10^6，总脂肪含量是 83%～86%。LDL 在磷脂酶 C 和蛋白质分解酶作用下易被消化，因此，许多学者认为 LDL 的模型为以三甘油酯为轴心，磷脂及蛋白质等具有极性基的分子覆盖其上形成胶团分子。另外，LDL 约含 3% 的糖，与天冬氨酸残基相连，因此，也可把 LDL 看作糖蛋白。

②高密度脂蛋白（HDL）　高密度脂蛋白也称为卵黄磷蛋白，占蛋黄总蛋白的 16%。与 LDL 相比脂质含量少，为 14.6%～22%，而且脂质大部分存在于分子内部。卵黄磷蛋白中含有 11.6% 的磷质及 1% 的磷酸基，属典型的含磷蛋白，并含 0.35% 的糖。它不溶于水，溶于中性盐、酸、碱的稀溶液中，等电点是 3.4～3.5，凝固点为 60～70℃，相对分子质量为 4×10^5。

卵黄磷蛋白主要存在于蛋黄颗粒中，与卵黄高磷蛋白形成复合体。电泳卵黄磷蛋白有两个组分，即 α-卵黄磷蛋白和 β-卵黄磷蛋白，两者之比 1∶1.8。两者区别在于磷酸基含量不同。

卵黄磷蛋白在 pH 7.0 以下，以高聚体存在，随着 pH 升高，高聚体离解为单体。α-卵黄磷蛋白在 pH 10.6、β-卵黄磷蛋白在 pH 7.8 时，分别有 50% 离解为单体。另外，温度、离子强度和蛋白质浓度提高时，聚合体解离被抑制。

③卵黄高磷蛋白（phosvitin）　占蛋黄中蛋白总量的 4%～10%，它含有 12%～13% 的氮及 9.7%～10% 的磷，占蛋黄总含磷量的 80%，并含 6.5% 的糖。相对分子质量为 36 000～40 000，氨基酸的组成中有 31%～54% 是丝氨酸，其中有 94%～96% 与磷酸根相结合。电泳卵黄高磷蛋白，可得到两个组分，即一种含酪氨酸，另一种不含酪氨酸。

卵黄高磷蛋白含有多个磷酸根，可与 Ca^{2+}、Mg^{2+}、Mn^{2+}、Co^{2+}、Sr^{2+}、Fe^{2+} 和 Fe^{3+} 等金属离子结合，还可以与细胞色素 C、卵黄磷蛋白等大分子结合成复合体，因此，可认为卵黄高磷蛋白在蛋中的生物功能是营养物质的运载体。

④卵黄球蛋白（livetin）　占蛋黄蛋白质总量的 10%，主要存在于蛋黄浆液中，含 0.1% 的磷和丰富的硫，等电点 4.8～5.0，凝固温度为 60～70℃。

电泳卵黄球蛋白，可得到 α-卵黄球蛋白、β-卵黄球蛋白和 γ-卵黄球蛋白 3 种组分，在蛋黄中三者含量之比为 2∶3∶5 或 2∶5∶3。α-卵黄球蛋白相对分子质量为 80 000，性质与 α-球蛋白相同；β-卵黄球蛋白相对分子质量为 45 000，性质与 α-糖蛋白相同；γ-卵黄球蛋白相对分子质量为 150 000，性质与血清白蛋白相同。

⑤核黄球结合性蛋白质（YRBP）　该蛋白仅占蛋黄中蛋白质总量的 0.4%，与核黄素以 1∶1 形成复合体，复合体在 pH 3.8～8.5 的范围内稳定，在

pH3.0以下时，核黄素则离解，其相对分子质量为36 000，含糖12%。

（4）蛋黄中的脂肪　鸡蛋黄中的脂肪含量为30%～33%，鸭蛋黄大约为36.2%，鹅蛋黄为32.9%左右。它们的含量虽然有些差别，但其化学成分基本相同，鸡蛋黄中真脂含量最多，约为蛋黄总量的20%（占脂肪的62.3%），其次是磷脂类，约占10%（占脂肪的32.8%），以及少量的固醇（4.9%）和脑磷脂（微量）等，在脂质中，棕榈酸和硬脂酸之和占总脂肪酸的30%～38%，总饱和脂肪酸含量为37%。从蛋黄中提取脂质时，通常使用各种有机溶剂，但由于溶剂的种类和萃取条件不同，被提取的脂质数量和组成也有很大差异，这可能与蛋黄中的脂类大部分与蛋白质结合存在有关。

①真脂　即甘油三酯（glyceride），它是由各种脂肪酸和甘油所组成的三甘油酯，各种脂肪酸所占总脂肪酸的含量见表10-6。

表10-6　蛋黄真脂中各种脂肪酸含量　%

种类	含量	种类	含量
油酸	34.55	软脂酸	29.77
十六碳烯酸	12.26	亚油酸	10.09
硬脂酸	9.26	十四碳酸	2.05
花生四烯酸	0.07		

蛋黄内的脂肪在室温下是橘黄色的半流动液体。蛋黄中三甘油酯的脂肪酸组成易受家禽喂饲的饲料影响。当家禽饲料中含有亚麻油物质时，其禽蛋蛋黄中含有亚油酸和亚麻酸的比例增多。

②磷脂　蛋黄约含10%磷脂，磷脂种类很多，禽蛋蛋黄中的磷脂主要是卵磷脂和脑磷脂，这两种磷脂占总磷脂含量的88%。各种禽蛋蛋黄中卵磷脂和脑磷脂含量有差异，但其中卵磷脂在鸭蛋黄中含量最多，并且每种禽蛋蛋黄中卵磷脂的含量要比脑磷脂多。

从磷脂的结构看，它有甘油磷酸的结构，故能溶解于水，其中脑磷脂更能溶于水。而磷脂的脂肪结构，又使其可溶于有机溶剂。但卵磷脂不溶于丙酮，所以自禽蛋黄中制取卵磷脂时，可先用乙醚、氯仿或酒精浸提，然后加丙酮使之沉淀。脑磷脂不溶于甲醇或乙醇，神经磷脂不溶于冷乙醇、冷丙酮或乙醚，仅微溶于热丙酮。了解这些性质，对人们从蛋黄中提取各种磷脂很有必要。

棕榈酸与硬脂酸之和在磷脂中相对含量较高，如在卵磷脂中为49%，脑磷脂中约为54%。而油酸和亚油酸含量相对在磷脂中比在真脂中少。

蛋黄中的磷脂不仅本身具有强的乳化作用，而且作为脂蛋白的组成成分也使蛋黄显示出较强的乳化能力，但含有不饱和脂肪酸多，易于氧化，是很不稳定的。因此，在蛋品的保藏上，应注意到这一点。

③类甾醇　蛋黄中类甾醇几乎都是胆甾醇，蛋黄中含有丰富的胆甾醇（胆固醇），由于近年来医学研究发展，心血管病与饮食中胆固醇有关，故对蛋黄的食用一度提出争议。中国已经有人对蛋黄中胆固醇的脱出进行了相关的研究。

（5）蛋黄中的碳水化合物　蛋黄中碳水化合物占蛋黄重的0.2%～1.0%，以葡萄糖为主，也有少量乳糖存在。碳水化合物主要与蛋白质结合存在。如葡萄糖与卵黄磷蛋白、卵黄球蛋白等结合存在，而半乳糖与磷脂结合存在。

（6）蛋黄中的色素　蛋黄含有较多色素，所以蛋黄呈黄色或橙黄色。蛋黄中的色素大部分是脂溶性色素，如胡萝卜素、叶黄素，水溶性色素主要是玉米黄色素。在每100 g蛋黄中含有0.3 mg叶黄素、0.031 mg玉米黄素和0.03 mg胡萝卜素。

（7）蛋黄中的维生素　鲜蛋中维B族主要存在于蛋黄中，蛋黄中维生素不仅种类多，而且含量丰富，其中以维生素A、维生素E、维生素B_2、维生素B_6、泛酸为多。

（8）灰分　蛋黄中含有1.0%～1.5%的矿物质，其中以磷最为丰富，占无机成分总量的60%以上，钙次之，占13%左右。此外，还含有Fe、S、K、Na、Mg等。蛋黄中Fe易被吸收，而且也是人体必要的无机成分，因此，蛋黄常作为哺乳婴儿早期的补充食品。

10.2.2　蛋中的主要酶类和微生物

10.2.2.1　主要酶类

（1）蛋白中的酶　蛋白中除含有主要的酶是溶菌酶外，还发现有三丁酸甘油酶、肽酶、磷酸酶、过氧化氢酶，在此，仅介绍蛋白中的最重要的溶菌酶。

溶菌酶（lysozyme，EC3.2.1.17）又称作胞壁质酶或*N*-胞壁质聚糖水解酶，是一种糖苷水解酶，作用于细菌细胞壁肽聚糖中*N*-乙酰葡萄糖胺和*N*-乙酰胞壁酸之间的β-1，4-糖苷键，而肽聚糖是细菌细胞壁的结构成分，因而溶菌酶具有溶菌能力。溶菌酶广泛存在于鸟、家禽的蛋清以及哺乳动物的泪液、唾液、血液、尿、乳汁和组织（如肝、肾）细胞中，溶菌酶占蛋白中蛋白质总量的3%～4%，它主要存在于浓厚蛋白中，特别是系带膜状层中。溶菌酶在系带膜状层或系带中的含量比其他蛋白层中至少多2～3倍，它在各蛋白层中含量基本相同。另外，已经证实在壳下膜中溶菌酶含量也很高。

溶菌酶一级结构已被确定，它是由129个氨基酸残基组成的一条多肽链。其中有4对半胱氨酸（或4个二硫桥）分别存在于下列位置之间，即Cys-6和Cys-127，Cys-30和Cys-115，Cys-64和Cys-80以及Cys-76和Cys-94之间，形成共价的横桥。溶菌酶相对分子质量为14 300～17 000，电泳时至少有三种组分，其等电点为10.5～11.0，是一种碱性蛋白。在蛋白中，它主要与卵黏蛋白结合存在，对维持浓厚蛋白结构起重要作用，在蛋白中也部分地与卵黏蛋白、卵伴白蛋白、卵白蛋白结合而存在。溶菌酶可溶解细菌细胞壁，尤其对微球菌敏感，其机理是可将细胞壁主要成分N-乙酰葡萄糖胺或*N*-乙酰神经氨酸中的*β*-1，4-糖苷键水解，溶菌酶的热稳定受多种因素影响，在pH 4.5时加热1～2 min仍稳定；在pH为9以上稍不稳定，尤其有微量Cu存在时可使此酶很不稳定。另外，该酶在缓冲液中的热稳定性要比在蛋白中稳定性高。

①溶菌酶生化性质　溶菌酶纯品为白色、微黄或黄色的晶体或无定形粉末，无臭，味甜，易溶于水，不溶于丙酮、乙醚。鸡蛋蛋清溶菌酶最适pH为6～7，最适作用温度为50℃，溶菌酶在37℃时其生物学活性可保持6 h，当温度较低时保持时间更长，这是溶菌酶在体内起作用的基础。虽然溶菌酶是不耐热的生物活性物质，但是溶菌酶在酸性条件下却是稳定的。在pH为3时，溶菌酶能耐受100℃高温达45 min；pH为4.5时，加热100℃，3 min也不失活；在中性和碱性介质中其耐热性则较差，如pH为7时，100℃高温加热10 min或80℃加热30 min即失去活性。

②溶菌酶的抑菌特性　蛋清溶菌酶主要对G^+菌敏感，某些G^-菌对酶有抵抗性的原因主要是细胞壁中含有大量6-*D*-二乙酰胞壁酸，抑制酶的活性，而且G^-菌的细胞壁中肽聚糖含量很少且都被其他一些膜类物质覆盖，溶菌酶很难进入G^-菌细胞壁的肽聚糖层进行作用。很多病原微生物为G^-菌，如典型的大肠埃希杆菌，溶菌酶对其抑制作用非常弱，这就限制了溶菌酶作为一种天然食品防腐剂的广泛使用。溶菌酶对一些酵母菌也有抑制作用，尽管酵母不含溶菌酶的主要作用底物-肽聚糖，但一些酵母的细胞表面含有溶菌酶可分解的成分——几丁质。

（2）蛋黄中的酶　蛋黄中含有多种酶，至今已确定存在于蛋黄中的酶有淀粉酶、三丁酸甘油酶、胆碱酯酶、蛋白酶、肽酶、磷酸酶、过氧化氢酶等。各种酶类活性都有一定pH范围和温度范围，一般最适温度在25℃以上，温度过高就会失去活性。蛋黄中淀粉酶有*α*-淀粉酶和*β*-淀粉酶两种，其中*α*-淀粉酶具有一定的抗热性，在65.5℃经1.5 min或64.4℃经2.5 min，才被破坏失活，而蛋的冻结、解冻、均质化、喷雾干燥和冷冻干燥对其活性没有影响。因此，在检验巴氏消毒冰蛋的低温杀菌效果时，常用测定*α*-淀粉酶的活性加以判别。

在禽蛋中经常见到各种物理、化学和生物学变化便是由于禽蛋中各种酶所参与而引起的作用所致。如禽蛋在较高的温度下，容易腐败变质，这与其中酶的活性增强有密切关系。

10.2.2.2　主要微生物

（1）禽蛋壳上的微生物　禽蛋通过肛门排出体外时，由于粪便的污染常带有细菌。蛋中常发现的微生物主要有细菌和霉菌，且多为好气性菌，但也有嫌气性菌。蛋壳上微生物的主要种类，如表10-7和表10-8所示。

表10-7　蛋壳上的微生物　%

禽蛋种类	大肠杆菌	产气杆菌	产碱杆菌	副大肠杆菌	球菌
鸡蛋	75	8.3	25	25	8.3
鸭蛋	100	85.8	57.2	14.3	28.6
鹅蛋	75	50	50	25	25

表10-8　市售商品蛋蛋壳微生物污染情况　%

微生物名称	占被检数	微生物名称	占被检数
大肠杆菌	98.7	沙门氏菌	5
副大肠杆菌	75	酵母菌	37.5
变形杆菌	83.7	溶血性链球菌	20
产气杆菌	85	荧光杆菌	20
产碱杆菌	40.2	白色葡萄球菌	8.7
枯草杆菌	10	链球菌	6.2
霉菌	35	链霉菌	3.7
马铃薯杆菌	12.5	金黄色葡萄球菌	10
绿脓杆菌	26.2	黏液菌	2.5

（2）禽蛋液中的微生物　蛋液中的微生物检出率如表10-9所示。由表可知，禽蛋液中可检出不同种类的微生物，主要有葡萄球菌、产气杆菌、大肠杆菌、变形杆菌、霉菌、其他菌属等。蛋内微生物的检出率与蛋的质量密切相关。

表10-9　禽蛋液中的微生物检出率　%

微生物	鸡蛋	鸭、鹅蛋	微生物	鸡蛋	鸭、鹅蛋
大肠杆菌	24.99	1.2	枯草杆菌	0.94	0.35
副大肠杆菌	21.28	0.7	变形杆菌	12.44	—
产碱杆菌	31.86	1.05	球菌	4.81	0.17
产气杆菌	0.4	2.1	霉菌	—	0.35
绿脓杆菌	0.8	0.17	其他菌	1.6	0.35

“—”表示未发现。

（3）禽蛋中的沙门氏菌　禽蛋的沙门氏菌主要来源于带菌的禽体，如禽卵巢内、输卵管和泄殖腔中，所含沙门氏菌主要在蛋黄中。另外，蛋被污染后气孔也可以进入。沙门氏菌的检出率与蛋保存的时间和温度成正比。实验证明，鸭蛋沙门氏菌的检出率比鸡蛋高1倍多。家禽患的沙门氏菌病主要是鸡白痢、鸡伤寒和鸡副伤寒。

10.2.3　蛋腐败过程中的生物化学

10.2.3.1　蛋白质的腐败

蛋内侵入微生物，首先变化的是蛋白质。蛋白质的分解，除蛋内的酶起一定的催化作用外，微生物自身所产生的蛋白酶的作用是主要的。由于蛋白酶的作用，在有氧和缺氧的条件下，将蛋白质水解为氨基酸，各种氨基酸经脱氨基、脱羧基、水解、氧化还原作用生成肽、有机酸、吲哚、氨、硫化氢、二氧化碳、氢气、甲烷等产物，使蛋形成各种强烈臭气，而分解产物中的胺类是有毒物质。

10.2.3.2　脂肪的酸败

微生物侵入蛋内后，对于油脂的酸败，主要是经水解与氧化，产生相应的分解产物。蛋黄中含有丰富的磷脂。它可以被细菌分解生成含氮的碱性有机物质，其中主要为胆碱，胆碱是无毒的，但它又可被细菌作用生成有毒的化合物，如神经碱和蕈毒碱等。

10.2.3.3　禽蛋中糖的分解

在蛋液内含有少量的糖，微生物侵入蛋内后，糖在微生物产生的糖酶作用下产生丁酸、乙醇、二氧化碳、氢和甲烷等物质。如蛋液里侵入普通大肠杆菌后，便能使蛋液中的糖分解为低级脂肪酸（如乳酸、醋酸、丙酸、丁酸、草酸和琥珀酸等）、二氧化碳、甲烷和氢气等。又如蛋液里侵入甲烷菌后，能使蛋液里的糖分解成较多的甲烷。碳水化合物（糖）被微生物分解的反应很多。糖经微生物分解后的产物，一般无毒性，但对禽蛋的腐败变质有很大的不良影响。

思考题

1. 请简述酪蛋白和乳清蛋白的特点。
2. 简述乳过氧化氢酶的特点及食品加工学意义。
3. 乳品工业常用的乳酸菌有哪些？各有何特点？
4. 干酪腐败变质的形式有哪些？
5. 简述蛋中溶菌酶的特点及作用。

第 11 章

酶促食品加工过程的生物化学

本章学习目的与要求

1. 掌握酶法制备葡萄糖、果葡糖浆、麦芽糖等的过程；
2. 掌握酶法制油、脱胶、制备功能性脂肪的原理；
3. 掌握酶在食品风味调控中的应用；
4. 掌握功能性低聚糖、多肽、核苷酸酶法制备方法。

11.1 酶法制备碳水化合物

碳水化合物广泛存在于各种生物有机体内，是绿色植物经过光合作用形成的产物，一般占植物体干重的80%左右。动物没有能力合成碳水化合物。碳水化合物的物理化学特性在食品加工和储藏过程中均直接影响着食品的性状，其在食品体系和食品生物化学中也发挥着非常重要的功能。在食品工艺方面，赋予饼干、面包等食品的香味和色泽，增加饮料等食品体系的黏稠性，改善和维持果冻、果汁等食品体系的质地稳定性；从食品生物化学的角度讲，碳水化合物是人类活动的主要能源物质，构成机体或食品体系，并在生物体中转化形成生命的另外必需物质——蛋白质和脂类。

11.1.1 酶法制备葡萄糖

早期，葡萄糖浆的制备采用酸水解法，然而当制备的糖浆右旋葡萄糖当量值大于55时会产生异味。20世纪50年代末，日本采用酶法水解淀粉制备葡萄糖获得成功。因此，目前，葡萄糖的制备在国内外大都采用酶法。酶法制备葡萄糖是以淀粉为原料，先经α-淀粉酶液化成糊精，再用糖化酶水解为葡萄糖。淀粉酶是最早实现工业生产的酶，也是迄今为止用途最广的酶。

11.1.1.1 主要用酶

用于淀粉加工的酶包括α-淀粉酶和糖化酶。

（1）α-淀粉酶　α-淀粉酶从淀粉分子内任意部位水解α-1，4-糖苷键，使淀粉溶液黏度迅速降低，水解最终产物为麦芽糖和低聚糖等。随着固定化技术的发展，固定化的淀粉酶有所应用。固定化的淀粉酶是将枯草杆菌α-淀粉酶固定在溴化氢活化的羧甲基纤维素上，在搅拌反应器中水解小麦淀粉。虽然固定化酶的反应活力比可溶酶低，但因为可溶酶在加热的条件下易失活，发生钝化现象，因而从总的反应效果上看，固定化酶的产率较高。同时，固定化的α-淀粉酶不存在外部扩散限制，可用于多次连续批量反应。

（2）糖化酶　糖化酶又称葡萄糖淀粉酶，糖化酶是一种习惯上的名称，学名为α-1，4-葡萄糖水解酶，其从淀粉的非还原末端水解α-1，4-糖苷键生成葡萄糖，也可水解α-1，6-糖苷键。糖化酶在食品和酿造工业上有着广泛用途，是酶制剂工业的重要制剂。糖化酶的产生菌几乎全部是霉菌，如黑曲霉、字佐美曲霉、海藻曲霉、臭曲霉、雪白根酶、粪氏根酶、杭州根酶、爪哇根酶以及拟内孢酶等。国内制备糖化酶的菌种主要是黑曲霉和根霉。黑曲霉糖化酶的最适温度在55℃左右，如果能提高糖化酶的最适反应温度，则淀粉液化和糖化过程就可以在同一个反应器中进行，既可以节省设备费用，降低冷却过程的能量消耗，也避免了微生物的污染，因此耐热性糖化酶的研制受到极大关注。最近从嗜热菌 *Thermococcus litoralis* 中分离得到的淀粉糖化酶，最适反应温度可以达到95℃。该酶如果能够大量生产，将给淀粉糖化工业带来一场革命。

11.1.1.2 工艺流程

利用淀粉制备葡萄糖工艺流程如图11-1所示。葡萄糖酶化生产的第一步是淀粉的液化。淀粉先加水配制成浓度为30%～40%的淀粉浆，pH一般调至6.0～6.5，添加一定量的α-淀粉酶之后，在80～90℃下保温45 min左右，使淀粉液化成糊精。由于一般细菌α-淀粉酶最适温度仅为70℃，在80℃时不稳定，所以需要向淀粉液中添加Ca^{2+}和NaCl；而地衣芽孢杆菌α-淀粉酶最适温度为90℃，所以其淀粉液化温度可提高到105～115℃，高温淀粉酶的发现和使用极大地缩短了淀粉液化时间，提高了液化效率。淀粉的液化程度以控制淀粉液的还原糖（以葡萄糖计）占糖浆干物质的百分比（DE）在15～20范围内为宜。DE太高或太低都不利于糖化酶进一步作用。

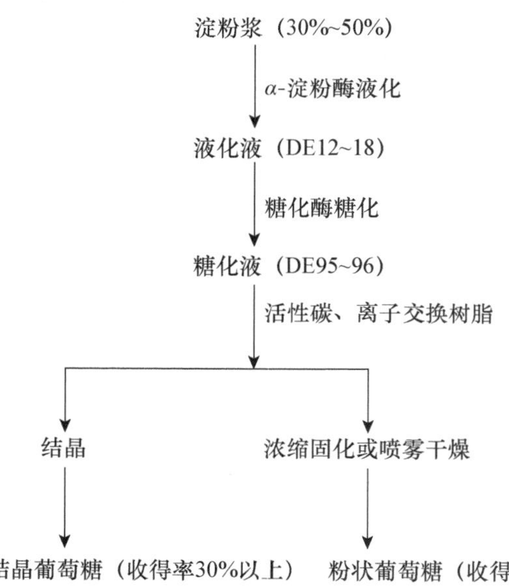

图11-1　淀粉糖化生产葡萄糖的工艺流程

液化完成后，将液化淀粉液冷却至 55～60℃，pH 调至 4.5～5.0 后，加入适量的糖化酶，保温糖化 48 h 左右，糊精就基本上转化为葡萄糖。在淀粉糖化过程中，所采用的 α-淀粉酶和糖化酶都要求达到一定的纯度，尤其是糖化酶中应不含或尽量少含葡萄糖苷转移酶。因为葡萄糖苷转移酶存在会导致异麦芽糖等杂质生成，严重影响到葡萄糖的得率。若糖化酶中含有葡萄糖苷转移酶，则要在使用前进行适当的处理进行除去，其中，最简单的方法之一是将糖化酶配成溶液后，加酸调节 pH 至 2.0～2.5，在室温下静置一段时间后，可以选择性地破坏葡萄糖苷转移酶。

11.1.2 酶法制备果葡糖浆

全世界淀粉糖产量已达 1 000 多万 t，其中 70% 为果葡糖浆。果葡糖浆是以食用精制淀粉为原料，以酶法糖化淀粉所得葡萄糖液经葡萄糖异构化作用，将其中的一部分葡萄糖异构成果糖，经脱色、离子交换等精制过程，再浓缩而成的以葡萄糖和果糖为主要组成的一种混合糖浆。葡萄糖的甜度只有蔗糖的 70%，而果糖的甜度是蔗糖的 1.5～1.7 倍，因此当糖浆中的果糖含量达 42%时，其甜度与蔗糖相同。因此，果糖的使用有助于减少蔗糖用量，而且摄入果糖后，血糖不易升高，还有滋润肌肤的作用（二维码 11-1）。

二维码 11-1 果葡糖浆

11.1.2.1 主要用酶

生产果葡糖浆除了 α-淀粉酶外，另外一个主要的酶是葡萄糖异构酶。1966 年日本首先用游离的葡萄糖异构酶工业化生产果葡糖浆，1973 年后，各国纷纷采用固定化葡萄糖异构酶进行连续化生产。葡萄糖异构酶的最适 pH，根据其来源不同而有所差别。一般放线菌产生的葡萄糖异构酶，其最适 pH 在 6.5～8.5 之间。但在碱性范围内，葡萄糖容易分解而使糖浆的色泽加深，为此，生产时 pH 一般控制在 6.5～7.0。通常葡萄糖异构酶是以固定化形式存在的，不同的公司应用不同来源的葡萄糖异构酶和不同的固定化载体制备了各种固定化酶。固定化的葡萄糖异构酶在固定化酶整体市场上占的份额最大，每年有数百万吨产品（表 11-1）。由于提高温度将促进果糖的生成，因此，采用耐高温的异构酶非常重要。目前已从嗜热的 *Thermotogo* 中分离出一种超级嗜热的木糖异构酶，其最适温度接近 100℃，这种酶能把葡萄糖转化为果糖，这样就能在高温条件下提高果糖的产量。

表 11-1 用于工业化生产的葡萄糖异构酶的固定化方法

公司	固定化方法
Novo Industry	凝结芽孢杆菌细胞，自溶，用戊二醛交联并造粒
Gist-Brocades	放线菌细胞包埋进明胶中，用戊二醛交联并造粒
Cliton Corn Processing Co.	酶提取物，吸附到离子交换树脂上
Miles Labs. Inc.	用戊二醛交联并造粒
CPC Int. Inc.	酶提取物，吸附到粒状陶瓷载体上
Sanmatsu	酶提取物，吸附到离子交换树脂上
Snam Progetti	细胞包埋到乙酸纤维素中

11.1.2.2 工艺流程

果葡糖浆生产所使用的葡萄糖，一般是将淀粉先经 α-淀粉酶液化，再经糖化酶糖化得到葡萄糖，要求 DE 大于 96。将精制的葡萄糖溶液 pH 调节为 6.5～7.0，加入 0.01 mol/L 硫酸镁，在 60～70℃ 的条件下，由葡萄糖异构酶催化生成果葡糖浆。异构化率一般为 42%～45%。异构化完成后，混合糖液经脱色、精制、浓缩，至固形物含量达 71%左右，即为果葡糖浆。其中含果糖 42%左右，葡萄糖 52%，另外 6%左右为低聚糖。若将异构化后混合糖液中的葡萄糖与果糖分离，再将分离出的葡萄糖进行异构化，如此反复进行，可使更多的葡萄糖转化为果糖。由此可得到果糖含量达 70%～90%，甚至更高的糖浆，即高果糖浆。

Ca^{2+} 对 α-淀粉酶有保护作用，在淀粉液化时需要添加，但它对葡萄糖异构酶却有抑制作用，所以葡萄糖溶液需用层析等方法精制，以除去其中所含的 Ca^{2+}。

葡萄糖转化为果糖的异构化反应是吸热反应。随着反应温度的升高，反应平衡向有利于生成果糖的方向变化。异构化反应的温度越高，平衡时混合糖液中果糖的含量也越高（表 11-2）。但当温度超过 70℃时葡萄糖异构酶容易变性失活，所以异构化反应的温度以 60～70℃为宜。在此温度下，异构化反应平衡时，果糖可达 53.5%～56.5%。

表 11-2　不同温度下反应平衡时果葡糖浆的组成

反应温度/℃	葡萄糖/%	果糖/%	反应温度/℃	葡萄糖/%	果糖/%
25	57.5	42.5	70	43.5	56.5
40	52.1	47.9	80	41.2	58.8
60	46.5	53.5			

11.1.3　酶法制备饴糖、麦芽糖和高麦芽糖浆

饴糖是淀粉的水解产物糊精和麦芽糖的混合物，其中麦芽糖占 1/3。饴糖在我国已有 2 000 多年的生产历史；麦芽糖是由两分子的葡萄糖组成的二糖；高麦芽糖浆是含麦芽糖为主的淀粉糖浆，仅含少量葡萄糖。由于麦芽糖不易吸湿，因此国外糖果工业常用它代替水解淀粉糖浆（二维码 11-2）。

二维码 11-2　饴糖和麦芽糖浆

11.1.3.1　主要用酶

在饴糖、麦芽糖和高麦芽糖浆生产中主要以淀粉为原料，在 α-淀粉酶、β-淀粉酶和脱支酶作用下生成的。β-淀粉酶作用淀粉时，是从淀粉分子的非还原性末端水解 α-1，4-糖苷键切下麦芽糖单位，在遇到支链淀粉 α-1，6-糖苷键时，作用停止，而留下 β-极限糊精，因此用 β-淀粉酶水解淀粉时，麦芽糖的含量通常低于 40%，不超过 60%。脱支酶水解 α-1，6-糖苷键，将 α 及 β-淀粉酶作用支链淀粉后留下的极限糊精的分支点水解，产生短的只含 α-1，4-糖苷键的糊精，使之可进一步被淀粉酶降解。

工业生产用脱支酶主要来自克氏杆菌（*K. pneumoniae*）或蜡状芽孢杆菌变异株（*B. cerreas* var. *mycoides*），以及酸解普鲁兰糖芽孢杆菌（*B. acidopullulyticus*），该酶因水解茁霉多糖-聚麦芽糖的 β-1，6-糖苷键为主，故又称为茁霉多糖酶。淀粉酶主要来自大豆（大豆蛋白质生产时综合利用的产物）和麦芽，微生物也生产 β-淀粉酶（主要为多黏芽孢杆菌、蜡状芽孢杆菌等），因这类微生物还同时生产脱支酶，故水解淀粉时麦芽糖收得率可高达 90%～95%，但这类微生物耐热性不是很理想。

11.1.3.2　酶法生产饴糖、麦芽糖和高麦芽糖浆工艺

传统的饴糖是用米饭同谷芽一起加热保温而成。发芽的谷子内含丰富的麦芽糖、糊精与低聚糖等。近年来国内饴糖已改用碎米粉等为原料，先用细菌淀粉酶液化，再加少量麦芽浆糖化，这种新工艺使麦芽用量由 10%降到 1%，而且生产还可以实现机械化和管道化，大大提高了生产效率，节约了粮食。

麦芽糖的制备是将淀粉先用 α-淀粉酶轻度液化（DE 值 2 以下），加热使 α-淀粉酶失活，再加入 β-淀粉酶和脱支酶，在 pH 5.0～6.0、40～60℃反应 24～48 h，使淀粉几乎完全水解。然后进行浓缩，当浓缩到 90%以上时，可析出纯度 98%以上的结晶麦芽糖，此时残留在母液中的还含有其他低聚糖，干燥后也可供食用。若将麦芽糖加氢还原便可制成麦芽糖醇，其甜度为蔗糖的 90%，是一种发热量低的甜味剂，可供糖尿病、高血压、肥胖病人食用。制造麦芽糖时，淀粉液化的 DE 以低为宜，以免大量生成聚合度为奇数的糊精，导致葡萄糖生成量增加和使麦芽糖的得率降低，因此一般 DE 为 2 较好，但这样低的 DE，淀粉浆黏度较高，为此宜用 10%～20%的淀粉液进行加工（二维码 11-2）。

高麦芽糖浆是以含固形物为 35%，DE 为 10 左右的淀粉液化液，加入霉菌 α-淀粉酶 0.5%～0.8%，于 pH 5.5，55℃水解 48 h，再加以脱色精制而成。其 DE 值为 40～50，含麦芽糖 45%～60%、葡萄糖 2%～7%以及麦芽三糖等。日本是用大豆 β-淀粉酶水解低 DE 的淀粉水解液。麦芽糖浆的组成因所采用的原料和酶的不同而异，不同组成的糖浆风味也不一样。

11.1.4　酶法制备麦芽糊精

麦芽糊精是一种聚合度大，DE 值低（20 以下）的淀粉水解物。国外大量用于食品工业，以改善食品风味。因其无臭、无味、无色、吸湿性低、溶解时分散性好，因而糖果工业用它调节甜度，并阻止蔗糖析晶和吸湿；饮料中用它作为增稠剂、泡沫稳定剂；还用于制造粉末系列饮粒，以加速干燥；因不易吸湿结块，制造固体酱油、汤粉时用它作为增稠剂并延长保质期，以及用于奶粉制造等。在酶制剂工业中也可用作填料。市售麦芽糊精由分子质量不均一的寡糖所制成。分为 DE 5～8，DE 9～13 和 DE 14～18 共 3 种规格，DE 值不同的麦芽糊精性质不同，用途也不同。DE 值愈低、黏度愈大的适合于稳定泡沫，防止砂糖结晶析出；而 DE 值愈高则水溶性增加，愈易吸湿，加热容易褐变（二维码 11-3）。

二维码 11-3　DE 值

麦芽糊精的制法是以淀粉为原料，加入 α-淀粉酶高温液化，水解到一定程度，脱色过滤、离子交换处理后喷雾干燥而成。由于所用淀粉酶的来源不同，液化方式应不同，所得麦芽糊精组成成分也有差异。所得麦芽糊精的主要成分组成以 G8（8 个葡萄糖基构成的低聚糖）以下的 G3（3 个葡萄糖基构成的低聚糖）、G6（6 个葡萄糖基构成的低聚糖）、G7（7 个葡萄糖基构成的低聚糖）低聚糖为主。如果采用酸水解制备麦芽糊精，因长链淀粉容易析出形成白色浑浊，而影响产品外观。

11.1.5　酶法制备偶联糖

软化芽孢杆菌和蜡状芽孢杆菌生产的一种环糊精葡萄糖基转移酶（CGTase）可水解 α-1，4-糖苷键而形成由 6～8 个葡萄糖残基所构成的环状糊精。在发生这种水解时，若有适当的糖类作为受体时，就发生分子间的转移反应，先将环糊精裂开，然后转移到受体分子 C_4 而形成新的 α-1，4-糖苷键，这叫作偶联反应。在蔗糖与淀粉共存下，经 CGTase 的作用便生成一种具有果糖末端的甜味糊精，称为偶联糖，这种偶联糖的甜度虽只有蔗糖的 40%，但不易引起蛀牙（不生成右旋糖酐）。

$$\text{淀粉}+\text{蔗糖}\xrightarrow{\text{CGTase}}\begin{cases}G_{1-2}F\\ G_{1-4}G_{1-2}F\\ G\text{-}G\text{-}G\text{-}F\\ G\text{-}G\text{-}G\text{-}G\text{-}F\end{cases}$$

以上反应中淀粉与蔗糖的比例与产物的形成很大有关，蔗糖少则转移率高，但产物中几乎没有果糖末端的麦芽寡糖，环糊精生成量也多；蔗糖比例高则转移率下降，淀粉分解物几乎全部变成 G_2F（2 分子葡萄糖和 1 分子果糖形成的偶联糖）、G_3F（3 分子葡萄糖和 1 分子果糖形成的偶联糖）等偶联糖，而且不产生环糊精。典型制法如下，将含蔗糖 10%～20% 的淀粉糖浆在 pH 5.6，加酶后保持 50℃ 反应 40 h，用活性炭离子交换净化即成。

环糊精分子呈中空筒状，可以包接各种物质，在工业上有很大用处，如作为食品添加剂用于乳化、稳定发泡、保香脱苦等；医药上用它来改善药品苦、异味，防止氧化，作为缓释剂、稳定剂等；化学工业上用作农药缓释剂、稳定剂等。

11.1.6　酶在其他糖制品加工中的应用

（1）分解棉籽糖　甜菜中常含有 0.05%～0.15%的棉籽糖（相当于蔗糖的 1%），阻碍蔗糖结晶，在废糖蜜中往往残留大量蔗糖不能回收。利用蜜二糖酶（α-半乳糖苷酶）可将棉籽糖分解成蔗糖与半乳糖，提高蔗糖得率，改善结晶浓缩条件，节约燃料和辅料。蜜二糖酶是胞内酶，主要由紫红被孢霉或梨头霉所产，将这种微生物在特定条件下培养后，收集细胞，装入反应柱中，在 45～50℃通过糖蜜（pH 5.2），于是 65%的棉籽糖转变为蔗糖。为了防止分解蔗糖，选用菌株应不产生蔗糖酶。

（2）清洁糖厂设备　在甘蔗制糖厂的糖液中常因肠膜状明串珠菌存在，而将蔗糖转变成大分子黏性的葡聚糖，堵塞管路，影响设备清洗和蔗糖的结晶。将糖液在石灰水处理前用青霉所产生的右旋糖酐酶（内切 α-1，6-葡聚糖酶）处理，可使右旋糖酐分解为异麦芽糖与异麦芽三糖，黏度迅速下降，生产时间大为缩短。此外，使用淀粉酶也同样有效。

（3）制备果糖　纯果糖是含 42%果糖的果葡糖浆，甜度高用量少，已经成为最为畅销的食糖之一，它用模拟流动床将葡萄糖和果糖分开而成。果糖也可以通过葡萄糖在一种担子菌钝头多孔菌所产的吡喃糖 α-氧化酶和钯催化下生成，得率高达 100%，此法由 Cetus 公司开发成功，可是由于成本高，缺乏经济上的竞争力而未投产。

二维码 11-4 右旋糖酐

果糖也可以由菊芋粉（系果糖的聚合物）经克勒酵母、青霉等的菊芋粉酶水解而生成。果糖还可以利用右旋糖酐蔗糖酶催化制备右旋糖酐，剩余的废液经纯化精制后得到可以进行结晶的果糖溶液，然后采用冷却降温结晶的方式得到果糖晶体（二维码 11-4）。

（4）分解蔗汁淀粉　甘蔗中生成的少量淀粉，对制糖生产不利，可用耐热 α-淀粉酶分解去除。

11.2 油脂的酶法加工

“绿水青山就是金山银山”，随着生活水平的不断提升，人民群众对绿水青山、优质生态产品的需求更加迫切。用生物技术手段取代传统加工方式，是实现资源利用生态化和可持续发展的一个重要趋势。基于消费者对营养健康的追求和社会对保护生态环境的需要，油脂产品的开发重点已由单一油脂扩展到蛋白、类脂物及其重要衍生物方面。由于酶具有催化效率高、作用专一的特性，其在食用油脂加工中的应用可减少对健康不利的化学品的使用，提高产品深加工程度、产品质量和得率及油脂的营养价值，同时又能简化生产工艺，节约设备投资，更可减少副产品和废水的产量和得率，又有利于环境保护。

11.2.1 酶法制油技术

（1）酶法制油原理　植物细胞壁由纤维素、半纤维素、木质素和果胶组成，油脂存在于油料籽粒细胞中，并通常与其他大分子（蛋白质和碳水化合物）结合，构成脂多糖和脂蛋白等复合体，只有将油料组织的细胞结构和油脂复合体破坏，才能得到油脂。酶法制油技术是在机械破碎的基础上，采用对油料组织以及对脂多糖、脂蛋白等复合体有降解作用的酶（如纤维素酶、半纤维素酶、蛋白酶、果胶酶、淀粉酶、葡聚糖酶等）处理，通过酶对细胞结构的进一步破坏，以及酶对脂蛋白、脂多糖的分解作用，增加油料组织中油的流动性，从而使油游离出来。

目前，在不使用任何有机溶剂的前提下，根据酶解环境、酶解制油工艺分为水相酶解工艺和低水分酶解工艺，采用何种工艺与油料的种类及性质有关。两种工艺均避免了传统方法中对油料的高温处理，作用条件温和，体系中的降解产物一般不会与提取物发生反应，可以有效地保护油脂、蛋白质等可利用成分。在得到油的同时，能有效回收原料中的蛋白质（或其水解产物）及碳水化合物；操作温度低，能耗低；所得油的质量明显优于传统方法，油中最大限度地保留了油料中的天然抗氧化成分、磷脂含量低、色泽浅、酸值及过氧化值低；废水中 BOD 与 COD 值低，易于处理、污染少，符合“安全、高效、绿色”的要求。

（2）酶法制油工艺中主要使用的酶　酶法制油工艺中可使用的酶很多，如降解、软化细胞壁的纤维素酶（CE）、半纤维素酶（HC）和果胶酶（PE）以及蛋白酶（PR）、α-淀粉酶（α-AM）、α-聚半乳糖醛酶（α-PG）、β-葡聚糖酶（β-GL）等。各种酶在提高出油率与产品质量中具体发挥的作用：①利用复合纤维素酶可以降解植物细胞壁的纤维素骨架、崩溃细胞壁，使油脂容易游离出来。尤其适合于纤维、半纤维质含量较高的油料细胞，如卡诺拉油菜籽、玉米胚芽等多种带皮、壳油料；②利用蛋白酶等对蛋白质的水解作用，对细胞中的脂蛋白，或者由于在磨浆制油工艺（如椰子和油橄榄浆汁制油）过程中，磷脂与蛋白质结合形成的、包络于油滴外的一层蛋白膜进行破坏，使油脂被释放出来，因而容易被分离；③利用 α-AM、PE、β-GL 等对淀粉、脂多糖、果胶质的水解与分离作用，不仅有利于提取油脂，而且由于其温和的作用条件（常温、无化学反应），降解产物不与提取物发生反应。

（3）酶法制油技术研究现状　正己烷是目前用于提取植物油的主要溶剂。但是，美国已将正己烷列为 189 种毒性化学品之一，是有害的空气污染物质（HAP）。2004 年，美国环保署制定溶剂排放率标准草案，提议取缔浸出油厂排放正己烷，以减少空气污染。在欧盟已依照挥发性有机物排放量对浸出油厂予以规制，新增油厂已从 2001 年 4 月起予以取缔排放正己烷，对于以往的油厂则从 2007 年 10 月起予以取缔。传统的油脂浸出技术也正因此受到严峻的挑战。自 1990 年开始，国外开始将酶法作为一种油脂加工业潜在的替代升级技术进行重点研究。目前，印度、法国等国支持本国研究机构开展油料酶法制取技术，欧盟投入巨资攻克十字花科油料作物的酶法制油技术，美国农业部从 2004 年开始连续立项研究玉米胚芽、大豆等国内优势资源的酶法制油技术。在实验室范围及工业实验中，用酶法处理橄榄、鳄梨、椰子以提高出油率，已取得良好效果，它缩短了制油时间并提高了设备的处理能力。我国从“十一五”开始注重传统产业升级技术的创新研究，目前在玉米胚芽、花生、葵花籽等资源上已有较大突破。结合油料特定预处理工艺，我国也开展了膨化预处理-水酶法提油技术在大豆加工中应用的研究。我国作为油脂加工与消费主要大国，油料资源丰富，尤其对于价值高、微量营养物质含量高的特种油料，诸如油茶籽等，水酶法是一种很有应用推广价值的综合利用技术（二维码 11-5）。

二维码 11-5　水酶法提取油脂

11.2.2　酶法脱胶技术

（1）酶法脱胶原理　植物油的脱胶传统上主要采用物理法和化学法，需要使用大量的水以及酸和碱等化学物质。而酶法脱胶是利用磷脂酶将毛油中的非水合磷脂水解掉一个脂肪酸，生成溶血性磷脂，溶血性磷脂具有良好的亲水性，可以方便地利用水化的方法除去。酶法脱胶可使得脱胶过程中化学物质的使用量大大降低，并且在含水量很低的条件下也可高效率地进行。

（2）酶法脱胶用酶　丹麦 Novozymes 公司及德国 ABF 公司是植物油脱胶用酶的主要供应商，可用于脱胶的酶如表 11-3 所示。表中猪胰脏来源的磷脂酶 Lecitase 10L 已不再用于植物油脱胶，而被更具优势的微生物磷脂酶 Lecitase Novo、Lecitase Ultra 和 Rohalase MPL 所代替。一般酶法脱胶工序中酶用量为每吨油 30 g。Lecitase Ultra 与 Lecitase Novo 相比，Lecitase Ultra 在多数情况下具有更好的热稳定性和脱胶效果，利用其脱胶，在良好的控制条件下脱胶油含磷量可以达到 5 mg/kg 左右，经后续的吸附脱色，脱胶油含磷量可降低至 2 mg/kg 以下，完全满足物理精炼的要求。Rohalase MPL 脱胶后经离心处理脱胶油含磷量可降至 10 mg/kg 以下。

表 11-3　目前可商业化供应的脱胶磷脂酶

磷脂酶商品名	来源	耐热性/℃	最适脱胶温度/℃	最适脱胶 pH
Lecitase 10L	猪胰脏	70～80	65～70	5.5～6.0
Lecitase Novo	*F. oxysporum*	50	40～45	4.8
Lecitase Ultra	*T. lanuginosa*/*F. oxysporum*	60	50～55	4.8
Rohalase MPL	基因工程菌	55	35～45	4

酶法脱胶可广泛应用于各种植物油，如菜籽油、大豆油和葵花籽油等。与传统脱胶方法相比，成品油得率可提高 1% 以上，经济效益明显提高；同时，节省了酸碱化学品的消耗，生产过程中产生的废水降低了 70%～90%，从而显著地节省了环保处理费用。最早将酶法脱胶用于工业生产的是德国 Lurgi 公司。目前，酶法脱胶技术已引起世界各国油脂工业界的重视，在德国有几家工厂采用酶法脱胶工艺，印度有 7 家中型工厂采用了酶法脱胶工艺，埃及也有 2 条生产线正在进行酶法脱胶工艺的改造，我国某大型油脂企业也有 400 t/d 的生产线在采用酶法脱胶工艺生产，另有若干家工厂在进行酶法脱胶工艺试验，准备进行工程改造。

11.2.3　酶催化制备各种功能性结构脂质

（1）结构脂质（structuredlipids，SLs）简介　脂质的营养及功能特性归根结底涉及其本身所含脂肪酸的种类、数量（包括饱和脂肪酸、单不饱和脂肪酸及多不饱和脂肪酸）及这些脂肪酸在甘油基上的位置分布，即甘油三酯的结构，同时也涉及与油脂相伴随的类脂物的种类与含量。基于脂质代谢学、营养学、现代医学研究成果基础上设计出的结构脂质，通过改变三酰甘油骨架上脂肪酸组成及位置分布，最大限度地降低了脂肪本身潜在的或者不合理摄入带来的危害，最大程度地发挥脂肪的有益作用。从严格意义上讲，结构脂质是经化学或酶法改变甘油骨架上脂肪酸组成和（或）位置分布、具有特定分子结构的三酰基甘油，即特定的脂肪酸残基位于特定的位置。通常所说的结构脂质是指将中短碳链脂肪酸的一种或两种，与长碳链脂肪酸一起与甘油结合，所形成的新型脂质。SLs 因本身仍系甘油三酯结构，其物理特性与常规的天然脂质没有大的区别，能保持天然脂质在食品加工中的起酥性和口感。但结构脂质经过脂肪酸组成与位置上的变化，除具有天然油脂的特性外，还具有特殊的营养价值与生理功能（二维码 11-6）。

二维码 11-6　结构脂质

（2）酶法制备结构脂质特点　酶催化合成结构脂质的优势在于反应条件温和，利于保护营养成分不被破坏，而且节省能源；由于酶专一性强，副反应少，产品容易回收。此外，酶法还可以生产出传统育种的植物及基因工程所不能得到的新产品。由于脂肪酶具有精巧的位置特异性、化学基团专一性、脂肪酸链长专一性、立体结构专一性，因此可根据需要对期望的产品实现精确控制，将特殊的脂肪酸结合到甘油三酯中特定的位置，以满足消费者在医疗和营养保健方面的需要。目前，可用于催化合成的酶主要为具有 Sn-1，3 位特异性的脂肪酶（EC 3.1.1.3），生产厂商以 Novozymes 公司、日本 Amony 公司等为代表（二维码 11-7）。

二维码 11-7　酰基甘油 Sn 命名法

（3）酶法催化合成结构脂质种类

①特种油脂　生产巧克力的主要原料可可脂来源十分有限。日本不二制油公司与英国联合利华公司在固定化脂肪酶催化下，以棕榈油与硬脂酸为原料，合成物理性质与化学组成与可可脂相近、性能优异的类可可脂，以弥补天然可可脂产量有限的不足，这类产品的价格仅为天然可可脂的 1/3。丹麦以酶法酯交换大规模生产零反式脂肪酸人造黄油，避免了氢化及化学酯交换工艺中反式脂肪酸的产生（二维码 11-8）。

二维码 11-8　反式脂肪酸

②控制肥胖症和降低血清胆固醇的有效类脂物低能量油脂（燃烧热只有传统油脂的 40%～90%）是结构脂质中重要的一类产品。这类油脂不贮存脂肪而只提供能量，代替部分常规脂肪可以达到减肥的目的，还能显著地降低血清胆固醇含量。目前，日本和美国已经有这类产品销售。

③快速供能油脂　这类油脂主要是同时含有中碳链和长碳链脂肪酸的油脂，其消化吸收、分解代谢和脂肪积累形态等与普通油脂迥异，但又具有普通油脂的物化性能与加工性能。产品中，中碳链脂肪酸位于甘油骨架第 1 位和第 3 位。

④婴幼儿母乳脂替代品　脂肪是婴儿主要的能量来源，母乳脂最大的特点是 60%～70%的棕榈酸位于甘油三酯的第 2 位，棕榈酸在甘油基上的位置将极大地影响婴幼儿对矿物质与脂肪的吸收利用。目前酶法合成的婴幼儿母乳脂代替品 Betapol 已经面世。

⑤补充并强化长链多不饱和脂肪酸（PUFA）的吸收　PUFA 处于甘油骨架的第 2 位有利于 PUFA 以 2-单甘酯的形式被有效吸收，这是一类在医药、临床、营养和健康食品中越来越受到重视的结构脂质。

⑥新型脂质衍生物　主要是磷脂的生物酶技术改性产品以及一些维生素酯类等。目前，含高不饱和脂肪酸的卵磷脂因具有细胞分化诱导作用，在医药领域已引起极大关注。

11.3　蛋白质的酶法加工

蛋白质是食品中的主要营养成分之一。以蛋白质为主要成分的制品称为蛋白制品，如蛋制品、鱼制品和乳制品等。酶在蛋白制品加工中的主要用途是改善组织，嫩化肉类，转化废弃蛋白质成为供人类使用或作为饲料的蛋白质浓缩液，因而可以增加蛋白质的营养价值和可利用性。

不同来源的蛋白酶在反应条件和底物专一性上有很大差别。在食品工业中应用的主要有中性和酸性蛋白酶。动、植物来源的蛋白酶在食品工业上应用很广泛，这些蛋白酶包括木瓜蛋白酶、无花果蛋白酶、菠萝蛋白酶以及动物来源的胰蛋白酶、胃蛋白酶和粗凝乳酶。但是越来越多的微生物来源的蛋白酶被用于食品工业。中性蛋白酶的生产菌有 *B. subtilis*，*B. licheniformis*；酸性蛋白酶产生菌有 *Streptomyces*，*Asp. oryzae*，*Asp. niger*，*Asp. melleus* 等。蛋白酶作用后产生小肽和氨基酸，使食品易于消化和吸收。但是不同来源的蛋白酶对食品作用后产生的效果不同。如来源于 *B. subtilis* 蛋白酶所作用的蛋白质水解物有很浓的苦味，但是来自 *Streptomyces* 和 *Asp. oryzae* 的蛋白酶所作用的水解物苦味很小。这主要是因为不同的蛋白酶水解蛋白质的位点不同，因而产生的小肽结构不同，导致

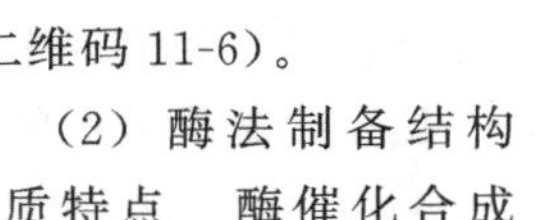

调味剂的风味不同。中性及酸性蛋白酶可用于肉类的软化，调味料、水产加工、制酒、制面包及奶酪生产。

11.3.1 肉的酶法嫩化

11.3.1.1 外源酶

外源酶有微生物蛋白酶（枯草杆菌中性蛋白酶、米曲蛋白酶、根酶蛋白酶、黑曲蛋白酶及弹性蛋白酶）、植物蛋白酶（木瓜蛋白酶、菠萝蛋白酶、无花果蛋白酶、姜蛋白酶、猕猴桃蛋白酶等）和动物蛋白酶均可使肉嫩化。

微生物蛋白酶是一种专用于嫩化肉类的生物制剂。在适宜温度条件下，可使结构复杂的蛋白质中某些肽键断裂，能有效降解肉基质中的胶原纤维、结缔组织中的蛋白质，使弹性蛋白的交联作用减弱，从而使肉品质变得柔软滑爽、汁多，易消化吸收，同时不会产生任何不良风味，无毒无副作用。例如，嗜碱性芽孢杆菌产生的弹性蛋白酶，其水解性是商业上用的嫩化剂的60～200倍，它优先选择性地水解一部分肉中的肌红蛋白和酪蛋白，不会使肉类组织过分瓦解。但由于制取资源有限，目前正尝试用微生物发酵法生产，此途径生产成本低、资料来源充足、产量大，前景广阔。

植物蛋白酶中的木瓜蛋白酶是半胱氨酰基蛋白酶，能降解结缔组织和肌原纤维的蛋白酶，分解胶原蛋白、弹性蛋白成小分子多肽甚至氨基酸，特别是对弹性蛋白的降解较大，使肌肉肌丝的肌和筋腱丝断裂。因其制取容易，资源广大，价格便宜，在各方面得到广泛应用；此外，研究发现生姜蛋白酶对猪肉的嫩化条件为：酶用量0.01%，pH为7，预处理温度30℃，此时生姜蛋白酶对猪肉的嫩化效果十分显著。

11.3.1.2 内源酶

发挥肉嫩化作用的内源蛋白酶中的关键酶是钙激活酶，它通过3个步骤分解蛋白：①宰后肌浆网破坏，细胞内Ca^{2+}浓度达到0.1 mmol/L；②Ca^{2+}激活依钙蛋白酶，钙激活蛋白酶u-Calpai和m-Calpain 2种活性形式，一般认为u-Calpain在肉的嫩化中起重要作用；③钙激活酶位于肌原纤维z盘附近及肌质网膜上，只有它才能启动肌原纤维蛋白的降解，破坏z线，释放肌丝，从而引起肌原纤维骨架蛋白分解和肌原纤维结构弱化。这些酶分解力强，性质稳定，对一般水解不了的弹性蛋白也能分解，而使肉嫩度得到很好改善。

11.3.2 酶在其他蛋白质食品加工中的应用

（1）利用蛋白酶生成明胶　明胶是胶原蛋白的多级降解产物。胶原蛋白不易被一般蛋白酶水解，但能被微生物或动物的胶原酶所断裂。断裂的碎片自动变性后，就可以被普通蛋白酶水解。蛋白水解酶之所以不能对天然胶原作用，可能与其稳定的螺旋结构有关。普通蛋白酶对原胶原分子主体的三螺旋结构几乎没有作用，但对无螺旋结构的多肽区域可以发生攻击，消除分子间和分子内的交联。在高于变性温度或存在变性剂的情况下，胶原蛋白失去螺旋结构，进一步受到酶的攻击。这就意味着胶原分子的某些部分易于受到酶的攻击。除胶原蛋白酶外，其他的蛋白酶亦可以攻击胶原蛋白的非螺旋结构，并使之降解。

酶法制备明胶的方法分为两种。第一种是用酶溶液处理骨素或皮胶原，在酸性溶液中搅拌，先得到胶原溶液，再通过等电点沉淀的原理获得沉淀纤维，分离沉淀、加热获得明胶；第二种是用酶溶液处理骨或皮料，再加热抽提获得明胶。

（2）加工不宜使用的蛋白质，制造蛋白水解物　皮革厂的边料、碎皮，鱼品加工厂的杂鱼，屠宰场的下脚料等都含有大量的蛋白质，利用蛋白酶来分解这些废料，制造各种蛋白胨、氨基酸等蛋白质水解物，可以获得医药、饲料、科研所需的产品。如碎米酶法提取蛋白质：将碎米超微粉碎，加水及碳酸氢钠调配并发生酶解反应，固液分离后制备大米淀粉及大米蛋白。酶解反应使用蛋白酶酶制剂为淀粉酶和纤维素酶。利用蛋白酶酶制剂对大米蛋白进行降解和修饰，使其变成可溶性的肽而被提取出来。提取反应条件温和，蛋白质多肽链可水解为短肽链，既提高了蛋白质的溶解性和提取液中的固形物含量，又降低了用于除去提取液水分的能量消耗。同时蛋白质提取率可以达到85%，碎米总体利用率可以达到55%以上，从而实现碎米资源的充分利用。

除此之外，其他酶在蛋白质制品的加工中也有作用。用溶菌酶处理肉类，则微生物不能繁殖，因此肉类制品可以保鲜和防腐；葡萄糖氧化酶在食品工业上主要用来去糖和脱氧，保持食品的色、香、味，延长保存时间。由于蛋白粉、蛋黄粉或蛋白片的蛋白中总含有少量的葡萄糖，往往发生气味不正和褐变反应等异常现象，影响产品质量，如果蛋白先用葡萄糖氧化酶处理以除去葡萄糖，然后进行干燥，可明显提高食品质量。用三甲基胺氧化酶可使鱼制品脱除腥味。

11.4 食品风味的酶法调控

11.4.1 风味概述

通常指的风味就是食品风味，广义上讲，食品风味是食物在摄入口腔的前、后刺激人的所有感觉器官而产生的各种综合感觉。这类感觉主要包括味觉、嗅觉、触觉、视觉、听觉、运动感觉，涉及味觉、嗅觉、视觉、触觉等感觉器官。也就是说食品的风味是该食品给摄食者产生的综合效应（图 11-2）。由于食品风味主观感觉，所以对风味的理解和定义往往带有强烈的个人、地区或民族的特殊倾向性和习惯性。

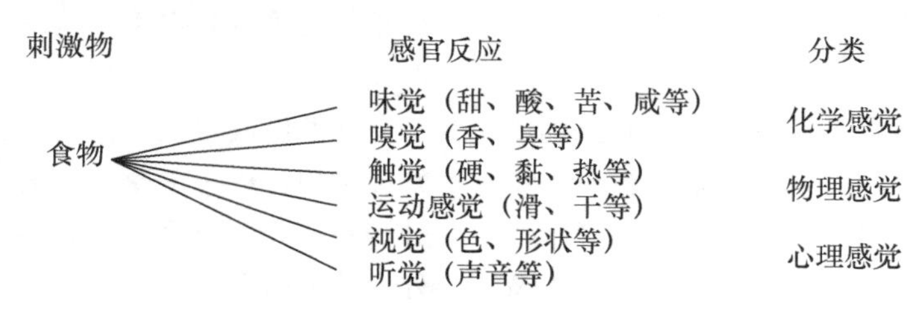

图 11-2 食品的感官反应

实际上，食品所产生的风味是建立在复杂的物质基础之上的，就风味一词而言，“风”指的是飘逸的，挥发性物质，一般引起嗅觉反应；“味”指的是水溶性或油溶性物质，在口腔引起味觉的反应。因此狭义上讲，食品风味就是食品中的风味物质刺激人的嗅觉和味觉器官产生的短时间的、综合的生理感觉。嗅觉俗称气味，是各种挥发成分对鼻腔神经细胞产生的刺激作用，通常有香、腥、臭感，其中香就可描述为果香、花香、焦香、麝香、肉香、药香等若干种。味感俗称滋味，是食物在人的口腔内对味觉器官产生的刺激作用，味的分类相对简单，有酸、甜、苦、咸四种基本味，另外还有涩、辛辣、热和清凉味。

11.4.2 酶在食品风味调控中的应用

风味物质占世界添加剂市场的10%～15%，占市场值的25%左右。风味物质有些是用有机化学方法合成的，但是越来越多的风味物质是用生物法合成的。风味酶有助于再现、强化和改变食品风味。例如，用奶油风味酶作用于含乳脂的巧克力、冰激凌、人造奶油等食品，可使这些食品增强奶油的风味。一些食品在加工或保藏过程中，可能会使原有的风味减弱或失去，若在这些食品中添加各自特有的风味酶，则可使它们恢复甚至强化原来的天然风味。

11.4.2.1 酶法制备天然调味料

天然调味料制造分为分解型和抽出型。分解型调味剂是由鱼肉、鸡肉等动物蛋白质水解物（HAP）以及由大豆等来源的植物蛋白质水解物（HVP）为原料分解得到的，氨基酸和多肽为其主要成分。过去主要是应用盐酸分解法制备，近年来，正在应用蛋白酶方法来制备；在应用抽出型方法来得到鱼、肉、野菜中的风味成分时，用蛋白酶处理时会提高抽提率，降低油脂分解。

天然调味料的生产中由于使用的是各种动植物原料，特别是畜产品和水产品，所以，一般需要使用各种类型的蛋白水解酶对原料进行分解，得到有一定水解度的原料溶液，这对提高原料中游离氨基酸的含量，增加美拉德反应中生香前体物质的含量，强化产品的呈味能力具有重要作用。例如，在生产肉骨（素）抽提物天然调味料的过程中，一般使用植物性的木瓜蛋白酶和微生物来源的蛋白分解酶。酶解之后肉浆物中的肽链变短，游离氨基酸含量提高，黏度降低，不仅风味和呈味能力增强，还有利于提高过滤性。液体的流动性提高之后，有利于输送和移动。由于黏度降低了，原料液体的水分蒸发力提高，便于使用各种方法干燥成粉。

蛋白质经过酶解后游离氨基酸含量增多，对人感官能形成较强的刺激，呈味能力得到提高。如膨化休闲食品的调味粉，比较适合使用酶解程度高的肉粉，即使使用量很少也能感觉到原料肉粉的存在，感觉到肉香味。尽管膨化休闲食品调味粉也使用多量的香精，但是这类调味粉要求出“先味”，即入口就立刻能感觉到的味，所以应该使用酶解程度较高的原料。而酶解程度低和非酶解的产品，还保留较多的长肽链，呈味能力稍逊于酶解程度高的产品，但这类产品味感厚重，特别适合要求保留厚味的市场要求，比如方便面的酱料包。

11.4.2.2　酶对食品香气的控制

酶对食品，尤其是植物性食品香气物质的形成，起着重要的作用。在食品的贮存和加工过程中，除了采用加热或冷冻等方法来抑制酶的活性外，如何利用酶来控制香气的形成也是非常重要的。

(1) 在食品中加入特定的香酶　通过将酶液与基质作用生成香气的方法，可以筛选出能生成特定香气成分的酶，这种酶类通常被称为“香酶”，例如黑芥子硫苷酸酶、硫氰酸酯等。以卷心菜为代表的许多蔬菜，其香气成分中都有异硫氰酸酯。当蔬菜脱水干燥时，由于黑芥子硫苷酸酶失去了活性，即使将干燥蔬菜复水，也难以再现原来的新鲜香气。若将黑芥子硫苷酸酶液加入干燥的卷心菜中，就能得到和新鲜卷心菜大致相同的香气风味；经热烫、脱水后的水芹菜，也可通过加入从另一种蔬菜中提取的酶制剂方法，来恢复水芹特有的香气。用酶处理过的加工蔬菜，香气不但接近鲜菜，而且又突出了天然风味中的某些特色，往往更受消费者喜爱。又如，为了提高乳制品的香气特征，也有人利用特定的脂酶，以使乳脂肪更多地分解出有特征香气的脂肪酸。

(2) 在食品中加入特定的去臭酶　有些食品往往含有少量的具有不良气味的成分，从而影响了产品风味。利用酶反应可能有助于去掉这些不良成分，改善食品香气。如大豆制品中由于含有一些中长碳链的醛类化合物而产生豆腥味。这些醛类大部分和大豆蛋白结合在一起，用化学或物理方法难以完全除掉。因为按照 Weber-Fechner 法则，嗅觉和气味的刺激强度的对数成正比。某些气味成分即使消除了 99%，其嗅觉强度仍会残留 1/3，而利用醇脱氢酶和醇氧化酶来将这些醛类氧化，便有可能除去它们产生的豆腥异味。

虽然，通过加酶的方法使加工食品恢复某些新鲜香气或消除某些异味，这在原理上是可行的，但目前尚未得到广泛应用。其主要原因，一是从食品中提取酶制剂经济成本较高；二是将酶制剂纯化以除去不希望存在的酶类，技术难度较大；三是将加工后的食品和酶制剂分装出售不是非常方便。

11.5　食品功能成分的酶法转化

11.5.1　酶法制备活性糖

11.5.1.1　壳聚糖和壳寡糖

壳聚糖又称几丁质、甲壳质、甲壳素，是一类低聚合度水溶性氨基多糖。由 *N*-乙酰-*D*-葡萄糖胺以 α-1，4-糖苷键相连成的直链，其基本结构单元是壳二糖。主要存在于甲壳类（虾、蟹）等动物的外骨骼中，在虾壳等软壳中含壳多糖 15%～30%，蟹壳等外壳中含壳多糖 15%～20%。许多研究表明，单糖、二糖生物活性较低，聚合度为 3～8 的壳聚糖生物活性较高，尤其是分子量较高的水溶性壳六糖显示了较高的抑肿瘤活性。其中，聚合度为 4～6 的 *N*-乙酰低聚壳聚糖具有较高的生物活性，壳六糖会增强小鼠机体抗微生物感染作用，增强机体抵抗力。此外，壳寡糖可防止便秘和心脏病、减肥、降低低密度脂蛋白（LDL）、促进钙吸收、增强免疫力，因此制备聚合度为 4～10 的壳聚寡糖具有重要意义。

(1) 壳聚糖生产中的酶　壳聚糖的制备方法主要有化学降解法、物理降解法和酶降解法。酶降解法可特异地切断壳聚糖 β-1，4-糖苷键，降解过程和降解产物的相对分子质量易于控制，可得到所需相对分子质量范围的壳聚糖，而且酶解是在较温和条件下进行，相对于其他两种方法，不需加入大量试剂，环境污染较少。目前已发现 30 多种专一性或非专一性酶可用于壳聚糖降解，专一性酶包括甲壳素酶和壳聚糖酶；非专一性酶包括溶菌酶、蛋白酶、纤维素酶等。

①专一性酶　壳聚糖酶（EC 3.2.1.99）对胶态几丁质不水解，但能够降解完全脱乙酰化的壳聚糖，所以它被认为是对线性壳聚糖具有水解专一性的一种酶。这种酶主要存在于真菌和细菌细胞中，在单子叶和双子叶植物的不同组织中也发现有该酶活性。现已经从细菌 *Myxobacter*、*Aporocytopage*、*Artyrobacter*、*Bacillus* 和 *Streptomyces*，真菌 *Rhizopus*、*Aspergillus*、*Penicillium*、*Chaetomium* 和 *Basidiomycete* 中发现壳聚糖酶的存在，并已从发酵液中纯化得到壳聚糖酶。不同来源的壳聚糖酶其氨

基酸排列顺序和分子量差异很大，其作用底物的特异性差别也较大。

壳聚糖酶分为3种，第1种壳聚糖酶切断壳聚糖的GlcNAc（*N*-乙酰氨基葡萄糖）-GlcN和GlcN-GlcN（氨基葡萄糖）糖苷键。如 *Bacillus pumilus* BN-262 和 *Streptomyces* sp. N174 产生的壳聚糖酶降解后得到寡糖的还原端含有GlcNAc或者GLcN基团，非还原端只含有GlcN基团，表明这些壳聚糖酶切断壳聚糖的GlcNAc-GlcN和GlcN-GlcN糖苷键；第2种壳聚糖酶降解部分乙酰化壳聚糖后得到寡糖的还原端只有GlcNAc基团；如 *Bacillus* sp. NO. 7-M产生的壳聚糖酶解部分乙酰化壳聚糖后，寡糖的还原端和非还原端都含有GlcN基团，说明壳聚糖酶只能特异性切断壳聚糖的GlcN-GlcN糖苷键；第3种壳聚糖不仅切断壳聚糖的GlcN-GlcN糖苷键，而且切断GlcN-GlcNAc糖苷键，因此寡糖还原端末端只有GlcN基团。如 *S. griseus* HUT6037 和 *B. circulans* MH-kl 产生的壳聚糖酶。而且，壳聚糖酶解部分 *N*-乙酰化的壳聚糖，是制备较高聚合度（5～7）壳寡糖产物的有效酶。

②非专一性酶　目前已发现近40种各类水解酶对壳聚糖有降解作用，包括溶菌酶、蛋白酶、纤维素酶等，其具体作用机制尚不清楚。溶菌酶对部分乙酰化壳聚糖的水解，乙酰化度越高，越易被水解；以聚合度为1 000以上的部分脱乙酰甲壳素为底物，经溶菌酶作用，水解产物的聚合度为11。在25℃、微酸性条件下，用麦胚脂肪酶水解壳聚糖，壳聚糖相对分子量从700 000下降为13 000，并且不改变壳聚糖的脱乙酰度。

单一非专一性水解酶对壳聚糖降解程度有限，增加酶量也难以提高水解程度，若将不同的非专一性酶按比例配合，利用酶之间水解作用的协同或互补效应，可进一步提高对壳聚糖的水解程度。例如将木瓜蛋白酶、果胶酶和纤维素酶以1.0∶1.9∶1.1（质量比）配合成复合酶，在pH为5.0，40℃水解2 h，溶液黏度下降90.1%～95.8%。

（2）酶法生产壳寡糖　芽孢杆菌（*Bacillus* sp. *BeiHai* No.1）发酵液作为粗酶制剂加入浓度为3%～6%的壳聚糖溶液中（$V_{酶制剂}:V_{底物}=1:10$），在40～50℃下水解4～12 h，反应混合物经灭酶后，得到氨基寡糖素的溶液，经超滤浓缩，干燥得到氨基寡糖素原药。

11.5.1.2　酶法制备低聚果糖

（1）低聚果糖的来源　低聚果糖主要来源于植物和微生物合成。1964年和1966年，Edelman报道了植物菊芋中转糖基酶可将蔗糖转化为低聚果糖，并提出了低聚果糖的形成机制。1976年，Satyanarayana等在龙舌兰中分离到了聚合度（DP）介于3～15的低聚果糖，并发现龙舌兰中天然合成的低聚果糖有3种，分别为1果糖-蔗果三糖、新科斯糖、6-果糖-蔗果三糖以及它们的衍生物。1978年，Darbyshire等在洋葱中分离到了DP为3～10的低聚果糖，且发现低聚果糖在洋葱中的含量与洋葱叶基的成熟度呈负相关性。之后陆续在很多植物的叶子或根茎中发现低聚果糖，如芦笋、香蕉、雪莲果等。20世纪80年代后，随着基因工程技术的发展，越来越多的学者将果聚糖酶等的基因克隆转入植物中，得到可以产生低聚果糖的植物。

除植物外，低聚果糖的另一个主要来源为微生物发酵产物，即微生物所产的果糖苷酶转化蔗糖合成低聚果糖。如从糖蜜的 *Acetobacter diazotrophicus* SRT_4 菌株中分离纯化到果聚糖蔗糖酶（6-*β*-*D*-fructosyltransferase，EC 2.4.1.10），此酶可转化蔗糖产生1-kestotriose和kestotetraose；大麦中的6-SFT果糖基转移酶能以蔗糖或者1果糖-蔗果三糖为底物合成双叉寡糖，或者更高聚合度的果聚糖以及少量的6-果糖-蔗果三糖；从 *Lactobacillus reuteri strain* 121中分离纯化到果糖基转移酶，可将蔗糖作为底物合成果聚糖。

（2）微生物发酵法制备低聚果糖　微生物发酵法是以微生物发酵产果糖苷酶来转化蔗糖生产低聚果糖的方法。果糖苷酶主要来源于酵母（*Saccharomyces cerevisiae*）、日本曲霉（*Aspergillus japonicus*）、米曲霉（*Aspergillus oryzae*）、青霉属（*Penicillium*）、黑曲霉（*Aspergillus niger*）和出芽短梗菌（*Aureobasidium pullulans*）等菌株。微生物发酵法由于不受季节性限制且具有成本低效率高等优点，成为目前工业上生产低聚果糖的主要方法。

①微生物酶法　即“两步法”，是首先将微生物发酵生产的果糖苷酶进行分离纯化，然后将分离纯化后的果糖苷酶作用于蔗糖底物，进行分子间果糖基转移反应来生产低聚果糖的方法。如采用 *Aspergillus niger AS*0023 菌株生产果糖苷酶，然后通过DEAE-sephadex A25，sepharose 6B，sephacryl S-200和concanavalin A-sepharose 4B色谱柱纯化得到高纯度果糖苷酶，然后以酶提取物转化50%蔗糖

溶液，最终制得低聚果糖（^{1}F-FOS）。这种方法中酶的纯化步骤均非常复杂，胞内酶需要破壁处理，胞外酶需要从复杂的发酵液中提取蛋白，粗提取后的酶液还需要浓缩，透析，过色谱柱等多级分离纯化才能得到纯酶，操作复杂。有研究者提出利用超声的方式进行酶的提取，用上清液作为粗酶直接合成低聚果糖，大大减少了纯化步骤，但是仍然存在酶活性损失的问题。

②微生物全细胞法　即"一步法"，是直接将微生物发酵所产细胞作为"果糖苷酶"催化底物蔗糖生产低聚果糖的方法。此法无须进行酶的分离纯化，可以避免由于繁杂的纯化导致的酶活性损失，更重要的是全细胞内的酶可以重复利用，大大降低了低聚果糖的生产成本。"一步法"分为固定化细胞法和游离细胞法，其中以固定化细胞法研究较多，且为工业化生产所采用；游离全细胞是另外一种具有工业化生产前景的低聚糖生产方式。游离全细胞法是以微生物整体细胞作为反应催化剂，对外源底物进行结构修饰的转化方法。由于酶被天然的保护在细胞环境中，避免了固定化导致的酶活性损失，且产糖结束后无酶活的微生物菌体还可以回收另作他用。

(3) 生物酶制剂法生产低聚果糖　将新鲜菊芋清洗干净，用碱液去皮，清洗干净碱液后切片，加适量水和果胶酶捣碎成糨糊状，加热煮沸 1 min，然后加入 α-淀粉酶，在一定的温度下液化 40 min，再减压抽滤，滤液用活性炭脱色，然后减压浓缩至可溶性固形物达到 30%以上，冷却至室温，冰箱存放。待析出大量白色沉淀物后，离心，除去上清液，用乙醇洗涤沉淀，并用丙酮脱水后存放于干燥器中。

11.5.2　酶法制备活性肽

11.5.2.1　谷胱甘肽

谷胱甘肽是一种具有重要生理功能的活性三肽，由谷氨酸、半胱氨酸和甘氨酸经肽键缩合而成，化学名为 γ-*L*-谷氨酰-*L*-半胱氨酰-甘氨酸（图 11-3）。

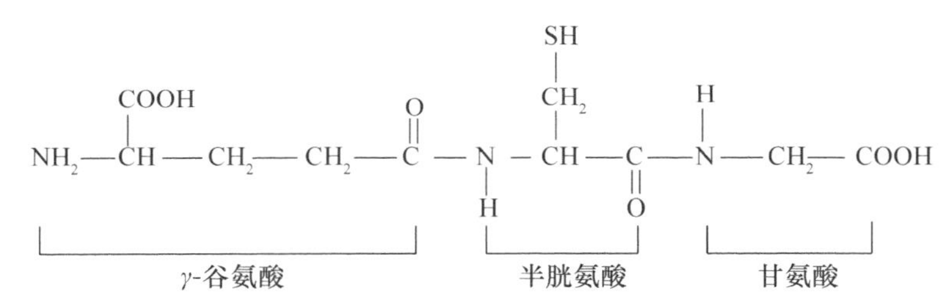

图 11-3　谷胱甘肽的结构

(1) 谷胱甘肽的功能　谷胱甘肽分子中含有一个特异的 γ-肽键，由谷氨酸的 γ-羧基与半胱氨酸的 α-氨基缩合而成，且半胱氨酸侧链基团上连有一个活泼巯基（—SH），称还原型谷胱甘肽，当氧化形成二硫键时，生成氧化型谷胱甘肽（GSSG），它是谷胱甘肽许多重要生理功能的结构基础。

GSH 可在所有器官组织细胞内生成，尤其以肝脏的合成最重要，是细胞内含量最丰富的低分子多肽，是组织中主要的非蛋白巯基化合物，在细胞内经酶促反应合成。GSH 能参与氨基酸的转运，蛋白、核酸的合成，具有抗氧化作用，维持蛋白巯基的还原状态，维持酶的活性状态，保证了单磷酸己糖的分流，保护细胞防止自由基及内毒素的损伤等。因此，谷胱甘肽是体内的自由基清除剂，它可与许多自由基（如烷基自由基、过氧自由基、半醌自由基等）作用，同时它还是谷胱甘肽还原酶的底物，可与过氧化物酶协同清除体内的过氧化氢和过氧化脂质，抵御细胞脂质的过氧化损伤，从而起到预防癌症、动脉硬化和延缓衰老的作用。它还可阻止过氧化氢氧化血红蛋白，保护活性巯基，防止溶血，减少高铁血红蛋白的损失，保证血红蛋白能持续发挥输氧功能。

(2) 酶法制备谷胱甘肽　利用生物体内的天然谷胱甘肽合成酶，以 *L*-谷氨酸、*L*-半胱氨酸和甘氨酸为底物，添加少量三磷酸腺苷可合成谷胱甘肽。其工艺流程见图 11-4。

酶合成谷胱甘肽需要 ATP 的参与，从经济上考虑，高效、低成本的谷胱甘肽合成首先必须有一个廉价的 ATP 再生方法。虽然可以采用乙酰磷酸为磷酸供体，用乙酸激酶再生 ADP 为 ATP，但因乙酰磷酸昂贵、易分解而并不实用；也可采用由酵母的糖酵解途径再生 ATP，然后由 *E. coli* 利用

ATP合成谷胱甘肽，但因糖酵解再生ATP和谷胱甘肽合成酶反应的最佳条件差别太大，ATP在两种

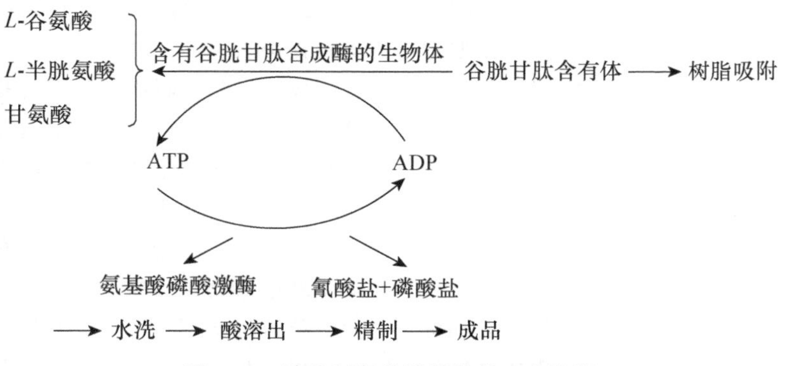

图 11-4 酶法制备谷胱甘肽的工艺流程

细胞间的传质效率不高，效果也不好。因此，对以ATP为能源的酶催化合成反应，ATP的高效、低成本供给问题是能否实现这些酶合成反应工业化的关键和限制因素之一。

利用酵母细胞自身的谷胱甘肽合成酶和糖酵解途径产生的ATP合成谷胱甘肽，虽然产量不是很高，但为利用基因工程酵母细胞大量合成谷胱甘肽提供了借鉴。即克隆表达*E. coli*菌种的谷胱甘肽合成酶基因，因为ADP对新合成的谷胱甘肽合成酶的抵制作用比酵母弱，能实现高效率、低成本的生产谷胱甘肽。更进一步，也可以将其他需要ATP才能进行反应的酶基因克隆表达在酵母细胞中，反应需要的能量由廉价的腺苷转化生成。因此，利用含谷胱甘肽合成酶基因的工程菌生物合成谷胱甘肽是非常有前途的方法。

陶锐等以含有γ-谷氨酰半胱氨酸合成酶（GSH-Ⅰ）和谷胱甘肽合成酶（GSH-Ⅱ）的*S. cerevisiae emulsifier* E472c酵母菌株为酶源，以谷氨酸、半胱氨酸、甘氨酸为底物，酶法制备谷胱甘肽（GSH）。γ-谷氨酰半胱氨酸合成酶（GSH-Ⅰ）是个调节酶，受终产物GSH的反馈抑制。当GSH在细胞中累积达到一定量时，GSH-Ⅰ与酶分子中的调节部位结合使活性中心变构失活，从而抑制GSH继续合成。故采用酵母细胞固定化酶法制备GSH，使转化产物GSH能自行从胞内分泌至胞外，减少产物对GSH-Ⅰ的反馈抑制。该酶具有很理想的催化活力，用此法制备GSH成本低、工艺简单。

11.5.2.2 大豆肽

大豆肽是大豆蛋白的水解产物，其肽链平均长度为2～10，还含有少量的游离氨基酸、糖类和无机盐成分。其氨基酸组成几乎与大豆蛋白完全一样，必需氨基酸含量高。通过适当控制大豆蛋白水解度，可以得到在溶解度、起泡能力、乳化能力和保湿性等加工特性方面优于大豆蛋白的大豆肽。

（1）大豆肽的营养特点和生理功能

①易消化吸收　大豆肽大多是少于10个氨基酸组成的低分子肽，所以易于被机体吸收。日本于20世纪80年代开发大豆肽制品，其中不少公司开发的相对分子质量在2 400～5 000的大豆肽制品，主要应用于功能性饮料、运动营养食品、酸奶和味精的生产。

②降低胆固醇和血压　大豆肽不仅易消化吸收，而且能与机体内的胆酸结合，具有降低胆固醇和血压等功能。此外，还有较强的促进脂肪代谢的效果。用大豆蛋白经酶作用产生的食饵饲喂鼠时，鼠的血清胆固醇浓度降低；大豆蛋白消化物的疏水性与胆汁酸的结合呈正相关。因此，有人认为消化生成的肽能刺激甲状腺激素分泌增加，促进胆固醇的胆汁酸化，粪便排泄胆固醇增加，由此起到降低血液胆固醇的作用。

③抗氧化功能　大豆蛋白水解物中含有抗氧化肽，这些肽具有较高的活性，可抑制亚油酸的过氧化，清除过氧化亚硝酸盐、活性氧和自由基物质。

④免疫功能　免疫系统可以维持自身生理平衡，保持机体健康状态，有研究发现，大豆肽可以增强大鼠肺泡吞噬细胞吞噬绵羊红细胞和促进有丝分裂的能力，是免疫调节因子，大豆肽具有调节白细胞数目的作用，当人体淋巴细胞较多时，大豆肽可以降低人体淋巴细胞数目，同时粒细胞数目也会增多；当人体粒细胞较多时，大豆肽可以提高淋巴细胞数目，同时粒细胞也有增多的趋势，并且大豆肽可以显著提高某些抗体的数目。

⑤促进肠道有益微生物生长　由大豆蛋白经酶法降解得到的肽，对乳酸菌、双歧杆菌和酵母菌等

多种微生物有生长促进作用，能保持肠道内有益菌群的平衡，对防止便秘和促进肠道的蠕动具有显著的作用，使排便顺畅。

⑥调节血糖作用 大豆肽可以提高胰岛素的敏感性和葡萄糖耐量，降低血液中的葡萄糖含量，具有减轻和预防Ⅱ型糖尿病的作用。如从大豆中分离的由 37 个氨基酸组成的大豆肽——胰安肽，可以显著地控制高血糖症状，提高口服葡萄糖耐量，增强葡萄糖的摄取量，调节Ⅱ型糖尿病小鼠体内葡萄糖的平衡。

⑦促进矿物元素吸收 大豆肽具有与钙及其他微量元素有效结合的活性基团，可以形成有机钙多肽络合物，大大促进钙的吸收。目前，补钙制剂主要是乳酸钙，但吸收率并不高。而大豆肽和钙形成的络合物其溶解性、吸收率和输送速度都明显提高。此外，大豆肽还可以与铁、硒、锌等多种微量元素结合，形成有机金属络合肽，是微量元素吸收和输送的很好载体。大豆肽也可以添加到普通食品中，使人在日常膳食中即可达到补钙的目的。

(2) 生产大豆肽的酶 制备大豆肽的酶是蛋白酶类，常用的蛋白酶主要有动物蛋白酶，如胰蛋白酶、胃蛋白酶等；植物蛋白酶，如木瓜蛋白酶、菠萝蛋白酶等及微生物蛋白酶，如枯草杆菌蛋白酶、放线菌蛋白酶、黑曲霉蛋白酶、地衣芽孢杆菌蛋白酶等。酶解法制备多肽安全性高，人体易消化吸收，蛋白质利用高，且生产条件温和，易控制，已逐渐成为应用最广泛的生产大豆肽制备方法。但酶解法制备的大豆肽会产生苦味，其中的苦味物质主要来自亮氨酸、蛋氨酸等疏水性氨基酸及其衍生物和一些小分子的肽类。此外高价格酶制剂的使用也提高了大豆肽的生产成本。

(3) 酶法制备大豆肽工艺流程和操作要点

①工艺流程：大豆分离蛋白→加水混合→高速搅拌→预处理→调 pH→加酶→搅拌反应→灭酶→调 pH→离心→蒸馏浓缩→高温杀菌→喷雾干燥→成品。

②操作要点

水粉混合：将大豆蛋白按一定比例溶于水中，一般以 9%～12% 为宜。用高速搅拌机搅拌均匀，使大豆蛋白充分溶解。

预处理：将蛋白液加热并不断搅拌，使溶液温度上升至一定温度（90～95℃）并保持恒温 5 min，降温并调节 pH。

酶解：酶水解法可分为单酶水解法、双酶水解法和复合酶水解法。在酶解法生产大豆肽初期研究中，一般采用单酶水解法生产大豆肽，但苦味明显，加入外切酶水解后，苦味变弱。多酶复合水解工艺比单酶水解复杂，底物浓度、酶解时间、pH、温度、酶的配比以及加入酶的方式等都要严格考虑。多酶复合水解的水解度要高于单酶，能将大豆蛋白降解为相对分子质量小的短肽，使苦味不明显。

酶解过程中水解液应恒定于最适温度（50℃），并不断搅拌。肽键酶解时，由于羧基与氨基之间的质子发生交换，会使水解液的 pH 自动下降，影响酶解速率，所以应不断地加入碱液，维持适宜 pH。

灭酶：将水解液加热到 80～85℃，保持 5 min 使酶失活。

11.5.2.3 玉米肽

玉米肽是玉米蛋白的水解产物，由分子量很小但活性很高的短肽分子组成。玉米肽具有抗高血压、醒酒等功能。目前制备玉米肽的原料主要是玉米蛋白粉（corn gluten meal，CGM）或从其中提取的玉米醇溶蛋 A。玉米蛋白粉是玉米淀粉湿法生产过程中的主要副产品，其蛋 A 质含量达 40%～60%。

(1) 玉米肽的功效

①抗血压作用 玉米肽降血压功能是通过抑制机体内血管紧张素转化酶（angiotensin converting enzyme，ACE）的活性而实现的。玉米蛋白中含有高活性酪蛋白血管紧张素转化酶（ACE）抑制肽，玉米蛋白中的高活性 ACE 抑制肽，以三肽居多。Sun 等从玉米蛋白粉（主要成分为玉米蛋白）中分离出序列为血管紧张素转化酶（ACE）是一种膜结合 Pro-Ser-Gly-Gln-Tyr-Tyr，广泛存在于生物体内，在肺毛细管内皮细胞的含量最为丰富。它通过参与体内肾素-血管紧张素系统（renin-angiotensin system，RAS）和激肽释放酶-激肽系统（kallikrein-kinin system，KKS）对血压起重要的调节作用。

②辅助治疗肝硬化和肝性脑病 在氨基酸或寡肽混合物中，支链氨基酸与芳香族氨基酸物摩尔比称为 Fisher 值，简称 F 值。具有高 F 值的玉米肽可以辅助治疗肝硬化和肝性脑病，纠正血浆及脑中的氨基酸病态模式，改善肝昏迷和精神状态。

③具有类超氧化物酶歧化酶活性 超氧化物歧化酶（SOD）是生物体抗氧化防御体系中最重要的

酶，能特异地催化超氧阴离子自由基歧化成氧气和水。有研究表明，链长为2～6个氨基酸残基的玉米肽，具有较强的抗氧化活性。

（2）酶法制备玉米肽　目前通用的方法是对玉米蛋白进行酶水解而获得玉米活性肽。实际生产中玉米蛋白常以玉米蛋白粉（CGM）的形式存在，玉米蛋白按溶解性不同可分为醇溶蛋白、谷蛋白、球蛋白和A蛋白，其中醇溶蛋白含量最多，约40%。醇溶蛋白中又以α-醇溶蛋白为主，占75%～85%。水解蛋白酶种类繁多，其中碱性蛋白酶使用较多，如枯草芽孢杆菌碱性蛋白酶等。

酶法制备玉米肽通常直接以玉米蛋白粉作为酶解底物，有时为了产物纯净或序列特殊，也采用α-醇溶蛋白为底物。酶解后需要通过不同方法将酶解液中的肽片断富集并逐步分离纯化。在层析色谱分析之前，用不同截留量的超滤膜分级分离可以达到非常好的效果。

11.5.2.4　鲐鱼肽的酶法制备

鲐鱼低分子肽不仅是一个重要的氮源，而且在体内具有一系列的生理功能，如能降低血液中胆固醇，降低血压，从而起到了预防和治疗肥胖症和高血压的作用。

（1）酶法在鲐鱼肽研究和生产中的应用　目前关于鲐鱼肽的研究，大多都集中在用酶法水解鲐鱼蛋白质，制备富含较多二肽、三肽等小分子功能肽的水解液，然后进行干燥，获得粉末状的功能性制品。

工艺流程：鲐鱼→预处理→加酶水解→灭酶→抽滤→脱苦脱腥→浓缩→真空干燥→粉碎→低分子肽粉末制品。

周涛等选用木瓜蛋白酶、枯草杆菌蛋白酶、进口胰蛋白酶、国产胰蛋白酶、糜蛋白酶作为供选酶，从酶的价格、水解能力及来源等因素进行考虑，最终选取木瓜蛋白酶和国产胰蛋白酶作为水解酶，并对这两种酶单一的水解能力进行了研究。通过进一步研究认为混合酶水解鲐鱼蛋白制取低分子肽的最佳工艺参数为：温度55℃，pH为7.0，胰蛋白酶和木瓜蛋白酶的酶量比为1∶4（质量比），肉水比为1∶1。同时，他们进一步研究表明，木瓜蛋白酶酶解鲐鱼加工废弃物制取水溶性鱼蛋白质水解物最佳水解条件为：温度60℃，pH 6.5，底物浓度为固液比5∶8。

裘迪红等采用胰蛋白酶和木瓜蛋白酶双酶水解技术，认为活性炭脱除法既可脱腥，又可脱苦、脱色，是鲐鱼水解液脱苦脱腥较好的方法。具体操作如下：原料经预处理成鱼糜，将鱼糜加水（鱼糜与水的质量比为1∶1），加NaOH将pH调至7.0，按鱼糜中蛋白质含量的4.57%加入胰蛋白酶和木瓜蛋白酶，酶活力比为1∶1，55℃下反应7 h，沸水加热10 min，使酶失活，真空抽滤。采用活性炭脱苦脱腥时，每升水解液活性炭用量为10 g，时间为40 min，温度为40℃。水解液经浓缩后，在50～55℃条件下进行真空干燥。最后粉碎可得低分子肽粉末制品。

（2）鱼蛋白经酶解液脱苦　鱼蛋白经酶解后的水解液存在较重苦腥味，肽类的苦味与疏水性氨基酸的侧链有关，一般，腥味主要来源于原料本身和水解过程，化学成分是氨、二甲胺、三甲胺、氮杂环已烷、吲哚、挥发性氨基酸、低分子的醛和酮等。而鲐鱼脂肪较多，在水解过程发生脂肪氧化和美拉德反应，产生较多的低分子挥发性醛、酮。除了对原料进行必要的处理外，目前，脱腥的方法主要有活性炭吸附、β-CD包埋法、乙醚萃取法、微生物发酵法、糖处理、热处理等。其中微生物发酵法是一种生物脱腥技术，效果较好。裘迪红等对活性炭吸附、β-CD包埋法、乙醚萃取法、微生物发酵法进行了试验，发现采用酵母脱腥是一种比较可行的方法。

11.5.3　酶法制备核苷酸和核酸

核苷酸是一类具有重要生理功能的物质，在农业、医药、食品、饲料和保健品领域用途广泛，尤其在饲料领域，研究认为核苷酸是一种半必需营养素，无毒、无害、不被生物体排斥，可以开发成一种功能型添加剂，尤其对于能耐受较高剂量的水生动物效果更明显，目前核苷酸已成为新型无公害绿色饲料添加剂的研究热点之一。核苷酸的生产方法有化学合成法、微生物发酵法和酶解法3种。其中，酶解法仍是核苷酸生产的主要方法。

11.5.3.1　核酸水解酶的种类和来源

核酸水解酶分为三类，即核糖核酸水解酶、脱氧核糖核酸水解酶、DNA和RNA都能作用的核酸水解酶。前两类的价格昂贵，主要用于实验室分子生物学研究。来自蛇毒的磷酸二酯酶、橘青霉发酵的核酸酶P_1以及来自麦芽根和其他高等植物种子的磷酸二酯酶都属于第三类。能用于工业化生产的有

核酸酶 P_1 和麦芽根磷酸二酯酶。

11.5.3.2　核酸水解酶的性质、结构和作用机制

来自橘青霉的核酸酶 P_1 是由橘青霉发酵产生的一种胞外酶，与蛇毒中提取的磷酸二酯酶相比较，该酶不仅具有水解 RNA 与 DNA 磷酸二酯键生成 5′-核苷酸的活性，而且具有将 3′-核苷酸水解成为核苷和磷酸的磷酸单酯酶活性，也可以将寡核苷酸 3′末端的磷酸脱离。核酸酶 P_1 主要是切断底物结构 3′位上的磷酸，而蛇毒酶则是在 5′位上切断磷酸二酯键，两者的水解机理存在着本质差异。因此来自橘青霉的核酸水解酶专门用核酸酶 P_1 的名称。纯核酸酶 P_1 的相对分子质量 42 000～50 000，等电点 4.5，该酶具有高度热稳定性，在 45～75℃都有催化活性，最适温度为 70℃，该酶的最适 pH 因底物而异，一般在 pH 5～8 之间，其最适 pH 还与溶液中的离子种类和强度有关。在 pH 6 的环境下，可以冷冻保藏数年或在 4℃时保藏数周而不失活。

来自麦芽根的磷酸二酯酶麦芽根浸提液经过硫酸铵沉淀、pH 3.5 透析、sephacryl S-200、DEAE sephadex A-50、sephacryl S-200 和 DEAE sephadex A-50 六步分离，能得到两种纯度较高的核酸酶 B-1 和 B-2。通过 HPLC 图谱分析，麦芽根核酸酶 B-1 和 B-2 的水解产物中皆存在 5′-AMP 和 5′-GMP，而不存在 3′-AMP，说明这两种酶的作用位置均在核糖 3 位碳原子端的磷酸二酯键，水解产物均为 5′-核苷酸。因此来自麦芽根的核酸酶被广泛称为磷酸二酯酶。

11.5.3.3　核酸水解酶的生产方法

（1）微生物发酵法　橘青霉发酵生产核酸酶 P_1 的方法目前主要有固态发酵法和液体深层发酵法，两种方法均可用于工业化生产。固态发酵操作简便、成本低，但是占地面积大、发酵周期长、生产效率低，发酵过程中产生的分生孢子容易扩散污染环境，液态发酵具有发酵时间短、占地面积小、无污染、效率高等优点，但动力消耗大、成本较高。

随着固定化技术的发展，出现了采用固定化橘青霉的报道，王克明用玉米芯吸附桔青霉的孢子，再用质量分数为 1.5 的海藻酸钠包埋吸附固定化细胞玉米芯颗粒，采用气升式反应器固定化技术生产核酸酶 P_1，最终发酵液中核酸酶 P_1 的活性较好。夏黎明将桔青霉细胞吸附固定在多孔聚酯载体上，该固定化细胞经过 48 h 的发酵周期，培养液中的酶活力可达 513.3 u /mL，产酶效率是游离菌丝的 3.6 倍，葡萄糖和蛋白胨用量仅为游离菌丝产酶的五分之一，而且固定化菌丝可以重复使用，简化了产酶工艺，便于酶的分离提取，降低了生产成本。

（2）麦芽根浸提法　很多学者进行过相关报道，如段作营采用细度为 40 目的麦芽根，通过正交试验确定最佳提取工艺为以水作为提取剂，料液比为 1：6，pH 5.0，4℃条件下浸提 20 h，5′-磷酸二酯酶活力达到 160 u/mL。李德莹将麦芽根粉碎，按料液比 1：8 加水、$MgSO_4$ 0.2 mol/L、40℃浸取后再次粉碎，过滤得到 474 u/mL 的酶液。冯芳通过正交实验确定了麦芽根浸提法的最佳条件为料液比 1：8、pH 6.0、40℃、浸提 3 h，酶活性可达 537.86 u/mL。

采用麦芽根浸提法制备的 5′-磷酸二酯酶液的活力与橘青霉发酵液中的核酸酶 P1 活力相当，但是生产工艺简单，成本远远低于后者，因此经济上是可行的。

11.5.3.4　酶解法生产核苷酸

（1）酶液直接水解法　慕娟等报道麦芽根粗酶液水解 RNA 的条件为温度 70℃、pH 5.6、RNA 2%、料液比 1：2，时间 3.5 h，加入 1 mmol/L 的杂酶抑制剂 KH_2PO_4，水解率达 65%以上；李德莹采用麦芽根浸提液作为酶液，在 RNA 浓度 0.01 g/mL、酶用量 30 u/mL、酶解温度 70℃、pH 7.0、时间 2 h 条件下，水解率达 80%。冯芳用麦芽根粗酶液添加 0.008 mol/L Zn^{2+}、60℃下预热处理 10 min、酶用量 2 000 u/g RNA、RNA 浓度 1%、反应温度 75℃、反应时间 2 h、初始 pH 7，水解率最高达 92.8%；张一平等采用 5 万 Da 超滤膜浓缩、40% 饱和度硫酸铵盐析、5 万 Da 超滤膜脱盐的工艺，获得 1 500 u/mL 的高活力酶液，在 RNA 浓度 5.8%、酶用量 8%、反应时间 2 h 条件下，水解率可达 95%。该方法因除去了粗酶液中的大部分杂质，同时对酶液进行了浓缩，使酶活力得到较大提高，从而提高了水解率。

（2）固定化酶水解法　Chen 研究认为核酸酶 P1 固定在 DEAE 纤维素上效果最好，其次是固定在戊二醛活化的甲壳素上，Olmedo 使用环氧乙烷活化丙烯酸树脂固定核酸酶 P1，使该酶的选择性和米氏常数提高。Lo 等通过戊二醛交联法将 5′-磷酸二酯酶固定在甲壳素上，回收率为 12.8%，并使酶的热稳定性及 pH 稳定性得到了提高，在柱上连续使用 21 d 后仍保留 80%的活力。Serrat 采用共价结

合法固定了从麦芽根中提取的5′-磷酸二酯酶，以活化硅藻为载体土，戊二醛为交联剂，酶的回收率为15%。袁中一利用ABSE-纤维素固定化5′-磷酸二酯酶，大大提高了酶的利用率，但是回收率仅为19%，水解率仅为42.3%，而且载体成本过高。

（3）酶膜反应器法　酶膜生物反应器是采用适当孔径的膜将酶和底物与产物隔开，并使产物不断透过膜排出的一种反应设备，能同时完成反应和分离过程，实现高效、连续化生产。中科院大连化学物理研究所用膜反应器实现了核酸RNA的连续水解生产核苷酸，核酸水解率平均达到80%，多个膜反应器串联使用，水解率可达90%。石陆娥等将壳聚糖微球固定化的核酸酶P1，物理吸附至聚醚砜超滤膜上，在膜生物反应器中制备核苷酸，该反应器连续使用10次，水解率均达92.5%以上。酶膜反应器的缺点是水解一定时间后，聚砜超滤膜会出现部分堵塞的现象，需要再生处理，且维护费用较高，离工业化生产还有一段距离。

11.5.4 糖苷（配糖物）

改性芸香苷具有抗氧化及血管扩张作用，因此具有抗衰老及预防动脉硬化、抗血栓的保健功能。将芦笋等植物中提取的芸香苷用酶加水分解以提高其溶解度后，加入葡萄糖同时用葡萄糖转位酶处理使之结合形成新的黄酮配糖物；甜菊苷是一种非营养型功能性甜味剂。甜菊苷具有轻微的苦涩味，通过酶法改质后可除去苦涩味改善风味。通过采用酶处理，即在甜菊苷溶液中加入葡萄糖基化合物，采用葡萄糖基转移酶处理，生成葡糖基甜菊苷；甘草中所含的甜味物质甘草甜素是一种功能性甜味剂。甘草甜素具有抗炎症、防龋齿等保健功能。甘草甜素经酵母菌产生的β-葡糖苷酸酶处理，生成MGGR，其甜度为甘草甜素的5倍。

思考题

1. 简述果葡糖浆的类型及其酶法制备过程。

2. 简述水酶法制油的基本原理。

3. 什么是结构脂质？其酶法制备的过程及特点是什么？

4. 简述酶在食品风味调控的应用方面。

5. 请给出酶法大豆肽生产工艺与关键操作要点。

6. 简述核苷酸水解酶的特点及其在核苷酸生产中的应用。

第 12 章

食品发酵过程中的生物化学

本章学习目的与要求

1. 掌握酱油生产过程中参与的微生物种类及其作用；
2. 掌握泡菜发酵过程中的生物化学变化；
3. 掌握发酵肉制品风味形成的机制；
4. 了解腐乳品质（色香味形）形成的机理；
5. 掌握发酵乳制品微生物腐败的类型及本质。

12.1 食品用发酵微生物

12.1.1 发酵蔬菜的微生物

目前，我国各种蔬菜腌制品的发酵，都是借助天然附着在蔬菜表面上的微生物的作用来进行的。蔬菜收获后，其表面所含的微生物不仅种类多，而且数量大，如大白菜外叶含微生物约 13×10^8 cfu/g，根菜类表面所含微生物的数量更大，新鲜蔬菜中占优势的微生物是革兰氏阴性好氧菌和酵母，有益菌数量较低。在蔬菜腌制时，若含盐浓度为 8%，则各类微生物都按一定顺序进行自然发酵，一般可分为初始发酵、主发酵、二次发酵和后发酵四个阶段。随着发酵的进行，氧气含量逐渐降低，有机酸含量逐渐增加，当乳酸累积到 0.3%以上时，革兰氏阴性菌，如大肠杆菌等，对酸性敏感的细菌的生长受到抑制，主要生长繁殖的微生物是乳酸菌和发酵性酵母。当可发酵性碳水化合物全部被利用完，或 pH 太低时，乳酸菌的生长繁殖就会受到抑制。进入到二次发酵阶段时，主要生长繁殖的是发酵性酵母，直到把可发酵性碳水化合物全部消耗完为止，进入到后发酵阶段，此时只有在暴露于卤水表面的部分有微生物生长。

12.1.1.1 发酵白菜及甘蓝

当蔬菜全部浸入盐水中时，就进入了微生物发酵阶段，最初为异型发酵或产气阶段，然后是同型发酵或不产气阶段。发酵初期，肠膜明串珠菌比发酵液中的其他乳酸菌的世代周期要短，生长繁殖速度快，在此阶段异型发酵菌肠膜明串珠菌数量最多，代谢蔬菜中的糖分（葡萄糖、果糖、蔗糖）产生乳酸、醋酸和 CO_2。pH 快速的降低和加入的 NaCl 抑制革兰氏阴性菌的生长，进入产气阶段。在容器中产生 CO_2 使之形成了厌氧环境，从而抑制维生素 C 的氧化和圆白菜颜色的加深。但是，肠膜明串珠菌对酸的敏感性较强，随着发酵的进行很快就会衰亡，随后短乳杆菌和植物乳杆菌在发酵液中生长繁殖。在发酵的后期，同型发酵菌植物乳杆菌利用存在的碳水化合物产生大量的乳酸，使溶液的 pH 进一步降低。自然发酵阶段微生物群落的消长规律对于生产纯正的酸菜是十分重要的。人们从发酵的酸菜中还分离得到弯曲乳杆菌、米酒醋杆菌、粪肠球菌、融合乳杆菌、醋酸片球菌和啤酒片球菌，这些微生物在发酵中的作用还不清楚。

12.1.1.2 发酵黄瓜

在发酵初期，可以分离得到大量的细菌、酵母菌和霉菌。酵母菌包括异常汉逊氏酵母、亚膜汉逊氏酵母、拜耳酵母、德氏酵母、罗斯酵母、霍尔母球拟酵母、炼乳球拟酵母、易变球拟酵母、氧化性酵母有假丝酵母、德巴利氏酵母、毕赤氏酵母、红酵母属和耐渗透压酵母；乳酸菌主要有啤酒片球菌、短乳杆菌和植物乳杆菌。发酵初期（2～7 d）乳酸菌和酵母菌快速生长繁殖，乳酸菌发酵迅速使体系 pH 降低，杂菌数量减少直至消失。在发酵过程中异型发酵会使黄瓜发生肿胀，因此需控制异型发酵菌的过度生长。

12.1.1.3 发酵橄榄

橄榄发酵与圆白菜和黄瓜发酵不同，酵母菌是橄榄发酵的主要微生物。橄榄在盐水浸泡的初期有多种微生物存在，包括革兰氏阴性好氧菌，如黄杆菌、气单胞菌，也有一些霉菌。在发酵初期，大肠杆菌、柠檬酸杆菌等兼性微生物在发酵的最初 2 d 生长旺盛，还存在乳酸菌，如四联球菌和乳球菌。当乳酸菌大量繁殖时，这些微生物数量随着 pH 的降低而减少。与其他蔬菜发酵相比，在橄榄发酵中大肠菌群等微生物的减少速度较慢，需要 10～14 d。为了降低发酵初期的革兰氏阴性菌的数量，可以通过在发酵液中通入 CO_2 或添加适量的醋酸、乳酸或食品级盐酸，使 pH 降为 6.0。

发酵的第 2 阶段是从 pH 6.0 降至 4.5，此时大部分革兰氏阴性菌消失。这一阶段可持续 10～15 d，其间乳杆菌和酵母菌快速生长（大多为植物乳杆菌，少量为德氏乳杆菌）。在发酵的第二阶段的早期可以分离得到四联球菌和乳球菌。

当 pH 降到 4.5 时，发酵进入第三阶段，并且一直持续到发酵物质耗尽。此阶段主要微生物是植物乳杆菌，也有少量的德氏乳杆菌存在，此外也存在较多的酵母。发酵性酵母菌可产生乙醇、醋酸乙酯和乙醛等风味物质，并且它们所形成的代谢产物可以促进植物乳杆菌的生长。参与发酵的酵母菌主要有：异常汉逊氏酵母、克鲁丝假丝酵母、薛瓦酵母、近平滑假丝酵母和亚膜汉逊氏酵母。1992 年，Murguina 等在发酵橄榄中发现了毕赤氏酵母、酿酒酵母、德巴利氏酵母属、乳酸克鲁维酵母和红酵母等，这些酵母菌是发酵中风味物质的主要生产者。氧化性酵母能代谢乳酸，提高 pH，引起产品的腐败，对发酵有害。

同时，盐溶液为乳酸菌的生长提供了良好的环境。溶液中含有的可溶性糖有葡萄糖、果糖和麦芽糖，此外，溶液中含有抗生素酚类、水解的和非水解的橄榄苦素，这些都决定了发酵微生物的类型。与其他的发酵蔬菜不同，橄榄经碱处理后发酵初期的微生物数量降低，pH 升高到 7.5～8.5。同时，碱处理和水洗溶液将橄榄中的糖类洗去，降低了可利用糖的含量。橄榄发酵中的乳酸菌与其他蔬菜发酵中的菌种相似，同型发酵菌比产气菌在发酵中的作用更大。

12.1.2　发酵肉品的微生物

目前，应用于肉制品发酵剂的微生物主要包括细菌、酵母菌和霉菌，它们对发酵肉制品品质的形成起到了各自不同的作用。

12.1.2.1　细菌

目前，发酵肉制品生产中应用较多的细菌包括乳杆菌属、片球菌属和微球菌属等属的部分菌种。

（1）乳杆菌　乳杆菌在肉的自然发酵过程中占主导地位，其在肉发酵中的主要作用包括：将碳水化合物分解成乳酸，从而降低 pH，促进蛋白质变性和分解，改善肉制品的组织结构，提高营养价值，形成良好的风味（发酵酸味）；促进 H_2O_2 的还原和 NO_2 的分解，从而促进发色，防止肉色的氧化变色；产生乳酸菌素等抗菌物质，抑制病原微生物的生长和毒素的产生。

（2）片球菌　片球菌是最早作为发酵剂用于发酵肉制品生产的细菌，也是发酵肉制品中使用较多的微生物，可利用葡萄糖发酵产生乳酸，不能利用蛋白质和还原硝酸盐。较早应用的是啤酒片球菌（*Pediococcus cerevisiae*），而随后应用较多的是乳酸片球菌（*Pediococcus acidilactici*）和戊糖片球菌（*Pediococcus pentosaceus*）。

（3）微球菌　微球菌发酵产酸速度慢，主要作用是还原亚硝酸盐和形成过氧化氢酶，从而利于肉品发色，促进过氧化物分解，改善产品色泽，延缓酸败，此外也可通过分解蛋白质和脂肪而改善产品风味。变异微球菌（*Micrococcus varians*）是用于肉制品发酵的主要微球菌种。

12.1.2.2　霉菌

霉菌的酶系非常发达、代谢能力较强。在我国以霉菌发酵的肉制品比较少，而欧洲有许多霉菌发酵香肠和火腿。传统发酵肉制品表面的霉菌并非人为接种而是直接来自周围环境。

用于肉制品发酵的霉菌主要是青霉，包括产黄青霉（*P. chrysogenum*）和纳地青霉（*P. nalgiovense*）等，也有将白地青霉（*P. cundidum*）和娄地青霉（*P. roqueforti*）成功应用于发酵肉制品生产中的经验。霉菌在肉制品发酵中的作用主要包括：通过发达的酶系，分解蛋白质、脂肪，产生特殊的风味物质；霉菌是好氧菌，具有过氧化氢酶活力，可通过消耗氧、抑制其他好氧腐败菌的生长，并防止氧化褪色和减少酸败；霉菌在发酵肉制品中主要分布在肉表面和紧接表面的下层部分，霉菌在发酵肉制品上生长，其菌丝体在肉制品表面形成“保护膜”，减少肉品感染杂菌的概率，并能控制水分的散失，防止肉制品出现“硬壳”现象，赋予发酵肉制品特有的组织状态，更重要的是使肉制品阻氧避光。

但是某些霉菌的代谢会产生毒素，从而对身体造成危害。研究表明，青霉菌作为发酵剂存在于发酵食品或腌制食品中会产生青霉素，青霉素会对人体产生过敏反应并会增强人体致病菌对青霉菌产生抵抗力。因而，霉菌作为发酵剂来发酵肉制品具有一定的危害性。如果将其开发应用于生产，必须对它进行化学或生物学的测试以保证产品的安全。

12.1.2.3　酵母菌

酵母菌是发酵肉制品中常用的微生物。发酵香肠常用酵母菌为汉逊氏巴利酵母和法马塔假丝酵母（*Candida famata*）。其主要作用是发酵时逐渐消耗肉品中的氧，降低肉中 pH，抑制酸败；分解脂肪和蛋白质，产生多肽、酚及醇类物质，改善产品风味，延缓酸败；形成过氧化氢酶，防止肉品氧化变色，有利于发色稳定。此外，酵母菌还能在一定程度上抑制金黄色葡萄球菌的生长。

法国有一种发酵香肠，将酵母菌接种于香肠表面，并让其生长，使产品外表披上一层“白衣”，是深受当地人喜爱的地方风味产品。这种酵母菌可提高发酵肉的香气指数。可以说，发酵肉制品最终香味的形成很大程度上来源于酵母菌。在发酵过程中，酵母菌通过消耗肉中的残留氧，从而抑制酸败，并有分解脂肪、蛋白质的作用，经过一系列化学反应使得肉制品具有一定的酵母味和酯香风味，并有利于发色的稳定性。这种酵母本身不仅能还原硝酸盐，而且对微球菌和金黄色葡萄球菌硝酸盐的还原性也有轻微抑制作用。近年来研究表明，金华火腿中也存在酵母（10^3～10^5 cfu/g），但尚未进行具体的分类研究。

12.1.2.4　放线菌

灰色链球菌（*Streptomyces griseus*）是自然发酵肉中唯一的放线菌，据说可提高发酵香肠的风味。在未经控制的天然发酵香肠中，链霉菌的数量甚微，因为其不能在发酵肉品环境中良好生长。

12.1.3　发酵豆制品的微生物

12.1.3.1　酱油发酵中的微生物

酱油酿造是利用微生物分泌的各种酶类对原料进行水解，蛋白酶把蛋白质分解为氨基酸，淀粉酶把淀粉分解为葡萄糖，经过复杂的生物化学变化，形成酱油的色、香、味、体过程。

（1）酱油酿造用曲霉菌

①菌种的选择　酱油发酵的动力来源于曲霉菌，曲霉菌是决定酱油性质的重要因素，而且会影响酱油的色、香、味、体，以及原料利用率等。我国酱油生产主要用的菌种是米曲霉（*Aspergillus oryzae*），且米曲霉有很多变种。选择菌种的条件如下：不产生黄曲霉毒素；蛋白酶及糖化酶活力高；生长繁殖快，对杂菌抵抗力强；发酵后具有酱油固有的香气而不产生异味者。

②酱油酿造　米曲霉使用最广泛的是沪酿3.042号米曲霉。沪酿3.042号米曲霉是上海酿造实验工场将中科3.863号米曲霉进行诱变育种，从而获得更高性能的优良新菌株——沪酿3.042号米曲霉，送经中科院微生物所审核，编号为中科3.951号米曲霉。在酱油生产中还有其他霉菌：珲辣1号米曲霉、3.860米曲霉、UE-336米曲霉、渝3.811米曲霉、Xi-3米曲霉、Cr-1米曲霉、B1米曲霉和961-2号等（二维码12-1）。

二维码12-1　酱油酿造米曲霉

（2）酱油生产中主要的酵母菌　在低盐固态发酵中食盐含量一般为7%～8%，氮的含量比较高，活跃在这一特殊环境中的酱油酵母是一种耐盐性强的酵母，包括鲁氏酵母、球拟酵母等。

①鲁氏酵母　鲁氏酵母是常见的嗜高渗透压酵母，能生长在含糖量极高的物料中，也能在18%食盐的基质中繁殖。制曲及酱醅发酵期间，由空气中自然落入有酒精发酵能力的酵母，能由醇生成酯，能生成琥珀酸、酱油香味成分之一的糠醇，增加酱香及酱油的风味。

②球拟酵母　球拟酵母的细胞为球形、卵形或略长形，营养繁殖为多边芽殖，在液体培养基中有沉渣及环的产生，有时生菌醭。球拟酵母是产生酱油香味成分（4-乙基愈创木酚、4-乙基苯酚等）的主要菌种之一。它在酱醅的发酵后期显示的作用最为明显，鲁氏酵母的自溶解能促进球拟酵母的生长繁殖。因此，可以在酱醅发酵中先以30℃培养促进鲁氏酵母大量繁殖，然后提高温度促使鲁氏酵母自溶，再降低温度使球拟酵母生长，改善酱油的风味。

（3）酱油生产中的乳酸菌　乳酸菌和酱油的风味有很大关系，乳酸菌是指能在酱醅发酵过程中耐盐的乳酸菌，活动于这些菌体内的酶有耐盐性，尽管是在高浓度食盐环境下，仍可以发挥其活性作用。耐盐性乳酸菌的细胞膜有抵制食盐侵入的功能，乳酸菌中酱油四联球菌、嗜盐足球菌是形成酱油良好风味的主要菌种，它们的形态多为球形，微好氧到厌氧，在pH 5.5的条件下生长良好，在酱醪发酵过程中足球菌多，发酵后期酱油四联球菌多些。

乳酸菌的作用是利用糖产生乳酸。乳酸和乙醇生成的乳酸乙酯的香气很浓。当发酵酱pH降至5左右时，促进了鲁氏酵母的繁殖和酵母菌联合作用，赋予酱油特殊的香味。根据经验，酱油乳酸含量为1.5 mg/mL时，酱油质量较好；乳酸含量在0.5 mg/mL时，酱油质量较差。但乳酸菌若在酱醪发酵的初期大量繁殖产酸，使酱醅的pH过低，抑制了中、碱性蛋白酶活力，会影响蛋白质的利用率。

在发酵的过程中加入乳酸菌，不会使酱醅的酸度过大，如果在制曲时加入乳酸菌，就会大量繁殖，代谢产生许多酸，增加成曲的酸度。目前大部分厂家都是开放式制曲，产酸菌已经大量生酸，加入乳酸菌后就使成曲酸度过高，影响酱醅的发酵，不利于原料利用率的提高。

12.1.3.2　腐乳发酵中的微生物

在腐乳生产中，人工接入的菌种有毛霉、根霉、细菌、米曲霉、红曲霉和酵母菌等，腐乳的前期培养是在开放式的自然条件下进行的，外界微生物极容易侵入，另外配料过程中同时带入很多微生物，所以腐乳发酵的微生物十分复杂。虽然在腐乳行业称腐乳发酵为纯种发酵，实际上，在扩大培养各种菌类的同时已混入许多种非人工培养的菌类。腐乳发酵实际上是多种菌类的混合发酵。从腐乳中分离出的微生物有霉菌、细菌、酵母菌等 20 余种。

在发酵腐乳中，毛霉占主要地位，因为毛霉生长的菌丝又细又高，能够将腐乳坯完好地包围住，从而保持腐乳成品整齐的外部形态。当前，全国各地生产腐乳应用的菌种多数是毛霉菌，还有根霉、藤黄微球菌等其他菌类（二维码 12-2）。

二维码 12-2　腐乳生产菌种及特点

12.1.3.3　豆酱发酵中的微生物

发酵酱类的主要微生物有米曲霉、酵母、细菌和乳酸菌。在发酵过程中，与原料利用率、发酵成熟速度、成品颜色的深浅以及味道的鲜美有直接关系的微生物是米曲霉，与风味有直接关系的微生物是酵母菌和乳酸菌（二维码 12-3）。

二维码 12-3　豆酱发酵中的微生物

12.1.4　发酵乳制品的微生物

12.1.4.1　酸乳发酵中的微生物

发酵乳生产中常用的微生物有嗜温菌和嗜热菌两类，发酵剂依据其中不同类型的微生物可分为嗜温发酵剂和嗜热发酵剂两大类。

（1）嗜温菌发酵剂　此类发酵剂菌种通常能在 10～40℃的温度范围内生长，最适生长温度为 20～30℃。常用的嗜温菌发酵剂菌种有：乳酸链球菌、乳脂链球菌、丁二酮乳酸链球菌、乳明串珠菌属等。前两种主要是利用乳糖产生乳酸，常作为酸生成菌；后两种能发酵柠檬酸，产生的主要代谢产物是二氧化碳、乙醛和丁二酮，常作为风味生成菌。而丁二酮乳酸链球菌既能发酵柠檬酸又能发酵乳糖，既能产生酸又能产生风味物质，用于多种干酪、酸奶油、黏稠状乳制品的生产。

（2）嗜热菌发酵剂　这种发酵剂菌种的最适生长温度为 40～45℃，最常见的是由嗜热链球菌和保加利亚乳杆菌组合的发酵剂，可用于酸奶、一些乳酸菌饮料和干酪的生产。

12.1.4.2　干酪发酵中的微生物

在制造干酪的过程中，用来使干酪发酵与成熟的特定微生物培养物称为干酪发酵剂。依据其中微生物的不同种类可将干酪发酵剂分为细菌发酵剂与霉菌发酵剂两大类。另外，还有一类辅助发酵剂（二维码 12-4）。

二维码 12-4　干酪发酵中的微生物

12.2　发酵蔬菜制品的生物化学

蔬菜发酵是利用有益微生物的作用，控制一定生产条件对蔬菜进行加工的一种方式。蔬菜发酵体系是一种微生态环境，其中含有乳酸菌、酵母菌和醋酸菌等微生物，蔬菜的泡制、腌制、酱制等不同加工方法都是不同程度地利用微生物的发酵活动。蔬菜发酵加工是一种冷加工方式，对蔬菜的营养、色香味的保持极为有利，还可延长其储藏期。一般来说，在蔬菜发酵过程中，细菌是按相同模式活动的。当蔬菜在含盐量为 8%的条件下进行自然发酵时，会经历起始、主发酵、二次发酵和后发酵四个阶段（二维码 12-5）。

二维码 12-5　蔬菜发酵的四个阶段

发酵蔬菜可分为盐水渍菜和盐渍菜，盐水渍菜又可分为酸菜和泡菜，酸菜一般需要经过再加工方可食用，而泡菜则可直接食用。由于地域不同，资源不同，不同地区进行发酵的蔬菜种类也不尽相同，因此发酵蔬菜制品具有较强的地域特色和民族特色，是各地饮食文化的重要组成部分。能够进行发酵的蔬菜种类很多，除甘蓝、白菜、黄瓜之外，白萝卜、胡萝卜、番茄、芥菜、橄榄、竹笋、辣椒等亦可发酵后食用。既可将一种蔬菜单独发酵，也可将两种或多种蔬菜混在一起发酵。

发酵蔬菜中的微生物主要包括两个方面：一是自然发酵过程中的微生物；二是人工发酵所采用的菌种。新鲜的蔬菜含有大量的真菌类微生物菌群，包括许多具有潜在危害的微生物和极少量的乳酸菌。收获后的蔬菜表面的微生物多是好氧的，如假单胞菌属、黄杆菌属、无色杆菌属、气杆菌属、埃希利氏菌属和芽孢杆菌属等。但蔬菜发酵时，由于缺氧和高浓度盐等因素，发酵过程受到影响，微生物类别趋于减少。

12.2.1 泡菜发酵的生物化学

泡菜生产过程包括一系列复杂的生物化学变化。归纳起来主要有两个方面：一是泡渍过程中食盐的渗透作用；二是泡渍过程中大量微生物的生长、繁殖，及微生物的发酵作用。另外，还有香辛料的作用。

(1) 渗透作用　泡菜盐水俗称“酸水”，是以食盐为主的水溶液。食盐为强电解质，渗透力强。渗透的过程其实是物质交换的过程，通过物质交换把蔬菜中的水、气体置换出来，使蔬菜细胞渗透呈香呈味的有益成分，并恢复膨压。食盐水中除食盐外，还有糖类和酒精等物质，这些物质均具有渗透性质，加上发酵等方面的作用，增加了泡菜的风味和保藏性。

(2) 发酵作用　在泡菜发酵的过程中，兼性厌氧菌、乳酸菌和酵母菌的数量会经历一个“上升—最高点—下降”的过程。泡菜入坛后，根据微生物的活动和乳酸积累量可以大致分为三个阶段：

第一阶段为发酵初期。原料装坛后，蔬菜表面带入的微生物会迅速活动并开始发酵。由于溶液的pH较高（通常在5.5以上），加上原料中带入一定量的空气，一些繁殖速度快，但不耐酸的肠膜明串珠菌、片球菌及酵母菌，利用糖和蔬菜中溶出的汁液开始生长，并迅速进行乳酸发酵及微弱的酒精发酵，生成乳酸、乙醇、乙酸和CO_2。此时的发酵以异型乳酸菌发酵为主，溶液的pH下降到4.5～4.0，大量排出CO_2，坛内形成厌氧状态，腐败菌的生长受到抑制，这一阶段一般为2～3 d，泡菜的含酸量可达到0.3～0.4。

第二阶段为发酵中期。由于乳酸积累、pH的降低和厌氧状态的形成，植物乳杆菌的同型乳酸发酵活动变得活跃，数量可达（5～10）$\times 10^7$ cfu/mL，乳酸积累可达0.6%～0.8%，pH下降至3.5～3.8，大肠杆菌等不耐酸的细菌大量死亡，酵母菌的活动也受到抑制。这一阶段为5～9 d，为泡菜的晚熟阶段。

第三阶段为发酵后期。同型乳酸发酵继续进行，乳酸积累可达1.0%以上，进入过酸阶段。当乳酸含量达到1.2%以上时，植物乳杆菌受到抑制，菌数下降，发酵速度减慢甚至停止。

(3) 泡菜风味的形成　泡菜风味的形成是一个比较复杂的过程。蔬菜在泡制过程中，细胞结构和化学成分发生了一系列变化，形成了泡菜制品特有的质地和色、香、味。经过泡制的蔬菜，一些原有的香气和味道消失，而另一些新的风味形成。蔬菜的泡制过程中所发生的与风味形成有关的变化主要有以下几个方面：

①因发酵作用而形成的风味　泡菜发酵一般以乳酸发酵为主，伴随着少量的乙醇发酵和微量的醋酸发酵，发酵产物有乳酸、醋酸和其他有机酸、乙醇等物质，它们除具有防腐作用外，还给泡菜带来了爽口的滋味和香气。此外，有机酸和醇可以反应生成具有各种芳香气味的酯。

②蛋白质水解形成香气和鲜味　在泡制过程中期和后熟期，蛋白质在微生物和泡菜自身所含蛋白酶的作用下逐步水解为氨基酸，这一变化是泡菜制作过程中非常重要的生化变化，也是泡菜制品产生特定色泽、香气和风味的主要来源。一些氨基酸本身就有一定的鲜味和甜味，如果再和其他化合物作用，可以形成更为复杂的产物，泡菜色、香、味的形成多与氨基酸的变化有关。

③糖苷类物质降解产物和某些有机物形成的香气　一些蔬菜含有糖苷类物质，具有不愉快的苦辣味。在发酵过程中可以降解形成具有芳香气味的物质，如十字花科蔬菜所含有的芥子苷，在腌渍过程中降解生成具有特殊香气的芥子油。

④蔬菜本身含有的一些挥发性成分　蔬菜本身含有的挥发性成分如醇、酮、醛、萜烯等都有浓郁的香气。

⑤泡制过程中吸附的佐料香气　研究显示，自然发酵的泡菜较老盐水发酵的泡菜、直投式功能菌剂发酵泡菜相比，主体风味成分存在较大的差异，老盐水发酵泡菜与直投式功能菌剂发酵泡菜的主体成分相近。直投式功能菌剂发酵泡菜中的具有不好气味的乙偶姻的相对含量较其他泡菜要低。

12.2.2 腌菜发酵中的生物化学

蔬菜经过食盐腌制，由于渗透压的作用，蔬菜组织中的可溶性物质从细胞中渗出，使微生物和酶加以利用而引起一系列的生化反应，从而引起外观、质地、风味和组织的变化。蔬菜的体积随着细胞中水分的渗出而减小，同时盐卤深入菜内，将组织内的空气排出，使菜的质地呈紧密半透明状态，在加工处理中不易折断。在整个腌制过程中，发酵是主要变化。各种腌制品，除用盐量过大而使发酵停止外，一般都进行不同程度的乳酸发酵，同时也进行醋酸、酒精和丁酸发酵以及糖类、淀粉和蛋白质等物质的分解，在这些过程中，乳酸发酵占主要地位。乳酸发酵可以改进腌制品的风味，并延长贮存期；乙醇发酵生成的酒精能与发酵产物中的酸作用生成酯，成为腌制品香味的主要来源之一；醋酸发酵在蔬菜腌制过程中也产生少量的醋酸及其他挥发酸，对腌制品同样起着改进风味和延长贮存期的作用；丁酸发酵及腐败菌、有害酵母和霉菌的活动则对腌制有害。由于发酵作用和生化作用的共同结果，使蔬菜的化学组织发生了一系列的变化。

（1）糖与酸的互相消长　一般发酵性腌制品经过发酵作用后，含糖量下降，而酸含量相应升高。而在非发酵性腌制品中，酸含量基本上没有变化，含糖量则出现两种不同情况：腌制品由于部分糖分扩散到盐水中，含糖量下降；酱菜及糖醋渍菜由于腌制中加入大量糖分，含糖量明显提高。

（2）含氮物质的变化　发酵性腌制品含氮物质有较明显的减少。非发酵性腌制品含氮量的变化有两种情况：咸菜（盐渍品）由于部分蛋白质在腌制过程中浸出，含氮物质减少；酱菜由于酱内的蛋白质浸入菜内，产品蛋白质含量增高。

（3）维生素的变化　在腌制过程中，维生素 C 因氧化作用而大量减少，一般规律是腌制时间越长，用盐量越大，产品露出盐卤表面接触的空气越多，产品冻结和解冻的次数越多，维生素 C 的损失就越多。蔬菜中的其他维生素在腌制过程中较为稳定，变化不大。

（4）水分的变化　湿态发酵性腌制品水分含量基本无变化；半干态发酵性腌渍品水分含量明显减少；非发酵性盐渍品与鲜菜相比，水分含量明显降低；糖醋腌制品的水分含量基本无变化。

（5）矿物质的变化　经过腌制的蔬菜灰分含量显著提高，各矿物质中钙的含量提高，而磷和铁的含量降低；酱菜中各矿物质含量均有明显提高。

（6）香气和滋味的变化与形成

①鲜味的形成　在蔬菜的腌制和后熟期中，蔬菜所含的蛋白质在微生物和水解酶的作用下被逐渐分解为氨基酸，这些氨基酸都具有一定的鲜味，如成熟榨菜的氨基酸含量按干物质计算为 18～19 g/kg，而在腌制前只有 12 g/kg 左右，提高了 60%以上。在腌制品中鲜味的主要来源是谷氨酸与食盐作用形成的谷氨酸钠。此外，微量的乳酸、天门冬氨酸及具有甜味的甘氨酸、丙氨酸和丝氨酸等，对鲜味的丰富也有很大帮助。

②香气的形成　腌制品的香气主要来源于发酵作用产生的香气、甙类水解的产物和一些有机物形成的香气、蔬菜本身含有的一些有机酸和挥发油的香气以及在腌制过程中加入的某些辛香调料中含有特殊的香气成分。原料中本身所含有的及发酵过程中所产生的有机酸、氨基酸，与发酵中形成的醇类发生酯化反应，产生乳酸乙酯、乙酸乙酯、羟基丙酸乙酯、琥珀酸乙酯等芳香成分。另外，在腌制过程中，乳酸菌类将糖发酵生成乳酸的同时，还生成具有芳香风味的丁二酮，这也是发酵性腌制品的主要香气成分之一。

（7）质地的变化　腌制品都保持有一定的脆度。形成脆性有两方面的原因，一是细胞的膨压，在腌制过程中蔬菜失水萎蔫，使得细胞的膨压下降，脆性减弱，但是在腌制过程中，由于盐液的渗透平衡，又能恢复和保持细胞一定的膨压，使腌制蔬菜具有一定的脆度。形成脆度的另一个原因是细胞中的果胶成分，原果胶是含甲氧基的半乳糖醛酸的缩合物，具有胶凝性。但是胶凝性的大小取决于甲氧基含量的高低，甲氧基含量高，则胶凝性大。果胶的胶凝性使细胞黏结，强度增加而表现出脆性。但是果胶在原料组织成熟的过程中，或在加热、加酸、加碱的条件下，都可以水解成可溶性果胶酸，失去黏结作用，硬度下降甚至软烂。

在生产上，腌制品脆性减低的主要原因是原料过分成熟或受机械损伤；或在酸性介质中果胶被水解；或受霉菌分泌的果胶酶的水解。进行保脆的措施如下：一是防止霉菌繁殖；二是用硬水或在水溶液中增加钙盐，使果胶酸与钙盐作用，生成不溶性的果胶酸盐，对细胞起到黏结的作用。

（8）色泽的变化　腌菜在后熟中制品要发生色泽的变化，最后生成黄褐色或黑褐色，产生色泽变化主要有以下几种情况：

①酶促褐变所产生的色泽变化　蛋白质水解后产生氨基酸如酪氨酸，当原料组织受破坏后，有氧的供给或前面所述的戊糖还原中氧的产生，可使酪氨酸在过氧化物酶的作用下，经过复杂的化学反应

生成黑色素。

②非酶褐变引起的色泽变化　腌制品色泽加深不是由于酶的作用引起的，而是高温条件下所形成的。氨基酸中的氨基与含有羰基的化合物如醛、还原糖等，产生羰氨反应，生成黑蛋白素，如盐渍大蒜、冬菜的变色。

③物理吸附引起的变化　在酱渍和糖醋菜中，褐色加深的原因主要是由于辅料，如酱油、酱、食醋、红糖的颜色产生物理吸附作用，使细胞壁着色，如云南大头菜、芽菜、糖醋菜等。

④叶绿素的变化　在腌制品生产过程中，pH有下降趋势，在酸性介质中，叶绿素脱镁生成脱镁叶绿酸而变成黄褐色，影响外观品质。以发酵作用为主的泡酸菜类，要保绿是较难的。而对于腌渍品，采用一定的措施可以保绿，即将原料浸入pH 7.4～8.3的微碱性水中，浸泡1 h左右，换水2～3次，即在碱性条件下生成叶绿酸的金属盐类被固定，而保持绿色；对于白色或浅色蔬菜原料，为了防止在腌制过程中发生褐变现象，可以选择含单宁物质少，还原糖少，品质好，易保色的品种作为酱腌菜的原料；采取热烫、硫处理等抑制或破坏氧化酶活性，以及适当掌握用盐量等方法。

(9) 蔬菜腌制与亚硝基化合物　亚硝酸盐和亚硝胺来源于自然界的氮素循环，蔬菜生长过程中所摄取的氮肥以硝酸盐或亚硝酸盐的形式进入体内，进一步合成氨基酸和蛋白质等物质，在采收时仍有部分亚硝酸盐或亚硝酸尚未转化而残留，此外，土壤中也有硝酸盐的存在，植物体上所附着的硝酸盐还原菌（如大肠杆菌）所分泌的酶亦会使硝酸盐转化为亚硝酸盐。在加工时所用的不良水质或受细菌侵染，均可促成这种变化。

亚硝胺是由亚硝酸和胺化合而成，胺来源于蛋白质、氨基酸等含氮物的分解；新鲜蔬菜中是极少的，但在腌制过程中会逐渐地分解，并溶解到腌制液中。在腌制液的表面往往出现霜点、菌膜，这都是蛋白质含量很高的微生物，如白地霜生成的菌膜，一旦受到腐败菌的感染，会降解为氨基酸，并进一步分解成胺类，在酸性环境中具备了合成亚硝胺的条件，尤其在腌制条件不当导致腌菜劣变时，还原与合成作用更明显。

在蔬菜腌制过程中亚硝酸盐的形成与温度和用盐量等因素有关。一般认为，在5%～10%食盐溶液中腌制，会形成较多的亚硝酸盐。在低温下腌渍，亚硝峰形成慢、但峰值高、全程含量高，持续时间长。

虽然亚硝酸盐具有致癌的危险性，但是，由于蔬菜能提供食用纤维、胡萝卜素、维生素B、维生素C、维生素E、矿物质等人类食物中不可缺少的物质，自身就减弱了亚硝酸盐对人体的威胁。

12.2.3　蔬菜中主要成分的代谢

乳酸菌是多数蔬菜发酵中的主要微生物。在正常发酵条件下，乳酸菌的主要代谢产物是乳酸、乙酸、乙醛、乙醇和二乙酰等。这些产物不仅可以形成产品的特殊风味，还能控制腐败微生物的生长。

12.2.3.1　碳水化合物代谢

蔬菜中的碳水化合物主要是单糖、淀粉、果胶物质、木质素和纤维素。纤维素、果胶物质和木质素作为细胞壁的主要结构成分存在于所有植物当中，这些结构多糖对于形成植物性食品的质构具有重要作用，通常不可发酵。蔬菜中常见的可发酵性糖主要是葡萄糖、果糖、蔗糖和淀粉。

(1) 葡萄糖代谢　葡萄糖是蔬菜中主要的可发酵性糖。同型发酵乳酸菌通过糖酵解途径代谢葡萄糖产生丙酮酸，丙酮酸被进一步分解，经乳酸脱氢酶作用形成乳酸，这一将葡萄糖转化为乳酸的过程叫作乳酸发酵。

异型发酵乳酸菌通过磷酸酮（醇）酶途径形成乳酸。首先将葡萄糖分解，形成CO_2，然后进一步将形成的戊糖（5-磷酸木糖）通过磷酸酮（醇）酶作用分解为2-C和3-C化合物，分别形成3-磷酸-甘油醛和乙酰磷酸。3-C组分被还原为乳酸盐，而2-C组分被还原成乙醇。除了乳酸盐之外，还有其他代谢产物。由于乳酸菌缺乏功能性的电子传递系统，不能进行Krebs循环，它们通过底物水平磷酸化获得能量。在异型乳酸发酵中，1 mol的葡萄糖代谢产生1 mol的ATP，而在同型乳酸发酵中，则产生2 mol的ATP。

(2) 果糖代谢　果糖是蔬菜乳酸发酵中的第二种重要的碳水化合物。乳酸菌具有果糖激酶和葡萄糖磷酸异构酶，能够将果糖磷酸化为6-磷酸果糖，然后异构化为6-磷酸葡萄糖。在同型乳酸发酵中，6-磷酸葡萄糖通过糖酵解被进一步代谢为丙酮酸，丙酮酸被乳酸脱氢酶还原为乳酸盐。异型发酵乳酸菌含有甘露糖脱氢酶，能够催化果糖生成甘露糖，然后在无氧条件下氧化NADH。在这个反应中，少量的果糖作为电子受体，剩余果糖则转化为乳酸盐、乙醇、乙酸盐和 CO_2。

(3) 蔗糖代谢　在多数蔬菜中，蔗糖的含量都比葡萄糖和果糖的含量低。蔬菜发酵中蔗糖的代谢在最后阶段通常都是不完全的。对于乳酸菌来说，蔗糖并不是一个最佳的可发酵糖。实际上，仅有少数几株乳酸菌能够发酵蔗糖，它们能够分泌 β-半乳糖苷酶，从而能够分解蔗糖，如 *Lb. cellobiosus*。而 *Lb. buchnerii*、发酵乳杆菌、肠膜明串珠菌仅能使 50% 的蔗糖发酵。蔗糖分解的产物，即葡萄糖和果糖则进入上述的代谢途径。

(4) 淀粉代谢　多数蔬菜中淀粉的含量都较低，因此，发酵蔬菜的乳酸菌的淀粉分解能力也都较低。

12.2.3.2　有机酸代谢

柠檬酸和苹果酸是植物中含量最丰富的有机酸。能够进行柠檬酸代谢的微生物有明串珠菌和 Cit+乳球菌。乳酸菌能够发酵苹果酸，同型乳酸菌和异型乳酸菌都能够使苹果酸脱羧形成乳酸和 CO_2。少量的 CO_2 对于维持厌氧环境是有利的，但是对于某些蔬菜的发酵，如黄瓜的发酵则不利，因为 CO_2 会引起黄瓜的膨胀现象。

二维码 12-6　蔬菜发酵制品中的微生物腐败

12.2.4　蔬菜发酵制品中的微生物腐败

引起发酵蔬菜变质的腐败微生物主要有大肠杆菌、丁酸菌等，这些有害微生物大量繁殖，会使产品变质。包括软化、产气性腐败、变色或着色和产生毒素等（二维码 12-6）。

12.3　发酵肉品的生物化学

发酵肉制品是指在自然或人工控制条件下，利用微生物或酶的作用，使原料肉发生一系列生物化学变化及物理变化，而形成具有特殊风味、色泽、质地以及具有较长保存期的肉制品。其主要特点是营养丰富、风味独特、保质期长。通过有益微生物的发酵，引起肉中蛋白质的变性和降解，既改善了产品质地，也提高了蛋白质的吸收率；在微生物发酵及内源酶的共同作用下，形成醇类、酸类、杂环化合物、核苷酸等大量芳香物质，赋予产品独特的风味；肉中的有益微生物可产生乳酸、乳酸菌素等代谢产物，降低肉品 pH，对致病菌和腐败菌形成竞争性抑制，而发酵的同时还会降低肉品水分含量，这些因素将提高产品的安全性并延长产品的货架期。

发酵肉制品种类很多，主要包括发酵灌肠制品（也称馅状发酵肉制品）和发酵火腿（也称块状发酵肉制品）两大类，其中发酵香肠是发酵肉制品中产量最大的一类产品，也是发酵肉制品的代表。

12.3.1　肉发酵成熟过程中的生物化学变化

12.3.1.1　发酵肉制品的颜色形成

发酵香肠通常具有诱人的玫瑰红色外观，其发色的机理与其他含亚硝酸盐的肉制品相同。不同之处在于，发酵香肠的低 pH 有利于亚硝酸盐分解为 NO，生成的 NO 与肌红蛋白结合生成亚硝基肌红蛋白，从而使肉制品呈亮红色。这种色泽具有颜色鲜艳、稳定的优点。腌制肉及发酵香肠的颜色变化机制如图 12-1 所示。

(1) 氧合肌红蛋白（MbO_2）与亚硝酸盐反应生成棕红色的高铁肌红蛋白（Mmb）。

(2) 肉中固有的或外加的还原剂将高铁肌红蛋白还原为肌红蛋白（Mb）。

(3) 亚硝酸盐在肉中的酸性条件下形成亚硝酸，亚硝酸不稳定，进一步分解为 NO。

(4) 肌红蛋白与 NO 反应生成亚硝基肌红蛋白（NOMb）。

肉的红色是肌肉中的肌红蛋白和血红蛋白共同决定的，肉在空气中放置久了会变成褐色，是因为肌红蛋白被氧化成变性肌红蛋白，通常需要添加硝酸盐和亚硝酸盐来稳定颜色。在肉中亚硝酸盐可以与仲胺类物质反应，生成 N-亚硝基化合物，这种物质具有致癌性和致畸性，与脑瘤和胃肠道癌变密切相关。因此，引发了大量替代亚硝酸盐的研究。各种物质替代亚硝酸盐的研究屡见不鲜，而微生物发酵法替代亚硝酸盐是一个较新的研究领域。

国内外在选择肉品发酵剂时，菌株是否能还原硝酸盐是一个重要指标，其中乳酸菌中的植物乳杆菌、清酒乳杆菌和大部分葡萄球菌及微球菌都具有还原亚硝酸盐的能力；菌株是否具有 H_2O_2 还原酶是发酵剂筛选的另一个重要指标，因为有些发酵剂如异型发酵乳酸菌会产生 H_2O_2，H_2O_2 是一种强

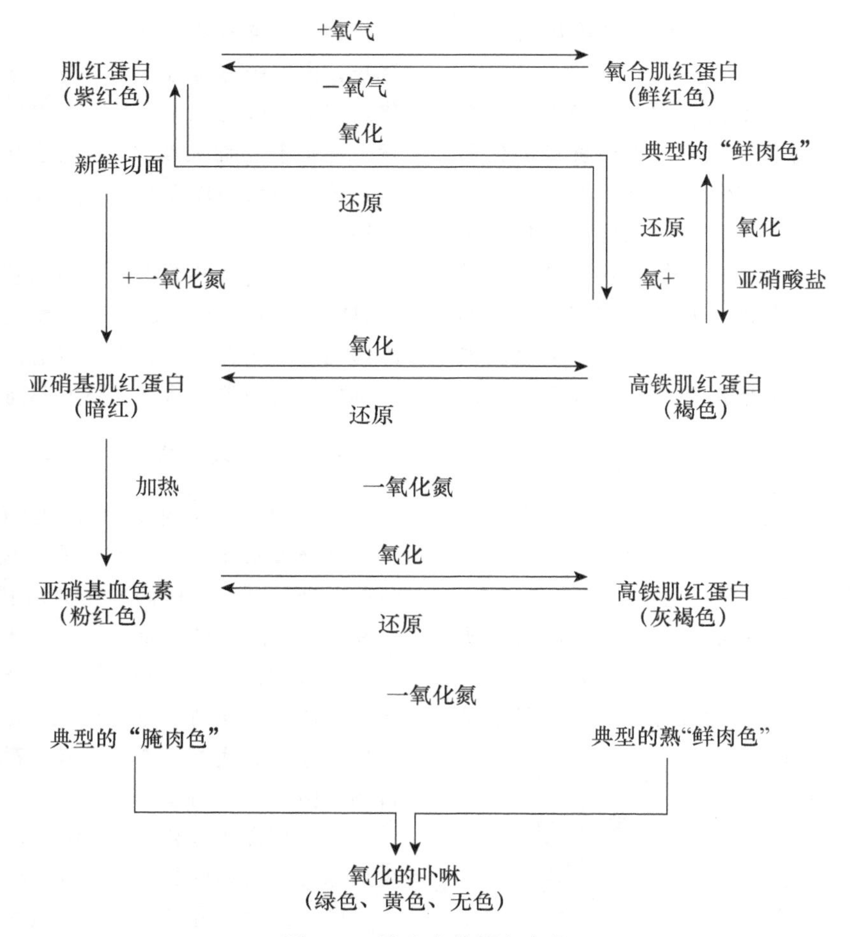

图 12-1　腌肉中的颜色变化

氧化剂，在肉中可能导致绿色的高铁肌红蛋白和黄色的胆黄素的产生，而二者和肉中的红色相结合，会形成灰色调，严重影响产品的外观，菌株产生的 H_2O_2 还原酶可将 H_2O_2 分解成 H_2O 和 O_2，这样就可以阻断过氧化物的形成。

12.3.1.2　发酵肉制品的风味形成

风味是衡量肉制品品质的一个重要指标，主要包括滋味和香味两个方面。滋味来源于肉中的滋味呈味物，如无机盐、游离氨基酸和小肽、肌苷酸和核糖等核酸代谢产物；香味主要由肌肉在受热过程中产生的挥发性风味物质如不饱和醛酮、含硫化合物及一些杂环化合物来形成。风味物质包括挥发性和非挥发性的风味化合物。发酵肉制品成熟的时间越长，除乳酸菌之外的微生物的活性越高，具有低感官阈值的挥发性物质的量越多。发酵肉制品的风味主要来自三个方面，一是盐、香辛料等添加到香肠内的成分，二是脂肪的自动氧化等非微生物直接参与的反应，三是微生物酶降解脂类、蛋白质和碳水化合物所形成的风味物质。

（1）碳水化合物降解　风干肠的肉馅制好后不久，碳水化合物的代谢就开始了。一般情况下，发酵过程中大约有 50％的葡萄糖发生了代谢，其中大约 74％生成了有机酸，主要是乳酸，但是同时还有乙酸和少量的丙酮酸等中间产物。

碳水化合物在乳酸菌的作用下产生 *D*-/*L*-乳酸，在发酵香肠的开始阶段主要是产生 *D*-乳酸，随后 *L*-乳酸和 *D*-乳酸的量以相近的速度增加。总的来说，最终产物中 *L*-乳酸和 *D*-乳酸的量几乎相同。在发酵肉制品中，*D*-乳酸的量过高会使产品产生不愉快的酸味，它的含量在 30～60 μmol/g 的范围内，产品的口感较为适宜。乳酸菌异型发酵还会产生醋酸，这种风味是北欧肠以及快速发酵肠的特点。乳酸菌产生的酸是发酵肉制品中酸味的主要来源，给发酵肉制品提供了特征酸味，并可在某些条件下强化产品的咸味。此外，较低的 pH 还可抑制产品中蛋白分解酶和脂肪分解酶的活力，从而改善产品的风味。

碳水化合物的发酵还会导致低分子量化合物的

释放，如双乙酰、乙醇、2-羟基丁酮、1，3-丁二酮、2，3-丁二酮，同时一些酯类物质如丙酸乙酯、醋酸丙酯、丁酸乙酯也可能来自发酵过程。

(2) 脂肪的分解和氧化　脂肪是发酵肠的主要化学成分之一。脂肪分解是指中性脂肪、磷脂及胆固醇在脂肪酶的作用下水解产生游离脂肪酸的过程，是发酵肠成熟过程中的主要变化。目前学术界对脂肪分解机理存在争议。有人认为，细菌中的脂肪酶对脂肪酸释放有重要作用，乳杆菌及脂分解微球菌能分解短链脂肪酸甘油酯；还有学者研究发现细菌脂肪酶和内源脂肪酶是影响脂肪分解的主要因素。不管脂肪酸释放的机理如何，它都是重要的风味物质，碳链长度小于5的短链脂肪酸有刺激性烟熏味，与油脂的酸败有关；碳链长度在5～12之间的中性脂肪酸有肥皂味，对风味的影响不大；碳链长度大于12的长链脂肪酸对食品香味无明显影响，但对风味产生有害影响。不过，香肠上的菌群可将它们进一步降解为羰基化合物和短链脂肪酸，形成增加香肠理想香味的物质。

脂肪氧化是发酵肠风味的重要来源。首先，不饱和脂肪酸通过自由基链式反应形成过氧化物，次级反应产生大量挥发性化合物，如醇、醛、酮等。脂肪氧化所产生的风味物质占总风味物质的60%。不饱和脂肪酸氧化生成风味物质如烃类（从戊烷到癸烷）、甲基酮（从丙酮到2-辛酮）、醛（从戊醛到壬醛）、醇（1-辛烯-3-醇）及呋喃（2-甲基呋喃和2-乙基呋喃）。醛可能是来自脂肪的挥发性化合物中最有价值的成分，它们的风味阈值很低，己醛是其中最丰富的风味物质。甲基酮是饱和脂肪酸经β-氧化后，由β-酮酸脱羧产生。甲基酮比同分异构的醛阈值高，它们对发酵肠风味的影响不太重要，但可能会增加芳香味、水果味、脂肪味。醇是由脂肪氧化产生的醛在醇脱氢酶的作用下产生的。另外，羟基脂肪酸内酯化及脂肪氧化可能会产生内酯。

(3) 含氮化合物代谢　蛋白质水解在发酵香肠成熟过程中的重要性已经基本得到了人们的充分认识。在发酵肉成熟期间，蛋白质也发生水解产生多肽、游离氨基酸等。香肠中蛋白质的水解程度主要取决于肉中微生物菌群的种类和香肠加工时的外部条件。香肠中的粗蛋白含量主要在成熟过程中的第14～15 d发生变化，总含量会下降20%～45%，而非蛋白氮提高30%以上，非蛋白氮由游离氨基酸、核苷和核苷酸组成。在成熟末期，α-氨基酸是主要的非蛋白氮。

蛋白质分解过程主要受肉中内源酶的调控，如钙激活蛋白酶和组织蛋白酶。微生物对非蛋白氮的组成及不同游离氨基酸的相对含量的影响很大。易变小球菌（*Micrococcus varians*）、戊糖片球菌和乳酸片球菌这3种不同发酵剂相比较，戊糖片球菌产生的非蛋白氮最多。不同菌种产生不同的氨基酸，可能是由于不同菌种的生长需要不同的氨基酸所致。

(4) 美拉德反应　发酸肉制品在生产过程中，水分活度不断降低，在这种环境条件下进行长时间的生产有利于美拉德反应的进行。该反应既有氨基酸和还原糖之间的反应，也有氨基酸与醛之间的反应。美拉德反应的过程很复杂，形成的风味物质很多，其最终产物主要是含N、O、S的杂环化合物，如糠醛、呋喃酮、吡咯等物质。经美拉德反应产生风味物质的风味特征与参与反应的还原糖、氨基酸和醛的种类密切相关，如糖与甘氨酸反应产生牛肉汤味，与谷氨酸反应产生鸡肉味，与赖氨酸反应产生油炸土豆味，与蛋氨酸反应产生土豆汤味，与苯丙氨酸反应产生焦糖味。

(5) 风味物质形成　发酵香肠中的风味物质包括脂肪烃、醛、酮、醇、酯、有机酸、硝基化合物、其他含氮物和呋喃等，这些风味物质主要来源于：①添加到香肠内的成分（如盐、香辛料等）；②非微生物直接参与的反应（如脂肪自动氧化）产物；③微生物酶降解脂类、蛋白质、碳水化合物形成的风味物质。其中，微生物酶降解是形成发酵香肠风味物质的最主要途径。碳水化合物经微生物酶降解形成乳酸和少量醋酸，赋予发酵香肠尤其是半干香肠典型的酸味；脂肪和蛋白质的降解产生了游离脂肪酸和游离氨基酸，这些物质即可作为风味物质，又可作为底物产生更多的风味化合物。脂类物质分解成醛、酮、短链脂肪酸等挥发性化合物，其中多数具有香气特征，从而赋予发酵香肠特有的香味；蛋白质在微生物酶的作用下分解为氨基酸、核苷酸、次黄嘌呤等，这些物质是发酵香肠鲜味的主要来源。

在发酵肉制品加工时，一般要加入胡椒、大蒜或洋葱等香辛料，这些香料会给发酵肠以特色风味。大蒜中的大蒜素可以转化成含有芳香味的含硫化合物及其衍生物，胡椒可以产生菇类物质的风味。一些香辛料的锰含量较高，如胡椒，可以促进乳酸菌的生长和代谢，从而刺激乳酸的生成。另外，亚硝酸盐对风味也起着一定的促进作用。

总之，发酵香肠的最终风味是来自原料肉、发酵剂、外源酶、烟熏、调料及香辛料等所产生的风味物质的复合体。

12.3.1.3 发酵肉制品水分含量变化

大多数肉制品中水分含量的变化主要取决于以下几个因素：水的添加量、盐的添加量、脱水程度、脂肪比例等。对于发酵香肠而言，鲜肉馅的初始水分活度值主要取决于其中氯化钠和脂肪的含量，其数值范围保证在发酵初期有利于小球菌和葡萄球菌等细菌的生长，但不足以形成对其他微生物尤其是各种有害微生物的抑制作用。在发酵后的干燥过程中，香肠的水分活度随脱水程度和溶质浓度的增加而逐渐下降。因此，发酵香肠的最终水分活度对于控制微生物的存活和生长非常重要，同时对香肠的质地均匀性也会产生巨大的影响。干燥过程中水分活度的降低还会使许多酶的活力下降，从而影响香肠成熟的进程，这主要是由于酶分子不能获得最佳的活性构象所造成的结果。水分活度对酶活的这种影响通常要到0.94以下才明显表现出来。

12.3.2 发酵肉制品中微生物作用

目前应用于肉制品发酵剂的微生物种类有细菌、酵母和霉菌。从各种微生物的作用来看，乳酸菌类主要是产生乳酸，抑制病原微生物的生长和毒素的产生，将碳水化合物分解成乳酸从而降低pH，促进蛋白质变性和分解，改善肉制品的组织结构，提高营养价值，形成良好的风味，加速 H_2O_2 的还原和 NO^{2-} 的分解，从而促进发色，防止肉色的氧化变色。微球菌类和葡萄球菌类具有很强的分解亚硝酸的能力，可提高香肠的风味。而酵母则是主要通过消耗氧气，抑制酸败，降解蛋白质和脂肪等，改善产品风味、延缓酸败，形成过氧化氢酶，防止肉品氧化变色，有利于发色稳定。此外，酵母菌还能在一定程度上抑制金黄色葡萄球菌的生长。霉菌则主要是通过消耗氧气抑制其他好氧腐败菌的生长，并防止氧化褪色和减少酸败，菌丝体在肉制品表面形成“保护膜”，减少肉品感染杂菌的概率，并控制水分的散失，形成肉品独特的外观。但是，微生物控制不当，也会导致发酵肉制品的腐败（二维码12-7）。

二维码12-7 发酵肉制品的微生物腐败

12.4 发酵豆制品的生物化学

12.4.1 酱油发酵中的生物化学

酱油酿造过程中制曲的目的是使米曲霉在基质中大量生长繁殖，发酵时即利用其所分泌的多种酶，其中最重要的是蛋白酶和淀粉酶，前者分解蛋白质为氨基酸，后者分解淀粉为糖类物质。在制曲和发酵过程中从空气中或通过其他媒体落入的酵母和细菌进行繁殖之后，也能分泌多种酶。例如，酵母菌在发酵过程中产生酒精，乳酸菌发酵乳糖生成乳酸等。酱油生产的本质就是微生物逐级扩大培养，积累酶、分解原料、合成酱油成分的过程。酱油生产中微生物的生理生化特性不仅决定了酱油的色、香、味，还对原料的利用率和食用安全性产生了重要影响。

12.4.1.1 酱油原料的分解代谢

（1）蛋白质分解作用 原料中的蛋白质经过米曲霉所分泌的蛋白酶的作用，逐渐分解成胨、多肽和氨基酸。米曲霉可分泌酸性蛋白酶（最适pH为3）、中性蛋白酶（最适pH为7）和碱性蛋白酶（最适pH为8）3种蛋白酶，其中碱性和中性蛋白酶最多。所以在酱油发酵过程中，如果pH过低，会影响蛋白质的分解。米曲霉中外肽酶活力高于其他曲霉，故有利于氨基酸的生成，其中的谷氨酰胺酶分解谷氨酰胺生成氨基酸。

在蛋白酶的分解中，还必须注意水解作用终止后发生氧化的现象，这是曲的质量不好，由于细菌污染后所产生的异常发酵，是蛋白质腐败。腐败时，最初也生成中间产物，然后进一步生成氨基酸，继而，氨基酸进一步分解产生游离氨和胺，从而影响产品的质量。

（2）淀粉糖化作用 原料中的淀粉经米曲霉分泌的淀粉酶的糖化作用，水解成糊精和葡萄糖。米曲霉的淀粉酶主要是α-淀粉酶，分解α-1，4-糖苷键生成糊精、麦芽糖和少量葡萄糖。原料中的淀粉经糖化作用后，其产物除葡萄糖外，还有果糖和五碳糖。果糖主要来源于豆粕糖的水解，五碳糖主要来源于麸皮中的多缩戊糖。这些糖对酱油的色、香、味、体起重要作用，酱油的色泽是糖与氨基酸结合所致。糖化作用完全，酱油的甜味好，体态浓厚，无盐固形物高。

(3) 酸类发酵 乳酸是乳酸菌利用葡萄糖发酵而来的。乳酸菌还可利用阿拉伯糖和木糖等五碳糖发酵生成乳酸和醋酸。琥珀酸或经 TCA 循环，或经谷氨酸氧化产生，葡萄糖还可经醋酸菌氧化成葡萄糖酸。发酵过程中，米曲霉分泌的解脂酶，使油脂水解生成脂肪酸和甘油。这些有机酸是酱油的重要呈味物质，也是香气的重要成分。

(4) 酒精发酵 酒精发酵主要是酵母作用的结果。成曲下池后，其繁殖情况取决于发酵温度。10℃时，酵母菌仅繁殖不发酵，30℃左右最适宜繁殖和发酵，40℃以上酵母菌自行消化。所以，应该在中、低温下发酵，使酵母菌分解糖生成酒精和二氧化碳。所生成的酒精，一部分被氧化为有机酸类，一部分挥发散失，一部分与氨基酸及有机酸等化合成酯，还有微量残存在酱醅中，这与酱油香气的形成有极大的关系。高温速酿的酱油之所以缺少酱油香气，就是因为发酵温度高、时间短、酒精发酵微弱。如果在固态低盐后熟发酵中接入鲁氏酵母和蒙奇球拟酵母，则产生酒精、异戊醇、异丁醇和各种有机酸，从而显著改善酱油的香气。可见，发酵期间适当的酵母菌繁殖和酒精发酵十分重要。

12.4.1.2 酱油色素形成的生物化学

(1) 非酶褐变反应 酱油的色素主要由非酶褐变反应形成。在酿造过程中，原料成分经过制曲、发酵，由蛋白酶将蛋白质分解为氨基酸；将淀粉水解为糖类，糖类与氨基酸结合发生美拉德反应，产生褐变。温度越高，褐变形成色素的速度越快；时间越长，则色泽越深。

(2) 酶促褐变反应 酶促褐变反应主要是氨基酸在有氧存在的条件下进行的，所产生的色泽比非酶褐变所生成的色泽深而发黑，如酪氨酸经氧化聚合为黑色素。我们常见到的瓶装酱油长时间贮存后，与空气接触的瓶壁上形成的一圈黑色就是酪氨酸发生的氧化褐变所致。酱醅的氧化层主要是由酶促褐变反应所形成。

在一定条件下发酵拌盐水量的多少与水解率、原料利用率关系很大。拌盐水量少，酱醅的黏稠度高，品温上升快，对酱油色泽的提高有很大的促进作用，但对于水解率和原料利用率不利；拌盐水量多，酱醅品温上升缓慢，酱油的色泽淡，但是可以提高原料的利用率。

考虑到出油率或原料利用率等因素，最好采用先中温（40～45℃）后高温（50～55℃）的工艺，而考虑酱油的色素则以高温型最佳。原料利用率低，大多由于发酵时间短、温度高、酶失活所致，但低温发酵（26～35℃）盐水浓度需要提高，否则容易引起酱醅酸败。我国大部分地区多采用先高后低及先中后高型，它们有利于提高原料利用率，但这种发酵酱醅浓度很高，酵母菌和乳酸菌的发酵作用受到抑制，影响了酱油的香气和风味。

12.4.1.3 酱油香气形成的生物化学

酱油的香气是评价成品质量优劣的主要指标之一。酱油的香气主要是由原料成分、微生物发酵作用及化学反应中生成的复杂成分所决定，除了乙醇、高级醇、有机酸和酯类之外，还有羰基化合物、缩醛类化合物和含硫化合物。由小麦中的配醣体和木质素经曲霉分解后，生成的4-乙基酚等烷基酚类的含量，对酱油香气的影响也很大。酱油香气的好坏关系到酱油质量的优劣，其来源可分为：①来源于原料的乙醇、壬基醇等（由大豆油脂氧化物形成）；②曲霉菌的代谢产物，如柠檬酸等；③耐盐乳酸菌的代谢产物，如乳酸及其酯等；④耐盐酵母的代谢产物，如乙醇、异戊醇等；⑤从化学反应生成物来看，有从蛋白质及氨基酸、碳水化合物、脂肪等原料生成的醇类和酯类物质。

总的来说，酱油中的香气成分包括醇、酮、醛、酯、酚及含硫化合物等，它们都是大豆和小麦中的氨基酸、碳水化合物、脂肪等经曲霉分解或经耐盐酵母、耐盐乳酸菌发酵而得。

12.4.1.4 酱油五味形成的生物化学

优质酱油的滋味应该是鲜美而醇厚、调和，不应有酸、苦、涩味。虽然在酱油中含有18%左右的食盐，但是在味觉上不能突出咸味；含有多种有机酸而不能感觉其酸味；含有多种氨基酸而应突出其鲜味；含有多种醇类，而不能突出其酒味；含有多种酯类、酚类、醛类化合物而不产生异味，这就是五味调和的好酱油。

(1) 甜味 酱油中的甜味主要来源于糖类物质，如葡萄糖、果糖、阿拉伯糖、木糖、麦芽糖、异麦芽糖等。另外，具有甜味的氨基酸如甘氨酸、丙氨酸、丝氨酸等也对酱油的甜味有较大的贡献。其含量因酱油品种和原料的配比而存在显著的差别。在发酵过程中，淀粉质原料分解之后形成糖类物质，所以为了提高酱油的甜味，需要适当增加淀粉类原料的比例，一些多元醇如甘油、环己六醇等也都具有甜味。大豆中的糖如棉籽糖、水苏糖等经过加热处理和酶水解均能转化为葡萄糖。小麦中的淀粉和戊糖，经酶水解后也可变为葡萄糖。

（2）酸味　酱油中的酸具有爽口调味，帮助消化，增加食欲，防止腐败等作用。从酱油中分离出的有机酸有谷氨酸、琥珀酸、丙酮酸、己醇酸、丙酸、乙酸、α-酮戊二酸、异丁酸等，这些有机酸使酱油的强烈咸味变得温和。这些有机酸来自原料和微生物的生化反应，主要取决于生产过程中微生物的活动状态。在制曲的前一阶段，柠檬酸、苹果酸、琥珀酸逐渐减少，而后又逐渐增加，乳酸则在这阶段急剧上升，然后又下降，至于醋酸则是到后半阶段开始下降，之后变化不大。制酱醅初期，温度越低，生酸也越多。

（3）咸味　酱油中的咸味来自所含的食盐。成品中含盐量一般为18%左右，由于酱油中含有大量的有机酸和氨基酸，使得酱油的咸味不那么强烈，随着酱油的成熟，肽及氨基酸含量的增加，这样就会感到咸味变得柔和，如果加入甜味料或味精，就会缓和咸味。酱油的强烈咸味能刺激人的味觉，增进食欲。

（4）苦味　一般情况下，普通酱油品尝不到任何苦味，但是如果发酵过程中产生的谷氨酸量较少，就会有苦味出现。苦味的来源有两个：一是某些苦味氨基酸、肽和在酒精发酵的过程中产生的一些苦味物质如具有苦杏仁味的乙醛。一般情况下，发酵初期有苦味成分，随着水解的进行，苦味逐渐小时，增加了鲜味，最后成为调和的良好风味。二是食盐中的杂质所带来的苦味。食盐中的杂质氯化镁、氯化钙等氯化物均有一定的苦味，所以使用食盐时，尽可能使用优质盐或陈盐，避免苦味过大，影响酱油的风味。

（5）鲜味　酱油的鲜味成分几乎全部由大豆蛋白及小麦蛋白质分解而得，主要是氨基酸和肽，还有少部分是来自葡萄糖生成的谷氨酸。

（6）酱油的异味　酱油的异味是指成品中的鲜、甜、酸、咸、苦味不调和，酸苦味突出而有臭味。造成酱油不良酸味突出的原因是制曲过程中产酸菌污染严重，使之在发酵初期产生了大量的有机酸；此外，发酵时，温度低，含盐量少也容易造成产酸过多的现象。而成曲培养时间过长，形成了大量的孢子会导致酱油的不良苦味。造成酱油成品有臭味的因素较多。制曲时，污染了腐败性细菌如枯草芽孢杆菌，在发酵时它会分解氨基酸生成游离的氨，形成酱油的“氨臭味”。制醅时，使用了长膜、有异味的三淋水拌曲，发酵时，这些腐败性细菌迅速繁殖，代谢产生了一定量的异味物质。水浴保温层中的水，由于发酵池有透水现象，也会进入酱醪和成品中，加重了成品油的异臭味。在春、冬季，室内外温差较大，发酵室内有许多冷凝水进入酱醅中，这些污染了大量杂菌的冷凝水会在表面封闭不严、该绵延少的酱醅表面繁殖生长，长出一层绒毛状菌丝，增加了酱醅表面的黏度和恶臭味。因此，制曲时，要防止冷凝水的侵入，经常检查发酵池是否漏水，适当增加酱醅表面的盐度和水分，不要用高温发酵的方法，避免“高温臭”产生。

12.4.2　腐乳发酵中的生物化学

腐乳是以大豆为原料，经加工磨浆、制坯、培菌、发酵而制成的调味、佐餐制品。腐乳中富含蛋白质及其分解产物如多肽、二肽等多种营养成分，不含胆固醇，在欧美等地区被称为“中国干酪”。

12.4.2.1　腐乳发酵时的生物化学变化

腐乳发酵是豆腐坯上培养的微生物和腌制期间由外界侵入的微生物的共同作用下，使蛋白质水解为可溶性的低分子含氮化合物，淀粉糖化，糖分发酵成乙醇等醇类物质和有机酸，同时辅料中的酒类和添加的各种香辛料共同参与合成复杂的酯类，最后形成腐乳特有的颜色、香气、味道和体态，使成品细腻、柔糯可口。其生物化学变化主要发生在制豆腐坯（又称白坯）、前期培菌（发酵）和后期发酵3个阶段。

泡豆时，部分蛋白体膨胀而破裂。磨豆过程中，蛋白质被溶解。豆浆加热时，蛋白质热变性，溶解度下降。有小部分蛋白质发生水解，生豆浆煮沸后，pH下降。因此，调整豆浆pH在7.5左右，能增强蛋白质的溶出和胶体溶液的稳定性，抑制蛋白质的水解，提高豆浆中蛋白质的凝固率。钠离子能增加热变性蛋白质的溶解度，使其能以较小的粒子均匀分布。点浆过程中，由于钠离子对钙离子、镁离子的阻抗作用，使钙和镁与蛋白质的桥联作用更加充分，从而提高蛋白质的凝固率和利用率。蛋白质的充分热变性是制作豆腐的必要条件，但蛋白质过度热变性会失去或部分失去持水性。焖浆即熟豆浆的静置冷却过程有助于蛋白质多肽链的舒展，使球蛋白的疏水基团充分暴露到分子表面，疏水基团促使形成牢固的网状结构，有利于形成热不可逆凝胶。温度和蛋白质浓度、对网状结构的形成也有一定的影响。另外，用熟石膏和盐卤做胶凝剂制作豆腐时，钙离子和镁离子置换蛋白质分子中的氢离子或钠离子，将肽链桥联，蛋白质胶凝速度加快，增加网状结构的稳定性，增强凝胶体的强度和硬度。

腐乳发酵的生物化学变化还表现在蛋白质与氨基酸的消长过程，蛋白质水解成氨基酸，不仅仅在后期发酵时进行，而是从前期培菌开始到腌制、后期发酵，每一道工序都发生着变化。经毛霉菌进行前发酵后，在毛霉菌等分泌的蛋白酶的作用下，豆腐坯中的蛋白质部分水解而溶出，此时可溶性蛋白质和氨基酸均有所增加，水溶性蛋白质的增加大大超过氨基酸态氮的增长。在发酵完成之后，只有40%左右的蛋白质能变成水溶性的，其余的蛋白质经部分水解，虽然不能溶于水，但是由于存在的状态改变了，在口感上可感觉到细腻柔糯。

在腐乳发酵过程中，除去了对人体不利的溶血素和胰蛋白酶抑制物，同时，在微生物的作用下，产生了相当数量的核黄素和维生素 B_{12}，增加了腐乳的营养价值。

12.4.2.2　腐乳色香味形成的生物化学

(1) 色　红腐乳表面呈红色；白腐乳表里颜色一致，呈黄白色或金黄色；青腐乳呈豆青色或青灰色；酱色腐乳内外颜色相同，呈棕褐色。

腐乳的颜色由两个方面的因素形成：一是添加的辅料决定了腐乳成品的颜色。如红腐乳在生产过程中添加了含有红曲红色素的红曲；酱腐乳在生产过程中添加了大量的酱曲或酱类，成品的颜色因酱类的影响，而变成了棕褐色。二是在发酵过程中发生了生物氧化反应所致。因为大豆中含有一种可溶于水的黄酮类色素，在磨浆的时候，该色素会溶于水，在点浆时，凝固剂使豆浆中的蛋白质凝结，此时小部分黄酮类色素和水分便会一起被包围在蛋白质的凝胶内，而呈现黄色。腐乳在汤汁中时，氧化反应较难进行。在后期发酵的长时间内，由于毛霉、根霉和细菌的氧化酶的作用，黄酮类色素也逐渐被氧化，因而成熟的腐乳呈现黄白色或金黄色。如果要使成熟的腐乳具有金黄色泽，应在前发酵阶段让毛霉或根霉更老熟一些。当腐乳离开汁液时，会逐渐变黑，这是因为毛霉或根霉中的酪氨酸酶在空气中被氧化然后聚合形成黑色素的结果。为了防止白腐乳变黑，应尽量避免离开汁液而在空气中暴露。有的工厂在后期发酵时用纸盖在腐乳表面，让腐乳汁液封盖住腐乳表面，后发酵结束时将纸取出，或添加食用油脂封面，减少腐乳与空气接触的机会。青腐乳的颜色主要是含硫化合物形成的，如豆青色的硫化钠等。

(2) 香　腐乳的香气主要成分是酯、醇、醛和有机酸等。白腐乳的主要香气成分是茴香脑，红腐乳的主要香气成分是酯和醇。腐乳的香气在发酵后期产生，香气的形成主要有两个途径，一个是生产时添加的辅料对风味的贡献，另一个是参与发酵的各种微生物的协同作用。

腐乳发酵主要依靠毛霉或根霉中蛋白酶的作用，但是整个生产过程是在一个开放的自然条件下进行的，在后期发酵过程中，添加了许多辅料，因此会带入许多微生物，使参与腐乳发酵的微生物十分复杂。这些微生物包括霉菌、酵母和细菌，在它们产生的复杂的酶系统的作用下，产生了多种醇、有机酸、酯、醛、酮等物质，与添加的香辛料一起构成了腐乳极为独特的香气。

(3) 味　腐乳的味道是在发酵后期产生的。味道的形成有两个来源：一是添加的辅料引入的呈味物质的味道，如咸味、甜味、辣味、香辛料味等；另一个是来自参与发酵的各种微生物的协同作用，如腐乳的鲜味主要来源于蛋白质水解产生的氨基酸形成的钠盐，其中谷氨酸钠是鲜味的主要成分；此外，微生物菌体中的核酸经核酸酶水解之后，生成的5′-鸟苷酸和5′-肌苷酸也增加了腐乳的鲜味。腐乳中的甜味主要来源于汤汁中的酒酿和面曲，这些物质经淀粉酶水解生成葡萄糖、麦芽糖形成了腐乳的甜味。发酵过程中生成的乳酸和琥珀酸会带来酸味，腌制中添加的食盐赋予了腐乳的咸味。

(4) 体　腐乳的体表现为两个方面：一是保持一定的块形；二是在完整的块形里面有细腻柔糯的质地。在腐乳的前期培养过程中，毛霉生长良好，菌丝生长均匀，能形成坚韧的菌膜，将豆腐坯完整地包住，并在较长的后期发酵中保证豆腐坯不碎不烂，直至产品成熟块形依然保持完好。发酵前期产生的蛋白酶在发酵后期时将蛋白质分解为氨基酸，当蛋白质分解率过高，固形物分解过多，造成腐乳失去骨架，变得很软，不易成型，不能保持一定的形态。相反，如果腐乳中蛋白质水解过少，固形物分解过少，造成腐乳虽然体态完好，但会偏硬、粗糙、不细腻，风味也差。而细菌型腐乳由于没有菌丝体包裹，所以成型差。

（5）营养　腐乳是经过多种微生物共同作用生产的发酵性豆制品。腐乳中含有大量水解蛋白质、游离氨基酸，蛋白质消化率可达92%～96%，可与动物蛋白相媲美。含有的不饱和游离脂肪酸可以减少脂肪在血管内的沉积。腐乳中不含胆固醇，由于大豆蛋白具有与胆固醇结合，并能将其排出体外的功能，所以，腐乳又是降低胆固醇的功能性食品。腐乳中含有的维生素 B_{12} 仅次于乳制品，核黄素的含量比豆腐高6～7倍，还含有促进人体正常发育或维持正常生理机能所必需的钙、磷、铁和锌等矿物质，而且其含量高于一般食品。

12.4.3　豆酱发酵的生物化学

我国制酱生产虽然历史悠久，但最初制酱基本都是家庭方式生产。自20世纪60年代起，我国工厂采用保温速酿、无盐固态发酵和低盐固态发酵工艺生产酱类。进入70年代，太阳能制酱被推广。1973年开始出现酶法生产甜面酱，之后开始酶制剂生产豆酱并投入使用。发酵酱主要有豆酱、面酱、腐乳酱、花酱、辣椒酱等。本书只涉及豆酱。

12.4.3.1　蛋白质的分解作用

在酱醪的整个发酵过程中，以蛋白质的分解最难，时间也最长。蛋白质的分解是在蛋白酶的催化作用下，由分子较大的蛋白质逐步降解成胨、多肽和氨基酸。

12.4.3.2　淀粉的糖化作用

制曲后的原料以及已经糖化后的糖浆中，还有部分碳水化合物尚未彻底糖化。在发酵过程中，继续利用微生物所分泌的淀粉酶，将残留的碳水化合物分解成葡萄糖、麦芽糖和糊精等。糖化作用后生成的单糖类，除葡萄糖外，还含有果糖和五碳糖。这些糖类对酱的色、香、味、体有重要作用。酱的色泽主要由糖与氨基酸作用而成。在曲霉的生长繁殖过程中，呼吸作用需要消耗一定的葡萄糖，产生热量和 CO_2。

12.4.3.3　酒精的发酵作用

酒精发酵主要是由于酵母菌的作用。在生产过程中，虽然未人为添加酵母菌，但制曲和发酵过程中，从空气中落入大量的酵母菌，可进行酒精发酵作用。酵母菌的最适繁殖和发酵温度为28～35℃，超过45℃，酵母自行消失，因此，若采取高温发酵，则会抑制酵母的生长，酒精产生量很低，酱的香气淡、风味差。

12.4.3.4　酸类的发酵作用

在制曲过程中，来自空气中的细菌进行繁殖、生长，在发酵过程总能使部分糖类变成乳酸、醋酸和琥珀酸。这些有机酸与酒精结合生成酯类，增加酱的香气。但是酸度过高，在发酵过程中既影响蛋白酶和淀粉酶的分解作用，又影响产品质量。

总之，豆酱所具有的独特色、香、味、体是在微生物所分泌的酶的作用下，通过蛋白质水解、淀粉糖化、酒精发酵、有机酸发酵、酯类形成等一系列生物化学反应，形成豆酱特有的风味和特色，所以豆酱的发酵是一个综合的过程，是应用各种酶和微生物，在一定的条件下发挥作用，生成酱特有的色、香、味、体。

12.4.4　发酵豆制品的微生物腐败

（1）肉毒素　肉毒素在豆豉、豆瓣酱、臭豆腐等发酵豆制品中时有发现。由于发酵豆制品多是采用自然接种制曲，且后熟过程的厌氧发酵和非加热处理使低酸发酵的豆豉、豆腐乳、豆酱中可能存在的肉毒梭菌孢子具备发芽、生长并产生毒素的环境。肉毒梭菌产生的可溶性神经外毒素毒性极强，特别是A型毒素，无色、无臭、无味，通过食物源传布，食用者中毒后病死率较高。

（2）“臭笼”　豆类发酵制品的生产中，由于工艺控制不当，接种后，菌种不能很好生长并产生杂菌污染，发酵坯产生不良气味而不得不中止发酵，生产上称为“臭笼”。“臭笼”现象在腐乳制作过程中较容易出现，由于喷洒接种时菌液量过大造成豆腐坯表面含水量过大，在炎热季节，易感染杂菌，导致坯子发黏，影响毛霉生长。另外，冷却时速度过快，豆腐坯内热外冷，表面出现“浮水”，也容易感染杂菌，同时由于散热不均，上冷下热，不利于接种菌种的生长。要防止此类“臭笼”现象，主要是通过工艺控制和管理，抓好散热和水分两个控制点，并注意生产现场的清洁卫生，减少杂菌的存在。

12.5　发酵乳制品生物化学

发酵乳是一类乳制品的综合名称，种类很多，包括酸奶、开菲尔、发酵酪乳、酸奶酒、乳酒等。

12.5.1　酸乳发酵的生物化学

目前，工业化生产是以乳酸菌为主的特定微生物作为发酵剂，接种到杀菌后的原料乳中，在一定温度下乳酸菌增殖，并代谢产生乳酸，同时伴有一系列的生化反应，使乳发生化学、物理和感官变化，从而使发酵乳具有典型的风味和特定的质地。

12.5.1.1　酸乳发酵中主要成分的代谢

（1）乳糖代谢　酸乳发酵过程中，乳酸菌利用原料乳中的乳糖作为其生长与增殖的能量来源，结果使碳水化合物转变为有机酸。如牛乳进行乳酸发酵形成乳酸，使乳中 pH 降低，促使酪蛋白凝固，产品形成均匀细致的凝块，并产生良好的风味。在乳酸菌增殖过程中，其生成的各种酶将乳糖转化为乳酸，同时生成半乳糖，也产生寡糖、多糖、乙醛、双乙酰、丁酮和丙酮等风味物质。另外，乳清酸和马尿酸减少，苯甲酸、甲酸、琥珀酸和延胡索酸增加。

（2）酒精发酵　牛乳酒、马乳酒之类的酒精发酵乳是采用酵母作为发酵剂，在乳酸发酵后，逐步分解原料产生酒精。由于酵母菌适于酸性环境中生长，因此，通常采用酵母菌和乳酸菌进行混合发酵。

（3）蛋白质和脂肪分解　乳杆菌在代谢过程中能生成蛋白酶，具有蛋白分解的作用；乳酸链球菌和干酪乳杆菌具有分解脂肪的能力。蛋白质轻度水解，使肽、游离氨基酸和氨增加，生成乙醛。脂肪的微弱水解，产生游离氨基酸，部分甘油酯类在乳酸菌中的脂肪酶的作用下，逐步转化成脂肪酸和甘油，从而影响酸乳成品的风味。

（4）维生素变化　乳酸菌在生长过程中，有的会消耗原料乳中的部分维生素，如维生素 B_{12}、生物素和泛酸。也有的乳酸菌产生维生素，如嗜热链球菌和保加利亚乳杆菌在生长增殖过程中会产生烟酸、叶酸和维生素 B_6。

（5）矿物质变化　乳发酵过程中，矿物质的存在形式发生改变，其中可溶性矿物盐含量增加，分子形态的盐减少，如钙形成不稳定的酪蛋白磷酸钙复合体，使离子增加。

12.5.1.2　酸乳风味形成的生物化学

在产生风味方面起重要作用的是柠檬酸代谢，相关的微生物包括明串球菌属、部分链球菌（如丁二酮乳酸链球菌）和乳杆菌。这些产生风味的细菌可分解柠檬酸生成丁二酮、羟丁酮、丁二醇等四碳化合物和微量的挥发酸、酒精、乙醛等，这些成分均为带有风味的物质，其中对风味起最大作用的是丁二酮。但是产生风味的浓厚程度受菌种和培养条件的影响，如添加柠檬酸并进行通气培养，可促进风味的产生。

12.5.1.3　酸乳质地形成的生物化学

乳酸发酵后，乳的 pH 降低，使乳清蛋白和酪蛋白复合体因其中的磷酸钙和柠檬酸钙的逐渐溶解而变得越来越不稳定。当体系内的 pH 达到酪蛋白的等电点（pH 4.6～4.7）时，酪蛋白胶粒开始聚集沉降，逐渐形成一种蛋白质网络立体结构，其中包括乳清蛋白、脂肪和水溶液，这种变化使原料乳形成半固体状态的凝胶体。

乳酸发酵后的酸乳呈圆润、黏稠、均一的软质凝乳，且具有典型的酸味，且以乙醛产生的风味最为突出。

12.5.2　干酪发酵的生物化学

干酪是以乳、稀奶油、脱脂乳或部分脱脂乳、酪乳或这些原料的混合物为原料，经凝乳酶或其他凝乳剂凝乳，并排出乳清而制得的新鲜或发酵成熟的产品。

12.5.2.1　糖代谢

微生物代谢乳糖形成乳酸是干酪加工中的重要环节，生产过程中 98%的乳糖随乳清被一起被排出干酪体系，但是新鲜的干酪凝块中仍然残留 1%～2%的乳糖。对于大多数干酪品种来说，凝块成型时的 pH 在 6.2～6.4。由于此时暂不进行盐化处理，干酪中的微生物可在 12 h 之内将其中残存的乳糖完全代谢。如果在加工过程中采用加入热水的方式进行热烫处理（如荷兰干酪），则糖代谢之后凝块中的乳酸含量大约为 1.0 g/100 g 干酪；而对于不用热水处理的干酪，如瑞士埃门塔尔和意大利帕尔玛干酪，乳酸浓度大约为 1.5 g/100 g 干酪。

对于切达干酪而言，凝块成型时的 pH 较低，在5.4左右，而且盐化处理在干酪成型和压榨之前完成；较高的酸度和较快的盐渗透速度限制了微生物的糖酵解过程，减缓了乳糖代谢生成*L*（+）－乳酸的速度。虽然如此，耐盐的微生物仍然能使干酪中的乳酸含量达到1.5%左右。然而，如果凝块中的盐浓度过高，发酵剂微生物的生长便会受到抑制，而残余乳糖的降解则由非发酵剂乳酸菌完成，产物为*DL*-乳酸。在切达干酪和荷兰干酪中，*L*（+）－乳酸在酶的催化作用下，转化为外消旋乳酸混合物。乳酸的这种构象变化并不会对干酪的风味产生影响，但是如果*D*（-)-乳酸（盐）的含量过高，将会与Ca^{2+}反应并在干酪表面形成不溶性的乳酸钙结晶。另外，乳酸可以氧化生成乙酸，这个反应进行的程度主要取决于凝块中O_2的含量，也就是说与包装材料对O_2的渗透能力有关。

对于表面成熟的干酪，表皮中的乳酸被霉菌和酵母菌代谢生成产物CO_2和H_2O，由此导致干酪表皮的pH升高，内部乳酸向外扩散。在成熟阶段，干酪的pH在从表皮到核心的方向上呈梯度递减趋势，而乳酸浓度则在同方向上呈相应的梯度递增趋势。对于霉菌或棒状杆菌表面成熟的干酪而言，pH的升高将有助于软化干酪的质地，改善产品的组织状态。

通常，在成熟过程中干酪的pH都会有所升高，但升高的程度依干酪的品种而有所不同，如荷兰干酪和瑞士干酪的pH升高的程度较大，可以达到pH 5.8左右；而英式切达干酪的pH变化程度较小。在pH 5.2左右时干酪具有最大的缓冲能力，因此要使初始时较低的pH发生改变较为困难。对于切达干酪而言，由于加工过程中采取热烫处理，大部分乳糖随乳清和热水排出，而干酪中残留的极少量乳糖在短时间内被乳酸菌利用，当乳糖消耗完毕时，干酪的pH上升。相反，对于乳糖含量较高的干酪凝块来说，在乳糖没有消耗殆尽的情况下，pH始终呈现出缓慢下降的趋势。因此低乳糖干酪表现出清爽、温和的风味；而高乳糖含量的干酪则由于具有较低的pH而呈现出浓郁、刺激的风味。

在瑞士干酪当中，乳酸菌代谢乳酸生成丙酸、乙酸、CO_2和H_2O，其中CO_2主要负责瑞士干酪当中孔眼的形成，而丙酸和丁酸有助于改善干酪的风味。

在许多干酪品种当中，乳酸盐可以被梭状芽孢杆菌的某些菌株代谢生成丁酸和H_2，这将分别导致干酪的风味恶化和气体外逸，因此需要对生产环境的卫生情况加以严格控制，以防止梭状芽孢杆菌对干酪的污染。对于原料乳中的孢子，可以采用离心或细菌过滤的方式除去，或向原料乳中添加一定量的KNO_3或融解酶来抑制孢子的萌发。

应该注意的是，在干酪生产过程中，应使生干酪中的乳糖在较短的时间内代谢完全，否则非发酵剂微生物将会利用乳糖代谢生成不渴望的化合物，从而损害干酪的风味和品质。另外，对于某些特殊处理的干酪，如意大利莫扎瑞拉干酪，需要加热处理，而帕尔玛干酪需要在低水分活度的环境中储存等，残留乳糖会发生美拉德反应，生成不受欢迎的色素物质，影响干酪的外观。因此，在莫扎瑞拉、瑞士或帕尔玛干酪的加工过程中，把能够代谢半乳糖的乳杆菌引入发酵剂中，将有助于彻底降解干酪中的乳糖或半乳糖，改善其产品的品质。

12.5.2.2 柠檬酸代谢

乳中含有1.8 g/L的柠檬酸，其中94%以溶解状态存在于乳清当中，并在干酪加工过程中随乳清一起排出干酪体系，而其余少量柠檬酸则以胶体状态存在于干酪的凝块中。对于荷兰干酪而言，发酵剂中某些可以进行柠檬酸代谢的菌株，如乳酸乳球菌乳酸亚种和明串珠菌的某些亚种，利用凝块当中的少量柠檬酸代谢生成双乙酰和CO_2。其中双乙酰是干酪产品中的重要风味物质，而CO_2负责荷兰干酪特有的小型孔眼的形成。在切达干酪中，柠檬酸被嗜温型的乳酸杆菌和片球菌缓慢代谢，主要生成甲酸和CO_2，而后者会导致干酪质地疏松易碎。

12.5.2.3 脂肪水解

由于乳酸菌的解脂能力较弱，细菌型干酪的脂肪分解程度相当有限。相对而言，某些意大利干酪如沛科里诺（pecorino）羊乳干酪和波洛夫诺（Provolone）干酪的脂肪分解程度较高，这是由于加工中使用的凝乳酶中含有脂肪酶PGE的缘故；而帕尔玛干酪成熟的时间较长，这也增加了脂肪的降解。脂肪降解在霉菌干酪中较为普遍，这主要是因为洛克菲特青霉菌能够分泌大量具有高活力的脂肪酶。游离脂肪酸尤其是挥发性的短链脂肪酸将有助于改善其产品的风味和口感，而且这些游离脂肪酸还可以进一步转化成多种风味化合物，主要包括甲基酮类、酯类、硫酯类、内酯类物质以及乙醛、乙醇等。

在切达干酪、荷兰干酪和瑞士干酪中，低浓度的挥发性短链脂肪酸具有令人愉快的香味，但是脂肪水解稍稍过量便会导致干酪风味变差，甚至恶臭。相对于巴氏灭菌乳制成的干酪而言，采用生乳制成的干酪具有较高的脂肪水解率，其主要原因是生乳中含有某种特殊的微生物，能分泌大量耐热性较强的脂肪酶。对于表面霉菌成熟的干酪来说，脂肪分解反应形成其特殊的风味化合物——甲基酮类物质，而这种物质是脂肪降解之后的脂肪酸进行 β-氧化反应的重要产物，因此脂肪分解直接影响着蓝纹干酪的感官品质。

12.5.2.4　蛋白质降解

干酪成熟过程中，蛋白质的水解作用可以改善干酪特殊的组织结构，由于蛋白质降解能够生成多种氨基酸和短肽等具有典型风味的化合物，同时可以进一步转化成多种具有宜人芳香的小分子化合物，因此，对于改善并提高干酪产品的风味及口感等有重要作用。

干酪中参与蛋白质水解的酶类主要来源于凝乳剂、原料乳、发酵剂中的乳酸菌、非发酵剂乳酸菌和二次发酵剂中的多种微生物，如丙酸细菌、短杆菌、节杆菌和青霉菌等。其中，凝乳酶和纤溶酶分别水解 α_{s1}-酪蛋白和 β-酪蛋白生成大量不溶于水的肽段，这些肽段再经过乳球菌胞膜蛋白酶水解生成水溶性的肽段。

蛋白质代谢生成的氨基酸和某些短肽具有令人愉快的香味，这些氨基酸和短肽经过某些酶的作用后，还可以进一步转化成多种具有良好风味的挥发或不挥发性的小分子物质，如胺类化合物、有机酸、羰基化合物、氨以及含硫化合物等。

12.5.3　发酵乳制品的微生物腐败

乳酸菌类发酵乳制品由于发酵所产生的酸性环境、产生了多种细菌素以及优势菌竞争抑制等因素，正常情况下可以抑制各种致病菌的生长而成为“卫生安全”的发酵乳制品。然而霉菌和酵母作为腐生菌，低 pH 对它们几乎没有影响，在乳糖等糖类物质存在的情况下可以迅速生长而可能使乳制品腐败变质。

(1) “鼓盖”现象　酸奶杯口的铝箔膜出现隆起的现象被称为“鼓盖”，这是酵母污染的典型特征之一，多数是因为厌氧性酵母的污染而引起的。另外，当出现好气酵母污染时，会在酸奶，特别是凝固型酸奶表面出现由酵母生长引起的斑块。从“鼓盖”酸奶中分离出的酵母包括克鲁维氏酵母属、德巴利氏酵母属、红酵母属、毕赤酵母属和掷孢酵母属等。由于某些酵母常常在车间设备或墙壁表面附着，同时原料中的酿酒酵母等经巴氏杀菌可能仍然存留，甜的酸奶为这些微生物的生长和代谢提供了十分理想的环境，从而导致酸奶的污染。

(2) 发霉及霉菌毒素　一些奶酪的成熟需要霉菌的促进作用，但是对于大多数奶酪而言，霉菌生长是引起奶酪腐败变质的因素。霉菌会破坏奶酪产品的外观，并产生霉味，还可能产生毒素。对酸奶制品而言，一般酸奶中霉菌计数达到 1～10 cfu/g 时就必须引起注意，特别是当发现有青霉存在时，酸奶产品中就会有霉菌存在的可能。

(3) 斑块及变色　一些霉菌如毛霉属、根霉属、曲霉属或青霉属等，在酸奶与空气的接触面生长后，可出现纽扣状斑块。另外，由于奶酪成熟室中常有交链孢霉属、芽枝孢霉属、念珠霉菌、曲霉属、青霉属、毛霉属等霉菌的存在，而高水分含量的软质奶酪、农家奶酪和稀奶油奶酪等容易受到污染，因而奶酪成熟过程中，奶酪表面容易因为霉菌生长而出现斑块及颜色变化。黑曲霉会在硬质奶酪的表面形成黑斑；干酪唇红霉在青纹奶酪表面形成红斑。而一些细菌如植物乳杆菌和短乳杆菌的有色变种，可能会在一些种类的奶酪内部形成“锈斑”。

(4) 产气及烂边　在农家奶酪的制作和成熟过程中，大肠杆菌的存在可能产生腐败性气体，加上乳酸菌发酵剂本身产生的气体，导致凝块上浮，造成可能在成品中形成大小不同的孔隙或裂纹。产气问题主要发生在成熟过程中，由于污染原因的不同，干酪的产气问题有三种类型：早期产气、中期产气和晚期产气。气杆菌属和埃希氏杆菌属等细菌主要导致早期产气，发酵乳糖的酵母菌也可能引起干酪早期产气而形成水果味；乳酸菌主要在中期产气，某些乳球菌可能产生一些特别的异味，如水果味的丁酸乙酯、己酸乙酯及麦芽香味的甲基丁醇等；生孢梭菌等梭状芽孢杆菌主要在晚期产气。

在硬质奶酪的制备中，如果奶酪水分积聚，则可能导致成膜酵母、霉菌和蛋白分解性细菌等微生物的生长，从而引起奶酪变软、变色，甚至产生异味，这种现象被称为“烂边”，可以通过定期翻转的方式保持表面干燥而防止。

思考题

1. 简述泡菜的发酵过程及特点。

2. 简述蔬菜发酵过程中亚硝酸盐形成的规律及原因。

3. 简述发酵肉制品风味形成的生物化学过程。

4. 酱油五味分别指什么？它们形成的机制是什么？

5. 简述干酪发酵过程中的生物化学变化。

6. 微生物引起的发酵乳制品腐败类型有哪些？

第 13 章

食品劣变过程的生物化学

本章学习目的与要求

1. 掌握食品酶促褐变的机制及相关酶的特点；
2. 掌握防止食品酶促褐变的方法；
3. 掌握脂肪水解引起的食品品质劣变的实例；
4. 了解常见的引起食品变质的微生物种类及其主要污染的食品种类；
5. 了解食品微生物腐败过程中蛋白质与脂肪的分解情况。

食品在加工储藏过程中的品质劣变，主要是由食品中的酶、微生物以及所处环境的理化因素（如光照、氧气、温度、水分、pH 等）共同作用引起的。食品是由动植物原料加工制成，植物采摘后或动物屠宰后若不及时钝化酶活，则动植物体内的酶仍将继续作用，在适宜的条件下分解食品成分。这些酶促反应有的是有利的，如香蕉采后逐渐变甜（淀粉在淀粉酶的作用下转化为葡萄糖），但大多数的酶促反应对食品的储藏是不利的。因为，食品中的大分子物质被分解为小分子物质更有利于微生物的利用，如果环境条件适宜则微生物大量繁殖，加速分解食品成分，且有些微生物还会产生一些有毒有害物质，最终导致食品品质下降，甚至完全失去食用价值。

13.1 酶促氧化

在有氧条件下，食品中的氧化酶催化底物氧化，使一些易氧化组分，如不饱和脂肪、维生素 C、维生素 A、维生素 E 等严重破坏甚至完全损失。其中，最重要的就是脂类的酶促氧化。

脂肪在酶的参与下发生的氧化反应，称为脂类的酶促氧化。催化该反应的酶主要是脂肪氧化酶（EC 1.13.11.12，lipoxygenase，LOX，简称脂氧合酶），该酶广泛存在于高等植物体内，能够催化氧与油脂反应产生氢过氧化物，降低食品的风味和营养价值。LOX 是一种含 Fe^{2+} 的蛋白质，专一性催化具有 1，4-顺，顺-戊二烯结构的多元不饱和脂肪酸加氧反应，氧化生成具有共轭双键的氢过氧化物。由于对底物的特异性要求，LOX 对一烯酸（如油酸）和共轭酸不起催化作用。在食品中最常见的底物是亚油酸、亚麻酸、花生四烯酸等。以亚油酸为例（图 13-1），首先在 ω-8 位亚甲基脱氢生成自由基，自由基再通过异构化使双键位置转移，并转变为反式构型，形成具有共轭双键的 ω-6 和 ω-10 氢过氧化物。这些过氧化氢衍生物，能直接与食品中的蛋白质和氨基酸结合，产生豆腥味和苦涩味。

饱和脂肪酸的酶促氧化，通常需要脱氢酶、水合酶和脱羧酶的参与，氧化主要发生在 α-碳位和 β-碳位之间的键上，因此称为 β-氧化。氧化的最终产物有不愉快气味的酮酸和甲基酮，所以又称为酮型酸败。这种酸败多数是由于污染微生物在繁殖时产生酶的作用下引起的，如灰绿青霉、曲霉等。

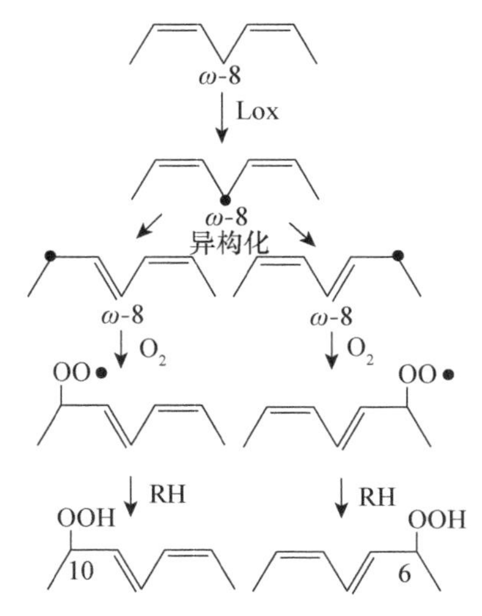

图 13-1 脂氧合酶催化油脂氧化的过程

13.2 酶促褐变

酶促褐变是果蔬在加工储藏过程中发生的主要褐变之一，是多酚氧化酶催化酚类物质形成醌及其聚合物的结果。通常酶促褐变的发生必须具备 3 个条件：酚类底物、多酚氧化酶和接触氧气。苹果、香蕉、梨、马铃薯等果蔬，当其组织碰伤、切开、遭受病害或处于异常环境（如冷冻、高温等）时，很容易发生褐变。这是因为当它们的组织暴露在空气中时，在酶的催化下多酚类底物被氧化为醌，再经一系列复杂的聚合反应最终形成褐色素或称类黑素，严重影响果蔬的感官质量。而橘子、柠檬、西瓜等因缺乏多酚氧化酶不会发生酶促褐变。

13.2.1 酚类底物

酚类物质是引起果蔬酶促褐变的重要因素，根据酚羟基数目可将酚类物质分为一元酚（如苯酚、酪氨酸）、二元酚（如儿茶酚、绿原酸、多巴胺）、三元酚（如焦性没食子酸）及多元酚（如酚酸、黄酮类化合物）。不同种类的果蔬酚类物质的种类及含量差异均较大，即使是同一种果蔬，品种、产地等不同也会有差异。

在果蔬中，最丰富的酚类底物是二元酚类和一元酚类。在酚酶作用下，反应最快的是邻二酚类（若邻二酚的酚羟基被取代，则其衍生物也不能为酚酶所催化，如愈创木酚、阿魏酸等），对位二酚类也可氧化，但间位二酚则不能被氧化，且间位二酚对酚酶还有抑制作用。

香蕉中的主要酚类物质是多巴胺，其次是绿原酸和香豆素，鸭梨、苹果、桃等水果中的主要酚类物质是绿原酸，椰子中的主要酚类物质是绿原酸和多巴胺，马铃薯中的主要酚类物质是酪氨酸。可作为酚酶底物的还有其他一些结构比较复杂的酚类衍生物，如花青素、黄酮类、鞣质等。

13.2.2　与酶促褐变相关的酶类

催化产生褐变的酶类主要是酚酶，其次是抗坏血酸氧化酶和过氧化物酶类等氧化酶类。

（1）多酚氧化酶　多酚氧化酶（polyphenol oxidase，PPO）是一种含铜离子的金属蛋白酶，普遍存在于植物、真菌、昆虫的质体中。多酚氧化酶必须以分子氧为受氢体，是一种末端氧化酶。从广义上讲，多酚氧化酶可分为三类：一是单酚氧化酶，催化一元酚氧化成邻二酚，又称酪氨酸酶、甲酚酶（图 13-2）；二是双酚氧化酶，催化邻二酚氧化为邻醌，但不能氧化间位酚和对位酚，又称多酚氧化酶、儿茶酚酶（图 13-3）；三是漆酶，是一种能够氧化邻位酚和对位酚，但不能氧化一元酚和间位酚的酚氧化酶。习惯上常将儿茶酚酶和漆酶统称为多酚氧化酶（PPO）。

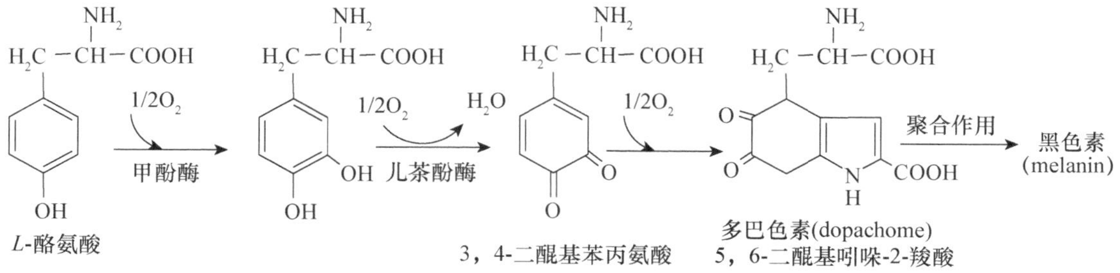

图 13-2　马铃薯的褐变

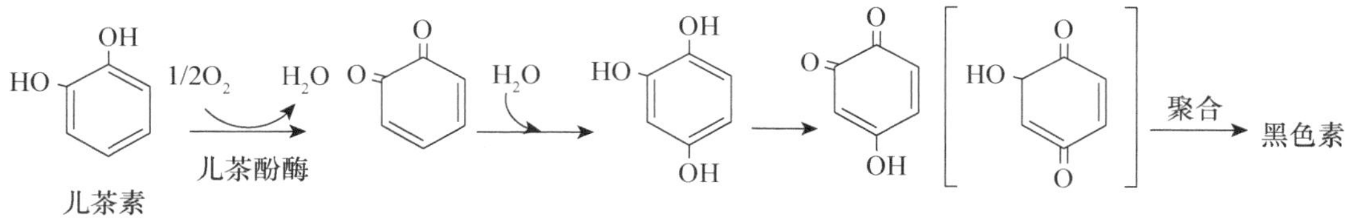

图 13-3　含儿茶酚的水果的褐变

（2）过氧化物酶　过氧化物酶（peroxidase，POD）在 H_2O_2 存在条件下能迅速氧化多酚类物质，可与 PPO 协同作用引起苹果、梨、菠萝等果蔬产品发生褐变。它可以参与催化酚类物质、谷胱甘肽和抗坏血酸的氧化而使果皮变色。

（3）抗坏血酸氧化酶　抗坏血酸氧化酶（ascorbate oxidase，AO）是多铜氧化酶，广泛存在于植物中，能将抗坏血酸氧化为脱氢抗坏血酸，后者再经脱羧形成羟基糠醛后可聚合形成黑色物质。AO 也能催化氧化酚类化合物，从而引起酚类底物的酶促褐变。

13.2.3　酶促褐变机理

（1）区域分布假说　质膜是活细胞与环境之间的界面和屏障，能有效阻隔膜内外物质的进出。在正常生长的植物组织中，酚类底物与多酚氧化酶分别存在于细胞的不同位置，多酚类物质分布在细胞液泡内，而 PPO 则在各种质体或细胞质内，两者不能相遇，因此即使它们与氧同时存在也不会发生褐变。但如果细胞壁和细胞膜的完整性被破坏，酚类底物与 PPO 接触，在氧的参与下使酚类物质氧化成醌，进一步发生聚合反应，最后形成黑褐色物质，从而引起褐变。

（2）自由基伤害假说　自由基袭击生物大分子和细胞膜，导致膜结构破坏，通透性增大，进而导致代谢障碍甚至膜解体。正常情况下，由于机体内存在防御系统，故自由基代谢保持平衡。但在极端条件下，如干旱、高盐分、SO_2、O_3、低温或缺乏水分等，会产生过多自由基，此时活性氧的产生和清除平衡体系被打破，会导致植物细胞受到伤害，从而引起褐变的发生。

（3）保护酶系统假说　通常情况下，植物组织中有较高的还原势，正常的氧化还原代谢平衡，使氧化形成的醌类物质通过还原或转化而不发生聚和，因而不会褐变。保护酶系统包括两类物质：一是抗氧化酶系统，主要有超氧化物歧化酶（SOD）、过氧化物酶（POD）、过氧化氢酶（CAT）、谷胱甘肽过氧化物酶（GSH-PX）等，它们可以清除自由基，以防止其对细胞膜的攻击，防止膜脂质过氧化；二是抗氧化物质系统，主要有抗坏血酸（ASA）、维生素 E（VE），类胡萝卜素、细胞色素 f（Cytf）、氢醌和含硒化合物等，它们能清除自由基和活性氧，也可以作为抗氧化剂，抑制酚类物质的氧化。在逆境下抗氧化酶系统作用失调，导致 H_2O_2 积累，从而引起褐变的发生。

13.2.4 酶促褐变的抑制

根据酶促褐变形成条件可知，对其抑制可从三方面考虑：一是控制底物，但减少或去除酚类物质比较困难，也不现实；二是抑制酶活性，利用低温、有机酸、螯合剂等，以及尽量避免与铁、铜等催化褐变反应的金属离子接触，以降低 PPO、POD 的活性；三是降低氧浓度，褐变是在分子氧存在的条件下发生的，可利用抽气、被膜、气调等方法降低环境中的氧浓度，以减少褐变的发生。因此，酶促褐变的抑制主要从抑制酶的活性和隔绝氧气两方面着手，常用的控制酶促褐变的方法介绍如下。

（1）热处理　加热可以使酶变性失活，在食品加工中常采用高温短时处理钝化酶活，如热烫、巴氏杀菌、微波加热等。加热处理的关键是时间和温度的控制，要在最短时间内达到钝化酶的目的，否则易因加热过度而影响食品质量；相反，如果热处理不彻底，热烫虽破坏了细胞结构，但未钝化酶，则反而会有利于酶和底物接触而促进褐变。

（2）冷藏　在酶的活性范围内，酶的催化速率与温度成正比，降低温度可降低酶的活性。因此，在低温条件下酶促褐变反应速率下降。通常，将果蔬先预冷再进行破碎处理可以有效减缓褐变的速度。

（3）酸处理　多数酚酶的最适 pH 为 6～7，在 pH 3.0 以下，酚酶几乎完全失去活性。因此，在果蔬加工中常用降低 pH 的方法抑制褐变。一般多采用柠檬酸、苹果酸、抗坏血酸以及其他有机酸的混合液降低 pH。柠檬酸除可降低 pH 外，还能螯合酚酶中的铜离子，从而抑制酶活性。但是，作为褐变抑制剂单独使用时效果不佳，通常与抗坏血酸或亚硫酸合用，如 0.5%柠檬酸与 0.3%抗坏血酸合用效果较好。在果汁中，抗坏血酸在酶的催化下能消耗掉溶解氧，从而具有抗褐变作用。

（4）酚酶抑制剂　SO_2 及亚硫酸盐是酚酶的强抑制剂，并且能将醌还原为酚，与羰基加成而阻止羰基化合物的聚合作用。通常 SO_2 及亚硫酸盐溶液在酸性条件下对酚酶有较好的抑制效果，且只有游离的 SO_2 才能起作用。SO_2 处理法的优点是使用方便，效果可靠，成本低，有利于保存维生素 C，残存 SO_2 可用抽真空、烹煮或使用 H_2O_2 等方法驱除。因此广泛应用于食品工业中，如蘑菇、马铃薯、桃、苹果等加工过程中作护色剂。不足之处是使食品失去原色而被漂白（花青素等被破坏）、腐蚀铁罐内壁、有不愉快的味感，并破坏维生素 B_1。

氯化钠也有一定的抑酶效果，一般多与柠檬酸和抗坏血酸混合使用。单独使用时，浓度高达 20%时才能抑制酚酶活性。

一些蛋白酶也导致 PPO 和 POD 活性丧失，如菠萝蛋白酶。有研究报道，将菠萝汁与高压处理结合能够有效抑制苹果中的 PPO 活性，从而有效地抑制苹果的酶促褐变。

（5）脱氧　将去皮切开的水果、蔬菜用清水、糖水、盐水浸渍，阻止其与空气接触；或抽真空将糖水、盐水渗入组织内部将包括氧气在内的气体驱除；也可用高浓度的抗坏血酸浸泡，以达到除氧目的。

在果蔬表面涂抹可食性薄膜，形成半透性的屏障，在一定程度上可阻碍水分和气体进入果蔬内部，因而氧气浓度较低，褐变不易发生。可食性涂膜材料一般为多糖等生物材料。例如壳聚糖涂膜可抑制 PPO 和 POD 的活性，对降低酶促褐变有一定效果。

利用一些酶消耗体系中的氧气，也可有效抑制褐变。例如在果汁中加入适量葡萄糖氧化酶或过氧化氢酶，不但可以去除或减少果汁中的氧气，达到抑制酶促褐变的目的，而且还能防止好气菌的生长繁殖，同时由于产生过氧化氢，因此还能起到杀菌作用。

（6）超高压处理　超高压处理钝化酶是一种冷处理钝化酶技术，通过改变酶蛋白的空间构象来抑制酶活性。酶是具有生物活性的蛋白质，其催化作用依赖于活性中心的三维构象，超高压处理使其构象发生改变，这种变化可能使酶活性降低甚至完全失去活性。例如，900 MPa 的压力下处理 10 min 能基本完全钝化豌豆中的 POD 活性。加热协同高压处理效果会更好。加热会减弱酶蛋白中的一些氢键、疏水键、离子键和静电相互作用，协同高压处理更易破坏酶的三维构象，加速酶的失活。

(7) 其他方法　根据酶的竞争性抑制原理，理论上可通过添加酚酶底物类似物，如肉桂酸、对位香豆酸、阿魏酸等，与酚类物质竞争酚酶，从而控制酶促褐变。但是，由于酚类物质在食品中含量一般均较高，而酶促褐变的程度又主要取决于酚类的含量，加入底物类似物后酚酶活性的降低对褐变程度影响不大，因此底物改性及添加酚酶底物类似物防止酶促褐变的方法在应用方面存在一定的局限性。此外，辐照和电场处理在杀菌同时，对 PPO 也有一定的抑制作用。

13.3　酶促水解

酶促水解是指在食品组织中存在的或微生物分泌的水解酶类作用下，催化底物发生降解反应，如蛋白酶、脂肪酶等。这类反应通常会产生一些不良的低分子代谢产物，引起食品品质劣变。但糖类的酶促水解不属此类，如利用微生物产生的淀粉酶水解淀粉生产葡萄糖，已广泛应用于工业化生产。

13.3.1　蛋白质酶促水解

富含蛋白质的食品在加工储藏过程中，可能会由于食品本身的或微生物分泌蛋白酶类而导致蛋白质逐渐降解，产生一些低分子含氮化合物，引起食品的腐败变质。水解蛋白质的酶类主要有两类：一类是蛋白水解酶，简称蛋白酶，是一种肽链内切酶，只能切开肽链内部的键，而不能切开肽链末端的键，又称内肽酶；另一类是肽酶，是一种外切酶，只作用于多肽链末端的肽键，每次水解下一个氨基酸残基。作用于 N 端的称为氨肽酶，作用于 C 端的称为羧肽酶。

食品中的蛋白质被水解成短肽、氨基酸后更易被微生物分解利用，加速食品腐败。如动物屠宰后，肌肉一般会经过僵直、成熟、自溶、腐败四个阶段，若在僵直、成熟期没有及时食用，则肌肉组织自身的蛋白质酶类会逐渐水解蛋白质，产生低分子含氮化合物，有利于腐败微生物的进一步分解利用，使肌肉快速进入腐败阶段。能产生胞外蛋白酶类的微生物有细菌和霉菌，细菌主要是芽孢杆菌，如枯草芽孢杆菌、地衣芽孢杆菌等；霉菌主要是曲霉属和毛霉属，如黑曲霉、黄曲霉、米曲霉等。

13.3.2　脂肪的酶促水解

脂肪酶广泛存在于动物、植物和微生物中，油脂在食品所含的脂肪酶或微生物分泌的脂肪酶作用下发生水解，导致油脂酸败风味劣化。酶促水解引起的油脂酸败有水解型酸败和酮型酸败两种类型。

水解型酸败发生于含低级脂肪酸较多的油脂中。在脂肪酶以及光、热作用下，这些油脂水解出含 C10 以下的游离低级脂肪酸，如丁酸、己酸、辛酸等，这些脂肪酸具有特殊的汗臭味和苦涩味。分泌这类脂肪酶的微生物有霉菌、乳酪链球菌、乳念珠菌、解脂假丝酵母等。水解型酸败易在人造黄油、奶油等乳制品中发生，放出一种奶油臭味。

酮型酸败是由于油脂水解产生的游离饱和脂肪酸在一系列酶的催化下氧化，最终生成有怪味的酮酸和甲基酸，因此称为酮型酸败。又因为氧化作用引起的降解多发生在饱和脂肪酸的 α-碳与 β-碳之间的键上，所以又称 β-型氧化酸败。分泌这类脂肪酶的微生物主要是曲霉和青霉等，酮型酸败多发生在含有椰油、奶油等低级脂肪酸的食品中。

上述两类酸败多由污染油脂的霉菌产生的酶的作用而引起。含水、蛋白质较多且未经精制的含油脂食品易受微生物污染而发生水解型酸败和酮型酸败。为防止这两种酸败，应提高油脂纯度，降低水分含量，避免微生物污染，降低存放时的温度。

13.4　异味产生

食品在生产加工储藏运输过程中，由于加工工艺、化学反应或微生物代谢，产生一些不良的低分子挥发性物质，影响食品风味，甚至引起腐败变质。

13.4.1　油脂回味

许多油脂在贮存过程中过氧化值很低时，形成不良风味，这称为回味，即油的风味回复到毛油原先的风味。但实际上形成的是与毛油不相同的不良风味，是油脂劣变的初期阶段所产生的气味，准确地说应称为“退化”。含有亚油酸和亚麻酸较多的油脂，例如豆油、亚麻油、菜籽油和海产动物油容易产生这种现象。海产动物油回味现象十分突出，而植物油中，大豆油的回味问题比较严重。油脂的回味和酸败味略有不同，并且不同的油脂有不同的回味。豆油回味由淡到浓被人们称为“豆味”“青草味”“油漆味”及“鱼腥味”，氢化豆油有“稻香味”。关于回味成分的研究早在1936年就见报道，研究证实3-顺式-己烯醛是豆油中的回味物质之一，是由亚麻酸氧化生成的戊烯基呋喃类化合物，其他可能产生回味物质的还有亚油酸（亚油酸酯氧化生成戊烷基呋喃类化合物）、磷脂、不皂化物、氧化聚合物等。

13.4.2 油脂酸败味

油脂及其制品产品贮存不当或时间过长，在空气中氧及水分的作用下，稳定性较差的油脂分子会逐渐发生氧化及水解反应，产生低分子油脂降解物，这一现象称油脂酸败。酸败的特征是酸败油中低分子降解物发出强烈的刺激性臭味，俗称“哈喇味”，这种刺激性气味比回味剧烈得多。油脂酸败可分为氧化酸败和水解酸败两类。饱和程度较低的脂肪酸甘油酯因其稳定性差，易发生氧化酸败；相对分子质量较低的脂肪酸甘油酯水解速度较快，易发生水解酸败；人造奶油等制品因含有水相，也较易发生水解酸败。

（1）氧化酸败　氧化酸败是油脂受光、微量金属元素等的诱发而与空气中氧缓慢而长期作用的结果。各种油脂长期贮存后出现不同程度的氧化酸败，因而氧化酸败是油脂制品劣变的最主要方面。一般认为，油脂氧化后先生成过氧化物，而后分解或聚合成多种产物，如醛类、酮类、醇类、脂肪酸、环氧化物、烃、内酯、氢过氧化物、二聚物及三聚物等，其中以醛类、酮类居多。醛类产物主要存在于大豆油、玉米油、橄榄油、棉籽油等不饱和酸含量较高的酸败产物中，如豆油的酸败产物有戊烯醛、2-已烯醛、2-庚烯醛、2，4-庚二烯醛等；酮类产物则主要存在于C_6～C_{14}低碳链饱和脂肪酸酯的酸败产物中，如奶油、椰子油等的酸败产物中存在甲基戊酮、甲基庚酮、甲基壬酮等。醛类及酮类都是氧化酸败的产物。醛类产物是双键氧化、断键产生的，酮类产物则主要是低分子脂肪酸经β-羧基化、脱羧后产生的。据报道，酮类产物除受光、微量金属诱发外，更多的是受微生物、酶的诱发而产生的，因而，即使在空气氧化可能性极小的条件下，该反应亦可发生。

（2）水解酸败　如前所述，油脂的水解酸败属酶促水解作用，主要发生在含脂解酶较多的油品中，如人造奶油等深加工产品以及米糠油等。人造奶油中含有近30%的水分，且饱和程度高的低碳脂肪酸较多，受微生物、酶的作用，易发生水解酸败。又因为是乳状物，热稳定性极差，因而也易受温度影响，因熔化导致水解酸败。人造奶油水解酸败产物为丁酸、己酸和辛酸等，这些物质产生恶臭气味。因而人造奶油必须在规定的温度（－5～5℃）贮存，其细菌数也要求控制在规定值内。

酸败的油脂不仅气味难闻，而且严重酸败的油脂还呈现毒性，甚至导致食用中毒事件。对酸败油脂毒性成分的研究由来已久，现在已有定论，认为致毒成分主要是油脂与空气中氧作用产生的过氧化物。据报道，过氧化物中5～9个碳的4-氢过氧基-2-烯醛的毒性最大。这种成分在过氧化值由最高点趋向减小时生成量最多，它能顺利地通过肠壁向体内转移而致毒。

回味和酸败都是油脂劣变所产生的现象，在某些方面很相似，但两者有所区别。一般说来，回味是酸败的先导，即起初是“回味臭”。当油脂劣变到一定深度，便产生强烈的“酸败臭”。但由于油脂的劣变过程相当复杂，故有时两者并存，无明显的界限之分。

油脂酸败现象是油脂及富脂食品通常会遇到的问题。目前，在油脂加工和储藏过程中可通过油脂精炼除去杂质、水分及钝化酶活；添加抗氧化剂；采用低温避光隔氧等方式预防油脂酸败。

13.4.3 牛乳日照臭

牛乳在加工储藏中会受到热、氧、光、酶等的影响，产生各种异味，使其风味明显劣化，严重的导致腐败变质不能食用。其中日照臭较为突出，日照臭主要是含硫氨基酸（如蛋氨酸）在光照下降解为β-甲巯基丙醛的结果。乳脂肪氧化形成的氧化臭，主要成分是C_5～C_{11}的醛类，尤其是2，4-辛二烯醛和2，4-壬二烯醛。乳脂肪在解酯酶作用下，水解成低级脂肪酸，会使牛乳产生酸败味。牛乳长期储藏还会产生旧胶皮味，其主要成分是邻氨基苯乙酮。目前采用短时灭菌、在低温下流通销售、使用具有UV吸收能力的功能性容器和添加抗氧化剂等各种方法来解决此问题。研究表明，向牛乳中添加抗坏血酸与金属离子，可以减轻光照对牛乳风味的影响。

13.5　微生物腐败

食品腐败变质是指食品受到各种内外因素的影响，导致其原有的理化性质及感官性状发生改变，降低或失去其营养价值和商品价值的过程。引起腐败变质的因素主要包括物理因素（温度、光照和水分等）、化学因素（酶促反应和非酶化学反应）和生物因素（微生物、昆虫、寄生虫等）的作用。其中微生物引起的食品腐败变质是最普遍的，因此，从狭义上讲，食品的腐败变质是指在一定条件下，食品中的微生物达到一定数量后导致食品的品质发生可监测到的变化。如肉类的腐败，果蔬的发酵、腐烂，粮食的霉变等均是微生物引起的有害变化。

13.5.1　微生物引起食品腐败的原因

通常微生物主要以两种方式引发食品腐败：①通过活细胞的生长繁殖及其对食品成分的分解代谢引起食品腐败，也是较为重要的一种。②是在没有活细胞存在的情况下，通过它们的胞外酶和胞内酶与食品成分发生反应从而导致食品腐败。因为微生物细胞正常死亡或者被非热处理致死后（如破损），胞内酶和胞外酶并未失活或被破坏，所以即使在没有活的微生物细胞存在或生长的情况下，这些酶仍然可以引起食品腐败变质。

几乎所有食品都含有一定量能被微生物生长繁殖所利用的碳水化合物、蛋白质和脂类，微生物利用这些营养物质使其细胞数量增长并产生代谢产物，降低食品的可接受品质。不同的微生物对这些物质的代谢能力不同。因此，微生物种类及其对食品成分的代谢差异，会导致食品的腐败变质特征也各不相同。通常，为了产生能量，微生物会优先利用可代谢单糖、双糖和大分子碳水化合物；其次是非蛋白类含氮化合物、小肽和大分子蛋白质类物质；最后才是脂类物质。对于同一种营养物质，小分子物质总是比大分子物质（聚合物）会被优先利用。此外，代谢特征还取决于特定的微生物能否利用特定的碳源（如能否利用乳糖）以及存在的浓度（有限的还是高浓度）。例如新鲜的肉类碳水化合物含量少，容易发生由微生物降解非蛋白类含氮化合物和蛋白质类化合物而导致的腐败。

微生物对食品的腐败作用主要是由微生物酶类的催化作用造成的。大部分微生物酶是胞内酶存在于细胞内，主要作用于通过转运机制运输至细胞内的营养成分。另外，微生物也能合成一些胞外酶，结合在细胞表面或分泌到食品环境中，可以将食品中的大分子营养物质（如多糖、蛋白质和脂类）水解成小分子成分，便于转运到细胞内消化吸收。微生物细胞非热死亡或裂解后，其胞内酶被释放出来，把食品中复杂的大分子营养物质降解成简单小分子，可被其他微生物利用，这一特性也给各类微生物提供了一个共同繁殖的机会。

如果食物富含低分子质量可代谢碳水化合物（单糖、双糖及其衍生物，如 6-磷酸葡萄糖）、含氮化合物（小肽、氨基酸、核苷、核苷酸、尿素、肌酸酐和三甲胺氧化物）、游离脂肪酸和一些有机酸（乳酸、柠檬酸和苹果酸）。很多腐败微生物，尤其是腐败细菌可以直接利用这些低分子质量的食品成分，使其在食品中的数量增至 $10^7 \sim 10^9$ cfu/mL（/g 或/cm^2），造成可以检测到的食品腐败。因此，不需要合成胞外酶水解食物中大分子来提供额外的营养成分，就可引发食品腐败。事实上，对假单胞菌属和芽孢杆菌属的研究表明，低分子质量含氮化合物存在时，胞外蛋白酶的合成受到抑制。当小分子物质被利用完之后，抑制机制才被解除，从而引发胞外蛋白酶的合成和分泌。蛋白酶将食品中大分子蛋白质水解成小肽和氨基酸，用于物质转运和细菌内源代谢，这反过来又加剧了食品的腐败变质。

一般来说，微生物代谢低分子质量营养物质导致的食品腐败变质发生在微生物生长的早期，由胞外酶降解大分子物质引起的腐败出现在一系列腐败的后期。因此，对于微生物引发的食品腐败变质，一系列的现象或过程通常按顺序发生。首先，微生物会从一个或多个途径进入到食品中；接下来，食品内部环境（如 pH、水分活度、氧化还原电势、营养物质和抑制剂等）可能会满足一种或多种腐败微生物的生长；最后，食品的储藏温度需适合微生物的生长，且微生物必须在这样的条件下生长繁殖足够长的时间才能使食品发生腐败。通常食品的内外因素和环境条件决定何种微生物会快速繁殖成为优势菌，从而导致腐败的发生。但是，当优势微生物生长繁殖时，其产生的代谢物质将会改变食品的环境。在这种被改变的环境中，一些原先存在但没有竞争力的其他种，可能会快速生长并成为优势菌，其代谢物会进一步改变食品环境，从而导致第3种微生物快速生长。如果经过足够长的时间，优势微生物类型和食品腐败的特点都会发生改变。

13.5.2 导致食品腐败变质的微生物种类

引起食品腐败变质的微生物种类很多，主要有细菌、霉菌和酵母。食品种类不同，污染的微生物种类也不同，且食品所处的环境条件不同，变质快慢程度也不同。相对于霉菌和酵母，细菌的代时短繁殖快，因此细菌是引起许多食品腐败的主要原因。

13.5.2.1 细菌

一般细菌都有分解蛋白质的能力，主要是通过分泌胞外蛋白酶来实现的。其中分解能力较强的属种有：芽孢杆菌属、梭状芽孢杆菌属、假单胞菌属、变形杆菌属等。例如引起罐头腐败变质的肉毒梭状芽孢杆菌。细菌分解淀粉的种类不及分解蛋白质的种类多，其中只有少数种能力较强。例如，引起米饭发酵、面包黏液化的主要菌种是枯草杆菌、巨大芽孢杆菌、肠膜芽孢杆菌。细菌分解脂肪能力较强的是荧光假单胞菌。食品中常见腐败菌如下：

（1）芽孢杆菌属　分布于土壤、植物、腐殖质及食品上，芽孢耐热对外界抵抗力强。多数种能分解蛋白质，发酵葡萄糖产酸不产气。该属中重要的腐败菌有枯草芽孢杆菌、蜡样芽孢杆菌、凝结芽孢杆菌、嗜热脂肪芽孢杆菌、巨大芽孢杆菌等，能引起乳类、淀粉类食品的腐败，以及低酸性或中酸性蔬菜、肉罐头的平酸败坏。

（2）梭状芽孢杆菌属　分布于土壤、腐败植物、食品、人和动物的肠道中。发酵糖类产酸产气，分解氨基酸产生 H_2S、粪臭素、硫醇等恶臭成分，芽孢耐热对外界抵抗力强。引起肉、鱼、乳、果蔬等制品及低酸性罐头食品腐败变质，该属中的肉毒梭菌和产气荚膜梭菌能分别产生肉毒毒素和肠毒素，引起毒素型食物中毒。

（3）假单胞菌属　分布于土壤、水及冷藏食品中，该属中多数种能分解蛋白质和脂肪，如荧光假单胞菌、铜绿假单胞菌及恶臭假单胞菌等。一些种为嗜冷菌，能在5℃低温下生长良好，该属是肉类、蛋类、乳类、鱼贝类和果蔬等冷藏食品的重要腐败菌。

（4）黄杆菌属　分布于水和土壤中，分解蛋白质能力强，大部分特征与假单胞菌属相似。植物病原菌，利用植物中的糖类产生脂溶性色素，导致果蔬腐烂呈现黄色、橙色或黄绿色、红色。该属菌也能引起冷藏乳、肉、禽、蛋、水产品等的腐败变质。

（5）变形杆菌属　存在于水、土壤及人和动物的肠道中，分解蛋白质能力强，产生 H_2S。该属菌能引起冷藏乳类、肉类、蛋类等腐败变质，是食品中的重要腐败菌。该属中一些菌株能产生肠毒素，引起急性胃肠炎，是肠道致病菌。常见种：普通变形杆菌。

（6）沙门菌属　广泛分布于自然界，常污染乳、蛋，尤其是肉类。不发酵乳糖，发酵葡萄糖产酸产气，能分解蛋白质产生 H_2S。通常引起冷藏蔬菜、肉类变质。该属所有菌株均有内毒素，个别菌株产生肠毒素是肠道致病菌，是食源性疾病的主要诱因。

（7）产碱杆菌属　存在于水、土壤、原料乳或动物排泄物中。能使富含蛋白质的食品如乳、肉、蛋等发黏变质，但不分解酪蛋白。

（8）微球菌属　存在土壤、水、人及动物体表，分解蛋白质和脂肪能力较强，引起冷藏乳、肉、鱼、豆制品等食品腐败变质。

（9）葡萄球菌属　存在于自然界、人及动物的体表，在食品机械表面也能生长，是重要的食品腐败菌。该属中的致病性金黄色葡萄球菌可产生肠毒素引起人食物中毒。

13.5.2.2 霉菌

霉菌具有较强的糖化及蛋白质水解能力，也能将脂肪分解利用。与细菌相比霉菌生长所需要的Aw值（0.94～0.73）低得多，因此霉菌易污染含水量较少的食品、谷物等，在适宜条件下生长繁殖，引起发霉变质。有些霉菌在食品中生长产生毒素，对人畜健康造成极大危害。引起食品霉变的重要霉菌如下：

（1）曲霉属　该属中的黄曲霉和寄生曲霉除引起霉变外，还能产生黄曲霉毒素，使粮食、饲料和食品带毒，进而引起人畜食物中毒。米曲霉、灰绿曲霉、白曲霉、烟曲霉、局限曲霉等易引起低水分食品及粮食霉变。构巢曲霉、杂色曲霉均能引起粮食霉变，且可产生杂色曲霉毒素。赭曲霉引起粮食霉变，产生赭曲霉毒素A。黑曲霉能引起果蔬黑腐及高水分粮食霉变。

（2）青霉属　该属多数种耐低温和干燥，引起冷藏肉、蛋霉变，引起柑橘、苹果、葡萄、梨上的青绿色或蓝绿色霉斑。有些能产生毒素，如岛青霉、橘青霉和黄绿青霉浸染大米后产生“黄变米”毒素；扩展青霉和草酸青霉产生展青霉毒素；圆弧青霉、纯绿青霉、产黄青霉等可产生赭曲霉毒素A。

（3）镰刀菌属　该属能引起粮食和食品霉变，其中有些可产生真菌毒素。有些是植物病原菌及人和动物病原菌，如禾谷镰刀菌、串珠镰刀菌、雪腐镰刀菌等，引起麦类赤霉病，及玉米、水稻、高粱等发生穗腐、茎腐等，产生玉米赤霉烯酮毒素、脱氧雪腐镰刀菌烯醇毒素、伏马菌毒素等，人畜食用后引起中毒。

（4）毛霉属　分解糖类和蛋白质能力强，主要存在于发酵食品、熏肉及蔬菜中，并能使高水分粮食霉变。

（5）根霉属　糖化能力强，常引起馒头、面包、米饭、甘薯等淀粉质食品和潮湿的粮食发霉变质，或引起果蔬腐烂。有些菌株引起牛肉和冻羊肉黑色霉斑。

13.5.2.3　酵母

与细菌和霉菌相比，酵母利用物质的能力更弱，能分解糖类，但分解蛋白质、脂肪的能力很弱。在酿造工业及面包制作中常用酵母发酵糖类产生乙醇、CO_2 等，如啤酒酵母、葡萄汁酵母。大多数酵母在含糖量高或含一定盐分的食品上良好生长，导致这类食品腐败变质，如球拟酵母、汉逊氏酵母等能引起蜜饯、蜂蜜等变质，毕赤氏酵母可在酱油和盐渍食品表面形成菌醭。个别酵母如解脂假丝酵母，对食品中的蛋白质、脂肪有很强的分解能力，也可引起食品腐败。

13.5.3　微生物导致食品腐败变质的过程

微生物导致食品腐败变质主要是指微生物利用自身酶将食品中的大分子营养成分分解成小分子供生长繁殖所需，同时产生代谢产物释放到食品体系中，积累到一定程度使食品呈现腐败特征。食品能被微生物利用的营养物质主要是能为其生长提供碳源、氮源的物质，如蛋白质、脂肪和碳水化合物等。因此，食品腐败变质的过程也主要是围绕这3大营养素的分解进行的。

13.5.3.1　蛋白质分解

如前所述，分解蛋白质的微生物种类很多。一般真菌分解蛋白质能力强，并能分解天然蛋白质，如曲霉属、毛霉属等。而多数细菌不能分解天然蛋白质，但能分解变性蛋白及蛋白质的降解产物（蛋白胨、肽和氨基酸等），如芽孢杆菌属、梭状芽孢杆菌属、假单胞菌属、变形杆菌、产碱菌属、黄杆菌属、克雷伯菌属、微球菌属、肠球菌属、肠杆菌属等。

微生物对蛋白质和多肽的降解通常分两步完成：首先在微生物分泌的胞外蛋白酶作用下蛋白质水解生成短肽，然后微生物将短肽（8～10个氨基酸长度的肽）运至细胞内，在肽酶作用下被分解成氨基酸，氨基酸再进一步被分解利用，产生代谢产物，进而出现腐败特征。肽酶是一种胞内酶，在活细胞中分解进入细胞内的短肽，供菌体自身生长繁殖所需；在细胞死亡或自溶后释放到环境中，可将食品体系中的短肽分解氨基酸，供其他微生物利用。根据肽酶作用部位不同，分为氨肽酶和羧肽酶。氨肽酶作用于有游离氨基端的肽键，羧肽酶作用于有游离羧基端的肽键。

肉、禽、鱼、蛋和豆制品等富含蛋白质的食品，其腐败变质特征以蛋白质分解为主。蛋白质在动、植物组织酶以及微生物分泌的蛋白酶、肽酶等的作用下，首先将蛋白质水解成多肽，进而裂解形成氨基酸。氨基酸再通过一系列脱羧基、脱氨基、脱硫等作用进一步分解为相应的氨、胺类、有机酸类和各种碳氢化合物，食品即表现出腐败特征。蛋白质分解产生的主要腐败产物介绍如下。

（1）氨基酸的降解

①脱氨反应　在氨基酸脱氨反应中，直接脱氨则生成不饱和脂肪酸，通过氧化脱氨生成羧酸和α-酮酸，若还原脱氨则生成有机酸。如

$$\text{RCHNH}_2\text{COOH（氨基酸）}\rightarrow$$
$$\text{RCH=CHCOOH（不饱和脂肪酸）}+\text{NH}_3$$
$$\text{RCHNH}_2\text{COOH（氨基酸）}+\text{O}_2\rightarrow$$
$$\text{RCOOH（羧酸）}+\text{NH}_3+\text{CO}_2$$
$$\text{RCHNH}_2\text{COOH（氨基酸）}+\text{O}_2\rightarrow$$
$$\text{RCH}_2\text{COCOOH（}\alpha\text{-酮酸）}+\text{NH}_3$$
$$\text{RCHNH}_2\text{COOH（氨基酸）}+\text{H}_2\rightarrow$$
$$\text{RCH}_2\text{CH}_2\text{COOH（脂肪酸）}+\text{NH}_3$$

②脱羧反应　氨基酸脱羧基生成胺类，是碱性含氮化合物，如胺、伯胺、仲胺及叔胺等具有挥发性和特异的臭味。有些微生物能脱氨、脱羧同时进

行，通过加水分解、氧化和还原等方式生成乙醇、脂肪酸、碳氢化合物和氨、CO_2。如：

赖氨酸→尸胺＋CO_2

乌氨酸→腐胺＋CO_2

丙氨酸＋O_2→乙酸＋NH_3＋CO_2

甘氨酸＋H_2→甲烷＋NH_3＋CO_2

甘氨酸→甲胺＋CO_2

色氨酸→粪臭素 ＋NH_3＋CO_2

组氨酸→组胺＋CO_2

酪氨酸→酪胺＋CO_2

（2）胺的分解　腐败中生成的胺类通过细菌的胺氧化酶进一步分解。最后生成氨、水和 CO_2

RCH_2NH_2(胺)＋O_2→$RCHO$＋NH_3＋H_2O_2

生成的过氧化氢通过过氧化氢酶被分解，醛经过酸再分解为 CO_2 和 H_2O。

（3）硫醇的生成　硫醇是通过含硫化合物的分解而生成的。例如，甲硫氨酸被甲硫氨酸脱硫醇脱氨基酶作用，进行如下的分解作用。

$CH_3SCH_2CHNH_2COOH$(蛋氨酸)＋H_2O→
CH_3SH(甲硫醇)＋NH_3＋$CH_3CH_2COCOOH$(α-酮酸)

（4）甲胺的生成　鱼、贝、肉类的正常成分三甲胺氧化物可被细菌的三甲胺氧化还原酶还原生成三甲胺，有毒，且具有特殊鱼腥臭味。此过程需要有细菌进行氧化代谢的物质（有机酸、糖、氨基酸等）作为供氢体。

上述蛋白质代谢产物在食品腐败变质中非常重要，它们中大多数与腐败（恶臭）和健康危害有关，如色氨酸代谢产生的吲哚和甲基吲哚，赖氨酸和精氨酸代谢产生的腐胺和尸胺，组氨酸代谢产生的组胺，酪氨酸代谢产生的酪胺，半胱氨酸和蛋氨酸代谢产生的含硫化合物（H_2S、硫醇和硫化物）等。这些物质都是蛋白质腐败产生的主要臭味物质，且多数物质对人体有毒害作用。

13.5.3.2　脂肪的分解

脂肪发生变质的特征是产生酸和刺激的“哈喇”气味，因此又称为脂肪酸败。油脂酸败主要是油脂自身氧化过程，其次是水解。油脂的自身氧化是一种自由基的氧化反应，属于化学反应；而水解则与微生物有关，是在微生物或动物组织中的解脂酶作用下，将食物中的脂肪分解成甘油和脂肪酸的过程。食品中重要的、能释放解脂酶（水解酶类）的微生物主要有：真菌中的曲霉属、白地霉属和青霉属；细菌中的产碱杆菌属、肠杆菌属、黄杆菌属、微球菌属、假单胞菌属、沙雷菌属、葡萄球菌属等。本节仅介绍与微生物相关的脂肪水解作用。

（1）脂肪水解　脂肪可作为微生物的碳源和能源被微生物缓慢利用，但如果环境中有其他容易利用的碳源与能源物质时，脂肪类物质一般不被微生物利用。在缺少其他碳源与能源物质时，微生物能分解与利用脂肪进行生长。由于脂肪是由甘油与三个长链脂肪酸通过酯键连接起来的甘油三酯，是大分子物质不能直接进入细胞，细胞内储藏的脂肪也不可直接进入糖的降解途径，均要在脂肪酶的作用下进行水解。脂肪在微生物脂肪酶的作用下（胞外酶对胞外的脂肪作用，胞内酶对胞内的脂肪作用），水解成甘油、脂肪酸及其不完全分解的产物，如甘油一酯、甘油二酯（图 13-4）。

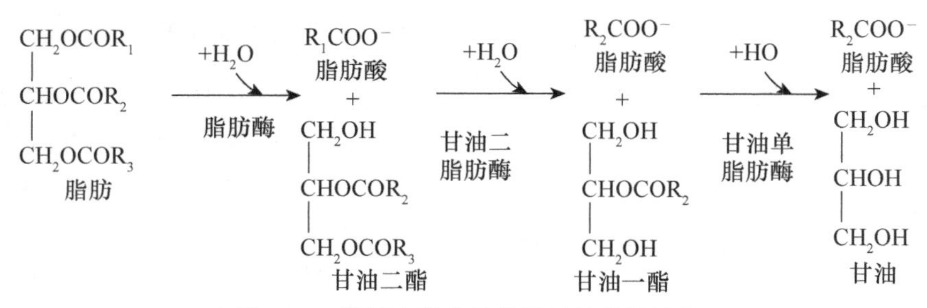

图 13-4　脂肪在微生物作用下的分解过程

（2）脂肪酸的分解　多数细菌对脂肪酸的分解能力很弱。但是脂肪酸分解酶系诱导酶，在有诱导物存在情况下，细菌也能分泌脂肪酸分解酶，而将脂肪酸氧化分解。如大肠杆菌有可被诱导合成脂肪酸分解酶系，使含 6～16 个碳的脂肪酸靠基因转位机制进入细胞，同时形成乙酰 CoA，随后在细胞内进行脂肪酸的 β-氧化。

（3）甘油的分解　甘油可被微生物作为碳源迅速吸收利用。甘油在甘油酶催化下生成 α-磷酸甘油（图 13-5）。

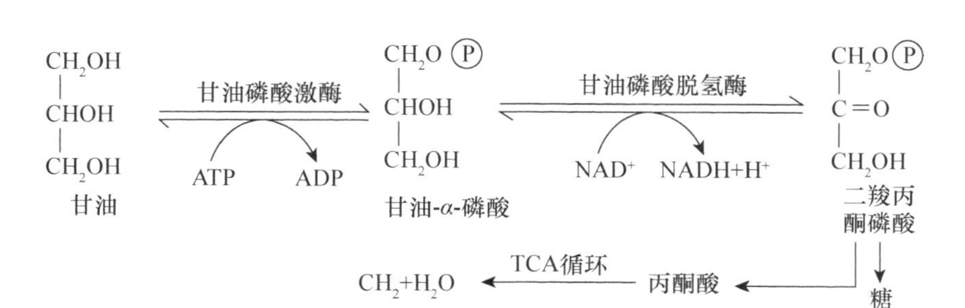

图 13-5 甘油在微生物作用下的分解过程

13.5.3.3 碳水化合物分解

食品中的碳水化合物包括单糖、双糖、多糖、果胶、纤维素等。含这些成分较多的食品主要是粮食、蔬菜、水果和糖类及其制品，在微生物及动植物组织中的各种酶及其他因素作用下，这些食品成分被分解成单糖、醇、醛、酮、羧酸、CO_2 和水等低级产物，因此，碳水化合物食品的变质特征为酸度升高、产气和稍带有甜味、醇类气味等。

一般来说，碳水化合物是能量产生的最主要来源，但微生物降解各种碳水化合物的能力也有很大的差别。通常单糖、双糖能直接进入细胞，在胞内酶的作用下通过不同途径被降解，形成多种类型的中间产物和终产物，代谢途径取决于单糖的类型和数量、微生物的类型和系统的氧化还原电位。食品中所有重要的微生物都能代谢葡萄糖，但是利用果糖、半乳糖、丁糖和戊糖的能力不尽相同。多糖、纤维素、果胶等需被分泌在食品中的微生物胞外酶分解为单糖和双糖，才能进一步转移、代谢。产生这些胞外酶的微生物主要有：霉菌、芽孢杆菌的一些种和梭状芽孢杆菌的一些种以及几种其他细菌。果蔬中的微生物降解这些多糖，特别是果胶和纤维素，会影响产品的质构特性，并降低产品的可接受质量。

13.5.4 各类食品腐败变质

不同种类食品由于基质不同，可能存在的优势微生物类群也不同，因而呈现的腐败变质特征也各不相同。微生物的种类、食品种类和食物环境（内在和外在），在决定食品腐败变质的优势微生物方面起着重要的作用。在良好的卫生环境条件下生产的食品，初始菌数通常会大大低于腐败发生的微生物水平。但随着储藏时间延长或储藏条件发生改变，食品中某些微生物的大量增殖，达到腐败检测水平，使食品出现腐败现象。

13.5.4.1 生鲜肉类

生鲜肉类富含蛋白质类营养成分，因此其腐败特征以蛋白质的降解为主。来源于畜禽类的新鲜肉中含有大量潜在的腐败菌，包括假单胞菌属、变形杆菌属、产碱杆菌属、不动杆菌属、莫拉菌属、希瓦菌属、气单胞菌属、埃希菌属、肠杆菌属、沙雷菌属、哈夫尼菌属、索丝菌属、微球菌、肠球菌属、乳杆菌属、明串珠菌属、肉食杆菌属、梭菌属，以及酵母和霉菌。这些腐败微生物的优势菌群取决于肉中可利用的营养成分、含氧量、pH、储藏温度、储藏时间以及在特定环境中微生物的代时。

为了延缓微生物所导致的腐败，新鲜肉一般在冷藏温度下（≤5℃）贮存、销售。因此，通常情况下，生鲜肉中主要的腐败微生物是嗜冷菌。在低温有氧条件下，有利于好氧和兼性厌氧的嗜冷菌生长。在零售分割肉中，假单胞菌由于代时短而快速增殖，先利用葡萄糖然后利用氨基酸；在代谢氨基酸的同时伴随着有恶臭味的甲硫醚、酯类和酸的产生。在高 pH 或（和）低葡萄糖含量的肉中，不动杆菌和莫拉菌快速增殖，优先代谢氨基酸而非葡萄糖，产生不良气味。这些严格好氧菌所致腐败，会导致异味的产生，也能引起新鲜肉色泽劣变，如红色的氧合肌红蛋白经过氧化变成灰色或褐色的高铁肌红蛋白。

嗜冷的兼性厌氧菌和厌氧菌能够在真空包装肉制品中生长造成不同类型的腐败。弯曲乳杆菌和清酒乳杆菌能够代谢葡萄糖产生乳酸，将亮氨酸和缬氨酸转化为异戊酸和异丁酸。当代谢半胱氨酸产生硫化氢时，产品会有不良的气味和颜色。异型乳酸发酵的肉色明串珠菌和硬明串珠菌所产生的二氧化碳和乳酸会导致包装中气体和液体的聚积。腐败希瓦菌在好氧和厌氧条件下都能生长，代谢氨基酸（特别是半胱氨酸）产生大量的甲硫醚和硫化氢，不但会散发出刺鼻的气味，且有氧存在时硫化氢与肌红蛋白反应生成绿色的硫代肌红蛋白，对肉正常的颜色造成不利的影响。兼性厌氧肠杆菌属、沙雷菌属、变形杆菌属和哈夫尼菌属在肉品中生长代谢氨基酸产生胺、氨气、甲基硫化物和硫醇，引起腐败。一些菌株也产生少量的硫化氢导致肉变绿。由于胺和氨气的生成，肉的 pH 通常会变为碱性，颜色变为粉红色甚至红色。嗜冷的梭菌，比如拉勒米梭菌会导致蛋白质水解，影响肉品的组织结构，造成包装中液体的积聚，产生以硫化氢为主的臭味。肉的颜色最初变为不正常的红色，然后变为绿色（由于肌红蛋白被硫化氢氧化）。一些梭菌或有可能是肠球菌，会导致牛后腿肉和火腿深部近骨处的骨酸败或骨周变质。

绞碎的肉由于具有更大的表面积，比零售分割肉腐败速度更快。在有氧条件下贮存，好氧菌（主要是假单胞菌）快速生长会造成这类产品气味、组织状态和颜色的变化，并产生黏性物质。在肉制品内部由于空气中的溶氧存在，最初是微好氧菌占据优势，随着溶氧耗尽厌氧和兼性厌氧菌的生长占优势。在真空包装产品中，厌氧菌（主要是乳酸菌）的生长在初始阶段占据主导地位，发酵糖类产生乳酸，使食品体系 pH 降低。异型发酵的乳酸菌（如肠膜明串珠菌、短乳杆菌、发酵乳杆菌等），除产生乳酸外，还会产生二氧化碳等气体，导致包装胀袋。当葡萄糖消耗完，一些乳酸菌也可以通过代谢氨基酸生长，产生腐败气味。

13.5.4.2 鲜乳及巴氏灭菌乳

鲜乳的基本组成为蛋白质 3.2%、碳水化合物（乳糖）4.8%、脂类 3.9%、矿物质 0.9%。除了酪蛋白和乳清蛋白，鲜乳还含有游离氨基酸，能够为微生物提供良好的氮源，有利于微生物生长。鲜乳中含有不同来源的多种类型的微生物，主要来自乳头导管、动物的体表、饲料、空气、水、挤乳和储藏设备。即使是健康乳畜的乳房内也存在微生物，主要是微球菌、链球菌、棒杆菌属等。正常情况下，鲜乳中微生物含量小于 10^3 cfu/mL。如果牛患有乳腺炎，则乳汁中就会有较多的无乳链球菌、金黄色葡萄球菌、大肠菌群和假单胞菌等。来自外源途径（如动物体表、饲料、土壤、水等）污染的微生物主要是乳酸菌、大肠菌群、微球菌、葡萄球菌、肠球菌、芽孢杆菌、梭状芽孢杆菌等。

鲜乳的微生物腐败可能产生于乳糖、蛋白质、脂肪酸（非饱和）的代谢以及甘油三酯的水解。假如牛乳刚被挤出后就立即冷藏数天，腐败则主要由革兰氏阴性嗜冷性杆菌所引起，如假单胞菌、产碱杆菌、黄杆菌以及一些大肠菌群。假单胞菌以及相关的种，不能代谢乳糖，但可分解蛋白质，改变其正常风味，产生苦味、果味或不洁味。这类微生物也可产生热稳定性的脂酶，分解乳脂释放出小分子的挥发性脂肪酸（丁酸、癸酸、己酸）产生异味，以及产生热稳定性的蛋白酶。大肠菌群能代谢乳糖产生乳酸、乙酸、甲酸、二氧化碳和氢气（通过混合酸发酵），会导致凝乳、产生泡沫和牛乳的酸化等。一些产碱杆菌（粪产碱杆菌）和大肠菌群也能通过产生黏性胞外多糖使牛乳变黏稠和拉丝。然而，如果原料乳不立即冷藏，一些嗜中温微生物，如乳球菌、乳杆菌、肠球菌、微球菌、芽孢杆菌、梭菌和大肠菌群细菌，以及假单胞菌、变形杆菌等微生物的生长会占据优势。但是，由于牛乳的碳水化合物主要为乳糖，与不能代谢乳糖的微生物相比，含有乳糖水解酶的微生物更具有生长优势，如乳球菌和乳杆菌一般会优先生长，产生大量的酸而大幅度降低 pH，减缓或抵制其他微生物的生长。在这种情况下，变质主要表现在牛乳的凝固和酸化。假如其他微生物也生长，产气、蛋白水解、脂肪水解就更为明显。在一般情况下，酵母和霉菌不会生长。

耐热的细菌，如微球菌、肠球菌、一些乳杆菌、链球菌、棒杆菌以及芽孢杆菌和梭菌的芽孢，经过巴氏杀菌仍可存活。另外，如果大肠菌群、假单胞菌、产碱杆菌、黄杆菌等微生物以巴氏杀菌后污染的形式进入产品，也会造成巴氏杀菌后的污染。由于这些嗜冷污染菌的生长，巴氏杀菌乳在冷藏条件下贮存时货架寿命是有限的，其腐败变质的模式与原料乳相同。嗜冷性芽孢杆菌的芽孢，经过巴氏杀菌存活、萌发和增殖，参与巴氏杀菌乳冷藏期间的腐败变质。有些分泌卵磷脂酶，水解脂肪球膜的磷脂，导致脂肪球的聚集，附着在容器的表面，影响乳的感官品质。

13.5.4.3 鱼和贝类

鱼和贝类富含非蛋白类含氮化合物（游离氨基酸、氧化三甲胺以及肌酐等）、肽和蛋白质，几乎不含碳水化合物，pH 一般高于 6.0。由于自溶酶的作用、不饱和脂肪酸的氧化以及微生物的繁殖，鱼贝类很容易发生腐败。由于鱼贝类生活的水域污染程度和温度不同，这些产品中微生物的数量也有很大差别，肌肉中通常无菌，但鳞、鳃和肠道中存在一定数量的微生物。如果鱼类的捕捞后不及时去除内脏，则容易发生以自溶酶为主的蛋白质水解作用，水解产物更易被微生物利用。微生物腐败是由微生物的类型、数量，鱼的生长环境、鱼的种类，捕获的方法以及后续处理所决定的。海水鱼的主要腐败菌有嗜盐弧菌以及假单胞菌、交替单胞菌、黄杆菌、肠球菌、微球菌、大肠菌群和致病菌（如副溶血性弧菌、创伤弧菌及 E 型肉毒梭菌）。淡水鱼的主要腐败菌有假单胞菌、黄杆菌、肠球菌、微球菌、芽孢杆菌以及大肠菌群细菌。嗜冷性假单胞菌由于代时相对短，在有氧条件下，在冷藏温度或稍高的温度下储藏时，易成为优势菌。在真空或充二氧化碳气体条件下，乳酸菌（包括肠球菌）会成为优势菌。

鱼贝类中的腐败微生物最初通过代谢小分子的非蛋白类含氮化合物，产生不同类型的挥发性化合物，如氨气、三甲胺、组胺、腐胺、尸胺、吲哚、硫化氢、硫醇、二甲基硫醚（尤其通过腐败希瓦菌产生）以及挥发性脂肪酸（乙酸、异丁酸、异戊酸）。一些菌株产生胞外蛋白酶将鱼类蛋白水解为肽和氨基酸，供腐败菌进一步代谢。挥发性化合物会产生不同类型的异味，即陈腐味、鱼腥味（来源于三甲胺）以及腐烂味。细菌的大量生长，导致鱼体表面产生黏液、鱼鳃和眼睛变色（全鱼）、丧失正常肌肉质地（蛋白水解造成的软化）等，同时带有特异性臭味，呈现腐败特征。

咸鱼，尤其是较咸的鱼，易于被嗜盐细菌，如弧菌（在低温下）和微球菌（在高温下）引发腐败。熏鱼，尤其是水分活度较低的，能抑制大多数细菌的生长。但是，霉菌可以在其表面生长引起发霉。

青皮红肉鱼类，如鲐鱼、金枪鱼、沙丁鱼等，肌肉中组氨酸含量较高，当受到富含组氨酸脱羧酶的细菌污染，并在适宜的环境条件下，组氨酸即被组氨酸脱羧酶脱去羧基而产生组胺，当组胺积蓄到一定量后，易引起食物中毒。大肠埃希菌、产气杆菌、假单胞菌、变形杆菌和无色菌等均能分解组氨酸产生组胺。

一些海水鱼中不饱和脂肪酸含量高，微生物腐败的同时，还易发生不饱和脂肪酸的氧化酸败，如大麻哈鱼、金枪鱼、三文鱼、沙丁鱼等。

13.5.4.4 蔬菜和水果

新鲜蔬菜富含碳水化合物（5%或更多），蛋白质含量低（1%～2%），蔬菜（番茄除外）pH 范围在 5.0～7.0。蔬菜中的微生物主要来源于土壤、水、空气、野生或家养动物、昆虫、鸟类或机器设备，并随蔬菜种类而不同。叶类蔬菜的微生物主要来自空气，而块茎类蔬菜主要来自土壤。由于周围的环境以及种植和收获的条件不同，蔬菜中微生物数量和种类也有很大的区别。通常，蔬菜污染的微生物中含有各种不同的霉菌，如链格孢霉、镰刀霉菌、青霉和曲霉菌。主要的细菌类型是乳酸菌、棒状杆菌、肠杆菌、变形杆菌、假单胞菌、微球菌、肠球菌以及芽孢形成菌。如果使用人畜粪便作肥料，或者污水灌溉，蔬菜易被肠道病原菌污染。这些病原菌包括单核增生李斯特菌、沙门氏菌、志贺氏菌、致病性大肠杆菌（O157：H7）、弯曲杆菌、肉毒梭菌和产气荚膜梭菌。

如果蔬菜损伤或鲜切，则微生物更易生长，一些植物致病菌（如欧文菌）也将成为主要的污染菌。在储藏过程中，氧气、高湿以及高温都会加速腐烂。最常见的腐败由不同类型的霉菌引起，如青霉、链格孢霉、灰霉和曲霉等。引起蔬菜腐败的细菌主要包括假单胞菌、欧文菌、芽孢杆菌、梭菌。

微生物导致的蔬菜腐败变质常用“腐烂”来描述，伴随着外观的变化，如黑腐、灰腐、粉红腐、软腐和干腐。除了颜色的变化，微生物引起的腐烂也会导致风味的丧失和组织状态的变化。这在长期（3～4 周）冰箱保存并可能存在温度波动的即食沙拉和切片果蔬中更为明显。

冷藏、真空包装或气调包装、冷冻、干燥、热处理和化学防腐等手段广泛应用于蔬菜储藏加工中，可有效降低蔬菜的微生物腐烂。

新鲜水果碳水化合物含量高（一般为 10%或更高），蛋白质含量非常低（≤1.0%），由于有机酸的存在，pH 一般≤4.5。因此，水果或水果制品变质主要是由霉菌、酵母和耐酸的细菌（包括乳酸菌、醋酸杆菌、葡糖杆菌等）引起的。与新鲜蔬菜类似，新鲜水果也易于被青霉、曲霉、链格孢霉、灰霉、根霉等不同类型的霉菌侵染而引发腐烂。这些微生物通常来自空气、土壤、害虫和收获时使用的设备。为了降低腐烂，水果和水果制品会通过冷藏、冷冻、干燥、降低水分活度以及热处理进行保存。

粮豆类

谷物和豆类收割后，通过自然晾晒等方式快速脱除水分，一般含水量控制在10%～12%，水分活度降低至≤0.6，因此可以抑制微生物的生长。但如果在加工、储藏过程中，水分活度增加到0.6以上，一些霉菌就可以生长。青霉、曲霉和根霉等在储藏过程中会导致高湿度谷物的霉变。微生物主要来自土壤、空气、昆虫、鸟类和加工设备。

粮豆类制品淀粉含量很高，也含有单糖（如谷物）和蛋白质（如豆类），如冷冻面团、面包、软面食（通常拌以调味汁的意大利面食）和糕点（油酥糕点，千层酥）等。在储藏过程中，革兰氏阳性和革兰氏阴性细菌、酵母和霉菌能够在其中生长并产生异味。

13.5.4.5 微生物腐败的控制

食品来自动植物原料，因富含微生物赖以生长的营养成分，容易受到微生物的污染。完全阻止微生物入侵食品是不现实的，因此如何控制微生物侵入食品的途径，有效地控制微生物的生长，降低微生物对食品的污染危害，是食品加工企业及监管机构普遍关注的问题。目前采取的措施主要有消毒灭菌、控制微生物的生长条件、提高食品加工企业的卫生要求等方面。

(1) 灭菌　灭菌是采取较为强烈的方式将食品中的微生物杀灭，并维持在无菌状态下长期贮存的方法。分为热处理灭菌和非热处理灭菌两大类，其中热力杀菌可分为低温杀菌法（巴氏杀菌）、高温高压杀菌法和超高温瞬时杀菌法，非热力杀菌可分为超高压杀菌、化学药剂杀菌、辐射杀菌（γ-射线、微波、红外线等）及过滤除菌等。

①巴氏杀菌　巴氏杀菌一般是指在低于沸水温度下进行的热处理方式，由19世纪法国医生巴斯德首创，至今仍有一定的应用价值，如用于消毒牛奶和酒类等。巴氏杀菌是最早的杀菌方法，利用热水作为传热介质，杀菌条件为61～63℃，30 min，或72～75℃，10～15 min。由于温度较低杀菌不彻底，通常仅能杀灭液体中的病原菌或不耐热的杂菌，因此需要结合其他方式抑菌，如冷藏等。

②高温高压杀菌　通常用于罐头食品杀菌，一般温度高于100℃，最高121℃，压力超过一个大气压，杀菌时间在60～90 min。目前仍是热力灭菌中使用最普遍的一种方法，灭菌效果可靠，能杀灭所有微生物（不包括耐热菌的芽孢），达到罐头食品商业无菌要求。罐头工业主要的杀菌方式。对某些食品因长时间杀菌会使产品质量、营养成分受到很大损失。为此罐头工业中也有采用高温短时杀菌法。温度大于121℃。常用的有127℃、135℃，最高达150℃时间在几分钟到几秒钟。这种杀菌对流体类食品及采用转动杀菌装置的罐头其杀菌效果为最好。

③超高温瞬时杀菌　超高温瞬时杀菌（ultra high temperature，简称UHT），一般加热温度为125～150℃，加热时间2～8 s，加热后产品达到商业无菌要求。这种杀菌方法，能在瞬间达到杀菌目的，杀菌效果好，且由于食品受热时间极短，引起的化学变化很小，能较大限度地保持食品的原有品质。

④超高压杀菌　超高压杀菌（ultra high pressure，简称UHP），是将100～1 000 MPa的静态液体压力施加于食品物料上并保持一定的时间，起到杀菌、破坏酶及改善物料结构和特性的作用，是一种冷杀菌方法。超高压能够杀灭食品物料中的腐败菌、致病菌，但不会使食品色、香、味等物理特性发生变化，不会产生异味，因此加压后食品仍保持原有的生鲜风味和营养成分。该方法对设备和食品包装材料有特殊要求，应用有一定局限。

⑤辐射杀菌　辐照就是利用X射线、γ射线或加速电子射线（最为常见的是^{60}Co和^{137}Cs的γ射线，5 MeV以下的X射线，以及电子加速器产生的10 MeV以下的电子束），照射食品杀灭食品中微生物和虫害的一种冷灭菌方法。辐射对微生物的杀灭作用主要体现在两个方面，一是射线直接损伤细胞DNA，导致微生物代谢异常而死亡，二是辐照激活了食品体系中的极性分子（如水分子或游离基），这些物质与微生物体内的活性物质相互作用，使细胞生理机能受到影响。

⑥过滤除菌法　过滤除菌是通过机械作用滤去液体或气体中细菌的方法。根据需要选用不同的滤器或滤膜材料。目前在食品工业中，滤膜过滤除菌主要应用于液体食品中，如纯水的制备、果汁的浓缩等。此法除菌的最大优点是不会破坏液体食品中各种物质的化学成分。

(2) 抑菌　控制食品中微生物生长的方法有很多，目前食品工业中常用的介绍如下：

①控制水分活度　每种微生物都有其最适生长的水分活度范围，可通过水分活度有效控制微生物的生长。水分活度值若低于微生物能够耐受的最低值，则不能生长。不同种类微生物对水分的耐受有

很大差异，如霉菌可在低水分下生长，细菌则需在较高水分下生长。通常，在水分活度低于0.7时，绝大多数微生物都不能生长。在食品工业中降低水分活度的方法主要从脱水和改变水分状态两方面着手。脱水方法如热空气干燥、喷雾干燥、真空干燥和冷冻干燥等，而盐腌或糖渍可将食品自由水变为结合水，从而有效降低水分活度（二维码13-1）。

二维码 13-1 微生物与水分活度

②控制pH 绝大多数微生物生长的pH范围在5～9之间，但每种微生物都有最低、最佳、最高pH，超出其最低最高限值微生物生长都会受到抑制（二维码13-2）。当食品体系pH≤4.6时可抑制致病菌生长和产毒菌产生毒素，因此，在罐头工业中以pH 4.6为分界线，将食品分为酸性食品和低酸性食品，酸性食品可采相对温和的巴氏灭菌，而低酸性食品需用高温高压灭菌（二维码13-3）。

二维码 13-2 常见微生物的关键 pH

pH是一种抑制微生物生长的方法，但很难破坏现存的微生物，如大肠杆菌O157：H7，在酸性条件下生长被抑制，仍可存活较长时间。研究表明，在低pH保持时间较长时，很多微生物将被破坏。在食品工业中，加碱提高pH口感难以接受，通常采取增加酸度降低pH的方法抑制微生物生长。

二维码 13-3 常见食品典型的 pH

食品增加酸度有两种方式：一是直接加入食用酸降低食品体系的pH，添加的酸主要有醋酸、乳酸和柠檬酸等，也可用天然酸性食品如番茄作为添加配料，来酸化低酸食品。二是通过有益微生物发酵产生乳酸来降低pH，如利用乳酸菌发酵制作酸泡菜、酸奶、发酵香肠、奶酪等。

③控制温度 微生物有一定的正常生长繁殖的温度范围，根据微生物对温度的适应性差异，将微生物分为嗜热菌、嗜温菌和嗜冷菌三大类群。食品中的腐败菌大多属于嗜温菌，在室温30℃左右才能良好生长。因此，严格控制食品在生产、储藏、运输、销售及消费过程中的温度，可以有效抑制有害微生物的生长繁殖。但一些嗜冷有害菌或致病菌在接近冻结点时仍可以生长，可导致冷藏食品的败坏，如单核增生李斯特菌、耶尔森氏菌等（二维码13-4）。

二维码 13-4 不同微生物的温度依赖性

④控制气体成分 食品中的腐败菌和致病菌多是好氧微生物，控制环境的氧气或其他气体含量，可以有效地抑制这些微生物的繁殖。通常采用气调储藏、真空包装等方式降低食品体系的氧分压，达到抑菌的目的。如在粮食储藏中，将二氧化碳浓度增加至40%～50%，可有效地抑制粮食中霉菌的繁殖。因此，改变贮存环境中气体的组成，是食品保鲜技术的一个重要手段。

⑤化学防腐 化学防腐，即通过向食品中添加防腐剂抑制有害微生物的生长，从而延长食品的贮存期。常用的防腐剂包括苯甲酸盐、山梨酸、丙酸盐、亚硫酸盐、亚硝酸盐和乳酸菌素等。目前防腐剂已广泛应用于食品工业中，但必须严格按照标准使用，另外在食品的标签上应注明使用成分。

(3) 提高食品加工企业的卫生要求 食品从动植物原料到产品，需经历多个生产环节，这些环节的卫生状况直接影响食品的安全性。因此，在食品加工过程中避免产生二次污染，就要对食品加工企业的生产卫生条件、人员卫生安全意识等提出严格的要求。

①工厂设计 在食品工厂最初的设计阶段，就应该纳入一个有效的消毒方案，最大限度避免微生物对食品造成二次污染。这其中包括工厂的内部和外部设计。一些需要考虑的要素包括详尽的平面布局图，建筑的许可材料，充足的光照、通风，空气流通方向，原料加工和成品场地分开，足够的操作和运转空间，良好的管道系统，供水、污水处理系统，废物处理设施，排水系统，防蝇虫、防尘及防鼠设施，墙角、地角、顶角具有弧度，便于清洗消毒。食品生产企业建设的相关要求都有专门的行业标准，严格规范标准执行以避免后期花费昂贵的改装费用。

②人员培训 一个工厂应该制定良好的方案，使员工认识到环境卫生和个人卫生的重要性，以确

保产品的安全与稳定。定期对员工进行食品卫生、安全法规的培训，加强员工质量安全意识。该计划应不仅包括如何实现良好的环境卫生和个人卫生，还要监控方案的执行。凡患有影响食品卫生的疾病（如病毒性肝炎、活动性肺结核、肠伤寒和肠伤寒带菌者、痢疾、化脓性或渗出性及脱屑性皮肤病等）的员工必须调离加工检验岗位，痊愈后体检合格方能重新上岗。

③设备　食品加工设备应不含有微生物隐居和生长或不易清洗或拆卸的卫生死角，才能有效避免设备中暗藏的微生物对食品造成二次污染。一些设备，如绞肉机、斩拌机、切片机和某些输送系统，不易有效地进行清洗和消毒，因此成为大量食品的污染源。这对于在热处理后、包装前接触到这些设备的食品尤其重要。

加工设备的清洗，是指除去食品加工环境和设备中可见和不可见的污垢。通常加热、化学物质或洗涤剂与水一起使用，可以提高清洗效率和破坏脂肪微胶束。此外，有些形式如喷淋、洗刷、湍流，可用来更好地完成清洗目标。

清洗只可除去食品接触表面的附着污垢的某些微生物，不能确保完全除去致病菌。为了实现这一目标，食品接触表面要进行清洗后消毒，有效地消灭病原菌并降低微生物总数。用于食品加工设备消毒的物理方法，包括热水、蒸汽、热空气、紫外线照射。化学消毒剂比物理消毒剂使用得更频繁。在选择化学消毒剂的原则是有效性，无毒，无腐蚀性，对食品质量没有影响，易于使用和清洗，稳定，可有效控制成本。常用的有，含氯消毒剂，如液氯、次氯酸盐、无机或有机氯胺和二氧化氯等。碘载体，是通过将碘与表面活性剂结合而制备的，如烷基聚乙二醇醚。季铵盐化合物，是叔胺与卤代烷或氯甲苯反应合成的，有杀菌能力也具有清洗特性。过氧化氢是一种非常有效的杀菌剂。

思考题

1. 常引起食品酶促褐变的酶有哪些？其催化的褐变反应有何特点？

2. 简述防止食品酶促褐变的方法及原理。

3. 论述由脂肪水解引起的食品品质劣变的类型及机制。

4. 详细论述微生物腐败引起的食品蛋白质降解的过程。

第 14 章

食品安全控制中的生物化学

本章学习目的与要求

1. 掌握食品中有害因子的酶法去除；
2. 掌握溶菌酶和葡萄糖氧化酶在食品安全控制中的应用；
3. 掌握食品有害因子的酶法检测方法原理；
4. 掌握细菌素的特点及其在食品安全控制中的应用。

食品是人类赖以生存和发展的物质基础，而食品安全问题是关系到人体健康和国计民生的重大问题。食品安全在世界卫生组织（World Health Organization，WHO）的定义是指所有食品中有毒、有害物质对人体健康影响的公共卫生问题。2008年"三聚氰胺"事件后，在近几年的全国两会上，食品安全问题连续成为焦点话题；而同期全国人大常委会通过的《食品安全法》，更显示了食品安全的严重与令人担忧，其监测与控制显得迫在眉睫。食品安全研究的对象是食品中有毒害的物质，传统上这种有毒物质被狭义理解为能够引起急性中毒和症状的食源性疾病，如食物中毒、肠道传染病和寄生虫病等。影响食品安全的主要因素可归纳为以下七个方面：①水、土壤和空气等农业环境资源的污染；②种植业和养殖业生产过程中使用化肥、农药、生长激素致使有害化学物质在农产品中的残留；③农产品加工和储藏过程中违规或超量使用的食品添加剂（防腐剂）；④微生物引起的食源性疾病；⑤新原料、新工艺带来的食品安全性，如转基因食品的安全性；⑥市场和政府失灵，如假冒伪劣、食品标识滥用、违法生产经营等；⑦科技进步对食品安全控制和技术带来新的挑战。因此，食品安全控制显得尤为重要。

14.1 酶在食品安全控制中的应用

酶是具有生物催化能力的蛋白质，其催化反应具有高效性和专一性。国际生物化学联合会把酶分成六大类：氧化还原酶类、转移酶类、水解酶类、裂合酶类、异构酶类、合成酶类。现如今食品安全问题越来越受到人们的重视，酶在食品安全中的研究及应用已经取得了巨大的突破。现在普遍认为酶在食品安全控制中的应用主要是：酶的解毒功能、代替溴酸钾、在食品工业中的应用以及酶在食品安全监测中的应用，现分别介绍如下。

14.1.1 酶的解毒作用

食品中经常含有一些毒素，或者是消化后对营养有拮抗作用的物质。它们的存在对食品安全有很大程度上的不利影响。酶法解毒有很多优点，一方面使用胞内酶，避免了使用外源化学添加剂和高温加热处理使酶失活，且安全、高效、选择性高；另一方面酶法解毒条件温和，造成的营养物质的损失很小，不会影响食品的质量。现在消费者对食品安全性的重视度越来越高，酶法解毒具有重要的现实意义。

14.1.1.1 酶对乳糖的促消化作用

部分人群由于体内缺乏β-半乳糖苷酶不能把牛奶中的乳糖分解为葡萄糖和半乳糖，在喝牛奶的时候，会出现种种不适现象，如腹胀、消化不良或腹泻等反应。用乳糖酶来处理牛乳或其产品就可以克服人体消化乳糖的困难。

14.1.1.2 酶对食品中植酸的水解作用

植酸以植酸钙、植酸镁、植酸钾的形式广泛存在于植物种子内，也存在于动物有核红细胞内，它可与铁、锌等金属离子形成不溶性化合物，当膳食中含有的植酸会影响人体对金属离子的吸收。另外，植酸会与蛋白质形成复合物，会降低蛋白质的生物学价值，不利于人体对营养物质的吸收。可以采用添加外源性植酸酶的方法来降低这些植物中植酸的含量，提高其营养价值，植酸酶可以将植酸水解为磷酸和肌醇。

14.1.1.3 酶对蚕豆中蚕豆病因子的解毒作用

红细胞葡萄糖-6-磷酸脱氢酶（G6PD）遗传缺陷者在食用青鲜蚕豆或接触蚕豆花粉后皆会发生急性溶血性贫血症—蚕豆病，致病机制尚未十分明了。已知有遗传缺陷的敏感红细胞，因G6PD的缺陷不能提供足够的烟酰胺腺嘌呤二核苷酸磷酸（NADPH）以维持还原型谷胱甘肽（GSH）的还原性，在遇到蚕豆中某种因子后更诱发了红细胞膜被氧化，产生溶血反应。G6PD有保护正常红细胞免遭氧化破坏的作用，新鲜蚕豆含有很强的氧化剂，当G6PD缺乏时导致红细胞被破坏而致病。

在加热的条件下，蚕豆病因子如嘧啶葡萄糖苷在酸或β-葡萄糖苷酶作用下产生相应的嘧啶碱可发生快速的氧化降解。实际应用中一般采用先自溶然后处理的方法达到使蚕豆去毒的目的。

14.1.1.4 酶对豆制品中棉籽糖和水苏糖的水解

豆制品中含有棉籽糖和水苏糖等，它们都是抗消化性寡糖。棉籽糖是由α-半乳糖、β-葡萄糖及β-果糖分别以α-1，6-糖苷键和α-1，2-糖苷键连接的。当这些寡糖进入肠道中人们不但不能利用它们，反而容易被肠道中的微生物利用，产生CO_2和H_2以及少量的甲烷，这些气体的产生引起人的肠胃气胀、不适，并且甲烷对人体有一定的危害，严重时可导致中毒。而α-半乳糖苷酶可以利用α-1，6-糖苷键水解棉籽糖和水苏糖成为半乳糖和蔗糖，从而也消除豆类制品有时候对人体产生的不良影响。

14.1.1.5　酶对黄曲霉毒素的解毒作用

1993 年黄曲霉毒素（AFT）被世界卫生组织（WHO）的癌症研究机构划定为 1 类致癌物，是一种毒性极强的剧毒物质。黄曲霉毒素对人及动物肝脏组织有破坏作用，严重时，可导致肝癌甚至死亡。在天然污染的食品中以黄曲霉毒素 B_1 最为常见，其毒性和致癌性也最强。

在环菌属中存在着可以降解黄曲霉毒素 B_1 毒性的多酶复合体系，从中分离出一种胞内酶，命名为黄曲霉毒素脱毒酶。毒理学及病理学研究表明，通过该酶处理过的黄曲霉毒素 B_1 毒性大大降低。一般认为该酶的作用机理是通过打开双呋喃环破坏黄曲霉毒素毒性（二维码 14-1）。

二维码 14-1　黄曲霉毒素

14.1.1.6　酶对亚硝酸盐的解毒作用

亚硝酸盐为强氧化剂，进入人体后，可使血中亚铁血红蛋白氧化成高铁血红蛋白，失去运氧的功能，致使组织缺氧，出现青紫而中毒。亚硝酸盐在人体内可引起癌症，亚硝酸盐还原酶可作用于亚硝酸盐，避免其引起的食物中毒和癌症（二维码 14-2）。

二维码 14-2　亚硝酸盐的致癌性

14.1.1.7　酶对单细胞蛋白中核酸的解毒作用

单细胞蛋白作为食物和蛋白质的来源对现代人类的生活越来越重要，但是生产单细胞蛋白的快速生长的细胞中蛋白质和核酸含量都很高。而核酸在 pH 4.5 以下时是不溶的，它被直接消化后会导致血液中尿酸含量增加，尿酸水溶性很低，不能被继续降解，只能部分排出，残留部分会引起痛风、关节痛，肾和膀胱结石。所以除去单细胞蛋白中的核酸对单细胞蛋白的发展与利用有重要的意义。核糖核酸酶能降解单细胞中的核酸，且以酶作用为基础的方法比较安全。

14.1.1.8　酶对有机磷农药的解毒作用

有机磷类农药在农业生产中大量应用，属于有机磷毒剂，对人和哺乳动物、鱼类以及鸟类等易产生毒害作用。磷酸三酯酶是降解有机磷毒剂的重要酶类，该酶对治疗有机磷中毒、有机磷毒物的生物去毒具有重要作用。对硫磷水解酶能够水解多种有机磷杀虫剂，包括对硫磷、对氧磷、苯硫磷、甲基对硫磷等。可将它们应用到洗涤剂中，从而降解蔬菜、水果表皮的农药，以确保食品卫生以及人体健康。

14.1.1.9　谷胱甘肽过氧化物酶和谷胱甘肽-S-转移酶的解毒作用

谷胱甘肽（GSH）具有非常重要的生理作用即整合解毒作用，能与某些药物、毒素等结合，参与生物转化作用，从而把机体内的毒物转化为无害的物质，排泄到体外。谷胱甘肽是谷胱甘肽过氧化物酶和谷胱甘肽-S-转移酶的特有底物。谷胱甘肽的解毒功能主要是通过这两种酶来完成的。谷胱甘肽过氧化物酶可以把 H_2O_2 还原为 H_2O，这个过程保护了细胞免受自由基的攻击；谷胱甘肽-S-转移酶可以还原有机氢过氧化物，能对活性亲电子体进行灭活。

14.1.2　酶代替溴酸钾

溴酸钾是非常有效的面团改良剂，可使面团增白、增筋，卖相更好；溴酸钾与抗坏血酸复合用于面包的改良，经过快速发酵，可使面包体积增大，结构松软，不易收缩和塌架。但是，溴酸钾对人体有致癌作用，2005 年 7 月 1 日被我国禁用。因此，寻求天然有效的面粉改良剂成为面粉企业和焙烤业所关注的焦点。酶制剂诸多特点可满足其要求，已列入 GB 2760 面粉品质改良的酶制剂有：真菌淀粉酶、木聚糖酶、葡萄糖氧化酶、脂肪酶、蛋白酶、转谷氨酰胺酶等。

真菌淀粉酶可加速面团发酵，促进酵母繁殖，增大面包体积，改善风味；蛋白酶能水解蛋白质，降低面筋筋力，易于伸展和延伸；木聚糖酶能提高面筋的网络结构和弹性，增强面团的稳定性，改善加工性能；葡萄糖氧化酶能使面粉蛋白质中的巯基氧化成二硫键，故具有增筋的作用；脂肪酶具有增筋和增白双重作用，提高面团的耐醒发力和入炉急胀性，适当降低面团延伸性和面团黏稠度，改善面团的操作性能。另外，一些研究者把葡萄糖氧化酶、淀粉酶、谷朊粉、抗坏血酸等进行复合，与单独使用某一种酶进行比较试验。结果发现，对稳定时间影响由大到小依次是葡萄糖氧化酶、真菌淀粉酶、脂肪酶、维生素C、谷朊粉；同时也证明了复合酶制剂能改善面粉粉质特性及拉伸性，特别是能显著改善面团的稳定时间，提高面包的体积和感官质量。

14.2 酶在食品工业中的应用

14.2.1 溶菌酶在食品安全控制中的应用

溶菌酶是一种专门作用于微生物细胞壁的水解酶，因其具有溶菌（细菌、真菌）作用，故命名为溶菌酶。溶菌酶能够破坏微生物细胞壁的*N*-乙酰氨基葡糖和*N*-乙酰胞壁酸之间的β-1，4-糖苷键，分解不溶性黏多糖为可溶性糖，所以又称胞壁质酶或*N*-乙酰胞壁质聚糖水解酶。溶菌酶广泛存在于鸟、家禽的蛋清，哺乳动物的眼泪、唾液、血浆、乳汁和组织细胞中，其中以蛋清中含量最为丰富，而人的眼泪、唾液中溶菌酶的活力远高于蛋清中的溶菌酶的活力，其酶蛋白性质稳定，热稳定性高，母乳中的溶菌酶活力比蛋清溶菌酶高3倍，比牛乳溶菌酶高6倍。

溶菌酶是一种碱性球蛋白，分子中碱性氨基酸、酰胺残基和芳香族氨基酸的比例较高，酶的活动中心是天冬氨酸和谷氨酸。鸡蛋清溶菌酶由129个氨基酸组成，相对分子质量14 200，等电点为pH 10.7～11.0，最适温度50℃，最适pH 6～7，溶菌酶含量占蛋白总量的3.4%～3.5%，分子内有4个二硫键交联，对热极稳定。溶菌酶在人血清中平均含量为0.6～1 mg/100 mL，人初乳中达40 mg/100 mL，牛乳中的含量为人乳的1/3 000。溶菌酶是母乳中能保护婴儿免遭病毒感染的一种有效成分，它能通过消化道而保持其活性状态，溶菌酶还可以使婴儿肠道中大肠杆菌减少，促进双歧杆菌的增加，还可以促进蛋白质的消化吸收。

用溶菌酶处理食品，可以有效地防止和消除细菌对食品的污染，起到防腐保鲜作用。溶菌酶由于其专一地作用于细菌的细胞壁，使细菌溶解，而对没有细胞壁的人体细胞不会产生不利的影响，所以，溶菌酶被广泛地应用于医药、食品等需要杀灭细菌的领域。由于溶菌酶对多种微生物有抑制作用，研究者们对溶菌酶用于食品保藏、保鲜等方面的研究颇为广泛和深入，如溶菌酶是香肠、鱼片、火腿的防腐剂，是鲜蔬菜、鱼、肉、水果的保鲜剂，同时，研究还发现了溶菌酶有防止肠道炎症的作用以及对婴幼儿的肠道菌群有平衡作用。

（1）在肉制品中的应用　将溶菌酶添加于各种肠类后的防腐作用的研究表明，溶菌酶、氯化钠、亚硝酸钠三者相结合的防腐效果优于单独使用溶菌酶或氯化钠联合亚硝酸钠的效果，溶菌酶可以延长肉制品的保质期，提高营养价值和商品价值，对于新鲜的海产品和水产品用溶菌酶进行防腐保鲜，取得了良好效果，均可延长其保存期。

（2）在乳制品中的应用　人乳中的溶菌酶活力是牛乳中溶菌酶的6倍，将溶菌酶添加到牛乳及其制品中，可使牛乳人乳化，同时提高牛乳机体的免疫功能。大量的试验结果表明，溶菌酶还是双歧杆菌的增殖因子，有防止肠炎的作用，并对婴幼儿肠道菌群有平衡作用，因此可将溶菌酶添加到婴幼儿乳粉中及婴幼儿食品中去。研究人员对溶菌酶添加于干酪等乳制品中的作用进行了广泛研究，结果表明，溶菌酶加入乳制品中的作用类似于凝乳酶，起到了降解酪蛋白的作用，溶菌酶还能增加乳蛋白的消化，在干酪生产中添加溶菌酶可代替硝酸盐，抑制丁酸菌的污染，防止干酪产气，并对干酪的感官质量有明显的改善作用。

（3）在低度酒及饮料中的应用　在低度酒中添加溶菌酶不仅对酒的风味无任何不良影响，还可防止产酸菌的生长，并且受酒类澄清剂的影响较小，是低度酒良好的防腐剂，溶菌酶还可以添加到饮料和果汁中作为防腐剂。

（4）在糕点中的应用　焙烤类食品中的奶油蛋糕、饼干、面包是容易腐败变质的食品，在焙烤类食品中添加溶菌酶，可起到良好的防腐效果。

（5）在酵母法生产蛋白质中的应用　酵母细胞壁中的蛋白质处于外层甘露聚糖和内层葡聚糖的包围之中，约占细胞壁干重的10%，其中有些以与细胞壁相结合的酶的形式存在，故蛋白质的自身利用率很低。研究表明，用溶菌酶处理后的酵母，在培养过程中氮和蛋白质的释放量增加，提高了酵母蛋白质的利用率。

（6）在保健食品中的应用　溶菌酶具有一定的保健作用，具有抗感染和增强抗生素作用效力，促进血液凝固及止血，促进组织再生等作用。因此，可以在保健食品中添加一定量以提高保健效果。研究报道了在饲养肉鸡中用溶菌酶代替氧氟沙星、磺胺类、氟苯尼考等化学保健品，出栏用药成本、鸡群总重和死亡率等均显示较好效果。此外，医学上，若在牙膏、漱口水、口腔清洁剂、口香糖中设法添加一定量的溶菌酶，可以杀死导致蛀牙的病菌，达到预防虫牙的目的。

(7) 在食品包装材料中的应用　目前有关溶菌酶在包装材料上应用的理论研究较多，即将溶菌酶固定在食品包装材料上，生产出有抗菌功效的食品包装材料，延长食品货架期。目前许多肉制品软包装都要进行高温灭菌处理，经此处理后的肉制品脆性变差甚至产生蒸煮味，影响消费量；如果在肉制品真空包装前添加一定量的溶菌酶（1%～3%），然后巴氏杀菌（80～100℃，25～30 min），可获得很好的保鲜效果，避免了高温灭菌带来的负面影响。同样，果蔬加工前添加一定量的溶菌酶，一般添加量为0.1%～0.2%（拌料时添加）或1%～3%（加热煮制时添加），也能起到很好的保鲜效果。

(8) 在其他食品中的应用　食品中的许多品种由于营养丰富，非常容易腐败变质，在糖点食品中加入溶菌酶，可以防止微生物的繁殖，起到防腐作用，同时溶菌酶还对水果、蔬菜有保鲜作用，但因为溶菌酶抗菌谱较窄，如与植酸、多聚磷酸盐和甘氨酸配合使用，可大大提高防腐效果。

溶菌酶作为天然防腐剂，在食品防腐保鲜方面可一定程度上已代替传统防腐剂，提高食品的安全性。随着人们对食品安全性的要求不断提高和科学技术的不断进步，一种崭新的食品保鲜技术——酶法保鲜技术正在崛起。但是溶菌酶在应用过程中可能存在一些局限，由于溶菌酶具有特异性，只能抑制某些细菌，而降解真菌细胞壁的酶还没有作为食品防腐剂。溶菌酶还存在消化过程中的过敏反应和抗原性问题，不同的溶菌酶混合使用，或者与其他防腐剂共同使用，则会扩展溶菌酶的使用范围，提高溶菌酶的防腐效果。针对溶菌酶还存在的一些问题，溶菌酶在食品工业中的应用有待于进一步研究和探讨。

14.2.2　葡萄糖氧化酶在食品安全控制中的应用

葡萄糖氧化酶（glucose oxidase，GOX）是需氧脱氢酶。早在1904年，人们就发现了葡萄糖氧化酶，由于当时对其商业价值认识不足，所以没有引起人们的重视。直到1928年，Muller首先从黑曲霉的无细胞提取液中发现葡萄糖氧化酶，并进一步通过试验确定了酶的作用机理，并命名为葡萄糖氧化酶，之后把他归入脱氢酶类。1961年国际生化协会酶委员会将该酶进行系统命名为β-D-葡萄糖：氧化还原酶（EC1.1.3.4）。

高纯度的葡萄糖氧化酶为淡黄色晶体，易溶于水，不溶于乙醚、氯仿、甘油等。一般制品中含有过氧化氢酶，分子质量为15万单位左右。葡萄糖氧化酶的最大光吸收波长为377 nm和455 nm。在紫外光下无荧光，但是在热、酸或碱处理后具有特殊的绿色。葡萄糖氧化酶稳定的pH范围为3.5～6.5，最适pH为5，如果在没有葡萄糖等保护剂的存在下，pH大于8或小于3，葡萄糖氧化酶会迅速失活。葡萄糖氧化酶的作用温度一般为30～60℃。固体酶制剂在0℃下保存至少稳定两年，在－15℃下可以稳定8年。

葡萄糖氧化酶通常与过氧化氢酶组成一个氧化还原酶系统。葡萄糖氧化酶在分子氧存在下能氧化葡萄糖生成D-葡萄糖酸内酯，同时消耗氧生成过氧化氢。过氧化氢酶能够将过氧化氢分解生成水和1/2氧，而后水又与葡萄糖酸内酯结合产生葡萄糖酸。在此过程中，葡萄糖氧化酶的特点是能够消耗氧气催化葡萄糖氧化。

葡萄糖氧化酶由于具有催化专一性、高活性和催化高效性等优点，在食品工业、医药、饲料添加等方面应用非常广泛。

(1) 在酿酒类生产中的应用　葡萄糖氧化酶能抗啤酒氧化，保持啤酒风味，延长保存期。主要作用是除去啤酒中的溶解氧和瓶颈氧，阻止啤酒的氧化变质过程，可以使氧与啤酒中的葡萄糖生成葡萄糖酸内酯而消耗溶解氧。葡萄糖酸内酯性质较稳定，无毒副作用，对啤酒的质量没有什么影响，而且不具有氧化能力。葡萄糖氧化酶具有酶的专一性，不会对啤酒其他物质产生作用。所以，使用葡萄糖氧化酶有很好的安全性。

葡萄糖氧化酶在葡萄酒中的应用，最早用于提高红葡萄酒和葡萄汁的稳定性，通过排除产品中的氧，阻止微生物生长来保持质量，提高酒的稳定性；而后用于白葡萄酒生产中，由于葡萄皮、葡萄梗、葡萄籽中含有较多的酚类和多酚氧化酶，在氧的作用下，会使白葡萄酒发生严重的褐变，尤其是使用成熟度较差和霉变的葡萄做原料时，白葡萄酒的褐变更为严重。加入葡萄糖氧化酶-过氧化氢酶体系，可有效地防止白葡萄酒褐变。

(2) 在面粉及其制品中的应用　葡萄糖氧化酶是面粉改良剂与面包品质改良剂。在面粉及各种制品生产中，能有效地改善面团的操作性能，提升产品质量。用于烘焙面包、面条制作及各种高面筋面粉的生产均有理想效果，可替代各种化学添加剂（溴酸钾等），降低成本。在面包生产中，面粉中添加葡萄糖氧化酶，对面粉品质改良达到最佳效果，面包的比容和质量均有很大改善，面团不黏，有弹性，醒发后面团表面白而且光滑、细腻，烘烤后体积膨大，皮质细致，无斑点，不起泡，气孔细密均匀，纹理结构好，咀嚼时有嚼劲，不黏牙。葡萄糖氧化酶比溴化钾对面包抗老化性能效果更好。

(3) 在包装食品中的应用　在瓶装及罐装食品中的氧，由于多酚氧化酶和过氧化氢酶作用会引起质量劣化，添加少量葡萄糖氧化酶，可阻止产品质量降低。在粉状包装食品（瓶装或罐装）贮存时，因密封性差，在薄膜及包装纸表面附葡萄糖氧化酶，有去氧、提高保存性的效果。

(4) 在果汁和蔬菜中的应用　由于果汁及蔬菜中含有的大量维生素C容易被溶解在汁液中的氧所氧化而被破坏，添加适量的葡萄糖氧化酶与葡萄糖，可有效地保护维生素C不被氧化。

(5) 在其他食品中的应用　在制作脱水蛋白粉时，在脱水与贮存过程中会出现褐变。主要是蛋白中还存在少量的葡萄糖，与蛋白质中的氨基酸产生美拉德反应。利用葡萄糖氧化酶可除去葡萄糖，解决褐变问题。此外利用其专一氧化酶的原理，制成葡萄糖氧化酶分析仪，能快速、准确、简易地测定各种食品中的葡萄糖含量，指导生产。

葡萄糖氧化酶是一种天然的食品添加剂，对人体无毒、副作用。目前，葡萄糖氧化酶在多方面得到广泛的应用，随着人们对葡萄糖氧化酶研究的不断深入，相信葡萄糖氧化酶的应用前景会更加广泛。

14.2.3　果胶酶在食品安全控制中的应用

果胶酶是能够催化果胶物质降解的一组酶的总称。果胶物质通常存在于高等植物中，如蔬菜、水果、玉米、大豆等，是非淀粉多糖的成分之一。果胶酶降解果胶物质在工业生产中发挥着重要作用。通过处理，使果胶酶有效地降解果胶中的聚半乳糖醛酸和鼠李糖，并转变成糖和其他有用的化合物。根据作用半乳糖醛酸的方式不同，果胶酶可以分为原果胶酶、果胶酯酶和果胶裂解酶等。众所周知，微生物酶作用时易受底物、温度、浓度和pH等因素的影响，因此，根据物理和化学因素的影响效果，果胶酶也呈现细微差别。目前，果胶酶越来越受到市场的重视，尤其在食品行业应用广泛，如用于果汁澄清、榨汁、酿酒、茶与咖啡发酵及改善动物饲料等，给人们的生产和生活带来了极大便利。

14.2.3.1　果汁澄清

关于果胶酶澄清果汁的研究，可以追溯到20世纪30年代，当时认为引起果蔬汁浑浊的主要原因是果胶质；而关于果汁澄清原理的研究则始于20世纪60年代。果胶酶澄清果汁的实质包含果胶的酶促水解和非酶的静电絮凝两部分。当果蔬汁中的果胶在果胶酶作用下部分水解后，被包裹在内的部分带正电荷的蛋白质颗粒就暴露出来，与其他带负电荷的粒子相撞，然后聚集，即导致絮凝现象的发生。在絮凝物的沉降过程中，果胶酶吸附、缠绕果汁中的其他悬浮粒子，通过离心、过滤，可将其除去，从而达到澄清的目的。

14.2.3.2　提高果蔬汁的出汁率

一般果蔬的细胞壁中含有大量果胶、纤维素、淀粉、蛋白质等物质。破碎后的果浆十分黏稠，导致压榨取汁非常困难且出汁率很低，而酶解技术则可以克服以上缺点。通常用果胶酶来加速果汁和风味提取，同时可以去除果胶。果胶酶不但能催化果胶解聚，有效降低黏度，改善压榨性能，提高出汁率和可溶性固形物含量，而且能增加果汁中的芳香成分，减少果渣产生，同时还有利于后续的加工工序。据报道，利用酶解技术可以使不同果蔬的出汁率提高10%～35%，具体数值因不同果蔬中果胶含量和压榨方法的差别而有所不同。用于提高果蔬汁出汁率的酶技术一般分为两种：一是果浆浸渍技术，即在破碎的果蔬浆中添加果胶酶，作用一段时间后榨汁；二是完全液化技术，即在果浆中添加果胶酶和纤维素酶，然后利用两者的协同作用，使果蔬细胞壁尽可能完全降解。但是液化技术容易引起果汁风味变劣、褐变等，同时这种酶技术需要较高的酶添加量，增加了生产成本。因此在实际生产中常将两者结合使用，以大大提高果蔬汁的得率。

14.2.3.3　改善酒的品质

在酿酒行业使用果胶酶，可以增加天然色素的提取量，改善酒的色泽与风味，增加酒香，并可产生起泡酒，对提高酒的质量有重要作用。加入果胶酶对葡萄汁的糖酸含量几乎无影响，但可降低汁液的黏度，利于色素的溶出；加入果胶酶的样品比未加果胶酶的样品发酵剧烈、迅速，可降低挥发酸的生成量，增加原酒干浸出物含量和总酚含量，改善葡萄酒的品质。

14.2.3.4　茶叶和咖啡发酵

在咖啡发酵过程中利用产碱性果胶酶微生物除去咖啡豆的黏表皮，有时添加碱性果胶酶来去除含大量果胶质的果肉状表层。碱性果胶酶也可用于茶叶加工，以增加酚类物质溶出改善茶品质、促进茶叶发酵。有研究表明，果胶酶可以明显改善红碎茶的品质，特别是能提高其水浸出物的达标率；可改善速溶茶粉末在冲泡过程中易形成泡沫的状况；用果胶酶处理茶浸出物，能分解果胶质，减少速溶茶形成稳固薄膜的力量。此外，果胶酶还可以增加茶在冷水中的溶解性，增加香气，改善汤色与清澈度。

14.2.3.5　榨油

在植物油的榨取过程中，包括碱性果胶酶在内的细胞壁降解酶发挥着重要作用，如在橄榄油榨制时加入碱性果胶酶，可破坏起乳化作用的果胶，提高出油率，且榨出的油贮存时非常稳定，多酚类物质和维生素 E 含量也有所增加。

14.2.3.6　天然产物的提取

天然产物的释放在不同程度上会受果胶物质的影响或阻碍。在适宜条件下，植物细胞会发生自溶，也可产生一些分解酶类（如果胶酶），但这会使待分离产物发生结构改变，甚至产生一些大多数情况下不利于分离的小分子副产物。因此，依靠植物细胞的自身酶系并不利于天然产物的提取。一般应先高温失活钝化胞内酶系，再有选择地进行酶处理。通常情况下，天然色素如葡萄紫、番茄红和萝卜红等均可使用酶法提取，但所用果胶酶不得含有花青素酶等杂酶，以避免影响某些产品的色泽。而且，天然生物活性物质提取物在国际市场很受欢迎，出口比例已超中药，并呈上升趋势。可利用果胶酶生产的提取物有：银杏叶提取物、大蒜油、磨菇浓缩液、人参浆、当归浸膏、甘草液等。

14.2.4　酶在食品安全监测中的应用

在食品安全重要性日益增加的今天，大多数国家开始对食品的安全提出更高的要求，因此也促进了许多食品安全监测新技术的产生。酶法监测是利用酶催化作用的专一性对物质进行检测，以其发展迅速、应用广泛等特点在众多方法中脱颖而出。其中应用最广泛的是特异性高、灵敏度强的酶联免疫吸附测定技术（ELISA）。ELISA 是将抗原抗体反应的高度特异性和酶的高效催化作用相结合发展建立的一种免疫分析方法。其主要是基于抗原或抗体能吸附至固相载体的表面并保护其免疫活性。抗原或抗体与酶形成的酶结合物仍保持其免疫活性和酶催化活性的基本原理。ELISA 法在食品安全中有许多应用（二维码 14-3）。

二维码 14-3　ELISA

14.2.4.1　食品中农药残留的测定

由于 ELISA 具有样品处理前简单、纯化步骤少、大量样品分析时间短、适合于做成试剂盒有利于现场筛选等优点，可在蔬菜产区和海关等单位配备，工商人员可随身携带，有力地保证食品的安全。迄今为止，应用 ELISA 法检测食品中的残留农药主要是杀虫剂、除草剂和杀菌剂。最新研制的通用型有机磷杀虫剂免疫检测试剂盒可同时检测 8 种以上的有机磷农药。

14.2.4.2　食品中兽药残留和违禁药物的测定

食品中兽药残留主要包括抗生素类、磺胺药类、呋喃药类、抗球虫类、激素药类和驱虫类药物。ELISA 操作简便、灵敏，可使用痕量的药物残留分析成为普通实验室的常规技术，而且可同时检测数十个甚至上百个样品，是十分理想的大批量样品中药物残留的快速筛选手段。目前可供选择的商品化的 ELISA 专用试剂盒、酶标仪很多，技术已相当成熟。

14.2.4.3　转基因食品的检测

转基因食品的安全性是最近有关食品安全性研讨的热点，转基因生物及其产品的安全问题也存在着争议，这就需要对转基因食品进行检测从而让消费者有知情权。ELISA 法就是通过检测某些特定的转基因表达蛋白，以分析食品是否来自转基因生物或者含有转基因成分，或间接检测转基因表达的目的蛋白质。

14.2.4.4　食品中生物毒素的检测

生物毒素是其产生菌在适合产毒的条件下所产

生的次生代谢产物。在食品加工时虽经加热、烹饪等热处理，但所产生的毒素结构一般不能被破坏。所以食品中生物毒素也日益受到关注。黄曲霉毒素是一种致毒性和致癌性很强的真菌毒素，各国都严格限制其在食品中的含量。

14.2.4.5 食品中病原微生物的检测

ELISA法可用于检测食品中沙门氏菌、金黄色葡萄球菌、大肠杆菌O157：H7等致病微生物。食品中的有害微生物达到一定程度就会对人体造成伤害，这样就必须有快速可靠的方法来控制。目前有许多种方法，其中关于制备单克隆抗体分析食品中细菌的ELISA技术研究最多，检测结果准确可靠。例如，用间接ELISA法来检测食品和饲料中的镰刀菌，可检测出$10^2 \sim 10^3$ cfu/mL的含量，也有用ELISA法进行金黄色葡萄球菌菌体细胞中蛋白A的快速检测。

14.2.4.6 食品中其他成分的检测

ELISA法还可用于过敏性残留物的检测、功能性因子的检测和重金属污染检测等。

在食品安全问题备受考验、备受重视的今天，酶工程无论在食品的解毒还是在食品安全监测方面都有非常重要的地位。食品安全问题解决方法的发展方向是快速、灵敏、简便。酶法解毒可以在温和的条件下进行，符合公认标准，且不会影响食品中的营养成分。另外酶法解毒是专一的，酶被大多数人认为是食品的一部分，而不会看作是添加剂，减少了人们对食品安全的顾虑。酶联免疫吸附测定技术具有高度特异性、高灵敏性、准确度高、重现性好、一次性可处理大量样品，适宜于用定性试验进行筛选，易于推广等优点；但也有不能同时分析多种成分，对试剂的选择性高，对结构类似的化合物有一定程度的交叉反应等缺点。未来的发展趋势就在于开发高度免疫原性的重组抗原，研究多项标记快速测定方法，将酶体外定向进化应用到检测中以及研发种类更多的全自动酶联免疫测定仪。酶在食品安全控制方面的作用有待于人们进一步开发，从而在未来食品安全的问题解决中发挥更加突出和重要的作用。

14.3 细菌素在食品安全控制中的应用

据美国疾病预防控制中心（1999）预测，每年在美国有7 600万人发生食物中毒，死亡约5 000人，政府为此要花费几十至上百亿美元。另有报道，在美国的食源性感染病例中，最常见的病原菌是弯曲菌和非伤寒沙门氏菌，其次是单核细胞增生性李斯特菌（*Listeria monocytogenes*）和产志贺菌素的大肠杆菌。尤其是近年来单核细胞增生性李斯特菌在食品中的频繁检出，促使食品加工业、公众以及政府更加关注食品保藏方法的改进，寻找更安全、有效的途径。而人们对化学性食品添加剂的潜在危害的担心，也激发了人们对天然、安全的食品保藏剂的兴趣。更为严重的是全球性的耐药性致病菌的出现及上升趋势已危及对致病菌的控制，细菌素（bacteriocin）在食品保藏中的应用因此而备受重视（二维码14-4）。

二维码14-4 细菌耐药性

14.3.1 细菌素的定义

细菌素（bacteriocin）是由细菌产生的抗菌蛋白或多肽。它是一大群不同结构和种类的蛋白质和多肽的总称，由核糖体合成，可以杀死关系相近的细菌。最早发现而且研究最多的细菌素是来自大肠杆菌的大肠菌素（colicin），由一群抗菌蛋白组成，能通过抑制细胞壁合成、通透靶细胞膜以及抑制DNA酶或RNA酶活性等机制杀死关系相近的细菌产生菌对其产生的细菌素具自身免疫性。在革兰氏阳性细菌中，乳酸菌（lactic acid bacteria，LAB）可以产生大量的抗菌肽——乳酸链球菌素（nisin），并已应用到食品工业中。

虽然细菌素是抵抗诸如单核细胞增生性李斯特菌等食品病原菌的抑菌剂，它们并不同于青霉素等抗生素；传统的多肽抗生素是由细胞多酶复合体催化形成的，不存在结构基因，而细菌素由基因编码，可以通过基因工程的手段加以改造。它们的合成及作用模式与临床使用的抗生素亦不同。此外，对抗生素显示抗性的微生物通常不对细菌素显示交叉抗性，且与抗生素的抗性不一样，细菌素抗性通常不是由遗传决定的。虽然乳酸链球菌素是商业上使用的唯一纯化的细菌素，别的如小球菌素，也已经在食品中应用。

14.3.2 细菌素的来源及分类

人们常将来源于革兰氏阳性菌的细菌素与抗生

素混淆。从法制的角度来说这将限制它们在食品中的应用，因为包括我国在内的许多国家禁止抗生素应用于食品中。所以有必要正确区分细菌素与抗生素。细菌素可明显地区别于临床抗生素，可以安全及有效地使用以达到控制食品中目标病原体生长的目的。在此以合成、作用模式、抗菌谱、毒性及抵抗机制为基础来区别细菌素与抗生素。

通常将细菌素分为三或四种类型。第一类（class Ⅰ）细菌素称为羊毛硫细菌素（lantibiotics）。通常第一类细菌素典型地具有 19～50 多个氨基酸不等。第一类细菌素以它们的稀有氨基酸为其主要特征，如羊毛硫氨酸（ALA-S-ALA），β-甲基羊毛硫氨酸（ALA-S-ABA），脱氢丙氨酸（DHA）和脱氢丁氨酸（HBD）。第一类又可再分为 class Ⅰa 和 class Ⅰb。class Ⅰa 细菌素，包括发现于 1928 年的乳酸链球菌素（nisin），由阳离子及疏水性多肽组成，可以在靶细胞膜上形成孔道，还含有柔性的结构，而 class Ib 类的多肽含有比较刚性的结构。发现于 1948 年的枯草菌素（subtilin）是一种乳酸链球菌素的类似物，在 12 位氨基酸残基上与乳酸链球菌素不同，亦属于此类。class Ⅰb 细菌素，属于球型多肽；第二类（class Ⅱ）细菌素指那些细菌生产的小的（<10 ku）热稳定的不经修饰的多肽，可以进一步划分。class Ⅱa 包括小球菌素状的抗李斯特菌活性多肽，具有保守的 N 端序列 Tyr-Gly-Asn-Gly-Val 及在多肽 N 端半部有两个半胱氨酸形成的双硫桥键。class Ⅱb 包括由两个不同的多肽组成的细菌素，对其活性来说两个多肽都是必需的。这些多肽的主要氨基酸系列是不同的；那些大的（>10 ku）、热不稳定的细菌素组成第三类（class Ⅲ）；第四类由能够与其他分子形成大复合物的细菌素组成，其带正电荷及疏水性的特点致使其与粗提物中的其他大分子形成复合物。然而，到目前为止，对第一、第二类细菌素了解得较多，并且是最有可能在食品中应用的。

14.3.3　活性细菌素及抑菌特性

（1）细菌素的合成　细菌素是在核糖体中合成的。产生活性细菌素的基因通常在操纵子簇。研究得较多的是含有产羊毛硫细菌素基因的操纵子。许多含产 lantibiotic 基因的操纵子属于 class Ⅰa。属于 class Ⅰb 的羊毛硫细菌素（mersadicin）的全部基因簇最近也已被阐明。基因编码生产细菌素可以位于染色体，也可以在质粒或转位子中编码。许多非毛硫细菌素，比如植物乳杆菌素（plantaricin）、片球菌素（pediocin）及米酒乳杆菌素（sakacin）等的遗传规律也已经被阐明。而类似情况存在于 lantibiotic 基因（结构、转运、调整基因等），plantaricin 系统的基因也编码若干细菌素，这些细菌素共用转运及调整基因系统。与细菌素不同，抗生素通常被认为是次生代谢产物，它不是由核糖体合成的。虽然有些抗生素如万古霉素也是由氨基酸组成的，但它们是由酶合成的。实际上，较多抗生素是通过一种多载体含硫模板机制合成的，在那里多肽合成酶装配氨基酸以形成抗生素分子。因而细菌素是由一个结构基因编码的，使得活性位点以及结构-功能的关系可以简单地通过基因工程加以测定。不像抗生素那样，需通过化学方法合成或因其基因工程的复杂性致使涉及更多的基因。

（2）转译后修饰形成活性细菌素分子　细菌素由核糖体合成，但必须经过转录后修饰才具有活性。编码修饰酶的基因通常与结构基因紧连。Lantibiotics 经过最广泛的修饰。Lan B 是一种跨膜蛋白质，由 lantibiotics 生产者转录，且在运出细胞之前经酶修饰。Lan C 则参与 lantibiotics 中硫醚键的形成。lantibiotics 合成的一个特点是存在一个 N 端前导多肽（leader peptide），接着它的是一个 C 端多肽前体（propeptide）。前导多肽最初被认为是作为在转录之后修饰涉及的酶的识别位点。使用未经修饰的多肽前体的实验表明它们（多肽前体）也能够被识别及修饰。lantibiotics 在转录之后的广泛修饰包括若干稀有氨基酸的形成。这些修饰对于细菌素的分泌及横跨细胞膜的迁移是必要的。

（3）细菌素的免疫性　细菌素与抗生素的区别在于生产细菌素的细胞对其产物（细菌素）具有免疫力。细菌素中编码免疫蛋白的基因靠近其结构及调整基因。通常细菌素的结构与免疫基因位于同一个操纵子且是紧连的。最初认为 lantibiotics 的免疫性只与一种免疫基因有关，对乳酸链球菌素是 nis1、而对枯草菌素则是 spa1，它们分别编码 nis1 及 spa1 免疫蛋白。然而，进一步研究结果表明，似乎这些细菌素的免疫性是几种蛋白质影响的结果，因为删除可以编码其他蛋白质的基因将改变寄主的免疫性。例如，不产乳酸链球菌素的对乳酸链球菌素有抗性的菌株 *Lac. lactis* 并不具有编码 Nis1 免疫蛋白的基因单元，但含有类似于 nisF、nisE 及 nisG 的基因序列，而这被认为是此菌株对乳酸链球菌素有抗性的原因。删除 nisG 使得细胞对乳酸链球菌素的抗性减小。对于第二类（class II）细菌素 nonlantibiotics，免疫现象要简单些。它们具有一种可以编码免疫蛋白的基因。通常，此免疫蛋白是松散地与膜结合在一起的具有 50～150 氨基酸残基的碱性蛋白。乳球菌素 A（lactococcin A）免疫蛋白（Lcn1）是目前为止研究得最多的。

（4）抑菌性及其影响因素　研究得较多的是乳酸链球菌素的抑菌性。乳酸链球菌素主要抑制大部分 G^+ 菌的生长，包括产芽孢杆菌（如肉毒杆菌）、耐热腐败菌（如嗜热脂肪芽孢杆菌）等。它在食品防腐中的重要价值在于能抑制芽孢细菌（包括嗜热产气芽孢菌）。由于多数 G^+ 菌能引起食品腐败，有些并能导致食物中毒等危害人体健康，因此乳酸链球菌素作为食品防腐剂是重要的、有效的。早期的研究认为，乳酸链球菌素一般对霉菌、酵母菌和 G^- 菌无效。但近期的研究表明，在一定条件下（如冷冻、加热、降低 pH 和 EDTA 处理），一些 G^- 菌如沙门氏菌、大肠杆菌、假单胞菌、拟杆菌、放线杆菌、克雷伯氏菌，对乳酸链球菌素敏感。例如，乳酸链球菌素的溶解性在 pH 2 时比 pH 8 时要高 228 倍。在酸性条件下，乳酸链球菌素对温度较稳定，随着 pH 的增加，温度越高，乳酸链球菌素活性下降越显著，pH 6 和 pH 7 时，121℃、20 min 高温后，乳酸链球菌素活性完全丧失。同时，放置温度和时间对乳酸链球菌素活性也有显著影响，放置温度越高、时间越长，乳酸链球菌素活性下降越显著。

此外，食品的化学成分和物理状态对细菌素的活性有巨大的影响。细菌素，特别是 lantibiotics，是通过在膜上形成孔，耗尽跨膜电势差（$\Delta\varphi$）和 pH 梯度，导致细胞物质的泄漏而抑制靶细胞。细菌素是带疏水片段的正电荷分子，其与靶细胞膜上的带负电荷的磷酸盐基团的静电相互作用被认为有助于其最初的与靶细胞膜的结合。最近的研究表明乳酸链球菌素活性的复杂性在于，为了杀死细胞必须与细胞膜上的脂质Ⅱ结合。可以推测为了接近诸如 DNA、RNA、酶及其他位点等以杀死靶细胞，细菌素必需首先进入细胞。现在已经证明有一种第二类细菌素可以精确地抑制敏感细菌中的细胞质膜的形成。细菌素对不同靶细胞的作用并不相同，研究者测定了细菌素对特定的菌种及菌株的亲和力，目标菌株的磷脂成分及环境的 pH 影响最小抑菌浓度（MIC）值。最近有研究表明，似乎在靶细胞膜上的“入坞分子”（docking molecules）更有利于与细菌素作用并增强细菌素的抑制效果。其他细菌素也可以作用于靶细胞膜的特定位点，这些位点可能是蛋白质。而这些相互作用可以提高细菌素的抑制活性。

（5）细菌素的毒性　细菌素作为乳酸菌（LAB）的产品已经被人们消费。急性、亚慢性及慢性的研究，以及繁殖、提高敏感性、体外的和交叉抗性的研究均表明乳酸链球菌素 ADI（acceptable daily intake）为 2.9mg/(人・d) 时消费是安全的。被吸收的乳酸链球菌素对有益微生物菌群没有影响，比如肠道菌群。乳酸链球菌素是当前最为商业化的细菌素，研究者对其在食品应用的安全性也做了肯定评价。

14.3.4　细菌素在食品安全控制中的应用

到目前为止，细菌素中只有乳酸链球菌素批准应用于食品工业。已在全世界 50 多个国家和地区广泛应用其作为食品防腐剂。虽然许多国家对其添加数量和所应用食品的范围有所不同，但有不少国家，英国、法国、澳大利亚等国对其添加数量则不做任何限制。我国食品安全国家标准 GB2760 规定，乳酸链球菌素在罐装食品、酱及酱制品复合调味料最大使用量为 0.2 g/kg，乳制品、肉制品最大使用量为 0.5 g/kg，一般参考用量为 0.1～0.2 g/kg。

作为食品工业普遍使用的一种天然生物防腐剂，乳酸链球菌素应用前景虽然广阔，但也存在一定的局限性。首先，乳酸链球菌素的抗菌谱较窄，只对革兰氏阳性菌起作用，而对革兰氏阴性腐败菌、酵母菌、霉菌及病毒尚没有明显的抑制作用。其次，食品加工中的一些因素也会影响它的防腐效果。包括：①在货架期内，食品原材料中来源于微生物、动植物有机体中的蛋白酶或许会降低乳酸链球菌素的活性；②乳酸链球菌素在酸性环境下热稳定性很高，但在中性或碱性 pH 条件下热稳定性较差；③因乳酸链球菌素是一个疏水多肽，所以食品中的脂肪物质会干扰它在食品中的均匀分布，从而影响它的效果。因此，乳酸链球菌素在液体和均一性的食品中防腐效果较好，在固体和异质性食品中的效果相对要差；④乳酸链球菌素能够与许多化学食品防腐剂，如山梨酸等配合使用，进而有更好的防腐作用，但某些食品添加剂（如焦亚硫酸钠、二氧化钛）对乳酸链球菌素的活性有负面影响，导致乳酸链球菌素的降解；⑤在食品货架期内，乳酸链球菌素的应用效果与它的残留量有直接关系，而它的残留量则取决于储藏温度、储藏时间和储藏食品的 pH，所以，依据不同的食品来确定乳酸链球菌素在保存期内的残留量是保证乳酸链球菌素应用效果的一个重要指标。总之，应用乳酸链球菌素作防腐剂时，既要考虑其优越性又要考虑其局限性，才能达到更好的效果。

（1）在乳制品中的应用　乳酸链球菌素已成功应用于硬质干酪、巴氏灭菌干酪、巴氏灭菌奶、罐装浓缩牛奶、高温灭菌奶、高温处理风味奶、酸奶、乳制甜点等制品中。在干酪的加工过程中乳酸链球菌素是最有效的保护剂，干酪原料经 80～100℃ 巴氏消毒后，梭菌芽孢仍能存活，乳酪中的微生物为丁酸梭菌、酪丁酸梭菌、生孢梭菌，尤其是肉毒梭菌可在加工的乳酪中产生毒素。研究表明，在经巴氏处理的干酪中加入 500～1 000 IU/mL 乳酸链球菌素能阻止梭菌的生长和毒素的形成，同时还能降低食盐和磷酸盐的用量。酸奶中主要污染菌为霉菌、酵母菌和细菌，采用 500 IU 乳酸链球菌素/mL 和耐酸 CMC、复合稳定剂 A 或 B，可延长酸奶的保质期 4～8 d，且不影响酸奶的感官和品质。

（2）在酸性罐头食品中的应用　在酸性条件下，乳酸链球菌素的稳定性、溶解度、活性均提高，因而它可成功地应用于高酸性食品（pH<4.5）的防腐。低酸或非酸性罐头食品添加了乳酸链球菌素，也能起到减轻热处理强度的作用。乳酸链球菌素作为一种天然食品防腐剂应用于瓶装酱菜，能够降低酱菜中食盐用量，效果优于化学防腐剂苯甲酸钠和山梨酸钾。它能有效地抑制乳酸菌再发酵和葡萄球菌、芽孢菌的生长繁殖。乳酸链球菌素安全性可靠，其 LD_{50} 值与食盐相当。由于某些国家在食品中不准使用苯甲酸钠，所以乳酸链球菌素用于瓶装酱菜出口，具有现实意义。添加乳酸链球菌素的瓶装酱菜其卫生质量符合国家标准，并对产品风味无影响。也可以将其应用于复合薄膜包装酱菜中。

（3）在啤酒中的应用　由于啤酒含有丰富的营养成分，pH 较低，氧含量低，含糖量较少，加之啤酒中含有酒精，所以啤酒中腐败菌主要是乳酸菌。乳酸菌属的乳酸杆菌和片球菌是啤酒加工过程中最常见的污染菌，是啤酒发酵中最需要防治的有害微生物。对于乳酸链球菌素在啤酒行业中的应用，英国学者做了大量的实验，研究认为乳酸链球菌素能够提高啤酒的生物稳定性。乳酸链球菌素对于生长和发酵阶段的啤酒酵母活力、凝聚力和酿造特性没有影响，在啤酒低 pH、酒花物质的环境下，乳酸链球菌素活性不受影响，但是却几乎能够有效地抑制啤酒中已发现的所有的革兰氏阳性腐败菌，从而提高啤酒的生物稳定性。

（4）在肉制品中的应用　硝酸盐通常被用来抑制肉制品中梭菌的生长。然而，对安全性的关注促使食品工业去寻找其他可供选择的保存手段，乳酸链球菌素单独或与低浓度硝酸盐混合可以抑制梭菌（*Clostridium*）的生长。一个常用的试验系统是香肠。一些研究将乳酸链球菌素与乳酸混合使用，结果表明对 G-细菌具有更高的抑制效果。

思考题

1. 举例说明酶法去除食品有害因子的原理。
2. 简述溶菌酶在食品安全控制中的应用。
3. 简述葡萄糖氧化酶在食品安全控制中的应用。
4. 什么是细菌素？它有哪些类型？并举例说明其在食品安全控制中的应用。

第 15 章

现代食品生物化学分析技术

本章学习目的与要求

掌握免疫酶技术、生物传感器、DNA 芯片和 PCR 的原理及其在食品分析中的应用。

15.1　免疫酶技术

免疫酶技术又称为酶免疫技术，是利用酶做标记的抗原（抗体）进行抗原抗体反应检测特异性抗体（抗原）的免疫标记技术，是将抗原抗体的免疫反应的高度特异性和酶催化的高效性有机结合而发展起来的一种免疫学分析方法。酶免疫技术中目前使用最多的是酶联免疫吸附法。酶联免疫吸附法（enzyme linked immunosorbent assay，ELISA）简称为酶标法，是被广泛用于各种抗原（抗体）检测的酶免疫技术。

15.1.1　免疫酶技术原理

免疫酶技术基本过程是通过化学偶联技术将酶与抗原（抗体）结合在一起，形成酶标记物。这种化学偶联作用不影响抗原（抗体）的免疫活性，也不影响酶的活性。然后酶标记物与相应的抗体（抗原）进行免疫反应，形成酶标记的免疫复合物，加入该酶的无色底物，酶免疫复合物上的酶催化其水解、氧化或还原形成一种有色物质。根据抗原、抗体之间的定量结合关系以及酶活性与反应液颜色深浅的定量关系就能实现对抗原或抗体的高灵敏度测定。根据测定抗原（抗体）的存在方式以及酶的底物的水溶性，免疫酶技术可分为使用不溶性底物的酶免疫组化技术（enzyme immunohistochemistry）和使用可溶性底物的酶免疫分析技术（enzyme immunoassay）。免疫酶技术常用于的酶有辣根过氧化物酶（horseradish peroxidase，HRP）、碱性磷酸酶（alkaline phosphatase，AP）、脲酶（urease）和 β-D-半乳糖苷酶（β-*D*-galactosidase）等。辣根过氧化物酶是最常用的，其不溶性底物有 3，3′-二氨基联苯胺四盐酸盐（DAB）、3-氨基-9-乙基咔唑和 α-萘酚等，可溶性底物有邻苯二胺（OPD）、3，3′，5，5′-四甲基联苯胺和 5-氨基水杨酸等。

测定抗原为例，酶联免疫吸附法的基本原理是以酶标板为载体，在适当条件下使被测定抗原包被（coating）（吸附）在酶标板的内壁上成为包被（固定）抗原，然后加入针对此抗原的酶标记抗体，可以直接加入酶标记抗体，也可以先加入适当的游离抗体（一抗）与包被抗原反应后洗涤酶标板除去过量的（游离）一抗，再加入针对一抗的酶标记抗体（二抗），反应后，再洗去过量的（游离）酶标记二抗，这样，酶标板上就包被了抗原—酶标记抗体的二元复合物或抗原-—抗-酶标记二抗的三元复合物。在酶标板微孔中加入酶的底物溶液，包被在酶标板上的酶催化其底物反应产生有色物质。在一定条件下，包被在酶标板上的酶量与被测定抗原的量呈正比，而催化反应形成的溶液的颜色的深浅与包被在酶标板上酶的量呈正比，因此利用酶标仪测定微孔中溶液的吸光度就可以计算出被测定抗原的量。测定抗体的原理也基本相同。

按测定操作的不同，酶联免疫吸附法可分为直接法、间接法和夹心法等。直接法（direct ELISA）是将酶标抗体（抗原）直接与包被在酶标板上的抗原（抗体）结合形成酶标记复合物，再加入酶的底物，反应后测定吸光度并依此计算出包被在酶标板上的抗原（抗体）含量的方法。此法可以用于检测抗原或抗体，以测定抗体总浓度最为常用。其原理见图 15-1a；间接法（indirect ELISA）是将酶标记在二抗上，当抗体（一抗）与包被在酶标板上的抗原结合形成复合物后，再以酶标二抗与复合物结合，再加入酶的底物，反应后测定吸光度并依此计算出包被在酶标板上的抗原（抗体）含量的方法。此法主要用于测定特异性抗体。其原理见图 16-4b；夹心法（sandwich ELISA）是先将未标记的抗体（一抗）包被在酶标板上，再加入含有待测抗原的溶液，通过抗原抗体反应将被测定抗原捕获而固定在酶标板上，加入用酶标记的抗体（二抗）反应形成一抗-抗原-酶标记二抗三元复合物，再加入酶的底物，反应后测定吸光度并依此计算出抗原含量

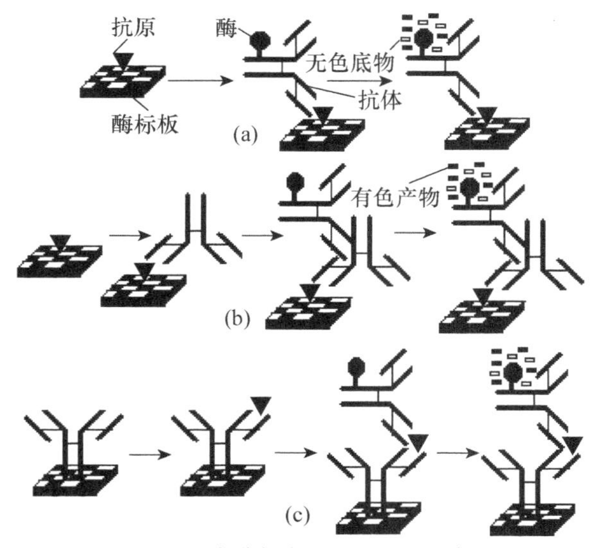

图 15-1　酶联免疫吸附法原理示意图

的方法。本法主要用于测定大分子抗原物质。其原理图见图 15-1c。

以间接法为例，酶联免疫吸附法的具体操作过程包括抗原包被、封阻、抗原抗体反应、酶标二抗与抗原抗体复合物反应以及底物显色反应。抗原包被是将已知抗原包被酶标板，形成吸附固相抗原，包被完成后洗涤除去未结合的抗原和杂质；封阻（blocking）是指酶标板被抗原包被后，在微孔中加入一定量的牛血清白蛋白（BSA）、卵白蛋白（OV）、明胶等溶液以封闭微孔内没有被抗原包被的空隙，避免抗体在这些空隙中非特异性吸附而造成的实验数值结果偏高的现象，提高实验的精确度。封阻后，在微孔中加入待测溶液或血清，孵育，使固相抗原与待测抗体充分结合，反应完毕，洗涤除去未结合的非特异性抗体及其他杂质后，加入酶标抗体（二抗），孵育，形成固相抗原—待测抗体—酶标二抗复合物，再次洗涤除去未结合的酶标二抗后，加入酶的无色底物，催化显色并用酶标仪测定吸光度。

15.1.2 免疫酶技术在食品分析中的应用

（1）在食品微生物鉴定中的应用　微生物鉴定是食品安全质量控制的主要技术，其中对食品腐败微生物和病源性微生物的鉴定尤为重要。Lee 等制备单克隆抗体分析食品中伤寒沙门氏菌（*Salmonella* spp.），结果准确可靠，最低检测量可达 5×10^2 cfu，仅需 22 h，比常规方法缩短了 3～4 d，而且与其他沙门氏菌交叉反应率很低，与金黄色葡萄球菌（*Staphylococcus aureus*）、大肠杆菌（*Escherichia coli*）无交叉反应。Toresma 通过磁性免疫融合法将提取的单克隆抗体与磁珠结合，应用 ELISA 检测李斯特菌（*Listeria* spp.）的存在。目前，包括沙门氏菌、金黄色葡萄球菌、大肠杆菌、李斯特菌、蜡状芽孢杆菌（*Bacillus cereus*）、志贺氏菌（*Shigella* spp.）、副溶血性弧菌（*Vibrio parahaemolyticus*）等都可以利用免疫学方法进行分析和检测。AOAC 近年也认可了一批这类方法，如 993.08《食品中沙门氏菌单克隆酶免疫比色检测方法》。应用于免疫学法鉴定细菌的试剂盒也已面市。

（2）在食品抗生素及农药残留检测中的应用　食品中的抗生素残留主要来自动植物疾病预防和控制的抗生素类农药和兽药。食品中抗生素检测的方法很多，主要包括液相色谱（HPLC）、气相色谱（GC）、气质联用（GC-MS）、微生物抑制法（microbial inhibition test）、微生物受体法（microbial receptor test）等。免疫学分析方法是最近发展起来的一种快速、准确分析食品中抗生素残留的方法。目前有关抗生素免疫分析方法的研究论文层出不穷，一些技术和产品已经成熟并应用，如英国的 Randox 公司、德国的 τ-biopham 公司和意大利的 Tecnalab 公司已经在出售用于检测食品中磺胺类抗生素、氯霉素、四环素、新霉素、庆大霉素等抗生素的免疫检测试剂盒。我国国家质量监督检验总局推荐 Randox 公司的试剂盒作为抗生素残留测定的首选试剂。

自从 10 多年前开始尝试把免疫学技术应用于食品农药残留检测以来，食品农药残留免疫学检测技术研究工作取得了极大的进展，已有大量的研究文献报道。检测的食品范围很广，包括水果、蔬菜、饮料、啤酒、葡萄酒、色、肉、猪油、奶、植物油、蜂蜜、豆类、谷物及谷物加工产品等；检测的农药的范围也很广，包括有机磷类、氨基甲酸酯类、有机氯类、三嗪类、拟除虫菊酯类及酰胺类等。免疫学方法不仅可用来对农药进行定性筛选，而且也可以对其进行定量分析，其检测水平在很多农药可达纳克（ng）甚至皮克（pg）水平。目前一些检测商品试剂盒也已研制开发出来，并可用于食品中一些农药的残留检测，如美国 Millipore 公司生产的 EnviroGard™ DDT 试剂盒。随着农药残留免疫学检测技术不断被完善和商品化，免疫学检测技术会成为食品农药残留和食品安全质量控制的有效快速的检测手段。

（3）在食品中的毒素检测中的应用　食品中的毒素主要来自两个方面，一方面是污染产毒微生物导致的，如金黄色葡萄球菌肠毒素（enterotoxin）、大肠杆菌肠毒素、肉毒梭状芽孢杆菌毒素（botulinum toxin）以及黄曲霉毒素（aflatoxin）等；另一方面是食物在生长过程中自身合成的，如贝类毒素（shellfish toxin）、蓖麻毒素（ricin）以及食物过敏原（allergen）等。陈兰明等采用辣根过氧化氢酶标记高亲和力的黄曲霉毒素 B_1 抗体，建立了黄曲霉毒素的 ELISA 快速筛选法。该法检测黄曲霉毒素 B_1 的线性范围 0.25～0.5 ng/mL，灵敏度 12.5 pg。陈靖等应用进口的酶联法试剂盒对十几株金黄色葡萄球菌株进行肠毒素的检测，最小检测量可达

0.4 ng/mL，结果与 SDS-PAGE 法的结果一致。整个测定过程仅为 4 h，大大缩短了检测时间。

15.2　生物传感器分析技术

传感器的出现对实现工业生产过程的自动化、精确控制的意义是非常重大的，而对食品生产加工过程、食品质量检测和成分分析实现自动化操作是提高食品工业生产水平的重要措施。随着生物技术的发展和计算机技术的广泛应用，新一代分析工具生物传感器也就应运而生了。应用生物传感器能够对分析样品实现现场检测、连续检测、在线检测，甚至活体检测。目前生物传感器技术已广泛应用于食品、医学、农业等领域。

15.2.1　生物传感器概念、组成及分类

15.2.1.1　生物传感器的概念

传感器（sensor）是指能把一种不可测量或难以测量的信号转换成另一种便于测定的信号的元件。传感器可分为物理传感器（physical sensor）、化学传感器（chemical sensor）和生物传感器（biosensor）。生物传感器是把具有分子识别功能的生物活性材料如酶、蛋白质、抗原、抗体、生物膜、细胞等作为敏感元件固定在特定换能器上进行测定的一类传感器。生物传感器是根据其敏感元件来源命名的。

15.2.1.2　生物传感器的组成

狭义的生物传感器是由生物接受器和换能器构成的，广义的生物传感器是由生物接受器、换能器和测量系统构成（图 15-2）。生物接受器（bioreceptor），又称为生物识别元件（biological recognition element），是生物传感器的核心部件，是将酶、抗原、抗体、细胞等具有生物分子识别功能的材料固定化处理后形成的一种薄膜结构，能对被测定物质产生高灵敏度、选择性地识别与结合。换能器（transducer）是将在生物接受器上进行的生化反应的反应物或底物的变化量或反应产生的光、热等的强度等信号捕获后以可遵循的数学关系转换成电信号的元件，根据需要转换的信号的不同，所采用的换能器的种类也不同。测量系统主要由信号放大装置和测量仪表构成。信号放大装置能将换能器产生的电信号进行处理、放大后输出而便于测量仪表的有效、精确测量。

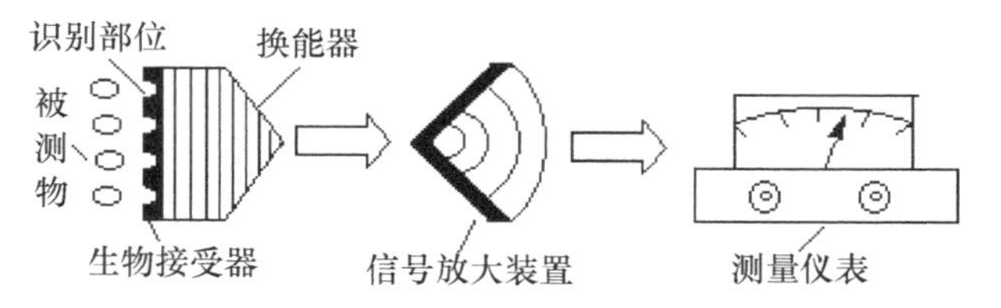

图 15-2　生物传感器组成示意图

15.2.1.3　生物传感器的分类

生物传感器可以根据其生物接受器构成材料分类，也可以依据使用的换能器的类型分类。前一种情况下，生物传感器可分为酶传感器（enzyme sensor）、微生物传感器（microbial sensor）、免疫传感器（immune sensor）、组织传感器（tissue sensor）、细胞传感器（cell sensor）、细胞器传感器（organelle sensor）和 DNA 传感器（DNA sensor）等。后一种情况下，生物传感器可分为电化学生物传感器（electrochemical biosensor）、介体生物传感器（mediated biosensor）、光学型生物传感器（optical biosensor）、半导体生物传感器（semiconduct biosensor）、量热型生物传感器（calorimetric biosensor）、压电晶体生物传感器（piezoelectric biosensor）。其中电化学生物传感器又可分为电位型生物传感器（potentiometric biosensor）、安培型生物传感器（amperometric biosensor）和电导型生物传感器（conductometric biosensor）。将生物传感器分类归结于表 15-1。

表 15-1　生物传感器的分类

敏感材料	生物传感器名称	换能器类型	生物传感器名称
酶	酶传感器	电化学电极	电化学生物传感器
细胞	细胞传感器	介体传递系统	介体传生物感器
抗原、抗体	免疫传感器	光纤维	光学型生物传感器
组织切片	组织传感器	热敏电阻	量热型生物传感器
细胞器	细胞器传感器	半导体	半导体生物传感器
DNA	DNA 传感器	压电晶体	压电晶体生物传感器

不同类型的生物接受器与不同类型的换能器组合可以构成种类繁多的生物传感器。从理论上讲，不同类型的生物接受器和换能器之间是可以匹配并产生电信号的，但实际上这是不可能的，例如，量热换能器就无法完成对一个没有热焓（enthalpy）变化的酶促反应信号的捕捉与转换。电化学换能器与酶的匹配较为容易，这一类生物传感器已有市售，而其他方式的匹配就较为困难，这些生物传感器也在研究开发中。表 15-2 给出了不同换能器与生物接受器之间匹配的难易程度。

表 15-2　生物接受器与换能器匹配表

换能器	生物接受器			
	酶	细胞	抗原	组织
电化学电极	容易	较容易	较容易	可以
半导体	较容易	难	可以	难
光纤维	可以	难	可以	难
热敏电阻	可以	难	可以	难
压电晶体	可以	难	可以	难

15.2.2　生物传感器的原理

生物传感器的基本原理是通过被测定分子与固定在生物接受器上的敏感材料发生特异性结合，并发生生物化学反应，产生热焓变化、离子强度变化、pH 变化、颜色变化或质量变化等信号，且反应产生的信号的强弱在一定条件下与特异性结合的被测定分子的量存在一定的数学关系，这些信号经换能器转变成电信号后被放大测定，从而间接测定被测定分子的量。但在有些情况下，被测定分子发生生化反应产生的信号太弱，使换能器无法有效工作时，需要将反应信号通过生物放大原理处理。所以，生物传感器工作的具体原理就主要包括生物分子的特异性识别、生物放大及信号转换。

（1）生物分子特异性识别　生物传感器生物分子特异性识别的原理是指固定于生物接受器中的生物分子能选择性地与待测样品中的目的成分特异性地结合而不受待测样品中其他物质干扰的性质。固定于生物接受器中的生物分子包括酶、抗原（抗体）、细胞、组织、DNA 等，它们发生生物分子特异性识别的原理也不尽相同。酶分子实现特异性识别的主要原理是酶分子只能与其特定底物、辅酶、抑制剂发生结合，而不和其他分子结合。酶分子特异性识别的功能是由酶分子的活性中心所决定的。细胞、组织实现特异性结合本质上实际也是酶分子的特异性识别。抗原（抗体）的特异性结合是由抗原抗体反应的特异性决定的，而 DNA 分子是通过碱基互补的特性实现分子识别的。

（2）生物放大　生物传感器的两大特点是高特异性（specificity）和高灵敏度（sensitivity），其高特异性是由生物分子特异性识别所决定的，而它的高灵敏度则主要取决于换能器和信号放大装置的性能和测定反应的生物放大作用。其中生物放大作用是指模拟和利用生物体内的某些生化反应，通过对反应过程中产量大、变化大或易检测物质的分析来间接确定反应中产量小、变化小、不易检测物质的（变化）量的方法。通过生物放大原理可以大幅度提高分析测试的灵敏度。生物传感器常用的生物放大作用有酶催化放大（enzyme catalytic amplification）、酶溶出放大（enzyme stripping amplification）、酶级联放大（enzyme cascade amplification）、脂质体技术（liposome technique）、聚合酶链式反应（polymerase chain reaction）和离子通道放大（ion channel amplification）等，其各自的原理可参阅有关文献。

（3）信号转换　固定在生物接受器上的生物分子与测定目标分子完成分子识别后会发生特定的生物化学反应，并伴随有可被换能器捕获的一系列量的变化，如化学变化（含量、离子强度、pH、气体生成等）、热焓、光、颜色变化。换能器将这些量变信号捕获后要转换成易于测量的电信号。其中把化学变化转变成电信号根据要转化信号类型选用不同的换能器，生物化学上常用的有 Clark 氧电极（测定氧气量变化）、过氧化氢电极（测定过氧化氢量变化）、氢离子电极（测量 pH 变化）、氨敏电极（测量氨气生成量）、二氧化碳电极（测定二氧化碳生成量）以及离子敏场效应晶体管（测定离子强度变化）。把热焓转化为电信号需要借助热敏电阻完成。把光信号转化为电信号需要借助光纤和光电倍增管完成。

15.2.3　生物传感器在食品分析中的应用

（1）在食物基本成分的快速分析中的应用　生物传感器可以实现对大多数食物基本成分进行快速分析，目前已试验成功或应用的对象包括蛋白质、氨基酸、糖类、有机酸、醇类、食品添加剂、维生素、矿质元素、胆固醇等。1993 年，Radu 等制备了一个基于过氧化氢检测的电流型酶电极用于测定蛋白质。该传感器能在 0.1～4 μg/L 范围内测定酪蛋白，时间是 5～9 min。目前对氨基酸生物传感器的研究主要集中在谷氨酸、必需氨基酸和一些稀有氨基酸上，尤其以谷氨酸生物传感器研究的最为广泛也最成熟。包括葡萄糖和蔗糖在内的很多单糖和双糖以及一些低聚糖测定的生物传感器已被开发出来，部分已进入工业化应用。乳酸、醋酸、草酸等多种有机酸都可以利用生物传感器测定，并且生物传感器测定的高特异性能实现对 *L*（＋）乳酸的选择性测定，这是化学测定方法所不能达到的，测定过程只需要 2～3 min，对浑浊样品也适用。酿酒业采用比重法测定酒精度的灵敏度低、误差大，而富士电机综合研究所开发出了一种用于酒精度测定的乙醇传感器，样品只需 0.01 mL，测定时间仅为 2～3 min。采用亚硫酸盐光纤传感器测定水果、马铃薯片、酒、醋、柠檬汁中的亚硫酸盐的含量，结果与标准 AOAC 方法相接近。采用氧化 SO_2 的自养细菌和氧电极构成微生物传感器测定醋、橘子汁、大豆蛋白、冻虾和葫芦中的 SO_2，测定限可达 0.1 ng/g。生物传感器也被用来测定维生素 C 和 B 族维生素。

（2）在食品中农药、抗生物及有毒物质的分析中的应用　利用农药对目标酶（如乙酰胆碱酯酶）活性的抑制作用研制的酶传感器，以及利用农药与特异性抗体结合反应研制的免疫传感器，在食品残留农药的检测中得到广泛的研究。用安培免疫传感器检测水样中的 traxin 杀虫剂，检测限可达 μg/L 级，时间仅 1～3 min；杀虫剂阿特拉津可用压电晶体免疫传感器、流动注射分析免疫传感器、安培酶免疫电极等测定，测定下限分别是 0.1 μg/L、9 μg/L 和 1 μg/L。而光纤免疫传感器则可用于 imazethapyr 和对硫磷，检测限可达 1nmol/L 和 0.3 nmol/L。胆碱酯酶电流型生物传感器用于谷物样品中氨基甲酸酯类杀虫剂涕灭威、西维因、灭多虫和残杀威的测定，效果明显。食品中的有毒物质主要是生物毒素，尤以细菌毒素和真菌毒素最严重。采用微生物传感器对黄曲霉毒素 B_1 和丝裂霉素的检出限分别为 0.8 μg/mL 和 0.5 μg/mL。蓖麻毒素的传感器检测研究报道较多，如压电传感器、光纤传感器和电化学免疫传感器等。1992 年，Ogert 等报道用亲和纯化的羊抗蓖麻抗体被动吸附到压电石英晶体微天平的金表面上，可以定量检测出 0.5 μg 的毒素。后来他又对此法进行改进，使其检测最低限为 1 ng/mL，线性范围为 1～250 ng/mL。

（3）在食品有害微生物检测中的应用　标准平皿计数仍是现行的测定食品中微生物的标准方法，其烦琐和费时的操作已不能适应现代食品行业对微生物检测的要求。生物传感器以其快捷、灵敏的特性在食品有害微生物的检测中显示出了强大的生命力。1979 年，Matssunage 等开发了非染料偶合的燃料电池型微生物电极系统，检测范围 10^7～10^9 cfu/mL。1982 年，Nishikawa 等以 2,6-二氯酚靛酚为媒介，并用滤膜预富集制成的生物传感器对细菌的检测极限可达 10^4 cfu/mL。1989 年，Muramatsu 等用一个压电晶体传感器系统测定病原微生物，测定范围为（10^6～5×10^8）cfu/mL。有试验已成功表明，采用光纤传感器与聚合酶链式反应生物放大作用耦合，可实现对食品中李斯特菌单细胞基因的检测，而采用酶免疫电流型生物传感器可实现对存在于食品中少量的沙门氏菌、大肠杆菌和金黄色葡萄球菌等的检测。

（4）在食品新鲜度评价中的应用　新鲜度是食品的一个重要指标，传统评定食物新鲜度的方法是感官法，其客观性差且无法准确定量。而生物传感器作为食物新鲜度的评价工具的使用使这一评价过程走向客观化和定量准确化。目前这方面的研究和应用主要集中在鱼肉、畜禽肉和牛乳新鲜度的评定上。食物腐败的过程都伴随有特定的生物化学变化，如细菌总数增加、胺类生成、糖原降解、核苷酸降解等。所以根据不同的测定对象可采用不同的生物传感器。如在评定鱼肉的新鲜度时可采用胺类传感器（测定腐败产生的尸胺、组胺、精胺等）、细菌传感器（测定污染细菌的数量和种类）、次黄嘌呤核苷酸（IMP）和次黄嘌呤（Hx）传感器（测定 ATP 的降解产物）、K_1 值传感器（测定肌苷和次黄嘌呤占 ATP 的降解产物总量的百分数）等。K_1 值传感器研究与应用较多，按照日本的标准，$K_1<20\%$时，鱼处于极佳新鲜度，$K_1=20\%\sim40\%$时，新鲜度较好。1987 年，Karube 等用单胺氧化酶胶原酶膜和氧电极组成的酶传感器测定猪肉的新鲜度，单胺测定的线性范围为 $2.0\times10^{-6}\sim5.0\times10^{-6}$ mol/L。1992 年，Yano 等开发了一个以部分提纯的酪胺氧化酶固定在一个柱上组成的酪胺传感器，通过流动注射分析测定肉、乳品及肉制品中酪胺含量来评

定它们新鲜度的方法。

(5) 在食品感官评定中的应用　日本农林水产省研制出一种生物传感器，可对肉汤的风味进行品评。它采用酶柱氧电极结合流动注射分析系统(flue injection analysis) 测定谷氨酸、肌苷酸、乳酸，用金属半导体传感器测定香味，最后将多种风味进行多元回归分析，得到的综合指标与用高压液相色谱测定的结果很相近。而利用动物味觉或嗅觉器官中化学识别分子研制味觉传感器或仿生味觉传感器也很热门。例如1993年，Bussolati用牛鼻黏膜中分离出的气味结合蛋白做敏感材料，成功对香味物质进行了测定。在这方面，用于食品感官评定的电子鼻和电子舌的开发就是基于生物传感器的原理。

(6) 在生化过程自动控制中的应用　在酿酒过程中，葡萄糖和乙醇的浓度是一个重要指标。将乙醇氧化酶和葡萄糖氧化酶固定成生物接受器，与电极连接，制成的生物传感器可监控葡萄糖和乙醇的浓度，这种生物传感器可连续测500次，响应时间20 s。在发酵控制方面，一直需要直接测定细胞数目的简单而连续的方法。人们发现在阳极表面，细菌可以直接被氧化并产生电流。这种电化学系统已应用于细胞数目的测定，其结果与传统的菌斑计数法是相同的。

15.3　DNA 芯片分析技术

生物芯片 (biochip) 是20世纪90年代生命科学领域中发展起来的一项崭新的技术，其本质是固定在载体上的一个微型生物化学分析系统，其分析效率是传统检测方法的上千倍，是继大规模集成电路后的又一大技术革命。生物芯片依其操作原理可分为基因芯片 (gene chip)、蛋白质芯片 (protein chip) 和芯片实验室 (chip laboratory) 等，其中基因芯片又称为DNA芯片 (DNA chip)，或DNA微阵列 (DNA microarray)，是生物芯片中产生最早、发展最快、工艺最成熟、商业化水平最高的一种。

15.3.1　DNA 芯片的基本原理

DNA芯片的工作原理与核酸Southern印迹杂交或Northern印迹杂交基本相同是碱基互补配对原则，其目的是实现一次性对大量不同的DNA序列进行高效率分析。将大量已知基因片段 (靶基因) 以微阵列方式固定在支持物上 (硅片、玻璃片或塑料片等) 制成DNA芯片，将待测样品 (DNA片段) 用荧光染料标记制成探针，并与固定在支持物上的靶基因进行杂交，杂交完毕后，严格洗涤芯片，除去未与靶基因杂交或与靶基因杂交强度不高的探针DNA分子，用荧光检测仪定量分子杂交信号强度。一方面由于探针与靶基因完全配对时产生的荧光信号比探针与靶基因不完全配对时高数十倍以上，因而精确测定荧光信号强度就能确保检测的特异性，另一方面通过检测每个靶基因的杂交信号强度，可得知样品中分子种类的数量及其序列信息。DNA芯片具有测定规模大、效率高、并行性、自动化分析等特点，克服了传统核酸杂交分析特定DNA片段操作繁杂、效率低等缺点。根据被固定在载体上靶基因的不同可将DNA芯片分为寡核苷酸 (oligo) 芯片和cDNA芯片。

15.3.2　DNA 芯片的工作流程

DNA芯片的工作流程是将一些大小和序列不同的片段分别经过纯化后，用机械手高速将它们高密度有序地点样固定在选择好的载体上制成DNA微阵列。待测样品中的mRNA被提取后，通过反转录获得荧光标记的cDNA，并与DNA微阵列进行杂交反应 (0.5～20 h)，反应结束，将载体上未发生互补结合反应的片段洗去，再对微阵列进行激光共聚焦扫描，测定微阵列上各点的荧光强度，推算出待测样品中各种基因的表达水平。若要比较不同的两个细胞系或不同组织来源的细胞中基因表达的差异，则从不同的两个细胞系或不同组织来源的细胞中提取mRNA，反转录后获得不同荧光标记的cDNA，等量混合后，并与DNA微阵列进行杂交后，对微阵列进行激光共聚焦扫描。比较两种荧光在各点阵上的强度，推算出各基因在不同细胞系中的相对表达水平。DNA芯片分析一般包括载体选择、DNA芯片制备、样品制备、杂交、杂交图谱检测及数据分析处理步骤等 (图15-3)。

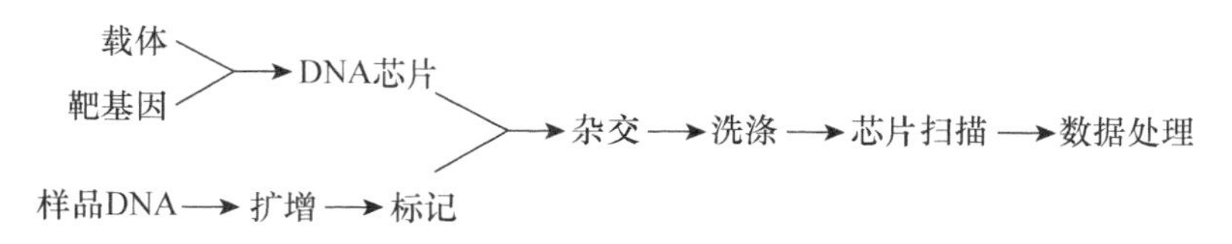

图 15-3　DNA 芯片工作流程示意图

(1) 载体选择　DNA 芯片载体是用于固定靶基因使其以不溶性状态行使其功能的片状固相材料，常用于制备 DNA 芯片的载体主要有载玻片、硅片、塑料片、硝酸纤维膜、尼龙膜等。作为生物芯片的载体应满足以下 4 个方面的要求：一是载体表面必须有足够的活性基团，或载体表面经适当化学处理后在表面应容易产生高密度活性基团，以便固定数量庞大的靶基因；二是载体应具有良好的化学稳定性和一定的机械强度；三是作为载体的构成物质应是惰性材料，不对在其上面进行的生化反应有任何影响；四是具有良好的兼容性，适用于各种荧光检测和机械加工。显微镜载玻片（76 mm×25 mm×1 mm）是最早并被广泛使用的一种载体，它具有兼容性好、表面积大、表面容易修饰、杂交液需要量小（5～20 μL）、内源性荧光弱、干扰小、成本低、效率高等优点。当然，对于将要固定在载体上的靶基因，它的来源和代表性对实验结果是否具有很好的可靠性和说服力是至关重要的。常用的靶基因有 cDNA、DNA、基因组 DNA、PCR 产物、寡核苷酸、RNA 等。

(2) 芯片制备　DNA 芯片制备前首先要根据实验待测样品的性质选择所要制备的 DNA 芯片的类型（寡核苷酸芯片和 cDNA 芯片），并根据其类型选择适宜的制备方法。具体来说，DNA 芯片的制备方法可分为原位合成法（in situ synthesis）和合成后点样法。

原位合成法适合于制备以寡核苷酸为靶基因的 DNA 芯片，它是以单体核苷酸为原料在芯片表面合成不同的寡核苷酸。按照寡核苷酸合成原理的不同又可分为光介导法和压电打印法。光介导法是先将载体表面羟基化，并用光敏试剂保护，合成时利用避光膜（mask）仅使芯片表面需要合成的位点的保护羟基（或核苷酸分子另一端的羟基）发生光解并与分子一端用传统核酸固相合成法活化的单体核苷酸发生偶联反应，反应后核苷酸分子另一端的羟基处于光敏剂保护状态，每光照一次就能使寡核苷酸链延长 1 个碱基，反复多次就可以实现寡核苷酸在芯片表面的原位合成。光介导法合成的寡核苷酸的长度一般少于 30 个碱基。压电打印法其原理与普通彩色喷墨打印机相似，支持物经活化后，在计算机的控制下装有 4 种不同碱基的 4 个墨盒的喷头根据芯片上不同位点寡核苷酸合成对单体核苷酸的需要移动并将特定核苷酸精确喷印在需要位点上，合成过程中的去保护、偶联、冲洗等操作与一般核酸固相原位合成法相同。压电打印法可合成长度为 40～50 碱基的寡核苷酸靶基因。

合成后点样法是将预先合成的寡核苷酸、cDNA 或基因组 DNA 通过特定的高速点样装置直接点在载体上。根据点样的方式可分为喷点（非接触式）和针点（接触式）。针点法能实现高密度点样（2 500 点/cm^2），样斑小，但定量准确性和重显性差，点样针头容易堵塞；而喷点法定量准确性高，重显性好，但样斑大，点样密度低（400 点/cm^2）。

(3) 样品制备　一般 DNA 芯片分析样品的制备包括分离、扩增和标记。分离主要是指分析对象（DNA、mRNA 或 RNA）存在于细胞或生物组织中时，需要将它们从材料中分离出来，减少杂质对分析过程的干扰以及对芯片的污染。当然对于分析对象是 PCR 产物或人工合成的寡核苷酸就不需要分离过程。扩增是针对目前 DNA 芯片灵敏度有限而将待测样品进行适当程度的增殖，一般采用 PCR 进行，但基因芯片要求对样品中大量的、不同的目的序列进行同比例扩增，但一般的 PCR 是无法完成这项工作的。许多公司正设法解决这一问题，如 Lynx Therapeutics 公司引入的大规模并行固相扩增法，可在一个样品中同时对数以万计的 DNA 片段进行扩增，且无须单独处理和分离每个目的序列。样品的标记可用生物素、放射性同位素、荧光素等标记，但目前普遍采用的是荧光标记法，常用的荧光素包括异硫氰酸荧光素（fluorescin isothiocyanate，FITC）、四甲基罗丹明（tetremethylrhodamine，TMR）、X-罗丹明（X-rhodamine，ROX）、花青苷 5（cyanin5，Cy5）、花青苷 3（cyanin3，Cy3）以及 Alexa 系列荧光素等。Cy5 和 Cy3 是双色荧光检测中应用最多的两种荧光素。一般用 Cy5 标记待测样品，Cy3 标记对照品。

（4）杂交　杂交（hybridization）是 DNA 芯片操作中的关键步骤，其目的是使样品中的标记序列按照碱基互补配对原则与靶基因进行结合。这一过程在基因芯片自动孵育装置（fluidics station）中进行，仅需数秒钟。杂交条件的选择是这一过程的重点。如果芯片用于检测基因表达，需要的严谨性较低，杂交需要长时间，高盐浓度和低温度；如果用于突变检测，要鉴别出单碱基错配，需要较高的杂交严谨性，反应在短时间，低盐浓度，高温下进行。杂交完成后将芯片取出，经洗涤液Ⅰ和洗涤液Ⅱ洗涤后在室温离心（600 r/min，5 min）甩干芯片去除未与靶基因杂交的标记分子。

（5）杂交图谱检测　杂交图谱检测一般又称为读片，即用激光共聚焦荧光扫描显微镜（laser confocal scanning microscope）对 DNA 芯片的每个点进行检测。由于样品与探针严格配对比具有错配碱基的双链分子具有较高的热力学稳定性，所产生的荧光强度也高很多，错配碱基双链分子的荧光强度不及正确配对的 1/35～1/5，不能杂交则检测不到荧光信号。所以经荧光扫描后就可以得到 1 张表示芯片上各点荧光强度的点阵图谱。

（6）数据分析处理　数据分析处理是对芯片点阵图谱进行处理，获得每个杂交点的荧光强度并进行定量分析，通过有效数据筛选，整合杂交点的生物信息，进而对实验结果进行解释的过程。此过程主要包括图谱处理、数据入库、数据标准化、比值分析、聚类分析（cluster analysis）等过程，所有这些过程都可以借助计算机利用有关软件进行操作。

15.3.3　DNA 芯片在食品工业中的应用

（1）在食源性肠道病原体检测中的应用　快速特异地鉴别食源性肠道病原体是流行病和食品卫生监督的迫切需要。美国 FDA 的专家将包括 O157：H7 大肠杆菌在内的 6 个编码细菌抗原和毒素的特异基因探针（eaeA，sltI，sltII，fliC，rfbE，ipaH）点样在玻片上，将多重 PCR 扩增产物与之进行杂交，用于同时检测和鉴别与食物中毒相关的肠道病原体，该芯片成功检测了 15 种来自沙门氏菌、志贺氏菌和大肠杆菌的毒素。基因芯片技术的发展，为鉴别诊断大量肠道病原菌及多个标本的同时检测提供了可能，减少了工作量，缩短了诊断时间，该技术有利于建立快速灵敏的细菌病原体特征和鉴别诊断的自动分析系统。

（2）在食品营养学研究中的应用　采用基因芯片技术研究营养素与蛋白和基因表达的关系，将为揭示肥胖的发生机理及预防打下基础。此外，营养与肿瘤相关基因表达的研究，如癌基因、抑癌基因的表达与突变；营养与心脑血管疾病关系的分子水平研究；营养与高血压、糖尿病、免疫系统疾病、神经、内分泌系统关系的分子水平研究。还可以利用生物芯片技术研究金属硫蛋白基因及锌转运体基因等与锌等微量元素的吸收、转运与分布的关系；视黄醇受体、视黄醇受体基因与维生素 A 的吸收、转运与代谢的关系等。

（3）在食品毒理学研究中的应用　基因芯片在食品毒理学中的应用主要集中在毒物的筛选及毒作用机制的研究、拓宽环境因素致癌性评价的新思路、改变毒理学实验传统模式等方面。筛选出对人体有毒性作用或潜在毒作用的物质并采取适当的预防措施是毒理学研究的主要内容。目前已知的毒物仅占有毒物质很小的比例，因此，如何快速、准确、可靠的筛选毒物是毒理学家所面临的一大挑战。利用基因芯片技术可以更高效地监测环境有害物质及其 DNA 效应，并可通过化学结构的相似性和基因表达模式的匹配性来迅速确定未知毒物的作用机制。据此，美国环境卫生科学研究所的科学家小组开发了一种革命性的工具——毒理芯片（toxchip）。在环境因素致癌性评价方面，通过与芯片上的寡核苷酸序列的杂交，找出各类化学物质所致特异性的基因结构与表达改变，多次试验后，确定其规律性和普遍性就有可能以此为检测标准，来进行致癌性评价。以动物模型为主的传统毒理学实验由于其需要大量动物、费时、种属差异大、给予剂量过高等因素决定了它是一种粗糙的、对动物不人道的技术。许多国家都主张削减动物实验，用其他更有效的方法来替代。虽然基因芯片不能完全取代动物实验，但它可以提供有价值的信息以免做许多不必要的动物实验，降低动物消耗、经费和时间。而且基因芯片可在近似于人暴露的低剂量水平进行研究，能更真实地反映暴露水平下人体对化学物的反应。

（4）在食品卫生控制中的应用　生物芯片在食品卫生方面也具有较好的应用前景。食品营养成分的分析（蛋白质），食品中有毒、有害化学物质的分析，食品中污染的致病微生物的检测，食品中生物毒素（细菌毒素、真菌毒素）的检测等大量的监督检测工作几乎都可以用生物芯片来完成。

15.4　PCR 分析技术

聚合酶链式反应（polymerase chain reaction，PCR）是美国 Cetus 公司分子生物学家 Mullis 等 1985 年建立的一种体外大量扩增特异性 DNA 片段的技术。该系统能在短时间内将目的片段扩增 10^6 倍以上。传统的 DNA 扩增，一般采用分子克隆进行，即将含有目的基因的载体（carrier）导入细胞中扩增，然后利用探针将目的片段筛选出来，此法操作繁杂、费时。相比之下，PCR 技术具有快速、简便、灵敏、特异性高、重复性好等优点。PCR 技术自创立以来，经过不断改进，已经应用于遗传病的基因诊断和产前诊断、病原体的鉴定、癌基因的分析研究、DNA 片段的序列分析等。

15.4.1　PCR 的原理及基本过程

PCR 对特定 DNA 片段的扩增是通过体外酶促反应模仿体内 DNA 分子的复制原理实现的，是由引物介导、DNA 聚合酶催化进行的特异性 DNA 的复制过程。PCR 的全过程是由变性（denature）、退火（annealing）和延伸（extension）3 步组成的若干个循环构成的。变性就是将模板 DNA 置于 95℃ 的高温下，使双链 DNA 分子解旋变成单链 DNA 分子的过程。退火是向反应体系中加入引物后，使反应体系的温度降低到 55℃左右，使得一对引物按碱基配对原则分别与两条游离的单链结合的过程。当然，退火过程中，也存在两条单链 DNA 之间的结合，但由于引物浓度高且结构简单，使体系中的结合反应主要发生在引物与单链 DNA 之间。延伸是指引物与模板 DNA 结合后，将反应体系温度调整到 *Taq*DNA 聚合酶作用的最适温度 72℃，在有 Mg^{2+} 存在的条件下，以 4 种单脱氧核苷酸（dNTP）为底物，从引物的 3′端开始合成，形成与单链模板互补的新的 DNA 分子。如此循环上述 3 步操作，每循环 1 次，目的 DNA 片段的数量就增加 1 倍，经过 25～30 个循环，就可将目的 DNA 片段特异性地扩增 10^6～10^9 倍（图 15-4）。

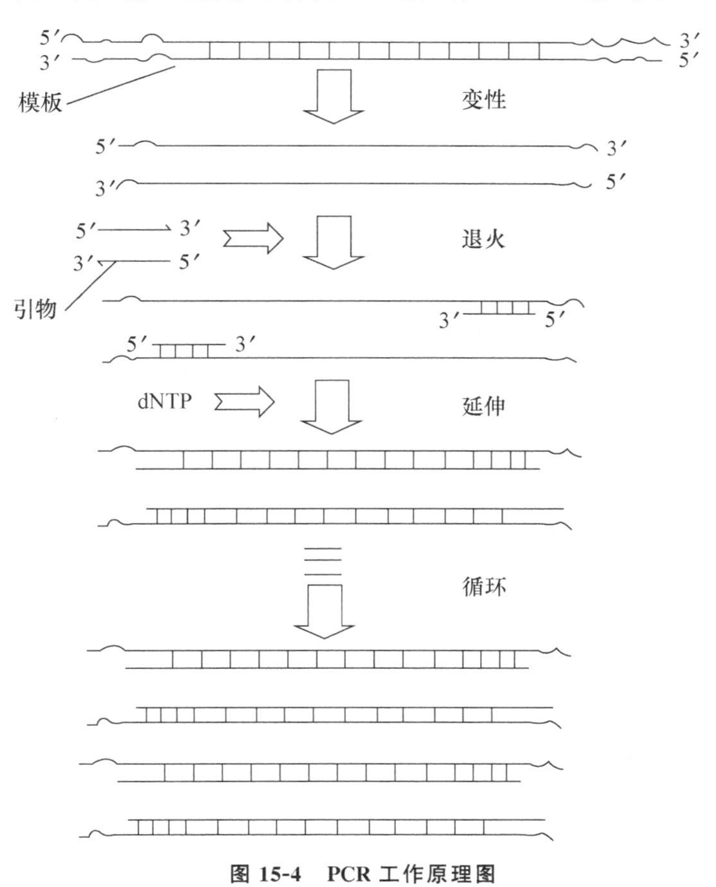

图 15-4　PCR 工作原理图

15.4.2 PCR的反应体系

由PCR的原理可知，PCR反应体系包括模板分子、引物、*Taq*DNA聚合酶、脱氧核苷三磷酸(dNTP)、Mg^{2+}以及反应缓冲液等构成。

(1) 模板分子　作为PCR的模板分子可以是DNA分子，也可以是mRNA分子。但以mRNA分子作为模板时，需要通过逆转录将其转换成cDNA后再经过正常的PCR过程进行扩增。作为PCR的模板，其来源可以从生物细胞或组织中提取，也可以人工合成，并且一般PCR反应对模板的纯度要求不高，可以是粗品，但一定要确保其不含蛋白质、核酸水解酶、*Taq*DNA聚合酶抑制剂等可能影响反应过程的因素。从理论上讲，只要有1～2个拷贝的模板分子就可以成功地进行PCR，但在一般操作过程中，为了保证扩增的效率和特异性，模板分子的拷贝数一般要达到10^2～10^5。以染色体DNA分子作为模板，其用最一般为0.1～0.2 μg，以重组DNA分子为模板时，其用量为2～10 ng。

(2) 引物　两个寡聚核苷酸引物的设计是PCR的关键。要求两个引物的序列要能和模板DNA分子两端特异性地结合，而自身不能自我互补或二者相互结合形成二聚体。引物设计的好坏直接关系到PCR的成败。引物的长度一般在20～30个碱基较为适宜，太短的引物会降低PCR的特异性，而引物过长，会使反应效率大幅度降低。引物中G+C的含量应保持在40%～60%之间，4种碱基在引物中应随机分布，尽量避免嘌呤、嘧啶出现3个以上的连续排列，尤其在引物的3′端，这一要求显得更为重要。防止引物形成二聚体结构而不能与模板结合，反应体系中引物浓度一般要求在0.1～0.5 mol/L之间，过高的引物浓度会降低反应的特异性并容易导致引物二聚体的形成。

(3) *Taq*DNA聚合酶　PCR反应在较高的温度下进行，所以要求所使用的DNA聚合酶要具有良好的耐热性和热稳定性。在PCR发展的初期，由于使用的DNA聚合酶对热不稳定，这就必须在PCR的每一个循环开始时补充新酶。1986年，Erlich分离纯化出了适合于PCR的热稳定性*Taq*DNA聚合酶，可以从水生栖细菌(*Thermus aquaticus*)或嗜热栖热菌(*Thermus thermophilus*)中分离获得，在92℃处理130 min仍能保持50%的活性。*Taq*DNA聚合酶的最适温度为75～80℃，普通PCR一般选择72℃为延伸温度。在此温度下，聚合酶的聚合速度可达60核苷酸/s，其催化过程需要Mg^{2+}的参与。天然来源的聚合酶一般只能扩增长度小于400 bp的DNA片段，但经过人工改造后，它可以扩增20 kb此以上的DNA分子。在PCR反应体系中，*Taq*DNA聚合酶的添加量也非常关键，通常100 μL反应液中含有1～2.5 IU *Taq*DNA聚合酶为宜，最佳酶浓度在0.5～5 IU范围内。需要要注意的是，虽然*Taq*DNA聚合酶耐热，但要求在低于−20℃的温度下保存。

(4) 脱氧核苷三磷酸　dNTP是PCR合成DNA的底物，在一般PCR反应体系中要求各种dNTP的浓度应相同，一般浓度范围为20～200 μmol/L。如果dNTP浓度过低，则反应速度太慢，而dNTP浓度过高时，容易发生掺入错误，影响合成的准确性。

(5) Mg^{2+}　Mg^{2+}是PCR反应的一个重要因素，其浓度的高低直接影响反应的效率和特异性。这是因为Mg^{2+}是*Taq*DNA聚合酶发挥高效催化活性所必需的。若反应体系中Mg^{2+}浓度太低，*Taq*DNA聚合酶活性显著降低；而Mg^{2+}浓度过高时，它又对*Taq*DNA聚合酶有抑制作用。此外，Mg^{2+}的浓度还直接影响引物退火、模板与PCR产物的解链温度、引物二聚体的生成过程等。由于反应体系的复杂性，每个特定的PCR反应系统所需要的最佳Mg^{2+}浓度可能不一样，要经过实验来确定。

15.4.3 PCR的分类

根据PCR操作方式或使用目的的不同，可将其分为普通PCR、原位PCR、逆转录PCR，锚定PCR、反向PCR等。

(1) 普通PCR　普通PCR是使用从组织或细胞中分离出来或人工合成的离体模板DNA进行扩增的，其原理在前面已经论述，此处不再赘述。

(2) 原位PCR　原位PCR是使用细胞或组织来源的DNA作为模板进行扩增，是将细胞或组织经固定液处理后，使其具有一定的通透性，可使PCR试剂进入。接着就以存在于细胞或组织中的DNA为模板进行原位扩增。可以利用原位PCR检测动植物组织中感染的病毒或细菌，也就是说，原位PCR具有可定位的优势。

(3) 逆转录PCR　逆转录PCR(retrotranscrip-

tion PCR，RT-PCR）是指以 mRNA 为模板，经过逆转录获得与 mRNA 互补的 cDNA，然后以 cDNA 为模板进行 PCR 反应。

（4）锚定 PCR　锚定 PCR（anchored PCR）是针对一端序列已知而另一端序列未知的 DNA 片段，可以通过 DNA 末端转移酶给未知序列的一端加上一段多聚的 dG 尾巴，然后分别用多聚 dC 和已知序列作为引物进行 PCR。

（5）反向 PCR　反向 PCR（inverse PCR）适合于扩增已知序列两端的未知序列。如果在目的基因中间有一段已知序列就可以用此法进行扩增。其具体做法是选择一种在中间已知序列中没有酶切位点，而在已知序列两端的未知序列都有酶切位点的核酸内切酶对待扩增片段进行酶解。然后，将酶解后获得的含有已知序列的片段在 DNA 连接酶的作用下环化。根据已知序列的两端设计两个引物，以环状分子为模板进行 PCR，就可以扩增出已知序列两端的未知序列。

15.4.4 PCR 在食品工业中的应用

（1）在转基因食品检测中的应用　利用 PCR 技术检测转基因食品（gene modified food，GM food），大致的程序为：提取待测样品 DNA-设计引物进行 PCR→PCR 产物凝胶电泳检测。将模板 DNA 从待测样品中提取出来并纯化是阳性个体筛选的第一步，不同的食物材料提取方法可能会不一样。由于提取的 DNA 是和细胞内的蛋白质、RNA、多糖及其他杂质混合在一起，提取过程中必须利用不同的试剂和不同的方法将这些杂质去除。目前一些商品化的 DNA 提取试剂盒的效果比较理想。提取后的 DNA 经琼脂糖凝胶电泳检测完整性，同时通过紫外分光光度计测定纯度并定量后就可以用于 PCR 分析。PCR 技术能否可靠地检测转基因食品中的外源基因成分，引物的设计是非常关键的因素。一般在转基因操作中外源基因都含有目的基因（target gene）、启动子（promotor）和终止子（terminator）。对转基因植物性食物来说，绝大多数使用来自花椰菜花叶病毒 DNA 的 CaMV35S 启动子，使用来自植物细胞的 Nos 终止子。PCR 方法检测转基因食品实际上就是针对这些序列的检测，因为不同的转基因植物其目的基因可能千差万别，在大多数情况下是无法针对目的基因设计引物并进行检测。已有商品化的 CaMV35S 启动子和 Noe 终止子检测试剂盒出售。因有的国家对转基因食品有含量限制，所以通常还要利用定量 PCK 方法测定转基因食品在食物中的含量，常用的这类方法有竞争性 RT-PCR、实时 PCR（real-time PCR）和在线 PCR（on-line PCR）等。

（2）在食品微生物鉴定和分析中的应用　对食品中单核细胞增生性李斯特菌的检测，过去一直缺乏简单快速的分离鉴定技术。克隆培养的标准方法往往需要 3～4 周的时间才能得出结果；血清学检测方法（如 ELISA 等）也存在着特异性、敏感性差等问题。Denccr 等人采用 PCR 技术对食品中李斯特菌的溶血 O-基因进行扩增，结果可在 12 h 内完成整个检测过程，且样品中只需要含有 5～50 个细菌细胞即可被检出。Johcnson 等建立了检测金黄色葡萄球菌中毒休克综合征毒素基因的 PCR 技术，可在较短的时间内检出葡萄球菌毒株，并且具有极高的特异性和敏感性。Nguyen 等根据肠炎沙门氏菌 C_1 克隆株具有的特异性序列（2.1 kb，*Hin*d Ⅲ片段）设计出一对引物，能快速地检出肉食品标本中的沙门氏菌，检测的敏感性和特异性均为 100%，这保证了检测的准确性。用 PCR 法检测大肠杆菌和大肠菌群，在采样后 54 h 即可完成，而常规方法需 2～3 d。王颖群等根据肉毒神经毒素的基因序列设计引物，同时扩增 A 型、B 型、E 型和 F 型毒素的基因，在 54 h 内即可确定这几种类型的肉毒梭菌在食品中存在与否。

（3）在食品原料种类鉴定中的应用　同一种食品原料的不同品种在市场上往往价格差异较大，因此，为保护消费者的利益和保护野生、稀有动植物的生存，对食品原料种类进行鉴定是非常必要的。对于食品原料一般从其外部形态特点即可鉴别其种类，还可以对原料进行蛋白质分析，将原料中的水溶性蛋白质经等电聚焦后观察是否有种属特异的蛋白质谱带。但对于加工食品，尤其是经过热处理的食品，如烟熏、蒸煮、煎炸等加工使水溶性蛋白质不可逆变性而不可溶，则需要采取其他手段进行鉴定。基于 DNA 分析的 PCR 技术在鱼、肉产品的鉴别中研究较多。Rehbein 等的 8 个研究室联合研究了罐装金枪鱼的分类鉴定方法。对经热加工的鱼、肉类来说，通常 DNA 严重降解，以至仅可检测到 100 bp 的片段，给鉴定工作带来一定的难度。用细胞色素 b 基因的短片段进行扩增，采用 PCR 方法可得到快速准确的结论。

Matsunaga 等用多重 PCR 同时鉴定 6 种肉类，从牛、猪、鸡、绵羊、山羊和马肉中提取 DNA 与引物以一定比例混合后进行 PCR 扩增，35 个扩增循环后，从山羊、鸡、牛，绵羊、猪和马肉的扩增产物中分离出长度分别为 157 bp、227 bp、274 bp、331 bp、298 bp 和 439 bp 的 DNA 片段，且相互间无交叉反应，因此可根据 DNA 的长度来鉴别这几种肉类。

思考题

1. 什么是 ELISA？它有哪些类型？其原理是什么？
2. 什么是生物传感器？其工作原理是什么？
3. 简述 DNA 芯片的原理及工作流程。
4. 论述 PCR 的基本原理与操作过程。

参考文献

[1] Berg J M，Tymoczko J L，Stryer L. Biochemistry. 5th ed.. New York：W. H. Freeman and Company，2002.

[2] 黑姆斯 B C，等. 生物化学. 北京：科学出版社，2000.

[3] 曹健，师俊玲. 食品酶学. 郑州：郑州大学出版社，2011.

[4] 陈历俊. 乳品科学与技术. 北京：中国轻工业出版社，2007.

[5] 段振华. 食品化学. 北京：中国轻工业出版社，2012.

[6] Gerald M Sapers，James R Gorny，Ahmed E Yousef. 果蔬微生物学. 陈卫，田丰伟译. 北京：中国轻工业出版社，2011.

[7] 郭蔼光. 基础生物化学. 2 版. 北京：高等教育出版社，2009.

[8] 郭田勇. 酶工程. 3 版. 北京：科学出版社，2009.

[9] 葛向阳. 酿造学. 北京：高等教育出版社，2005.

[10] 罗金斯基 H，富卡 J W，福克斯 P F. 乳品科学百科全书. 第三卷. 赵新淮，刘宁译. 北京：科学出版社，2009.

[11] 韩春然. 传统发酵食品工艺学. 北京：化学工业出版社，2010.

[12] 何国庆. 食品发酵与酿造工艺学. 北京：中国农业出版社，2011.

[13] 贺稚非. 食品微生物学. 北京：中国标准出版社，2013.

[14] 胡爱军，郑捷. 食品工业酶技术. 北京：化学工业出版社，2014.

[15] 胡耀辉. 食品生物化学. 2 版. 北京：化学工业出版社，2014.

[16] 纪铁鹏，崔雨荣. 乳品微生物学. 北京：中国轻工业出版社，2006.

[17] 江汉湖. 基础食品微生物学. 4 版. 北京：中国轻工业出版社，2014.

[18] 江汉湖，董明盛. 食品微生物学. 3 版. 北京：中国农业出版社，2011.

[19] 金凤燮. 生物化学. 北京：中国轻工业出版社，2006.

[20] 孔保华，韩建春. 肉品科学与技术. 2 版. 北京：中国轻工业出版社，2011.

[21] 孔保华，马丽珍. 肉品科学与技术. 北京：中国轻工业出版社，2003.

[22] 李凤林，崔福顺. 乳及发酵乳制品工艺学. 北京：中国轻工业出版社，2007.

[23] 李京杰，邓毛程. 生物化学. 北京：中国农业大学出版社，2007.

[24] 李强军，全文海. 乳清中乳糖的酶法水解. 无锡轻工业学院学报，1991，10（3）：15-23.

[25] 李庆章. 生物化学. 北京：中国农业出版社，2009.

[26] 李晓东主. 蛋品科学与技术. 北京：化学工业出版社，2005.

[27] 林洪. 水产品安全性. 北京：中国轻工业出版社，2006.

[28] 林洪，江洁. 水产品营养与安全. 北京：化学工业出版社，2007.

[29] 刘国琴，张曼夫. 生物化学. 2 版. 北京：中国农业大学出版社，2011.

[30] 刘慧. 现代食品微生物学. 北京：中国轻工业出版社，2011.

[31] 刘群良. 生物化学. 北京：化学工业出版社，2011.

[32] 刘兴华，陈维信. 果品蔬菜储藏运销学. 北京：中国农业出版社，2002.

[33] 罗云波. 食品生物技术导论. 北京：中国农业大学出版社，2002.

[34] 马美湖. 禽蛋制品生产技术. 北京：中国轻工业出版社，2003.

[35] Nelson D L, Cox MM. Lehninger principles of biochemistry. 6th ed. NY: W. H. Freeman and Company, 2013.

[36] 南庆贤. 肉类工业手册. 北京：中国轻工业出版社，2003.

[37] 宁正祥. 食品生物化学. 广州：华南理工大学出版社，2013.

[38] 樊明涛，张文学. 发酵食品工艺学. 北京：科学出版社，2014.

[39] 潘宁. 食品生物化学. 北京：化学工业出版社，2010.

[40] 潘永贵，谢江辉. 现代果蔬采后生理. 北京：化学工业出版社，2009.

[41] 彭增起，刘承初，刘尚贵. 水产品加工学. 北京：中国轻工业出版社，2014.

[42] Lawrie R A, Ledward D A; Lawrie's 肉品科学. 7 版. 周光宏译. 北京：中国农业大学出版社，2009.

[43] 邵颖. 食品生物化学. 北京：中国轻工业出版社，2015.

[44] 史贤明. 食品安全与卫生学. 北京：中国农业出版社，2005.

[45] 宋超先. 微生物与发酵基础教程. 天津：天津大学出版社，2007.

[46] 田世平，罗云波，王贵禧. 园艺产品采后生物学基础. 北京：科学出版社，2011.

[47] 汪东风. 高级食品化学. 北京：化学工业出版社，2009.

[48] 王冬梅，吕淑霞. 生物化学. 北京：科学出版社，2010.

[49] 王颉，张子德. 果品蔬菜储藏加工原理与技术. 北京：化学工业出版社，2009.

[50] 王镜岩，朱圣庚，徐长发. 生物化学. 3 版. 北京：高等教育出版社，2002.

[51] 王淼，吕晓玲. 食品生物化学. 北京：中国轻工业出版社，2009.

[52] 王瑞芝. 中国腐乳酿造. 北京：中国轻工业出版社，2009.

[53] 王希成. 生物化学. 2 版. 北京：清华大学出版社，2005.

[54] 吴云辉. 水产品加工技术. 北京：化学工业出版社，2009.

[55] 谢达平. 食品生物化学. 北京：中国农业出版社，2004.

[56] 谢达平. 食品生物化学. 2 版. 北京：中国农业出版社，2014.

[57] 谢明勇. 高等食品化学. 北京：化学工业出版社，2014.

[58] 辛嘉英. 食品生物化学. 北京：科学出版社，2013.

[59] 修志龙. 生物化学. 北京：化学工业出版社，2008.

[60] 许激扬. 生物化学. 2 版. 南京：东南大学出版社，2010.

[61] 徐岩，张继民，汤丹剑. 现代食品微生物学. 北京：中国轻工业出版社，2001.

[62] 杨宏. 水产品加工新技术. 北京：中国农业出版社，2013.

[63] 杨荣武. 生物化学原理. 2 版. 北京：高等教育出版社，2012.

[64] 杨志敏，蒋立科. 生物化学. 2 版. 北京：高等教育出版社，2010.

[65] 尹靖东. 动物肌肉生物学与肉品科学. 北京：中国农业大学出版社，2011.

[66] 于国萍，邵美丽. 食品生物化学. 北京：科学出版社，2015.

[67] 岳春. 食品发酵技术学. 北京：化学工业出版社，2008.

[68] 张柏林，杜为民，郑彩霞. 生物技术与食品加工. 北京：化学工业出版社，2005.

[69] 张和平，张列兵. 现代乳品工业手册. 北京：中国轻工业出版社，2005.

[70] 张洪渊. 生物化学原理. 北京：科学出版社，2006.

[71] 张兰威. 发酵食品工艺学. 北京：中国轻工业出版社，2015.

[72] 张丽萍，杨建雄. 生物化学简明教程. 北京：高等教育出版社，2009.

[73] 张水华，刘耘. 调味品生产工艺学. 广州：华南理工大学出版社，2000.

[74] 张忠，郭巧玲，李凤林. 食品生物化学. 北京：中国轻工业出版社，2009.

[75] 张永忠，赵新淮，李铁晶，于国萍. 乳品化学. 北京：科学出版社，2007.
[76] 赵国华. 食品化学. 北京：科学出版社，2014.
[77] 赵武玲. 基础生物化学. 北京：中国农业大学出版社，2008.
[78] 郑集. 普通生物化学. 北京：高等教育出版社，2007.
[79] 周光宏. 肉品学. 北京：中国农业出版社，1999.
[80] 褚庆环. 蛋品加工技术. 北京：中国轻工业出版社，2007.